国外电子与通信教材系列

天　　线

(第三版)(下册)

Antennas: For All Applications
Third Edition

[美] John D. Kraus
Ronald J. Marhefka 著

章文勋 译

電子工業出版社
Publishing House of Electronics Industry
北京·BEIJING

内 容 简 介

本书是关于天线的经典著作,全面覆盖了有关天线的各方面内容。为了适应国内教学的需要,翻译版根据各章内容深浅层次的不同,分为上、下两册出版。上册为前12章,介绍了天线的各种基础知识。下册为后12章,详细展开了这些内容。上、下册的内容分别针对本科教学和研究生教学进行组织。书中包括大量实例和习题,便于读者实践掌握。全书图文并茂,更有助于读者的直观理解。书中加入了包括无线革命在内的许多全新的现代应用,对参考文献列表也进行了相应的更新。本书概念清晰,层次分明。无论读者需要的是仅介绍天线基础知识的一学期的课程,还是更深入的进一步学习,本书都能够提供切实的帮助。

本书可作为高等院校相关专业的本科生和研究生的教学用书,也可作为工程技术人员的参考用书。

John D. Kraus, Ronald J. Marhefka
Antennas: For All Applications, Third Edition
ISBN: 978-0-07-232103-6

版权贸易合同登记号 图字:01-2002-2859

图书在版编目(CIP)数据

天线:第三版. 下册/(美)约翰·D. 克劳斯(John D. Kraus),(美)罗纳德·J. 马赫夫克(Ronald J. Marhefka)著;章文勋译. —北京:电子工业出版社, 2018.1
书名原文:Antennas: For All Applications, Third Edition
国外电子与通信教材系列
ISBN 978-7-121-33366-8

Ⅰ. ①天… Ⅱ. ①约… ②罗… ③章… Ⅲ. ①天线-高等学校-教材 Ⅳ. ①TN82

中国版本图书馆 CIP 数据核字(2017)第325734号

策划编辑:马 岚
责任编辑:马 岚
印 刷:三河市鑫金马印装有限公司
装 订:三河市鑫金马印装有限公司
出版发行:电子工业出版社
北京市海淀区万寿路173信箱 邮编:100036
开 本:787×1092 1/16 印张:23.25 字数:595千字
版 次:2018年1月第1版(原著第3版)
印 次:2024年7月第7次印刷
定 价:79.00元

凡所购买电子工业出版社图书有缺损问题,请向购买书店调换。若书店售缺,请与本社发行部联系,联系及邮购电话:(010)88254888, 88258888。

质量投诉请发邮件至 zlts@phei.com.cn, 盗版侵权举报请发邮件至 dbqq@phei.com.cn。

本书咨询联系方式:classic-series-info@phei.com.cn。

序

2001年7月间，电子工业出版社的领导同志邀请各高校十几位通信领域方面的老师，商量引进国外教材问题。与会同志对出版社提出的计划十分赞同，大家认为，这对我国通信事业、特别是对高等院校通信学科的教学工作会很有好处。

教材建设是高校教学建设的主要内容之一。编写、出版一本好的教材，意味着开设了一门好的课程，甚至可能预示着一个崭新学科的诞生。20世纪40年代MIT林肯实验室出版的一套28本雷达丛书，对近代电子学科、特别是对雷达技术的推动作用，就是一个很好的例子。

我国领导部门对教材建设一直非常重视。20世纪80年代，在原教委教材编审委员会的领导下，汇集了高等院校几百位富有教学经验的专家，编写、出版了一大批教材；很多院校还根据学校的特点和需要，陆续编写了大量的讲义和参考书。这些教材对高校的教学工作发挥了极好的作用。近年来，随着教学改革不断深入和科学技术的飞速进步，有的教材内容已比较陈旧、落后，难以适应教学的要求，特别是在电子学和通信技术发展神速，可以讲是日新月异的今天，如何适应这种情况，更是一个必须认真考虑的问题。解决这个问题，除了依靠高校的老师和专家撰写新的符合要求的教科书外，引进和出版一些国外优秀电子与通信教材，尤其是有选择地引进一批英文原版教材，是会有好处的。

一年多来，电子工业出版社为此做了很多工作。他们成立了一个"国外电子与通信教材系列"项目组，选派了富有经验的业务骨干负责有关工作，收集了230余种通信教材和参考书的详细资料，调来了100余种原版教材样书，依靠由20余位专家组成的出版委员会，从中精选了40多种，内容丰富，覆盖了电路理论与应用、信号与系统、数字信号处理、微电子、通信系统、电磁场与微波等方面，既可作为通信专业本科生和研究生的教学用书，也可作为有关专业人员的参考材料。此外，这批教材，有的翻译为中文，还有部分教材直接影印出版，以供教师用英语直接授课。希望这些教材的引进和出版对高校通信教学和教材改革能起一定的作用。

在这里，我还要感谢参加工作的各位教授、专家、老师与参加翻译、编辑和出版的同志们。各位专家认真负责、严谨细致、不辞辛劳、不怕琐碎和精益求精的态度，充分体现了中国教育工作者和出版工作者的良好美德。

随着我国经济建设的发展和科学技术的不断进步，对高校教学工作会不断提出新的要求和希望。我想，无论如何，要做好引进国外教材的工作，一定要联系我国的实际。教材和学术专著不同，既要注意科学性、学术性，也要重视可读性，要深入浅出，便于读者自学；引进的教材要适应高校教学改革的需要，针对目前一些教材内容较为陈旧的问题，有目的地引进一些先进的和正在发展中的交叉学科的参考书；要与国内出版的教材相配套，安排好出版英文原版教材和翻译教材的比例。我们努力使这套教材能尽量满足上述要求，希望它们能放在学生们的课桌上，发挥一定的作用。

最后，预祝"国外电子与通信教材系列"项目取得成功，为我国电子与通信教学和通信产业的发展培土施肥。也恳切希望读者能对这些书籍的不足之处，特别是翻译中存在的问题，提出意见和建议，以便再版时更正。

吴佑寿

中国工程院院士、清华大学教授

"国外电子与通信教材系列"出版委员会主任

出版说明

进入21世纪以来,我国信息产业在生产和科研方面都大大加快了发展速度,并已成为国民经济发展的支柱产业之一。但是,与世界上其他信息产业发达的国家相比,我国在技术开发、教育培训等方面都还存在着较大的差距。特别是在加入WTO后的今天,我国信息产业面临着国外竞争对手的严峻挑战。

作为我国信息产业的专业科技出版社,我们始终关注着全球电子信息技术的发展方向,始终把引进国外优秀电子与通信信息技术教材和专业书籍放在我们工作的重要位置上。在2000年至2001年间,我社先后从世界著名出版公司引进出版了40余种教材,形成了一套"国外计算机科学教材系列",在全国高校以及科研部门中受到了欢迎和好评,得到了计算机领域的广大教师与科研工作者的充分肯定。

引进和出版一些国外优秀电子与通信教材,尤其是有选择地引进一批英文原版教材,将有助于我国信息产业培养具有国际竞争能力的技术人才,也将有助于我国国内在电子与通信教学工作中掌握和跟踪国际发展水平。根据国内信息产业的现状、教育部《关于"十五"期间普通高等教育教材建设与改革的意见》的指示精神以及高等院校老师们反映的各种意见,我们决定引进"国外电子与通信教材系列",并随后开展了大量准备工作。此次引进的国外电子与通信教材均来自国际著名出版商,其中影印教材约占一半。教材内容涉及的学科方向包括电路理论与应用、信号与系统、数字信号处理、微电子、通信系统、电磁场与微波等,其中既有本科专业课程教材,也有研究生课程教材,以适应不同院系、不同专业、不同层次的师生对教材的需求,广大师生可自由选择和自由组合使用。我们还将与国外出版商一起,陆续推出一些教材的教学支持资料,为授课教师提供帮助。

此外,"国外电子与通信教材系列"的引进和出版工作得到了教育部高等教育司的大力支持和帮助,其中的部分引进教材已通过"教育部高等学校电子信息科学与工程类专业教学指导委员会"的审核,并得到教育部高等教育司的批准,纳入了"教育部高等教育司推荐——国外优秀信息科学与技术系列教学用书"。

为做好该系列教材的翻译工作,我们聘请了清华大学、北京大学、北京邮电大学、南京邮电大学、东南大学、西安交通大学、天津大学、西安电子科技大学、电子科技大学、中山大学、哈尔滨工业大学、西南交通大学等著名高校的教授和骨干教师参与教材的翻译和审校工作。许多教授在国内电子与通信专业领域享有较高的声望,具有丰富的教学经验,他们的渊博学识从根本上保证了教材的翻译质量和专业学术方面的严格与准确。我们在此对他们的辛勤工作与贡献表示衷心的感谢。此外,对于编辑的选择,我们达到了专业对口;对于从英文原书中发现的错误,我们通过与作者联络、从网上下载勘误表等方式,逐一进行了修订;同时,我们对审校、排版、印制质量进行了严格把关。

今后,我们将进一步加强同各高校教师的密切关系,努力引进更多的国外优秀教材和教学参考书,为我国电子与通信教材达到世界先进水平而努力。由于我们对国内外电子与通信教育的发展仍存在一些认识上的不足,在选题、翻译、出版等方面的工作中还有许多需要改进的地方,恳请广大师生和读者提出批评及建议。

电子工业出版社

作者致译者的一封信

John D. Kraus

Ronald J. Marhefka

We are pleased that *Antennas: for All Applications* has been translated into Chinese, a language used by more people than any other. And we thank Prof. Wen Xun Zhang for his excellent translation.

John D. Kraus & Ronald J. Marhefka

译　　文

章文勋

中文是世界上使用人数最多的语言。"Antennas: for All Applications"一书被译为中文出版，作者深感荣幸。同时，对章文勋教授的出色翻译，作者深表感谢。

作者

John D. Kraus & Ronald J. Marhefka

译 者 序

天线作为国内高校的一门专业课程,其自编教材始于原南京工学院(今东南大学的前身)陆钟祚教授所撰的《实用无线电天线》(中国科学图书仪器公司,1952 年)。此后不久,国内全面仿效苏联的教学体系,谢处方先生在南京工学院开设了“电波与天线”课程,随后出版了同名教材上、下册(人民邮电出版社,1958 年),即被众多高校所采用。与此同时,若干俄文的天线教材和参考书被陆续译成中文,多种非公开出版的国内自编教材或讲义也担当过重要角色。在此时期引进的少数英文的天线教材中,就有 John D. Kraus 的“Antennas”(McGraw-Hill,1950)一书。该书以作者所发明的螺旋天线和夹角反射器天线为特色而有别于其他教材,可惜未能被当时的教材体系所接受。

经历了上世纪六七十年代政治动乱的停顿,高校复课迎来了百废俱兴的繁荣局面。分属不同行政部门的教材编审委员会曾拟定了各种层次的教材出版计划,有适用于本科用多学时或少学时天线课程的基础教材;也有适用于研究生的专题性天线教学参考书。其中不乏叙述清楚、结构严谨的佳作,对普及天线教学、提高天线人才的培养质量功不可没。可是,本科教材的大纲基本沿循了苏联教材的严谨而不够生动、详尽而缺少启发的模式;研究生参考书虽则题材多样、内容丰富,但仍似本科教材模式在较高层次的复现,不便于用做单门天线课程的教材。其间,流传较广的有谢处方、丘文杰合编的本科教材《天线原理与设计》(西北电讯工程学院出版社,1985 年)和任朗教授的专著《天线理论基础》(人民邮电出版社,1980 年)等。

上世纪 80 年代,国际上也迎来了天线教材出版的高峰时期。相继面市的有研究生与高年级本科生兼用的教材:W. L. Stutzman & G. A. Thiele 的“Antenna Theory and Design”(John Wiley & Sons, 1981),R. S. Elliott 的“Antenna Theory and Design”(Prentice Hall, 1981),C. A. Balanis 的“Antenna Theory:Analysis and Design”(John Wiley & Sons, 1982),R. E. Collin 的“Antennas and Radiowave Propagation”(McGraw-Hill, 1984)等;以及本科教材 K. F. Lee 的“Principles of Antenna Theory”(John Wiley & Sons, 1984)等。这些教材的引进,在一定程度上影响了国内的教学实践,尤其是 C. A. Balanis 著作的第二版(1997)在国内外备受推崇,堪称国际流行的优秀教材。然而,所有这些教材都带有侧重理论、原理的“学院式”倾向。

最近, John D. Kraus & Ronald J. Marhefka 合著的“Antennas”(Third Edition,2002),其书名加有副标题“For All Applications”(适合所有的应用)。确实,本书以其丰富的内容涵盖、广泛的应用联系,以及逾千幅图释、数百道例题和习题,提供了原理论述与工程实例相结合的典范。它为天线课程开创了一种新的教学模式,并兼有工程技术人员进修参考书的功能。

电子工业出版社致力于引进国外优秀教材,慧眼优选出了本书的原版样书。译者承编辑部之约请,盛情难却,更受本书内容特色之吸引而欣然从命,执笔译成中文版。

译者虽从教四十五载,积有多年天线教学和研发之经验,但面对如此内容浩瀚的巨著,顿感力不从心、才疏学浅,只能勉力而为之。故此,书中译词失当、疏误之处难免,敬请读者不吝指正。

章文勋　于南京

前　　言

本书新版较前两版更好地陈述了天线的基本要点，并扩充了最新的无线通信应用的内容。全书结构可按前 12 章和后 12 章分成两门课程，具有多种选配组合的灵活性。

第 1 章[①]介绍有关符号和记号的知识，并附列了一些有用的图表[②]。第 2 章包含基本的天线概念和天线语言。在第 3 章中将简述从偶极子到贴片等 20 余种天线。第 4 章介绍点源及其场强、功率、相位的波瓣图。点源的边射阵和端射阵则在第 5 章(上)中介绍。接着，第 6 章讨论了电偶极子和细直天线及其阵列。各种环天线及其特性在第 7 章中叙述。第 8 章(上)是螺旋聚束天线和八木-宇田天线的引论，第 8 章(下)则是对螺旋天线的详细讨论。第 9 章介绍缝隙天线、贴片天线和喇叭天线。第 10 章阐述平板和夹角反射器以及抛物面反射镜天线。第 11 章讨论宽频带和非频变天线。第 12 章介绍天线温度、遥感和雷达截面。以上是第一门天线课程的建议章节。

第二门天线课程的建议章节可包含第 5 章(下)对点源阵内容的拓展，第 8 章(下)对螺旋天线的深入理解，以及第 9 章对缝隙天线和喇叭天线的更多知识。然后顺序介绍自阻抗与互阻抗(第 13 章)、柱形天线(第 14 章)、口径分布与远场波瓣图之间的傅里叶变换关系(第 15 章)、偶极子阵和口径阵(第 16 章)以及透镜天线(第 17 章)。第 18 章阐述频率选择表面和周期结构，第 19 章是对实用大型口径天线的设计考虑。第 20 章给出若干大型或独特天线的实例。第 21 章介绍很多特殊用途的天线，包括移动电话天线、仪表着陆系统(ILS, Instrument Landing System)天线、近地轨道(LEO, Low Earth Orbit)卫星天线，等等。第 22 章详细介绍物理尺寸很小的太赫频率天线。第 23 章介绍关于平衡-非平衡转换器、变换器、陷波器等的有用知识。最后，第 24 章给出当代天线测量的完整知识。附录中包含许多有用的表格、参考文献和计算机程序。

本书的特色是配有大量辅助性图示、透彻而富有挑战性的习题集以及丰富的参考文献。下面附有建议的课程设置。当然，也可以有多种不同的选配方案。可以将靠后的一些章节加入第一门天线课程，如第 21 章中的某些内容可适时地用做第一门天线课程的实例。欢迎读者访问本书的网页 www. mhhe. com/kraus，以制订出特定的课程计划。

虽然本书是按教材来编写的，但其中包含的丰富知识，即使对从事实践的工程师来说，也仿佛是一座真正的“金矿”。因为书中包含了数以百计的工作实例，有助于将理论转化为实际。

作者们对众多同仁的协助深表感谢，他们是：

Prof. Ben A. Munk, ElectroScience Laboratory, Ohio State University, for his chapters on *Frequency Selective Surfaces* and *Baluns, etc.*

Profs. Arto Lehto and Pertti Vainikainen of the Helsinki University of Technology Radio Laboratory for their chapter on *Measurements.*

Prof. Pertti Vainikainen for his section on *Antennas for Terrestrial Mobile Communication.*

Dr. Edward H. Newman, ElectroScience Laboratory. Ohio State University for his section on *Self-impedance, Radar Cross Section and Mutual Impedance of Short Dipoles by the Method of Moments.*

---

① 全书中提及第 1 章至第 12 章的相关内容，均指《天线(第三版)(上册)》中的内容。——编者注

② 由于版权问题，本书在编辑过程中已删除了一些照片图。——编者注

Prof. Warren Perger, Michigan Technological University for class testing the new manuscript.

Dr. Spencer Webb, AntennaSys, Inc. for assistance on patch and other antennas.

Prof. Jonathan Young, ElectroScience Laboratory, Ohio State University, for assistance on *Ultra Wide Band Antennas for Digital Applications.*

Dr. Brian Baertlein, ElectroScience Laboratory, Ohio State University, for assistance on the *600 THz Antenna.*

Dr. Steven Ellingson, ElectroScience Laboratory, Ohio State University for assistance on the *Argus Array*.

Prof. Richard McFarland, School of Avionics, Ohio University, for assistance on *Instrument Landing System Antennas.*

Dr. Fred J. Dietrich, FD Engineering and Globalstar, for assistance on *Low Earth Orbit Satellite Antennas.*

Dr. Edward E. Altshuler, Air Force Research Laboratory, for assistance on *Genetic Algorithm Antennas*.

Prof. Christopher Walker, Dept. of Astronomy, University of Arizona for sections on *Terahertz Antennas.*

Dr. Eric Walton, ElectroScience Laboratory, Ohio State University for assistance on *Instrument Landing System Antennas.*

Dr. Richard Mallozzi, General Electric Research Laboratory, Schenectady, N.Y., for assistance on many topics.

Drs. James C. Logan and John W. Rockway, EM Scientific, for contributing computer programs available on the book’s web site.

感谢本书评阅者对手稿的有益建议,他们是 McGraw-Hill 的项目组:主编 Catherine Fields,执行主编 Emily Lupash 和项目经理 Marilyn Rothenberger。

感谢 Jerry Ehman 博士和 Erich Pacht 博士认真的编辑加工。作者们还要分别感谢他们各自的妻子 Alice Kraus 和 Deborah Marhefka 以耐心和关爱所给予的支持。

John Kraus & Ronald Marhefka

附言 1: 虽经极其仔细的审校,书中谬误在所难免,笔者竭诚欢迎指正。可给 Ronald Marhefka 发电子邮件至 marhefka. 1@ osu. edu。

附言 2: 据统计,本书(英文原版)超出 900 页,其中包含 1200 多幅图、130 个例题、75 个表格、300 多道习题、近 900 篇参考文献以及一套多于 2200 词条的索引可供快速切入主题。

凡重要的、涉及正文的公式,从各节首起连续编号。当参引另一节的公式时,应完整地引用其章、节和公式编号。例如,式(2. 8. 4)代表所参引的是第 2 章第 8 节的式(4)。参引同一章节中的公式时,只需简单地引用式号。注意,章名和书名被分别作为页眉印刷在单页和双页的顶部。

集中在各章末尾的习题按对应正文所在的节编号,如编号为 1. 5. 2 的是与 1. 5 节主题有关的第 2 题。

建议的课程设置

每节课平均 8 页

第一学期 章次	1/2年的学期 节数	1/4年的学期 节数
1	1	1
2	5	5
3	2	2
4	2	2
5(上)	4	4
测验	1	1
6	4	2
7	3	3
8(上)	4	3
9	4	3
10	4	2
测验	1	
11	2	1
12	3	1
测验		1
15	2	
21	2	
测验	1	
合计	45	30

第二学期 章次	1/2年的学期 节数	1/4年的学期 节数
5(下)	4	3
8(下)	2	1
9	2	1
13	3	2
14	4	3
测验	1	1
15	3	2
16	5	4
17	2	1
18	2	1
19	2	1
20	1	1
测验	1	
21	5	4
22	1	1/2
23	1	1/2
24	5	3
测验	1	1
合计	45	30

目　　录

第 13 章　阻抗与互阻抗 …… 1
13.1　引言 …… 1
13.2　天线的互易性定理 …… 1
13.3　半波长天线的 73 Ω 辐射电阻 …… 3
13.4　非电流最大点的辐射电阻 …… 5
13.5　细线天线的自阻抗 …… 6
13.6　两平行线天线的互阻抗 …… 8
13.7　边靠边平行天线的互阻抗 …… 9
13.8　平行共线天线的互阻抗 …… 12
13.9　梯式平行天线的互阻抗 …… 12
13.10　其他布置天线的互阻抗 …… 13
13.11　用定向性和辐射电阻表示的互阻抗 …… 14
参考文献 …… 15
习题 …… 16
第 14 章　柱形天线和矩量法 …… 17
14.1　引言 …… 17
14.2　积分方程法概述 …… 17
14.3　电流分布 …… 19
14.4　输入阻抗 …… 20
14.5　圆柱天线的波瓣图 …… 24
14.6　细圆柱天线 …… 25
14.7　带有圆锥形输入段的圆柱天线 …… 26
14.8　其他形状的天线,类球体天线 …… 26
14.9　长圆柱天线上的电流分布 …… 26
14.10　静电学的积分方程和矩量法 …… 29
14.11　矩量法及其应用于导线天线 …… 32
14.12　用矩量法求短偶极子的自阻抗、雷达截面和互阻抗 …… 37
参考文献 …… 44
习题 …… 45
第 15 章　口径分布与远场波瓣图之间的傅里叶变换关系 …… 46
15.1　连续口径分布 …… 46
15.2　远场波瓣图与口径分布之间的傅里叶变换关系 …… 47
15.3　空间频率响应和波瓣图平滑处理 …… 50
15.4　简单(加法)干涉仪 …… 51

15.5 口径合成和多口径阵 …… 59
15.6 栅瓣 …… 59
15.7 二维口径合成 …… 60
15.8 “干净”图形的相位闭合或自校准 …… 62
参考文献 …… 63
习题 …… 64

第 16 章 偶极子阵和口径阵 …… 66
16.1 引言 …… 66
16.2 两根受激 λ/2 单元的边射阵 …… 66
16.3 两根受激 λ/2 单元的端射阵 …… 73
16.4 两根受激 λ/2 单元的等幅任意相位阵 …… 76
16.5 密距单元的辐射效率和 Q 值，W8JK 阵 …… 78
16.6 n 根受激单元阵 …… 82
16.7 地平面上的水平天线 …… 83
16.8 地平面上的铅垂天线 …… 91
16.9 八木-宇田天线的变种 …… 93
16.10 相控阵 …… 94
16.11 频率扫描阵 …… 97
16.12 返回式阵和范阿塔阵 …… 100
16.13 自适应阵和智能阵 …… 100
16.14 微带阵 …… 102
16.15 低旁瓣阵 …… 102
16.16 长导线天线 …… 102
16.17 帘幕形阵 …… 106
16.18 天线的馈电位置和方式 …… 106
16.19 折合偶极子天线 …… 107
16.20 折合偶极子的变种 …… 109
16.21 百眼巨人型全空监视天线 …… 109
参考文献 …… 111
自适应阵的补充参考资料 …… 112
习题 …… 113

第 17 章 透镜天线 …… 116
17.1 引言 …… 116
17.2 非金属介质透镜天线，费马原理(射径等同性) …… 117
17.3 人造介质透镜天线 …… 121
17.4 E-面金属板透镜天线 …… 123
17.5 透镜天线的容差 …… 127
17.6 H-面金属板透镜天线 …… 128

17.7 反射器-透镜天线 …… 129
17.8 介质杆 …… 130
17.9 多螺旋透镜 …… 131
17.10 龙伯透镜和爱因斯坦透镜 …… 132
参考文献 …… 133
习题 …… 134
第18章 频率选择表面和周期结构 …… 135
18.1 引言:频率选择表面的定义 …… 135
18.2 半波长厚的介质天线罩 …… 136
18.3 开缝的金属天线罩 …… 137
18.4 简单的混合天线罩 …… 138
18.5 理想的隐形天线罩 …… 139
18.6 简单周期性导线表面的传输和反射特性 …… 140
18.7 互补表面与巴比涅原理 …… 142
18.8 斜入射角 …… 142
18.9 单元的形状及其演化 …… 142
18.10 控制入射角和极化的频带宽度 …… 145
18.11 其他应用 …… 147
参考文献 …… 150
习题 …… 151
第19章 实用大型口径天线的设计考虑 …… 152
19.1 口径分布与口径效率 …… 152
19.2 表面不规则性和增益损失 …… 161
19.3 抛物面反射镜的偏轴工作 …… 164
19.4 卡塞格伦馈电、赋形反射镜、球面反射镜和偏馈 …… 165
19.5 低旁瓣的考虑 …… 168
参考文献 …… 170
深入阅读的补充参考资料 …… 170
习题 …… 172
第20章 大型或独特的天线实例 …… 173
参考文献 …… 178
第21章 特殊用途的天线 …… 179
21.1 引言 …… 179
21.2 电小天线 …… 179
21.3 物理上的小天线 …… 182
21.4 天线架设和典型(非理想)地面的影响 …… 183
21.5 带接地面的天线 …… 187
21.6 套筒天线 …… 188

21.7 旋转场天线 …… 189
21.8 超旋转场天线 …… 190
21.9 其他全向天线 …… 191
21.10 圆极化天线 …… 192
21.11 高增益全向天线 …… 193
21.12 埋地天线 …… 193
21.13 表面波和漏波天线 …… 197
21.14 设计卫星通信天线的考虑 …… 202
21.15 用做接收和用做发射的考虑 …… 205
21.16 频带的考虑 …… 207
21.17 建筑上可接受的天线 …… 207
21.18 用于仪表着陆系统(ILS)的天线 …… 209
21.19 糖铲形天线和3 K 宇宙背景的故事 …… 212
21.20 用于近地轨道(LEO)卫星线路的天线 …… 215
21.21 检测小行星的天线 …… 222
21.22 泄漏传输线用做天线 …… 224
21.23 艺术性天线(分形) …… 224
21.24 蜂窝-塔树 …… 225
21.25 用于陆上移动通信系统的天线 …… 227
21.26 探地雷达(GPR)的天线:脉冲的频带宽度 …… 232
21.27 植入式天线 …… 234
21.28 数字式应用的特宽频带天线 …… 234
21.29 等离子态天线 …… 237
参考文献 …… 237
习题 …… 240
第22章 太赫频率的天线 …… 243
22.1 引言 …… 243
22.2a 带偶极子的棱锥喇叭腔 …… 244
22.2b 夹角反射器阵 …… 244
22.2c 领结形偶极子 …… 245
22.3 一种600 THz 的天线 …… 245
22.4 介质透镜的平面天线结构 …… 246
22.5 太赫频率的波导结构 …… 246
参考文献 …… 247
第23章 平衡-非平衡转换器等 …… 248
23.1 引言 …… 248
23.2 I 型,II 型,III 型和扼流式巴仑 …… 248
23.3 频带宽度 …… 250

23.4a 套筒–偶极子式巴仑 …… 252
23.4b 变种结构 …… 252
23.5 支杆式巴仑 …… 253
23.6 印刷巴仑 …… 254
23.7 半波长旁路式巴仑 …… 255
23.8 平衡变换器 …… 257
23.9 截割式巴仑 …… 258
23.10 天然巴仑 …… 259
23.11 折合偶极子到J形匹配天线 …… 261
23.12 匹配短截线 …… 261
23.13 陷波器 …… 261
23.14 结论 …… 262
参考文献 …… 262
补充参考资料 …… 263
习题 …… 263

第24章 天线测量 …… 264
24.1 引言 …… 264
24.2 基本概念 …… 265
24.3 天线测量的典型误差源 …… 270
24.4 测量场地 …… 272
24.5 不同天线参量的测量 …… 283
24.6 各种特殊测量 …… 295
参考文献 …… 302
习题 …… 304

附录A 参考表格 …… 305

附录B 参考书、录像带和文章 …… 312

附录C 计算机程序(代码) …… 319

附录D 吸波材料 …… 323

附录E 测量误差 …… 326

附录F 带*号习题的答案(下册) …… 327

术语表 …… 331

符号、词头和缩写词 …… 352

常数和换算 …… 354

在矩形、圆柱、圆球坐标系中的梯度、散度和旋度 …… 355

后记 …… 356

上 册 简 目

第 1 章　引论

第 2 章　天线基础

第 3 章　天线家族

第 4 章　点源

第 5 章(上)　点源阵

第 5 章(下)　点源阵

第 6 章　电偶极子和细直天线

第 7 章　环天线

第 8 章(上)　端射天线:螺旋聚束天线和八木-宇田天线

第 8 章(下)　螺旋天线:轴向模和其他模

第 9 章　缝隙天线、贴片天线和喇叭天线

第 10 章　平板和夹角反射器、抛物面反射镜天线

第 11 章　宽频带和非频变天线

第 12 章　天线温度、遥感和雷达截面

第 13 章　阻抗与互阻抗

本章包含下列主题:

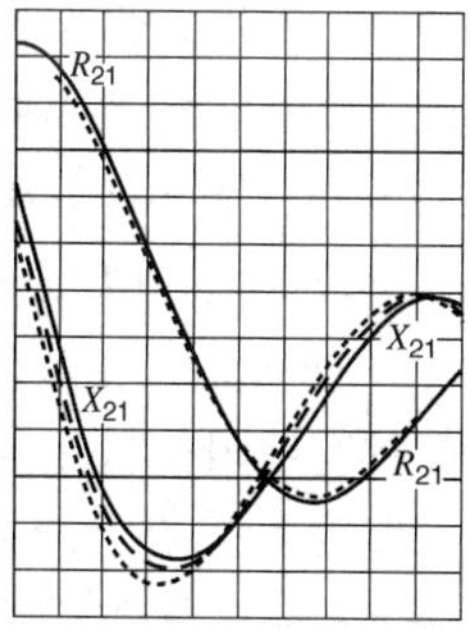

- 天线的互易性定理
- 半波长天线的 73 Ω 辐射电阻
- 电流最大点偏离中心的天线辐射电阻
- 细线天线的自阻抗
- 两平行线天线的互阻抗
- 边靠边平行天线的互阻抗
- 平行共线天线的互阻抗
- 梯式平行天线的互阻抗
- 其他布置天线的互阻抗
- 用定向性和辐射电阻表示的互阻抗

13.1　引言

接于传输线的天线之阻抗可以表示成一个二端网络,如图 13.1 所示,天线用接于传输线末端的等效阻抗 Z 代替。在设计发射机及其附配的传输线时,将天线简单地当成二端阻抗很方便。这种作用于传输线末端的阻抗称为**馈端阻抗或激励点阻抗**。对于无耗[①]且孤立的天线,即远离地面和其他物体的天线,其终端阻抗也就是该天线的**自阻抗**,具有称为**自电阻**(辐射电阻)的实部和称为**自电抗**的虚部。当天线用做接收时,其自阻抗与用做发射时的相同。

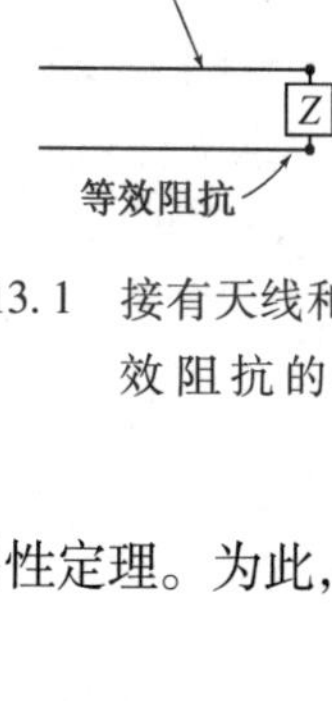

图 13.1　接有天线和接有等效阻抗的传输线

在天线邻近存在物体(如若干其他天线)的情况下,终端阻抗仍可以用一个二端网络来代替。然而,其等效阻抗的值不仅由该天线的自阻抗,而且由该天线与其他天线之间的互阻抗以及在这些天线上的电流所确定。该天线用于发射或接收,其终端阻抗仍相同(见 13.2 节)。

在关于天线阻抗概念的发展中,有一项重要且非常有用的定理,即互易性定理。为此,先讨论这个定理,再将它应用于阻抗问题。

13.2　天线的互易性定理

瑞利-亥姆霍兹的互易性定理已被卡森推广到含连续媒质的情况(Rayleigh-1; Carson-1,2;

---

① 这里所说的无耗,意指天线不产生焦耳热,但它当然是有辐射的。若天线不是无耗的,则在其末端用一个等效的损耗电阻与自电阻(即辐射电阻)相串联。

Ballantine-1)。该定理应用于天线时阐述如下：

若在天线 A 的馈端上施加电动势，在天线 B 的馈端处测得电流，则对应于在天线 B 的馈端施加相同电动势的情况，在天线 A 的馈端处也将得到相等(幅度和相位)的电流。

这里假设了两种情况的电动势具有同样的频率，并且媒质是线性、无源和各向同性的。此定理的一项重要推论是：在上述条件下，同一副天线用做发射或接收时，具有相同的波瓣图，在阻抗匹配时的功率流通状况也相同。

作为天线互易性定理的解释，分别考虑下列两种情况：

情况 1：如图 13.2(a)所示，设在天线 A 的馈端施加电动势 V_a 用做发射，到达作为接收的天线 B 处的能流在其馈端上产生电流 I_b①。这里假设提供电动势的发生器和测量电流的安培计都具有零阻抗或相等的非零阻抗。

情况 2：若在天线 B 的馈端施加电动势 V_b 用做发射，则到达接收的天线 A 处的能流在其馈端上产生电流 I_a，如图 13.2(b)所示。根据互易性定理，如果 $V_b = V_a$，则 $I_a = I_b$。

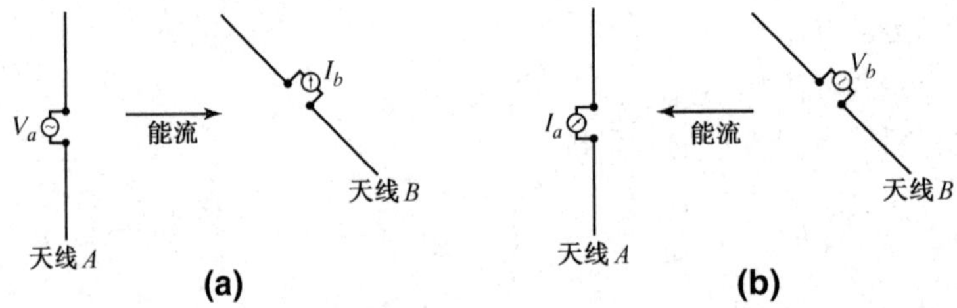

图 13.2 互易性定理的解释

电动势与电流之比是阻抗。在情况 1 中，V_a 与 I_b 之比称为转移阻抗 Z_{ab}；在情况 2 中，V_b 与 I_a 之比称为转移阻抗 Z_{ba}。根据互易性定理，两者相等，即

$$\frac{V_a}{I_b} = Z_{ab} = Z_{ba} = \frac{V_b}{I_a} \tag{1}$$

为了证明天线的互易性定理，用一个线性无源网络的双边阻抗来代替两架天线及其所在的空间。鉴于任何四端网络都能简化成等效的 T 形节②，情况 1 中如图 13.2(a)所示的天线布置，可替换为图 13.3(a)所示的网络。通过电表的电流为

$$I_b = I_1 \frac{Z_3}{Z_2 + Z_3} \tag{2}$$

其中，

$$I_1 = \frac{V_a}{Z_1 + [Z_2Z_3/(Z_2 + Z_3)]} = \frac{V_a(Z_2 + Z_3)}{Z_1Z_2 + Z_2Z_3 + Z_3Z_1} \tag{3}$$

将式(3)代入式(2)，可以用电动势 V_a 和等效网络的参量来表示通过电表的电流 I_b，得到

$$I_b = \frac{V_aZ_3}{Z_1Z_2 + Z_2Z_3 + Z_3Z_1} \tag{4}$$

如果交换电动势和电表所接的位置，如图 13.3(b)所示，又可得到

① 虽然电动势 V_a 和电流 I_b 是空间域的标量，但它们又是时间域的复数或称“相量”，以区别于空间域中的矢量(向量)。

② 它如实地描述了输入电压和输出电流之间的幅度和相位关系。

$$I_a = \frac{V_b Z_3}{Z_1 Z_2 + Z_2 Z_3 + Z_3 Z_1} \tag{5}$$

比较式(4)和式(5),若 $V_a = V_b$,必有 $I_a = I_b$,定理获证。

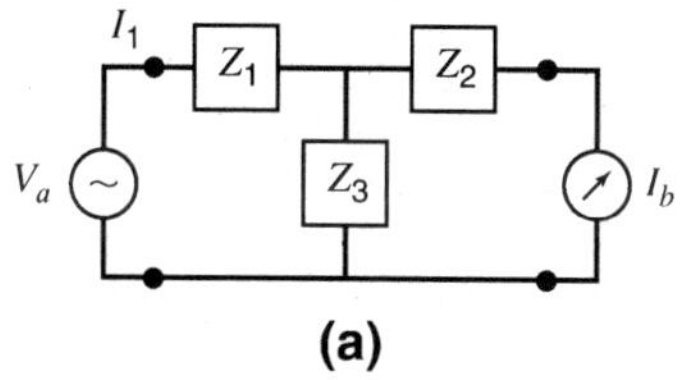

图 13.3　用来证明互易性定理的等效电路

13.3　半波长天线的 73 Ω 辐射电阻

为了得到辐射阻抗,即自阻抗的实部,需要在给定的大球面上对坡印廷矢量积分求出功率辐射。该功率可等效于在电流最大点处外接的辐射电阻上的消耗$(I_0/\sqrt{2})^2 R_0$,其中 R_0 是辐射电阻,I_0 是该最大点处电流的时间峰值。短偶极子的总辐射功率 P 可按式(6.3.5)根据 H_ϕ 计算得到,$|H_\phi|$是其绝对值。于是,将偶极子天线的 H_ϕ 表示式(6.4.2)代入式(6.3.5),并记 $|j[I_0]| = I_0$,得到

$$P = \frac{15 I_0^2}{\pi} \int_0^{2\pi} \int_0^{\pi} \frac{\{\cos[(\beta L/2)\cos\theta] - \cos(\beta L/2)\}^2}{\sin\theta} d\theta\, d\phi \tag{1}$$

$$= 30 I_0^2 \int_0^{\pi} \frac{\{\cos[(\beta L/2)\cos\theta] - \cos(\beta L/2)\}^2}{\sin\theta} d\theta \tag{2}$$

令式(2)的辐射功率等于 $I_0^2 R_0/2$,即有

$$P = \frac{I_0^2 R_0}{2} \tag{3}$$

而

$$R_0 = 60 \int_0^{\pi} \frac{\{\cos[(\beta L/2)\cos\theta] - \cos(\beta L/2)\}^2}{\sin\theta} d\theta \tag{4}$$

其中,辐射电阻 R_0 对应于电流最大点。在半波长天线的情况下,这恰为天线的中点和传输线的馈电点(见图 13.4)。

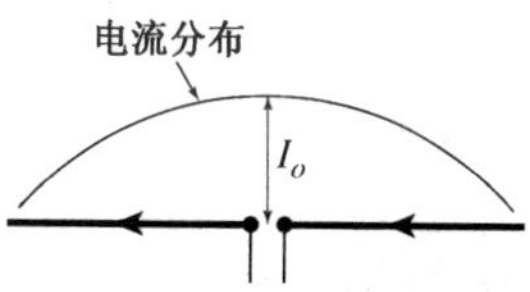

图 13.4　在传输线馈电点有最大电流 I_0 的半波长天线

现在处理式(4)的积分,记

$$u = \cos\theta \qquad \text{而} \qquad du = -\sin\theta\, d\theta \tag{5}$$

使式(4)变换成

$$R_0 = 60 \int_{-1}^{+1} \frac{[\cos(\beta L u/2) - \cos(\beta L/2)]^2}{1 - u^2} du \tag{6}$$

然而,

$$\frac{1}{1-u^2} = \frac{1}{(1+u)(1-u)} = \frac{1}{2}\left(\frac{1}{1+u} + \frac{1}{1-u}\right) \tag{7}$$

并记 $k = \beta L/2$,使式(6)变为

$$R_0 = 30 \int_{-1}^{+1} \left[\frac{(\cos ku - \cos k)^2}{1+u} + \frac{(\cos ku - \cos k)^2}{1-u}\right] du \tag{8}$$

该积分给出了任意长度 L 的细天线的辐射电阻。对于所考虑的特殊情况 $L=\lambda/2$,可有 $k=\pi/2$。于是,半波长细天线的辐射电阻简化为

$$R_0=30\int_{-1}^{+1}\left[\frac{\cos^2(\pi u/2)}{1+u}+\frac{\cos^2(\pi u/2)}{1-u}\right]du \tag{9}$$

如果记第一项的分母为

$$1+u=\frac{v}{\pi}\qquad 而\qquad du=\frac{dv}{\pi} \tag{10}$$

记第二项的分母为

$$1-u=\frac{v'}{\pi}\qquad 而\qquad du=-\frac{dv'}{\pi} \tag{11}$$

注意到 $(v-\pi)/2=(\pi-v')/2$,式(9)可以改写成

$$R_0=60\int_0^{2\pi}\frac{\cos^2[(v-\pi)/2]}{v}dv \tag{12}$$

但又有 $\cos^2(x/2)=\frac{1}{2}(1+\cos x)$,故

$$R_0=30\int_0^{2\pi}\frac{1+\cos(v-\pi)}{v}dv=30\int_0^{2\pi}\frac{1-\cos v}{v}dv \tag{13}$$

式中最后所得的积分被定义为特殊函数 $\text{Cin}(x)$,即

$$\begin{aligned}\text{Cin}(x)=\int_0^x\frac{1-\cos v}{v}dv&=\ln\gamma x-\text{Ci}(x)\\&=0.577+\ln x-\text{Ci}(x)\end{aligned} \tag{14}$$

其中,$\gamma=e^c=1.781$ 或 $\ln\gamma=c=0.577$,即欧拉常数。

作为该积分的一部分,又有

$$\text{Ci}(x)=\ln\gamma x-\text{Cin}(x) \tag{15}$$

称为余弦积分函数,其积分值一般表示成无穷级数形式:

$$\text{Ci}(x)=\int_\infty^x\frac{\cos v}{v}dv=\ln\gamma x-\frac{x^2}{2!2}+\frac{x^4}{4!4}-\frac{x^6}{6!6}+\cdots \tag{16}$$

当 x 很小($x<0.2$)时,

$$\text{Ci}(x)\approx\ln\gamma x=0.577+\ln x \tag{17}$$

当 x 很大($x\gg 1$)时,

$$\text{Ci}(x)=\frac{\sin x}{x} \tag{18}$$

图 13.5 给出了余弦积分作为 x 之函数的曲线,它随着 x 的无限增大而收敛到零值。从式(14)和式(16),还可以写出 $\text{Cin}(x)$ 的无穷级数形式:

$$\text{Cin}(x)=\frac{x^2}{2!2}-\frac{x^4}{4!4}+\frac{x^6}{6!6}-\cdots \tag{19}$$

在讨论 $\text{Cin}(x)$ 和 $\text{Ci}(x)$ 的同时,还应该注意另一种在天线的阻抗计算中会遇到的积分函数,即正弦积分函数 $\text{Si}(x)$,其展开式为

$$\text{Si}(x)=\int_0^x\frac{\sin v}{v}dv=x-\frac{x^3}{3!3}+\frac{x^5}{5!5}-\cdots \tag{20}$$

当 x 很小($x<0.5$)时,

$$\mathrm{Si}(x) \approx x \tag{21}$$

当 x 很大($x >> 1$)时,

$$\mathrm{Si}(x) \approx \frac{\pi}{2} - \frac{\cos x}{x} \tag{22}$$

图 13.5 所示的正弦积分函数的曲线,随着 x 的无限增大而收敛到 $\pi/2$。

现在返回到式(13),将其重写成

$$R_0 = 30\,\mathrm{Cin}(2\pi) = 30 \times 2.44 = 73\ \Omega \quad \text{半波长天线的辐射电阻} \tag{23}$$

这是中心馈电的半波长细直天线载有正弦电流分布时众所周知的辐射电阻值。其馈端阻抗就是某个感性电抗与 R_0 的串联(见 13.5 节)。要想使电抗为零,也就是使天线谐振,应该让天线比半波长短百分之几,这种变化的结果也减小了辐射电阻值。

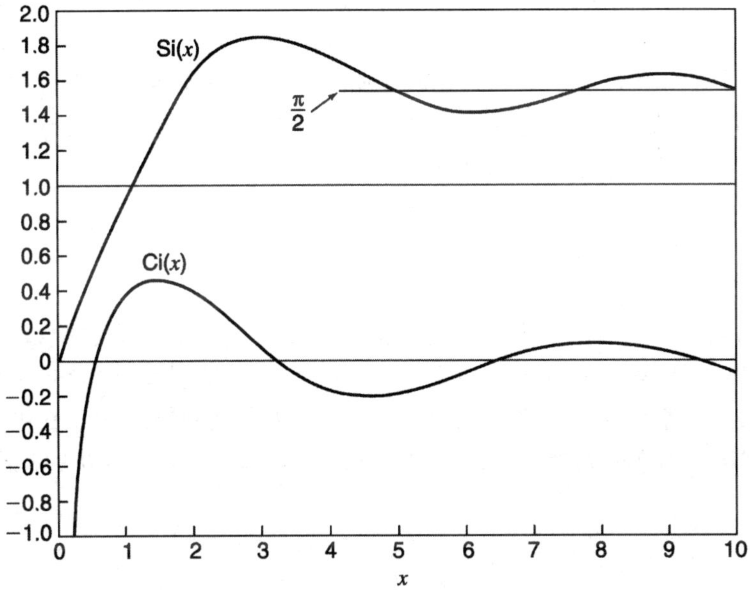

图 13.5　正弦积分函数 Si(x)和余弦积分函数 Ci(x)(分别收敛到 $\pi/2$ 和零值)

13.4　非电流最大点的辐射电阻

若采用上述方法计算 3λ/4 天线(见图 6.7)的辐射阻抗,则得出的是归算于电流最大点处而并非连接传输线之馈电点处的值。忽略天线上的损耗所得出的辐射电阻 R_0,表现为连接到天线电流最大点之传输线的终端电阻,为天线提供如同图 6.7 所示中心馈电一样的电流分布。由于馈电点的改变会改变馈端电流值,其辐射电阻 R_0 就不再是对 3λ/4 天线或任何长度不恰为 λ/2 的奇数倍的对称细天线所测出的馈端电阻值。然而,R_0 很容易被变换成天线在接入传输线的中心处所表现的辐射电阻值。

为此,令式(6.5.3)等于传输线所提供的功率 $I_1^2R_1/2$。这里,I_1 是馈端处电流的幅度,而 R_1 是归算于该馈端处的辐射电阻(见图 13.6)。于是,

$$\frac{I_1^2}{2}R_1 = \frac{I_0^2}{2}R_0 \tag{1}$$

其中,R_0 是归算于电流最大点处的辐射电阻。因此,归算于馈端处的辐射电阻为

$$R_1 = \left(\frac{I_0}{I_1}\right)^2 R_0 \tag{2}$$

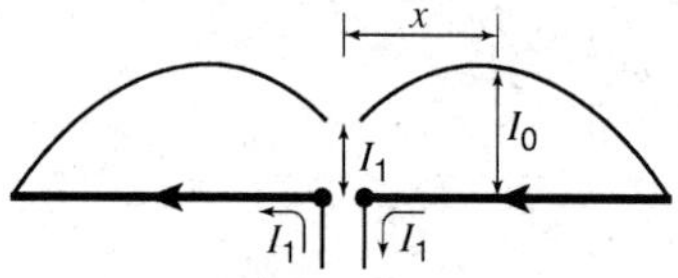

图 13.6 传输线馈端处电流 I_1 与电流最大点处电流I_0的关系

在图 13.6 中,设馈端与最近的电流最大点相距为 x,则馈端电流 I_1 可写成

$$I_1 = I_0 \cos \beta x \tag{3}$$

其中,I_1——馈端电流

I_0——最大点电流

所以,式(2)又可以表示成

$$R_1 = \frac{R_0}{\cos^2 \beta x} \tag{4}$$

当 $x=0$ 时,$R_1=R_0$;而当 $x=\lambda/4$ 时,若 $R_0 \neq 0$,则 $R_1=\infty$。可是,在电流最小点($x=\lambda/4$)处测得的辐射电阻并非由式(4)计算出的无穷大,因为真实的天线并不是无限细的,其电流在最小点处也并不为零。其实,电流最小点处辐射电阻的实际值可能大到几千欧。

13.5 细线天线的自阻抗

14.11 节将讨论如何借助**矩量法**得出偶极子天线的电流分布和自阻抗。但是,本节用的是感应电动势法,从假定电流分布出发来求解自阻抗。测量结果指出:细偶极子上的电流分布,除了在电流最小点附近之外,都很接近正弦律。这种结果对于在电流最大点馈电的长度/直径比小至100 的偶极子来说,是令人满意的。略去多达50 步的推演,得出的自阻抗为

$$Z_{11} = R_{11} + jX_{11} = 30[\mathrm{Cin}(2\pi n) + j\,\mathrm{Si}(2\pi n)] \quad (\Omega) \tag{1}$$

或

$$Z_{11} = 30\times[0.577 + \ln(2\pi n) - \mathrm{Ci}(2\pi n) + j\,\mathrm{Si}(2\pi n)] \quad (\Omega) \tag{2}$$

其中,自电阻为

$$R_{11} = 30\,\mathrm{Cin}(2\pi n) = 30\times[0.577 + \ln(2\pi n) - \mathrm{Ci}(2\pi n)] \quad (\Omega) \tag{3}$$

而自电抗为

$$X_{11} = 30\,\mathrm{Si}(2\pi n) \quad (\Omega) \tag{4}$$

这些公式可给出长度为 $\lambda/2$ 之奇数倍(n)的中心馈电细直天线的阻抗值,其中都假定了正弦电流分布,如图 13.7(a)所示。所给出的阻抗值都归算于天线中心的馈端。

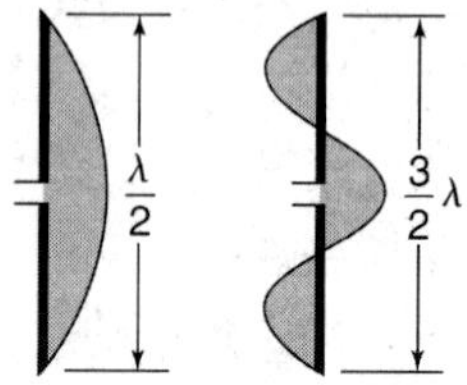

图 13.7 附有电流分布的 $\lambda/2$和$3\lambda/2$天线

在图 13.7(a)所示的半波长天线情况下,$n=1$,自电阻和自电抗值分别为

$$R_{11} = 30\,\mathrm{Cin}(2\pi) \quad (\Omega) \tag{5}$$

和

$$X_{11} = 30\,\mathrm{Si}(2\pi) \quad (\Omega) \tag{6}$$

对于半波长天线的辐射电阻,式(5)与 13.3 节中的式(13.2.23)是一致的,根据式(5)和

式(6)得出的自阻抗为

$$Z_{11}=R_{11}+jX_{11}=73+j42.5\ \Omega \qquad \textbf{半波长天线的自阻抗} \tag{7}$$

由于 X_{11} 不为零,一支严格半波长的天线是非谐振的。为了达到谐振,实际的天线要短百分之几,使得 $X_{11}=0$,此时其自电阻会稍小于 73 Ω。

对于如图 13.7(b)所示的 3λ/2 天线,$n=3$,其自阻抗为

$$Z_{11}=30\times[\mathrm{Cin}(6\pi)+j\,\mathrm{Si}(6\pi)]$$

或

$$Z_{11}=105.5+j45.5\ \Omega \qquad \textbf{3λ/2 天线的自阻抗} \tag{8}$$

有趣的是,凡是严格奇数倍波长的中心馈电天线,都具有正的自电抗,因为正弦积分 $\mathrm{Si}(2\pi n)$ 总是正值。对于更大的 n,正弦积分收敛于 π/2 值(见图 13.5),对应了 47.1 Ω 的自电抗。值得注意的是:天线长度不是 λ/2 的严格奇数倍时,其自电抗值可正可负。然而,本节的后续分析都限于严格奇数倍波长的天线。

对于较大的 n,因为 $\mathrm{Ci}(2\pi n)$ 趋于零,故

$$R_{11}=30\times[0.577+\ln(2\pi n)] \tag{9}$$

因此,自电阻随着 n 的增加而连续地按对数律增大。

更一般地,也可以处理中心馈电的天线长度 L 不限于 λ/2 的奇数倍的情况,仍假定正弦电流分布,此时的自电阻为

$$R_{11}=30\times\left[\left(1-\cot^2\frac{\beta L}{2}\right)\mathrm{Cin}\,2\beta L+4\cot^2\frac{\beta L}{2}\,\mathrm{Cin}\,\beta L+2\cot\frac{\beta L}{2}(\mathrm{Si}\,2\beta L-2\,\mathrm{Si}\,\beta L)\right]\quad(\Omega) \tag{10}$$

当长度很短($L \ll \lambda$)时,式(10)的简化非常接近于

$$R_{11}=5(\beta L)^2 \quad (\Omega) \tag{11}$$

这与例 2.10.1 中的式(2.10.9)取 $I_{av}=(1/2)I_0$ 时的结果相同。

对于 $L=n\lambda/2$,其中 $n=1,3,5,\cdots$ 的特殊情况,式(10)可简化成此前的式(3)。

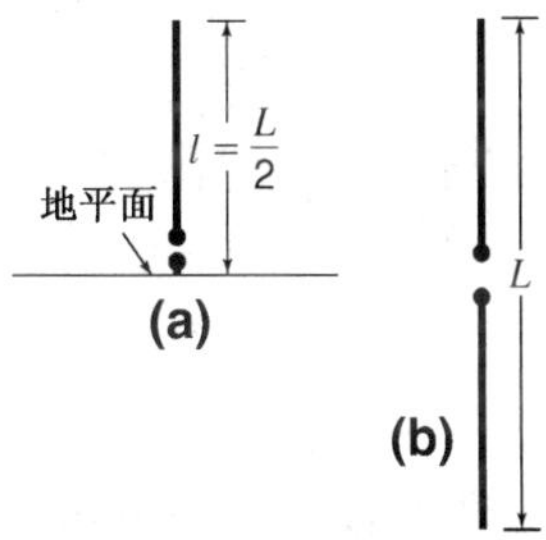

图 13.8　(a) 长度为 l 的短桩形天线;(b)长度为 L 的中心馈电天线

上述讨论可应用于平衡的中心馈电天线。对于细直的短桩形天线,其高度为 l,垂直于无限大的理想导电地平面,如图 13.8(a)所示,其自阻抗等于相应的中心馈电平衡型天线的 1/2。图 13.8(b)所示天线的自阻抗的一般式(10)可用于带地平面的短桩形天线,只需将因子 30 换成 15,并取 $L=2l$。式(3)和式(4)也可用于带地平面的高度为 λ/4 的奇数倍的短桩形天线,也只需将因子 30 换成 15。因此,垂直于无限大的理想导电地平面的 λ/4 天线具有自阻抗

$$Z_{11}=36.5+j21\ \Omega \qquad \textbf{λ/4 短桩形天线的自阻抗} \tag{12}$$

13.6 两平行线天线的互阻抗

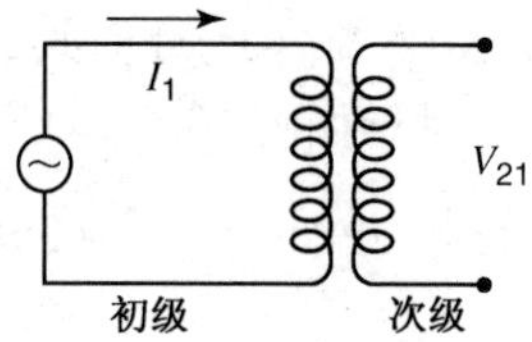

图 13.9 耦合电路或变压器

在电路理论中,设流过电路 1 中的电流 I_1 在电路 2 中感应的开路电动势为 V_{21},则两个耦合电路的互阻抗定义为:该电动势与电流之比的负值。例如,图 13.9中的耦合电路由变压器的初级和次级线圈组成,其互阻抗为

$$Z_{21} = -\frac{V_{21}}{I_1} \tag{1}$$

其中,V_{21}是由初级电流 I_1 在次级开路端对上感应的电动势。按此定义的互阻抗不同于 13.2 节中讨论互易性定理所用的转移阻抗。一般来说,转移阻抗是在一个电路上施加的电动势在另一个闭合电路中所产生的电流。例如,将图 13.9 中的发生器从初级电路移走,接到次级电路的终端,则该发生器所施加的电压 V 与初级闭路中的电流 I_1 之比才是转移阻抗 Z_T,即

$$\frac{V}{I_1} = Z_T \tag{2}$$

显然,这种阻抗不同于式(1)所给出的互阻抗 Z_{21}。

现考虑用图 13.10 所示的两支天线来取代图 13.9 所示的耦合电路,记天线 1 上的电流 I_1 在天线 2 的开路端处感应出的电动势为 V_{21},则 $-V_{21}$与 I_1 之比就是互阻抗 Z_{21},即

$$Z_{21} = \frac{-V_{21}}{I_1} \tag{3}$$

如果将发生器移到天线 2 的馈端,则根据互易性定理可同样给出互阻抗 Z_{12}或 $-V_{12}$与 I_2 之比,其中 V_{12}是由天线 2 上的电流 I_2 在天线 1 的开路端处感应出的电动势,即

$$\frac{-V_{21}}{I_1} = Z_{21} = Z_{12} = \frac{-V_{12}}{I_2} \tag{4}$$

为了计算互阻抗,就要已知 V_{21}和 I_1。令天线按 z 取向,如图 13.10 所示。由天线 1 的电流在天线 2 的开路端上感应的电动势可写成

$$V_{21} = \frac{1}{I_2}\int_0^L I_z E_{21}\,dz \tag{5}$$

其中,I_2 是天线 2 上将馈端短接时的最大电流点之电流,I_z则是天线 2 上距离底端为 z 处的电流值;而 E_{21}是由天线 1 上的电流沿天线 2 产生的电场。设电流为正弦律分布,如下所示:

$$I_z = I_2 \sin\beta z \tag{6}$$

使式(5)变成

$$V_{21} = \int_0^L E_{21} \sin\beta z\,dz \tag{7}$$

从而有

$$Z_{21} = \frac{-V_{21}}{I_1} = -\frac{1}{I_1}\int_0^L E_{21} \sin\beta z\,dz \tag{8}$$

这是两支平行的中心馈电细直天线之互阻抗的普遍表达式。下文将首先考虑两支相同长度 L 的天线，且 L 等于 $\lambda/2$ 的奇数倍（$L = n\lambda/2$；$n = 1,3,5,\cdots$）。实际上我们感兴趣的是两支半波长天线（$n = 1$）的情况，它们的相对位置可按三种形式布置：边靠边、共线或端对端、错位或梯式（见图 13.11）。这三种布置下的互阻抗表达式将在下面几节中给出。

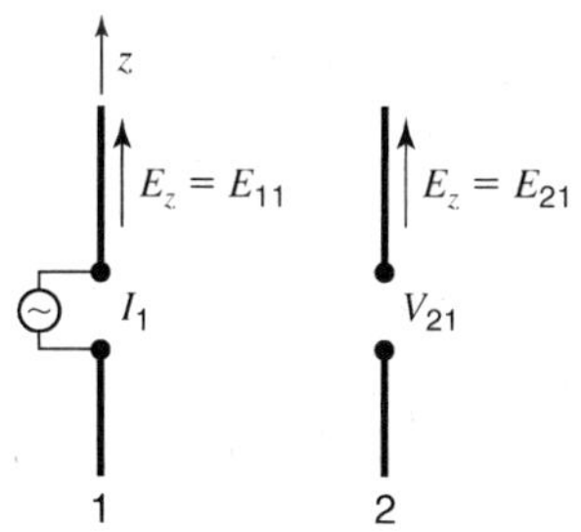

图 13.10 平行耦合天线

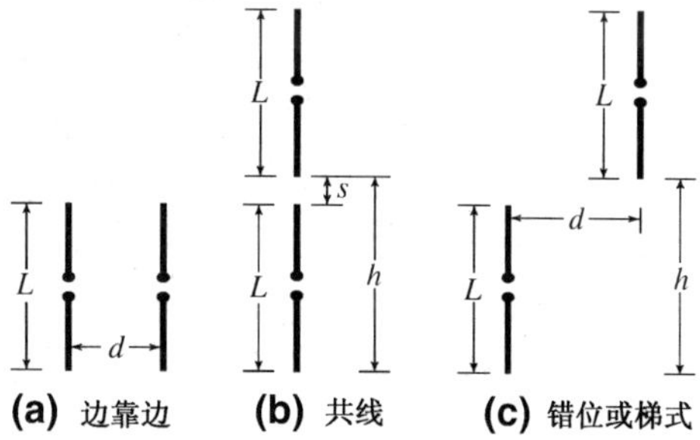

图 13.11 两平行天线的三种布置形式

13.7 边靠边平行天线的互阻抗

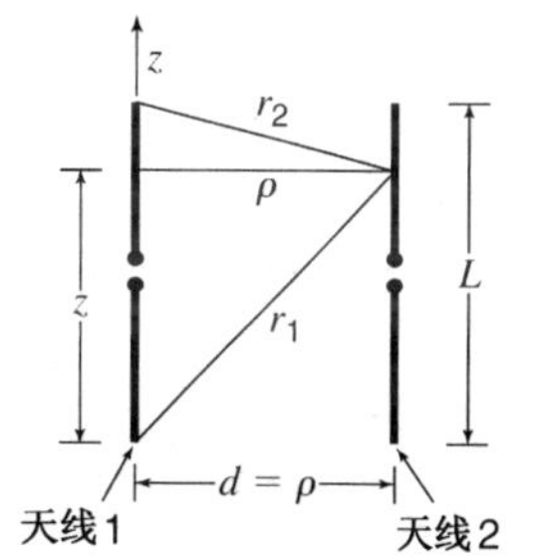

图 13.12 平行耦合天线及尺寸关系

设两支天线的间距为 d，参考图 13.11(a) 和图 13.12 的布置，有几何关系式：

$$r_1 = \sqrt{d^2 + z^2} \tag{1}$$

$$r_2 = \sqrt{d^2 + (L - z)^2} \tag{2}$$

于是，互阻抗式变成

$$Z_{21} = j30\int_0^L \left\{ \frac{\exp\left(-j\beta\sqrt{d^2 + z^2}\right)}{\sqrt{d^2 + z^2}} + \frac{\exp\left[-j\beta\sqrt{d^2 + (L - z)^2}\right]}{\sqrt{d^2 + (L - z)^2}} \right\} \sin\beta z\, dz \tag{3}$$

Carter 已给出了此式中的积分，为

$$\begin{aligned} Z_{21} = 30\times\{&2\,\mathrm{Ei}(-j\beta d) - \mathrm{Ei}\left[-j\beta\left(\sqrt{d^2 + L^2} + L\right)\right] \\ &- \mathrm{Ei}\left[-j\beta\left(\sqrt{d^2 + L^2} - L\right)\right]\} \quad (\Omega) \end{aligned} \tag{4}$$

其中的指数积分函数为

$$\mathrm{Ei}(\pm jy) = \mathrm{Ci}(y) \pm j\,\mathrm{Si}(y) \tag{5}$$

因此，互电阻 R_{21} 和互电抗 X_{21} 分别为

$$R_{21} = 30\times\left\{2\,\mathrm{Ci}(\beta d) - \mathrm{Ci}\left[\beta\left(\sqrt{d^2 + L^2} + L\right)\right] - \mathrm{Ci}\left[\beta\left(\sqrt{d^2 + L^2} - L\right)\right]\right\} \quad (\Omega) \tag{6}$$

$$X_{21} = -30\times\left\{2\,\mathrm{Si}(\beta d) - \mathrm{Si}\left[\beta\left(\sqrt{d^2 + L^2} + L\right)\right] - \mathrm{Si}\left[\beta\left(\sqrt{d^2 + L^2} - L\right)\right]\right\} \quad (\Omega) \tag{7}$$

并有

$$R_{21} + jX_{21} = Z_{21} = Z_{12} = R_{12} + jX_{12} \tag{8}$$

其中，$L = n\lambda/2$，n 为奇数。

根据式(6)和式(7)对半波长天线（$L = \lambda/2$）算出的互电阻和互电抗，在图 13.13 中已作为间距 d 的函数被绘成实线，互电阻 R_{21} 还列于表 13.1 中。

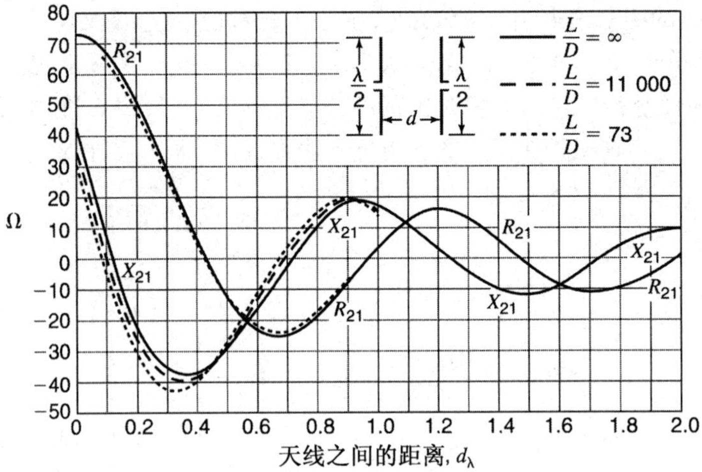

图 13.13 两边靠边平行半波长直天线的互电阻(R_{21})和互电抗(X_{21})作为其间距之函数的曲线。实线是由Carter公式对无限细天线计算的结果;虚线和点线取自Tai在比值L/D分别为11000和73时的数据

表 13.1 边靠边的中心馈电半波长细天线之互电阻随间距的变化($\beta L=180°$,正弦电流分布)

间距 d, λ	互电阻 R_{21}, Ω	自/互电阻差 $(R_{11}-R_{21})$, Ω
0.00	73.13	0.00
0.01	73.07	0.06
0.05	71.65	1.48
0.10	67.5	5.63
0.125	64.4	8.7
0.15	60.6	12.5
0.20	51.6	21.5
0.25	40.9	32.2
0.3	29.4	43.7
0.4	+6.3	66.8
0.5	−12.7	85.8
0.6	−23.4	96.5
0.7	−24.8	97.9
0.8	−18.6	91.7
0.9	−7.2	80.3
1.0	+3.8	69.3
1.1	+12.1	61.0
1.2	+15.8	57.3
1.3	+12.4	60.7
1.4	+5.8	67.3
1.5	−2.4	75.5
1.6	−8.3	81.4
1.7	−10.7	83.8
1.8	−9.4	82.5
1.9	−4.8	77.9
2.0	+1.1	72.0

注意:偶极子间距 $d=0.125\lambda$ 时的总电阻(自−互)仅为 8.7 Ω,而单个半波长天线为 73 Ω。较小间距使总电阻锐减。当有任何损耗存在时,会导致增益减小和效率降低。16.5 节将对此进行更详细的讨论。

King(1) & Harrison 和 Tai(1)提出一种用于计算直天线互阻抗的积分方程法,这与第4 章所讨论的方法有关。在此方法中必须考虑天线导体之直径 D 的因素。作为比较,Tai 所给出的互电阻和互电抗曲线已采用虚线($L/D=11\ 000$,极细)和点线($L/D=73$)绘于同一幅图中,如图 13. 12 所示。

在表 13. 1 中,列出的量 $R_{11}-R_{21}$ 在阵列计算中十分重要。当 d 很小时,Brown(2)曾指出其近似的简单关系式

$$R_{11}-R_{21}=60\pi^2\left(\frac{d}{\lambda}\right)^2=592.2\left(\frac{d}{\lambda}\right)^2 \quad (\Omega) \tag{9}$$

这里的 λ 是自由空间波长。式(9)的准确度对于 $d\leqslant 0.05\lambda$ 的间距在 1% 以内,对于 $d\leqslant 0.1\lambda$ 的间距约在 5% 以内。

更一般的情况是天线长度 L 不限于 $\lambda/2$ 的奇数倍,Brown(1) & King 给出了互电阻和互电抗的公式

$$\begin{aligned}R_{21}=30\times\frac{1}{\sin^2(\beta L/2)}\Bigg\{&2\times(2+\cos\beta L)\,\mathrm{Ci}\,\beta d\\&-4\cos^2\frac{\beta L}{2}\left[\mathrm{Ci}\,\frac{\beta}{2}\left(\sqrt{4d^2+L^2}-L\right)+\mathrm{Ci}\,\frac{\beta}{2}\left(\sqrt{4d^2+L^2}+L\right)\right]\\&+\cos\beta L\left[\mathrm{Ci}\,\beta\left(\sqrt{d^2+L^2}-L\right)+\mathrm{Ci}\,\beta\left(\sqrt{d^2+L^2}+L\right)\right]\\&+\sin\beta L\Bigg[\mathrm{Si}\,\beta\left(\sqrt{d^2+L^2}+L\right)-\mathrm{Si}\,\beta\left(\sqrt{d^2+L^2}-L\right)\\&-2\,\mathrm{Si}\,\frac{\beta}{2}\left(\sqrt{4d^2+L^2}+L\right)+2\,\mathrm{Si}\,\frac{\beta}{2}\left(\sqrt{4d^2+L^2}-L\right)\Bigg]\Bigg\}\quad(\Omega)\end{aligned} \tag{10}$$

和

$$\begin{aligned}X_{21}=30\times\frac{1}{\sin^2(\beta L/2)}\Bigg\{&-2\times(2+\cos\beta L)\,\mathrm{Si}\,\beta d\\&+4\cos^2\frac{\beta L}{2}\left[\mathrm{Si}\,\frac{\beta}{2}\left(\sqrt{4d^2+L^2}-L\right)+\mathrm{Si}\,\frac{\beta}{2}\left(\sqrt{4d^2+L^2}+L\right)\right]\\&-\cos\beta L\left[\mathrm{Si}\,\beta\left(\sqrt{d^2+L^2}-L\right)+\mathrm{Si}\,\beta\left(\sqrt{d^2+L^2}+L\right)\right]\\&+\sin\beta L\Bigg[\mathrm{Ci}\,\beta\left(\sqrt{d^2+L^2}+L\right)-\mathrm{Ci}\,\beta\left(\sqrt{d^2+L^2}-L\right)\\&-2\,\mathrm{Ci}\,\frac{\beta}{2}\left(\sqrt{4d^2+L^2}+L\right)+2\,\mathrm{Ci}\,\frac{\beta}{2}\left(\sqrt{4d^2+L^2}-L\right)\Bigg]\Bigg\}\quad(\Omega)\end{aligned} \tag{11}$$

在 $L=n\lambda/2$(n 为奇数)的特殊情况下,式(10)和式(11)简化成了前述的式(6)和式(7)。

本节前述公式都针对了平衡的中心馈电天线。因此,对于图 13. 14所示的无限大理想导电地平面上高度为$l=L/2$的两支短桩形天线,其互阻抗恰为式(6)和式(7)或式(10)和式(11)所得值之半。这些公式转用于接地平面结构时,可以将其系数因子从 30 改成 15,长度用 $L=2l$ 替换。

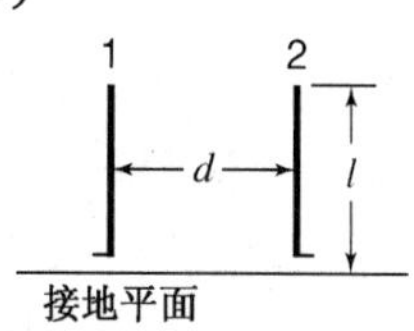

图 13. 14　两支耦合的平行短桩形天线

13.8 平行共线天线的互阻抗

设两支天线的长度各为 λ/2 的奇数倍,按图 13.11(b)布置,且 $h>L$,Carter(1)给出的互电阻和互电抗公式为

$$R_{21}=-15\cos\beta h\left[-2\,\mathrm{Ci}\,2\beta h+\mathrm{Ci}\,2\beta(h-L)+\mathrm{Ci}\,2\beta(h+L)-\ln\left(\frac{h^2-L^2}{h^2}\right)\right]$$
$$+15\sin\beta h[2\,\mathrm{Si}\,2\beta h-\mathrm{Si}\,2\beta(h-L)-\mathrm{Si}\,2\beta(h+L)]\quad(\Omega)\tag{1}$$

和

$$X_{21}=-15\cos\beta h[2\,\mathrm{Si}\,2\beta h-\mathrm{Si}\,2\beta(h-L)-\mathrm{Si}\,2\beta(h+L)]+15\sin\beta h$$
$$\times\left[2\,\mathrm{Ci}\,2\beta h-\mathrm{Ci}\,2\beta(h-L)-\mathrm{Ci}\,2\beta(h+L)-\ln\left(\frac{h^2-L^2}{h^2}\right)\right]\quad(\Omega)\tag{2}$$

平行共线半波长天线($L=\lambda/2$)的 R_{21} 和 X_{21} 作为间隔 s 之函数,其曲线示于图 13.15。其中 $s=h-L$,如图 13.11(b)所示。

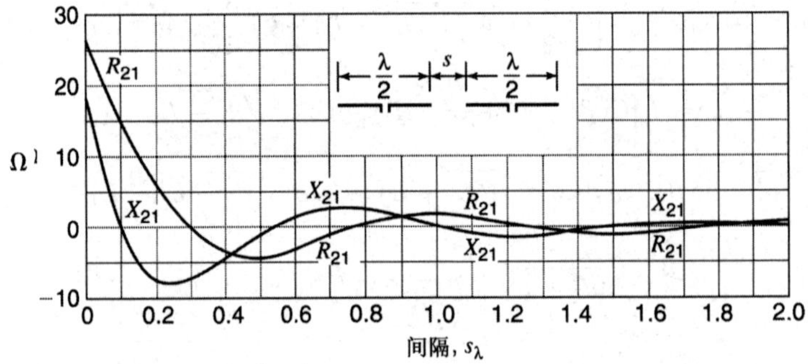

图 13.15 两平行共线无限细半波长天线的互电阻 R_{21} 和互电抗 X_{21} 作为相邻端点的间隔 s 之函数的曲线

13.9 梯式平行天线的互阻抗

对于天线如图 13.11(c)所示的梯式布置,若各天线长度都是 λ/2 的奇数倍,Carter(1)和 King(1)给出了互电阻和互电抗的公式,分别为

$$R_{21}=-15\cos\beta h(-2\,\mathrm{Ci}\,A-2\,\mathrm{Ci}\,A'+\mathrm{Ci}\,B+\mathrm{Ci}\,B'+\mathrm{Ci}\,C+\mathrm{Ci}\,C')$$
$$+15\sin\beta h(2\,\mathrm{Si}\,A-2\,\mathrm{Si}\,A'-\mathrm{Si}\,B+\mathrm{Si}\,B'-\mathrm{Si}\,C+\mathrm{Si}\,C')\quad(\Omega)\tag{1}$$

和

$$X_{21}=-15\cos\beta h(2\,\mathrm{Si}\,A+2\,\mathrm{Si}\,A'-\mathrm{Si}\,B-\mathrm{Si}\,B'-\mathrm{Si}\,C-\mathrm{Si}\,C')$$
$$+15\sin\beta h(2\,\mathrm{Ci}\,A-2\,\mathrm{Ci}\,A'-\mathrm{Ci}\,B+\mathrm{Ci}\,B'-\mathrm{Ci}\,C+\mathrm{Ci}\,C')\quad(\Omega)\tag{2}$$

其中,

$$
\begin{aligned}
A &= \beta\left(\sqrt{d^2+h^2}+h\right)\\
A' &= \beta\left(\sqrt{d^2+h^2}-h\right)\\
B &= \beta\left[\sqrt{d^2+(h-L)^2}+(h-L)\right]\\
B' &= \beta\left[\sqrt{d^2+(h-L)^2}-(h-L)\right]\\
C &= \beta\left[\sqrt{d^2+(h+L)^2}+(h+L)\right]\\
C' &= \beta\left[\sqrt{d^2+(h+L)^2}-(h+L)\right]
\end{aligned}
$$

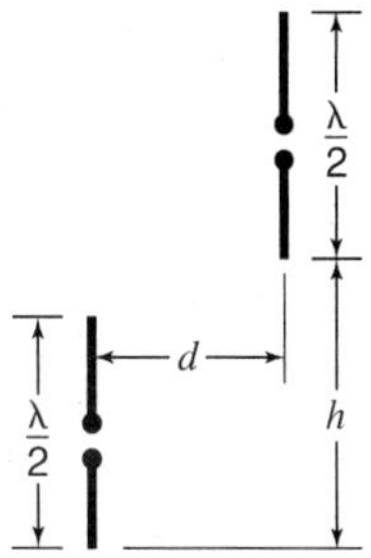

图 13.16　两平行梯式布置的半波长细天线

半波长天线($L=\lambda/2$)按图 13.16 布置,据式(1)算得的互电阻值(以 Ω 计)作为 d 和 h 的函数已列于表 13.2 中(Pistolkors-1)。该梯式布置是较普遍的情况,边靠边(见 13.7 节)和共线(见 13.8 节)都属于其特例。

表 13.2　梯式布置半波长细天线的互电阻作为 d 和 h 的函数(见图 13.16)

横向间距	轴向间距 h/λ						
d/λ	**0.0**	**0.5**	**1.0**	**1.5**	**2.0**	**2.5**	**3.0**
0.0	+73.1	+26.4	−4.1	+1.8	−1.0	+0.6	−0.4
0.5	−12.7	−11.8	−0.8	+0.8	−1.0	+0.5	−0.3
1.0	+3.8	+8.8	+3.6	−2.9	+1.1	−0.4	+0.1
1.5	−2.4	−5.8	−6.3	+2.0	+0.6	−1.0	+0.9
2.0	+1.1	+3.8	+6.1	+0.2	−2.6	+1.6	−0.5
2.5	−0.8	−2.8	−5.7	−2.4	+2.7	−0.3	−0.1
3.0	+0.4	+1.9	+4.5	+3.2	−2.1	−1.6	+1.7
3.5	−0.3	−1.5	−3.9	−3.8	+0.7	+2.7	−1.0
4.0	+0.2	+1.1	+3.1	+3.7	+0.5	−2.5	−0.1
4.5	−0.2	−0.9	−2.5	−3.4	−1.3	+2.0	+1.1
5.0	+0.2	+0.7	+2.1	+3.1	+1.8	−1.4	−1.9
5.5	−0.1	−0.6	−1.8	−2.9	−2.2	+0.5	+1.8
6.0	+0.1	+0.5	+1.6	+2.6	+2.3	−0.1	−2.0
6.5	−0.1	−0.5	−1.2	−2.3	−2.3	−0.5	+1.7
7.0	+0.1	+0.4	+1.1	+2.1	+2.3	+0.9	−1.3
7.5	0.0	−0.3	−1.0	−1.9	−2.1	−1.0	+0.7

13.10　其他布置天线的互阻抗

尽管我们还对许多其他布置天线的互阻抗感兴趣,但因品种繁多,在此仅择两种为例,另列出参考资料为读者指引进一步的信息。

1. **不等高度的平行天线**:Cox(1)曾处理过这种情况。Cox 提供的数据专门用于无限大理想导电地平面上的短桩形天线,但也能用于两倍长度的中心馈电对称天线,只需在电阻与电抗值前乘以 2,参见 Howard E. King(1)。
2. ***V* 形或斜置的天线**:某些天线系统中含有非平行的直线形辐射器。这种斜置天线的互阻抗很容易用矩量法计算,例如 J. H. Richmond 的 FORTRAN IV 程序,ASIS-NAPS Document NAPS-02223。

关于 MININEC 程序,可以参见本书 Web 站点 www. mhhe. com/kraus。

对于两个短偶极子,可推导出如下的简单而有用的关系式。

如图 13.17 所示,两个长度为 L_λ 和 L_λ' 而指向角为 θ 和 θ' 的中心馈电短偶极子相距 r_λ。互阻抗是由偶极子 1 上的电流 I_1 在偶极子 2 上感应产生的电压 V_{21} 与 I_1 之比。设 $L_\lambda \ll 1, L_\lambda' \ll 1$,且 $r_\lambda \gg 1$,由式(6.2.17)可得

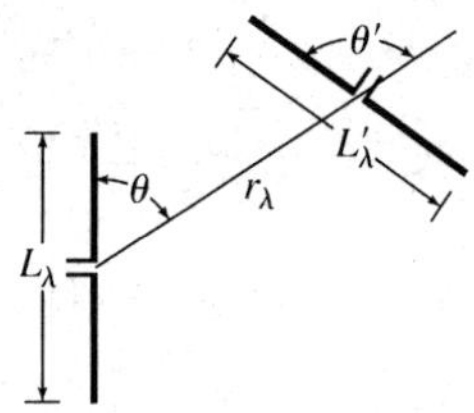

图 13.17 两个不同长度不同指向角的中心馈电短偶极子

$$Z_{21} = \frac{V_{21}}{I_1} = \frac{60\pi L_\lambda}{r_\lambda} \sin\theta \, \mathrm{e}^{-j\beta r} L'_\lambda \sin\theta' \tag{1}$$

或

$$Z_{21} = \underbrace{\frac{60\pi L_\lambda L'_\lambda}{r_\lambda}}_{\text{幅值}} \underbrace{(\sin\theta \sin\theta')}_{\text{指向}} \underbrace{(\sin 2\pi r_\lambda + j\cos 2\pi r_\lambda)}_{\text{周期性函数}} \tag{2}$$

其最大值为

$$Z_{21}(\text{最大}) = \frac{60\pi L_\lambda L'_\lambda}{r_\lambda} \quad (\Omega) \tag{3}$$

在式(2)中有三个因子:第一个是包含偶极子长度与间距的幅值因子;第二个是包含了它们的取向的指向因子;第三个是周期性因子,是幅度归一而相位为间距之函数的复值函数。一般来说,天线的互阻抗总包含这样的三个因子。

13.11 用定向性和辐射电阻表示的互阻抗

设一发射天线与一接收天线相距 r,传送到接收天线之已匹配负载的功率为

$$P_r = \frac{(V_r/2)^2}{R_r} \qquad (\mathrm{W}) \tag{1}$$

其中,V_r——接收天线馈端的感应电压,V

R_r——接收天线的辐射电阻,Ω

发射功率为

$$P_t = I_t^2 R_t \qquad (\mathrm{W}) \tag{2}$$

其中,I_t——发射天线馈端的电流,A

R_t——发射天线的辐射电阻,Ω

根据式(1)和式(2),有天线互阻抗的幅值

$$|Z_m| = \frac{V_r}{I_t} = \frac{2\sqrt{P_r R_r}}{\sqrt{P_t/R_t}} = 2\sqrt{\frac{P_r}{P_t}}\sqrt{R_r R_t} \tag{3}$$

根据弗里斯传输公式(2.11.5),

$$\frac{P_r}{P_t} = \frac{A_{er} A_{et}}{r^2 \lambda^2} \tag{4}$$

其中,A_{er}——接收天线的有效面积,m^2

A_{et}——发射天线的有效面积,m^2

将式(4)代入式(3),得到最大的互阻抗幅值

$$|Z_m|(\text{最大}) = \frac{2\sqrt{A_{er} A_{et} R_r R_t}}{r\lambda} \tag{5}$$

然而,根据定向性 $D = 4\pi A_e/\lambda^2$,最大的互阻抗幅值可以改写成

$$|Z_m|(\text{最大}) = \frac{\sqrt{D_r D_t R_r R_t}}{2\pi r_\lambda} \quad (\Omega) \tag{6}$$

其中，D_r——接收天线的定向性，无量纲

D_t——发射天线的定向性，无量纲

R_r——接收天线的辐射电阻，Ω

R_t——发射天线的辐射电阻，Ω

r_λ——间距，波长数

于是，两天线的互阻抗是两者定向性（或口径）和辐射电阻的函数。但以上结论限于相距远大于天线尺寸（$r >> \lambda$）的场合。

例 13.11.1

设有两支长度为 0.1λ 而相距 10λ 的中心馈电偶极子天线，计算其最大互阻抗的幅值。假定偶极子上的电流均匀分布，接收天线按最大功率传输条件端接负载。

解：

根据例 2.10.1 中的式（9），有

$$|Z_m|(\text{最大}) = \frac{1.5 \times 0.8\pi^2}{2\pi \times 10} = 0.1885\ \Omega$$

根据式（13.10.3），也有

$$Z_{21}(\text{最大}) = \frac{60\pi \times 0.1^2}{10} = 0.1885\ \Omega$$

虽然式（6）与式（13.10.3）除了分母中的 r_λ 之外并不相像，但它们给出了相同的阻抗值。

参考文献

Ballantine, Stuart (1), "Reciprocity in Electromagnetic, Mechanical, Acoustical, and Interconnected Systems," *Proc. IRE,* **17,** 929–951, June 1929.

Brown, G. H. (1), and R. King, "High Frequency Models in Antenna Investigations," *Proc. IRE,* **22,** 457–480, April 1934.

Brown, G. H. (2), personal communication to John Kraus, June 16, 1938.

Carson, J. R. (1), "A Generalization of the Reciprocal Theorem," *Bell System Tech. J.,* **3,** 393–399, July 1924.

Carson, J. R. (2), "Reciprocal Theorems in Radio Communication," *Proc. IRE,* **17,** 952–956, June 1929.

Carter, P. S. (1), "Circuit Relations in Radiating Systems and Applications to Antenna Problems," *Proc. IRE,* **20,** 1004–1041, June 1932.

Cox, C. R. (1), "Mutual Impedance between Vertical Antennas of Unequal Heights," *Proc. IRE,* **35,** 1367–1370, November 1947.

King, H. E. (1), "Mutual Impedance of Unequal Length Antennas in Echelon," *IEEE Trans. Ants. Prop.,* **AP-5,** 306–313, July 1957.

King, R. (1), and C. W. Harrison, Jr., "Mutual and Self Impedance for Coupled Antennas," *J. Appl. Phys.,* 481–495, June 1944.

Labus, J. (1), "Recherische Ermittlung der Impedanz von Antennen," *Hochfrequenztechnik und Electroakustik,* **17,** January 1933.

Pistolkors, A. A. (1), "The Radiation Resistance of Beam Antennas," *Proc. IRE,* **17,** 562–579, March 1929.

Rayleigh, Lord (1), *The Theory of Sound,* The Macmillan Company, New York, vol. 1 (1877, 1937), pp. 98 and 150–157, and vol. 2 (1878, 1929), p. 145.

Tai, C. T. (1), "Coupled Antennas," *Proc. IRE,* **36,** 487–500, April 1948.

习题

13.4.1* **5λ/2 天线**。试计算长度为 5λ/2 的中心馈电对称细直天线的自电阻和自电抗。

13.6.1 **平行边靠边 λ/2 天线**。试计算两平行边靠边细直 λ/2 天线相距 0.15λ 时的互电阻和互电抗。

13.6.2 **Brown 公式**。试证明 Brown 公式(13.7.9):$R_{11}-R_{21}=60\pi^2(d/\lambda)^2$。

13.6.3* **三根边靠边天线**。三根天线按图 P13.6.3 布置,各天线上的电流幅值相等,(a)和(c)的电流同相,而与(b)反相。已知各天线的自电阻为 100 Ω,互电阻 $R_{ab}=R_{bc}=40\ \Omega$,而 $R_{ac}=-10\ \Omega$。试求各天线归算于(相同位置)馈端的辐射电阻。

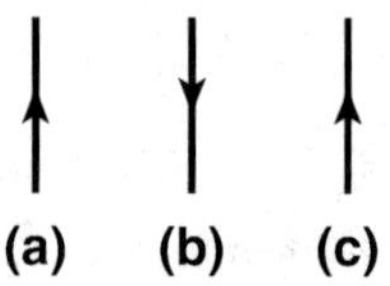

图 P13.6.3 三根边靠边天线

13.8.1 **两根梯式 λ/2 天线**。试计算两根梯式布置的平行细直 λ/2 天线(见图 13.16)相距 $d=0.25\ \lambda$ 和 $h=1.25\ \lambda$ 时的互电阻和互电抗。

13.9.1 **自电阻和互电阻**。试解释为什么两根天线的互电阻可以都是正值或负值,而单根天线的自电阻只能是正值。

13.10.1 **馈端阻抗**。(a) 试借助接于接收天线馈端的等效网络来说明:等效的戴维南发生器具有内阻 $Z_{22}-(Z_m{}^2/Z_{11})$ 和电动势 V_1Z_m/Z_{11},其中 Z_{11} 为发射天线的自阻抗,Z_{22} 为接收天线的自阻抗,Z_m 为互阻抗,而 V_1 为加在发射天线馈端的电动势。(b)怎样的负载接在接收天线的馈端上能实现最大的功率转移?

注意:习题中涉及的计算机程序,见附录 C。

第 14 章 柱形天线和矩量法

本章包含下列主题:

- 积分方程法
- 圆柱天线上的电流分布
- 粗柱和细柱的输入阻抗
- 波瓣图
- 圆锥或锥削的输入段
- 类球体天线
- 长圆柱天线上的电流分布
- 矩量法(MOM)求电荷分布
- 矩量法求电流分布和阻抗
- 用矩量法求自阻抗、互阻抗和雷达截面

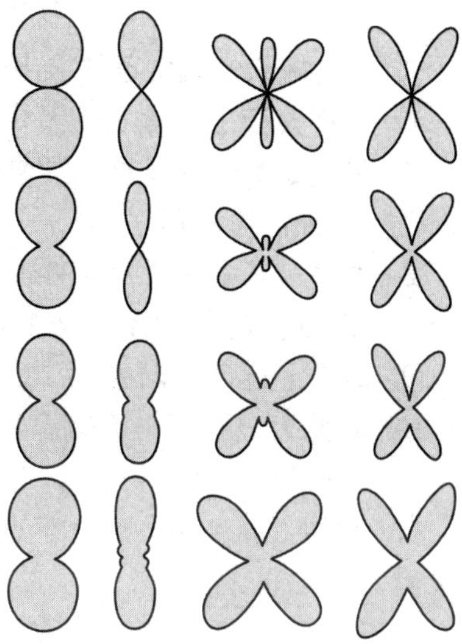

14.1 引言

在上一章中曾经假设,在有限尺寸的天线上电流呈正弦分布,这适用于非常细的天线。本章讨论中心馈电圆柱天线上电流分布所用的计算方法,将计及天线导体粗细的影响。

100 多年前 Abraham(1)就将天线处理成边值问题,为拉伸椭球回转体得出自由振荡的严格解。但在 40 年之后,Hallén(1)和 L. V. King(1)开始将中心馈电的圆柱天线当成边值问题来处理。

海伦(Hallén)法从积分方程求解天线的电流分布,知道了电流分布和加在输入端上的电压,即可由该电压与馈端处的电流之比得到天线的输入阻抗。

在下一节概述海伦积分方程法之后,14.3 节将给出电流分布的结果。随后将矩量法用于求解短偶极子天线的电流分布、阻抗和雷达截面。关于海伦积分方程法的更详细内容,可参考本书的前两个版本。

14.2 积分方程法概述

积分方程法具有两重目标:

1. 根据中心馈电圆柱天线的长度和直径,得出天线上的电流分布。
2. 得出天线的输入阻抗。

该方法的步骤概述如下,在后续各节中再进行更完整的论述。

1. 用电流和集肤效应的电阻 R_S 表示导体内的电场 **E**。
2. 用矢量位表示导体外的电场 **E**。

3. 据内外 **E** 的切向分量相等,得出矢量位 **A** 的波动方程:

$$\frac{\partial^2 A_z}{\partial z^2} + k^2 A_z = \frac{jk^2}{c} R_S I_z$$

4. 该波动方程的解 **A** 可写成一项谐函数与一项特解积分之和:

$$A_z = \frac{-j}{c}(C_1 \cos \beta z + C_2 \sin \beta z) + \frac{jZ}{c}\int_0^z I(s) \sin \beta(z-s)\, ds$$

5. 借助输入馈端的条件求出上式中的常数值 $C_2 = V_T/2$。
6. 另将矢量位 **A** 表示成天线电流 I_z 的辐射积分。
7. 将从第 5 步得到的 C_2 和第 6 步所表示的 **A** 代入第 4 步的解式,得到电流的积分方程,即海伦方程。
8. 通过对其中一项积分的运算得出电流 I_z 的部分解,于是该电流被表示成若干项之和,而其中有几项仍含有未知的 I_z。
9. 略去上述含 I_z 的项,得出 I_z 的(零阶)近似解式。
10. 将此 I_z 式代回电流的积分方程,可获得电流含待定常数 C_1 的一阶近似解式。继续此迭代过程,亦可得二阶和高阶近似解式。
11. 利用天线末端电流为零的物理条件得出 C_1,再代回 I_z 式,即可写出天线电流的渐近表示式

$$I_z = \frac{jV_T}{60\,\Omega'}\left[\frac{\sin \beta(l-|y|) + (b_1/\Omega') + (b_2/\Omega'^2) + \cdots}{\cos \beta l + (d_1/\Omega') + (d_2/\Omega'^2) + \cdots}\right] \tag{1}$$

其中,$\Omega' = 2\ln(2l/a)$,l 是天线的半长度,a 是天线的半径。一阶近似所含的只涉及分子与分母的第二项(b_1/Ω')和(d_1/Ω');二阶近似所含涉及到第三项(b_2/Ω'^2)和(d_2/Ω'^2);等等。
12. 于是,输入阻抗得自输入馈端的电压 V_T 与输入馈端的电流 I_T 之比(将在 14.4 节中讨论)。

这里假设了 $l \gg a$ 和 $\beta a \ll l$。条件 $l \gg a$ 可随意取为 $l/a \geqslant 60$,该比值就等于圆柱天线的总长度与直径之比,即

$$\frac{总长度}{直径} = \frac{2l}{2a} = \frac{l}{a}$$

以上讨论所涉及的是圆截面(半径 a)的均匀柱形天线。按 Hallén(3)的方法,也适用于改用等效半径的非圆截面均匀柱形天线。对于边长为 g 的**方截面**(见图 14.1),其等效半径为

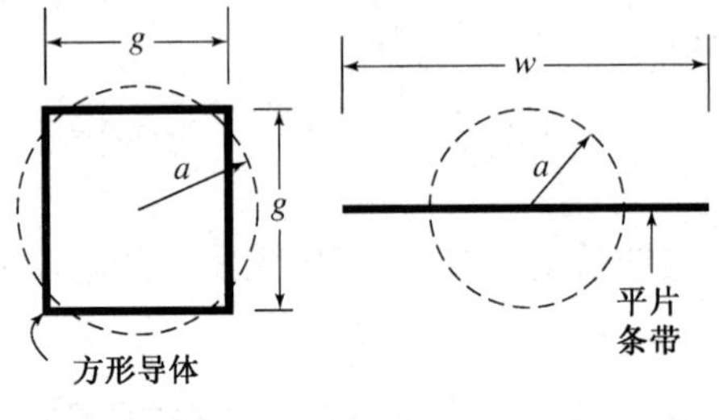

图 14.1 方形和平片截面的导体等效成半径为 a 的圆导体

$$a = 0.59g$$

而对于宽度为 w 的薄片条带,其等效半径为

$$a = 0.25w$$

对于任意其他截面形状也存在各自的等效半径,且在所有情况下天线的截面沿整个长度总假定是均匀的。

14.3　电流分布

图 14.2、图 14.3 和图 14.4 分别绘出了 3 种不同长度的圆柱天线上以两种不同总长度/直径比(l/a)为参变量的电流幅度和相位分布。图 14.2 是半波长天线($2l = \lambda/2$),图 14.3 是全波长天线($2l = \lambda$),而图 14.4 是 $5\lambda/4$ 天线($2l = 5\lambda/4$)。对于每种长度取 $\Omega' = 10$ 和 $\Omega' = \infty$,即总长度/直径比(即长/粗比,l/a)等于 75 和∞,分别绘出了电流的相对幅度和相位。各幅度曲线被调节成具有相同的最大值,而所有相位曲线被调节成在天线末端取相同的值。

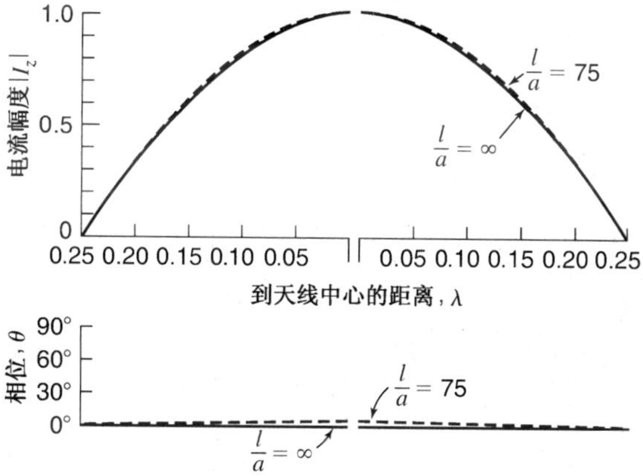

图 14.2　沿中心馈电半波长柱形天线($2l = \lambda/2$)的相对电流幅度和相位,总长度/直径比(l/a)为 75 和∞,与中心的距离表示为波长数。引自 R. King(1) & C. W. Harrison, Jr.

通常都假定无限细($l/a = \infty$)天线上的电流按正弦律分布,其相位在 $\lambda/2$ 的区段内是常数,而在区段间跳变 180°,这在各图中都用实线表示,引自 King(1) & Harrison。虚线则表示在 $l/a = 75$($\Omega' = 10$)情况下的幅度和相位变化,它们与实线($l/a = \infty$)的差别不大,但可以察觉。电流相对于参考点的幅度和相位角表示为

$$I_z = |I_z| \angle \theta \tag{1}$$

对于全波天线,图 14.3 很好地说明了天线长/粗比对电流幅度分布的影响。当天线无限细时,其中心馈端处的电流为零值;随着天线的加粗,电流分布的最小值增大,且稍微向天线末端位移。

对于 $5\lambda/4$ 天线,图 14.4 很好地说明了天线长/粗比对电流相位分布的影响。当天线无限细时,其相位变化呈阶梯函数状,在距离天线末端 $\lambda/2$ 处发生 180°的跃变(见图 14.4 中的实线),如同在纯驻波时所观察到的相位变化;随着天线的加粗,在距离天线末端 $\lambda/2$ 处的相移变得不再陡峭($l/a = 75$ 的虚线),继续加粗天线($l/a < 75$),按此趋于平缓;对于非常粗的天线,电流相位趋于行波分布,如图 14.4 中的虚直线所示。

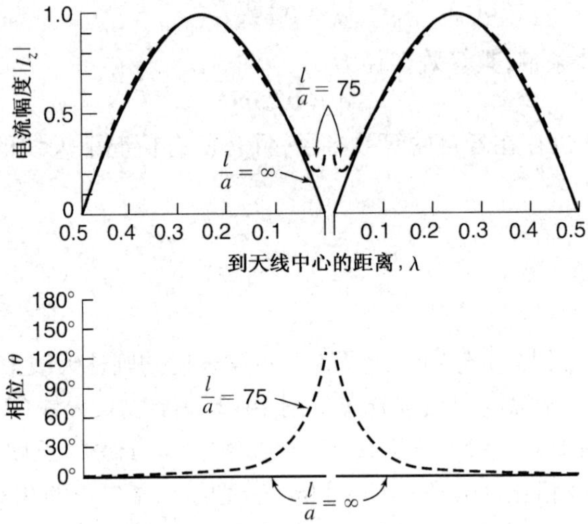

图 14.3　沿中心馈电全波长柱形天线($2l=\lambda$)的相对电流幅度和相位,总长度/直径比(l/a)为75和∞,与中心的距离表示为波长数。引自R. King(1)&C. W. Harrison, Jr.

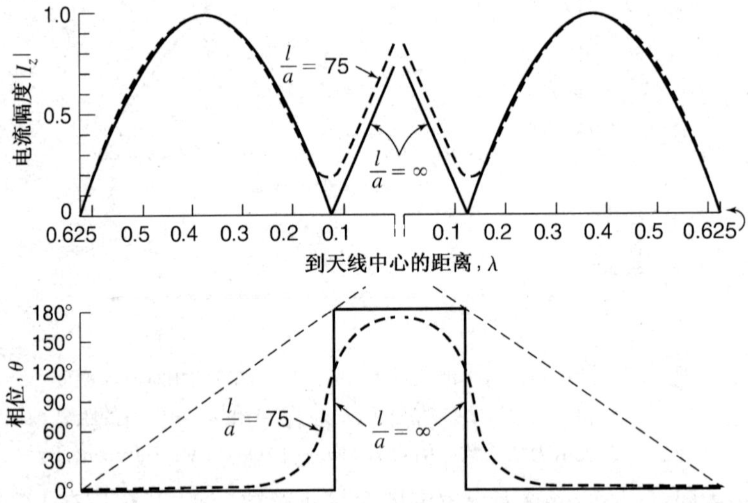

图 14.4　沿中心馈电 5λ/4 柱形天线($2l=5\lambda/4$)的相对电流幅度和相位,总长度/直径比(l/a)为75和∞,与中心的距离表示为波长数。引自R. King(1)&C. W. Harrison, Jr.

14.4　输入阻抗

中心馈电圆柱天线的输入阻抗 Z_T 得自其输入端即馈端处的电压 V_T 与电流 I_T 之比,即

$$Z_T=\frac{V_T}{I_T}=R_T+jX_T \tag{1}$$

其中,$I_T=I_z(0)$,R_T 和 X_T 分别是馈端电阻和馈端电抗。

将此式代入海伦公式(14.2.1),即有馈端阻抗的一阶近似表达式

$$Z_T=-j60\Omega'\left[\frac{\cos\beta l+(d_1/\Omega')}{\sin\beta l+(b_1/\Omega')}\right] \tag{2}^*$$

和二阶近似表达式①

$$Z_T = -j60\Omega' \left[\frac{\cos\beta l + (d_1/\Omega') + (d_2/\Omega'^2)}{\sin\beta l + (b_1/\Omega') + (b_2/\Omega'^2)} \right] \tag{3}$$ *

Hallén(1)曾按此式计算并绘制成曲线图。对长/粗比等于 60 或 2000 的中心馈电圆柱天线，基于海伦数据的阻抗螺蜷线示于图 14.5。天线半长度的自由空间波长数沿螺蜷线向内收缩。该阻抗变化对于物理尺寸已确定的天线而言是频率的函数。细天线($l/a = 2000$)和粗天线($l/a = 60$)的阻抗差异很明显，粗天线的阻抗随频率变化的程度要比细天线的弱得多。

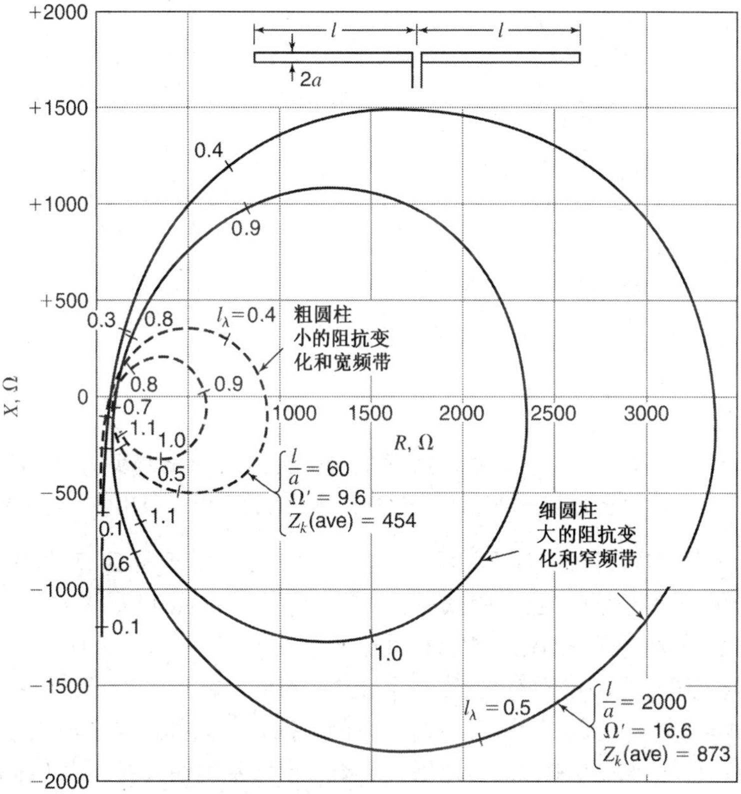

图 14.5　中心馈电圆柱天线的输入阻抗($R + jX, \Omega'$)之计算值作为(沿螺蜷线)l_λ的函数，总长度/直径比($2l/2a$)为60和2000。引自E. Hallén-2

由式(2)或式(3)给出的阻抗适用于总长度为 $2l$ 和直径为 $2a$ 的中心馈电圆柱天线。要得到在非常大理想导电接地平面上方长度为 l 和直径为 $2a$ 之短桩形圆柱天线的阻抗，需将式(2)或式(3)除以 2。海伦对 $l/a = 60$ 的短桩形圆柱天线计算的阻抗以实螺蜷线示于图 14.6，沿螺蜷线标注的是短桩长度的自由空间波长数。Dorne(1)测得相同天线($l/a = 60$)的阻抗也在图 14.6 中以虚螺蜷线表示。两者相符尚好，测量曲线包含了天线的馈端间隙以及虽小而有限的末端所存在的旁路电容效应(Brown-1; King, D. D. -1; Tai-1; King, R. -1)。

---

① $b_1 = F_1(z)\sin\beta l - F_1(l)\sin\beta|z| + G_1(l)\cos\beta z - G_1(z)\cos\beta l$；$d_1 = F_1(l)$；$b_2$ 和 d_2 是高阶项。King(1) & Harrison 已对于几种 l 值计算了 b_1 和 d_1 的实部和虚部，并给出了曲线。

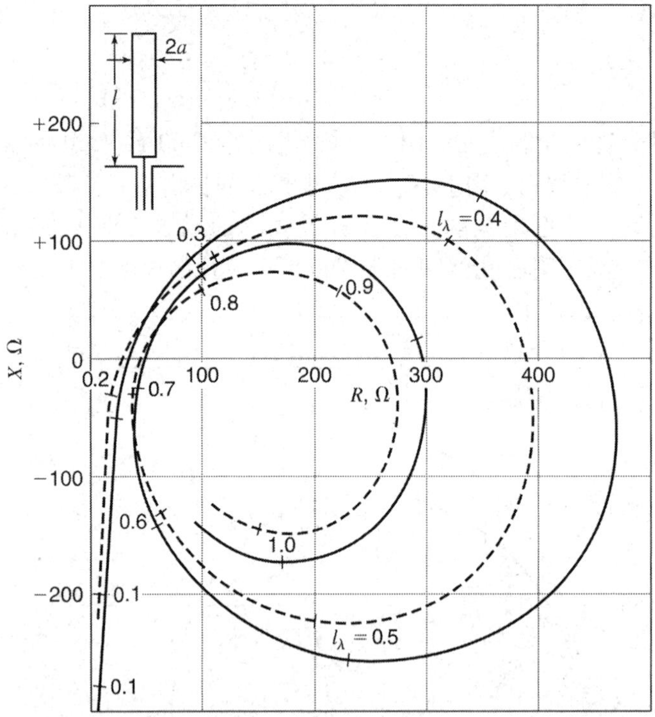

图 14.6 输入阻抗$(R+jX,\Omega')$计算值与测量值作为(沿螺蜷线)l_λ 之函数的比较,短桩形圆柱天线带接地平面,长度/半径比(l/a)为60

对加粗 $l/a=20$ 的短桩形圆柱天线测得的输入阻抗曲线示于图 14.7,与图 14.6 中的虚线相比,显出其阻抗变化随着长/粗比的减小(加粗)而变缓,和图 14.5 的结论一致。对 $l/a=472$(细)短桩形圆柱天线测得的输入阻抗曲线也示于图 14.7①。

当天线的输入阻抗是纯电阻时,就称该天线是谐振的。在图 14.5 至图 14.7 的螺蜷线上,谐振发生在与 $X=0$ 轴的交点处。零频率时所有的阻抗螺蜷线都始自 $R=0$,而 $X=-\infty$;随着频率的提高,电抗值减小而电阻值缓慢地增大。第一谐振发生在天线长度 l 约 $\lambda/4$ 时,此时的谐振电阻记为 R_1;随着频率的提高,即电长度的增加,第二谐振发生在长度 l 约 $\lambda/2$ 时,记第二谐振电阻为 R_2;第三谐振(电阻为 R_3)的天线长度 l 约 $3\lambda/4$,而第四谐振(电阻为 R_4)的 l 约 1λ;频率无限提高,谐振多次随之无限增加,除非出现阻抗总含电抗的情况。

鉴于实际天线总是工作在或接近谐振的状态,因此我们对谐振电阻的值尤其感兴趣。在海伦计算曲线的基础上,对带有大接地平面的短桩形圆柱天线的前四个谐振电阻,作为天线长 /粗比 l/a 的函数,归纳成图 14.8 所示的曲线。其 l/a 的最小值为 60,更小的 l/a 值将使式(3)的准确性变坏(Hallen-3)。因此,曲线的实线段($l/a>60$)是按海伦的计算数据绘制的,虚线段(较小的 l/a 值)则是借助外推得出的。外推缺少理论依据,但或许误差不大,图 14.8 中用小圆圈点出了少量由多尼(Dorne)提供的谐振电阻测量数据(Dorne-1)。

---

① 图 14.7 中的曲线源自 Dorne(1)所发表的数据。

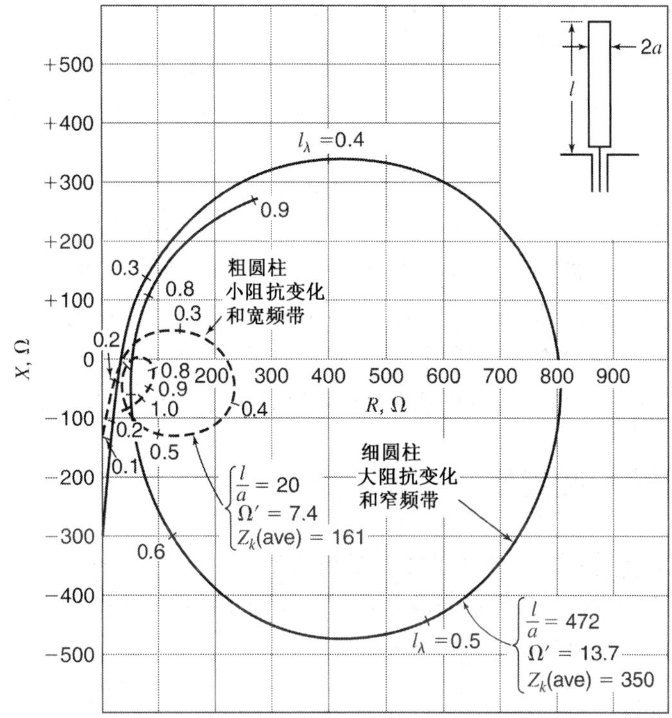

图 14.7　带接地平面的短桩形圆柱天线的输入阻抗($R+jX,\Omega'$)测量值作为(沿螺蜷线)l_λ 的函数,总长度/直径比($2l/2a$)为 20 和 472

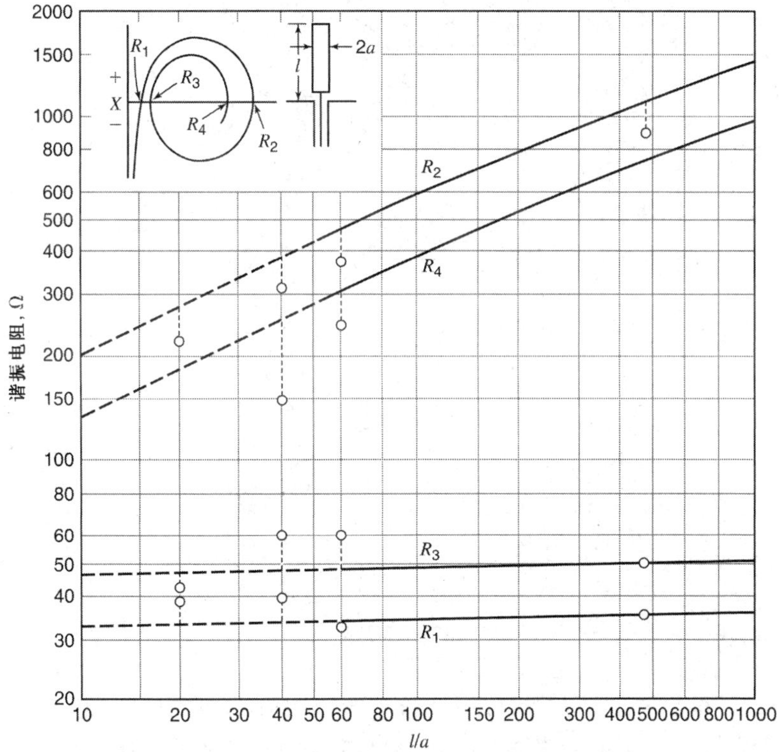

图 14.8　带接地平面的短桩形圆柱天线的前四个谐振电阻作为天线长度/半径(l/a)之比的函数。对中心馈电圆柱天线(总长度$2l$),其谐振电阻需乘以2

图 14.8 说明天线的粗细对奇次和偶次谐振电阻之影响的差异。奇次谐振电阻(R_1 和 R_3 等)近乎与天线的粗细无关,在很大的 l/a 比值范围内第一谐振电阻 R_1 约为 35 Ω,第三谐振电阻 R_3 约为 50 Ω;但是,天线的粗细对偶次谐振电阻(R_2 和 R_4 等)却有很大的影响,天线愈粗则谐振电阻愈小。例如,第二谐振电阻 R_2 在 $l/a=10$ 时为 200 Ω,在 $l/a=1000$ 时为 1500 Ω。第四谐振电阻也有相似的表现,只不过数值上小些。

奇、偶谐振的电阻差异起因于电流分布。奇次谐振的天线长度 l(近似)为 $\lambda/4$ 的奇数倍,使电流最大值出现在或接近输入馈端;而偶次谐振的天线长度 l(近似)为 $\lambda/4$ 的偶数倍,使电流最小值出现在或接近输入馈端。正如图 14.3 和图 14.4 所示的电流分布,更应该注意加粗天线对于最小点电流的提升效应。所以,对于给定的输入电压 V_T,当电流最小值出现在或接近输入馈端时,加粗天线会提升输入电流 I_T,从而减小由比值 V_T/I_T 表示的谐振电阻。

14.5 圆柱天线的波瓣图

在第 6 章中曾讨论过细直天线远场波瓣图的公式和计算。虽然那些关系式用于无限细的导体才是严格的,但对于稍粗的圆柱天线也能提供一阶近似的波瓣图。图 14.9 列出了中心馈电的总长度 $2l$ 分别为 $\lambda/2$,1λ,$3\lambda/2$ 和 2λ 之圆柱天线的波瓣图。顶行是对无限细天线计算得出的波瓣图,随后三行是 Dorne(1)对长/粗比 l/a 分别为 450,50 和 8.7 条件下的实测波瓣图。加粗天线的主要效应表现为波瓣图的某些零点被填充,某些副瓣被湮没(注意第三列 $2l=3\lambda/2$ 的波瓣图)。

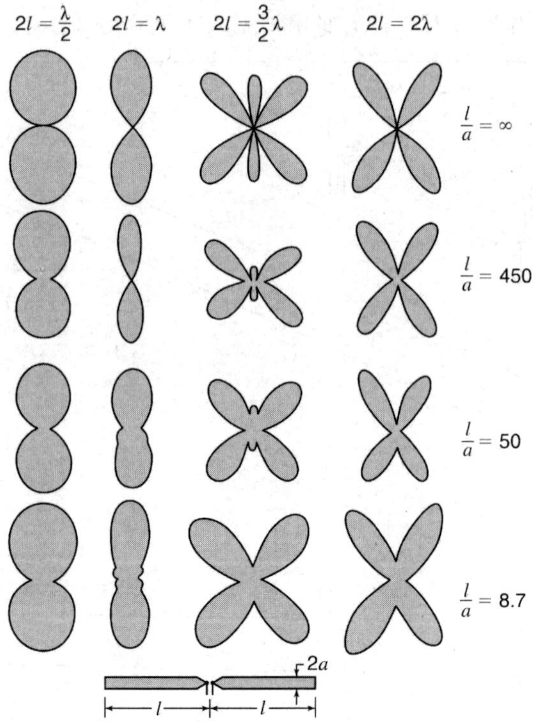

图 14.9 总长度为 $2l$ 的中心馈电圆柱天线的场强波瓣图作为总长度/直径之比($2l/2a$)和总长度($2l$)之波长数的函数

14.6　细圆柱天线

如果假设圆柱天线是无限细($\Omega' \to \infty$)的,则可以给出电流分布为

$$I_z = \frac{jV_T}{60\Omega'} \frac{\sin\beta(l - |z|)}{\cos\beta l} \tag{1}$$

虽然 Ω'趋于无穷大,但可以让 V_T 也趋于无穷大而使比值 V_T/Ω'保持为常数。按式(1),电流分布形状属正弦律,即

$$I_z = k\sin\beta(l - |z|) \tag{2}$$

式中 k 为常数。

输入阻抗 Z_T 是比值 V_T/I_T,而 I_T 是馈端($z=0$)处的电流。于是由式(1),

$$Z_T = \frac{V_T}{I_T} = -j60\Omega' \cot\beta l \tag{3}$$

式(3)中的 Ω'可认为很大,但是有限的。按式(3)的性质,馈端阻抗 Z_T 应是一个纯电抗 X_T,且等同于一对特性阻抗为 60 Ω'而长度为 l 的终端开路无耗传输线。相比之下,60 Ω'也就相当于中心馈电圆柱天线的平均特性阻抗 Z_k(平均),即

$$Z_k\,(\text{平均}) = 60\Omega' = 120\ln\frac{2l}{a} \tag{4}$$

此式又等同于由 Schelkunoff(1)导出的细双锥天线在小锥角 $\theta_{hc}=a/l$ 时的特性阻抗 Z_k 表达式,即

$$Z_k = 120\ln\frac{2l}{a} \tag{5}$$

其中,a 为图 14.10 所示双锥末端的半径。

谢昆诺夫给出的中心馈电圆柱天线的平均特性阻抗是

$$Z_k\,(\text{平均}) = 120\left(\ln\frac{2l}{a} - 1\right) \tag{6}$$

带有大接地平面的短桩形圆柱天线的平均特性阻抗则是式(6)的 1/2。

随着 $l/a\to\infty$,式(6)退化成式(4)。然而,对于有限的 l/a 值,若双锥天线与圆柱天线的长度 l 相同,且平均特性阻抗是相等的,则其末端半径应大于圆柱导体。例如,$l/a=500$ 的圆柱天线所具有的平均特性阻抗,与同样长度而末端半径 2.8 倍于圆柱导体的双锥天线相等。

图 14.10　末端半径为 a 和长度为 l 的双锥天线

图 14.5 所示的是长/粗比 $2l/2a=l/a$ 分别为 60 和 2000 的中心馈电圆柱天线之输入阻抗计算值。根据式(6),天线的平均特性阻抗分别为 454 Ω 和 873 Ω。其 $l/a=60$(Z_k(平均) $=454\ \Omega$)的输入阻抗曲线,与半锥角 2.7°之双锥天线($Z_k=450\ \Omega$)的输入阻抗计算曲线近似相同。

图 14.7 所示的是 $l/a=20$ 和 472 之短桩形圆柱天线的输入阻抗测量值。该天线的平均特性阻抗取式(6)之 1/2 值,分别为 161 Ω 和 350 Ω。

14.7 带有圆锥形输入段的圆柱天线

通常圆柱天线的实际结构在输入端带有圆锥形短段,如图 14.9 的底部所示,借以减小大截面圆柱在馈端间隙处的并联电容。鉴于天线所测得的阻抗值,含有虽小但有限尺寸端面之间隙电容的影响,或多或少地有别于阻抗的理论值。为了使测量值能良好地符合计算值,应该采用圆锥形输入段,而非粗而紧密排列的圆柱端面。

14.8 其他形状的天线,类球体天线

如果天线的边界外形与某坐标系中的一个坐标面相符合,就可以作为边值问题来求解。圆球面天线,或如图 14.11 所示形似拉伸的回转椭球面(长球面)天线,正好满足这样的要求,其椭球面对应了长球坐标系中一种坐标量的特定值。改变椭球的离心率,椭球的形状可从其一个极端的圆球变到其另一个极端的细长导体。这类问题曾被 Stratton(1) & Chu 和 Page(1) & Adams 详细研究过。斯特拉顿和朱兰成曾给出不同长/粗比(L/D)时(见图 14.11)的导纳和阻抗曲线。对于长而细的椭球,其阻抗特性与其他方法推导得出的结果很相似,细的半波长椭球上的电流也接近正弦律分布。

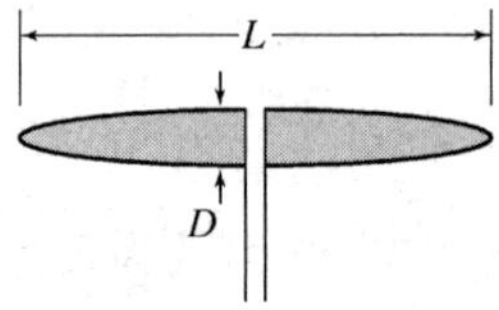

图 14.11 长(椭)球天线

有趣的是,半波长椭球天线的阻抗频响随着比值 L/D 的减小(椭球变粗)而减缓。也就是说,粗的椭球与细的椭球相比有较宽的谐振特性。这正符合众所周知的事实:粗天线的阻抗频带比细天线的阻抗频带宽。

14.9 长圆柱天线上的电流分布

在匹配的无耗传输线上,外向波的电流具有均匀幅度和随距离线性相位滞后的分布(见图 14.12)。若传输线失配,其反射(返回)波幅度为外向波幅度的 1/2,则线上出现的驻波具有 VSWR(电压驻波比)为①

$$\mathrm{VSWR}=\frac{I_{\max}}{I_{\min}}=\frac{I_0+I_1}{I_0-I_1}=\frac{1+\frac{1}{2}}{1-\frac{1}{2}}=3 \tag{1}$$

其中,I_0——外向波的电流幅度

I_1——返回波的电流幅度

其相位变化也是非均匀的(随距离而起伏),已在图 14.12 中指明。

当传输线完全失配(开路或短路)时,则返回波与外向波的幅度相等,VSWR = ∞,而相位呈阶梯状变化(见图 14.12)。

在传输线上波的相速定义为

① 按理说,电流驻波比则应该用 ISWR 表示,然而,惯用的 VSWR 与 ISWR 相等,只是这两种驻波图形之间存在位移。

$$v=\frac{\omega}{\beta(x)}=\frac{\omega}{d\phi/dx} \tag{2}$$

其中，$\omega=2\pi f$，Hz

ϕ 为相位，rad 或 deg

$\beta=2\pi/\lambda$，rad（或 deg）λ^{-1}

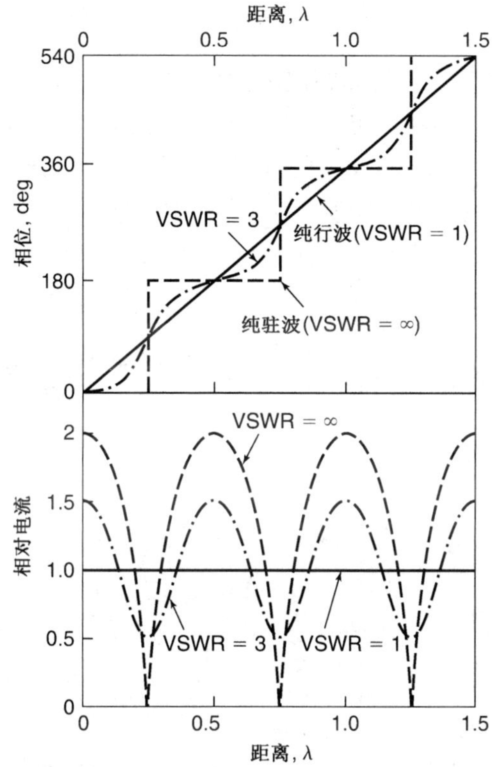

图 14.12　传输线上电流的幅度分布和相位变化。实线：单个均匀行波；点划线：两列幅度分别为1和1/2的反向行波；虚线：两列等幅反向的行波形成完全（纯）驻波

一般地，两列不等幅、不等速（β_0，β_1）之反向电流波的合成相速为（Marsh-1）

$$v=\omega\left\{I_0^2+I_1^2+2I_0I_1\cos[(\beta_1+\beta_0)x+\gamma]\right\}\Big/\Big\{I_0^2\beta_0-I_1^2\beta_1 +I_0I_1(\beta_0-\beta_1)\cos[(\beta_1-\beta_0)x+\gamma]+\sin[(\beta_1+\beta_0)x+\gamma]\left(I_0\frac{dI_1}{dx}-I_1\frac{dI_0}{dx}\right)\Big\} \tag{3}$$

其中，$\beta_0=2\pi/\lambda_0$

$\beta_1=2\pi/\lambda_1$

λ_0——外向波的波长，m

λ_1——返回波的波长，m

γ——两列波的相位差，rad 或 deg

在 $\gamma=0$，两列波相速相等（$\beta_1=\beta_0$），且 I_0 和 I_1 沿线不变的情况下，式（3）简化成

$$v=\frac{\omega\left(I_0^2+I_1^2+2I_0I_1\cos 2\beta x\right)}{\beta_0\left(I_0^2-I_1^2\right)} \tag{4}$$

除以 $c(=\omega/\beta_0)$,得到相对相速 p,则最大和最小的相对相速之比值是

$$\frac{p_{\max}}{p_{\min}}=\frac{(I_0+I_1)^2}{(I_0-I_1)^2} \tag{5}$$

比较式(5)和式(1),可见

$$\frac{p_{\max}}{p_{\min}}=\frac{(I_0+I_1)^2}{(I_0-I_1)^2}=\left(\frac{I_{\max}}{I_{\min}}\right)^2=\text{VSWR}^2 \tag{6}$$

图 14.13 绘出了 $I_1=I_0/2$ 情况下在 2λ 距离内的相对相速 $p(=v/c)$,电流的相位(ϕ)和幅度($|I|$)分布。此时,VSWR = 3 而相对相速比等于 9,且 I 最大点处的相对相速 p 为最大值。

图 14.14 绘出了 Marsh(1)沿长 5λ,直径 0.2λ 的终端开路圆柱导体测量的电流幅度和相位,由此导出相对相速的变化以及外向波与反射波的幅度。图中外向波与反射波都有明显的衰减。

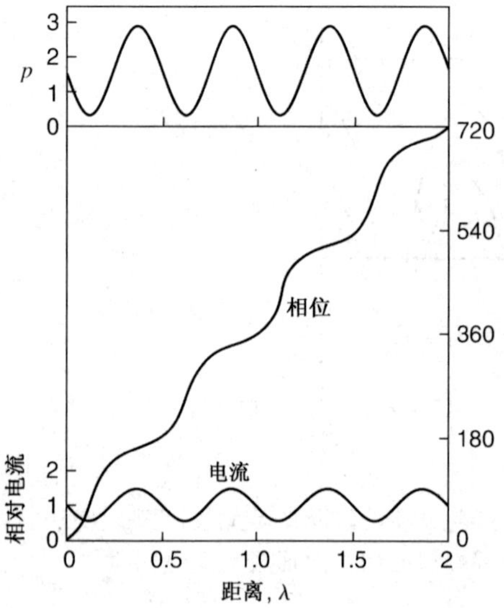

图 14.13 两列幅值分别为 1 和 1/2 的沿相反方向的行波所合成之电流幅度、相位以及相对相速 p 的分布(VSWR = 3,相对相速比 = 9)

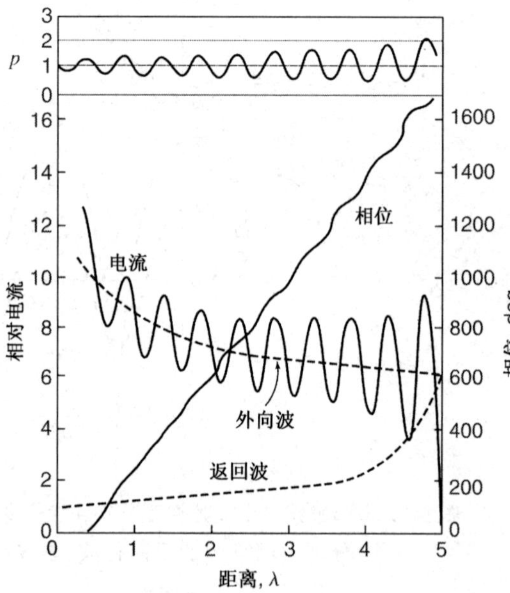

图 14.14 沿长(5λ)而粗(0.2λ 直径)圆柱导体测量的有衰减之电流幅度、合成相位和相对相速 p 的分布,已分解成外向波与返回(反射)波(J. A. Marsh-1)

有趣的是将图 14.14 中长(5λ)而粗(0.2λ 直径)的末端开路圆柱导体上的电流分布与图 8.3中用细得多的导体绕制的 7 圈螺旋(直径为 0.02λ,而 $C_\lambda=1.07$)进行比较。当 $C_\lambda=0.60$ 时,螺旋具有近似均匀的驻波,说明 T_0 模的外向波和返回波几乎幅度相等;但当 $C_\lambda=1.07$ 时,T_0 模的外向波快速衰减而将能量转换成在剩余螺旋段上的 T_1 模。在开路端激励起 T_0 模的反射波,又快速衰减并转换成近似均匀的 T_1 模返回波。

在图 14.14 所示的圆柱导体上,T_0 模的外向波沿导体长度逐渐衰减,而在开路端的反射又激起逐渐衰减的返回波。

这两种天线的状况摘录于表 14.1。

表 14.1　粗长圆柱天线和螺旋天线所载电流分布的比较

天线	模式	相对相速 $p(=v/c)^*$	备注
圆柱导体	都是 T_0	1	外向和返回的 T_0 波逐渐衰减
螺旋, $C_\lambda = 0.6$	都是 T_0	>1	均匀等幅的外向波和 T_0 模返回波
螺旋, $C_\lambda = 1.07$（轴向模）	起始段 T_0, 剩余段 T_1	>1 <1 (~0.8)	T_0 波快速衰减 T_1 波均匀分布

* 对于单列行波。

14.10　静电学的积分方程和矩量法

作为矩量法的导引,先讨论它在静电学问题中的应用。

微积分学中讨论过简单的微分方程,如

$$\frac{dx}{dt} = v \tag{1}$$

或称距离(x)对时间(t)的变化率等于速度(v)。显然这里的 x 是 t 的函数,或 x 随时间而变化,即 $x(t)$。

另一方面,若已知速度随时间而变化的函数,即 $v(t)$,则距离是速度对时间的积分,即

$$x = \int_0^{t_1} v(t)\,dt \tag{2}$$

如果 v 是常数(恒速),则式(2)变成

$$x = vt_1 \tag{3}$$

即 x 是在时间段 t_1 内按速度 v 行进的距离。现假设已知 $t=0$ 和 $t=t_1$ 相差的距离 x,但该时段内的速度 v 是未知的,则式(2)就成为求解速度对时间之函数[$v(t)$]的积分方程。

参考图 14.15,静电学中关于电荷 Q 及其在 P 点所产生电位 V 的基本关系是

$$V = \frac{Q}{4\pi\varepsilon r} \quad \text{(V)} \tag{4}$$

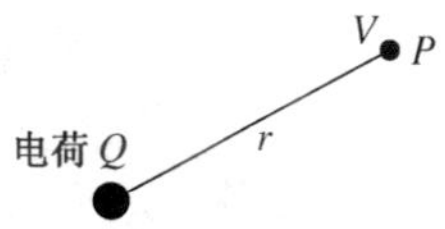

图 14.15　P 点的电位 V 反比于从电荷 Q 到 P 点的距离 r

其中,Q——电荷量,C

r——从 P 点到电荷 Q 的距离,m

ε——媒质的介电常数,F m^{-1}

对于图 14.16 所示的线电荷密度 ρ_L(C m^{-1}),某观测点 P 处的电位 V 得自式(4)在长度 l 上的积分,即

$$V = \frac{1}{4\pi\varepsilon}\int_0^l \frac{\rho_L(x)}{r}\,dx \tag{5}$$

其中,$\rho_L(x)$ 为沿线每单位长度上的电荷量,是 x 的函数,C m^{-1}。

倘若 $\rho_L(x)$ 是 x 的已知函数,则式(5)可以用来直接积分计算。但若 $\rho_L(x)$ 是未知的,式(5)就成了据此求解 $\rho_L(x)$ 的积分方程。

例 14.10.1　导线上的电荷分布

设半径为 a 而长度为 $l=8a$ 的孤立导体杆或导线上载有总电荷量 $+Q$,由于同性电荷间的

相斥力使电荷趋于分离并在杆的两端积聚,形成非均匀的电荷分布。要求利用增量数值技术或引言中提及的积分方程矩量法来确定其电荷分布函数 $\rho_L(x)$。

解:

首先,将长度为 $l=8a$ 的导体杆等分为 4 段(或增量),每段长 $2a$,如图 14.17 所示。记 1 段的总电荷为 Q_1,2 段的总电荷为 Q_2。由对称性可知,3 段的总电荷与 2 段的相同,也是 Q_2,4 段的总电荷也是 Q_1。暂且将问题转化成求 Q_1 和 Q_2 的比值(类似求解 $\rho_L(x)$ 的第一步)。

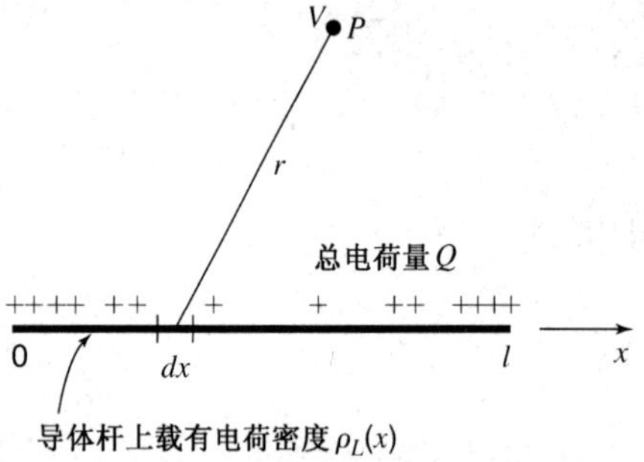

图 14.16 由载有电荷密度 $\rho_L(x)$ 的导体杆在P点产生的电位V

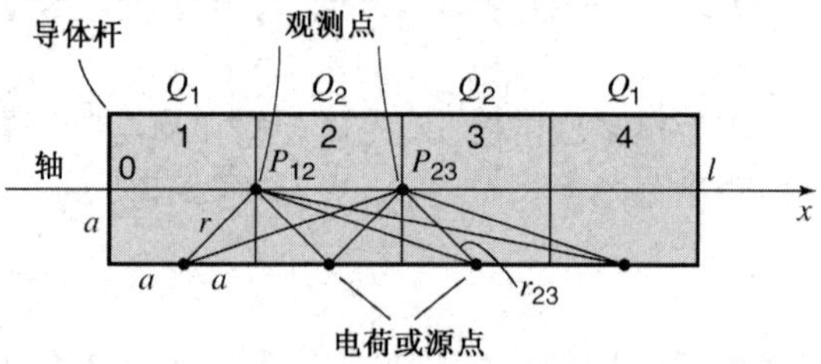

图 14.17 半径为 a 的载电荷导体杆被分成等长($2a$)的4段,用来计算电荷比

假设每一段上的所有电荷都集中在围绕其中点的表面圆周上,并在其轴上选取观测(或测试)点。由于从观测点至等电荷圆周上任何源点的距离恒为 r,还可以将每一段的总电荷集中于表面上的一个源点,如图 14.17 所示。于是,问题被简化成自由空间内 4 个点电荷源在观测点产生的电位。据式(4)可分别写出 P_{12}点和 P_{23}点的电位表示式:

$$V(P_{12})=\frac{1}{4\pi\varepsilon}\left[\frac{Q_1}{\sqrt{a^2+a^2}}+\frac{Q_2}{\sqrt{a^2+a^2}}+\frac{Q_2}{\sqrt{a^2+9a^2}}+\frac{Q_1}{\sqrt{a^2+25a^2}}\right] \tag{6}$$

和

$$V(P_{23})=\frac{1}{4\pi\varepsilon}\left[\frac{Q_1}{\sqrt{a^2+9a^2}}+\frac{Q_2}{\sqrt{a^2+a^2}}+\frac{Q_2}{\sqrt{a^2+a^2}}+\frac{Q_1}{\sqrt{a^2+9a^2}}\right] \tag{7}$$

引用同一导体表面上电位相同(尽管电荷密度不同)的边界条件,即 $V(P_{12})=V(P_{23})$,使式(6)和式(7)相等,可解出

$$Q_1=1.45Q_2 \tag{8}$$

可见,外段上的电荷(或平均电荷密度)比内段多出 45%,即

$$Q_1:Q_2=1.45:1.00 \tag{9}$$

如果将导体杆改成等分 6 段,经过类似的过程也可得出各段上的电荷比为

$$Q_1:Q_2:Q_3=1.84:1.03:1.00 \tag{10}$$

图 14.18 为分成 4 段、6 段和 8 段的近似处理所绘出的沿杆电荷密度分布的阶梯(或脉冲)函数,以及通过这些脉冲函数中心的光滑曲线。

为了简化上述计算,可以忽略导体杆的端面效应。在分 4 段时,每段柱表面积 4 倍于杆端的面积,使忽略端面的影响不大。但若分段过多,对最外段电荷分布的影响会变大。我们进一步更正式地讨论此静电学问题。由式(5)

$$V = \frac{1}{4\pi\varepsilon}\int_0^l \frac{\rho_L(x)}{r}dx \tag{11}$$

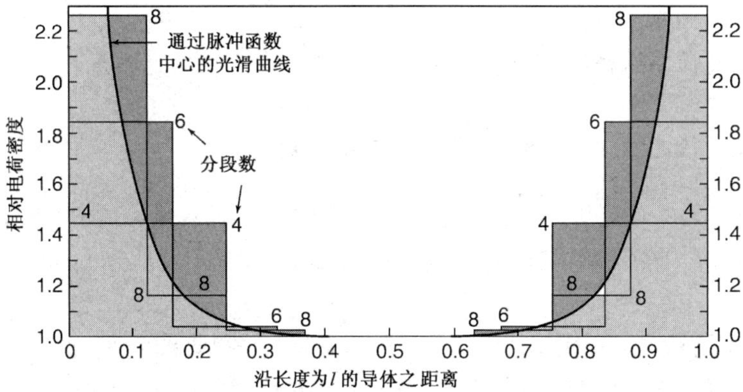

图 14.18 沿半径为 a 而长度为 $8a$ 的直导体杆分成 4 段、6段和8段，并用矩量法计算的相对电荷密度

参见图 14.19，将导线划分成等长 Δx 的 N 段，第 n 段载有平均电荷密度 $\rho_L(x)_n$，则该段的总电荷量为

$$Q_n = \overline{\rho_L(x)_n}\,\Delta x_n,\qquad n = 1, 2, 3, \cdots, N \tag{12}$$

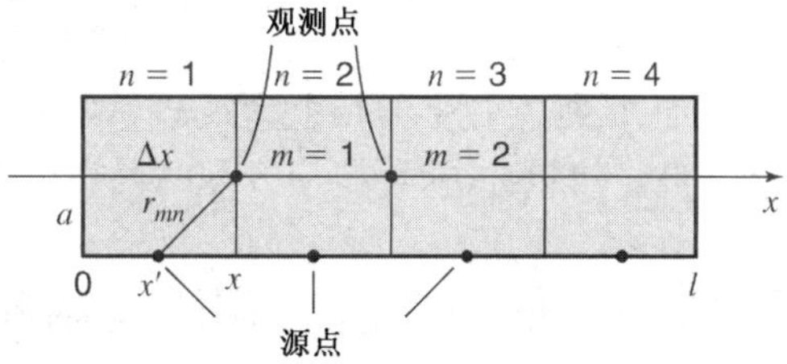

图 14.19 载有电荷的导体杆上电荷密度分布的计算

而整条导线上的总电荷量为

$$Q = \sum_{n=1}^{N} Q_n \tag{13}$$

于是，方程(11)可被离散化为

$$\sum_{n=1}^{N} l_{mn}Q_n = V_m \tag{14}$$

其中，

$$l_{mn} = \frac{1}{4\pi\varepsilon r_{mn}},\qquad m = 1, 2, 3, \cdots, M \tag{15}$$

$$r_{mn} = \sqrt{a^2 + (x - x')^2}$$

a ——导体杆的半径

x ——第 m 个观测(或测试)点的轴向距离

x'——第 n 段中部源点的轴向距离

式(14)还可以写成矩阵形式

$$[l_{mn}][Q_n] = [V_m] \tag{16}$$

或

$$\begin{bmatrix} l_{11} & l_{12} & l_{13} & \cdots & l_{1N} \\ l_{21} & l_{22} & l_{23} & \cdots & l_{2N} \\ l_{31} & l_{32} & l_{33} & \cdots & l_{3N} \\ \vdots & \vdots & \vdots & & \vdots \\ l_{M1} & l_{M2} & l_{M3} & \cdots & l_{M4} \end{bmatrix}\begin{bmatrix} Q_1 \\ Q_2 \\ Q_3 \\ \vdots \\ Q_N \end{bmatrix} = \begin{bmatrix} V_1 \\ V_2 \\ V_3 \\ \vdots \\ V_M \end{bmatrix} \tag{17}$$

由此,积分方程(11)已被变换成一组 N 元联立代数方程(17),其中 l_{mn}表示一种已知函数(与距离呈反比关系),V_m 表示取决于边界条件的电位,Q_n 表示共 N 个待求的未知电荷量。

在此载有电荷的导体杆的例子中,根据对称性 $M = N/2$ 以及边界条件

$$V_1 = V_2 = V_3 = \cdots \tag{18}$$

对于分 4 段的情况($m=2,n=4$),式(17)可简化成

$$\begin{bmatrix} l_{11} & l_{12} & l_{13} & l_{14} \\ l_{21} & l_{22} & l_{23} & l_{24} \end{bmatrix} \begin{bmatrix} Q_1 \\ Q_2 \\ Q_2 \\ Q_1 \end{bmatrix} = V \tag{19}$$

将式(15)的 l_{mn}代入式(19),在形式上等同于含有增量 $\Delta x = 2a$ 的式(6)和式(7),其中 m 指明测试或观测点(在图 14.17 中,P_{12}为 $m=1$ 而 P_{23}为 $m=2$),r_{mn}等于第 m 个测试点至第 n 段的源点之距离。于是,r_{23}是测试点 $m=2$(即图 14.17 中的 P_{23})至 3 段中心的距离。

以上在边界条件(V 为常数)中已经采用脉冲或阶梯近似,并未强求沿杆处处满足条件,而是只在某些观测点满足条件。在各观测点之间并不满足边界条件。然而,随着分段数与观测点的增加,使得在更多的点上满足边界条件(解收敛),可改进所得结果的准确性。这意味着有足够数量的脉冲函数,可使方程的残差或矩量趋于零,这种解题的步骤就称为矩量法。

14.11 矩量法及其应用于导线天线

恰如上一节所述,一个积分方程可以被变换成一组联立的线性代数方程(或矩阵方程),然后用数值技术求解。Roger Harrington(1)曾将此类各种处理统一成普遍的矩量法,借助强有力的计算机广泛用于求解电磁场问题。

本节则将此法推广到导线天线,并应用于短偶极子的实例。

设半径为 a 的载流圆柱导体(或导线)孤立于自由空间(见图 14.20),其电导率 $\sigma=\infty$,即射频电流完全在其表面(1/e 深度 =0),则导体上 z'点处截面周界的总电流为

$$I(z') = K(z')2\pi a \tag{1}$$

其中,$K(z')$为在 z'处的表面电流密度(A m^{-1})。

既然所有电流都与导体的轴线(z 轴)相距为 a,就可以认为电流是在自由空间中(导体不存在)沿着平行于 z 轴而相距为 a 的无穷细丝上流动,如图 14.21 所示。

由电荷与电流产生的电场可写成

$$\mathbf{E} = -j\omega\mu_0\mathbf{A} - \nabla V \tag{2}$$

其中,$\mathbf{A}$——矢量位

V——标量位

对于仅沿 z 方向的电流,式(2)变成

$$E_z = -j\omega\mu_0 A_z - \frac{\partial V}{\partial z} \tag{3}$$

另由关系式

$$\frac{\partial A_z}{\partial z} = -j\omega\varepsilon_0 V \tag{4}$$

它对 z 的导数为

$$\frac{\partial^2 A_z}{\partial z^2} = -j\omega\varepsilon_0 \frac{\partial V}{\partial z} \tag{4a}$$

或

$$-\frac{\partial V}{\partial z} = \frac{1}{j\omega\varepsilon_0}\frac{\partial^2 A_z}{\partial z^2} \tag{5}$$

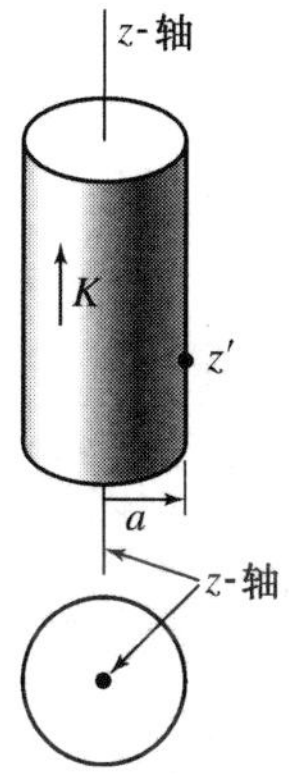

图 14.20　半径为 a 的圆柱导体载有表面电流密度 $K(\mathrm{A\ m^{-1}})$

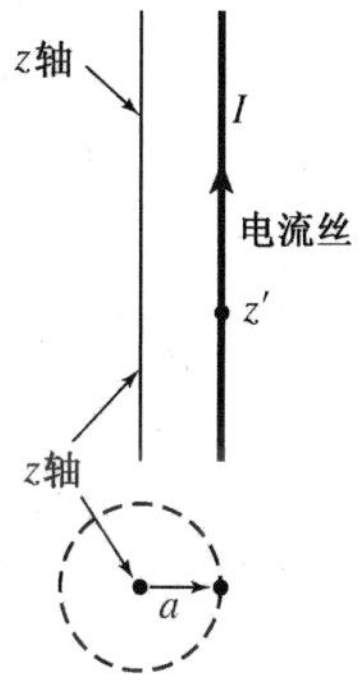

图 14.21　导体由距离 z 轴为 a 的电流丝 $I = 2\pi aK$ (A)所代替

将式(5)代入式(3)，可有

$$E_z = \frac{1}{j\omega\varepsilon_0}\frac{\partial^2 A_z}{\partial z^2} - j\omega\mu_0 A_z \tag{6}$$

$$= \frac{1}{j\omega\varepsilon_0}\left(\frac{\partial^2 A_z}{\partial z^2} + \omega^2\mu_0\varepsilon_0 A_z\right) \tag{7}$$

$$= \frac{1}{j\omega\varepsilon_0}\left(\frac{\partial^2 A_z}{\partial z^2} + \beta^2 A_z\right) \tag{8}$$

对于一段 dz 的电流元，其矢量位

$$dA_z = \frac{I(z')\mathrm{e}^{-j\beta r}\,dz}{4\pi r} \tag{9}$$

其中，$\mathrm{e}^{-j\beta r}/r = G_{zz'}$，为自由空间的格林函数

$$r = \sqrt{(z-z')^2 + a^2}$$

z ——观测点位置

z'——源点位置(见图 14.22)

因此，由该电流元产生的场可写成

$$dE_z = \frac{I(z')}{j\omega\varepsilon_0 4\pi}\left(\frac{\partial^2}{\partial z^2}G_{zz'} + \beta^2 G_{zz'}\right)dz' \tag{10}$$

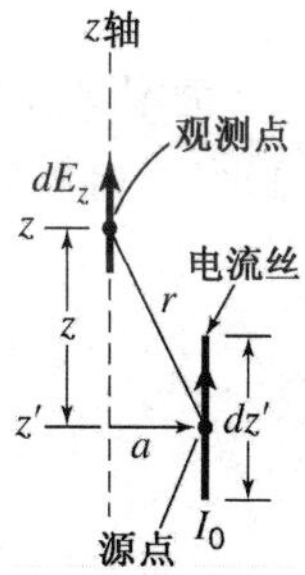

图 14.22　电流丝上的源点在 z 轴上距离为 r 的观测点处产生的场 dE_z

对于长度为 L 的载流导体，总场是按式(10)进行的积分，由此可导出众所周知的波克林顿方程(Pocklington-1)：

$$E_z = \frac{1}{4\pi j\omega\varepsilon_0}\int_{-L/2}^{L/2}\left(\frac{\partial^2}{\partial z^2}G_{zz'} + \beta^2 G_{zz'}\right)I(z')\,dz' \tag{11}$$

其中,E_z 是由源场 $E_{z'}$ 所致电流 $I(z')$ 辐射而产生的场,源场则来自施加在天线馈端上的电压或入射平面波(散射情况)。在导体上(或内)这些电场之和(总场)必须趋于零($\sigma=\infty$),故

$$E_z = -E_{z'} \tag{12}$$

Richmond(1)对式(11)进行微分后重组成如下更方便的形式:

$$-E_{z'} = \frac{\lambda Z_0}{8\pi^2 j}\int_{-L/2}^{L/2}\frac{e^{-j\beta r}}{r^5}[(1+j\beta r)(2r^2-3a^2)+\beta^2a^2r^2]I(z')\,dz' \quad (\mathrm{V\ m^{-1}}) \tag{13}$$

其中,$r=\sqrt{(z'-z)^2+a^2}$,m,为源点至观测点的距离

$Z_0 = 377\ \Omega$

改式(13)为无量纲的形式,有

$$\begin{aligned}-V &= -\Delta z\,E(z')\\ &= -j\frac{Z_0\,\Delta z_\lambda}{8\pi^2}\int_{-L/2}^{L/2}\frac{e^{-j2\pi r_\lambda}}{r_\lambda^3}\left\{(1+j2\pi r_\lambda)\left[2-3\left(\frac{a}{r}\right)^2\right]+4\pi^2a_\lambda^2\right\}I(z')\,dz_\lambda \quad (\mathrm{V})\end{aligned} \tag{14}$$

其中,$r_\lambda = r/\lambda$,无量纲

V ——由 Δz_λ 上的 $E(z')$ 所对应的电压,V

为简明起见,记式(14)为

$$-E(z') = \int_{-L/2}^{L/2} I(z')G(r_{mn})\,dz' \quad (\mathrm{V\ m^{-1}}) \tag{15}$$

其中,

$$G(r_{mn}) = \frac{-jZ_0}{8\pi^2\lambda^2}\left(\frac{e^{-j2\pi r_\lambda}}{r_\lambda^3}\right)\left\{(1+j2\pi r_\lambda)\left[2-3\left(\frac{a}{r}\right)^2\right]+4\pi^2a_\lambda^2\right\} \quad (\Omega\ \mathrm{m^{-2}}) \tag{16}$$

$r = r_{mn}$

m ——观测点

n ——源点

将电流用级数展开,设

$$I(z') = \sum_{n=1}^{N} I_n F_n(z') \tag{17}$$

其中,$F_n(z')$ 是定义在增量段 $\Delta z'_n$ 上的脉冲函数(等于 0 或 1)。也可以用其他函数,例如在交叠增量段上的三角形或分片正弦的电流分布①。对于第 m 段,可有

$$-E_{z'}(z_m) = \sum_{n=1}^{N} I_n \int_{\Delta z'_n} G(r_{mn})\,dz' \quad (\mathrm{V\ m^{-1}}) \tag{18}$$

$$G_{mn} = \int_{\Delta z'_n} G(r_{mn})\,dz' \approx G(r_{mn})\Delta z'_n \quad (\Omega\ \mathrm{m^{-1}}) \tag{19}$$

则式(18)近似地变成

$$-E_{z'}(z_m) = I_1G_{m1} + I_2G_{m2} + \cdots + I_nG_{m3} + \cdots + I_NG_{m4} \tag{20}$$

这样,天线方程便具有网络方程的形式。为 N 段($m=1,2,3,\cdots,N$)中的每一段写出式(20),就得到一组代数方程:

① 分片正弦分布(正弦曲线节)有时比刻板的三角形分布更合适,将用于 14.12 节。两者的差别对于分段数少的情况尤其明显。在分段数很大时,不同的分布函数应该给出等效的结果。

$$\begin{aligned} I_1G_{11} + I_2G_{12} + \cdots + I_NG_{1N} &= -E_{z'}(z_1) \\ I_1G_{21} + I_2G_{22} + \cdots + I_NG_{2N} &= -E_{z'}(z_2) \\ \vdots \qquad \vdots \qquad\quad \vdots \qquad &\quad \vdots \\ I_1G_{N1} + I_2G_{N2} + \cdots + I_NG_{NN} &= -E_{z'}(z_N) \end{aligned} \tag{21}$$

还可以表示成矩阵形式，如

$$\begin{bmatrix} G_{11} & G_{12} & \cdots & G_{1N} \\ G_{21} & G_{22} & \cdots & G_{2N} \\ \vdots & \vdots & & \vdots \\ G_{N1} & G_{N2} & \cdots & G_{NN} \end{bmatrix} \begin{bmatrix} I_1 \\ I_2 \\ \vdots \\ I_N \end{bmatrix} = \begin{bmatrix} -E_{z'}(z_1) \\ -E_{z'}(z_2) \\ \vdots \\ -E_{z'}(z_N) \end{bmatrix} \tag{22}$$

及其紧凑记法

$$[G_{mn}][I_n] = -[E_m] \qquad (\text{V}\ \lambda^{-1}\ \text{或}\ \text{V m}^{-1}) \tag{23}$$

其中，$m = 1, 2, 3, \cdots, N$

$n = 1, 2, 3, \cdots, N$

在方程(23)的两侧同乘以分段的长度 Δz，得

$$\Delta z[G_{mn}][I_n] = -\Delta z[E_m] \qquad (\text{V}) \tag{24}$$

其左侧的乘积相当于阻抗 Z 和电流 I，右侧则相当于电路方程（欧姆定律）中的电压 V，故：

$$[Z_{mn}][I_n] = -[V_m] \qquad (\text{V}) \tag{25}$$

例 14.11.1　矩量法解短偶极子的电流分布和阻抗

设有理想导体的中心馈电圆柱偶极子长 0.1λ，半径为 0.001λ，假设除了电流分布的对称性之外，没有关于其阻抗和电流分布的知识。试说明矩量法（电路方程）技术的应用，并利用式(16)、式(19)和式(21)计算该偶极子的电流分布和输入阻抗。

解：

参见图 14.23，将偶极子分成各长 $\Delta z' = 0.033\lambda$ 的 3 段，假设每段各载有均匀电流（脉冲函数）I_1，I_2 和 I_3。于是，$N = 3$，而式(21)变成

$$\begin{aligned} I_1G_{11} + I_2G_{12} + I_3G_{13} &= -E(z_1') \\ I_1G_{21} + I_2G_{22} + I_3G_{23} &= -E(z_2') \\ I_1G_{31} + I_2G_{32} + I_3G_{33} &= -E(z_3') \end{aligned} \tag{26}$$

偶极子的上、下半部分是对称的，所以 $r_{12} = r_{21} = r_{23} = r_{32}$ 且 $r_{13} = r_{31}$，还有 $r_{11} = r_{22} = r_{33}$。

据此，只需按源点与观测点之间（点匹配）的三种距离 r_{11}，r_{12} 和 r_{13} 计算式(16)，代入数值 $r_{12} = 0.066\lambda$，$a = 0.001\lambda$ 和 $\Delta z = 0.033\lambda$，得

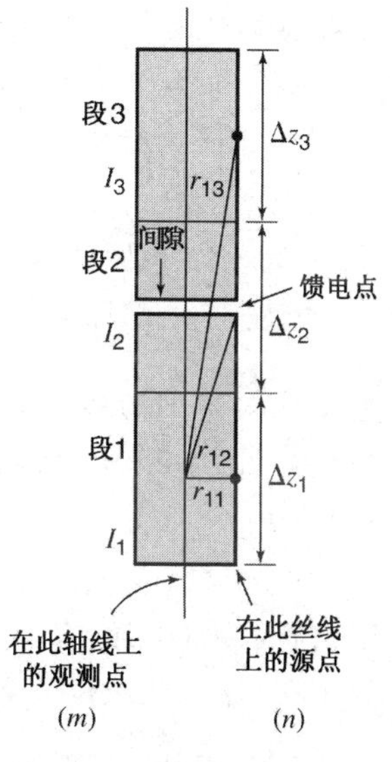

图 14.23　长 0.1λ 的中心馈电短偶极子被分成各长 $\Delta z_1 = \Delta z_2 = \Delta z_3 = 0.033\lambda$ 的3段

$$G_{13}=\frac{-j377\times 0.033}{8\pi^2\times 0.066^3}(\cos 2\pi\times 0.066-j\sin 2\pi\times 0.066)$$
$$\times\left\{(1+j2\pi\times 0.066)\left[2-3\left(\frac{0.001}{0.066}\right)^2\right]+4\pi^2\times 0.001^2\right\}\qquad(27)$$
$$=-25.8-j1184\qquad(\Omega\lambda^{-1})$$

类似地,可得

$$G_{11}=-20.0+j52\ 700\qquad(\Omega\lambda^{-1})\qquad(28)$$
$$G_{12}=-25.6-j12\ 800\qquad(\Omega\lambda^{-1})\qquad(29)$$

由于式(16)中的被积函数对小 r(尤其当 $r\leqslant 1.5^{1/2}a$ 时)的改变很敏感,因此将 G_{11} 划分成非均匀的 5 个子段,如图 14.24 所示。其中 r 最小的子段对偶极子阻抗贡献的电阻可允许忽略,而负电抗很大;r 较大的子段则贡献电阻以及正的电抗;电抗性质的改变就发生在 $r=1.5^{1/2}a$ 处。为了实施积分,按式(19)求和,叠加各子段的贡献得出式(28)的值。类似地,G_{12} 被分成 2 个子段,其叠加贡献得出式(29)的值。

将式(27),式(28)和式(29)代入式(26),并乘以 $\Delta z(=0.033\lambda)$,得到

$$\begin{aligned}&\qquad\qquad\qquad\qquad\qquad\qquad\qquad\text{A}\qquad\Omega\qquad\text{V}\\ &I_1(0.66-j1739)+I_2(0.85+j422)+I_3(0.85+j39)=V_1\qquad(30)\\ &I_1(0.85+j422)+I_2(0.66-j1739)+I_3(0.85+j422)=V_2\qquad(31)\\ &I_1(0.85+j39)+I_2(0.85+j422)+I_3(0.66-j1739)=V_3\qquad(32)\end{aligned}$$

根据对称性 $I_1=I_3$,以及仅在中心馈电的偶极子 $V_1=V_3=0$,因此式(30)与式(32)相同;代入条件 $V_1=0$,从式(30)得出电流比为

$$\frac{I_1}{I_2}=0.25+j0.0002$$

再代入式(31),除以 I_2 并置 $V_2=1$ V,可得到输入阻抗

$$Z=\frac{V_2}{I_2}=R+jX=1.1-j1528\ \Omega\qquad(33)$$

对于中心馈电的短偶极子,其电流分布接近三角形,故脉冲函数的电流比 I_1/I_2 应该是 1/3,如图 14.25 所示(此值理论上应由矩量法求得)。如果以此比值代入式(31),则可得出

$$Z=1.2-j1458\ \Omega\qquad(34)$$

对同样长度(0.1λ)但仅 1/10 半径(0.0001λ)的偶极子,里奇蒙用矩量法得到 $Z=1.852-j1895\ \Omega$ 的收敛值。

在实际问题中,并不指望只用很少几段并且各段电流分别按均匀分布的假定得出高准确度的解。此例仅为了在简单情况下借助袖珍计算器的真实数据来阐明矩量法的过程。诚然,若需频繁地进行这类计算,则宜在计算机上运行,需为采用更多分段数并扩展偶极子的参数(如长度和直径)范围而专门编写程序。描述这类程序的文献很多。David M. Pozar(1)"Antenna Design Using Personal Computers"一书中有大量关于导线天线的程序,其中 DIPOLE 程序按 254 步的 BASIC 语句运行标准的矩量法,适用于很宽尺寸范围的偶极子。

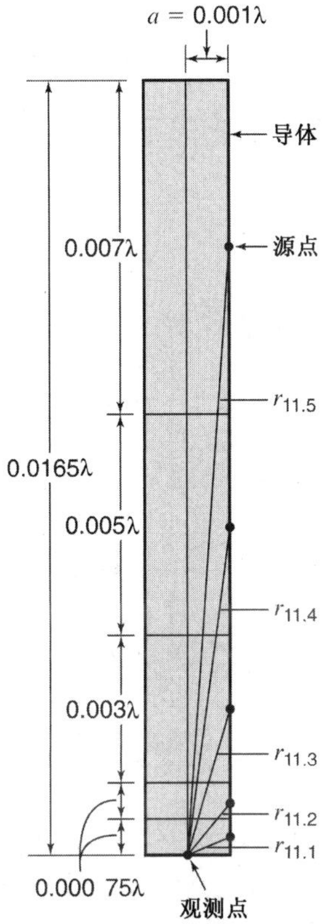

图 14.24　例中为计算 G_{11}将偶极子的半段划分成 5 个子段

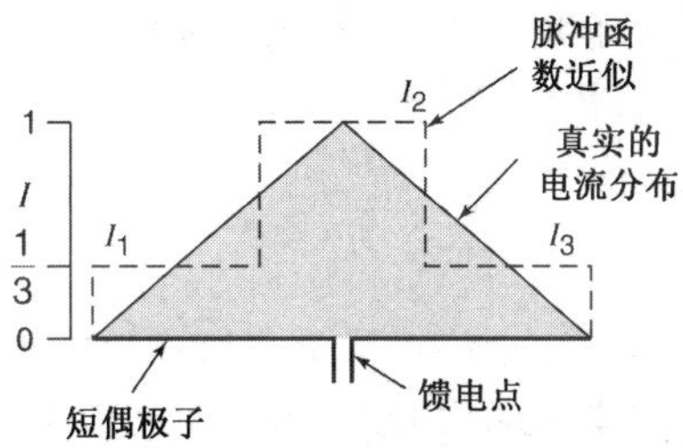

图 14.25　中心馈电短偶极子天线上的真实电流分布及其阶梯(脉冲函数)近似

Miller(1) & Burke 提供了用微型计算机解天线问题的数值电磁学代码(NEC)及其关于导线天线的子程序 MININEC。本章末和附录 C 列出了更多的补充参考文献。

关于 MININEC 程序,可参见本书对应的网站。

14.12　用矩量法求短偶极子的自阻抗、雷达截面和互阻抗

Edward H. Newman① 撰写

本节中采用分片正弦电流模的矩量法计算短偶极子的电流分布、输入阻抗和雷达截面,还计算两邻近短偶极子的互耦。利用霍华德·金(King, H. E.-1)的互阻抗公式,可以在 1 h 内借助科学用手持计算器完成计算。所以,要阐明矩量法并不必求助于数字计算机,不必费编写计算机程序之劳。

正如在式(14.11.17)中,偶极子电流可用级数展开②来近似

$$I(z') = \sum_{n=1}^{N} I_n F_n(z') \tag{1}$$

① 本节作者,美国俄亥俄州立大学电科学实验室教授。

② 假设偶极子为理想导电,且周围媒质属自由空间。

其中,$F_n(z')$是分片正弦模。例如,偶极子被分成等长度的4段($d=l/4$),如图14.26所示,第n段从z_n伸展到z_{n+1};分片正弦模在偶极子上交叠设置,第n个模存在于第n和$n+1$段,以z_n和z_{n+2}为端点,而以z_{n+1}为中点。F_n是与导线之轴线相距半径a(即位于导线表面上)的电流丝,载有电流分布

$$F_n(z) = \frac{\sin\beta(d - |z - z_{n+1}|)}{\sin\beta d} \qquad \text{(A)} \qquad (2)$$

其中,$\beta=2\pi/\lambda$。

函数$F_n(z)$在其两个端点上为零,从每个端点向它们的中点按正弦律上升至中点处为最大值$I_{n0}=F_n(z_{n+1})=1$ A。注意此分片正弦模合成连续分布的电流,且在偶极子的末端为零值。除了该偶极子末端,凡z_{n+1}点的电流都等于I_n(安培)。式(1)就是$N+2$个点上电流值的正弦插值函数。

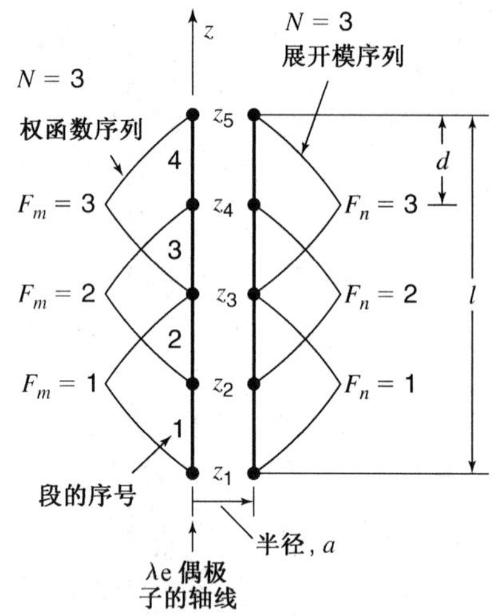

图14.26 例14.12.1为4等分段的偶极子设置的三项分片正弦模

要求偶极子的辐射场和外施场满足边界条件式(14.11.12),将式(1)代入,即有

$$-\sum_{n=1}^{N} I_n E_{zn} \approx E_{z'} \qquad (3)$$

其中,E_{zn}——电流F_n在自由空间所辐射电场的z分量

$E_{z'}$——入射电场的z分量

E_{zn}的表示式可展开成由Schelkunoff(1) & Friis和H. E. King(1)给出的简单函数。

矩量法中的权函数序列,可取得与展开函数序列相同,但其自变量是沿偶极子的轴线取值的。顺序用N个权函数F_m($m=1, 2, \cdots, N$)同乘以式(3)的两侧,式(3)就变成了联立的$N\times N$线性代数方程组,可写成紧凑的矩阵形式如下:

$$[Z]I = V \qquad (4)$$

其中,I是由N个元素即式(1)中之I_n构成的电流列阵,$[Z]$是有$N\times N$个元素的阻抗矩阵,其元素的典型形式为

$$Z_{mn} = -\int_m E_{zn} F_m \, dz \qquad (5)$$

通常,它们取决于散射体的几何形状与材料构成,是独立于入射场的。式(4)右侧的电压列阵之元素的典型形式为

$$V_m = \int_m E_{z'} F_m \, dz \qquad (6)$$

式(5)和式(6)的积分在轴线上沿偶极子的F_m所辖的区间进行,从$z=z_m$积到$z=z_{m+2}$。矩阵$[Z]$和列阵V中的元素的量纲都是伏-安(VA),列阵I中的元素都是无量纲的。若Z_{mn}被除以$I_{m0}I_{n0}$,则Z_{mn}就有了欧姆(Ω)的量纲。在本书的叙述中,由于分片模的中点电流已设定为$I_{n0}=1$ A,故亦应赋予Z_{mn}欧姆的量纲。由于矩阵方程(4)类似于欧姆定律的N端广义化,因此在任何情况下都统称$[Z]$是阻抗矩阵,而V则是电压列阵。

通常,矩量法求解中的主要问题是对阻抗矩阵元素的赋值。典型地,该赋值过程包含了数值积分和/或特殊函数的计算。因此,大多数矩量法求解需要在数字计算机上进行,并要花费

很大的精力编程,并非那些只需 1 小时就能用手持计算器完成的简单例题。这里给出用矩量法求解偶极子的例子,其阻抗矩阵元素的表达式相对简单,可不必使用数字计算机的要求。

对偶极子天线,式(5)所给出阻抗矩阵的元素正是平行偶极子的分片正弦模之间的互阻抗。图 14.27 指出两长度为 $2d$ 的平行偶极子之分片正弦模,权函数 m 模的底端比展开函数 n 模中心高出 h,而两者的梯式间距为 r。按惯例,将展开函数的中心置于 $z=0$ 处。H. E. King(1)已给出了这些模之间的互阻抗表达式,但式子很长,而且要为正弦和余弦积分赋值。为了简化金氏表达式,假定这些模都属于电小尺寸和电小距离,特别是假定 βd,βh 和 βr 都 $\ll 1$,此时 m 和 n 模之间的互阻抗式简化成[①]:

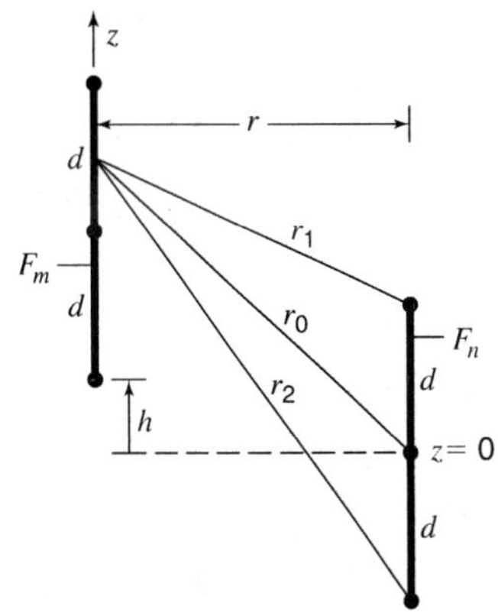

图 14.27　两平行耦合偶极子之间的分片正弦几何

$$Z_{mn} = R_{mn} + jX_{mn} \tag{7}$$

其中

$$R_{mn} = 20(\beta d)^2 \tag{8}$$

且

$$\begin{aligned} X_{mn} = -\frac{30}{\beta d^2}[&-4A + 6B - 4C + D + E + 4h\ln(2A + 2h) \\ &- 6(d + h)\ln(2B + 2h + 2d) + 4(2d + h)\ln(2C + 2h + 4d) \\ &+ (d - h)\ln(2D + 2h - 2d) - (3d + h)\ln(2E + 2h + 6d)] \end{aligned} \tag{9}$$

其中,

$$\begin{aligned} A &= \sqrt{r^2 + h^2} \\ B &= \sqrt{r^2 + (d + h)^2} \\ C &= \sqrt{r^2 + (2d + h)^2} \\ D &= \sqrt{r^2 + (d - h)^2} \\ E &= \sqrt{r^2 + (3d + h)^2} \end{aligned}$$

式(8)和式(9)不含比“对数”和“平方根”更复杂的运算,适合使用手持计算器。注意,R_{mn} 正是众所周知的短偶极子之辐射电阻公式,与模式序数无关。若假定 $r=a \ll d$(线径远小于段长)并符合特定的 h 值,式(9)还能进一步简化。对于自阻抗项,$m=n$,有

$$X_{mm}(h=-d) = -\frac{30}{\beta d}\left[-4 + 4\ln\left(\frac{d}{a}\right)\right] \tag{10}$$

对位于交叠段上的相邻模,$|m-n|=1$,有

$$X_{mn}(h=0) = -\frac{30}{\beta d}\left[1 + 2\ln\left(\frac{1.54a}{d}\right)\right] \tag{11}$$

若 $|m-n|=2$,即两种模只交于一点,有

$$X_{mn}(h=d) = -\frac{30}{\beta d}[-0.68] \tag{12}$$

若 $|m-n|\geqslant 3$,即两种模脱离接触,有

---

① 作者感谢 Linda Bingham 协助得出这些简化表达式。

$$X_{mn}(h \geqslant 2d) = -\frac{30}{\beta d}\left[\frac{h}{d}\ln\frac{h^4(2d+h)^4}{(d+h)^6(h-d)(3d+h)} + \ln\frac{(2d+h)^8(h-d)}{(d+h)^6(3d+h)^3}\right] \tag{13}$$

现在为式(6)中的列阵元素赋值,它取决于入射电场的 z 分量。

首先讨论偶极子由电压发生器激励的情况,最简单也是最普遍使用的电压发生器是所谓的 δ-间隙模型,参见 Stutzman(1) & Thiele。δ-间隙发生器所产生的是极大而又高度本地化的电场,其极化平行于导体的轴线。位于 $z = z'$ 的 δ-间隙发生器具有入射场

$$E_{z'} = v\,\delta(z - z') \tag{14}$$

其中,v——发生器电压

$\delta(z)$——单位长度的狄拉克 δ-函数(冲激函数)

正常情况下的发生器被置于分片正弦段的中心。参考图 14.26 的有着 $N = 3$ 个模的偶极子,发生器应置于 $z = z_2$, z_3 或 z_4,那里分别是模序 1, 2 或 3 段的馈端。将式(14)的入射场插入式(6),如果有 v_m 伏的 δ-间隙发生器置于 m 模的馈端,则

$$V_m = v_m \tag{15}$$

列阵的第 m 个元素只有当非零的发生器接在第 m 个模的馈端时才是非零值。

现在考虑在导线中接入集总负载的效应。将一枚集总负载 Z_{lm} 接入 m 模的馈端,在此馈端上产生($-I_m Z_{lm}$)的电压。若将此电压视同非独立的 δ-间隙发生器,则应在式(15)中对 V_m 加上($-I_m Z_{lm}$)。然而,这是一项未知的电压,因为其初始的 I_m 尚属未知。习惯上总将所有未知量写在矩阵方程的左侧,可在矩阵方程第 m 行的两侧都加上($I_m Z_{lm}$),于是该集总负载 Z_{lm}(Ω)使得原来的 Z_{mm} 被($Z_{mm} + Z_{lm}$)所取代。

导线上接有发生器和负载之处并没有物理上的断裂或间隙,因此电流连续地通过发生器和负载。然而,在发生器和负载处存在电流分布斜率的不连续性,即电流导数的跳变。注意分片正弦模本身就具有这种强制电流在导线上连续而允许在端点处斜率不连续性的性态。

现转而考虑导线受平面波激励的情况,幅值为 E_0 的 z 极化平面波从 $+x$ 轴垂直射来时,有

$$E_{z'} = E_0\,\mathrm{e}^{j\beta x} \tag{16}$$

将此式代入式(6),经积分后得出电压列阵的元素

$$V_m = \frac{2E_0}{\beta}\tan\left(\frac{\beta d}{2}\right) \tag{17}$$

例 14.12.1 偶极子的电流分布和输入阻抗

设中心馈电偶极子天线的长度 $l = \lambda/10$,半径 $a = \lambda/10\,000$,试求其电流分布和输入阻抗。

解:

如图 14.26 所示,将偶极子天线分成等长度 $d = l/4 = 0.025\lambda$ 的 $N + 1 = 4$ 段,载有 $N = 3$ 的分片正弦电流模。据此可按式(4)明确地写出 3×3 矩阵的矩量法方程:

$$\begin{bmatrix} Z_{11} & Z_{12} & Z_{13} \\ Z_{21} & Z_{22} & Z_{23} \\ Z_{31} & Z_{32} & Z_{33} \end{bmatrix}\begin{bmatrix} I_1 \\ I_2 \\ I_3 \end{bmatrix} = \begin{bmatrix} V_1 \\ V_2 \\ V_3 \end{bmatrix} \tag{18}$$

因为中心馈电偶极子的电流分布是对称的,故 $I_1 = I_3$。于是,可将矩阵方程的第 3 列并入第 1 列中,使 3 阶矩阵方程降为 2 阶矩阵方程

$$\begin{bmatrix} (Z_{11} + Z_{13}) & Z_{12} \\ (Z_{21} + Z_{23}) & Z_{22} \end{bmatrix}\begin{bmatrix} I_1 \\ I_2 \end{bmatrix} = \begin{bmatrix} V_1 \\ V_2 \end{bmatrix} \tag{19}$$

矩阵方程的降阶在很大程度上减少了用手工计算解矩阵方程所需的时间。

虽然式(18)和式(19)中的矩阵[Z]含 9 个元素,但由于偶极子的对称性、分段的均匀性和互易性,只有 3 个是不同的,即

$$Z_{11} = Z_{22} = Z_{33} \tag{20}$$

$$Z_{12} = Z_{21} = Z_{23} = Z_{32} \tag{21}$$

$$Z_{13} = Z_{31} \tag{22}$$

这些 Z_{mn} 的实部都可得自式(8),为

$$R_{mn} = 0.4935 \text{ VA} \tag{23}$$

而 Z_{mn} 的虚部根据式(9)计算;但是,这里选用简化式(10)、式(11)和式(12)。表 14.2 给出式(18)的阻抗矩阵[Z]之第一行元素按近似式(7)、式(8)、式(10)、式(11)和式(12)以及按金氏准确公式计算的结果。注意,其中[Z]的近似值对准确值的误差在11%以内。

表 14.2　例 14.12.1 中阻抗矩阵[Z]的元素(VA)

元 素	近似值	准确值
Z_{11}	$0.4935 - j3454$	$0.4944 - j3426$
Z_{12}	$0.4935 + j1753$	$0.4945 + j1576$
Z_{13}	$0.4935 + j129.9$	$0.4885 + j132.2$

若将表 14.2 中[Z]的近似值代入式(19),可得

$$\begin{bmatrix} 0.9869 - j3324 & 0.4935 + j1753 \\ 0.9869 + j3506 & 0.4935 - j3454 \end{bmatrix} \begin{bmatrix} I_1 \\ I_2 \end{bmatrix} = \begin{bmatrix} 0 \\ 1 \end{bmatrix} \tag{24}$$

其中所取的 $V_2 = 1$ VA 是因为在模 2 的馈端上接有 1 V 的电压发生器。方程(24)很容易利用克拉默法则求解,所得无量纲之电流列阵元素的结果为

$$I_1 = I_3 = 0.000\,328\,6 \;\underline{/89.892^\circ} \tag{25}$$

$$I_2 = 0.000\,623\,0 \;\underline{/89.926^\circ} \tag{26}$$

两式之比值 I_2/I_1 十分接近 1.9,这说明偶极子上的电流很接近三角形分布。

将 $N=3$ 的三项电流模系数一起插入展开式(1),即得出偶极子电流的安培数。偶极子的输入(即馈电)端电流是 I_2 安培,而输入阻抗就等于输入电压与输入电流之比值,为

$$Z_{\text{in}} = \frac{1}{I_2} = 2.083 - j1605\ \Omega \tag{27}$$

对比发现,若采用表 14.2 中[Z]的准确值,所得电流分布和输入阻抗的结果为

$$I_1 = I_3 = 0.000\,249\,8 \;\underline{/90.0^\circ} \tag{28}$$

$$I_2 = 0.000\,521\,9 \;\underline{/89.9^\circ} \tag{29}$$

$$Z_{\text{in}} = 1.892 - j1916\ \Omega \tag{30}$$

例 14.12.2　短偶极子的散射

设与例 14.12.1 相同的偶极子天线在馈端处接有(复共轭的)匹配负载,试计算其在平面波垂直入射下的雷达截面(见 12.5 节)。

解:

在偶极子的中心馈端,即电流模 2 的馈端接入与之复共轭匹配的集总负载,利用式(27)的 Z_{in}^* 值写出

$$Z_{l2} = Z_{\text{in}}^* = 2.083 + j1605\ \Omega \tag{31}$$

相同结构的加载偶极子与未加载偶极子具有相同的阻抗矩阵,但是加载后需要将电流模2的自阻抗项加上负载阻抗Z_{l2}值,成为

$$Z_{22} = (0.4935 - j3454) + (2.083 + j1605) = 2.576 - j1849\ \text{VA} \tag{32}$$

若有单位幅度的z极化平面波自$+x$轴射来,则矩阵方程右侧列阵的元素都相同,且表示成式(31),其中$E_0=1$,即

$$V_m = 0.025\,05\ \text{VA}, \qquad m = 1, 2, 3 \tag{33}$$

鉴于激励和负载都对偶极子的中心对称,偶极子上的电流也保持对称,故电流列阵仍可按2阶矩阵方程(19)计算

$$\begin{bmatrix} 0.9869 - j3324 & 0.4935 + j1753 \\ 0.9869 + j3506 & 2.576\ \ - j1849 \end{bmatrix} \begin{bmatrix} I_1 \\ I_2 \end{bmatrix} = \begin{bmatrix} 0.025\,05 \\ 0.025\,05 \end{bmatrix} \tag{34}$$

用克拉默法则求解,得出无量纲电流列阵的元素:

$$I_1 = I_3 = 0.006\,515\ \underline{/0.581^\circ} \tag{35}$$

$$I_2 = 0.012\,35\ \underline{/0.548^\circ} \tag{36}$$

对散射场进行相应的展开,写成

$$E_s = \sum_{n=1}^{N} I_n E_{zn} \tag{37}$$

式中的E_{zn}是式(3)中的展开模F_n散射产生的自由空间电场。对于在$+x$轴上(即后向散射方向)且处于偶极子远区的场点,F_n所产生的电场也将是z极化的,给出为

$$E_{zn} = j60\tan\left(\frac{\beta d}{2}\right)\frac{e^{-j\beta x}}{x} \qquad (\text{V m}^{-1}) \tag{38}$$

用前面求出的I_n值结合式(38),就能按式(37)写出在偶极子远区的后向散射电场

$$E_s = 0.1199\ \underline{/90.6^\circ}\ \frac{e^{-j\beta x}}{x} \qquad (\text{V m}^{-1}) \tag{39}$$

因此,偶极子的雷达截面为

$$\sigma = 4\pi x^2\frac{|E_s|^2}{|E_0|^2} = 0.1806\lambda^2 \tag{40}$$

对比发现,若采用表14.2中[Z]的准确值重复本例的计算,可得到结果:

$$I_1 = I_3 = 0.006\,199\ \underline{/0.0^\circ} \tag{41}$$

$$I_2 = 0.012\,95\ \underline{/0.0^\circ} \tag{42}$$

$$\sigma = 0.1801\lambda^2 \tag{43}$$

根据例2.10.1,无耗且匹配的短偶极子具有的最大有效口径为

$$A_{em} = \frac{3}{8\pi}\lambda^2 = 0.119\lambda^2 \tag{44}$$

适用于偶极子长度$l \ll \lambda$的情况。总的散射口径就等于A_{em},而雷达截面是该散射口径与短偶极子天线的定向性$D(=1.5)$之乘积,即

$$\sigma = DA_{em} = \frac{1.5\times 3}{8\pi}\lambda^2 = 0.179\lambda^2 \tag{45}$$

与式(40)或式(45)的结果$0.1806\lambda^2$或$0.1801\lambda^2$比较,两者相差甚微。

例 14. 12. 3　两短偶极子的互阻抗

设两相同的短偶极子天线其尺寸与例 14. 12. 1 和例 14. 12. 2 中的相同，边对边相距 $\lambda/100$，如图 14. 28 所示。试计算其互阻抗。

解：

为简化计算，在每个偶极子上仅设置一个（不分段的）分片正弦模。因此，只需求解 $N=2$ 阶的矩阵方程

$$\begin{bmatrix} Z_{11} & Z_{12} \\ Z_{21} & Z_{22} \end{bmatrix}\begin{bmatrix} I_1 \\ I_2 \end{bmatrix} = \begin{bmatrix} V_1 \\ V_2 \end{bmatrix} \tag{46}$$

由于偶极子结构与布置的对称性和互易性，$Z_{11}=Z_{22}$ 且 $Z_{12}=Z_{21}$，只需计算 Z_{11} 和 Z_{12}。Z_{11} 由式(7)、式(8)和式(10)赋值，代入尺寸 $d=-h=l/2=0.05\lambda$ 和 $r=a=0.0001\lambda$；

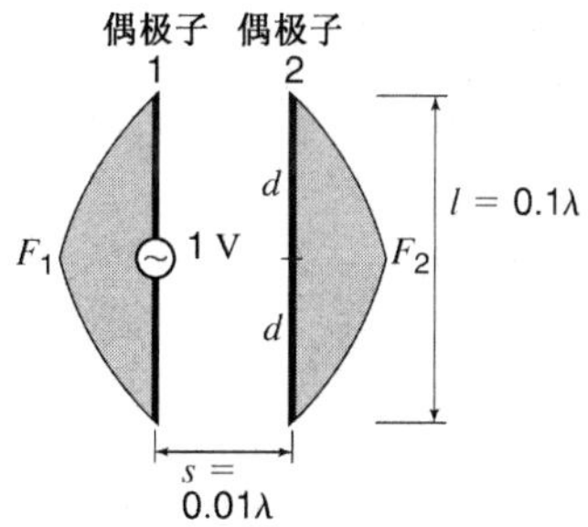

图 14. 28　例 14. 12. 3 的两耦合偶极子的几何关系（偶极子半径为 0. 0001λ）

Z_{12} 可用同样的公式赋值，只需将 a 换成 $s=0.01\lambda$，因为 $h=-d$。表 14. 3 列出了 Z_{11} 和 Z_{12} 的计算结果，并提供了与 H. E. King(1)和 Richmond(2)之准确值的比较。对于每个偶极子各只有一个电流模的解，Z_{12} 也就是两偶极子间的互阻抗。

表 14. 3　例 14. 12. 3 中阻抗矩阵 Z 的元素（VA）

元素	近似值	准确值
Z_{11}	1.9739 − j1992	2.0000 − j1921
Z_{12}	1.9739 − j232.8	1.9971 − j325.1

将表中的近似值代入式(46)，并在（仅在）模式 1 的馈端接入 1 V 的发生器，使 $V_1=1$ V，便得到

$$\begin{bmatrix} 1.9739-j1992 & 1.9739-j232.8 \\ 1.9739-j232.8 & 1.9739-j1992 \end{bmatrix}\begin{bmatrix} I_1 \\ I_2 \end{bmatrix} = \begin{bmatrix} 1 \\ 0 \end{bmatrix} \tag{47}$$

方程(47)有解：

$$I_1 = 0.000\,509\,0\ \underline{/89.955^\circ} \tag{48}$$

$$I_2 = 0.000\,059\,49\ \underline{/-89.616^\circ} \tag{49}$$

于是，输入阻抗为

$$Z_{\text{in}} = \frac{1}{I_1} = 1.539 - j1964\ \Omega \tag{50}$$

对于单独的偶极子 1，在只取 $N=1$ 阶模时的输入阻抗为

$$Z_{\text{in}} = Z_{11} = 1.974 - j1992\ \Omega \tag{51}$$

表 14. 4 汇总了短偶极子的自阻抗、互阻抗以及雷达截面。若采用表中的准确值，当存在偶极子 2 时的偶极子 1 阻抗为

$$Z_{\text{in}} = 1.382 - j1822\ \Omega \tag{52}$$

表 14.4 短偶极子的自阻抗、互阻抗以及雷达截面汇总*

	模式	公式
Z_s = 1.974 − *j*1992 Ω	$N=1$(近似的. King)*	(51)
= 2.000 − *j*1921 Ω	$N=1$(准确的 King)*	Z_{11}(准确的),表 14.3
= 2.083 − *j*1605 Ω	$N=3$(近似的 King)*	(27)
= 1.892 − *j*1916 Ω	$N=3$(准确的 King)*	(30)
= 1.864 − *j*1905 Ω	$N=5$(准确的 King)*	J. H. Richmond(2)
= 1.856 − *j*1899 Ω	$N=7$(准确的 King)*	FORTRAN IV 程序(见下列参考资料)
Z_m = 1.974 − *j*233 Ω	$N=1$(近似的. King)*	Z_{12}(近似的),表 14.3
= 1.997 − *j*325 Ω	$N=1$(准确的 King)*	Z_{12}(准确的),表 14.3
$Z_\Delta = Z_s - Z_m$ = 0.000 − *j*1759 Ω	$N=1$(近似的 King)*	(51) − Z_{12}(近似的)
= 0.003 − *j*1596 Ω	$N=1$(准确的 King)*	Z_{11}(准确的) − Z_{12}(准确的)
σ = 0.1806λ^2(近似的 King)*		(40)
= 0.1801λ^2(准确的 King)*		(43)
= 0.179λ^2(短偶极子理论)	* H. E. King(1)	(45)

* Z_s——自阻抗,孤立偶极子的输入阻抗,Ω　　偶极子长度,$l=\lambda/10$

Z_m——互阻抗,Ω　　偶极子半径,$a=\lambda/10\,000$

σ——雷达截面,λ^2　　偶极子间距,$s=\lambda/100$(用于 Z_m)

注意:随着 N 的增大,Z_s 的收敛解应趋近真实值;当 $s\to 0$ 时自/互阻抗之差值 $Z_\Delta\to 0$,当 $s\to\infty$ 时 $Z_\Delta\to Z_s(Z_m\to 0)$。

参考文献

Abraham, M. (1), "Die electrischen Schwingungen um einen stabförmigen Leiter, behandelt nach der Maxwellschen Theorie," *Ann. Physik,* **66,** 435–472, 1898.

Brown, G. H. (1), and O. M. Woodward, "Experimentally Determined Impedance Characteristics of Cylindrical Antennas," *Proc. IRE,* **33,** 257–262, April 1945.

Dorne, A. (1), in *Very High Frequency Techniques,* by Radio Research Laboratory Staff, McGraw-Hill, New York, 1947, Chap. 4.

Hallén, Erik (1), "Theoretical Investigations into the Transmitting and Receiving Qualities of Antennae," *Nova Acta Regiae Soc. Sci. Upsaliensis,* ser. IV, **11,** no. 4, 1–44, 1938.

Hallén, Erik (2), "On Antenna Impedances," *Trans. Roy. Inst. Technol.,* Stockholm, no. 13, 1947.

Hallén, Erik (3), "Admittance Diagrams for Antennas and the Relation between Antenna Theories," Cruft Laboratory Tech. Rept. **46,** Harvard University, 1948.

Harrington, R. F. (1), *Field Computation by Moment Methods,* Macmillan, 1968.

King, D. D. (1), "The Measured Impedance of Cylindrical Dipoles," *J. Appl. Phys.,* **17,** 844–852, October 1946.

King, H. E. (1), "Mutual Impedance of Unequal Length Antennas in Echelon," *IEEE Trans. Ants. Prop.,* **AP-5,** 306–313, July 1957.

King, L. V. (1), "On the Radiation Field of a Perfectly Conducting Base-Insulated Cylindrical Antenna over a Perfectly Conducting Plane Earth, and the Calculation of the Radiation Resistance and Reactance," *Phil. Trans. R. Soc. (Lond.),* **236,** 381–422, 1937.

King, Ronold (1), and C. W. Harrison, Jr., "The Distribution of Current along a Symmetrical Center-Driven Antenna," *Proc. IRE,* **31,** 548–567, October 1943.

Marsh, J. A. (1), "A Study of Phase Velocity on Long Cylindrical Conductors," Ph.D. thesis, Ohio State University, 1949.

Miller, E. K. (1), and G. J. Burke, "Personal Computer Applications in Electromagnetics," *IEEE Ants. Prop. Soc. Newsletter,* 5–9, August 1983.

Page, L. (1), and N. I. Adams, "The Electrical Oscillations of a Prolate Spheroid," *Phys. Rev.,* **53,** 819–831, 1938.

Pocklington, H. C. (1), "Electrical Oscillations in Wires," *Camb. Phil. Soc. Proc.,* **9,** 324–332, 1897.

Pozar, D. M. (1), *Antenna Design Using Personal Computers,* Artech House, 1985.

Richmond, J. H. (1), "Digital Computer Solutions of the Rigorous Equations for Scattering Problems," *Proc. IEEE,* **53,** 796–804, August 1965.

Richmond, J. H. (2), "Radiation and Scattering by Thin-Wire Structures in a Homogeneous Conducting Medium," *IEEE Trans. Ants. Prop.,* **AP-22,** 365, March 1974.

Schelkunoff, S. A. (1), and H. T. Friis, *Antennas Theory and Practice,* Wiley, New York, 1952.

Stratton, J. A. (1), and L. J. Chu, "Steady State Solutions of Electromagnetic Field Problems," *J. Appl. Phys.,* **12,** 230–248, March 1941.

Stutzman, W. L. (1), and G. A. Thiele, *Antenna Theory and Design,* 2d ed., Wiley, New York, 1998, Chap. 10.

Tai, C-T. (1), "Dipoles and Monopoles," in *Antenna Engineering Handbook,* McGraw-Hill, New York, 1984, Chap. 4.

习题

14.6.1　**偶极子阻抗。**设某中心馈电的圆柱偶极子天线长 $\lambda/12$，而长度/直径比为 25，试计算其输入阻抗。

14.10.1　**电荷分布。**设某圆柱导体杆的长度/直径比为 6，试确定其静电荷分布。

14.11.1　**短偶极子的输入阻抗。**设某中心馈电的圆柱偶极子天线长为 $\lambda/15$，而长度/直径比为 200，试用矩量法计算其电流分布和输入阻抗。

14.12.1　**短偶极子的互阻抗。**设有两个边对边的平行偶极子天线，都是长为 $\lambda/8$，而直径为 $\lambda/100$，间距为 $\lambda/25$，试用矩量法计算其互阻抗。

14.12.2　**$\lambda/10$ 偶极子阻抗。**试说明表 14.4 之偶极子的自阻抗 Z_s 收敛值(或真实值)是$(1.852-j1895)\,\Omega$。

注意：习题中涉及的计算机程序，见附录 C。

第 15 章　口径分布与远场波瓣图之间的傅里叶变换关系[①]

本章包含下列主题：

- 连续口径分布
- 口径分布与场波瓣图
- 空间频率响应和波瓣图平滑处理
- 简单加法干涉仪
- 口径合成和多口径阵
- 栅瓣
- 二维口径合成
- 相位闭合和自校准，"干净"图形

15.1　连续口径分布

假设图 15.1 所示的口径上存在连续的电流片或场分布，该电流或场垂直于纸面（y 向）且不随 y 变化，则由口径元 $dx\,dy$ 在距离 r 处产生的电场为

$$dE = -j\omega\, d\mathcal{A}_y = -\frac{j\omega\mu}{4\pi r}\frac{E(x)}{Z}\,\mathrm{e}^{-j\beta r}\,dx\,dy \tag{1}$$ [②]

其中，A_y——矢量位（一般情况下 $A_y = \dfrac{\mu}{4\pi}\iiint \dfrac{J_y}{r}dv$），V s m^{-1}

J_y——电流密度，A m^{-2}

$E(x)$——口径电场分布，V m^{-1}

Z——媒质的本征阻抗，Ω m^{-2}

ω——$2\pi f$（f 为频率），rad s^{-1}

μ——媒质的磁导率，H m^{-1}

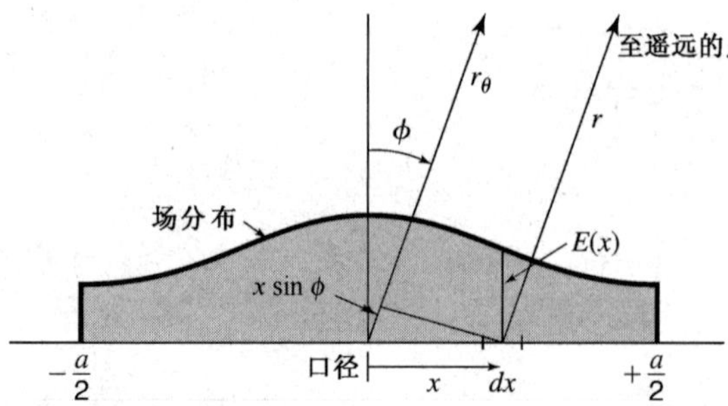

图 15.1　沿口径宽度 a 上的幅度分布 $E(x)$

对于沿纸面的垂直方向为均匀尺度 y_1 的口径，其场分布只是 x 的函数，它在远离口径（$r >> a$）处产生的电场是ϕ角的函数。据式（1），

$$E(\phi) = \frac{-j\omega\mu y_1 \mathrm{e}^{-j\beta r_0}}{4\pi r_0 Z}\int_{-a/2}^{+a/2} E(x)\,\mathrm{e}^{j\beta x\sin\phi}\,dx \tag{2}$$

其幅值为

---

① 本章取自 J. D. Kraus 的"Radio Astronomy"第二版中第 6 章，该书由 Cygnus-Quasar 于 1986 年出版。

② 注意 $E(x)/Z = E_y(x)/Z = H_x = J_y z$，这里的 z（在图 15.1 中向上）是电流片的厚度，并有 $dE = dE_y$。

$$|E(\phi)| = \frac{y_1}{2r_0\lambda}\int_{-a/2}^{+a/2} E(x)\,\mathrm{e}^{j\beta x\sin\phi}\,dx \tag{3}$$

其中，$\beta = 2\pi/\lambda$。对于均匀的口径分布$[E(x) = E_a]$，式(3)简化成

$$|E(\phi)| = \frac{y_1 E_a}{2r_0\lambda}\int_{-a/2}^{+a/2} \mathrm{e}^{j\beta x\sin\phi}\,dx \tag{4}$$

在$\phi = 0$ 的轴线方向上，有

$$|E(\phi)| = \frac{E_a a y_1}{2r_0\lambda} = \frac{E_a A}{2r_0\lambda} \tag{5}$$

其中，A——口径面积($A = ay_1$)

E_a——口径平面中的电场

对于从口径发出的单向辐射(沿$\phi = 0°$而不沿$\phi = 180°$方向)，$|E(\phi)|$应取双向对称辐射公式(5)的2 倍。

对式(4)的积分得出

$$|E(\phi)| = k_0\frac{\sin[(\beta a/2)\sin\phi]}{(\beta a/2)\sin\phi} \tag{6}$$

其中，

$$k_0 = \frac{AE_a}{2r_0\lambda} \tag{7}$$

试比较下式所示间距为 d 的 n 个离散源所组成长阵的辐射场：

$$E = nE_0\frac{\sin[(\beta a'/2)\sin\phi]}{(\beta a'/2)\sin\phi} \tag{8}$$

其中，长阵的长度 $a' = (n-1)d \approx nd$，且 E_0 为单个源的辐射场，还限制了小角度范围的ϕ。对于只关心长阵之主瓣与第一旁瓣的情况，并不在乎这一限制。在此条件下，离散源长阵的场波瓣图式(8)与同样长度($a = a'$)连续阵的场波瓣图式(6)相同，在 5.12 节中曾经提及有关内容。

15.2　远场波瓣图与口径分布之间的傅里叶变换关系

按 Booker(1) & Clemmow 的说法，一维口径分布 $E(x_\lambda)$和它的远场分布 $E(\sin\phi)$互为下列傅里叶变换对(Booker-1；Bracewell-1)：

$$E(\sin\phi) = \int_{-\infty}^{\infty} E(x_\lambda)\,\mathrm{e}^{j2\pi x_\lambda\sin\phi}\,dx_\lambda \tag{1}$$

$$E(x_\lambda) = \int_{-\infty}^{\infty} E(\sin\phi)\,\mathrm{e}^{-j2\pi x_\lambda\sin\phi}\,d(\sin\phi) \tag{2}$$

其中，$x_\lambda = x/\lambda$。对于实数ϕ值，$|\sin\phi| \leqslant 1$，远场分布表示辐射功率，而$|\sin\phi| > 1$ 表示电抗性存储的功率(Rhodes-1)。这种远场随角ϕ的分布 $E(\sin\phi)$，即角谱，是平面波族的角度分布。除了$|\sin\phi| > 1$，有限尺寸口径的角谱总是与远场波瓣图 $E(\phi)$相同(但是对于无穷大口径 $a = \infty$，不可能符合 $r \gg a$ 的远场条件)。所以，傅里叶积分表示式在有限尺寸口径情况下应写成

$$E(\phi) = \int_{-a_\lambda/2}^{+a_\lambda/2} E(x_\lambda)\,\mathrm{e}^{j2\pi x_\lambda\sin\phi}\,dx_\lambda \tag{3}$$

这与式(15.1.2)之间只存在常数因子的差异。式(15.1.2)是一种绝对关系,而式(3)是相对关系。图 15.2 提供了几种相同宽度的口径分布 $E(x_\lambda)$。

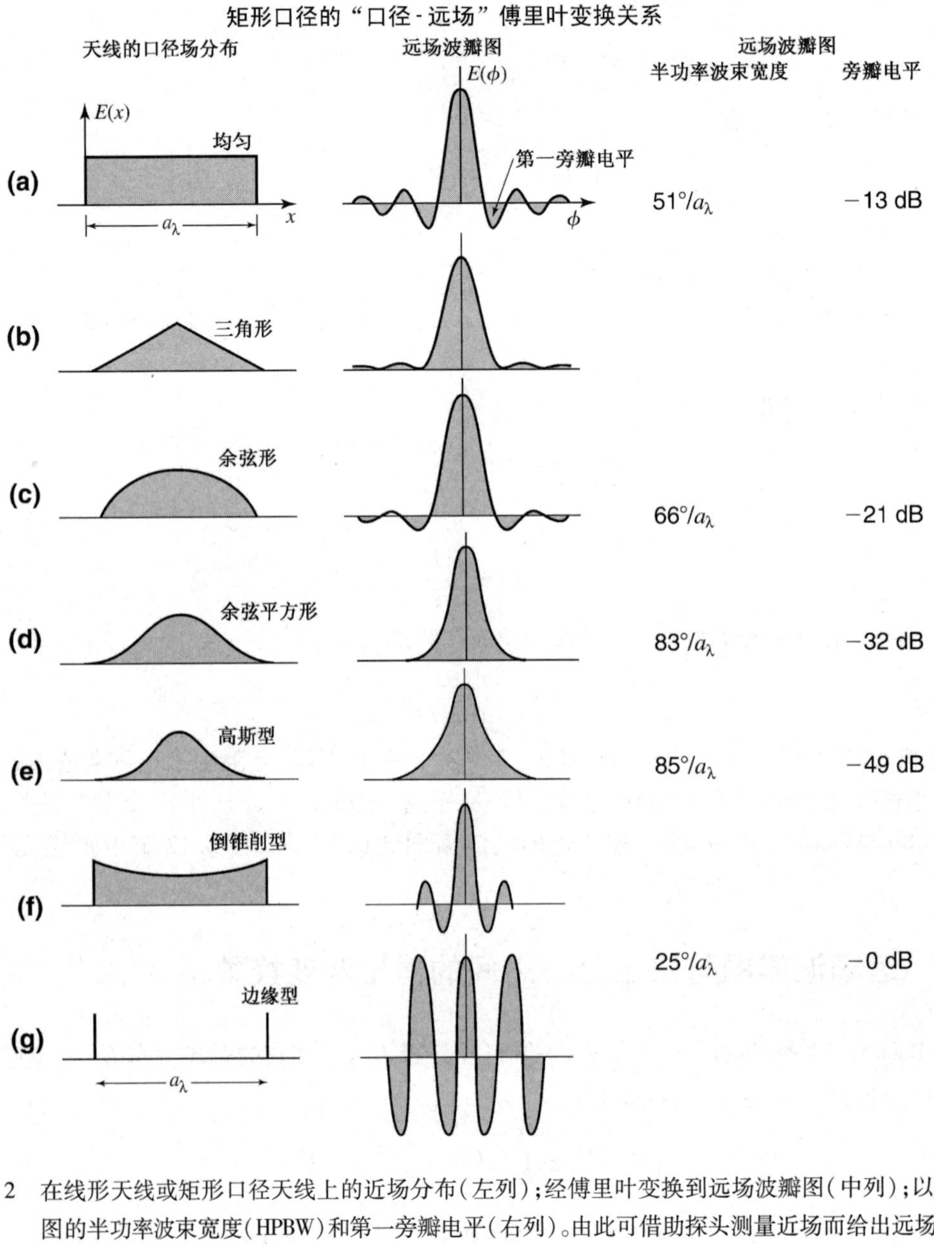

图 15.2 在线形天线或矩形口径天线上的近场分布(左列);经傅里叶变换到远场波瓣图(中列);以及波瓣图的半功率波束宽度(HPBW)和第一旁瓣电平(右列)。由此可借助探头测量近场而给出远场波瓣图

取均匀分布作为参照,较陡的锥削分布(三角形和余弦形)具有较宽的波束和较小的副瓣;最陡的锥削分布(余弦平方形和高斯型)具有更宽的波束而不出现副瓣。另一方面,如图 15.2(f)所示的倒锥削型(中心幅度小于边缘幅度)具有较窄的波束而大于均匀分布时的副瓣。这种并非故意的倒锥削型分布往往由于口径前方的馈源结构对口径的遮挡所致。倒锥削型的极端情况是图 15.2(g)所示的边缘型分布,等效为二单元阵列的干涉仪,其波束宽度为均匀分布之 1/2,而旁瓣与主瓣的幅度相等。

均匀的线源或矩形口径分布具有最高的定向性，如图 15.2(a)所示，然而其第一旁瓣电平仅约 −13 dB。因此，如前所述，实际采用的口径分布是在所希望的定向性(或增益)与旁瓣电平之间的平衡或折中。

对于圆碟形天线，其口径与波束宽度和第一旁瓣电平的关系列于表 15.1。

表 15.1　矩形和圆形口径分布的波束宽度和旁瓣电平＊

口径分布		半功率波束宽度	第一旁瓣电平 (dB)
矩形或线形口径	$E(r)$		
至边缘锥削为 1/3(约 −10 dB) $E(x)=1-2x^2/3$	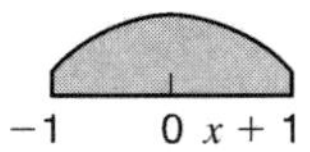	$\frac{59°}{L_\lambda}$	−19
至边缘锥削为 0 $E(x)=1-x^2\approx\cos(\pi x/2)$	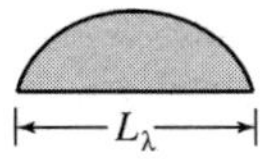	$\frac{66°}{L_\lambda}$	−21
至边缘锥削为 0 $E(x)=\cos^2(\pi x/2)$	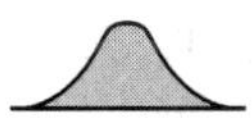	$\frac{83°}{L_\lambda}$	−32
均匀	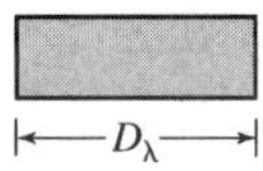	$\frac{58°}{D_\lambda}$	−18
至边缘锥削为 1/3(约 −10 dB) $E(r)=1-2r^2/3$	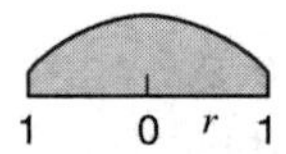	$\frac{66°}{D_\lambda}$	−23
至边缘锥削为 0 $E(r)=1-r^2$	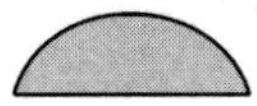	$\frac{73°}{D_\lambda}$	−25
至边缘锥削为 0 $E(r)=(1-r^2)^2$	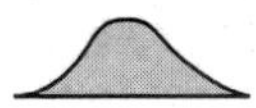	$\frac{84°}{D_\lambda}$	−31

＊ $L_\lambda=L/\lambda$，$D_\lambda=D/\lambda$。这里假设了 $L_\lambda\gg1$ 和 $D_\lambda\gg1$。均匀分布的矩形或线形口径，HPBW $\approx 51°/L_\lambda$，而第一旁瓣电平为 −13 dB。

从理论上讲，当接近口径边缘处的场具有剧烈起伏时，会超过均匀口径分布时的定向性(超增益条件)。按照 Rhodes(2)的研究，为使宽 5λ 的口径提高 1/2 dB 的定向性，要求接近边缘的场至少是均匀口径场的 20 倍。然而，除非所有导体都是理想导电的，且周围的媒质都完全无耗，否则产生这种口径场的电流将引起 I^2R 的损耗，从而抵消了任何得益。进一步说，这种天线具有巨大的 Q 值和极窄的频带，使超增益的努力不切实际。

这不免令人回想起 W8JK 阵列，理论上甚至当单元的间距趋于零时还能获得高出单根偶极子 4 dB 的增益，但考虑到所需巨大电流会引起的损失和不敷实用的频带宽度，其最小间距的实际限制为 λ/8。

式(3)的一项有用性质是：口径分布可以取自两种或多种分布的分量 $E_1(x_\lambda)$ 和 $E_2(x_\lambda)$ 等之和，其合成波瓣图也就是这些分布的傅里叶变换之和，即

$$E_1(\phi)+E_2(\phi)+\cdots = \int_{-a_\lambda/2}^{+a_\lambda/2} E_1(x_\lambda)\,\mathrm{e}^{j2\pi x_\lambda\sin\phi}\,dx_\lambda + \int_{-a_\lambda/2}^{+a_\lambda/2} E_2(x_\lambda)\,\mathrm{e}^{j2\pi x_\lambda\sin\phi}\,dx_\lambda + \cdots \tag{4}$$

15.3 空间频率响应和波瓣图平滑处理

Booker(1) & Clemmow 曾进一步指出:天线功率波瓣图的傅里叶变换正比于口径分布的复自相关函数,即

$$\overline{P}(x_{\lambda_0}) \propto \int_{-\infty}^{\infty} E(x_\lambda - x_{\lambda_0}) E^*(x_\lambda)\, dx_\lambda \tag{1}$$

其中,$\bar{P}(x_{\lambda_0})$——天线功率波瓣图 $P_n(\phi)$ 的傅里叶变换 ∝ 口径分布的自相关函数

$E(\phi)$——场波瓣图

$E(x_\lambda)$——口径分布

$x_\lambda = x/\lambda$,表示距离的波长数

$x_{\lambda_0} = x/_{\lambda_0}$,表示位移的波长数

自相关函数包含了位移 x_{λ_0},乘积和积分,在均匀口径分布时其性态如图 15.3 所示。图15.3(b)是口径分布,图 15.3(a)是位移 x_{λ_0},图 15.3(c)表示的自相关函数正比于前两项分布之乘积曲线下方的面积,在本例中恰为两者重叠部分的面积。显然,位移值大于口径宽度 $|x_{\lambda_0}| > a_\lambda$ 时的自相关函数为零,即 $\bar{P}(x_{\lambda_0}) = 0$。

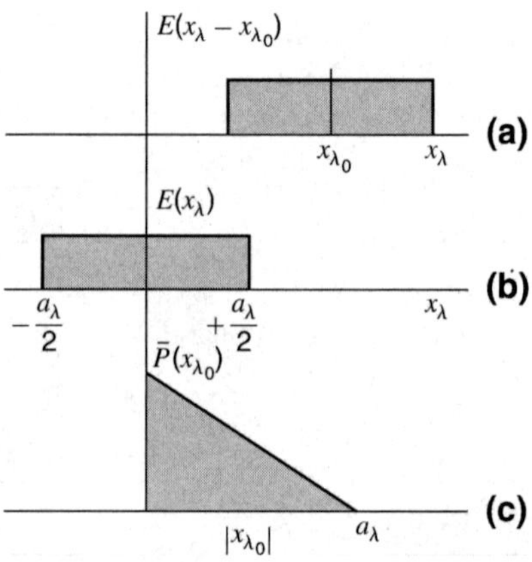

图 15.3 口径分布的自相关函数得自天线波瓣图的傅里叶变换

若某个源移过天线的波束(或源固定而旋转天线),此扫描过程的观测响应将正比于天线波瓣图与源的亮度分布之卷积,即

$$S(\phi_0) = \int_{-\infty}^{\infty} B(\phi) \tilde{P}_n(\phi_0 - \phi)\, d\phi \tag{2}$$

其中,$S(\phi_0)$——观测到的功率分布,$\mathrm{W\,m^{-2}Hz^{-1}}$

$B(\phi)$——真实源的亮度分布,$\mathrm{W\,m^{-2}Hz^{-1}sr^{-1}}$

$\tilde{P}_n(\phi)$——天线归一化功率波瓣图的镜像

ϕ_0——位移角(扫描角)

接着有

$$\overline{S}(x_\lambda) = \overline{B}(x_\lambda) \overline{P}(x_{\lambda_0}) \tag{3}$$

其中的“上杠”意指傅里叶变换。由于 $\bar{P}(x_{\lambda_0})$ 作为口径分布的自相关函数而变化,所以在 $\bar{P}(x_{\lambda_0}) = 0$处的 $\bar{S}(x_\lambda)$ 和 $S(\phi_0)$ 为零。这意味着截去所有大于 a_λ 的 x_{λ_0}(Bracewell-2)。数量 x_{λ_0} 称为空间频率(单位口径上的波长数),而 a_λ 是其截止值。于是

$$x_{\lambda_c} = a_\lambda \tag{4}$$

其中,$x_{\lambda c}$代表截止空间频率,其倒量给出一种角度

$$\phi_c = \frac{1}{a_\lambda}\,\mathrm{rad} = \frac{57.3}{a_\lambda}\,\mathrm{deg} \tag{5}$$

该截止角ϕ_c 等于第一零点波束宽度(BWFN)之半(ϕ_c = BWFN/2),比半功率波束宽度大出 12% (ϕ_c = 1.12 HPBW)。该ϕ_c 的意义在于:按小于 BWFN/2 的周期分布的源将不易在观测响应中辨别。所以,天线总是趋向于使亮度分布平滑化(Bracewell-2),如图 15.4 所示。

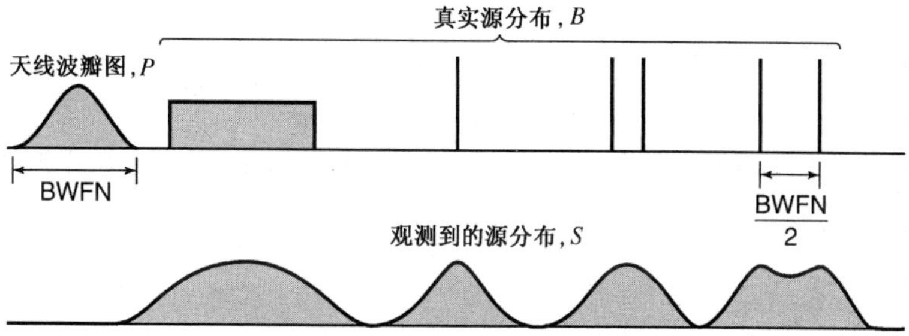

图 15.4　借助波瓣图为 P 的天线所观测到的平滑化源分布 S

第一零点波束宽度之半(BWFN/2)也就是瑞利分辨率①。因此，相隔如此距离的两个点源恰能得以分辨，如图 15.4 右侧所示。

图 15.5 表示对大型均匀线形/口径天线和均匀的一维源所观测到的半功率波束宽度作为源的跨度之函数(以半功率波束宽度为单位)。若源的半功率宽度恰等于天线的半功率波束宽度，则所观测到源的半功率宽度会展宽约 20%，即 1.2 HPBW。若源的跨度较大，则所观测到的半功率宽度将趋近源的真实跨度。于是，从观测值的展宽程度可以估计源的等效跨度。

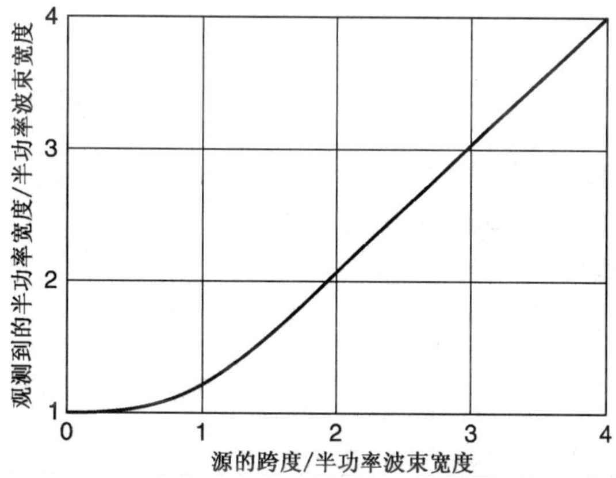

图 15.5　对大型均匀线形/口径天线或均匀的一维源所观测到的半功率波束宽度作为源的跨度之函数

15.4　简单(加法)干涉仪

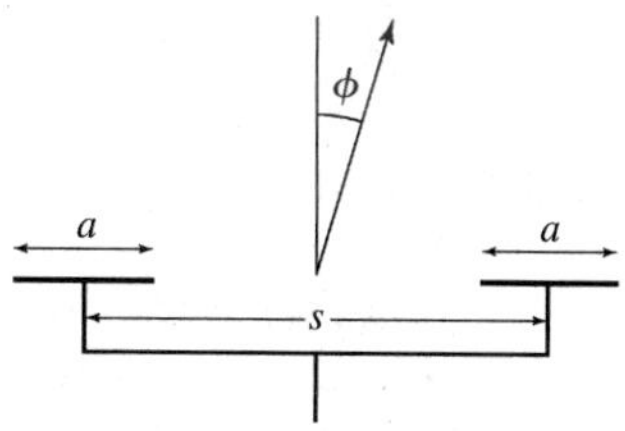

图 15.6　简单的二元干涉仪

采用增大口径的方法可以改进天线或射电望远镜的分辨率，但并非经济易行的方案。一种普通的权宜之计是利用两副相同的天线按间距 s 组阵，如图 15.6 所示。

若各天线都在宽度为 a 的口径上有均匀的口径分布，所引起的自相关函数示于图 15.7。由观测可见，拉开间距 s_λ 有可能在观测波瓣图中获得较高的空间频率分量截止值

$$x_{\lambda_c} = s_\lambda + a_\lambda \tag{1}$$

① 在自适应阵的信号处理领域中，瑞利分辨率在原理上可获改进。

以及较小的分辨角

$$\phi_c = \frac{1}{s_\lambda + a_\lambda} \quad \text{(rad)} \quad = \frac{57.3}{s_\lambda + a_\lambda} \quad \text{(deg)} \tag{2}$$

后续分析将会指出:如果以足够大的间距进行观测,原理上可能演绎出真实的源分布。该二元阵的归一化远场波瓣图为

$$E(\phi) = E_n(\phi)\cos\frac{\psi}{2} \tag{3}$$

其中,$E_n(\phi)$——阵列单元的归一化场波瓣图

$\psi = 2\pi s_\lambda \sin\phi$

归一化的功率波瓣图等于$|E(\phi)|$的平方,即

$$P(\phi) = |E(\phi)|^2 = |E_n(\phi)|^2\cos^2\frac{\psi}{2} = |E_n(\phi)|^2\frac{1+\cos\psi}{2} \tag{4}$$

大间距二元阵的波瓣图有许多瓣,这在光学中称为条纹。第一零点发生在$\psi = \pi$处,由此得到第一零点波束宽度或条纹宽度为

$$\text{BWFN} = \frac{1}{s_\lambda} \quad \text{(rad)} \quad = \frac{57.3}{s_\lambda} \quad \text{(deg)} \tag{5}$$

对于口径宽度为$a_\lambda = s_\lambda$的连续阵或相同长度$L_\lambda = s_\lambda$的大型离散阵,则应取 BWFN/2 的值。

波瓣图的最大值发生在$\psi = 2\pi n$处,这里的$n(n=0,1,2,3,\cdots)$是条纹的序号。于是

$$\phi_{\max} = \frac{n}{s_\lambda} \quad \text{(rad)} \quad = \frac{57.3n}{s_\lambda} \quad \text{(deg)} \tag{6}$$

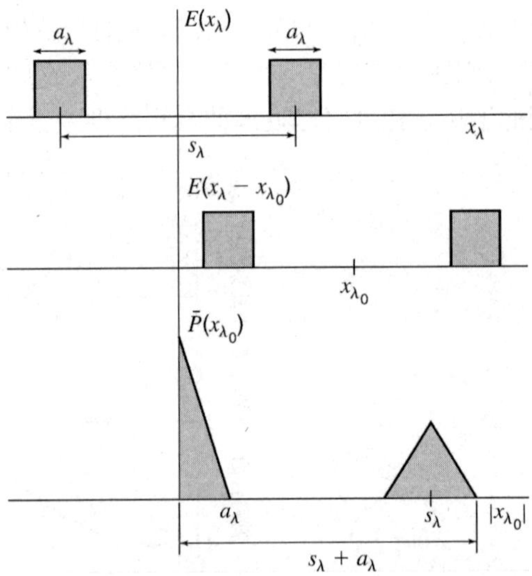

图 15.7 简单二元干涉仪的口径分布之自相关函数

如图 15.8 所示。其中图 15.8(a)是式(4)中第一个因子所表示的阵列单元波瓣图;图 15.8(b)是作为第二个因子的二元阵波瓣图;图 15.8(c)是由上述两因子之乘积所表示的干涉仪波瓣图。这些波瓣图都暗示了对点源的观测。一般情况下,对跨度占角域α的源所观测到的通量密度是真实源分布与天线功率波瓣图之卷积。假设源的跨度远小于阵元波瓣图的波束宽度,$|E_n(\phi)|$在源的跨度上基本不变,在一维情况下有

$$\begin{aligned} S(\phi_0, s_\lambda) &= |E_n(\phi)|^2\int_{-\alpha/2}^{+\alpha/2} B(\phi)\{1+\cos[2\pi s_\lambda \sin(\phi_0-\phi)]\}\,d\phi \\ &= |E_n(\phi)|^2\left\{\int_{-\alpha/2}^{+\alpha/2} B(\phi)\,d\phi + \int_{-\alpha/2}^{+\alpha/2} B(\phi)\cos[2\pi s_\lambda\sin(\phi_0-\phi)]\,d\phi\right\} \\ &= |E_n(\phi)|^2\left\{S_0 + \int_{-\alpha/2}^{+\alpha/2} B(\phi)\cos[2\pi s_\lambda\sin(\phi_0-\phi)]\,d\phi\right\} \end{aligned} \tag{7}$$

其中,$S(\phi_0, s_\lambda)$——观测到的通量密度分布,W m^{-2}Hz^{-1}

$B(\phi)$——真实源的(亮度)分布,W m^{-2} Hz^{-1} sr^{-1}

ϕ_0——位移角(即小时角),rad

α——源的跨度角，rad

$s_\lambda = s/\lambda$（s 表示干涉仪的单元间距）

S_0——源的通量密度，W m^{-2} Hz^{-1}

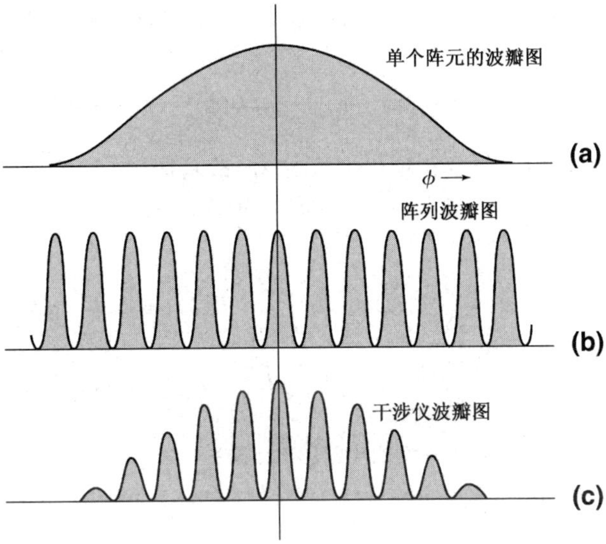

图 15.8　(a) 单个阵元的波瓣图；(b) 阵列波瓣图；(c) 观测点源时的合成干涉仪波瓣图

图 15.9 按三种情况指出了观测到的分布作为位移或扫描角之函数的性态：(a) 源的跨度比波瓣宽度小得多（$\alpha \ll 1/s_\lambda$），与图 15.8 所示的相同；(b) 源的跨度比波瓣宽度小，但已可资比较（$\alpha < 1/s_\lambda$）；(c) 源均匀分布且跨度等于波瓣宽度（$\alpha = 1/s_\lambda$）。

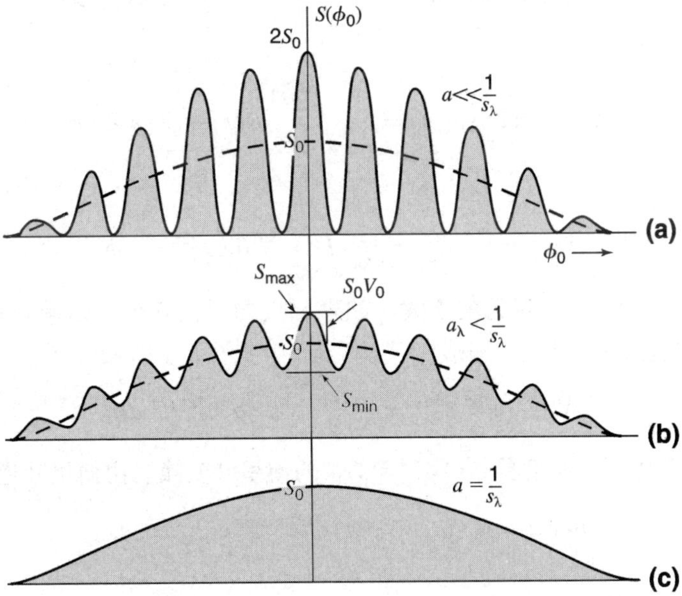

图 15.9　干涉仪的波瓣图。(a) 点源；(b) 跨度角 $\alpha < 1/s_\lambda$ 的均匀源；(c) 跨度角 $\alpha = 1/s_\lambda$ 的均匀源

假设从阵列的侧面进行观测或源只被个别阵元跟踪，则 $|E_n(\phi)|^2 = 1$，式(7)变成

$$S(\phi_0, s_\lambda) = S_0 + \int_{-\alpha/2}^{+\alpha/2} B(\phi)\cos[2\pi s_\lambda \sin(\phi_0 - \phi)]\, d\phi \tag{8}$$

如果源很小,有$\phi_0 - \phi \ll \pi$,又可以写成

$$\begin{aligned} S(\phi_0, s_\lambda) = S_0 &+ \cos 2\pi s_\lambda \phi_0 \int_{-\alpha/2}^{+\alpha/2} B(\phi)\cos 2\pi s_\lambda \phi\, d\phi \\ &+ \sin 2\pi s_\lambda \phi_0 \int_{-\alpha/2}^{+\alpha/2} B(\phi)\sin 2\pi s_\lambda \phi\, d\phi \end{aligned} \tag{9}$$

$S(\phi_0, s_\lambda)$还可以表示成常数项与变化项(两项)之和,改写成

$$S(\phi_0, s_\lambda) = S_0[1 + V(\phi_0, s_\lambda)] \tag{10}$$

其中,

$$\begin{aligned} V(\phi_0, s_\lambda) = &\frac{1}{S_0}\cos 2\pi s_\lambda \phi_0 \int_{-\alpha/2}^{+\alpha/2} B(\phi)\cos 2\pi s_\lambda \phi\, d\phi \\ &+ \frac{1}{S_0}\sin 2\pi s_\lambda \phi_0 \int_{-\alpha/2}^{+\alpha/2} B(\phi)\sin 2\pi s_\lambda \phi\, d\phi \end{aligned} \tag{11}$$

该变化项还可以表示成位移$\Delta\phi_0$的余弦函数形式,如:

$$V(\phi_0, s_\lambda) = V_0(s_\lambda)\cos[2\pi s_\lambda(\phi_0 - \Delta\phi_0)] \tag{12}$$

或

$$V(\phi_0, s_\lambda) = V_0(s_\lambda)(\cos 2\pi s_\lambda \phi_0 \cos 2\pi s_\lambda \Delta\phi_0 + \sin 2\pi s_\lambda \phi_0 \sin 2\pi s_\lambda \Delta\phi_0) \tag{13}$$

其中,量$V_0(s_\lambda)$表示所观测到的波瓣图之幅值,即**条纹幅度**,亦称**条纹可见度**或简称可见度。它作为s_λ的函数又称为**可见度函数**。角$\Delta\phi_0$表示条纹从点源所在位置的位移。

对照式(13)和式(11),应有

$$V_0(s_\lambda)\cos 2\pi s_\lambda \Delta\phi_0 = \frac{1}{S_0}\int_{-\alpha/2}^{+\alpha/2} B(\phi)\cos 2\pi s_\lambda \phi\, d\phi \tag{14}$$

和

$$V_0(s_\lambda)\sin 2\pi s_\lambda \Delta\phi_0 = \frac{1}{S_0}\int_{-\alpha/2}^{+\alpha/2} B(\phi)\sin 2\pi s_\lambda \phi\, d\phi \tag{15}$$

即

$$V_0(s_\lambda)\,e^{j2\pi s_\lambda \Delta\phi_0} = \frac{1}{S_0}\int_{-\alpha/2}^{+\alpha/2} B(\phi)\,e^{j2\pi s_\lambda \phi}\, d\phi \tag{16}$$

其中,量$V_0(s_\lambda)\ e^{j2\pi s_\lambda \Delta\phi_0}$称为**复可见度函数**。如果源只局限在某个小角域α内,就能将积分限延拓至无穷大而不至于带来误差,写成

$$V_0(s_\lambda)\,e^{j2\pi s_\lambda \Delta\phi_0} = \frac{1}{S_0}\int_{-\infty}^{+\infty} B(\phi)\,e^{j2\pi s_\lambda \phi}\, d\phi \tag{17}$$

据此,复可见度函数等于源亮度分布(乘以$1/S_0$)的傅里叶变换。由傅里叶逆变换可得

$$B(\phi_0) = S_0\int_{-\infty}^{+\infty} V_0(s_\lambda)\,e^{j2\pi s_\lambda \Delta\phi_0}\,e^{-j2\pi s_\lambda \phi_0}\, ds_\lambda \tag{18}$$

或

$$B(\phi_0) = S_0\int_{-\infty}^{+\infty} V_0(s_\lambda)\,e^{-j2\pi s_\lambda(\phi_0 - \Delta\phi_0)}\, ds_\lambda \tag{19}$$

式(18)和式(19)给出了源的真实亮度分布,且原理上等于复可见度函数(一种可观测量)的

傅里叶变换。

实际上,这样做就是要求在足够远距离外以适当的阵元间距观测某高信噪比的源,且在单个阵元的波瓣图中别无其他可观测功率的(混杂)源。这又对确定源分布的细节造成了实际限制。根据 Bracewell(3),阵元间距应该不小于 $1/\alpha$,其中 α 是源的全跨度。

如图 15.9(b)所示,可从观测记录读出可见度为

$$V_0(s_\lambda) = \frac{S_{\max} - S_{\min}}{S_{\max} + S_{\min}} \tag{20}$$

其中,$V_0(s_\lambda)$ 为可见度,$0 \leqslant V_0(s_\lambda) \leqslant 1$。

如图 15.10(a)所示,式(8)中积分的值正比于阴影部分的面积,其中在ϕ轴上方的面积取正值,下方的面积取负值。该积分(乘以 $1/S_0$)便是变量 $V(\phi_0, s_\lambda)$,它对于固定的 s_λ 表现为ϕ_0 的余弦函数,如图 15.10(b)中的实线所示,一条为观测点源($\alpha \to 0$),另一条则为观测扩展的源。在源为对称分布(偶函数)时,条纹的位移为零或等于半个条纹($\Delta\phi_0 = s_\lambda/2$);在源为不对称分布时,如图 15.10(a)中的虚线所示,条纹的位移为 $\Delta\phi_0$,以虚线示于图 15.10(b)。

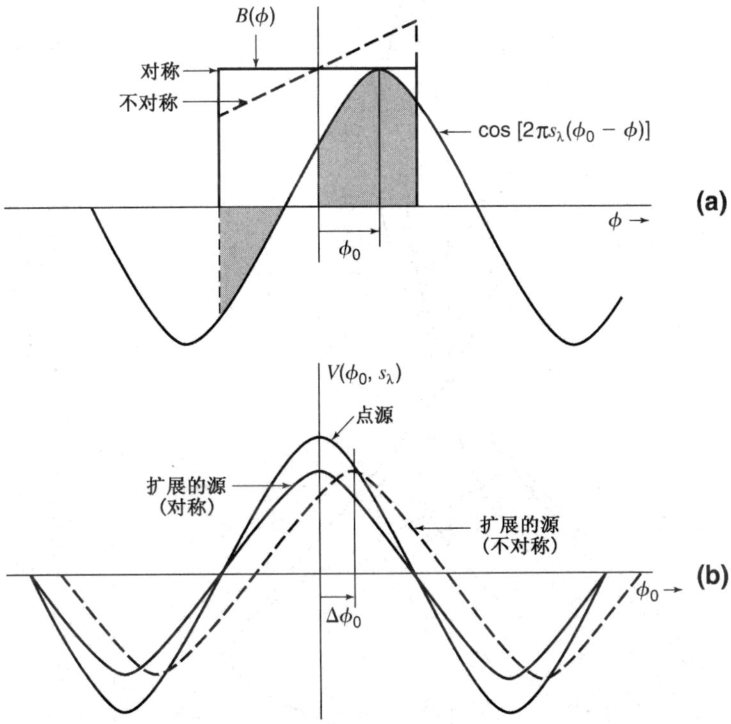

图 15.10　观测对称和不对称源分布的干涉仪波瓣图

由式(14),对称源的可见度为

$$V_0(s_\lambda) = \pm \frac{1}{S_0} \int_{-\alpha/2}^{+\alpha/2} B(\phi) \cos 2\pi s_\lambda \phi \, d\phi \tag{21}$$

对于均匀源,即 $B(\phi)$ 为常数,记 $\alpha B(\phi) = S_0$,则式(21)可简化成

$$V_0(s_\lambda) = \pm \frac{\sin 2\pi s_\lambda(\alpha/2)}{2\pi s_\lambda(\alpha/2)} \tag{22}$$

该可见度作为 s_λ 的函数 $V_0(s_\lambda)$,就跨度角为 1°的均匀源实例,绘于图 15.11。随着源的

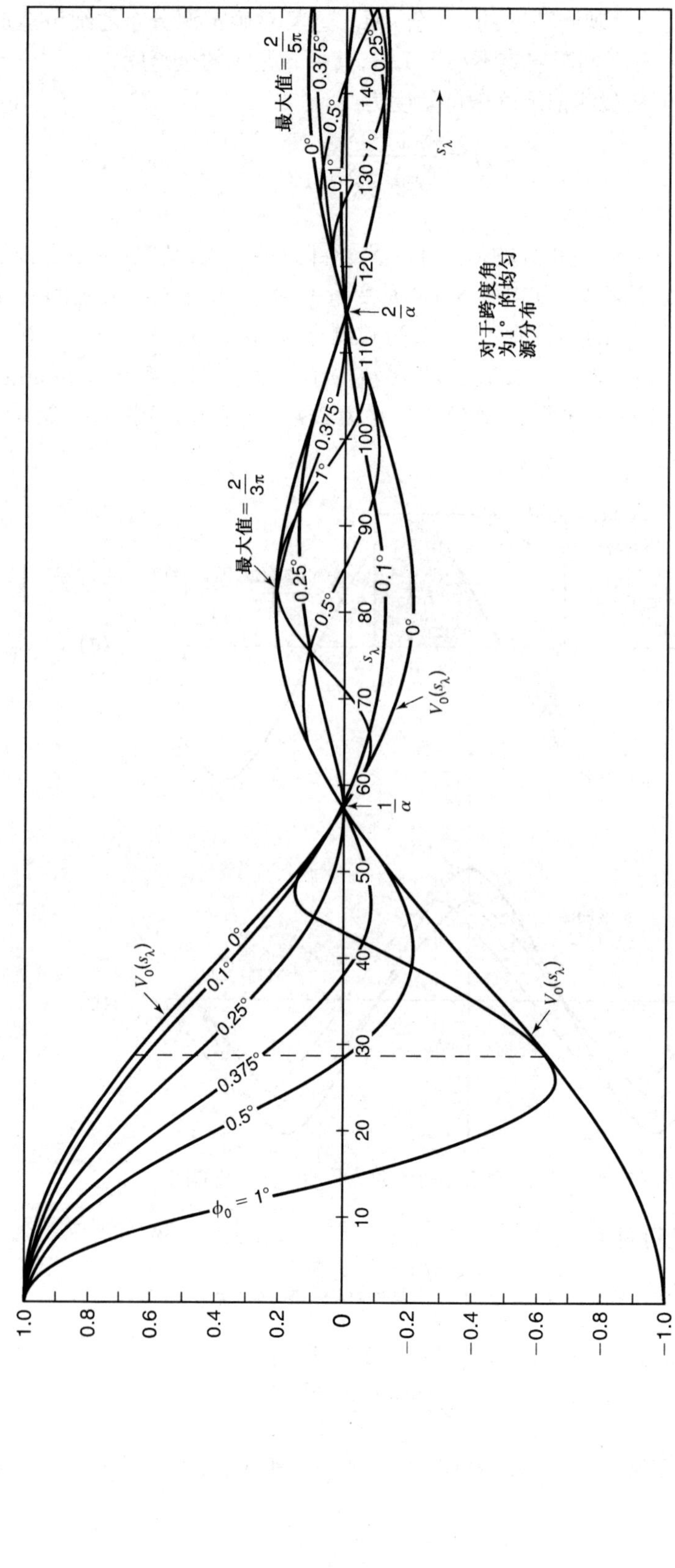

图15.11 可见度函数作为干涉仪间距s_λ的函数(均匀源跨度角为1°)。对于固定的s_λ，$V(\phi_0, s_\lambda)$在最大和最小曲线$V_0(s_\lambda)$之间变化，成为条纹位移ϕ_0的函数。例如，对于$s_\lambda = 28.6$（虚线），$V(\phi_0, s_\lambda)$在$\phi_0 = 0°$时约为0.65，在$\phi_0 = 0.375°$时约为0.25，在$\phi_0 = 0.5°$时约为0.0以及在$\phi_0 = 1°$时约为−0.65

跨度减小到条纹宽度以下($\alpha \ll 1/s_\lambda$),可见度 $V_0(s_\lambda)$ 趋于 1;而当条纹宽度变得远小于源的跨度($\alpha \gg 1/s_\lambda$)时,则可见度 $V_0(s_\lambda)$ 趋于 0。当源的跨度等于条纹宽度($1/s_\lambda$)或其整数倍时,对均匀源的可见度也等于零。在源为对称分布时,式(19)说明源的功率分布正是可见度函数的傅里叶余弦变换,即

$$B(\phi_0) = S_0 \int_{-\infty}^{+\infty} V_0(s_\lambda) \cos 2\pi s_\lambda \phi_0 \, ds_\lambda \tag{23}$$

另外,根据式(13)

$$V(\phi_0, s_\lambda) = V_0(s_\lambda) \cos 2\pi s_\lambda \phi_0 \tag{24}$$

可写出式(23)的另一种形式

$$B(\phi_0) = S_0 \int_{-\infty}^{+\infty} V(\phi_0, s_\lambda) \, ds_\lambda = 2S_0 \int_{0}^{+\infty} V(\phi_0, s_\lambda) \, ds_\lambda \tag{25}$$

图 15.11 给出了在跨度角为 1°的均匀源以及几种ϕ_0 值的情况下,$V(\phi_0, s_\lambda)$ 作为 s_λ 的函数曲线。

例 15.4.1　用二元干涉仪观测源

设用二元干涉仪观测跨度角未知的均匀源,为了确定源的可见度函数,使阵元的间距达 100λ,试求源的跨度。

解:

将式(22)代入式(23),

$$B(\phi_0) = 2S_0 \int_{0}^{\infty} \cos 2\pi s_\lambda \phi_0 \frac{\sin 2\pi s_\lambda(\alpha/2)}{2\pi s_\lambda(\alpha/2)} \, ds_\lambda \tag{26}$$

它具有简洁的形式

$$B(\phi_0) = \frac{2S_0}{\alpha\pi} \int_{0}^{\infty} \cos mx \frac{\sin x}{x} \, dx \tag{27}$$

其中,$x = 2\pi s_\lambda \alpha/2$

$m = 2\phi_0/\alpha$

这一众所周知的定积分(27),对 $-1 < m < +1$,有

$$B(\phi_0) = \frac{2S_0}{\alpha\pi}\frac{\pi}{2} = \frac{S_0}{\alpha} \qquad (\mathrm{W\,m^{-2}\,Hz^{-1}\,sr^{-1}})$$

对 $m < -1$ 和 $m > +1$,则有 $B(\phi_0) = 0$。

假设可见度函数恰是图 15.12 中当干涉仪间距为 57.3λ(即 $s_\lambda = 57.3$)时通过零值的某一条,则源的跨度为

$$\alpha = \frac{1\ \mathrm{rad}}{s_\lambda} = \frac{57.3^\circ}{57.3} = 1^\circ$$

所引起的源亮度为

$$B_0 = \frac{S_0}{\alpha} = 57.3 S_0 \qquad (\mathrm{W\,m^{-2}\,Hz^{-1}\,rad^{-1}})$$

其中,S_0 表示源的功率密度。

该源在 $-1/2^\circ < \phi_0 < +1/2^\circ$(即 $-1 < m < +1$)的范围内有均匀的亮度,而在此范围外等于零,如图 15.12 所示。

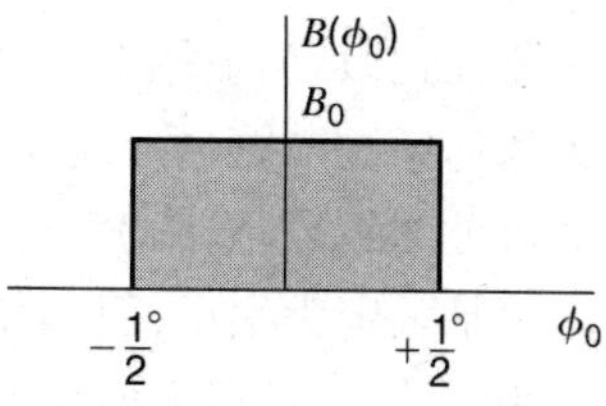

图 15.12　根据可见度函数重构的源分布

若借助干涉仪在源的跨度范围上对源进行扫描,就得出了可见度函数;对可见度进行傅里

叶变换,则能重构出源的亮度分布(见图 15.12),这一论断与上述分析一致。至此,可以对这个假想的例子画上句号。

图 15.13 给出了其他源分布之可见度函数的例子。图 15.13(a)表示总跨度为 α 之分段均匀源,而中段是不同宽度之对称空缺 β 时的可见度函数。其中,当 $\beta\to\alpha$ 时相当于间距为 α 的两个点源;当 $\beta=0$ 时即为均匀源分布。图 15.13(b)提供了总跨度为 α,分段均匀源在中段之亮度 4 倍于两边段时的可见度函数。

应该注意到,图 15.13(a)的可见度函数能得自宽度为 α 之均匀源分布的可见度函数减去宽度为 β 之均匀源分布的可见度函数,而图 15.13(b)的可见度函数则得自宽度分别为 α 和 β 两种均匀源分布的可见度函数之和。

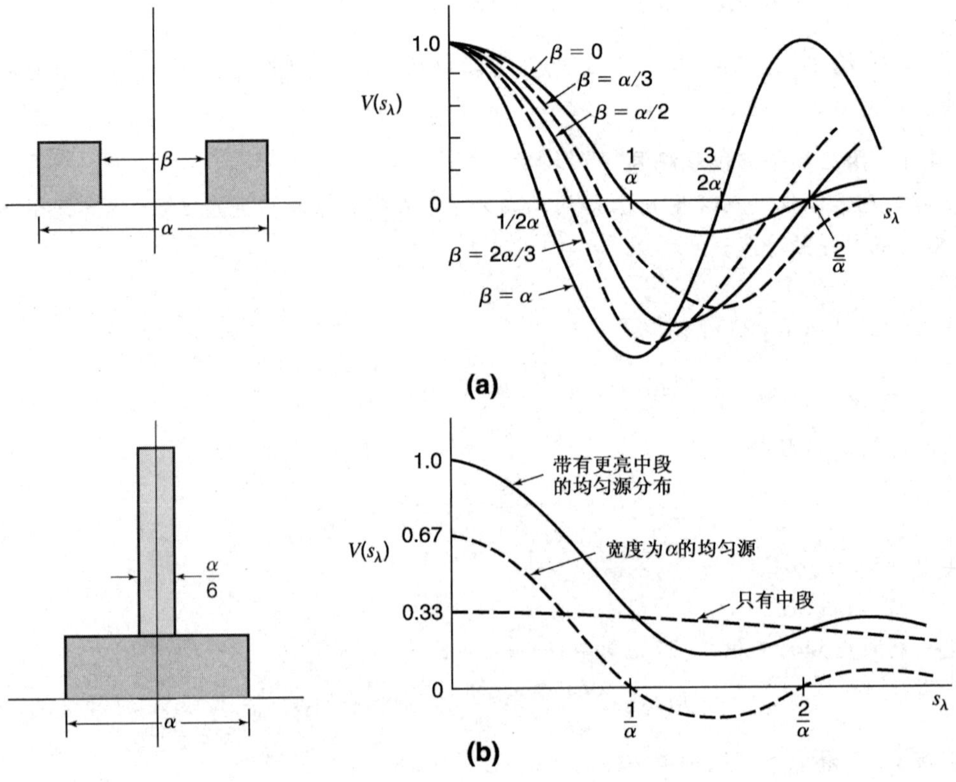

图 15.13 (a) 分段均匀源有各种宽度 β 空缺时的可见度函数;(b) 分段均匀源有更亮中段时的可见度函数

比较式(17)与式(15.2.1)和式(15.2.3),可知复可见度函数与源亮度分布的关系,类同于天线远场波瓣图与天线口径分布的关系。据此,图 15.2 中的图形可以转译成给出各种源分布的可见度函数;而图 15.13 中的图形可以转译成给出各种口径分布的场波瓣图。然而,源的跨度总是限定为很小,但口径的尺寸则限定为很大。

为简单起见,以上所讨论的都属于一维分布的源。原理上也可以推广到一般的二维情况,Bracewell(3)和 Thompson(1)给出过二维问题的透彻分析。

上述讨论还假设是单一频率的单色辐射。如果天线和接收机都对 $f_0\pm\Delta f/2$ 频带的辐射有一致的响应,又想处理成互不相干的单色分量,则一个点源就要当成一个跨度为 α 的均匀源,而公式中的 $\alpha/2$ 应代之以 $\Delta f/2$。如果频带太宽,则高阶的条纹会被湮没。

15.5 口径合成和多口径阵

这里用上一节的例子来说明一维口径合成。为了分辨跨度为1°的均匀源,需要0.1°的观测瑞利分辨率。如采用单个口径,则要求其长度达573λ,即114.6°/(2×0.1°);但若采用干涉仪,即两个小口径(比如取5λ)在适当间距下的阵列,只要源的强度足以给出满意的信噪比(S/N),也能产生同样的结果。因此,该干涉仪合成了一个连续的大口径,并出现了**口径合成**的术语。

若用一系列不等间距的口径来代替这两个口径或其中之一,就能为可见度曲线提供数据点。

在射电天文观测中,由地球自转所致口径之基线间距和基线角度的变化,提供了更多的可见度数据,使实施二维口径合成以及绘制源分布的二维图形成为可能。将多个口径散布在平面上(而不是都排在直线上)也能改进数据。典型的例子是用大量射电望远镜天线跟踪(随地球的旋转)一颗天体目标,每一对天线的组合产生一种复可见度函数(幅度和相位),随着位移的(时间)角度而改变。于是,目标分布的图形或天空区域的成像,可借助复可见度函数的傅里叶变换来构造。

最大的也是最精细的口径合成阵是美国国立射电天文台2000年耗资0.78亿美元建成的甚大阵(VLA),位于新墨西哥州索科罗附近的圣·奥古斯丁平原(Plains of San Augustin)上。该阵列由27面卡塞格伦型反射镜天线(口径)组成。每面天线的直径为25 m,能沿着三根21 km长的径向铁轨之一移动而配置成间距为0.6~36 km的Y形阵列,使得随地球旋转的可见度数据最大化。9面碟形天线按最紧凑的间距排列在同一根铁轨上。该甚大阵合成10^7像素的天空图,具有1 mJy或更好的灵敏度,它在λ=6 m时的分辨率达0.5角秒。

以洲际距离相隔的射电望远镜天线也被用于更高分辨率的干涉仪。工作在λ=6 cm波长,天线口径相距为10^4 km的干涉仪可以达到角毫秒级的分辨率。在这样的甚长基线干涉仪(VLBI)中,信号被下变频后以中频信号录制并传送至中心位置,利用原子钟时间标准实现同步录制,借以模仿实时比较。这种观测要求参与观测的射电望远镜之间高度协同,而且相当费时,只能在国际合作的基础上实现。有一套全时工作的甚长基线阵(VLBA)拥有10架天线(口径),沿美洲大陆的东海岸-西海岸一线布置,并延伸到波多黎各和夏威夷(Kellermann-1)。

下一步是将一架轨道(卫星)天线加入此甚长基线阵,以期提高分辨率和可见度数据,获得更精细和更大动态范围的天空图。轨道天线之基线距离的迅速变化有助于减少成图的时间。最终将使用两个或多个轨道天线,使干涉仪完全置于地球大气层之上,以获得较高的相位稳定度。预期置于远地点高10 000~60 000 km的椭圆形或圆形轨道上(Burke-1;Preston-1)。

英国剑桥大学的Martin Ryle爵士是口径合成阵的先驱者,他带领学生们利用口径合成阵绘制天体射电源的分布图(Ryle-1)。Thompson(1),Moran & Swenson的书则是有关口径合成的一部完整的权威著作。

15.6 栅瓣

对于n个单元的均匀直线阵,如果阵元的间距d_λ超过1,将会出现幅度与主(中心)瓣相

等的旁瓣,我们称这些为栅瓣,它们与主瓣相隔

$$\phi_G = \arcsin\frac{m}{d_\lambda}\ (\text{rad}) \qquad 其中\ m = 1, 2, 3, \cdots \tag{1}$$

当 $d_\lambda >> 1$ 时可近似简化为

$$\phi_G = \frac{m}{d_\lambda} \quad (\text{rad}) \tag{2}$$

图 15.14 中用实线绘出了位于 $1/d_\lambda$ 处的第一旁瓣($m=1$),设每个阵元都是非定向(各向同性)的。为了抑制所有(包括第一个)栅瓣,应采用具有口径近似为 d_λ 的定向阵元。这样可使第一栅瓣的方向恰为各阵元波瓣图的第一零点方向,而阵列也就等效成连续源。图 15.14 中的上层虚线表示采用较弱定向性(较小口径)之阵元的波瓣图,而图 15.14 中的下层虚线则表示合成的(总)波瓣图,其栅瓣得到抑制,但并未消除。

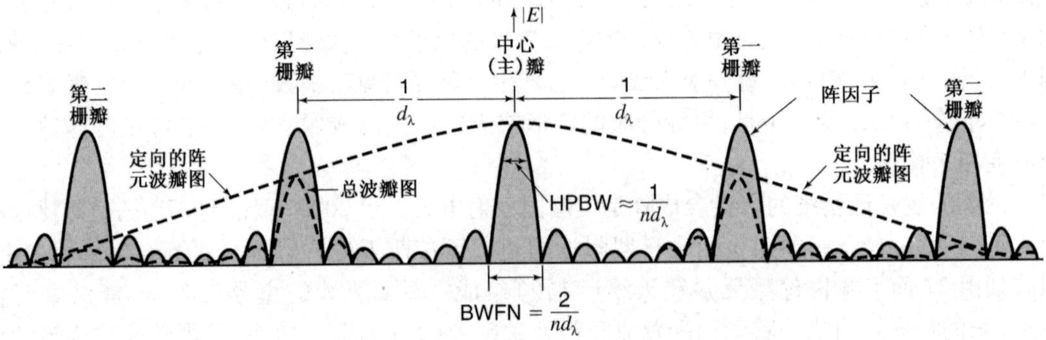

图 15.14 宽间距 n 元阵的栅瓣。实线:各向同性阵元的阵波瓣图(阵因子);虚线:上部为定向阵元的波瓣图,下部为具有定向阵元的总波瓣图

15.7 二维口径合成①

在多元阵的二维口径合成中,一个天体目标受系统跟踪(随着地球的旋转)时,$P_n(\theta,\phi)=1$,而每一对阵元的组合产生一种时间-角度的复可见度(幅度和相位)函数。于是,目标或视野的图像就由复可见度的傅里叶变换构成。要有良好的图像,阵元对的间隔和取向必须足以覆盖(垂直于对目标观测方向的)uv 平面。这就要求在时间-角度的大范围内用许多不同的阵元对组合进行观测。

图 15.15 表示了观测的几何关系,z 轴指向视野的中心,xy 平面与视野中心处的天体球相切,图中与 xyz 坐标系平行的有 uvw 系。

---

① 关于术语口径合成,A. Richard Thompson(1985)评论如下:“某些人士,也包括我本人,感到对于如 VLA 这样的仪器采用术语‘口径合成’,在术语学上欠妥。因为一般来说这种仪器并没有等效口径。接收用口径天线的功率波瓣图是场分布之自相关函数的傅里叶变换;而像 VLA 这样的接收用仪器,其功率波瓣图的傅里叶变换表示空间谱灵敏度在由椭圆弧构成的 uv 面内的函数。该函数则对应于等效口径的自相关;然而事实上并不存在口径分布,相关的只是一连串断断续续的椭圆弧段。因此,不能在任何精确的意义上说 VLA 合成了一种口径,只能说它产生的波束宽度等于某个尺寸与阵列尺寸可相比拟之口径的波束宽度。对术语‘口径合成’的另一项异议是它实质上暗示了一种大口径。无论如何,干涉仪理论指出,要获得高分辨率就需要对可见度函数(或互相干函数)在宽广的间距范围内均匀采样。利用大口径只是方法之一,而且不是获得这些信息的最有效方法。”

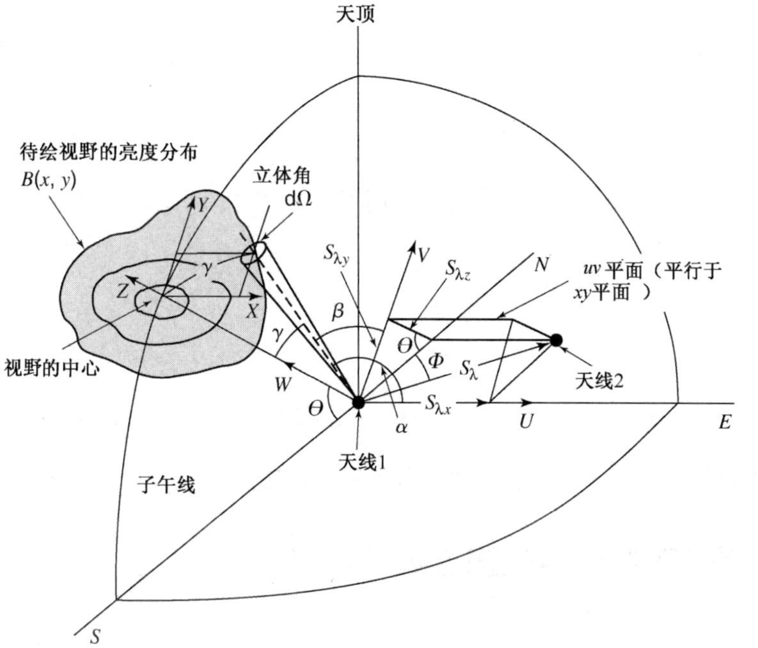

图 15.15　二维口径合成的几何关系

为简单起见，这里只绘出了由合成阵列中一对阵元天线在子午圈上形成的瞬时视野。天线（1 和 2）的实际间隔（地面距离）之波长数为 s_λ，该距离在 uv 平面上的投影为 $s_{\lambda x}$ 和 $s_{\lambda y}$，而轴向位移为 $s_{\lambda z}$（$s_{\lambda z} = s_\lambda \cos\phi \cos\theta$）。

若视野的中心置于天顶，则 $s_{\lambda z} = 0$，可见度函数（干涉仪或相关器的幅度和相位）就是目标亮度分布之严格的傅里叶变换。但若 $s_{\lambda z} \neq 0$，则干涉仪的输出为①

$$V(u, v, w)\mathrm{e}^{j2\pi w} = \int_{-1}^{+1}\int_{-1}^{+1} \frac{B(x, y)}{\sqrt{1 - x^2 - y^2}} \mathrm{e}^{j2\pi\left(ux+vy+\sqrt{1-x^2-y^2}w\right)} dx\,dy \quad (1)$$

其中，$V(u,v,w)$——可见度函数

$B(x,y)$——目标的亮度分布，W m^{-2} Hz^{-1} sr^{-1}

u——两天线在 x 方向上的间隔，$u = s_{\lambda x} = s_x/\lambda$

v——两天线在 y 方向上的间隔，$v = s_{\lambda y} = s_y/\lambda$

w——两天线在 z 方向上的间隔，$w = s_{\lambda z} = s_z/\lambda$

x——对 x 轴的方向余弦，$x = \cos\alpha$

y——对 y 轴的方向余弦，$y = \cos\beta$

z——对 z 轴的方向余弦，$z = \cos\gamma$

$\mathrm{e}^{j2\pi w}$——条纹波瓣图的因子

式中只需要对 x 和 y 进行运算，因为它们与 z 存在如下关系：

① 按通常的坐标变换关系，$x = r\cos\alpha$，$y = r\cos\beta$，$z = r\cos\gamma$，而 $x^2 + y^2 + z^2 = r^2$，其中 r 是球坐标系的径向距离。由于射电观测总是用目标的跨度角代替其线度的绝对尺寸（因为目标的径向距离尚未能精确测定），因此这里所用的 x, y, z 表示笛卡儿坐标系的坐标量相对于径向距离 r 的无量纲归一化量，确切地说应该理解成 x/r，y/r，z/r，或简写成 x_r，y_r，z_r。——译者注

$$x^2+y^2+z^2=1 \qquad \text{而} \qquad z=\sqrt{1-x^2-y^2}$$

对于很小的 x 和 y(即很远的观测距离),$\sqrt{1-x^2-y^2}\approx z\approx 1$,则有

$$V(u,v,w)=\int_{-1}^{-1}\int_{-1}^{-1}\frac{B(x,y)}{\sqrt{1-x^2-y^2}}\mathrm{e}^{j2\pi(ux-vy)}\,dx\,dy \tag{2}$$

因此,对于很小的 x 和 y,V 与 w 几乎无关,可用 $V(u,v)$ 取代 $V(u,v,w)$。经傅里叶逆变换得出目标或视野的亮度分布为

$$B(x,y)=\int_{-\infty}^{\infty}\int_{-\infty}^{\infty}V(u,v)\,\mathrm{e}^{-j2\pi(ux+vy)}\,du\,dv \tag{3}$$

或者换一种写法,

$$B(x,y)=\int_{-\infty}^{\infty}\int_{-\infty}^{\infty}V(s_{\lambda x},s_{\lambda y})\,\mathrm{e}^{-j2\pi(s_{\lambda x}x+s_{\lambda y}y)}\,dx_{\lambda}\,ds_{\lambda y} \tag{4}$$

但是能被准确绘图的视野尺寸受到(x 和 y 很小的)限制。

15.8 "干净"图形的相位闭合或自校准

如果干涉仪或口径合成系统由于大气层、电离层或系统自身的不稳定性而引入了相位误差,其图像质量就会退化。R. C. Jennison(1)曾描述过一种原理上能消除相位误差的相位闭合或自校准方法。为带开关的干涉仪配置三副天线 A,B 和 C,组合成三种二元阵干涉仪 AB,BC 和 AC。

先让 A 作为相位的参考。记 θ_{AB},θ_{BC}和 θ_{AC}表示三种干涉仪配对的傅里叶变换之相位;ω_B 和 ω_C 是干涉仪在天线 B 和 C 上的时变相位旋转量;ϕ_B 和ϕ_C 是由源的位置相对于天线 B 和 C 上产生的相位;δ_B 和 δ_C 是由于大气层和/或干涉仪自身不稳定在天线 B 和 C 上引起的相位误差。于是 A-B 对的相位输出为

$$\theta_{AB}+\omega_B+\phi_B+\delta_B \tag{1}$$

而 B-C 对的相位输出为

$$\theta_{BC}+\omega_C-\omega_B+\phi_C-\phi_B+\delta_C-\delta_B \tag{2}$$

又 A-C 对的相位输出为

$$\theta_{AC}+\omega_C+\phi_C+\delta_C \tag{3}$$

将式(1)和式(2)相加,可得

$$\theta_{AB}+\theta_{BC}+\omega_C+\phi_C+\delta_C \tag{4}$$

再将式(3)代入式(4),得出

$$\theta_{AB}+\theta_{BC}-\theta_{AC} \tag{5}$$

这就抵消了上述因旋转、位置和不稳定性所致的相位误差,只剩下归结为真实源结构的信息。借助更多的干涉仪配对,能够得到关于源结构额外的无误差信息,可用来改进"干净"图形的构造。显然,这些误差可在观测数据被记录后用计算机消除,并不要求实时校正。

以上技术已由 Readhead(1) & Wilkinson,Cornwell(1) & Wilkinson 以及其他人加以推广,并应用于由 VLA,Westerbork,MERLIN(马萨诸塞大学)以及各种 VLBI 阵列绘制的图形。Ekers(1)给出了对该技术的精彩讨论及其历史演进的叙述。

例 15.8.1 极远距离的超强功率射电星系天鹅座 A

(a) 设全星系伸展达 500 000 光年,该星系有多远?(b) 如果 VLA 的最大阵元间隔为

36 km,求分辨率或像素?(c) 若在1 ~ 2 GHz之间的平均通量密度为 2.5×10^{-23} W/m^2,假设星系为各向同性辐射,其射电功率有多少?

解:

(a) 由星系的跨度 $\alpha=0.032°$,可知距离为

$$\text{星系的跨度}/\sin\alpha = 4\times10^5/\sin 0.032° = 7\times10^8\ \text{光年(7 亿光年)}$$

(b) 假设均匀口径分布,其最大分辨率即像素尺寸为 $51°/a_\lambda$,其中 $a_\lambda = a/\lambda = 36\times10^3$ m/60 mm $=6\times10^5$。于是分辨率或像素尺寸为

$$51°/6\times10^5 = 85\times3600\times10^{-6}\ \text{角秒} = 0.31\ \text{角秒}$$

(c) 天鹅座 A 的射电功率 = 通量密度 ×4π(距离)^2 × 频带宽度

$$= 2.5\times10^{-23}\times4\pi(7\times10^8\ \text{光年})^2\times10^9\ \text{W} = 1.4\times10^{37}\ \text{W}$$

其中,1 光年 = $365\times24\times3600\ \text{s}\times3\times10^8$ m/s

这是大于十万亿亿亿亿瓦的功率,作为比较,地球上总的电功率消耗仅为一万亿瓦。

例 15.8.2 用于深空通信的 100 m 碟形天线

某直径为 100 m 的碟形天线具有边缘为中心之 1/3,即 −10 dB 的锥削口径分布(典型值)。利用表 15.1,在 10 GHz 的工作频率上,计算:(a) 半功率波束宽度;(b) 由波束宽度计算的增益;(c) 由有效口径计算的增益;(d) 第一旁瓣电平。

解:

据表 15.1 所列圆形口径的第二行,可有

(a) 半功率波束宽度 HPBW $=66°/D_\lambda = 66°\times0.03/100 = 0.02°$

(b) 由式(2.7.9)得

$$\text{增益} = \frac{41\,000}{\text{HPBW}^2} = 1.05\times10^8\ \text{或}\ 80\ \text{dBi}$$

(c) 由式(2.9.2)和式(2.9.6)得

$$\text{增益} = \frac{4\pi A_p\varepsilon_{ap}}{\lambda^2} = \frac{4\pi^2(50)^2(0.725)}{(0.03)^2} = 8.0\times10^7 = 79\ \text{dBi}$$

(d) 第一旁瓣电平为 −23 dB。

参考文献

Booker, H. G. (1), and P. C. Clemmow, "The Concept of an Angular Spectrum of Plane Waves and Its Relation to That of Polar Diagram and Aperture Distribution," *Proc. Instn. Elec. Engrs. London,* ser. 3, **97,** 11–17, January 1950.

Bracewell, R. N. (1), "Radio Astronomy Techniques," in S. Flügge (ed.), *Handbuch der Physik,* **54,** Springer-Verlag OHG, Berlin, 1962, pp. 42–129 (a more general 2-dimensional case).

Bracewell, R. N. (2), and J. A. Roberts, "Aerial Smoothing in Radio Astronomy," *Australian J. Phys.*, **7,** 615–640, 1954.

Bracewell, R. N. (3), "Radio Interferometry of Discrete Sources," *Proc. IRE,* **46,** 97–105, January 1958.

Burke, B. F. (1), "Orbiting VLBI: A Survey," in R. Fanti, K. Kellermann and G. Setti (eds.), *VLBI* and *Compact Radio Sources,* Reidel, 1984.

Cornwell, T. J. (1), and P. N. Wilkinson, "A New Method of Making Maps with Unstable Radio Interferometers," *Mon. Not. Roy. Ast. Soc.*, vol. 196, pp. 1067–1086, 1981.

Ekers, R. D. (1), "The Almost Serendipitous Discovery of Self Calibration," pp. 154–159, in "Serendipitous Discoveries in Radio Astronomy," K. Kellermann and B. Sheets, eds., NRAO, Green Bank, 1983.

Jennison, R. C. (1), *Fourier Transforms and Convolutions for the Experimentalist,* Pergamon Press, New York, 1961.

Kellermann, K. I. (1), and A. R. Thompson, "The Very Long Baseline Array," *Science,* **229,** 123–130, 1985.

Napier, P. J. (1), and A. R. Thompson and R. D. Ekers, "The Very Large Array: Design and Performance of a Modern Synthesis Radio Telescope," *Proc. IEEE,* **71,** 1295–1320, November 1983 (includes 155 references).

Perley, R. A. (1), J. W. Dreher and J. J. Cowan, "The Jets and Filaments in Cygnus A," *Astrophys. J.,* **285,** L335–38, 1984.

Preston, R. A. (1), B. F. Burke, R. Doxsey, J. F. Jordan, S. H. Morgan, D. H. Roberts and I. I. Shapiro, "The Future of VLBI Observations in Space," in F. Biraud (ed.), *Very Long Baseline Interferometry Techniques,* Cepadues, 1983.

Readhead, A. C. S. (1), and P. N. Wilkinson, "Mapping of Compact Radio Sources from VLBI Data," *Astrophys. J.,* vol. 223, pp. 25–36, 1978.

Rhodes, D. R. (1), "The Optimum Line Source for the Best Mean Square Approximation to a Given Radiation Pattern," *IEEE Trans. Ants. Prop.,* **AP-11,** 440–446, July 1963.

Rhodes, D. R. (2),"On an Optimum Line Source for Maximum Directivity," *IEEE Trans. Ants. Prop.,* **AP-19,** 485–492, July 1971.

Ryle, M. (1), A. Hewish and J. R. Shakeshaft, "The Synthesis of Large Radio Telescopes by the Use of Radio Interferometers," *IRE Trans. Ants. Prop.,* **AP-7,** S120–124, December 1959.

Thompson, A. R. (1), J. M. Moran and G. W. Swenson, Jr., *Interferometry and Synthesis in Radio Astronomy,* Wiley-Interscience, New York, 1986.

习题

15.2.1 四种口径分布。试推导下列口径分布的远场波瓣图函数:

(a) 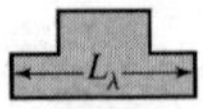

阶梯形

$$E(\phi)=\frac{2}{3}\frac{\sin\psi}{\psi}+\frac{1}{3}\frac{\sin\psi/2}{\psi/2}$$ 其中 $\psi=\pi L_\lambda\sin\phi$

(b) 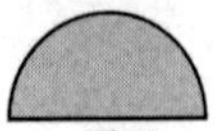
圆形

$$E(\phi)=\frac{2J_1(\psi)}{\psi}$$ 其中 $\psi=2\pi L_\lambda\sin\phi$

(c) 
三角形

$$E(\phi)=\frac{\sin^2\psi}{\psi^2}$$ 其中 $\psi=\frac{\pi}{2}L_\lambda\sin\phi$

(d) 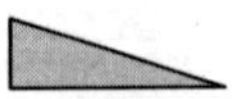
非对称三角形

$$E(\phi)=\frac{\sin\psi}{\psi}+j\left(\frac{\cos\psi}{\psi}-\frac{\sin\psi}{\psi^2}\right)$$ 其中 $\psi=\pi L_\lambda\sin\phi$

15.2.2 傅里叶变换。设两个各向同性点源之等幅同相阵的间距为 d,试应用傅里叶变换法得出其远场波瓣图函数,并简化成最简单的三角函数形式。

15.2.3 笔状波束波瓣图。对于圆对称口径的笔状波束(仅为 θ 的函数),试证明下列半波束宽度 θ_{HP} 所对应的主波束立体角 Ω_M:

(a) 高斯波瓣图,$\Omega_M=1.13\ \theta_{HP}^2$

(b) $\sin(x)/x$ 波瓣图,$\Omega_M=0.988\ \theta_{HP}^2$

(c) 贝塞尔波瓣图，$\Omega_M = 1.008\theta_{HP}^2$

并证明对于 $\sin(u)/u$ 波瓣图的方形口径，$\Omega_M = 1.036\ \theta_{HP}\phi_{HP}$。

15.3.1* **波瓣图的平滑化。**图 P15.3.1 给出了理想的天线波瓣图-亮度分布的一维图形。该亮度分布由通量密度为 S 的点源和通量密度也是 S，而跨度为 2°的均匀源分布所组成，其中点源与均匀源的中心相距 2°；天线波瓣图呈第一零点波束宽度为 2°的对称三角形。(a) 为观测到的通量密度作为相对 2°源中心之角度的函数绘制准确的图形；(b) 所观测到的与真实的总通量密度(2S)之比的最大值是多少？

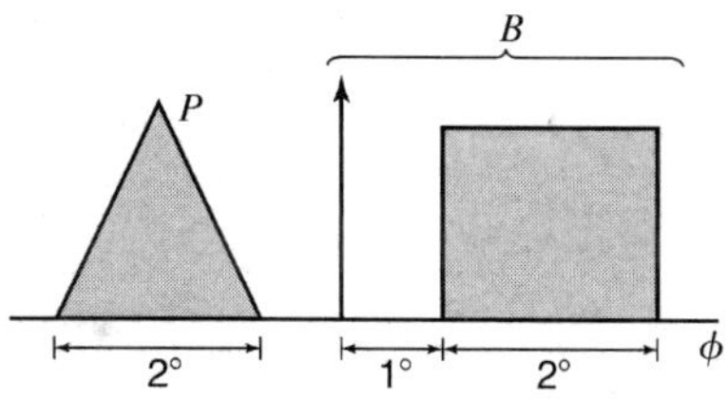

图 P15.3.1　波瓣图的平滑化

15.4.1　**干涉仪，波瓣图乘法。**某二元干涉仪由均匀场分布的方形口径按同相边射方式组成。(a) 设两个边长都是 10λ 的口径中心距离为 60λ，在单口径波瓣图的第一零点波束范围内，计算并绘制干涉仪的波瓣图。(b) 在单口径波瓣图的第一零点波束范围内，干涉仪的波瓣图包含多少波瓣？(c) 干涉仪的有效口径有多大？(d) 干涉仪中心瓣的半功率波束宽度是多少？(e) 将此与两个同相等幅的各向同性点源相距 60λ 组阵的中心瓣半功率波束宽度进行比较。

15.4.2　**可见度函数。**设用间距为 s_λ 的简单干涉仪观测一个跨度为 α 的均匀源时，其对称的均匀亮度中心之跨度为 $\beta = \alpha/6$。如果该中心亮度 4 倍于边缘亮度，试证明其可见度函数为

$$V(s_\lambda) = \frac{\sin(\pi s_\lambda \alpha) + 3\sin(\pi s_\lambda \alpha/6)}{3\pi s_\lambda \alpha/2}$$

15.4.3　**可见度函数。**设用间距为 s_λ 的简单干涉仪观测两个中心距为 $5\alpha/6$，跨度都为 α 的均匀源，试证明其可见度函数为

$$V(s_\lambda) = \frac{\sin(\pi s_\lambda \alpha)}{\pi s_\lambda \alpha} - \frac{2}{3}\frac{\sin(2\pi s_\lambda \alpha/3)}{2\pi s_\lambda \alpha/3}$$

15.4.4　**干涉仪的输出。**设用间距为 s，频带为 $f_0 \pm \Delta f/2$ 的简单干涉仪观测一个点源，试证明其输出为(c 为光速)

$$S_0\Delta f\left(1 + \frac{\sin\left(\frac{2\pi s}{c}\frac{\Delta f}{2}\phi\right)}{\frac{2\pi s}{c}\frac{\Delta f}{2}\phi}\cos\left(\frac{2\pi s}{c}f_0\phi\right)\right)$$

15.4.5　**干涉仪的频带。**试证明频带为 $f_0 \pm \Delta f/2$ 的简单干涉仪(见习题 15.4.4)为了不减弱条纹幅度，必须满足 $\Delta f/f_0 \ll 1/n$ 的条件(n 为条纹的阶数)。

15.6.1　**阵元的数量。**图 15.15 中所假定的阵元数 n 是多少？

注意：习题中涉及的计算机程序，见附录 C。

第 16 章　偶极子阵和口径阵

本章包含下列主题：

- 两根受激单元的边射阵和端射阵
- 波瓣图、激励点阻抗和增益
- 两根受激单元阵的一般情况
- 密距单元
- 辐射效率
- n 根受激单元的阵
- 地面上的水平和铅垂天线
- 赋形偶极子的阵
- 相控阵
- 栅格形阵和链式阵
- 返回式阵
- 数字波束形成：自适应阵和智能阵
- 微带阵
- 低旁瓣阵
- 长导线天线：V 形、菱形和贝弗瑞天线
- 帘幕形阵
- 阵列馈电点
- 折合偶极子
- 百眼巨人型阵的全空监视天线

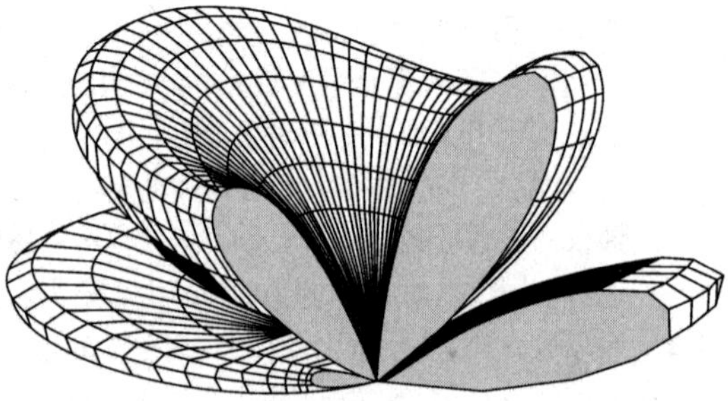

16.1　引言

本章主要以第 5 章的点源阵、第 6 章的细直天线和第 13 章的自阻抗与互阻抗为基础，也可以恰当地冠名为“天线单元的阵列”，该单元意指构筑阵列的基本单位。本章第一部分中的大多数“单元”是细直偶极子，而后面几节的阵列“单元”一般是口径，可以是螺旋、喇叭、大反射镜或偶极子阵（即阵列的阵列）。

首先对几种不同的偶极子阵推导其远场或辐射场波瓣图、激励点阻抗和阵列增益。所采用的普遍分析方法也能用于其他偶极子阵，这里只讨论特定型式阵。当计算阵列增益时，偶极子被当成具有自、互阻抗的电路元件。虽然直接对波瓣图积分就可以确定增益，但电路方法还能简便地提供阻抗值（该阻抗计算中已利用了波瓣图）。

16.2　两根受激 $\lambda/2$ 单元的边射阵

设两根中心馈电的 $\lambda/2$ 单元（偶极子）按边对边相距为 d 布置如图 16.1 所示。先考虑两

种特殊情况:本节中两单元上电流等幅同相的边射情况①,以及下一节中两单元上电流等幅反相的端射情况②。更一般的两电流等幅而任意相位关系的情况,则在 16.4 节中讨论。

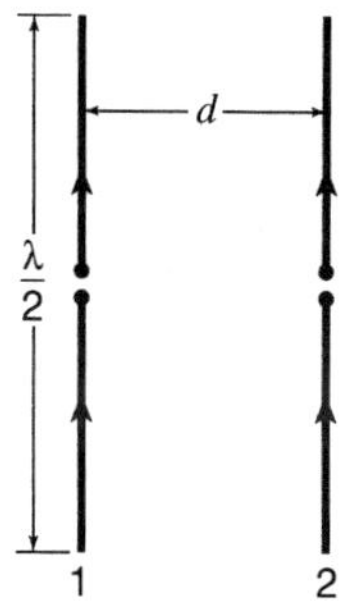

图 16.1　两同相 λ/2 单元的边射阵

16.2a　场波瓣图

分析的第一步是确定绝对的远场波瓣图,方便的做法是采用波瓣图在水平面和铅垂面中的两个表达式来描述。通常有相对波瓣图就足够了,然而计算增益则必须有绝对波瓣图。图 16.2(a) 中的单元按铅垂取向,阵列处于自由空间,即距离地面和其他物体无穷远。单根单元在水平面($\theta=90°$,即图 16.2(a)中的 xy 面)内甚远距离 $D(D \gg d)$处的场强 $E_1(\phi)$对 ϕ 的函数为

$$E_1(\phi) = kI_1 \tag{1}$$

其中,k 是包含距离 D 在内的常数($\Omega\,\mathrm{m}^{-1}$),而 I_1 是馈端电流。这是在水平面内的绝对场波瓣图,它并不随 ϕ 变化,是如图 16.2(b)所示的圆。

接着,用两个各向同性点源取代该单元,保持其电流幅度相同,则这两个同相的各向同性点源在水平面内的波瓣图 $E_{\text{iso}}(\phi)$对 ϕ 的函数得自式(5.2.6),为

$$E_{\text{iso}}(\phi) = 2E_0 \cos\left(\frac{d_r \cos\phi}{2}\right) \tag{2}$$

其中 d_r 是用弧度表示的源间距离,即

$$d_r = \frac{2\pi d}{\lambda} \tag{3}$$

应用波瓣图乘法原理,并将 E_0 当成来自距离 D 处单个源的场强,于是有

$$E_0 = E_1(\phi) = kI_1 \tag{4}$$

将式(4)代入式(2),所得阵列在水平面内远距离 D 处的场强 $E(\phi)$对 ϕ 的函数为

两λ/2单元边射阵
$$E(\phi) = E_1(\phi) 2\cos\left(\frac{d_r \cos\phi}{2}\right) = 2kI_1 \cos\left(\frac{d_r\cos\phi}{2}\right) \tag{5}$$
水平面波瓣图

此式称为**在水平面内的绝对场波瓣图**。该平面内任意点处的电场都属于铅垂极化,波瓣图的形状示于图 16.2(c),即图 16.2(a)的水平剖面。在间距 $d=\lambda/2$ 的情况下,最大场强沿$\phi=90°$,即边射阵。

单根 λ/2 单元在铅垂面,即图 16.2(a)中的 yz 面内远距离 D 处的场强 $E_1(\theta)$对 θ 的函数为

$$E_1(\theta) = kI_1 \frac{\cos[(\pi/2)\cos\theta]}{\sin\theta} \tag{6}$$

此波瓣图的形状示于图 16.2(d),即图 16.2(a)中 $\phi=90°$的铅垂剖面。用两个各向同性点源取代阵元,则在此铅垂面内的波瓣图 $E_{\text{iso}}(\theta)$为

① 所谓“边射情况”,其辐射主瓣总指向阵列的侧面,尽管在大间距(如 1λ 间距)时也会出现相同大小的端射瓣。

② 所谓“端射情况”,其波瓣图沿边射方向总是零辐射。若间距为 λ/2 或更小,则最大辐射总是沿端射方向;但当间距较大时,最大辐射一般不是端射。由于感兴趣的主要是 λ/2 间距,就将其归于端射型。

$$E_{\rm iso}(\theta) = 2E_0 \tag{7a}$$

应用波瓣图乘法原理,并取

$$E_0 = E_1(\theta) \tag{7b}$$

故有铅垂面内远距离 D 处的场强 $E(\theta)$ 为

$$E(\theta) = 2kI_1 \frac{\cos[(\pi/2)\cos\theta]}{\sin\theta} \qquad \textbf{铅垂面波瓣图} \tag{8}$$

此式称为在铅垂面内的**绝对场波瓣图**。该波瓣图的形状与此 $\phi = 90°$ 铅垂面内单根单元的波瓣图相同,且不随间距而改变。其相对波瓣图示于图 16.2(e),也可剖自图 16.2(a)的三维波瓣图($d = \lambda/2$)。

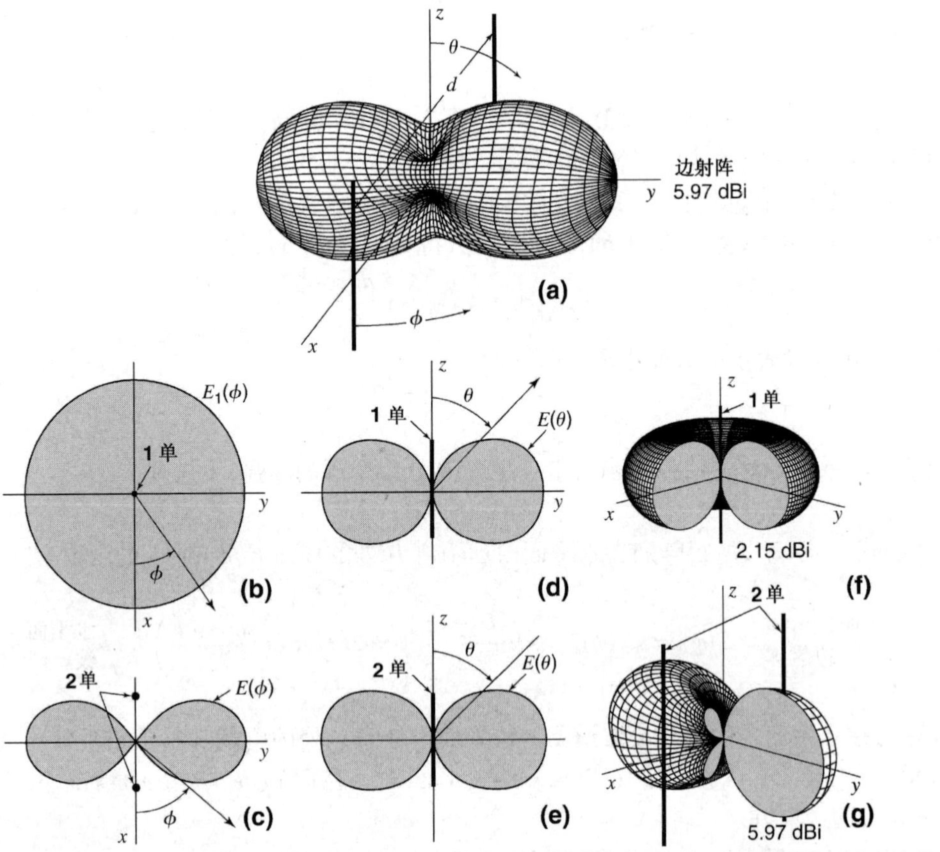

图 16.2 间距为 $d = \lambda/2$ 的两同相 $\lambda/2$ 细直单元之边射阵的场波瓣图。(a) 为三维波瓣图;(b) 和(d) 为单根单元的二维波瓣图;(c) 和(e) 为二元阵的二维波瓣图;(f) 为单根单元的三维波瓣图; (g) 为二元阵的三维波瓣图。注意图 (g) 中沿 45°方向的副瓣并未出现在二维波瓣图中

16.2b 激励点阻抗

设两单元的边射阵由如图 16.3 布置的传输线提供能量,两对等长度 l 的传输线段在 P 端处并联到第三对伸向发射机的传输线。需要的是表现在第三对传输线上 P 端处的激励点阻抗(Brown-1,2)。这也就是阵列的激励点。

记 V_1 为单元 1 的端口上所施加的电动势，则

$$V_1 = I_1 Z_{11} + I_2 Z_{12} \tag{9}$$

其中，I_1 是单元 1 端口上的电流，I_2 是单元 2 端口上的电流；Z_{11}是单元 1 端口上的自阻抗，Z_{12}是两单元端口之间的互阻抗。类似地，记 V_2 为单元 2 端口上所施加的电动势，则

$$V_2 = I_2 Z_{22} + I_1 Z_{12} \tag{10}$$

其中，Z_{22}是单元 2 端口上的自阻抗。

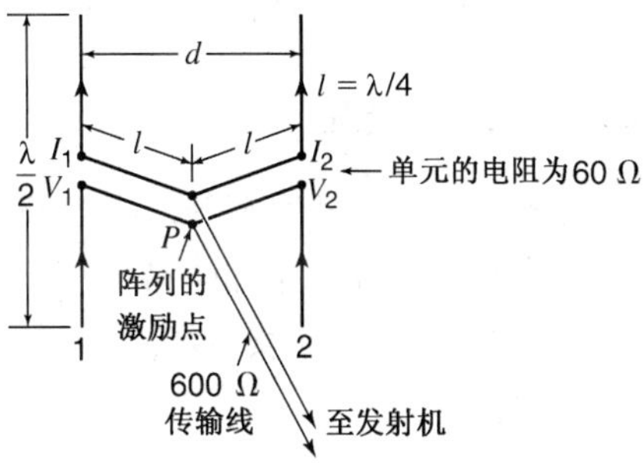

图 16.3　两细直 λ/2 单元按激励等幅同相电流布置的边射阵

当两电流等幅同相时，

$$I_1 = I_2 \tag{11}$$

式(9)和式(10)变成

$$V_1 = I_1(Z_{11} + Z_{12}) \tag{12}$$

$$V_2 = I_2(Z_{22} + Z_{12}) \tag{13}$$

于是，单元 1 的端口阻抗 Z_1 为

$$Z_1 = \frac{V_1}{I_1} = Z_{11} + Z_{12} \tag{14}$$

而单元 2 的端口阻抗 Z_2 为

$$Z_2 = \frac{V_2}{I_2} = Z_{22} + Z_{12} \tag{15}$$

鉴于两单元的结构相同，

$$Z_{22} = Z_{11} \tag{16}$$

因此，由式(14)和式(15)给出的端口阻抗相等，即有

$$Z_1 = Z_2 = Z_{11} + Z_{12} \tag{17}$$

又因为 $Z_1 = Z_2$ 和 $I_1 = I_2$，致使单元 1 端口所加电动势 V_1 与单元 2 端口所加电动势 V_2 必须等幅同相。

在两单元相距 $d = \lambda/2$ 的情况下，有端口阻抗

$$\begin{aligned} Z_1 = Z_{11} + Z_{12} &= R_{11} + R_{12} + j(X_{11} + X_{12}) \\ &= 73 - 13 + j(43 - 29) \\ &= 60 + j14\ \Omega = \text{各单元的阻抗} \end{aligned} \tag{18}$$

假如在端口处用串联电容来调谐其 14 Ω 的电抗，则端口阻抗就变成了 60 Ω 的纯电阻[①]。若各天线端口接到 P 端处的传输线段之长度 $l = \lambda/2$，则阵列的激励点阻抗就是 30 Ω 的纯电阻，此值不受 λ/2 段的特性阻抗影响。但是，要与敞开式的传输线匹配，30 Ω 的电阻显得太低，因此更实际的布局是使 $l = \lambda/4$。若希望得到 600 Ω 的激励点电阻，则应使 λ/4 线的特性阻抗为 $\sqrt{1200 \times 60} = 269\ \Omega$[②]。每对传输线段将 60 Ω 变换成 1200 Ω，再在 P 端处并联，使阵列的激励

① 常常简单地通过稍减传输线段长度以调谐。这将会改变阻抗的电阻分量和 $E(\theta)$ 场波瓣图，但这些效应通常按一阶近似是能够忽略的。

② 对于 λ/4 线的特殊情况，一般的传输线公式简化成 $Z_{in} = Z_0^2/Z_L$，其中 Z_{in}是输入阻抗，Z_0 是特性阻抗，而 Z_L 是负载阻抗，因此有 $Z_0 = \sqrt{Z_{in} Z_L}$。

点阻抗等于 600 + j0 Ω,这正是出现在连向发射机之传输线末端的阻抗;为了阻抗匹配,该传输线的特性阻抗应该也是 600 + j0 Ω。

16.2c 场强增益

在阵列分析的最后部分,我们来确定阵列的场强增益。第 4 章中利用了波瓣图的积分,这里却借助了下述自、互阻抗的简短方法。

设输入该阵的总(实)功率为 P①。假如不存在热损耗,加在单元 1 和单元 2 上的功率 P_1 和 P_2 分别为

$$P_1 = I_1^2(R_{11} + R_{12}) \tag{19}$$

$$P_2 = I_2^2(R_{22} + R_{12}) \tag{20}$$

其中 I_1 和 I_2 是均方根电流,而且因 $R_{22} = R_{11}$ 而 $I_2 = I_1$。据此代换后将式(19)和式(20)相加成为总功率 P,得出

$$P = P_1 + P_2 = 2I_1^2(R_{11} + R_{12}) \tag{21}$$

并有

$$I_1 = \sqrt{\frac{P}{2(R_{11} + R_{12})}} \tag{22}$$

设阵列的增益以单根无损耗的 λ/2 单元为参考天线,并施以相同的功率 P,则其端口电流为

$$I_0 = \sqrt{\frac{P}{R_{00}}} \tag{23}$$

其中 R_{00}是参考天线的自电阻($R_{00} = R_{11}$)。

一般来说,阵列相对于参考天线的用场强表示的增益②,就是在施加相同功率 P 的条件下,沿相同方向,该阵列的辐射场强与参考天线的辐射场强之比。现在,对水平面和铅垂面需分别采用两种增益表达式。

在水平面内,与单根中心馈电的 λ/2 铅垂参考天线相距为 D 处的场强 $E_{HW}(\phi)$,作为 ϕ 的函数已表示于式(1),即

$$E_{HW}(\phi) = kI_0 \tag{24}$$

其中,I_0 是端口电流,HW 指明“半波长(λ/2)天线”。将式(23)的 I_0 值代入,可得

$$E_{HW}(\phi) = k\sqrt{\frac{P}{R_{00}}} \tag{25}$$

阵列在相距为 D 处的水平面场强 $E(\phi)$已在式(5)中给出,将其端口电流 I_1 的式(22)代入后,则有

$$E(\phi) = k\sqrt{\frac{2P}{R_{11} + R_{12}}}\cos\left(\frac{d_r\cos\phi}{2}\right) \tag{26}$$

---

① 将天线功率 P 当成恒量是很重要的,大多数发射机基本上都属于恒功率源,能耦合到很宽阻抗范围的天线。直到 G. H. Brown(2)认定天线的功率是恒量,才发现密距单元的优点,此前总认为天线的电流是恒量。

② 在第 2 章中曾讨论的功率增益是场强增益之平方。功率增益是阵列与参考天线的辐射强度(单位立体角的功率)之比,而辐射强度正比于辐射场强的平方。

式(26)对式(25)之比给出了阵列相对于 λ/2 铅垂参考天线的场强增益(在水平面内作为 ϕ 的函数)。这样的增益表示成符号 $G_f(\Phi)[A/HW]$,其中方括号说明了阵列(A)相对于半波长参考天线(HW)[①]在相同方向上的场强增益,于是

$$G_f(\phi)\left[\frac{A}{\mathrm{HW}}\right]=\frac{E(\phi)}{E_{\mathrm{HW}}(\phi)}=\sqrt{\frac{2R_{00}}{R_{11}+R_{12}}}\left|\cos\left(\frac{d_r\cos\phi}{2}\right)\right| \quad \text{图16.3中两根}\lambda/2\text{单元阵列的增益} \tag{27}$$

其中的绝对值符号 $|\cdot|$ 说明了无论对怎样的间距 d_r 和方向 ϕ,增益总取正(或零)值。若出现负的增益,那仅仅指出了阵列的场与参考天线的场反相。

如果增益只写成 G_f(不是角度的函数),则是指阵列的最大场强与参考天线的最大场强之比。

已知自电阻 $R_{00}=R_{11}=73\ \Omega$,而在 λ/2 间距,即 $d_r=\pi$ 的情况下 $R_{12}=-13\ \Omega$,故式(27)变成

$$G_f(\phi)\left[\frac{A}{\mathrm{HW}}\right]=1.56\cos\left(\frac{\pi}{2}\cos\phi\right) \tag{28}$$

沿边射方向($\phi=\pi/2$)的波瓣图因子成为 1,增益就等于 1.56,这正是阵列的最大场强与参考天线的最大场强之比(见图 16.4),因而 $G_f=1.56$。

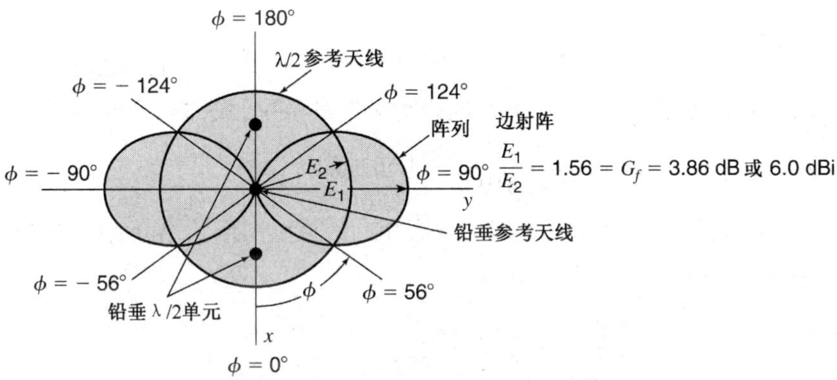

图 16.4　两铅垂 λ/2 单元相距 λ/2 的同相边射阵之水平面波瓣图。附有单根铅垂λ/2参考天线在相同输入功率时的波瓣图,以示比较

此外,我们感兴趣的还有增益函数恰等于 1 的方向 ϕ_0,据式(28)有条件

$$\cos\left(\frac{\pi}{2}\cos\phi_0\right)=1/1.56=0.64 \tag{29}$$

即

$$\phi_0=\pm 56^\circ \quad \text{或} \quad \pm 124^\circ$$

这些角度已标于图 16.4 中。该阵列的增益在两侧边射方向的各 68°范围内大于 1。

用分贝数表示的场强增益为

$$\text{增益}=20\log_{10}G_f \quad (\mathrm{dB})$$

① 假定阵列和 λ/2 参考天线都置于自由空间。因此,宜采用 $G_f(\phi)$[AFS/HWFS]来表示自由空间中阵列(AFS)相对于自由空间中半波长参考天线的场强增益。然而,当两者都在自由空间中时,可简化写法而略去字母 FS。

其中 G_f 代表场强增益。

于是,场强增益为 1.56,相当于 3.86 dB。

现在将注意力转向铅垂面,即图 16.2(a)中的 yz 面内的增益。该铅垂面内与相同输入功率的单根铅垂 λ/2 参考天线相距为 D 处的场强即式(6)的形式,

$$E_{\mathrm{HW}}(\theta)=kI_0\frac{\cos[(\pi/2)\cos\theta]}{\sin\theta} \tag{30}$$

其中 I_0 代表端口电流。

将式(23)代入此式,即得

$$E_{\mathrm{HW}}(\theta)=k\sqrt{\frac{P}{R_{00}}}\frac{\cos[(\pi/2)\cos\theta]}{\sin\theta} \tag{31}$$

在铅垂面内与阵列相距为 D 处的场强 $E(\theta)$ 对 θ 的函数已见于式(8),式中的端口电流 I_1 则示于式(22),即有

$$E(\theta)=k\sqrt{\frac{2P}{R_{11}+R_{12}}}\frac{\cos[(\pi/2)\cos\theta]}{\sin\theta} \tag{32}$$

取式(32)对式(31)之比,得出阵列相对于相同输入功率之单根铅垂 λ/2 参考天线的场强增益 $G_f(\theta)[A/\mathrm{HW}]$ 作为铅垂面内角度 θ 的函数,有

边射阵 $$G_f(\theta)\left[\frac{A}{\mathrm{HW}}\right]=\frac{E(\theta)}{E_{\mathrm{HW}}(\theta)}=\sqrt{\frac{2R_{00}}{R_{11}+R_{12}}} \tag{33}$$ 图16.3中两根λ/2单元阵列的增益

此增益是不随 θ 而变化的恒量。对于阵列间距为 λ/2 的情况,式(33)变成

$$G_f(\theta)\left[\frac{A}{\mathrm{HW}}\right]=1.56\ (\text{或}\ 3.86\ \mathrm{dB}) \tag{34}$$

图 16.5 同时绘出了阵列和 λ/2 参考天线的两者相同的波瓣图形状,它们在给定方向上的值之比是恒量 1.56。

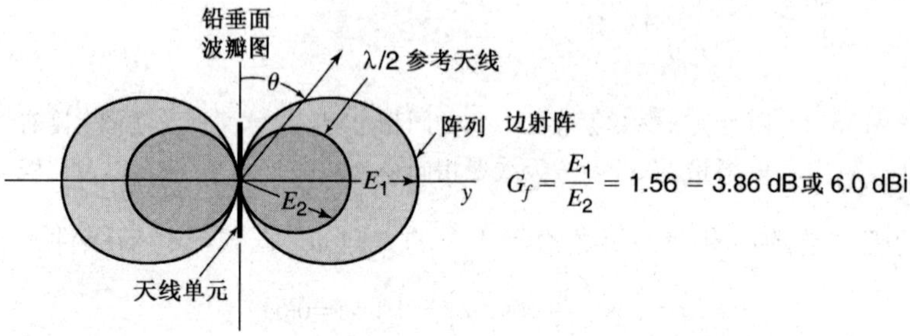

图 16.5 两铅垂 λ/2 单元相距 λ/2 的同相边射阵之铅垂面波瓣图。附有单根铅垂λ/2参考天线在相同输入功率时的波瓣图,以示比较

如果用各向同性源作为参考天线以取代 λ/2 天线,则在铅垂面内的增益成为角度 θ 的函数。该阵列相对于相同输入功率之各向同性源的最大场强增益,要比相对于 λ/2 参考天线的电压增益大 $\sqrt{1.64}$ 倍($D(\lambda/2)=1.64$,见第 2 章末尾的表)。于是,当间距为 λ/2 时,该阵列相对于各向同性源的最大场强增益为

$$G_f\left[\frac{A}{\text{iso}}\right] = 1.56 \times \sqrt{1.64} = 2.0\ (\text{或}\ 6.0\ \text{dBi})\ ① \tag{35}$$

此值出现在边射方向上($\phi=\theta=90°$)。

16.3　两根受激 λ/2 单元的端射阵

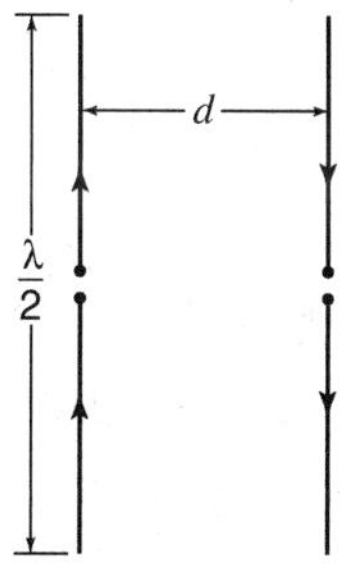

图 16.6　两根载有等幅反相电流的细直λ/2单元组成的端射阵

设自由空间中两根中心馈电的 λ/2 单元(偶极子)按边对边相距为 d 组成等幅反相阵列,如图 16.6 所示。它与 16.2 节所讨论情况之差异仅仅是在单元上的电流以反相取代了同相。像 16.2 节一样,将分析分成场波瓣图、激励点阻抗和场强增益 3 个小节。

16.3a　场波瓣图

由单根单元在水平面,即图 16.7(a)中的 xy 面或 ϕ 面内距离为 D 处产生的场强 $E_1(\phi)$ 作为 ϕ 的函数是

$$E_1(\phi) = kI_1$$

其中,k——含有距离 D 的恒量

I_1——端口电流

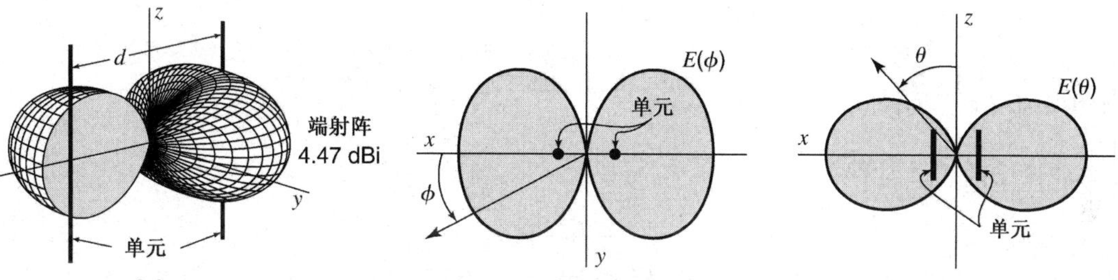

图 16.7　两根相距 $d=\lambda/2$ 的细直 λ/2 单元之等幅反相端射阵的场波瓣图

用两个电流等幅反相的各向同性点源替换该单元,则在水平面内的场波瓣图 $E_{\text{iso}}(\phi)$ 可据式(5.2.10)给出为

$$E_{\text{iso}}(\phi) = 2E_0 \sin\left(\frac{d_r \cos\phi}{2}\right) \tag{1}$$

应用波瓣图乘法原理,并将 E_0 当成来自距离 D 处单个源的场强,于是有

$$E_0 = E_1(\phi) = kI_1 \tag{2}$$

而阵列在水平面内远距离 D 处的场强 $E(\phi)$ 对 ϕ 的函数为

$$E(\phi) = 2kI_1 \sin\left(\frac{d_r \cos\phi}{2}\right) \tag{3}$$

此式就是在水平面内的绝对场波瓣图,该平面内任意点处的电场都属于铅垂极化。间距 $d=\lambda/2$ 时的相对波瓣图示于图 16.7(b),可剖自图 16.7(a)之三维波瓣图。其最大场强沿 $\phi=0°$ 和 $\phi=180°$方向,因此被称为端射型。

① 注意区分:相对于参考天线(现在是 λ/2 偶极子)的增益用 dB 为单位,而相对于各向同性源的增益用 dBi 为单位。

单根 λ/2 单元在铅垂面,即图 16.7(a)中 xz 面内远距离 D 处的场强 $E_1(\theta)$对 θ 的函数为

$$E_1(\theta) = kI_1 \frac{\cos[(\pi/2)\cos\theta]}{\sin\theta} \tag{4}$$

用两个各向同性点源取代这两根单元,据式(5.2.10)写出其在铅垂面内的波瓣图 $E_{iso}(\theta)$对 θ 的函数

$$E_{iso}(\theta) = 2E_0 \sin\left(\frac{d_r \sin\theta}{2}\right) \tag{5}$$

注意,这里的 θ 是式(5.2.10)中 ϕ 之余角,故而 $\cos\phi = \sin\theta$。

取 $E_0 = E_1(\theta)$,则铅垂面内远距离 D 处的场强 $E(\theta)$对 θ 的函数为

两λ/2单元边射阵 $$E(\theta) = 2kI_1 \frac{\cos[(\pi/2)\cos\theta]}{\sin\theta} \sin\left(\frac{d_r \sin\theta}{2}\right) \tag{6}$$ **水平面波瓣图**

这是在铅垂面内的绝对场波瓣图,其相对波瓣图示于图 16.7(c),也可剖自图 16.7(a)的三维波瓣图($d = \lambda/2$)。

16.3b 激励点阻抗

记 V_1 为单元 1 的端口上所施加的电动势,则

$$V_1 = I_1 Z_{11} + I_2 Z_{12} \tag{7}$$

类似地,记 V_2 为单元 2 的端口上所施加的电动势

$$V_2 = I_2 Z_{22} + I_1 Z_{12} \tag{8}$$

当两电流等幅反相时,

$$I_2 = -I_1 \tag{9}$$

式(7)和式(8)变成

$$V_1 = I_1(Z_{11} - Z_{12}) \tag{10}$$

$$V_2 = I_2(Z_{22} - Z_{12}) \tag{11}$$

于是,单元 1 的端口阻抗 Z_1 为

$$Z_1 = \frac{V_1}{I_1} = Z_{11} - Z_{12} \tag{12}$$

而单元 2 的端口阻抗 Z_2 为

$$Z_2 = \frac{V_2}{I_2} = Z_{22} - Z_{12} \tag{13}$$

因此,

$$Z_1 = Z_2 = Z_{11} - Z_{12} \tag{14}$$

或

$$\frac{V_1}{I_1} = \frac{V_2}{I_2} \tag{15}$$

由于 $I_2 = -I_1$,就有 $V_2 = -V_1$,使单元 2 端口所加的电动势必须与单元 1 端口的等幅而反相。这可借助在馈电的 P 端处将两单元之一的传输线段交叉连接而实现,如图 16.8 所示,其中两段传输线的长度 l 相同。

在两单元相距 $d = \lambda/2$ 的情况下,各单元的端口阻抗为

$$Z_1 = R_{11} - R_{12} + j(X_{11} - X_{12}) = 86 + j72\ \Omega = \text{各单元的阻抗} \tag{16}$$

在各单元的端口处用串联电容来调谐其72 Ω 的电抗，则端口阻抗是 86 Ω 的纯电阻。要获得 **600 Ω 的激励点电阻**，则自各单元端口至 P 端所接的是特性阻抗为 $\sqrt{1200 \times 86} = 321\ \Omega$ 的 λ/4 传输线段。为了阻抗匹配，从并联的激励点 P 连向发射机的传输线的特性阻抗也应该是600 Ω。

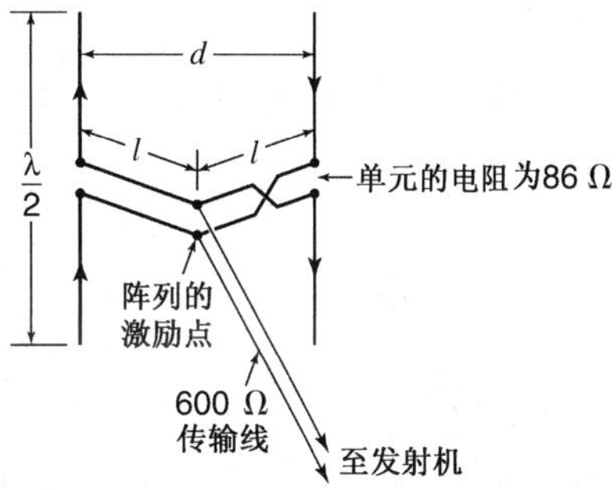

图 16.8　两细直 λ/2 单元按激励等幅反相电流布置的端射阵

16.3c　场强增益

采用与 16.2c 节同样的方法，当阵列的输入功率为 P 时，各单元上的电流 I_1 为

$$I_1 = \sqrt{\frac{P}{2(R_{11} - R_{12})}} \tag{17}$$

这里假设单元上没有热损耗。沿袭式(16.2.23)，记 λ/2 参考天线上的电流为 I_0，阵列在水平面内相对于 λ/2 参考天线的场强增益对 ϕ 的函数为 $G_f(\phi)$ [A/HW]。将式(17)代入式(3)，并取其与式(16.2.25)的比值，可得

$$G_f(\phi)\left[\frac{A}{\mathrm{HW}}\right] = \sqrt{\frac{2R_{00}}{R_{11} - R_{12}}}\left|\sin\left(\frac{d_r\cos\phi}{2}\right)\right| \tag{18}$$

当间距为 λ/2 时，上式可简化成

$$G_f(\phi)\left[\frac{A}{\mathrm{HW}}\right] = 1.3\left|\sin\left[\left(\frac{\pi}{2}\right)\cos\phi\right]\right| \tag{19}$$

其波瓣图因子沿端射方向($\phi = 0°$ 和 $\phi = 180°$)等于 1，而增益 $G_f = 1.3$ dB 或 $G_f = 2.3$ dB(见图 16.9)。

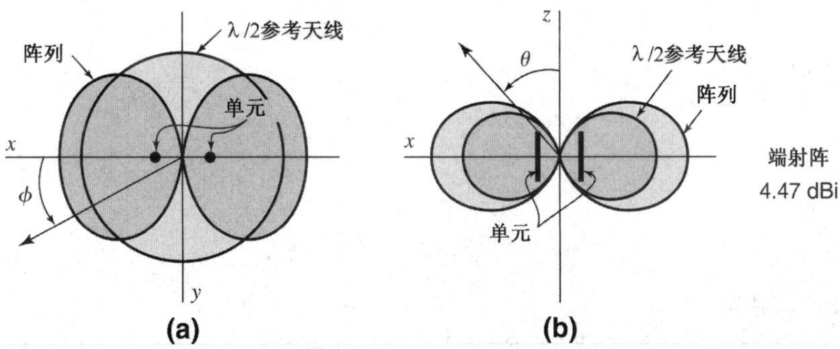

图 16.9　两铅垂 λ/2 单元相距 λ/2 的端射阵波瓣图。(a) 水平面；(b) 铅垂面。附有单根铅垂λ/2参考天线在相同输入功率时的波瓣图，以示比较

在铅垂面，即图 16.7(a)中的 xz 面内，相对于 λ/2 参考天线的场强增益 $G_f(\theta)$ [A/HW]对 ϕ 的函数可得自：将式(17)代入式(6)，并取其与式(16.2.31)的比值，即有

$$\text{端射阵}\quad G_f(\theta)\left[\frac{A}{\mathrm{HW}}\right] = \sqrt{\frac{2R_{00}}{R_{11} - R_{12}}}\left|\sin\left(\frac{d_r\sin\theta}{2}\right)\right| \quad \text{图16.6中两根λ/2单元阵列的增益} \tag{20}$$

注意,此式在 $\theta=90°$时与水平面内表达式(18)在 $\phi=0°$时的形式相同,都是沿 x 方向的。

该阵列相对于相同输入功率之各向同性源的最大场强增益为 $1.3\times\sqrt{1.64}=1.66$(或4.4 dBi)。

16.4 两根受激 λ/2 单元的等幅任意相位阵[①]

以上已讨论了两根受激 λ/2 单元的两种特殊情况。一种情况下,单元上的电流同相(相位差为0°),另一种情况下,单元上的电流反相(相位差为180°)。本节则考虑相位差为任意值的更一般化情况,但仍如前述,两根 λ/2 单元按边对边相距为 d 组阵,受等幅激励。

对此一般相位的情况,其水平面,即图 16.7(a)中的 xy 面内的辐射场波瓣图可借用式(5.2.20) 给出,为

$$E(\phi)=2kI_1\cos\frac{\psi}{2} \tag{1}$$

其中,Ψ 是单元 1 和单元 2 沿 ϕ 方向所辐射远区场之间的相对总相位差(见图 16.10),即

$$\psi=d_r\cos\phi+\delta \tag{2}$$

其中 δ 代表单元上电流之间的相位差。

式(2)中的符号说明图 16.10 中单元 2 上的电流相位比单元 1 上的电流超前 δ 角,有

$$I_2=I_1\underline{/\delta}$$

或

$$I_1=I_2\underline{/-\delta} \tag{3}$$

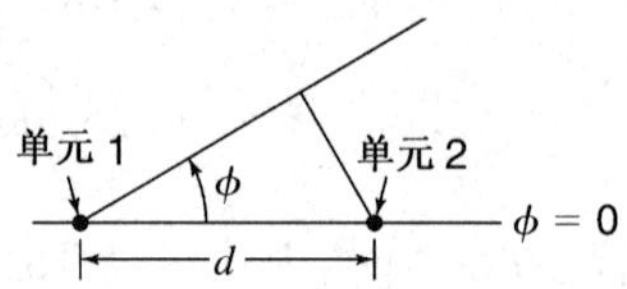

图 16.10 两根垂直于纸面的 λ/2 单元之边对边阵列

施加于各单元的电压为

$$V_1=I_1Z_{11}+I_2Z_{12}=I_1(Z_{11}+Z_{12}\underline{/\delta}) \tag{4}$$

和

$$V_2=I_2Z_{22}+I_1Z_{12}=I_2(Z_{22}+Z_{12}\underline{/-\delta}) \tag{5}$$

于是,单元的激励点阻抗为

$$Z_1=\frac{V_1}{I_1}=Z_{11}+Z_{12}\underline{/\delta} \tag{6}$$

和

$$Z_2=\frac{V_2}{I_2}=Z_{22}+Z_{12}\underline{/-\delta} \tag{7}$$

其实部的激励点电阻为

$$R_1=R_{11}+|Z_{12}|\cos(\tau+\delta) \tag{8}$$

和

$$R_2=R_{22}+|Z_{12}|\cos(\tau-\delta) \tag{9}$$

其中,τ 代表互阻抗 Z_{12}的相位角(即 $\tau=\arctan X_{12}/R_{12}$,而 $Z_{12}=R_{12}+jX_{12}$)。

因此,单元 1 的功率 P_1 为

$$P_1=|I_1|^2R_1=|I_1|^2[R_{11}+|Z_{12}|\cos(\tau+\delta)] \tag{10}$$

① 关于这种情况的更详细的情况以及关于电流不等幅的更一般化的情况,可参阅 G. H. Brown(2)。

而单元 2 的功率 P_2 为

$$P_2 = |I_2|^2[R_{22} + |Z_{12}|\cos(\tau - \delta)] \tag{11}$$

由于 $R_{11} = R_{22}$，总功率 P 可以写成

$$\begin{aligned} P &= P_1 + P_2 = |I_1|^2\{2R_{11} + |Z_{12}|[\cos(\tau+\delta) + \cos(\tau-\delta)]\} \\ &= 2|I_1|^2(R_{11} + |Z_{12}|\cos\tau\cos\delta) \\ &= 2|I_1|^2(R_{11} + R_{12}\cos\delta) \end{aligned} \tag{12}$$

接着又可以写出场强的增益作为水平面内① ϕ 的函数，这是该阵列与相同输入功率下单根 λ/2 单元所辐射场强之比

水平面内场强增益　$$G_f(\phi)\left[\frac{A}{\text{HW}}\right] = \sqrt{\frac{2R_{11}}{R_{11} + R_{12}\cos\delta}}\left|\cos\left(\frac{d_r\cos\phi + \delta}{2}\right)\right| \tag{13}$$

式(13)对于方位角 ϕ 的极坐标图就是阵列在水平面内的辐射场波瓣图，其半径矢量的大小相对于单元圆的半径之比说明了高出 λ/2 参考天线的场强增益。Brown(2)曾经计算这样的波瓣图，作为相位差 δ 和间距 d_r 的函数，如图 16.11 所示。

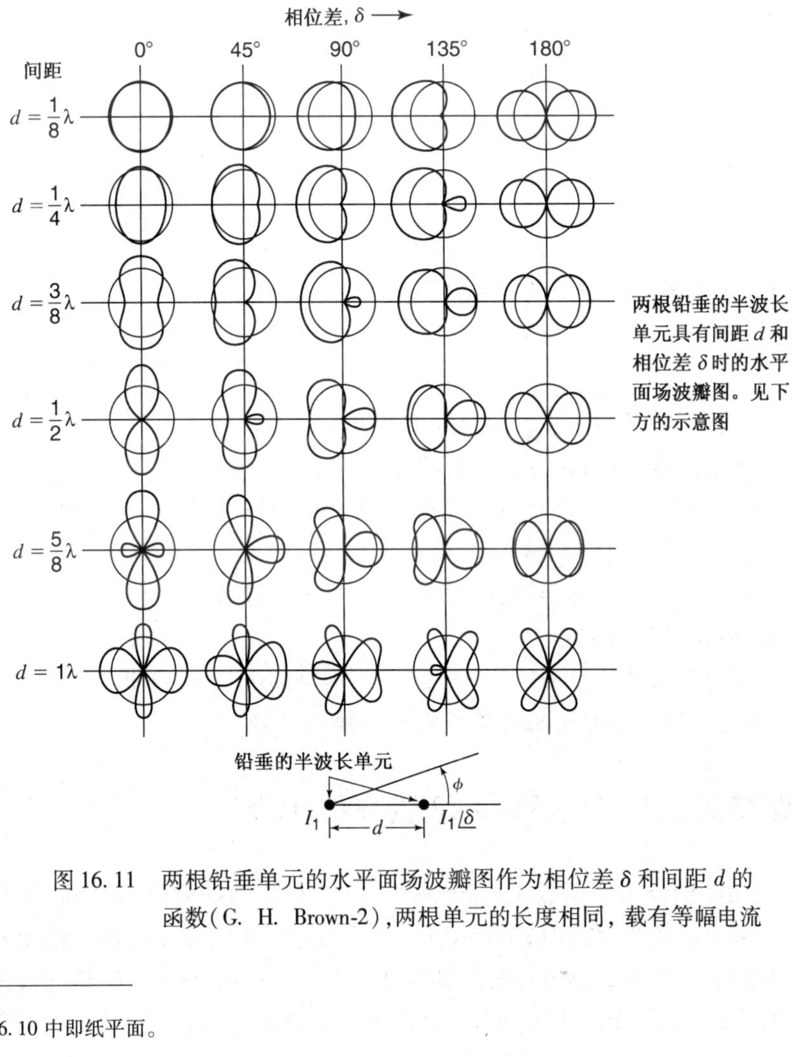

图 16.11　两根铅垂单元的水平面场波瓣图作为相位差 δ 和间距 d 的函数(G. H. Brown-2)，两根单元的长度相同，载有等幅电流

① 在图 16.10 中即纸平面。

图中的圆表示单根同样长度的参考单元在相同输入功率下的场强。

$$E(\theta)=2kI_1\cos\left(\frac{d_r\sin\theta+\delta}{2}\right)\frac{\cos[(\pi/2)\cos\theta]}{\sin\theta} \tag{14}$$

于是,阵列在铅垂面内的波瓣图形状应是图 16.11 的波瓣图乘以单根 λ/2 天线的波瓣图。阵列在铅垂面内高出在相同输入功率下铅垂 λ/2 参考天线的场强增益为

$$G_f(\theta)\left[\frac{A}{\text{HW}}\right]=\sqrt{\frac{2R_{11}}{R_{11}+R_{12}\cos\delta}}\left|\cos\left(\frac{d_r\sin\theta+\delta}{2}\right)\right| \tag{15}$$

实际上,往往习惯于采用以相同输入功率下的各向同性源为参考的增益值。由于 λ/2 天线相对于各向同性源的功率增益是 1.64[$D(\lambda/2)=1.64$,见第 2 章末尾的表],故自由空间中单根铅垂 λ/2 天线在铅垂面内的场强增益作为 θ 的函数,相对于各向同性源为

$$G_f(\theta)\left[\frac{\text{HW}}{\text{iso}}\right]=\sqrt{1.64}\left|\frac{\cos[(\pi/2)\cos\theta]}{\sin\theta}\right| \tag{16}$$

因此,阵列在铅垂面内相对于各向同性源的场强增益,等于式(15)与式(16)之乘积,即

$$G_f(\theta)\left[\frac{A}{\text{iso}}\right]=G_f(\theta)\left[\frac{A}{\text{HW}}\right]G_f(\theta)\left[\frac{\text{HW}}{\text{iso}}\right] \quad \text{铅垂面内场强增益}$$

$$=\sqrt{\frac{3.28R_{11}}{R_{11}+R_{12}\cos\delta}}\left|\cos\left(\frac{d_r\sin\theta+\delta}{2}\right)\frac{\cos[(\pi/2)\cos\theta]}{\sin\theta}\right| \tag{17}$$

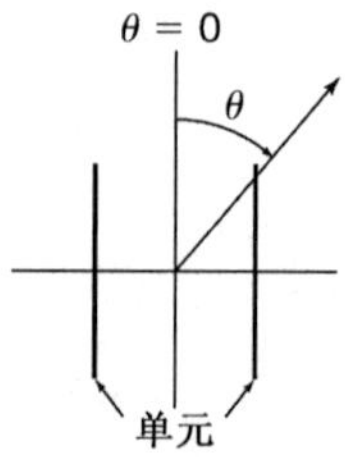

图 16.12 极角 θ 在单元所在平面内的关系

例 16.4.1 两根 λ/2 同相天线阵的增益分贝数

求如下阵列的增益,设间距:(a) $s=0.4\lambda$,(b) $s=0.5\lambda$,(c) $s=0.6\lambda$。

解:

(a) 从表 13.1 有互电阻 $R_{21}=+6.3\ \Omega$,于是由式(13)得到:

相对于半波天线的场强增益 $=(2\times73.13/79.4)^{1/2}=1.84^{1/2}$。

因此,相对于各向同性源的功率增益 $=1.84\times1.64=3.02$ 或 4.8 dBi。

(b) 类似地,由式(13)得到:

相对于各向同性源的功率增益 $=2.42\times1.64=3.97$ 或 5.98 dBi。

(c) 类似地,由式(13)得到:

相对于各向同性源的功率增益 $=2.94\times1.64=4.83$ 或 6.84 dBi。

问:是否还有能获得更高增益的间距? 见习题 16.4.1。

16.5 密距单元的辐射效率和 Q 值,W8JK 阵

16.3 节所讨论的两根 λ/2 偶极子反相单元边对边布置的端射阵,在间距减到很小值时,能够产生充分的增益。如图 16.13(a)所示,$R_L=0$ 的增益-间距在小间距时的增益达 3.9 dB,而在 λ/2 间距时的增益仅为 2.3 dB。该曲线得自对式(16.3.18)的 $\phi=0°$ 情况或式(16.3.20)的$\theta=90°$情况的计算。如图 16.13(b)所述,随着间距 d 趋于零,耦合因子变成无穷大,同时波

瓣图因子趋于零，两者的乘积即增益保持有限值，稳定于约 3. 9 dB(6. 0 dBi)的小间距值。这种增益在小间距情况下提高的事实使之对很多应用具有吸引力。

迄今为止都假设了天线系统中不存在热损耗，很多天线的这种损耗确实小得足容忽略。在 W8JK 天线中可以考虑这种损耗对增益的影响，如图 16. 13(b)所示。本节将处理二元反相密距阵的损耗和辐射效率的问题，“密距”一词意指单元的间距为 λ/4 以下。

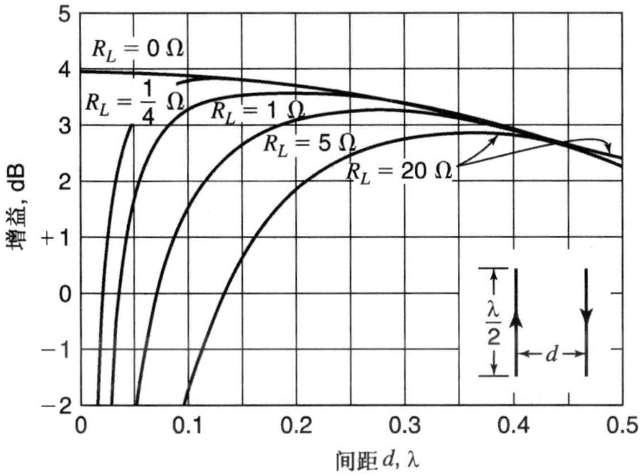

两根半波长天线具有间距 d 和损耗电阻R_L时的增益分贝数，采用 dBi 单位时加上 2.1 dB

(a)

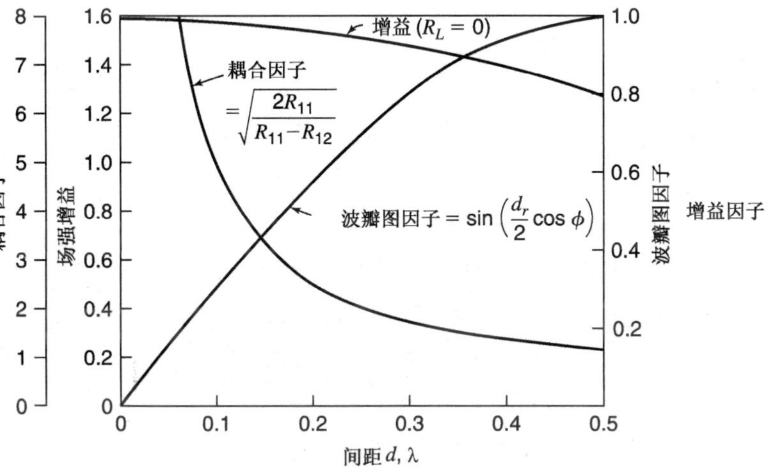

(b)

图 16. 13　(a) 两根半波长单元反相端射阵 (W8JK 阵) 相对于 λ/2 参考天线的增益，以 5 种损耗电阻 R_L 值为参变量，作为间距的函数；(b) 当 $R_L = 0$ 时的增益曲线，连同其组成因子(耦合因子和波瓣图因子)在 $\phi = 0$ 时的变化曲线

发射天线是一种辐射射频功率的器件，定义其辐射效率为天线的辐射功率与输入功率之比。递送给天线而又未辐射的实数功率被消耗于损耗电阻，并主要表现为天线导体和支撑绝缘子等发热的形式。一根天线所具有的总馈端电阻 R_{1T}可认为由馈端辐射电阻 R_1 与等效的馈端损耗电阻 R_{1L}构成(见 2. 10 节)，即

$$R_{1T} = R_1 + R_{1L} \tag{1}$$

随之可有

$$辐射效率(\%) = \frac{R_1}{R_1 + R_{1L}} \times 100 \tag{2}$$

由于很多型式的高频天线具有比任何损耗电阻大得多的辐射电阻,其效率颇高。然而,在反相密距阵中,其辐射电阻可能相对较小而天线电流非常大,如图 16.14 所示。因此,任何损耗电阻的存在都会导致辐射效率可观地降低。对于相比于波长很短的低频天线,其辐射效率也可能很低。虽然只对两根 λ/2 单元的密距阵专门讨论其损耗电阻的影响,但是其原理普遍适用于任何类型的天线。

设各单元馈端处的等效损耗电阻为 R_{1L},两单元为中心馈电,按间距 d 边对边布置,则由式(1)给出总馈端电阻 R_{1T},而馈端辐射电阻 R_1 应为

$$R_1 = R_{11} - R_{12} \tag{3}$$

将式(3)代入式(1),即得各单元的总馈端电阻

$$R_{1T} = R_{11} + R_{1L} - R_{12} \tag{4}$$

若施加于二元阵的功率为 P,则各单元上的电流 I_1 为

$$I_1 = \sqrt{\frac{P}{2(R_{11} + R_{1L} - R_{12})}} \tag{5}$$

单根中心馈电的 λ/2 参考天线的总馈端电阻为

$$R_{0T} = R_{00} + R_{0L} \tag{6}$$

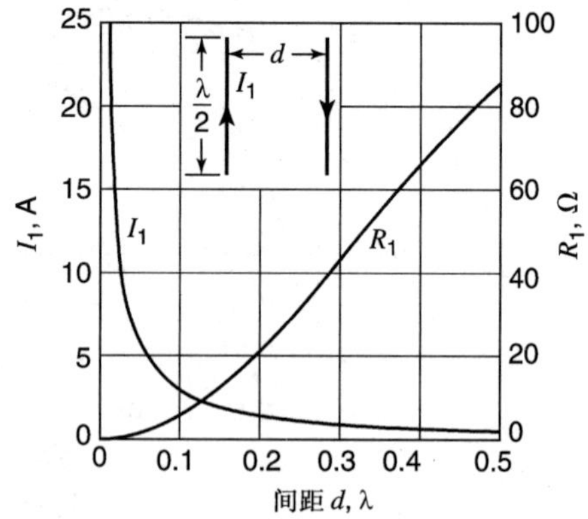

图 16.14 W8JK 天线中各单元上的电流 I_1 和辐射电阻 R_1 作为间距的函数。其电流是按输入阵列 100 W 恒定功率计算的

其中 R_{00}是自电阻,而 R_{0L}是参考天线的损耗电阻,于是在参考天线馈端的电流为

$$I_0 = \sqrt{\frac{P}{R_{00} + R_{0L}}} \tag{7}$$

当阵列具有铅垂单元时,场强增益在水平面,即图 16.7(a)中的 xy 面内作为 ϕ 的函数可得自式(16.3.3)与式(16.2.24)的比值,分别用式(5)和式(7)代入,即得出

$$G_f(\phi)\left[\frac{A}{HW}\right] = \sqrt{\frac{2(R_{00} + R_{0L})}{R_{11} + R_{1L} - R_{12}}}\left|\sin\left(\frac{d_r \cos\phi}{2}\right)\right| \tag{8}$$

在损耗电阻为零($R_{0L} = R_{1L} = 0$)时,此式恰简化成式(16.3.18)。

类似的方法可以导出场强增益在铅垂面,即图 16.7(a)中的 xz 面内作为 θ 的函数的表达式为

$$G_f(\theta)\left[\frac{A}{HW}\right] = \sqrt{\frac{2(R_{00} + R_{0L})}{R_{11} + R_{1L} - R_{12}}}\left|\sin\left(\frac{d_r \sin\theta}{2}\right)\right| \quad \text{包含损耗电阻 } R_L \text{ 效应的场强增益} \tag{9}$$

在损耗电阻为零($R_{0L} = R_{1L} = 0$)时,此式恰简化成式(16.3.20)。

图 16.13(a)中的曲线说明了两个反相 λ/2 单元密距阵相对于 λ/2 参考天线的增益受损耗电阻的影响。所示的增益是发生在阵列最大辐射方向($\phi = 0°$和 $\phi = 180°$;$\theta = 90°$)的最大增益。顶上的曲线是零损耗电阻的($R_{0L} = R_{1L} = 0$),较低的曲线对应了 4 种不同损耗电阻值:1/4 Ω, 1 Ω, 5 Ω 和 20 Ω。这里假定了阵列单元的每一种损耗电阻 R_{1L}都与 λ/2 参考天线的损耗电阻 R_{0L}相同(即 $R_{1L} = R_{0L}$)。从曲线可见,仅仅 1 Ω 的损耗电阻就会严重限制间距小于

λ/10 的增益，较大的损耗电阻则在较大的间距时也会导致增益降低。若取损耗电阻为 1 Ω（典型高频天线的一种可能值），当间距在 λ/8 和 λ/4 之间时增益几乎保持为常数（变化在 0.1 dB 以内）。小间距造成增益下降是因为效率降低，但大间距也发生增益下降并非由于效率，而是因为耦合因子的降低。λ/8 间距密距阵的优点是天线物理尺寸较小，λ/4 间距则是希望宽频带时的首选。有时需要做出妥协或折中。

天线的 Q 值，正如任何谐振电路的 Q 值，与储能对每个周期的能量损失（发热或辐射）之比是成比例的。对于恒定功率输入的密距阵，其 Q 值近乎正比于各单元上的电流之平方。参阅图 16.14，可见 λ/8 间距的电流约是 λ/4 间距时的 2 倍，因而 λ/8 间距的 Q 值约 4 倍于 λ/4 间距的 Q 值。大的 Q 值指出与每周期辐射的能量相比，在天线邻近有大量的储能，也意味着天线像一个锐调谐回路。由于（较窄的）频带反比于 Q 值，λ/4 间距密距阵能提供 4 倍于 λ/8 间距时的频带。虽然，反相单元的密距阵可以借助于用大直径的导体作为单元而提高效率，但频带的任何实质性展宽需要增大单元的间距，这种措施也会提升辐射效率。

图 16.15 给出了由两根边对边反相 λ/2 单元组成的单节水平极化 W8JK 密距阵。单节阵列示于图 16.16(a)。另有 5 种 W8JK 的其他例子示于图 16.16，用箭头表示电流最大的位置以及电流的瞬时方向。图 16.16(b) 的型式附加了一段共线 λ/2 节，在两节的中央馈电。图 16.16(c) 给出了 4 节的中央馈电阵列，节数增多会因为单元平面内波束的锐化而获得较高增益。图 16.16(d)、图 16.16(e) 和图 16.16(f) 是与左列中央馈电阵相对应的端馈阵。所有间距 d 通常都在 λ/8 和 λ/4 之间。

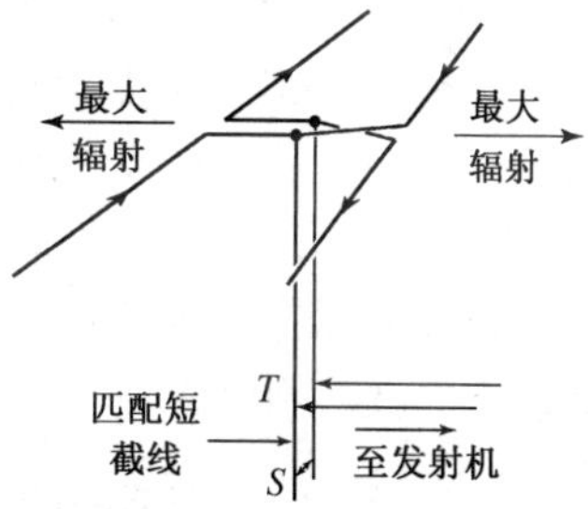

图 16.15　水平极化的 W8JK 阵，其密距单元载有等幅反相的电流

参阅图 16.15 中 W8JK 阵的匹配短截线，在铅垂线上的短路位置 S 被调节成谐振（从水平偶极子的开路末端至 S 的总长度近似为 $d = λ/4$ 的奇数倍）。调节由 S 向上至分流接点 T 的距离，使连接发射机（或接收机）之传输线中的 VSWR 最小。图 16.16 中的其他型式也用类似的方法达到匹配。图 23.20 将给出一种使同轴线与 W8JK 阵匹配的可调节巴仑。图 16.57 展示的一种 W8JK 阵则由不带调谐器的常数阻抗传输线馈电，参见表 6.2。

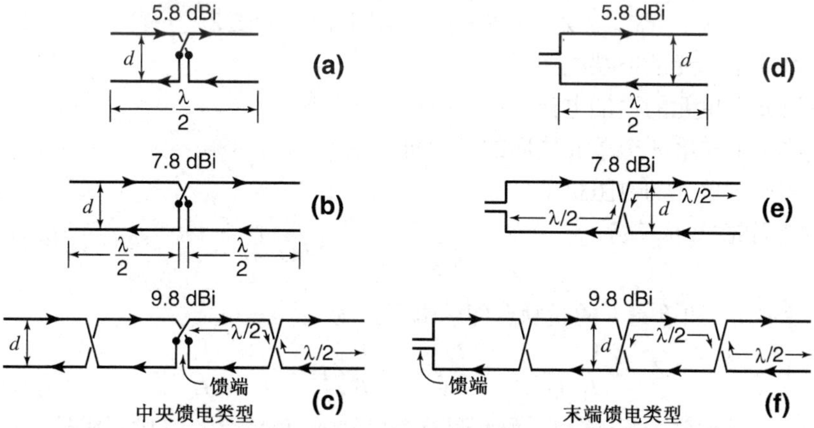

图 16.16　6 种型式的 W8JK 天线，注有 $d = λ/8$ 和 $R_L = 1/2\ \Omega$ 时的增益

16.6 n根受激单元阵

多单元阵列的场波瓣图往往应用波瓣图乘法的原理得出。作为例子,考虑图 16.17 所示由 16 根 $\lambda/2$ 偶极子单元组成的体阵。单元的排列方式为:沿 y 方向的间距为 d,沿 x 方向的间距为 a,沿 z 方向的间距为 h,令 $d = h = \lambda/2$ 和 $a = \lambda/4$。设 y 向阵和 z 向阵为边射式,而 x 向阵为端射式,使整个体阵的最大辐射沿 $+x$ 方向,为此所有单元上的电流等幅,前面 8 个单元同相,但比后面 8 个同相单元的相位滞后 90°。按照波瓣图乘法原理,该阵列的波瓣图应该是单个单元的波瓣图乘以点源按同样空间分布之体阵的波瓣图。通常,体阵的场波瓣图 $E(\theta,\phi)$ 作为 θ 和 ϕ 的函数,可表示为

$$E(\theta, \phi) = E_s(\theta, \phi)E_x(\theta, \phi)E_y(\theta, \phi)E_z(\theta, \phi) \tag{1}$$

其中,$E_s(\theta,\phi)$——单个单元的波瓣图

$E_x(\theta,\phi)$——沿 x 向点源直线阵的波瓣图

$E_y(\theta,\phi)$——沿 y 向点源直线阵的波瓣图

$E_z(\theta,\phi)$——沿 z 向点源直线阵的波瓣图

式(1)中的后 3 个因子之积正是点源体阵的波瓣图。如果想得到整个阵列在 xy 平面($\theta = 90°$)内作为 ϕ 之函数的波瓣图 $E(\phi)$,可引入式(1)中各阵因子的相应波瓣图表达式,在本例中即有归一化波瓣图函数

$$E(\phi) = \frac{\sin(2\pi \sin\phi)}{4\sin[(\pi/2)\sin\phi]}\cos\left[\frac{\pi}{4}(1-\cos\phi)\right] \tag{2}$$

在 xy 平面内只有边射波瓣图 $E_y(\phi)$ 和端射波瓣图 $E_x(\phi)$ 的贡献,因为在该平面内单个单元的波瓣图 $E_s(\phi)$ 和边射波瓣图 $E_z(\phi)$ 都是均匀的。

任意 n 根相同单元的阵列的阻抗关系,可借前节(Carter-1)中对特殊情况的分析推广得出,所以对于 n 个受激单元有

$$\left.\begin{aligned}
V_1 &= I_1Z_{11} + I_2Z_{12} + I_3Z_{13} + \cdots + I_nZ_{1n}\\
V_2 &= I_1Z_{21} + I_2Z_{22} + I_3Z_{23} + \cdots + I_nZ_{2n}\\
V_3 &= I_1Z_{31} + I_2Z_{32} + I_3Z_{33} + \cdots + I_nZ_{3n}\\
&\ \vdots \qquad \vdots \qquad\quad \vdots \qquad\quad \vdots \qquad\qquad\quad \vdots\\
V_n &= I_1Z_{n1} + I_2Z_{n2} + I_3Z_{n3} + \cdots + I_nZ_{nn}
\end{aligned}\right\} \tag{3}$$

其中,V_n——第 n 个单元的馈端电压

I_n——第 n 个单元的馈端电流

Z_{1n}——第 1 个与第 n 个单元之间的互阻抗

Z_{nn}——第 n 个单元的自阻抗

式(3)的矩阵形式可写成

$$[V_n] = [I_n][Z_{nn}] \tag{4}$$

于是,其中一个单元,如单元 1 的激励点即馈端阻抗为

$$Z_1 = \frac{V_1}{I_1} = Z_{11} + \frac{I_2}{I_1}Z_{12} + \frac{I_3}{I_1}Z_{13} + \cdots + \frac{I_n}{I_1}Z_{1n} \tag{5}$$

只要该单元上的电流 Z_1、自阻抗和各项互阻抗是已知的,就能计算激励点阻抗。

n 元阵相对于单个单元的电压增益可按照与前节同样的方式确定。例如,图 16.17 的阵列

相对于相同输入功率的单根铅垂 λ/2 单元在 xy 平面（$\theta=90°$）内的场强增益，作为 ϕ 的函数写成

$$G_f(\phi)\left[\frac{A}{\mathrm{HW}}\right]=\sqrt{\frac{R_{11}+R_{1L}}{R_{11}+R_{1L}+R_{13}+R_{15}+R_{17}+\frac{3}{2}(R_{12}+R_{16})+\frac{1}{2}(R_{14}+R_{18})}}\times\frac{\sin(2\pi\sin\phi)}{\sin[(\pi/2)\sin\phi]}\cos\left[\frac{\pi}{4}(1-\cos\phi)\right] \tag{6}$$

其中，R_{11}——单元 1 的自电阻

R_{1L}——单元 1 的损耗电阻

R_{12}——单元 1 与单元 2 之间的互电阻

R_{13}——单元 1 与单元 3 之间的互电阻

依次类推。

单元的编号示于图 16.17。这里假定了 $d=h=\lambda/2$ 和 $a=\lambda/4$，以及电流幅度都相等，前面 8 单元都同相且比后面 8 单元滞后 90°。

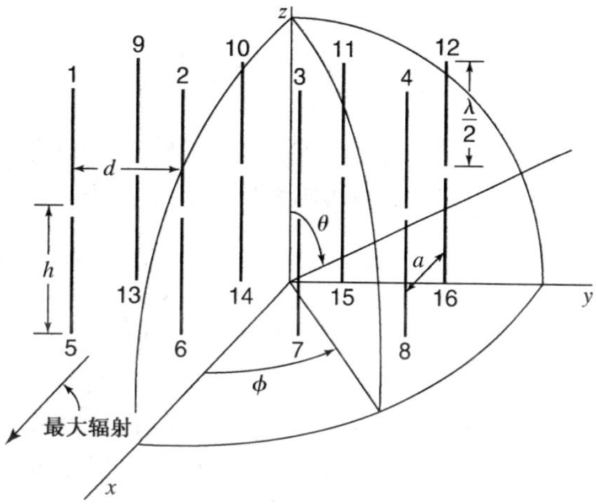

图 16.17　16 根 λ/2 偶极子单元的阵列

16.7　地平面上的水平天线

以前的讨论都假设天线处于自由空间，即距离大地无穷远。虽然在高架的微波天线附近的场可以近似这种理想化的状况，但大多数天线的场受到有地面存在的影响。主要是自由空间的波瓣图形状发生了改变，阻抗关系也不同于自由空间中的阵列，尤其当阵列非常接近地面时影响更甚。本节讨论地面对水平天线的影响，16.8 节将分析地面对铅垂天线的影响。每节都有一系列特殊情况，但限于单个单元或几个单元的简单阵列，且假设地面为理想导电体。

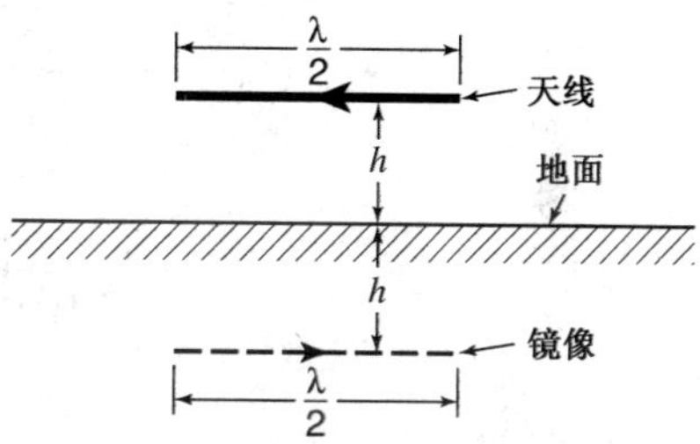

图 16.18　地面上架高为 h 的水平 λ/2 天线以及地面下相同距离处的镜像

16.7a　地面上方的水平 λ/2 天线

考虑图 16.18 所示在无限伸展地平面上架高为 h 的水平 λ/2 天线。在远区 P 点的场是直射波与地面反射波的合成，示于图 16.19。假设地面为理想导电的，其表面处的电场切向分量必须为零。要满足这种边界条件，在反射点处的反射波必须有 180°的相位倒转。

为了求出远区 P 点的场，习惯上采用镜像法对问题进行变换。此法用地面下方距离 h 处的镜像取代该地面，镜像上电流与原天线上的电流等幅反相，使切向零电场的条件能在与天线和镜像等距离的某平面上处处符合，此平面就是被镜像所取代的地面。在这种方法中，在无限伸展的理想导电地面[①]上方的水平天线问题可以转换成在 16.3 节中已处理过的端射阵问题。

① 镜像法也可以用于无限伸展但有限电导率 σ 和介电常数 ε 的情况，只需适当地调整镜像电流相对于天线电流的相对幅度和相位。

不同之处是,在推导增益表达式时假设递送给天线的功率 P 对应有相等的功率施加于其镜像,即提供天线与其镜像所构成的"端射阵"之总功率为 $2P$。

由于地面的存在,天线的激励点阻抗通常不同于在自由空间中的值,因而施加于天线馈端的电压为

$$V_1 = I_1 Z_{11} + I_2 Z_m \tag{1}$$

其中,I_1——天线电流

I_2——镜像电流

Z_{11}——天线的自阻抗

Z_m——天线与其镜像在间距 $2h$ 时的互阻抗

由于 $I_2 = -I_1$,天线的激励点即馈端阻抗为

$$Z_1 = \frac{V_1}{I_1} = Z_{11} - Z_m \tag{2}$$

式(2)的实部,即激励点辐射电阻为

$$R_1 = R_{11} - R_m \tag{3}$$

该 $\lambda/2$ 天线中心处电阻作为天线在地面上架高 h 之函数的变化示于图 16.20。当架高非常大时,镜像对电阻的影响减小,辐射电阻趋近于其在自由空间中的值。

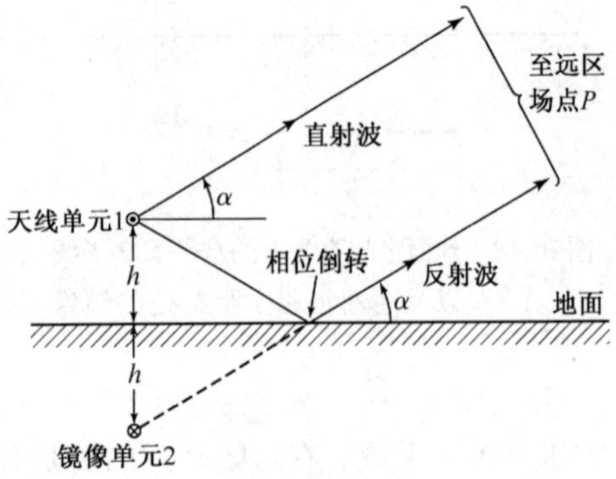

图 16.19 地面上方的天线及镜像所表示的直射和反射波

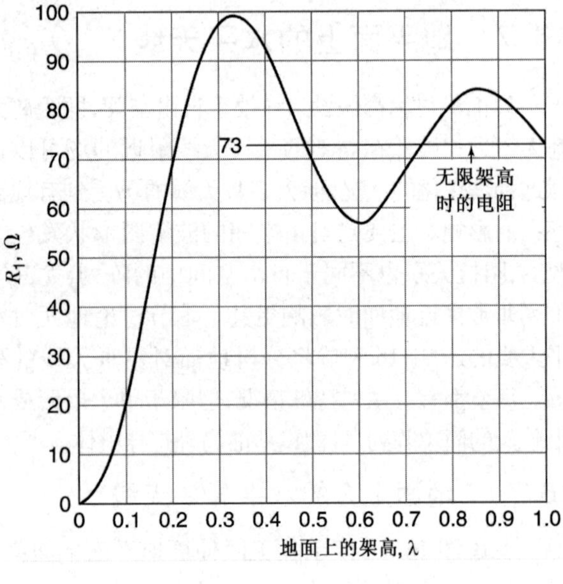

图 16.20 水平 $\lambda/2$ 偶极子天线的激励点(馈端)电阻 R_1 是其在理想导电地面上架高的函数

由于天线与镜像的电流等幅而反相,沿水平面,即仰角 α 为零(见图 16.19)的方向属于零辐射。若架高为 $\lambda/4$ 或以下,则最大辐射总是沿铅垂方向($\alpha = 90°$)。对于较大的架高,其最大辐射通常发生在仰角 0°至 90°之间。

习惯上一般将地面上架高为 h 的水平 $\lambda/2$ 天线与自由空间中相同输入功率的 $\lambda/2$ 天线进行比较。在远场条件下,地面上方半波天线(HWAG)相对于自由空间半波天线(HWFS)的场强增益为

$$G_f(\alpha)\left[\frac{\text{HWAG}}{\text{HWFS}}\right]=\sqrt{\frac{R_{11}+R_{1L}}{R_{11}+R_{1L}-R_m}}|2\sin(h_r\sin\alpha)| \tag{4}$$

其中，$hr=(2\pi/\lambda)h$

R_{11}——λ/2 天线的自电阻

R_{1L}——λ/2 天线的损耗电阻

R_m——λ/2 天线与其相距 $2h$ 之镜像的互电阻

式(4)给出了铅垂面内的增益作为 α 角的函数(见图 16.21)。

架高 h 分别为 0.1λ，0.25λ，0.5λ 和 1.0λ 的水平 λ/2 天线之铅垂面波瓣图示于图 16.21。在自由空间中，在相同输入功率下的 λ/2 天线(即移去地面)则具有圆形的铅垂面波瓣图，这里假设了损耗电阻为零。

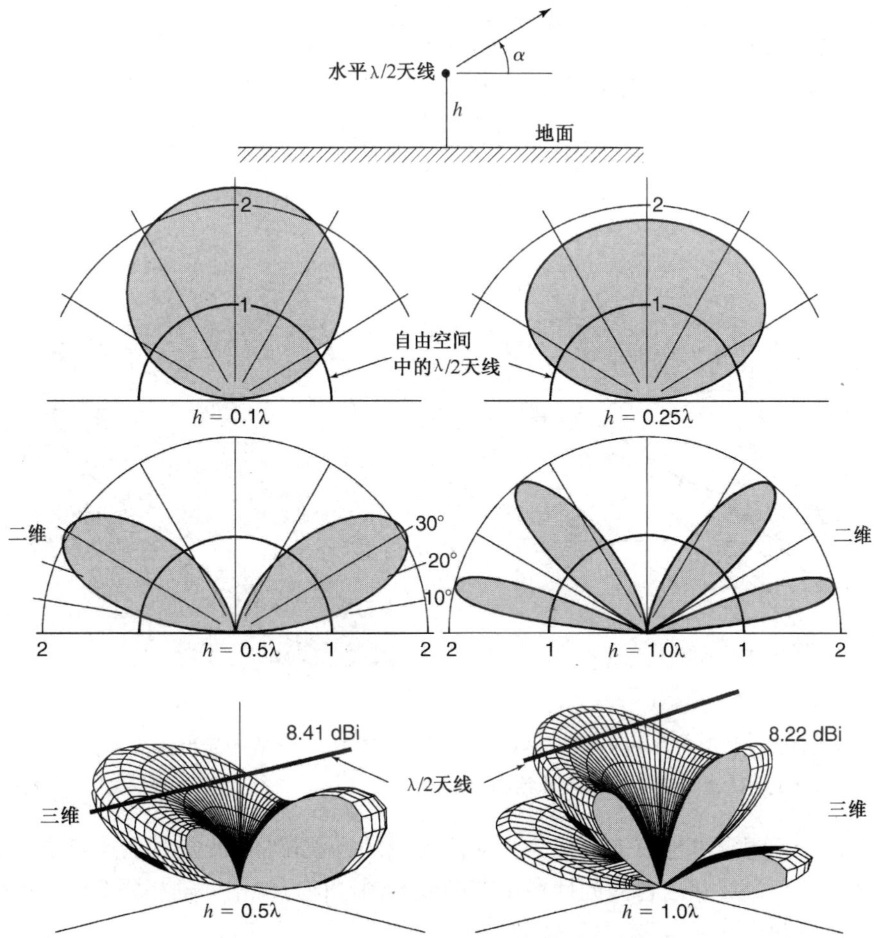

图 16.21　水平 λ/2 偶极子在离理想导电地面不同架高 h 时的铅垂面场波瓣图，据式(4)按 $R_{1L}=0$ 算得。波瓣图加注了相对于相同输入功率下 λ/2 偶极子的场强增益。注意地面的存在使沿某些方向的场强增加约 6 dB 以上

此外还需要对恒定 α 仰角条件下的场波瓣图作为方位角 ϕ 之函数进行计算，此时远区场点 P 的半径矢量在圆锥面上扫行，如图 16.22 所示。为了求此场波瓣图，首先考察图 16.23 中

自由空间水平天线的场波瓣图。设 xy 面是水平的,在远处(α,ϕ)方向上的场强由长度 OA 表示,该长度是从原点到达仰角为 α 的圆锥面与三维饼圈形场波瓣图的交截点,如图 16.23 所示;也可得自自由空间中用极角 ϕ'表示的天线场波瓣图公式,利用图 16.23 中球面直角三角形的关系,有

$$\cos\phi' = \cos\phi\cos\alpha \tag{5}$$

或

$$\sin\phi' = \sqrt{1-\cos^2\phi\cos^2\alpha} \tag{6}$$

将这些关系代入波瓣图公式,即可得出在(α,ϕ)方向上的场强。例如,将式(5)和式(6)代入式(6.4.2),注意到式(5)和式(6)中的 ϕ'等于在式(6.4.2)中的 θ,可得水平半波偶极子天线的场

$$E(\alpha,\phi) = \frac{\cos[(\pi/2)\cos\phi\cos\alpha]}{\sqrt{1-\cos^2\phi\cos^2\alpha}} \tag{7}$$

于是,自由空间中水平半波偶极子天线对于固定的仰角 α_0,其相对场波瓣图作为 ϕ 的函数,有

$$E(\phi) = \frac{\cos[(\pi/2)\cos\phi\cos\alpha_0]}{\sqrt{1-\cos^2\phi\cos^2\alpha_0}} \tag{8}$$

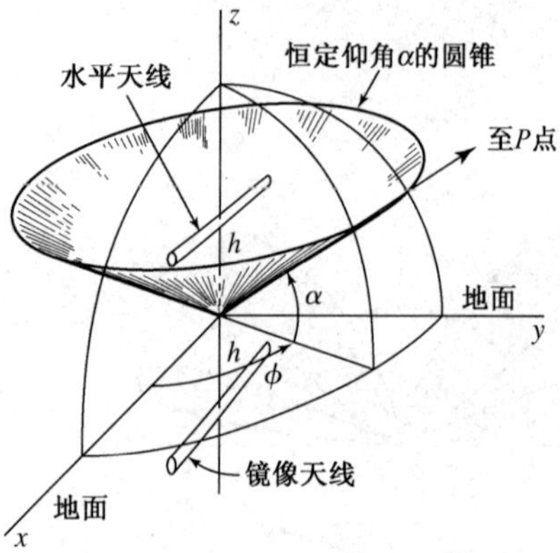

图 16.22 离地面(xy 面)架高为 h 的水平天线以及表示远区P点的方位角ϕ和仰角α

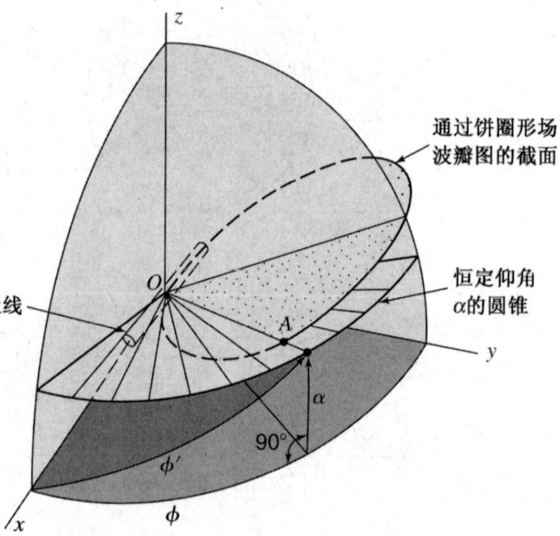

图 16.23 在恒定仰角 α 锥面上沿 OA 线方向求场强的几何关系

要得到位于理想导电地面上方架高为 h 之天线的场波瓣图,需要对上述自由空间中天线的波瓣图乘以两等幅反相之各向同性点源阵的波瓣图。该点源沿 z 轴相距 $2h$,由式(5.2.10)可写出其波瓣图为

$$E_{\text{iso}} = \sin(h_r\sin\alpha) \tag{9}$$

其中 h_r 是地面上天线架高的弧度数,即

$$h_r = \frac{2\pi h}{\lambda}$$

该波瓣图与方位角 ϕ 无关,乘以任何水平天线在自由空间中的波瓣图,就给出了该天线位于理想导电地面上方时的波瓣图。对于理想导电地面上方的水平 $\lambda/2$ 偶极子天线,其三维场波

瓣图作为 α 和 ϕ 的函数，可得自式(7)乘以式(9)，即

$$E=\frac{\cos[(\pi/2)\cos\phi\cos\alpha]}{\sqrt{1-\cos^2\phi\cos^2\alpha}}\sin(h_r\sin\alpha) \tag{10}$$

其中 h_r 代表地面上天线的架高，单位为弧度。

作为例子，按式(10)对无限伸展的理想导电地面上架高为 $\lambda/2(h_r=\pi)$ 的水平 $\lambda/2$ 天线，在仰角 α 分别为 10°，20°和 30°时计算了作为方位角 ϕ 之函数的场波瓣图。这些波瓣图在 ϕ 为 90°和 270°方向的相对幅度恰对应了当 α 分别为 10°，20°和 30°时图 16.21 为 $h=0.5\lambda$ 所绘的铅垂面波瓣图。应当注意：沿 $\phi=90°$ 和 $\phi=270°$ 方向的场属于水平极化；沿 $\phi=0°$ 和 $\phi=180°$ 方向的场属于铅垂极化；沿中等大小的方位角则为具有倾斜角度的线极化场。

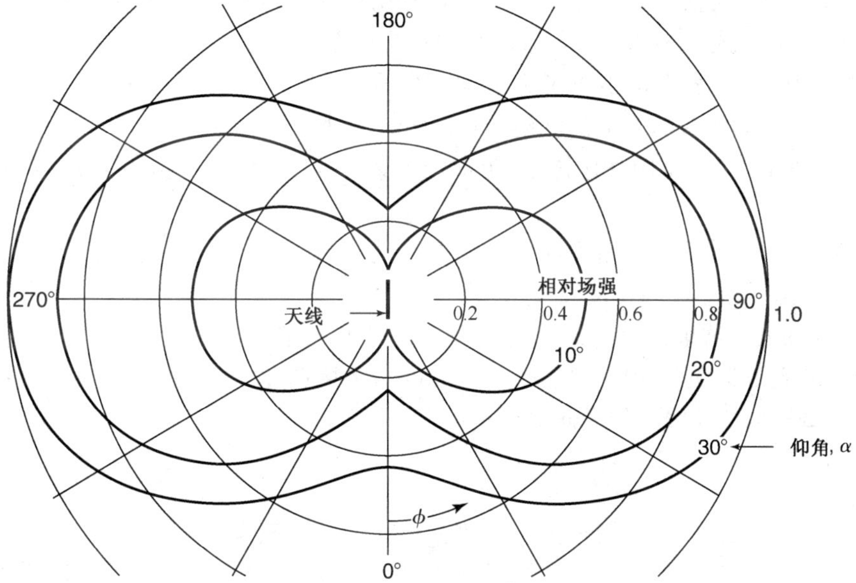

图 16.24　地面上方 λ/2 处之水平 λ/2 天线对仰角 α 分别为10°，20°和30°时算出的方位场波瓣图

16.7b　地面上方的 W8JK 天线

本节讨论架于理想导电地面上方的由两根水平、密距、反相的 λ/2 单元组成 W8JK 天线。参阅图 16.25，设这些 λ/2 单元在地面上的架高为 h，水平间距为 d，则该天线相对于自由空间中相同输入功率的 λ/2 天线之场强增益可写成(Kraus-2)：

$$G_f(\alpha)\left[\frac{\text{AAG}}{\text{HWFS}}\right]^{①}=\sqrt{\frac{R_{11}+R_{1L}}{2(R_{11}+R_{1L}+R_{14}-R_{12}-R_{13})}} \tag{11}$$
$$\times\left|[1-1\angle(d_r\cos\alpha)-1\angle(2h_r\sin\alpha)+1\angle(d_r\cos\alpha+2h_r\sin\alpha)]\right|$$

① 方括号内的符号应解释为“地面上方的阵列”(Array Above Ground)相对于“自由空间中的半波天线”(Half-Wave-length Antenna in Free Space)。

其中,d_r——单元的水平间距,弧度($d_r = 2\pi d/\lambda$)

h_r——单元在地面上的架高,弧度($h_r = 2\pi h/\lambda$)

R_{11}——单根单元的自电阻

R_{1L}——单根单元的损耗电阻

R_{12}——单元 1 和单元 2 的互电阻

R_{13}——单元 1 和单元 3 的互电阻

依次类推。

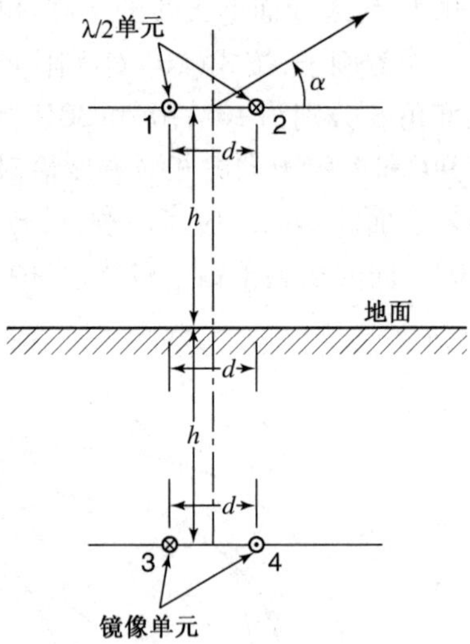

图 16.25 地面上方的 W8JK 天线

图 16.25 中对单元进行了编号。式(11)是在垂直于单元的铅垂平面内的仰角 α 之函数。

设 W8JK 天线由两根间距为 $\lambda/8$ 的 $\lambda/2$ 单元组成,架高为 $\lambda/2$ 或 $3\lambda/4$,据式(11)绘出其场强增益的极坐标图,用实线示于图 16.26。图中也绘出了离地面相同高度的单根 $\lambda/2$ 天线在相同输入功率下的波瓣图(虚线)。该场强增益值是相对于自由空间中相同输入功率之 $\lambda/2$ 天线而言的。

图 16.27 给出了沿几种仰角方向上的增益作为架高的函数,同时绘出了两单元 W8JK 天线(实线)和单根 $\lambda/2$ 天线(虚线)的曲线。这里都假定损耗电阻为零。例如,在特定时刻短波线路(经电离层反射传播)所要求的有效仰角为 30°,则从图 16.27 可知采用两单元 W8JK 天线时的最佳架高是 0.5λ,而采用单根 λ/2 天线时的最佳架高是 0.57λ。

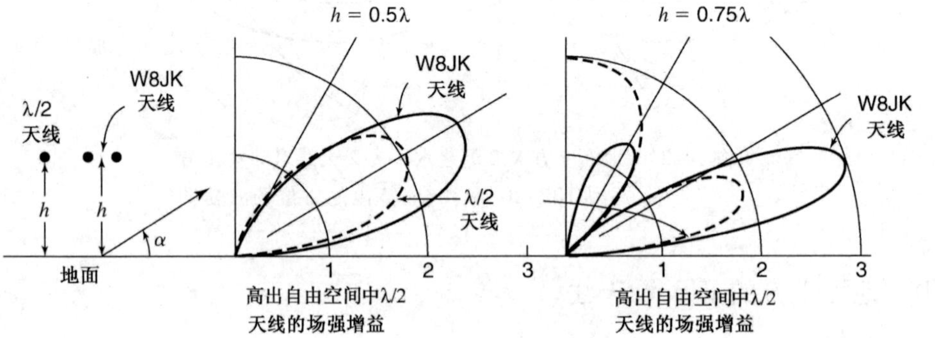

图 16.26 两单元 W8JK 天线具有 λ/8 间距,离地 λ/2 或 3λ/4 时的铅垂面波瓣图(实线),比较参照的相同高度单根λ/2天线在相同输入功率下的波瓣图(虚线),图中左侧象限有镜像对称的波瓣图。鉴于W8JK天线沿铅垂方向零辐射,沿水平方向最大辐射,所以对低仰角的远程通信非常有效(增益都相对于自由空间中相同输入功率的λ/2天线而言)

有趣的是图 16.28 所示的将 W8JK 的单元平面倾斜 γ 角的情况。按上述分析的推广,计算结果分二元阵离地面的平均高度为 $\lambda/2$ 或 $3\lambda/4$ 的情况,分别示于图 16.29 和图 16.30 (Kraus-3)。给出了倾斜角 γ 为 0°,30°,45°和 90°时的波瓣图。在所有情况下,单元平面倾斜的效果是增强高仰角场强,而减弱低仰角场强。

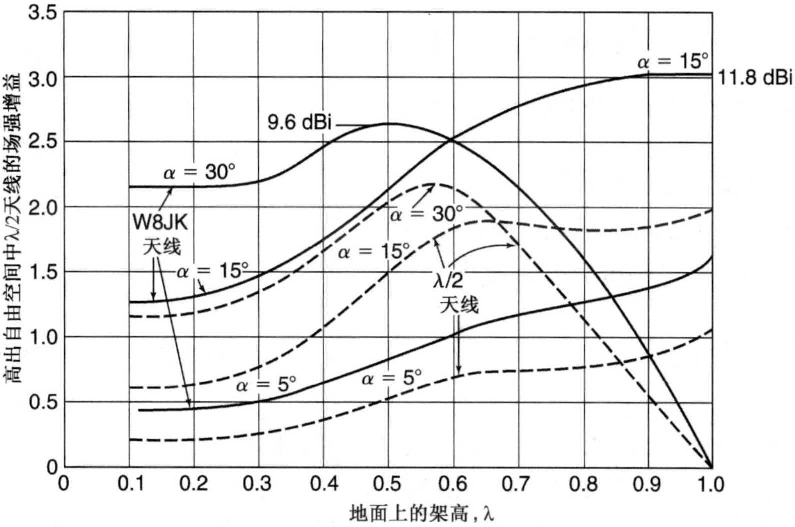

图 16.27　具有 λ/8 间距的两单元 W8JK 天线(实线)和单根 λ/2 天线(虚线)的场强增益作为离理想导电地面高度之函数(增益都相对于自由空间中相同输入功率的λ/2天线而言)。给出了仰角α分别为5°，15°和30°方向上的函数曲线。注意一节(两单元)W8JK天线在α = 15°而 h = λ时的增益超过3.0，为11.8 dBi；四节W8JK天线在此仰角和架高时的增益约为16 dBi

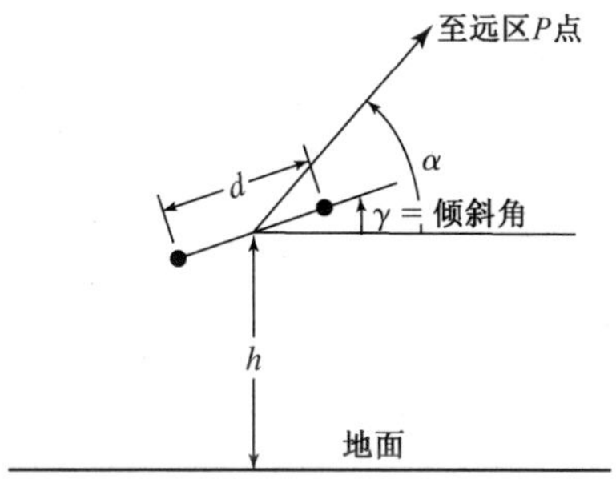

图 16.28　倾斜的 W8JK 天线

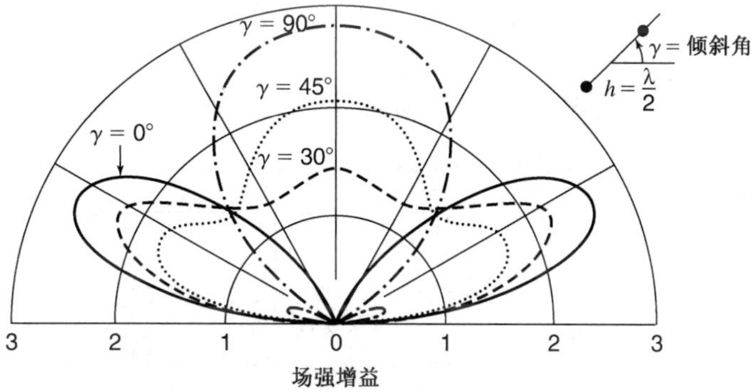

图 16.29　两单元 W8JK 天线具有 λ/8 间距，离地 λ/2 平均高度，倾斜角 γ 分别为0°，30°，45°和90°时的铅垂面波瓣图(增益都相对于自由空间中相同输入功率的λ/2天线而言)

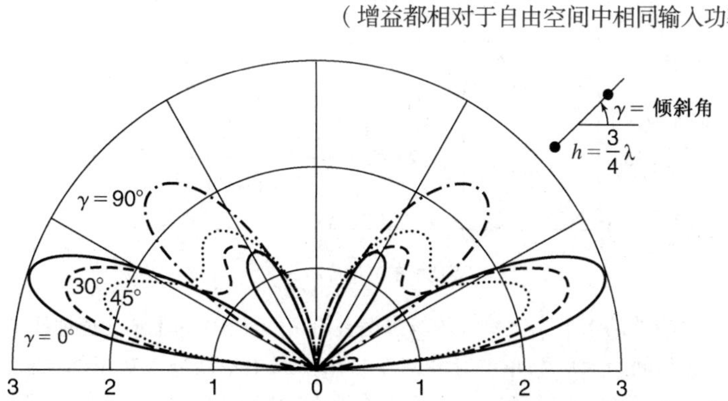

图 16.30　同图 16.29，但阵列单元离地的平均高度为 3λ/4

16.7c　地面上方的层叠水平 λ/2 天线

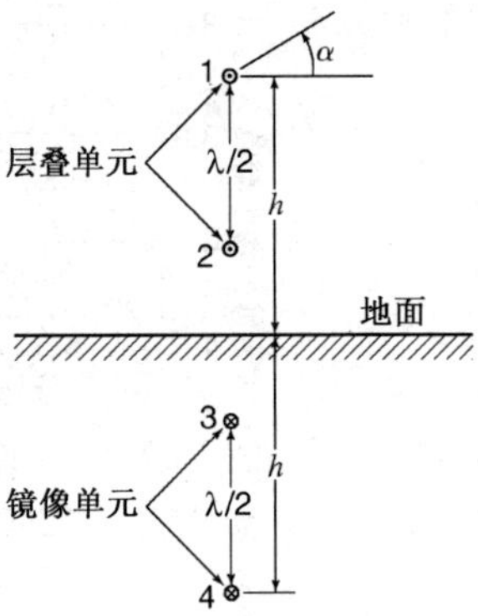

图 16.31　层叠水平 λ/2 单元的阵列

考虑无限伸展的理想导电地面上方两根水平 λ/2 单元沿铅垂面层叠的情况。单元上载有同相的电流，上单元离地面的高度为 h，单元及其镜像的布置示于图 16.31。设单元之间相距 λ/2，下单元离地面为 $h-\lambda/2$，则该阵列比自由空间中单根 λ/2 偶极子天线在相同输入功率下高出的场强增益为

$$G_f(\alpha)\left[\frac{\text{AAG}}{\text{HWFS}}\right]=\sqrt{\frac{R_{00}+R_{0L}}{2(R_{11}+R_{1L}+R_{12}-R_{13})-R_{23}-R_{14}}}\times 2|\{\sin(h_r\sin\alpha)+\sin[(h_r-\pi)\sin\alpha]\}| \quad (12)$$

其中，R_{12}是单元 1 和单元 2 之间的互电阻，R_{13}是单元 1 和单元 3 之间的互电阻，依次类推。单元的编号见图 16.31。此式给出的增益是 h 以及在垂直于单元之铅垂面内仰角 α 的函数。作为例子，图 16.32 给出了两同相水平 λ/2 单元比自由空间中相同输入功率的 λ/2 天线所高出的场强增益，沿仰角 $\alpha=20°$方向，作为离地面高度 h 的函数。这里同时给出了两单元 W8JK 天线和单根水平 λ/2 天线沿 $\alpha=20°$方向作为高度 h 的函数，以供比较。所有的高度都小于 0.9λ，以 W8JK 天线的增益最高。Regier(1)曾强调：低架高的天线提高其沿低仰角的增益是一项重要进步。

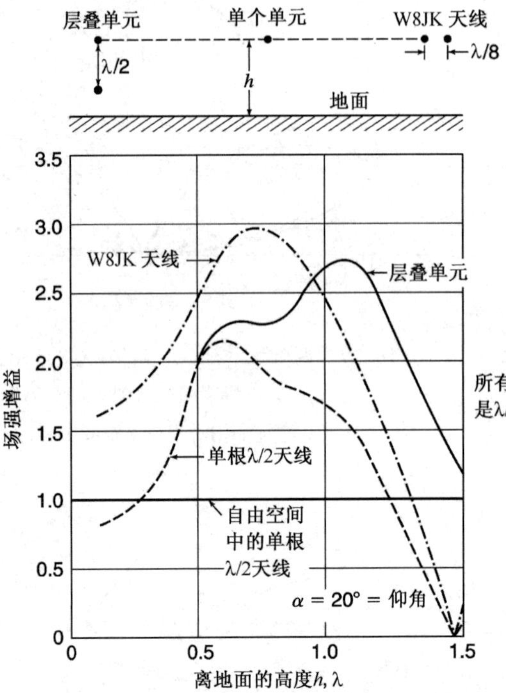

图 16.32　两根层叠的水平 λ/2 单元的场强增益沿 20°仰角作为上单元离地面高度之函数。单元的间距为λ/2，增益是相对于自由空间中相同输入功率的单根λ/2偶极子天线而言的。这里同时给出了两单元W8JK天线和单根λ/2天线沿相同仰角作为架高的增益曲线，以供比较。所有架高都小于0.9λ，以W8JK天线的增益最高

16.8　地平面上的铅垂天线

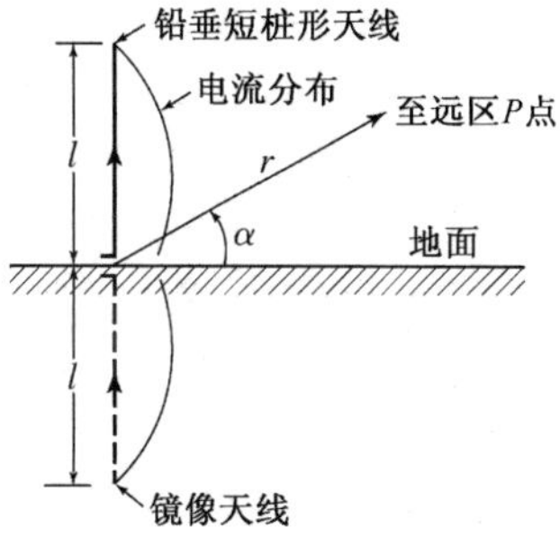

图 16.33　地平面上的铅垂短桩形天线

考虑图 16.33 所示位于无限伸展的理想导电水平地面上，长度为 l 的铅垂短桩形天线。按镜像原理，地面可被长度为 l 的镜像所取代，其上载有正弦电流分布，电流的即时方向如图所示。于是，地面上短桩形天线的问题简化为第 6 章已经处理过的问题：具有对称电流分布的中心馈电的直天线。已推导出电场强度作为仰角 α 和距离 r 的函数式(6.4.3)，即

$$E(\alpha, r) = \frac{60}{r}\sqrt{\frac{P}{R_{11}+R_{1L}}}\frac{\cos(l_r\sin\alpha)-\cos l_r}{\cos\alpha} \qquad (\text{V m}^{-1}) \qquad (1)$$

其中，$l_r = \beta l = (2\pi/\lambda)l$，无量纲

R_{11}——长度为 l 的铅垂短桩形天线取电流最大点为参考的自电阻，Ω

R_{1L}——短桩形天线取相同参考点的有效损耗电阻，Ω

P——输入功率，W

r——天线至场点的距离，m

Brown(1)和 Labus(1)曾给出取理想导电地面上铅垂短桩形天线的电流最大点为参考的自电阻值，它作为天线长度的函数示于图 16.34。利用该自电阻，即辐射电阻值，就能按式(1)计算任意仰角 α 和距离 r 处，由任意长度 l 的铅垂短桩形天线以任意输入功率 P 所辐射的场强。因此，一根 $\lambda/4$ 的铅垂单极子天线($l_r=\pi/2$)在输入 $P=1$ W 功率时，按式(1)沿地面($\alpha=0$)相距 $r=1609$ m 处的辐射场强为 6.5 mV m^{-1}。该 $\lambda/4$ 短桩形天线的自电阻值 $R_L=36.5\ \Omega$，损耗电阻 R_{11}则假设为零。

铅垂短桩形天线单独地或在定向阵列中，非常广泛地应用于调幅广播。在此场合，对沿地面($\alpha=0$)的场强尤感兴趣。而且习惯上按某种标称距离(如 1.61 km)和某种标称输入功率(如 1 kW)来比较天线的辐射场强。此时，式(1)被简化成

$$E = \frac{1.18(1-\cos l_r)}{\sqrt{R_{11}+R_{1L}}} \qquad (\text{V m}^{-1}) \qquad (2)$$

其中，E 是在输入功率 1 kW 下距离 1.61 km 处的场强。由式(1)给出 E 值作为天线高度之函数的变化示于图 16.35；按式(1)对各种天线高度计算的铅垂面波瓣图作为仰角 α 之函数示于图 16.36(Brown-2；Smith-1)。当天线高度 $l=0.64\lambda$ 时沿地面的场强最大，但 Brown(1)指出此天线高度在高仰角($\alpha=60°$)方向有较大的辐射，从而缩小了广播频率(500～1500 kHz)的非衰落区范围。作为比较，例如约高 $\lambda/2$ 的铅垂短桩形天线，在高度 $l=0.528\lambda$ 时的非衰落区范围最大。这里假定了损耗电阻 $R_{1L}=0$，即整个输入功率都被天线辐射了。与其他天线高度相比，如图 16.36(b)和图 16.36(c)所示，当 $l=0.528\lambda$ 时仅有少量高仰角辐射，这是减小衰落的重要因素。

对各种铅垂短桩形天线阵列的分析，由于其类似于中心馈电对称天线的阵列，可予简略。其中有不少已在前面章节中讨论过，这就便于将它们的波瓣图和增益在相同输入功率下与单根铅垂短桩形天线进行比较。对于其下端离开地面一定距离的中心馈电对称铅垂天线，也能应用镜像法处理，将天线简化成撤去地面的共线阵列。

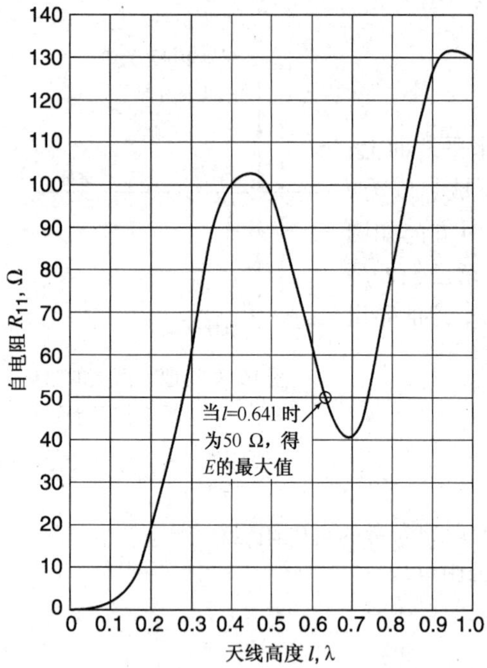

图 16.34 铅垂细天线以电流最大点为参考之辐射电阻与天线高度l的函数曲线(引自G. H. Brown-1以及J. Labus-1)

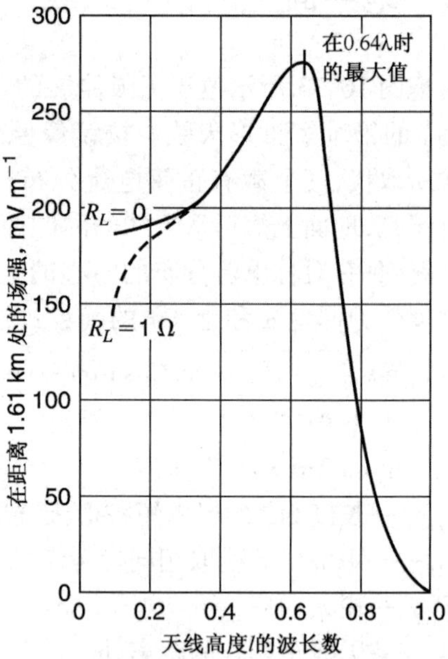

图 16.35 与1 kW 输入功率的铅垂天线相距1.6 km处的地面(零仰角)的场强作为天线高度l的函数。假设为理想导电地面。实线设损耗电阻$R_L = 0$，虚线设$R_L = 1\,\Omega$

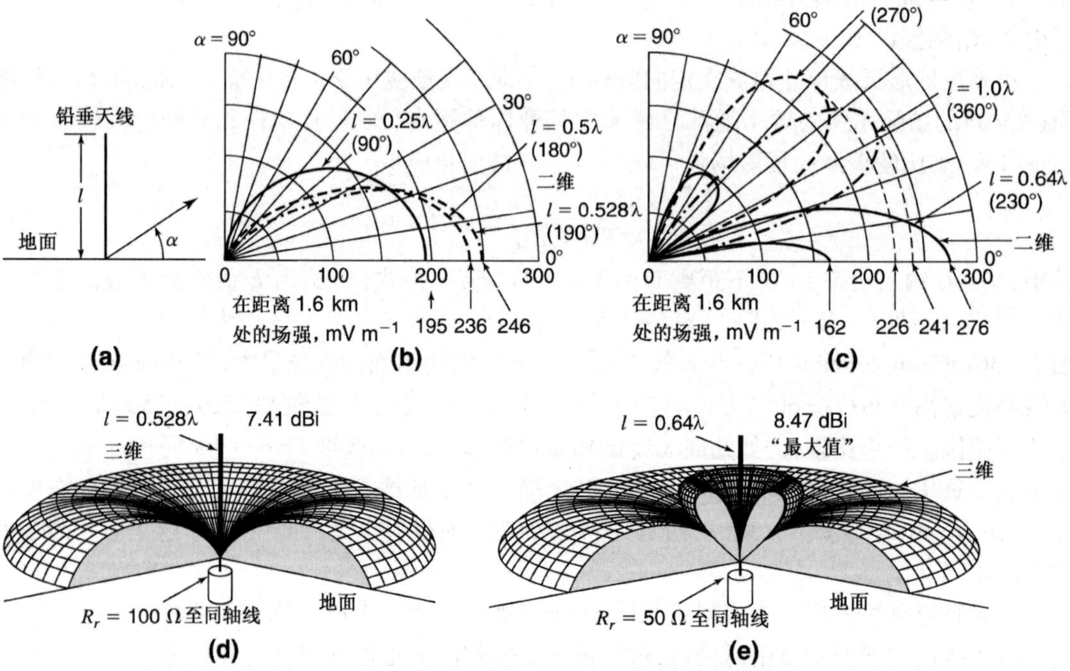

图 16.36 几种不同天线高度l的铅垂天线之铅垂面波瓣图。场强表示为1 kW输入功率在1.6 km处的每米毫伏数。假设为理想导电地面和零损耗电阻

对于等高度、相同电流分布的铅垂单元之直线阵情况，恒定仰角 α 的波瓣图 $E(\phi)$ 是方位角 ϕ 的函数，写成

$$E(\phi) = E_{\text{iso}}(\phi') \times E_1 \tag{3}$$

其中，$E_{\text{iso}}(\phi')$——用点源取代阵元之阵列的相对波瓣图

E_1——单根铅垂天线沿仰角 α 方向的相对场强

在各向同性源之阵列的波瓣图公式中，ϕ' 是图 16.37(a) 中波矢相对于阵列轴线，即 x 轴的夹角。在使用公式(3)之前，需要先将 ϕ' 展开成方位角 ϕ 和仰角 α 的形式，如图 16.37(a) 所示。为此代入

$$\cos\phi' = \cos\phi\cos\alpha \tag{4}$$

和

$$\sin\phi' = \sqrt{1-\cos^2\phi\cos^2\alpha} \tag{5}$$

如果在单根铅垂天线的相对场强公式 E_1 中采用了极角 θ 的表示，则由于 θ 与 α 两者互为余角，如图 16.37(b) 所示，可以按 $\theta = 90° - \alpha$ 代换成仰角 α 的形式。

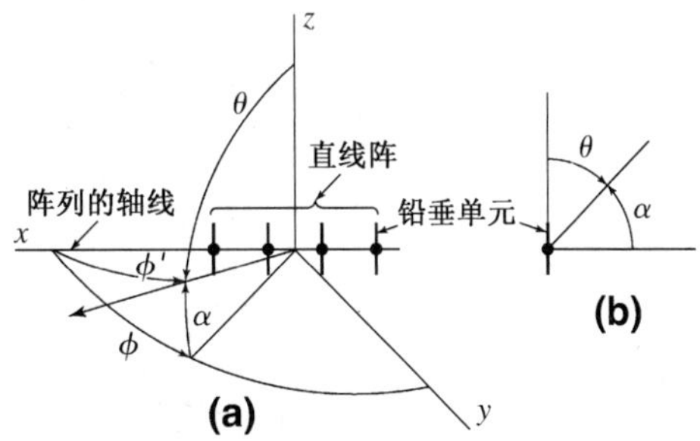

图 16.37　为铅垂单元的直线阵在恒定仰角α方向上求取场强的几何关系

16.9　八木-宇田天线的变种

16.9a　借助八木-宇田天线的圆极化

为了产生圆极化波，用两副相同的八木-宇田天线正交布置(对应的单元成直角安装在支杆上)，两受激单元按相位正交馈电，或两受激单元同相馈电，而两个阵列沿支杆错位移开 λ/4。还有一种方法是用单绕轴向模螺旋天线向两副正交的引向器馈电(见图 8.61)，其优点是能直接用单根同轴传输线馈电。

16.9b　Landstorfer 赋形偶极子阵列

八木-宇田天线的增益可借增多引向器和加长阵列来提高。但像所有端射阵那样，增益加倍(3 dB 改进)需要阵列加长 4 倍。另一种获得 3 dB 改进的方法是用两个阵列相层叠。Landstorfer(1，2，3)则建议了又一种对三单元密距八木-宇田天线的导体赋形，以获得较高增益的方法。

考虑图 16.38(a)所示中心馈电的 3λ/2 偶极子，假设天线单元的电流呈正弦分布，其场波瓣图示于图 16.38(b)(又见图 6.8)，具有小边射瓣和大斜射瓣。若将中间的 λ/2 段折合成 λ/4 短截线，如图 16.38(c)所示，天线就缩短成具有双定向边射场波瓣图的 1λ 偶极子，如图 16.38(d)所示。再将短截线拉开成曲线的 λ/2 段，然后如图 16.38(e)所示布置成类似 Landstorfer 所制作的赋形引向器和反射器，具有单定向的波瓣图 16.38(f)。该天线阵以 1.3λ 的全长达到 11.5 dBi 的增益，相比之下，λ/2 偶极子的三单元密距阵的增益仅约 8.5 dBi。

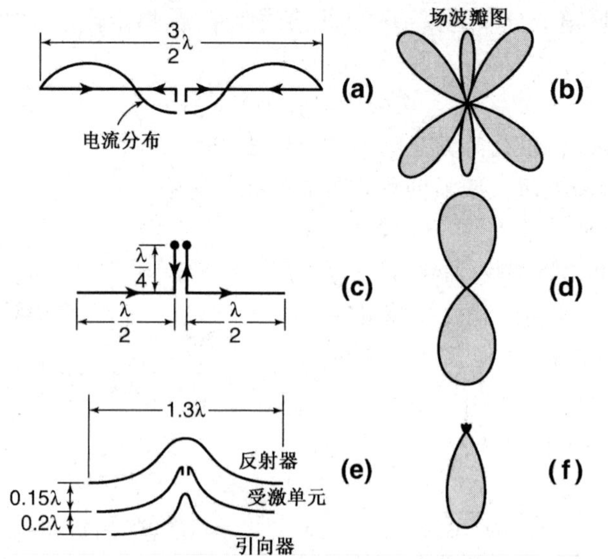

图 16.38 (a) 3λ/2 中心馈电偶极子;(b) 其场波瓣图;(c) 中间段折成 λ/4 传输线段而使偶极子长度缩为1λ;(d)其场波瓣图;(e)进一步赋形并添加赋形的引向器和反射器而组成Landsdorfer阵列;(f)其场波瓣图

16.10 相控阵

16.10a 引言

虽然任何天线阵的单元都必须在某种意义上配置相位,但术语相控阵专指一类由大量配相单元组成的阵列,其每个单元的相位(一般地,还有幅度)可变,借以控制波束方向,以及包括旁瓣的波瓣图形状。本节的第二部分将讨论这类阵列。

一些专门的相控阵被冠以不同的名称:频率扫描阵、返回式阵和自适应阵等。

在边射扫描的阵列中,改变频率可以实现相位变化。这类频率扫描阵属于最简单的相控阵,它不要求对每个单元进行相位控制。8.14 节已经讨论过几种这类阵列,16.11 节还将阐述另外几种扫描阵。

返回式阵能将来波信号自动反射回其波源。16.12 节将讨论这类阵列。

自适应阵能知晓其环境并调节到所要求的方式。因此,自适应阵能自动操纵其波束指向所需的信号波源,而将零方向对准不希望的信号波源或干扰信号波源。一种更通用的自适应阵称为智能阵,其每个单元的输出被可编程的计算机采样、数字化和处理,可以实现的任务主要受计算机算法和硬件能力的限制。这些阵列将在 16.13 节中阐述。

16.10b 相控阵设计

相控阵的目标之一是实现波束操纵时没有旋转整个阵列的机械问题和惯性问题。从原理上讲,相控阵能瞬时操纵波束,配上适当的网络还能同时形成多个波束。然而,一架平面相控阵的视角或视野要比可机械操纵的阵列更受限制(虽然曲面相控阵可以覆盖稍多的立体角)。

此外,可旋转阵列在改变指向时保持其波束形状,而相控阵则不然。

相控阵的另一项目标是在某固定频率或确定的频带宽度上提供波束控制的非频变性。

相控阵进行波束操纵的最简单方式是利用机械开关。图 16.39(a)示意了一种三元阵的雏形,设每个单元都是 λ/2 偶极子(图中所见是其端点)。图 16.39(a)中,从边射方向到达的来波在传输线(或电缆)上感应出同相的电压,当各电缆等长度($l_1 = l_2 = l_3$)时电压在等相位线(虚线)上都同相。将三根电缆接至公共馈端,如图 16.39(b)所示,该三元阵就按边射阵工作。为了阻抗匹配,接向接收机(或发射机)的电缆阻抗应该是连接阵元电缆的 1/3,或者插入一节 3:1 的阻抗变换器。

现考虑与边射成 45°角的来波,如图 16.39(c)所示。若电缆中的波速 $v = c$,等相位线(虚线)平行于来波的波前;但若 $v < c$,电缆长度 l_2 和 l_3 必须相应加长,使到达并联端的相位相等。因此,按图 16.39(d)的长度联接的三元阵具有与边射成 45°角的波束。

在每个天线单元的馈端以及电缆的公共馈端处各接入一枚开关,如图 16.39(e)所示,并将所有开关在机械上接成联动。于是,操纵联动的开关便能使波束从边射移到 45°方向。

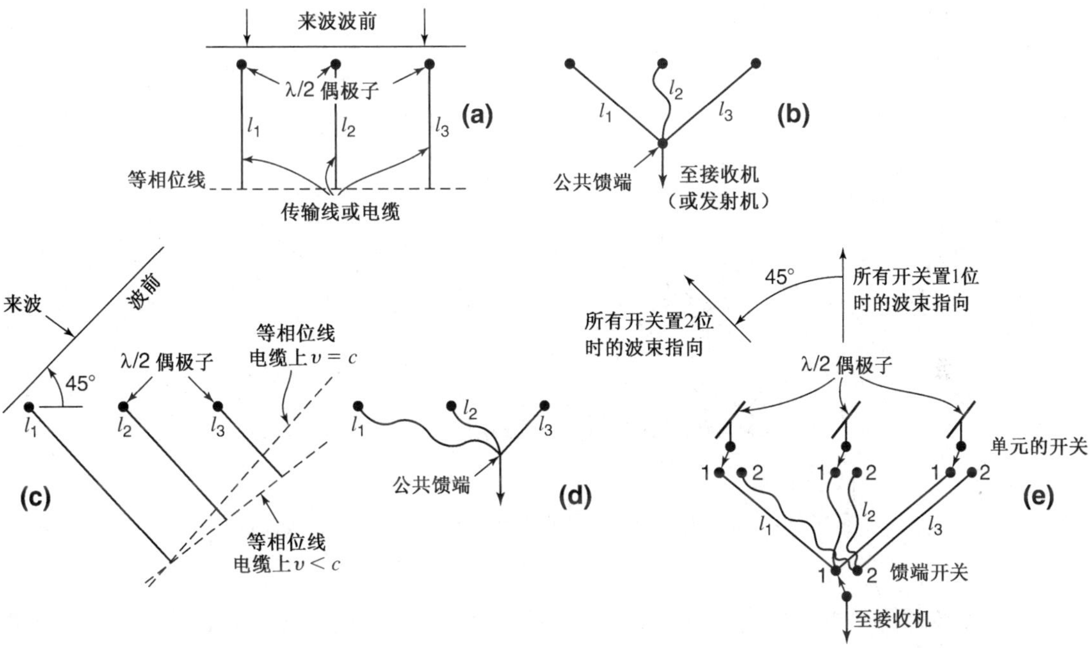

图 16.39　(a) 边射方向来波的三元 λ/2 偶极子阵(所见为端点);(b) 等长度的电缆并联;(c) 由边射的 45°方向来波;(d) 恰当长度的电缆并联;(e) 从边射移向 45°接收的开关

若增添更多的开关端和适当长度的电缆,就能在任意数量的波束方向之间进行切换。若采用较多单元的阵列,则能形成较窄的波束。若采用二极管(PIN 型①)代替机械开关,就能实现电子控制。可是,就这些改进措施来说,为了借增多天线单元来精确操纵波束,所需的互连电缆数会达到天文数字。人们曾经提出过许多减少所需电缆数的方案,其中之一称为巴特勒矩阵(Butler-1,2),这是一种电缆连接矩阵,采用了离散快速傅里叶变换的硬件-导线等效。

① PIN(Positive Intrinsic Negative):高开路阻抗,低短路阻抗。

对于 N 元阵列,有 N 个输出端口的矩阵,同时形成 N 个波束;所需电缆数从 N^2 减少到 $N \ln N$ 根,对于 N 很大的阵列尤为经济。计算机借助适当的编程也能做到这一点。

对于这种用开关电缆控制波束的方法,有一种替代方法是每个天线单元安装一枚移相器,用铁氧体器件来实现相位移。借助电子开关改变电缆的接入段(延迟线)也可以产生同样的效果,接入 λ/4,λ/2 和 3λ/4 电缆(以及无电缆)可提供以 90°为步进的相位增量。对于更精细的相位,要用较小增量差异的电缆。

图 16.40(a)是在每个阵列单元都有移相器和衰减器的相控阵方案,所有馈电电缆都布置成等长度的组合结构①。图 16.40(b)指出的端馈相控阵也需要逐个单元配有移相器和衰减器,由于在单元之间引入了递进的相位移,随着频率的变化,在额定的相位移之外,还需要附加相反的相位变化作为补偿。

图 16.40(c)给出的四单元端馈相控接收阵,每个单元由传输线通过一只定向耦合器馈电。该传输线具有匹配的终端(零反射)而(理想地)承载纯行波。借助物理上沿线滑动的定向耦合器来实现相位移,单元的幅度则由耦合度加以控制。采用锥削式,例如 1:3:3:1 的(二项式)幅度分布可以控制或消除副瓣。

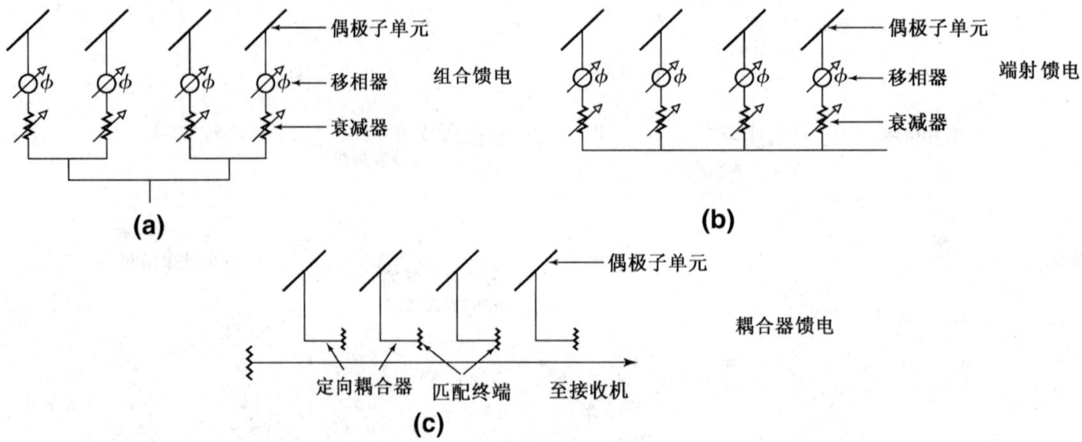

图 16.40 (a) 组合结构馈电的相控阵方案;(b) 端馈;(c) 各单元由匹配传输线通过定向耦合器馈电的相控阵

有关相控阵的文献很广泛,Robert Mailloux(1)对此主题给出了非常全面的纵览,更新了 L. Stark(1)的早期综述。

16.10c 可旋转的螺旋相控阵②

以单绕轴向模螺旋为单元的阵列可借螺旋的绕轴旋转来实现相位移。旋转 90°角就为圆极化波提供 90°的相位移。例如,三支相同旋性的螺旋按图 8.59 所示连接,其波束指向能借螺旋 1 顺时针旋转,螺旋 3 逆时针旋转,而螺旋 2 不动来控制。连续旋转螺旋 1 和螺旋 3,可使波束在两个极限角之间连续扫描。在这种运作形式下,位于扫描角左极限的波束,其幅度将随

① 引自社团法人中一名总裁率两名副总裁、又各有两名下属等的组织结构,如图 16.40(a)中图形的上-下倒置。

② 在 8.1 节中已叙述过。

着向右扫描而增大,至边射状态达最大;随进一步向右扫描而又变小,达到扫描角右极限后一个新波束出现于左极限,并重复上述过程。扫描角则取决于单支螺旋的波瓣图。

John Kraus 在 1958 年设计并建造的这种三螺旋波束扫描阵工作在 25 ~ 35 MHz,用于在美国俄亥俄州立大学射电天文台对行星(木星)和太阳进行射电观测(Kraus-1,2)。该螺旋直径为 3 m,每支螺旋有 3 圈,使第一零点波束宽度(扫描角极限)约 130°。外侧两支螺旋的旋向相反,旋转频率为 3 Hz,天空的赤道带每 20 min 由东往西被扫描一次。

16.11　频率扫描阵

16.11a　端馈式频率扫描阵

考虑图 16.41 所示由均匀间距的单元(偶极子)构成的端馈式阵,其右端接有接收机,每个单元都由传输线通过定向耦合器馈电。这种布置与图 16.40(c)相似,但耦合器的位置都是固定的,借助于改变频率进行波束扫描。传输线的左端匹配,以消除反射,保持线上的行波状态。从式(8.14.8),

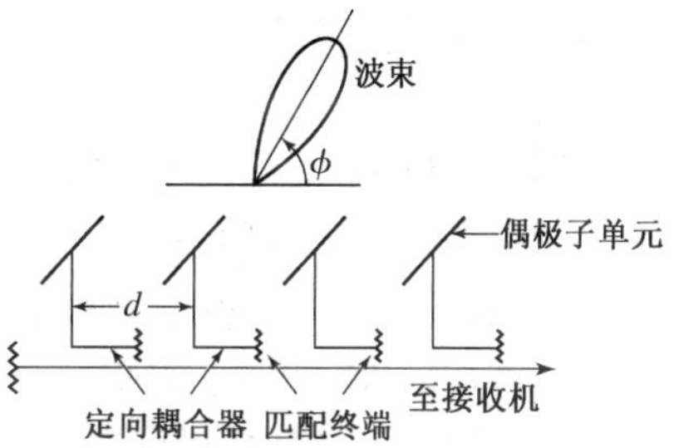

图 16.41　均匀间距单元的端馈式频率扫描阵,右端接可调谐的接收机。波束角ϕ是频率的函数

$$\cos\phi = \frac{1}{p} + \frac{m}{d/\lambda_0} \tag{1}$$

其中,ϕ——离阵列轴线的波束角,弧度或度

p——传输线上的相对相速,$p = v/c$,无量纲

m——模式序数,无量纲

d——单元间距,m

λ_0——阵列工作在中心频率时的自由空间波长,m

对于 $p=1$ 和 $m=0$,有 $\phi=0°$(波束固定在端射状态而与 λ_0 无关)。

现考虑 $p=1$ 和 $m=-1$,且 $d=1$ m 和 $\lambda_0=1$ m 的情况,有

$$\cos\phi = 1 - 1 = 0 \tag{2}$$

以及 $\phi=90°$(波束边射)。

$$\cos\phi = 1 - 0.9 = 0.1 \tag{3}$$

接下来假设频率增高,使波长变短成 0.9λ_0 或 0.9 m,于是

$$\cos\phi = 1 - 0.9 = 0.1$$

而 $\phi=84.3°$,即边射偏右 5.7°。再设频率降低而波长变成 1.1λ_0 或 1.1 m,则有

$$\cos\phi = 1 - 1.1 = -0.1$$

而 $\phi=95.7°$,或边射偏左 5.7°。

因此,±10% 的波长(或频率)偏移使波束从边射扫过 ±5.7°(总的扫描角为 11.4°)。较大的频率偏移可导致较大的扫描角。要消除或减小沿 $\phi=-90°$的(镜像)波束以及端射和背射波束,可用相同的单定向单元取代 $\lambda/2$ 偶极子,于是扫描角被限制为各个单元的波束宽度。

频率扫描阵没有移动的部件,没有移相器或开关,是相控阵中最简单的型式。

16.11b 频率扫描的背射栅格形阵和链式阵

折合导线天线上的电流通常都假设成正弦(驻波)分布。在 20 世纪 30 年代,John Kraus 构造和使用了这类折合导线天线。它们后来被称为熟知的布鲁斯帘幕,如图 16.53(b)所示。这类天线的边射阵(为了提高增益)可以采用许多互相连接的传输线来馈电。1961 年和 1962 年之交的一个冬日,Kraus 在思考这类天线时产生了疑惑,是否可能构筑一种如同边射阵那样的连续的导线栅格,而只对其单个中心点馈电呢?

他所尝试的基本布置示于图 16.42,每个网格的尺度是 $l \approx \lambda$ 乘以 $s \approx \lambda/2$。假设瞬时电流呈驻波分布,其流向由箭头标示在每个电流最大点处。在所有短边($\lambda/2$ 长,图中沿水平方向)上的电流都同相,而所有网格之长边(λ 长,图中沿铅垂方向)上的电流成对地反相,使辐射抵消(理想地)为零。所以该阵列应产生(图中沿水平方向)边射波束,其增益正比于 $\lambda/2$ 边(或单元)的数目(图中是 31)。

Kraus 构造了一座类似于图 16.42 的阵列,安装在一导电接地平面前方约 $\lambda/4$ 处,采用平衡双线对其中心(图中的端 1)馈电。他惊讶地发现,该阵列的辐射不是单个边射波束,而是分裂成在边射左右的两个对称的波束。

由此看来,该天线上的电流分布不是谐振的驻波,而是发自端 1 的分别向左和向右的两个行波。因此,为了只有一个(自左向右)跨越整个栅格的行波,在端 1 短路,而在左侧边缘(点 2)处用同轴线对栅格馈电。这样就造成如图 16.42 所示的沿背射(与行波相反)方向的单一波束,其波束角 ϕ 是频率的函数。于是,在这种工作模式下,该天线属于非谐振的频率扫描阵,其网格的长边基本上按传输线工作,而短边同时作为辐射和传输线。阵列另一边缘(点 3)虽然可以是开路状态,但接上匹配负载可以减小任何会使从左到右单向行波退化的反射波。因此,该天线就被认为是行波馈电的离散辐射单元的阵列(Kraus-6,7)。

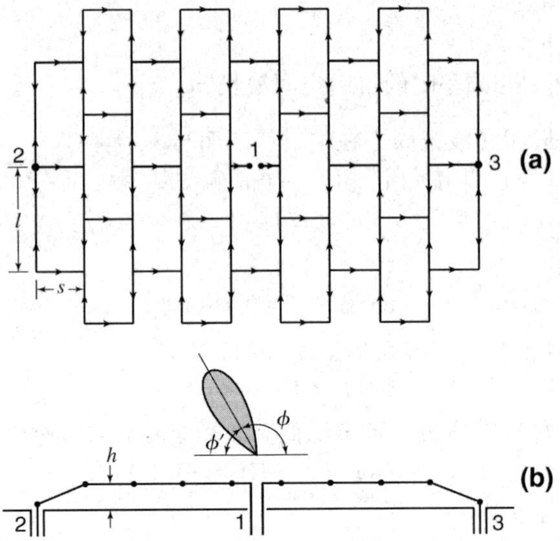

图 16.42 频率扫描的 Kraus 栅格形阵。当在点 2(端 1 短路而点 3 接匹配负载)馈电时波束角 ϕ 是频率的函数,频率偏移 ±14% 使波束角 ϕ 扫过约75°。当馈电切换到点3而将负载接到点2时,波束换到右象限,使总的扫描角达到150°。典型情况是 $l \approx \lambda$,$s \approx \lambda/2$ 和 $h < \lambda/4$

在点 2 对该阵列馈电（端 1 短路而点 3 匹配）时，可给出波束方向 ϕ 作为栅格参数之函数，为

$$\frac{2\pi s}{\lambda}\cos\phi-\frac{\pi l}{\lambda p_x}-\frac{2\pi s}{\lambda p_y}=-2\pi m \tag{4}$$

其中，s——短边的长度，m

l——长边的长度，m

ϕ——起自阵列轴线的波束角

p_x——沿短边的相对相速，$p_x=v_x/c$

p_y——沿长边的相对相速，$p_y=v_y/c$

m——模数，是整数

对于 $m=1$，$p_x=p_y=1$，式（4）简化成

$$-2\pi=\frac{2\pi}{\lambda}\left(s\cos\phi-\frac{l}{2}-s\right) \tag{5}$$

典型地（$l=2.75s$）有

$$\cos\phi=2.37-\frac{l}{s/\lambda} \tag{6}$$

当 s 从 0.3λ 变化到 0.42λ 时，波束方向 ϕ'（图 16.42 中 ϕ 的余角）约从 15°变到 90°，即 ±14% 的波长（或频率）变化使波束扫描了 75°角。如果将馈电点切换到点 3，而匹配负载切换到点 2，则波束可换到右象限，使总的扫描角范围增加到 150°。这样的分析虽过于简单化，但能说明其基本关系。计算和测量结果的比较示于图 16.43，指出该相对相速 p（$=p_x=p_y$）不是常数（$=1$），而是频率的函数；另外的测量进一步得出 $p_x\neq p_y$（Kraus-8）。

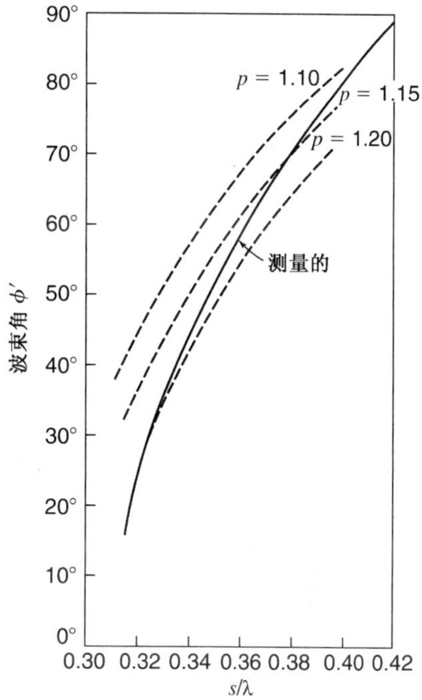

图 16.43　波束角 ϕ' 作为频率（表示成 s/λ）的函数。虚线是不同相对相速 p 值时的计算曲线，实线是测量曲线，指出 p 是频率的（弱）函数

由实验确定的“最佳”平均值 s（$=0.36\lambda$）对应有长边的平均值 $l=2.75\ s\approx\lambda$；实际上网格的长边如初始设计时想像的那样约长 λ，而短边则小于 λ/2。

将该阵列看成传输线，在辐射单元之间长度为 λ/2 的额外路径使（自左向右的）有效相速按比例 $s/[s+(\lambda/2)]$ 减小。典型地，$l=2.75s$ 时的有效相速约为 $0.4c$，使栅格成了慢波结构。图 16.42 的栅格形阵有约 17 dBi 的平均增益。Conti（1）阐述过微带形式的栅格形阵。

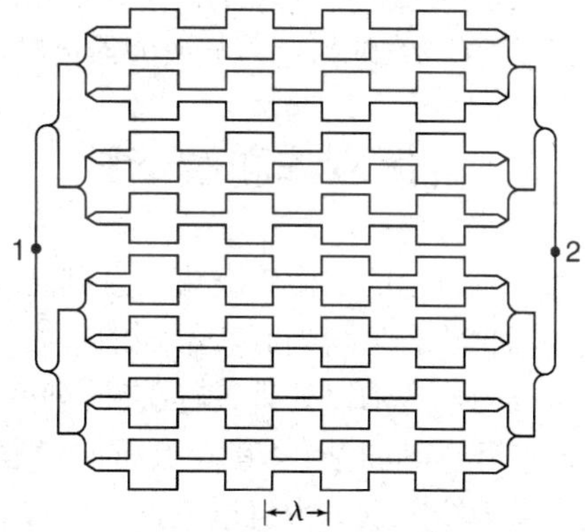

图 16.44　频率扫描的水平极化 Tiuri 链式阵，其一端（点1）馈电而另一端（点2）接匹配负载，或反之。阵列离导电地平面约0.15λ，典型的单节链线阻抗值为300Ω，而终端（点1或2）阻抗为50Ω（引自S. Tallqvist-1）

这种 Kraus 栅格形阵的原理已由 Tiuri（1），Tallqvist 和 Urpo 以及 Tallqvist（1）推广成图 16.44 所示的典型链式阵，即将阵列的网格划分为并联的匹配链。图示的 Tiuri 链的设计可采用微带或印刷电路结构，其末端阻抗为 50 Ω，而链线的阻抗为 300 Ω。此时，电流从输入端至匹配的输出端的衰减约为 10 dB，呈最佳状态。更

大的衰减会由于较大锥削的电流分布而降低增益,但较小的衰减也会因更多功率消耗于匹配负载而减小增益。平均口径效率的典型值约为 50 %。

Hendriksson(1)和 Markus & Tiuri 将链线弯曲而发展成圆极化的链式阵。

16.11c 边射波束的栅格形阵

将图 16.42 所示栅格形阵的尺寸缩小到 4λ×2.5λ,Hildebrand & McNamara 发现该阵列可提供增益达 18.5 dBi 的**单向边射波束**(Hildebrand-1)。这种曾示于图 3.13 的阵列印制在厚 λ/4 的有机玻璃表面,置于接地平面上,非常简单地用 50 Ω 同轴电缆在阵列的中心点馈电。整个阵列用硬质的有机玻璃封装,制作成耐用的平整镶板式阵列,已有广泛的用途。

16.12 返回式阵和范阿塔阵

如果一种阵列能将所接收到的入射波发射回相反的方向,就称其为返射器或返回式阵。无源夹直角反射器(见 10.4 节)也有同样的功能。

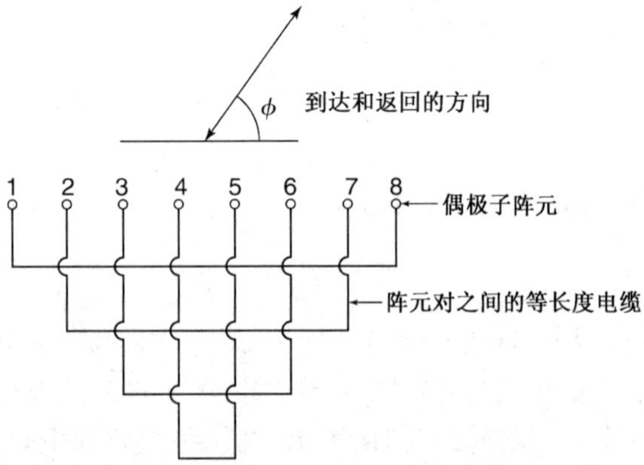

图 16.45 八单元范阿塔返回式阵。各对阵元之间由等长度的电缆连接

通常,返回式阵的各个单元再辐射的信号应该与其所接收的信号复共轭。图 16.45 的范阿塔阵即其实例(Van Atta-1)。8 个相同的阵元可以是半波长偶极子,图中表示其端点的视图。阵元配对(1 和 8, 2 和 7, 3 和 6, 以及 4 和 5)之间如图所示用等长度的电缆相连接,可使沿任何角度 ϕ 到达的波仍按原方向返回。图 16.45 所示的阵列像夹直角反射器一样,也是无远场的。下一小节的(有源)自适应阵借助每个阵元的混频器产生复共轭的相移,也能造成返回波束(Pon-1)。有源阵的优点是阵元不必布置成直线或平面(二维阵),还能与放大器集成一体化(Andre-1)。

16.13 自适应阵和智能阵

迄今所讨论的是由天线单元及其互相连接的传输线在预定方向上产生一个或多个波束。因此在接收状态下阵列盯着给定的方向,而不管该方向上是否有任何信号到达。然而,对各个阵元接收的信号加以处理,就能使阵列变得积极,并对环境做出聪明的反应,操纵其波束指向想要的信号,而同时操纵其零点方向对着不想要的干扰信号,从而使所要信号的信噪比最大化。这类天线阵就称为自适应阵。

借助适当的信号处理,可以给出较高分辨率和较低旁瓣的仿真波瓣图①,以进一步强调自适应阵的性能。此外,借助对各阵元馈端上信号的适当取样和数字化,并用计算机加以处理,从原理上讲能构成非常聪明或智能的天线阵。对于给定的阵元数目,阵列的自适应能力主要是受编程技巧和计算机功能的限制。于是,多个波束可以同时指向来自天线视野(对平面阵理想地为

① 仿真波瓣图只存在于信号处理的范畴内。

2π sr）内不同方向的许多信号。此类天线阵有时称为数字波束形成（DBF）天线阵（Steyskal-1）。

作为自适应阵的初浅例子，图 16.46 描述了在频率为 f_s 时间距为 λ/2 的简单二元阵。设阵元都是如图 16.46 所示只见其末端的 λ/2 偶极子，其波瓣图在纸平面上是均匀的，阵元按同相工作，波束是边射的（在图中是向上的）。

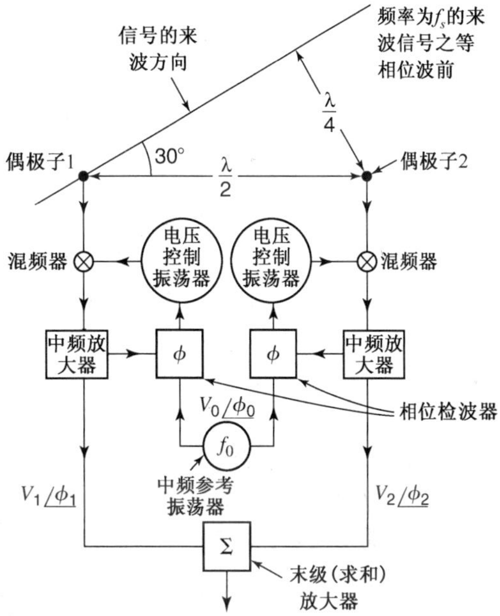

图 16.46　带有信号处理电路的两单元自适应阵

现考虑信号来自与边射成 30°角方向的情况。如图 16.46 所示，到达单元 2 的波要比到达单元 1 的波更远 λ/4，于是单元 2 的信号相位滞后 90°。每个单元都接有各自的混频器、电压控制振荡器（VCO）、中频放大器以及相位检波器。一个中频 f_0 的振荡器接入每个相位检波器，作为参考。相位检波器将下行信号的相位与参考振荡器的相位进行比较，并产生与相位差成正比的电压。此电压回授到 VCO 调节器，使输出相位的超前或滞后，导致两者之差为零（相位锁定）。单元 1 之 VCO 的电压和单元 2 之 VCO 的电压，应该理想地等幅反相，使两路下行信号锁定为同相，即

$$\phi_1 = \phi_2 = \phi_0 \tag{1}$$

其中，ϕ_1——从单元 1 下行信号的相位

ϕ_2——从单元 2 下行信号的相位

ϕ_0——参考振荡器的相位

凭着两路中频放大器有相等的增益，两单元下行的输出电压也应该相等，有

$$V_1 \angle\phi_1 = V_2 \angle\phi_2 \tag{2}$$

致使求和放大器的输出电压正比于 $2V_1$（$=2V_2$），而且该阵列借助操纵波束对准来波，使对来波信号的响应达到了最大化。在本例中，对 VCO 要进行 45°的相位校正（单元 1 取 + 号，单元 2 取 - 号）。

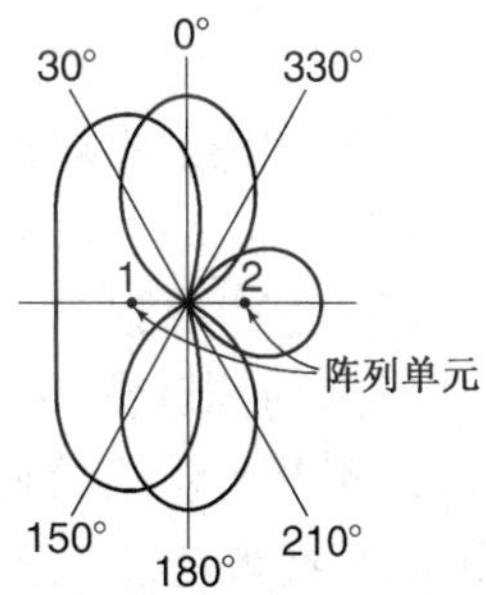

图 16.47　二元自适应阵当信号来自 0°和 30°时的波瓣图。对于0°的信号，辐射零点沿90°和270°方向；而对于30°的信号，辐射零点沿210°和330°方向。这些波瓣图与图5.1和图5.4的相同

在此初浅的二元阵例子中，如图 16.47 的波瓣图所示，当信号来自 0°方向时波束指向 0°，而当信号来自 30°时也指向 30°。如果主信号沿 30°方向，而干扰信号来自 210°和 330°方向，则沿 210°方向和 330°方向的辐射零点将能抑制这些干扰，但沿 150°方向的干扰却与所需的沿 30°方向有用信号一样处于波瓣图的最大方向。为了提供对环境更有效的适应性，需要用更多的阵元，帮助进行更复杂的信号处理。例如，主波束可借助改变阵元间的相位递差而指向所要信号的来波方向；对一个或多个指向干扰信号的辐射零点，则可借数字式可控衰减器改变阵元的幅度而独立实现。

在本章末尾列有许多关于自适应阵的参考资料。

16.14 微带阵

印刷电路和微带工艺促进了在微波频率上构造多元阵(Oltman-1)。栅格形阵和链式阵(见16.6b节)就是实例。另一个实例是用于空间研究的896单元微带阵。在印刷电路板的一侧用光学蚀刻了所有阵元,其具有幅度锥削的协同馈电结构借助窄微带线的不同宽度设计来实现。一面 $9.5\times2.4\ m^2$ 的阵列在 $\lambda\approx30$ cm 时具有34 dBi的增益。

虽然微带阵元往往是窄频带的,但对数周期的贴片阵可以实现4:1的频带(Hall-1)。贴片(或微带)天线已在第9章中讨论过。

16.15 低旁瓣阵

理想化的天线希望能有边界清晰的窄波束而没有旁瓣,或至少没有超出某预置电平的旁瓣。影响旁瓣电平的首要因素是口径分布(见第19章)。虽然某些分布在理论上能做到零旁瓣,但反射镜天线要比相控阵更难实现。典型的大型抛物面反射镜天线存在会使旁瓣变得显著的其他原因,诸如口径遮挡、从主焦馈源或卡塞格伦副反射镜支撑结构的绕射、从馈源的溢漏、表面的不规则性散射以及抛物面边缘的绕射等。其中,边缘绕射可利用卷边扼流来减小(见24.4.4节)。虽然采用偏馈或整体喇叭反射镜可获明显较低的副瓣,但用精密的制造工艺能为相控的所有阵元提供准确的幅度和相位控制,设计出 -50 dB以下的旁瓣。这要比反射镜天线所能实现的更好,但是相控阵的频带明显地比反射镜天线的窄。

16.16 长导线天线

本章前文中所讨论的多属由传输线连接的离散单元(通常为 $\lambda/2$)之阵列。长度达几个波长的直导线天线也可以当成连续相接的 $\lambda/2$ 单元之直线阵列,其每个单元既是辐射器又是传输线。本节要讨论的长导线天线是V形、菱形和贝弗瑞天线。V形天线既可以不接终端负载(载有驻波),也可以接有终端负载(载有行波)。菱形天线和贝弗瑞天线则总是端接负载(载有行波)的。

16.16a V形天线

假设天线上有正弦的(驻波)电流分布,则细长导线天线的波瓣图可按第6章(Carter-1,2)所述进行计算。图16.48(a)

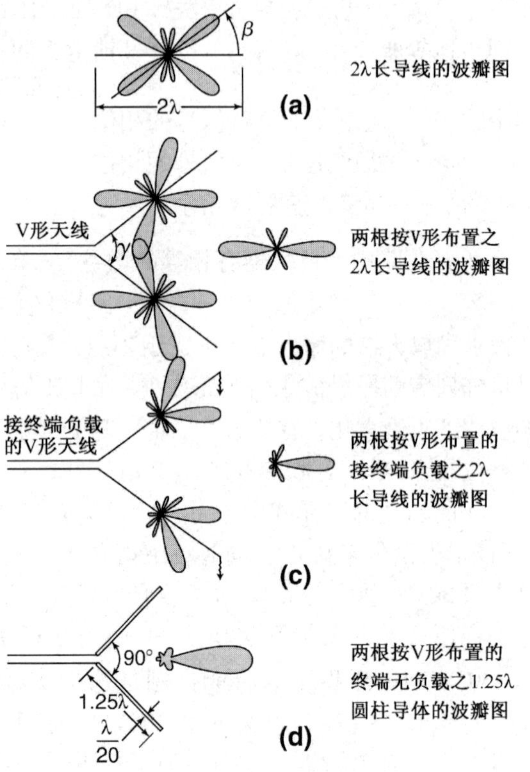

图16.48 (a)载驻波的 2λ 导线之计算波瓣图;(b)两根 2λ 导线的V形天线;(c)两腿长 2λ 的接有终端负载的V形天线;(d)两根 1.25λ 圆柱导体之V形天线的实测波瓣图

所示为 2λ 长导线的典型波瓣图，其主向与导线的交角 $\beta=36°$。将两根这样的导线布置成夹角 $\gamma=72°$的 V 形，如图 16.48(b)所示，得到的双向波瓣图是两根单导线(或腿)各自波瓣图之和。虽然在自由空间内夹角 $\gamma=2\beta$ 致使主瓣对准了零仰角(导线是水平的)，但实际上为了使主瓣对准大于零的仰角(ARRL-1)，需要使 γ 稍小于 2β，因为单导线的立体波瓣图呈圆锥形，由图 16.48(a)绕导线为轴回转而得。

如果在细导线 V 形天线之腿的终端接有特性阻抗，如图 16.48(c)所示，则导线上载有向外的行波，其背向辐射显著减弱。每根导线上单向行波的波瓣图可按第 6 章进行计算。

采用粗得多的 V 形导体，即使不接终端负载也能产生类似的效果。该导体上的反射波可以比外向波小得多，而被当成单个行波，其条件是组成 V 形天线的两根圆柱导体长 1.25λ，而直径为 λ/20，夹角 $\beta=90°$。该天线具有如图 16.48(d)所示的高度单定向的波瓣图(Dorne-1)。

16.16b　菱形天线

菱形天线可以看成双 V 形天线，示于图 16.49(a)。导线在远离馈电端的终端处很靠近，通常用 600～800 Ω 的电阻相连接，导线所载的基本上是单个向外的行波。每条腿长为 L，取夹角之一半为 ϕ。图 16.49(b)和图 16.49(c)表示了腿长 $L=6\lambda$ 的终端接负载之菱形天线的计算波瓣图(Harper-1)。假设该菱形离理想导电地面的架高 $H=1.1\lambda$，而半夹角 $\phi=70°$(Bruce-1，Foster-1)。

在设计菱形天线时，应选择半夹角 ϕ，腿长 L 和架高 H，使得：(1) 主瓣的最大辐射方向沿所需仰角 α(瞄准设计)；或(2)对于恒定天线电流，沿所需仰角 α 方向，产生最大的相对场强 E(最大 E 设计)(Bruce-2)。

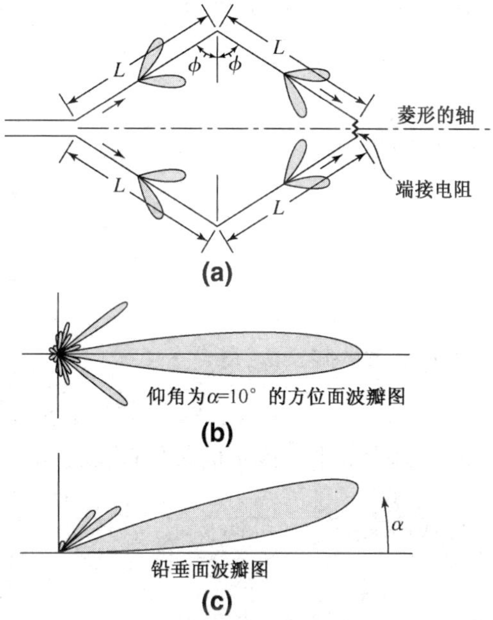

图 16.49　(a) 终端接负载的菱形天线；(b) 方位面波瓣图；(c) 铅垂面波瓣图；菱形的每条腿长 $L=6\lambda$，半夹角 $\phi=70°$，离理想导电地面的架高 $H=1.1\lambda$(引自 A. E. Harper-1)

如果离地面的架高小于设计所要求的值，可以借增加腿长来达到瞄准。如果维持架高而减短腿长，可以借改变半夹角 ϕ 来达到瞄准。作为第三种可能性，如果架高和腿长都减小了，仍可借改变 ϕ 角来达到瞄准。这三种修改的任何折中设计都会降低增益。如果可容许其性能适度偏离最佳，则菱形天线无需调节就能工作在 2∶1 的频段上。

菱形天线的波瓣图计算应该是对四根各载单纯外向行波的斜置导线之波瓣图求和，而用镜像法计算理想导电地面的影响。对于架高在理想导电地面上的由理想导线构成的水平菱形天线，Bruce(2)和 Beck & Lowry 给出了在含菱形轴线之铅垂面内①的相对场强 E 作为 α,ϕ,L_λ 和 H_λ 的函数(假设电流为等幅分布且忽略了互耦)：

① 在此平面内的辐射为水平极化。在其他平面内所辐射的一般都不是水平极化。

$$E=\frac{(\cos\phi)[\sin(H_r\sin\alpha)][\sin(\psi L_r)]^2}{\psi} \tag{1}$$

其中,α——从地面抬起的仰角

ϕ——菱形天线的半夹角

H_λ——菱形天线在地面上的架高,$H_\lambda = H/\lambda$

L_λ——菱形天线的腿长,$L_\lambda = L/\lambda$

$H_r = 2\pi H_\lambda = 2\pi(H/\lambda)$

$L_r = 2\pi L_\lambda = 2\pi(L/\lambda)$

$\Psi = (1-\sin\phi\cos\alpha)/2$

沿循 Bruce 和 Beck & Lowry 的步骤可以确定各项参数如下(Bruce-2)。对于 E 最大化的条件,使 E 最大的架高 H_λ,得自

$$\frac{\partial E}{\partial H_\lambda}=0 \tag{2}$$

这样会有

$$\cos(2\pi H_\lambda\sin\alpha)=0$$

即满足关系

$$2\pi H_\lambda\sin\alpha=n\frac{\pi}{2}$$

其中 $n=1,3,5,\cdots$。

取最低的实用架高,$n=1$,故得出天线的最优架高为

$$H_\lambda=\frac{1}{4\sin\alpha} \tag{3}$$

进而,使 E 最大的腿长 L_λ 得自

$$L_\lambda=\frac{1}{2(1-\sin\phi\cos\alpha)} \tag{4}$$

最后,使 E 最大的半夹角 ϕ 的条件得自式(4),即

$$\phi=90^\circ-\alpha \tag{5}$$

将式(5)代回式(4),又可得

$$L_\lambda=\frac{1}{2\sin^2\alpha} \tag{6}$$

至此,式(3)、式(5)和式(6)给出了在所需仰角 α 方向上按最大 E 设计的架高之波长数 H_λ,半夹角 ϕ 和腿长之波长数 L_λ。这是对等幅电流的分析结果,并不说明在给定天线输入功率的情况下场强以所需仰角方向为主向,尽管可能很接近。值得一提的是按最大 E 设计时,辐射主瓣的最大点(主向)通常并不对准所需仰角。

采用瞄准设计时,辐射主瓣的最大点对准了所需仰角 α 方向,此时沿 α 的 E 稍小于采用最大 E 设计的结果。对准的条件是将条件(3)代入式(1),再推出 E 对 α 求最大值的条件,得到

$$L_\lambda=\frac{0.371}{1-\sin\phi\cos\alpha} \tag{7}$$

将式(7)代入式(1),得到能使 E 最大的 ϕ 角条件仍为

$$\phi=90^\circ-\alpha \tag{8}$$

最后,将式(8)代回式(7),得到

$$L_\lambda=\frac{0.371}{\sin^2\alpha} \tag{9}$$

至此,式(3)、式(8)和式(9)给出了按辐射主瓣最大点在所需仰角 α 方向之瞄准设计的 H_λ,ϕ 和 L_λ。两种设计仅腿长有所不同,瞄准设计的腿长为 0.371/0.5 = 0.74 倍之最大 E 设计的腿长。

以上设计关系连同三种折中设计的公式都归纳于表 16.1。

表 16.1　端接负载之菱形天线的设计公式†

菱形天线的型式	公式
最大 E 沿仰角 α	$H_\lambda = \dfrac{1}{4\sin\alpha}$ $\phi = 90° - \alpha$ $L_\lambda = \dfrac{0.5}{\sin^2\alpha}$
主瓣瞄准仰角 α	$H_\lambda = \dfrac{1}{4\sin\alpha}$ $\phi = 90° - \alpha$ $L_\lambda = \dfrac{0.371}{\sin^2\alpha}$
减小架高 H' 对准仰角 α 的折中设计	$\phi = 90° - \alpha$ $L_\lambda = \dfrac{\tan[(\pi L_\lambda)\sin^2\alpha]}{\sin\alpha}\left[\dfrac{1}{2\pi\sin\alpha} - \dfrac{H'_\lambda}{\tan(H'_r\sin\alpha)}\right]$ 其中 $H'_\lambda = \dfrac{H'}{\lambda}$， $H'_r = 2\pi\dfrac{H'}{\lambda}$
减小腿长 L' 对准仰角 α 的折中设计	$H_\lambda = \dfrac{1}{4\sin\alpha}$ $\phi = \arcsin\left[\dfrac{L'_\lambda - 0.371}{L'_\lambda\cos\alpha}\right]$ 其中 $L'_\lambda = L'/\lambda$
减小架高 H' 和腿长 L' 对准仰角 α 的折中设计	解方程求 ϕ： $\dfrac{H'_\lambda}{\sin\phi\tan\alpha\tan(H'_r\sin\alpha)} = \dfrac{1}{4\pi\psi} - \dfrac{L'_\lambda}{\tan(\psi L'_r)}$ 其中 $\psi = \dfrac{1-\sin\phi\cos\alpha}{2}$， $L'_r = 2\pi\dfrac{L'}{\lambda}$

† 引自 Bruce-2。

若干个菱形首尾相接所组成的接收阵列可提供电控的铅垂面波瓣图，借以调节其最佳仰角，使之与来波方向一致。这种多单元可控天线（即 MUSA）用于远程短波接收水平极化来波的铅垂面波束操纵系统（Friis-1）。

16.16c　贝弗瑞天线

沿理想导电表面行波的电场是垂直于该表面的，如图 16.50（a）所示。但若该表面是非理想导体，如地球的表面（即地面），则电场力线在表面附近渐趋倾斜，如图 16.50（b）所示，因而在表面上的场兼含铅垂分量 E_y 和水平分量 E_x①，其中 E_x 分量属于进入表面并耗散成热量的波，而 E_y 分量沿表面持续地行进。

存在水平分量 E_x 的事实被 Beverage（1），Rice & Kellogg 应用于接收铅垂极化波的“波天线”。该天线由很长的水平导线以及在朝向发射台终端处所接的负载（等于特性阻抗值）组成，如图 16.50（c）所示，地面则作为非理想导体。E_x 分量沿天线所感应产生的电动势，朝着

① 其实，这种波表现为椭圆极化的场，即电场矢量在平行于传播方向的平面内描绘出椭圆轨迹，然而通常该椭圆的轴比很大。

接收机的行波在接收机处同相叠加;而朝反方向行波的能量很大程度地被终端负载所吸收。因此,该天线表现出在水平面内的定向波瓣图,其最大响应朝着终端的方向,在图 16.50(c)中是向左的。这种贝弗瑞天线被用于低频和中频的接收天线。

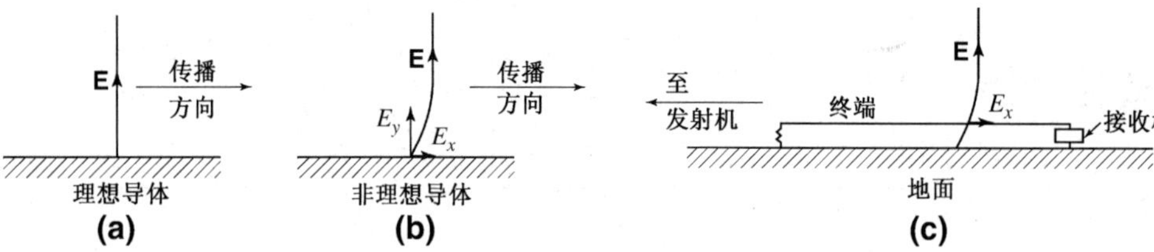

图 16.50 (a) 理想导体上的波前;(b) 非理想导体上的波前;(c) 贝弗瑞天线

16.17 帘幕形阵

帘幕形阵在短波通信中有许多应用。图 16.51 绘出的帘幕形阵实例由 λ/2 偶极子的阵面以及相距 λ/4 用做反射器的相似帘幕组成(Brückmann-1)。若阵面的尺度大于波长量级,则其帘幕反射器可以近似等效为整片的反射屏。

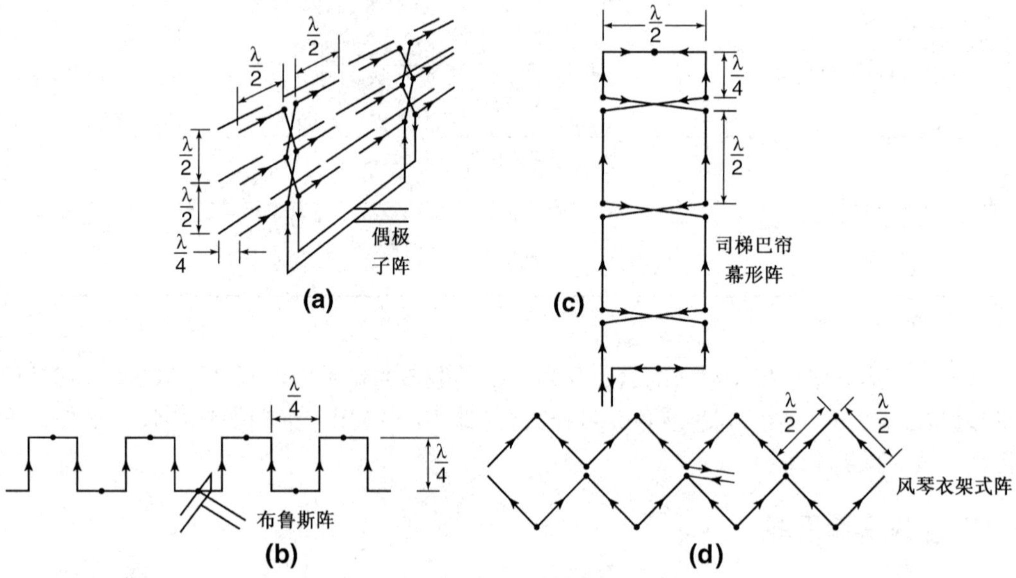

图 16.51 (a) 附带反射器的 λ/2 偶极子阵;(b) 对称布鲁斯阵;(c) 司梯巴帘幕形阵;(d)风琴衣架式阵。箭头表示瞬时电流的方向,圆点表示电流的最小点

其他帘幕形阵实例还有图 16.51(b)所示的布鲁斯阵(Bruce-1),图 16.51(c)所示的司梯巴帘幕形阵(Sterba-1),图 16.51(d)所示的风琴衣架式阵(Chireix-1)等。图中的箭头定位在电流最大处,并指出其瞬时方向,小圆点指出电流最小点的位置。

16.18 天线的馈电位置和方式

馈电方式以及位置对天线特性的影响是值得关注的,试就下列情况加以说明。

若某天线采用平衡双导线馈电,在馈端上的电流必然等幅反相。因此,周长为 1λ 的方环在底部馈电时,如图 6.52(a)所示,就必然有如图所示的电流分布,箭头指出瞬时电流的方向,而圆点为电流最小点的位置。沿环的法向辐射水平极化波。

转而考虑图 6.52(b)的情况,在环的同一位置按不同方式用非平衡线馈电,在馈端上的电流等幅同相,则天线上的电流如图所示,沿环的法向辐射铅垂极化波。

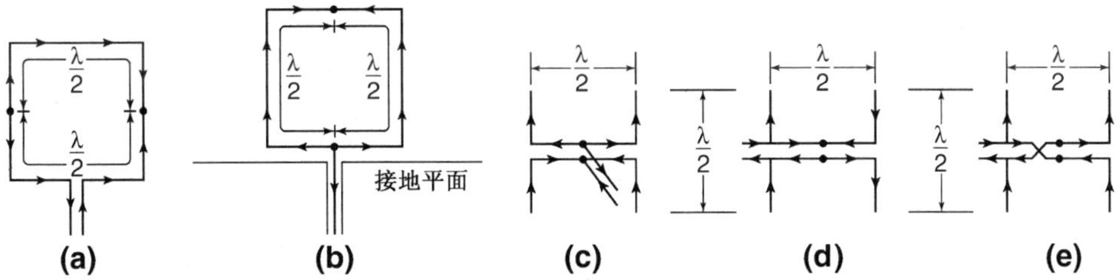

图 16.52　(a) 双导线馈电的水平极化方环;(b) 同轴线单导线馈电的铅垂极化方环;(c) 两 λ/2 偶极子的中心馈电边射阵;(d) 两 λ/2 偶极子的末端馈电端射阵;(e) 两 λ/2 偶极子的末端馈电边射阵

天线供能的位置也很重要。例如,两根 λ/2 偶极子在对称馈电时有同相电流,如图 6.52(c)所示;从一个末端馈电时有反向电流,如图 6.52(d)所示;但若在末端馈电而交叉连接两偶极子时又成为同相电流,则如图 6.52(e)所示。

16.19　折合偶极子天线

简单的 λ/2 偶极子具有约 70 Ω 的馈端电阻,需要用阻抗变换器与 300 Ω 或 600 Ω 的双导线匹配。然而,图 16.53 所示变种 λ/2 偶极子的馈端阻抗接近 300 Ω,可以直接连接具有相同特性阻抗值的双导线。这种"特密距的阵列"称为折合偶极子。特别是图 16.53(a)所示的双导线折合偶极子,由两根密距的 λ/2 偶极子在外侧两末端连接而成,两单元上的电流基本上等幅同相。

假设两偶极子的导体直径相等,则可以十分简单地推导其馈端阻抗的近似值,如下所示(King-1;Roberts-1)。令施加于天线馈端的电动势 V 分加在两根偶极子上,如图 16.53(b)所示,则

$$\frac{V}{2} = I_1 Z_{11} + I_2 Z_{12} \tag{1}$$

其中,I_1——偶极子 1 的馈端电流

I_2——偶极子 2 的馈端电流

Z_{11}——偶极子 1 的自阻抗

Z_{12}——偶极子 1 和 2 的互阻抗

因为 $I_1 = I_2$,式(1)变成

$$V = 2I_1(Z_{11} + Z_{12}) \tag{2}$$

进一步,由于两偶极子很接近,通常 d 是 λ/100 量级,故 $Z_{12} \approx Z_{11}$。于是,给出该天线的馈端阻抗 Z 为

$$Z = \frac{V}{I_1} \approx 4Z_{11} \tag{3}$$

若取 λ/2 偶极子的 $Z_{11} \approx 70 + j0\ \Omega$,则双导线折合偶极子的馈端阻抗变成

$$Z \approx 280\ \Omega$$

对于图 16.53(c)的三导线 λ/2 偶极子,按此法算出的馈端电阻为 $9 \times 70 = 630\ \Omega$。一般来说,对于 N 根导线的折合 λ/2 偶极子,假设所有导线上的电流都相等,其馈端阻抗为 $70N^2\ \Omega$。

图 16.54 展示了其他几种折合导线天线的类型(Kraus-9)。三导线类型之一的图 16.54(a)

不同于图 16.54(c),并不含闭合的环,其馈端电阻的测量值约为 1200 Ω。图 16.54(b)是四导线类型,其馈端电阻的测量值约为 1400 Ω。这里的所有折合偶极子都是 λ/2 型的,电流分布都如同简单 λ/2 偶极子那样接近正弦律。长度不同于 λ/2 的折合偶极子示于图 16.54(c)和图 16.54(d)中,图 16.54(c)是 3λ/4 长的双导线型,图 16.54(d)是 3λ/8 长的四导线型。图中还指出了各个导体上瞬时电流的方向以及总电流的分布。双导线 3λ/4 长的偶极子的一半结构可以如图 16.54(e)那样作为接地的折合单极子的 3λ/8 短桩形天线。它们的馈端电阻测量值分别是:双导线 3λ/4 偶极子约为 450 Ω,四导线 3λ/8 偶极子约为 225 Ω,双导线 3λ/8 短桩形天线约为 225 Ω。

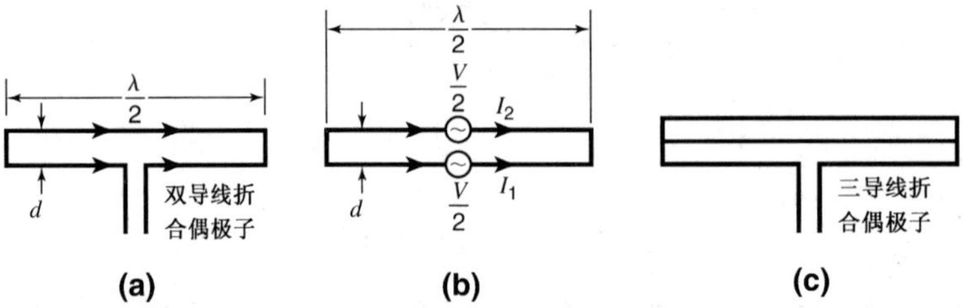

图 16.53 折合偶极子

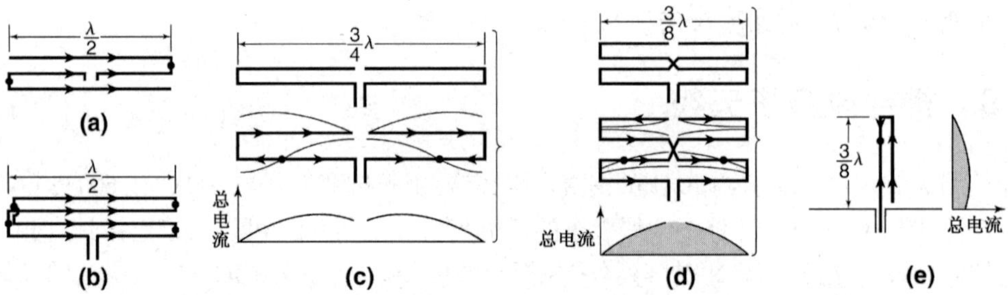

图 16.54 (a) 三导线 λ/2 折合偶极子;(b) 四导线 λ/2 折合偶极子;(c) 双导线3λ/4天线;(d)四导线3λ/4天线;(e)双导线3λ/8短桩形天线。箭头表示瞬时电流的方向,圆点表示电流最小点(引自 Kraus-9)

将图 16.54(a)所示的三导线 λ/2 折合偶极子应用于如图 16.55 所示的 λ/5 间距的 W8JK 阵列(Kraus-10),其中每个折合偶极子在自由空间中的阻抗约为 1200 Ω(电阻性),在阵列中却降为 300 Ω。需经 600 Ω 的 λ/4 变换器变成 1200 Ω,再将两支变换器在馈端处并接成 600 Ω,与通向发射机或接收机的 600 Ω 馈线匹配。因此,W8JK 阵完全采用常数阻抗(600 Ω)的馈线,而无需谐振短截线或调谐手续。

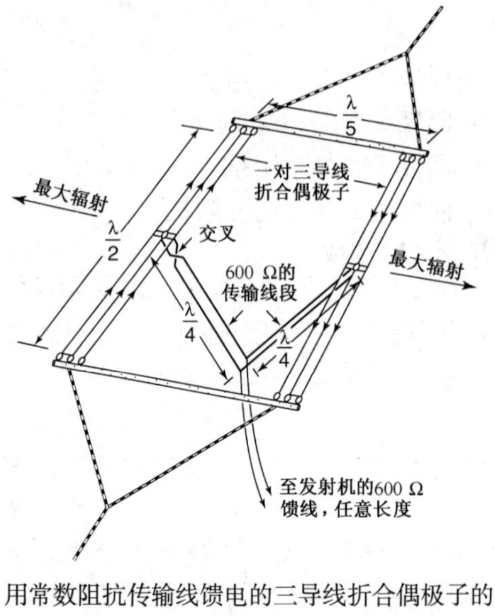

图 16.55 用常数阻抗传输线馈电的三导线折合偶极子的 W8JK 阵。偶极子由木质或有机玻璃的撑挡相隔,并用尼龙绳悬挂

16.20 折合偶极子的变种

考虑图 16.56(a)所示的双导线折合偶极子，其馈端电阻近似为 300 Ω。该偶极子经变种成图 16.56(b)所示的一般化形式，就能获得很宽范围内由 D 所决定的馈端电阻值。这种结构称为 T 形匹配天线，读者可参阅 Kraus(11) & Sturgeon。图 16.56(c)给出了与 600 Ω 馈线匹配的尺寸之波长数。另外，还可以参考图 23.19。

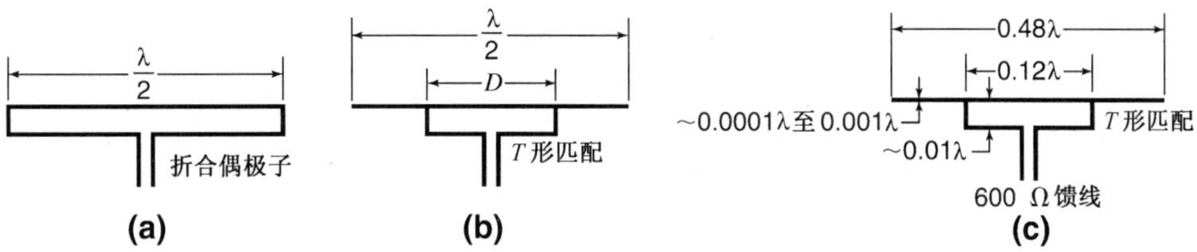

图 16.56 折合偶极子和 T 形匹配天线

图 16.57(a)也是双导线折合 λ/2 偶极子，用箭头指出瞬时电流的方向，用小圆点指出电流最小点的位置。将该偶极子导线的中点拉开，就得到了如图 16.57(b)所示的单圈方环，其各条边长 λ/4，具有比折合偶极子低的馈端电阻。

图 16.57(c)所示的四导线折合 λ/2 偶极子与图 16.54(b)所示的属同一类型，只是画成不同的式样。将该偶极子导线的中点拉开，则得到图 16.57(d)所示的两圈方环或四芯线天线。

图 16.57 所示所有型式的定向性都近似与简单 λ/2 偶极子相同，虽然图 16.57(c)和图 16.57(d)等效为两层相距 ~0.18λ 的水平偶极子而略有增加。将环铅垂放置且在最低的角点处馈电，沿环平面的法向所辐射的仍是水平极化波。

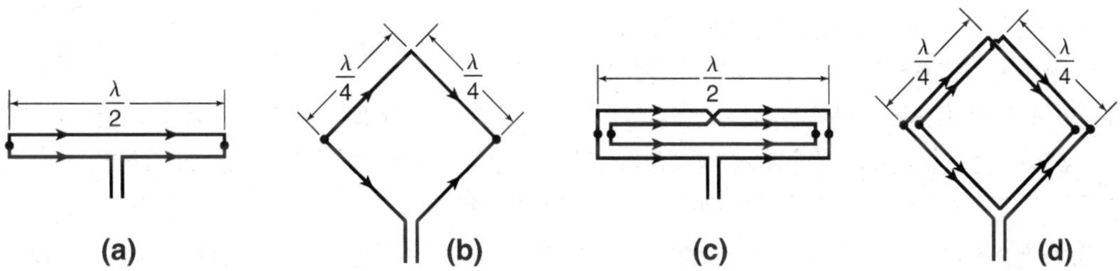

图 16.57 (a) 双导线折合偶极子；(b) 变种成单圈方环；(c) 四导线折合偶极子；(d) 变种成两圈方环

16.21 百眼巨人型全空监视天线

“百眼巨人”是终极的监视天线，能在宽频带上对全天空连续实时地成像。按照监视的要求，百眼巨人天线阵可由 16 ~ 1 000 000 个独立天线单元组成，每个天线单元包含有接收机和将所有输出接入计算机的模拟 - 数字信号变换器。

百眼巨人可以取代巨大而昂贵的碟形天线，它能在同一时刻只用一个低价的、大批量生产的小型天线单元去看一个方向，从而实时地监视整个天空。百眼巨人阵是对照相机之光学胶片的模仿，将每个光敏晶体连接到计算机。百眼巨人测量入射到其口径的电场后，应用合适的信号处理算法，以代替波束的形成。借助瞬时天空图像与按时间平均天空图像的比较，甚至能察觉到发生在天空任何部位的闪变①。

百眼巨人不同于通常的数字波束形成阵列(DBA),它能提供全天空的连续覆盖(等效于同时的多个波束),而DBA的覆盖是受限制的。

以希腊神话中能洞察一切的多眼守护神命名的百眼巨人是终极的监视天线。地外智能搜索(SETI)研究所有兴趣利用百眼巨人阵去搜索频率在1~2 GHz之间的地外智能,该频段的银河噪声背景最低(~3 K,见图21.42)。另一项应用是荷兰天文学研究基金会所设想的,能覆盖200~2000 MHz频率范围的1 000 000 m^2 收集口径的平方千米阵(SKA)(Braun-1),它将有32个集群,每个含有数千单独的宽频段天线单元,其大部分(为了增益)被布置在50 km直径的区域内,其余的(为了分辨率)分布在300 km直径的较大区域内;于是,它有足够的灵敏度观测微弱源,并应用口径合成技术对较强源实现1/10弧秒的角分辨率;它将有潜力产生高分辨率天空瞬时成像,相比之下,用移动甚大阵的大型碟面天线(见图15.14)组成不同形状以达到相同目的,是耗时需以日或周计算的缓慢过程。

1987年,Bolinger(1)在俄亥俄州立大学建造了一台百眼巨人阵的原型。该校的Robert Dixon是百眼巨人概念的热烈支持者(Dixon-1,2)。该原型具有64个螺蜷天线,布置在7.5 m直径的区域内(Bartlein-1)。该阵列对天空观测的确太小了些,但可作为大型通信地球站或射电天文台的附属设施,用于当地干扰信号的检测,并提供减轻干扰的实时置零(Ellingson-1)。

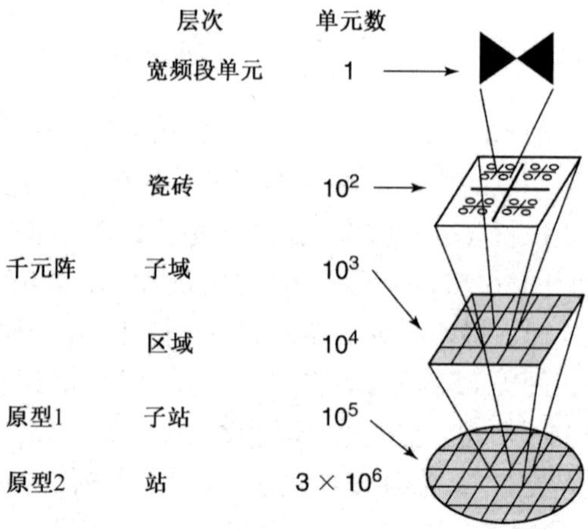

图16.58 建造平方千米阵列中一个站的单元层级

荷兰天文学研究基金会(NFRA)正在开发的千元阵(THEA)示于图16.58,由1024个宽频段接收天线单元组成,当存在射频强干扰信号时用于检测600~1700 MHz频段内的强射电源。THEA建造在16片瓷砖(基本单位)上,各有64个天线单元。THEA系统具有多波束(天空同时可有32个波束)、自适应射频干扰置零、不需移动结构、在线干扰监视等特色。此外,THEA还可装配成灵活的系统,例如瓷砖的位置可以改变,并且很容易改装非常有用的数字式底座(Smolders-1)。

低频阵列(LOFAR)是工作于易受地球影响之最低射频的射电望远镜,现行计划的LOFAR将工作在10~150 MHz范围内,但还在研究能否推广到较高的频率。该望远镜由位于荷兰德维格鲁的NFRA,由美国华盛顿的海军研究院和MIT亥斯塔克天文台,与莱登的福可空间公司合作研制(Bregman-1)。

① 在许多方面,百眼巨人是模仿了人的眼-脑组合。眼睛具有多于一亿个像天线那样工作的视网膜杆和锥,它们通过双极细胞、树突和轴突传输线连接到大脑,进行信号处理和图像识别。大脑具有数以亿计的神经元或神经细胞,由万亿个支持细胞所围绕,像计算机那样工作。

眼睛对周围的视觉,具有近乎半球的覆盖和非常高(1弧分)的分辨率或锐利程度,并适应从红到蓝的2:1频带内超过百万个的信道。

百眼巨人的工作波长几乎是眼睛所检测的光波长之百万倍。要使眼睛按比例增大到能检测射频波长,它应该有1000 m的跨度!所以要这样想,人的头颅装有两架微小型的百眼巨人阵列,颅内又有许多微小型的超级计算机,而这种自然的百眼巨人早已存在了数百万年。

然而,在百眼巨人和眼睛之间还是有一点差异:眼睛附有透镜,而百眼巨人则没有。

参考文献

Andre, S. N. (1), and D. J. Leonard, "An Active Retrodirective Array for Satellite Communications," *IEEE Trans. Ants. Prop.,* **AP-12,** 181–186, March 1964.

ARRL-1, *The A.R.R.L. Antenna Book,* American Radio Relay League, West Hartford, Conn., 1984, p. 7–4.

Bartlein, B. A. (1), and J. Brinkman, "Argus Antenna Design," private communication.

Beverage, H. H. (1), C. W. Rice and E. W. Kellogg, "The Wave Antenna, a New Type of Highly Directive Antenna," *Trans. AIEE,* **42,** 215, 1923.

Bolinger, J. L. (1), "A Simultaneous Multi-beam Phased Array Using Digital Processing Technique," M.S.E.E. thesis, Ohio State University, 1988.

Braun, R. (1), "The Concept of the Square Kilometer Array Interferometer," in High Sensitivity Radio Astronomy, M. Jackson and R. J. Davies (eds.), Cambridge University Press, 1997, pp. 260–268.

Bregman, J. D. (1), "Concept Design for a Low Frequency Array," SPIE Proceedings Astronomical Telescopes and Instrumentation 2000, Radio Telescopes, vol. 4051, 2000.

Brown, G. H. (1), "A Critical Study of the Characteristics of Broadcast Antennas as Affected by Antenna Current Distribution," *Proc. IRE,* **24,** 48–81, January 1936.

Brown, G. H. (2), "Directional Antennas," *Proc. IRE,* **25,** 78–145, January 1937.

Bruce, E. (1), "Development in Short-wave Directive Antennas," *Proc. IRE,* **19,** 1406–1433, August 1931.

Bruce, E. (2), A. C. Beck and L. R. Lowry, "Horizontal Rhombic Antennas," *Proc. IRE,* **23,** 24–46, January 1935.

Brückmann, H. (1), *Antennen, ihre Theorie und Technik,* S. Hirzel, Leipzig, 1939, p. 300.

Butler, J. (1), and R. Lowe, "Beamforming Matrix Simplifies Design of Electronically Scanned Antennas," *Elect. Des.,* **9,** 170–173, 1961.

Butler, J. (2), in R. C. Hansen (ed.), *Microwave Scanning Antennas,* vol. 3, Academic Press, 1966, Chap. 3 (includes 80 references).

Carter, P. S. (1), "Circuit Relations in Radiating Systems and Applications to Antenna Problems," *Proc. IRE,* **20,** 1007, June 1932.

Carter, P. S. (2), C. W. Hansell and N. E. Lindenblad, "Development of Directive Transmitting Antennas by R. C. A. Communications, Inc.," *Proc. IRE,* **19,** 1773–1842, October 1931.

Chireix, H. (1), "French System of Directional Aerials for Transmission on Short Waves," *Exp. Wireless and Wireless Engr.,* **6,** 235, May 1929.

Conti, R. (1), J. Toth, T. Dowling and J. Weiss, "The Wire Grid Microstrip Antenna," *IEEE Trans. Ants. Prop.,* **AP-29,** 157–166, January 1981.

Dixon, R. S. (1), "Argus: A Next-Generation Omnidirectional Powerful Radiotelescope," *Acta Astronautica,* **35,** no. 9–11, 1995, p. 745.

Dixon, R. S. (2), "Argus: A Future SETI Telescope," Progress in the Search for Extraterrestrial Life, Astronomical Society of the Pacific Series 74, vol. 74, 1995, pp. 355–366.

Dorne, A. (1), in *Very High Frequency Techniques,* Radio Research Laboratory Staff, McGraw-Hill, New York, 1947, Chap. 4, p. 115.

Ellingson, S. W. (1), and G. A. Hampson, "A Subspace-Tracking Approach to Interference Nulling for Phased Array-Based Radio Telescopes," *IEEE Trans. Ants. Prop.,* in press.

Foster, Donald (1), "Radiation from Rhombic Antennas," *Proc. IRE,* **25,** 1327–1353, October 1937.

Friis, H. T. (1), and C. B. Feldman, "A Multiple Unit Steerable Antenna for Short-Wave Reception," *Proc. IRE,* **25,** 841–917, July 1937.

Hall, P. S. (1), "Microstrip Antenna Array with Multi-Octave Bandwidth," *Microwave J.,* **29,** 133–139, March 1986.

Harper, A. E. (1), *Rhombic Antenna Design,* Van Nostrand, New York, 1941.

Hendriksson, J. (1), K. Markus and M. Tiuri, "A Circularly Polarized Traveling-Wave Chain Antenna," *European Microwave Conf.,* Brighton, September 1979.

Hildebrand, L. T. (1), and D. A. McNamara, "Experimental Verification of Spacial Domain Integral Equation Analysis of Microstrip Wire-Grid Arrays," Dept. of Electrical and Electronic Engineering, University of Pretoria.

King, R. W. P. (1), H. R. Mimno and A. H. Wing, *Transmission Lines, Antennas and Wave Guides,*" McGraw-Hill, New York, 1945, p. 224.

Kraus, J. D. (1), "Antennas, Our Electronic Eyes and Ears," *Microwave Jour.,* January 1989, pp. 77–92.

Kraus, J. D. (2), "Antenna Arrays with Closely Spaced Elements," *Proc. IRE,* **28,** 76–84, February 1940.

Kraus, J. D. (3), "Characteristics of Antennas with Closely Spaced Elements," *Radio,* 9–19, February 1939.

Kraus, J. D. (4), "Planetary and Solar Radio Emission at 11 m Wavelength," *Proc. IRE,* **46,** 266–274, January 1958.

Kraus, J. D. (5), *Radio Astronomy,* 2d ed., Cygnus-Quasar, 1986, p. 6–40 (1st ed., 1966, p. 193).

Kraus, J. D. (6), "Backward Angle-Fire Array Antenna," *IEEE Trans. Ants. Prop.,* **AP-12,** 48–50, January 1964.

Kraus, J. D. (7), "Backward Angle Traveling Wave Wire Mesh Antenna Array," U.S. Patent 3,290,688, applied for June 11, 1962, granted Dec. 6, 1966.

Kraus, J. D. (8), and K. R. Carver, "Wave Velocities on the Grid-Structure Backward Angle-Fire Antenna," *IEEE Trans. Ants. Prop.,* **AP-12,** 509–510, July 1964.

Kraus, J. D. (9), Multi-wire Dipole Antennas," *Electronics,* **13,** 26–27, January 1940.

Kraus, J. D. (10), "Twin-Three Flat-Top Beam Antenna," *Radio,* no. 243, 10–16, November 1939.

Kraus, J. D. (11), and S. S. Sturgeon, "The T-Matched Antenna," *QST,* **24,** 24–25, September 1940.

Labus, J. (1), "Rechnerische Ermittlung der Impedanz von Antennen," *Hochfrequenztechnik und Electroakustik,* **41,** 17–23, January 1933.

Landsdorfer, F. M. (1), "Zur Optimalen Form von Linearantennen," *Frequenz,* **30,** 344–349, 1976.

Landsdorfer, F. M. (2), "A New Type of Directional Antenna," *Ant. Prop. Soc. Int. Symp. Digest,* 169–172, 1976.

Landsdorfer, F. M. (3), and R. R. Sacher, *Optimization of Wire Antennas,* Wiley, New York, 1985.

Mailloux, R. J. (1), "Phased Array Theory and Technology," *Proc. IEEE,* **70,** 246–291, March 1982 (includes 174 references).

Oltman, H. G. (1), and D. A. Huebner, "Electromagnetically Coupled Microstrip Dipoles," *IEEE Trans. Ants. Prop.,* **AP-29,** 151–157, January 1981.

Pon, C. Y. (1), "Retrodirective Array Using the Heterodyne Method," *IEEE Trans. Ants. Prop.,* **AP-12,** 176–180, March 1964.

Regier, F. (1), "A New Look at the W8JK Antenna," *Ham Radio,* 60–63, July 1981.

Roberts, W. V. B. (1), "Input Impedance of a Folded Dipole," *RCA Rev.,* **8,** 289–300, June 1947, which treats folded dipoles with conductors of equal diameter and also unequal diameter.

Schrank, H. E. (1), "Low Sidelobe Phased Array Antennas," *IEEE Ant. Prop. Soc. Newsletter,* **25,** 5–9, April 1983.

Smith, C. E. (1), *Directional Antennas,* Cleveland Institute of Radio Electronics, Cleveland, Ohio, 1946.

Smolders, A. (1), and D. Kant, "System Specification THEA," NFRA-document SKA-development-140, 1999.

Stark, L. (1), "Microwave Theory of Phased Array Antennas—A Review," *Proc. IEEE,* **62,** 1661–1701, 1974.

Sterba, E. J. (1), "Theoretical and Practical Aspects of Directional Transmitting Systems," *Proc. IRE,* **19,** 1184–1215, July 1931.

Steyskal, H. (1), "Digital Beamforming Antennas," *Microwave J.,* **30,** 107–124, January 1987.

Tallqvist, S. (1), "Theory of the Meander Type Chain and Grid Antenna," Lic. thesis, Helsinki University of Technology, 1977.

Tiuri, M. (1), S. Tallqvist and S. Urpo, "Chain Antenna," *IEEE Ant. Prop. Soc. Int. Symp. Digest,* June 10, 1974.

Van Atta, L. C. (1), "Electromagnetic Reflector," U.S. Patent 2,909,002, Oct. 6, 1959.

自适应阵的补充参考资料

There is an extensive literature on adaptive arrays. Three special issues of the *IEEE Transactions on Antennas and Propagation* have been devoted to adaptive arrays. They are: vol. AP-12, March 1964; vol. AP-24, September 1976; and vol. AP-34, March 1986. Additional references are as follows:

Bickmore, R. W., "Time Versus Space in Antenna Theory," in R. C. Hansen (ed.), *Microwave Scanning Antennas,* vol. 3, Academic Press, 1966, pp. 289–339.

Blank, S., "An Algorithm for the Empirical Optimization of Antenna Arrays," *IEEE Trans. Ants. Prop.,* **AP-31,**

685–689, July 1983.

Butler, J. L., "Digital, Matrix, and Intermediate Frequency Scanning," in R. C. Hansen (ed.), *Microwave Scanning Antennas,* vol. 3, Academic Press, 1966, pp. 217–288.

Dinger, R. J., "A Computer Study of Interference Nulling by Reactively Steered Adaptive Arrays," *Ant. Prop. Soc. Int. Symp. Proc.,* **2,** 807–810, 1984.

Einarsson, O., Optimization of Planar Arrays, *IEEE Trans. Ants. Prop.,* **AP-27,** 86–92, January 1979.

Ersoy, O., "Real Discrete Fourier Transform," *IEEE Trans. Acoustics, Speech, and Signal Processing,* **ASSP-33,** 880–882, August 1985.

Fan, H., E. I. El-Masry and W. K. Jenkins, "Resolution Enhancement of Digital Beamformers," *IEEE Trans. Acoustics, Speech, and Signal Processing,* **ASSP-32,** 1041–1052, October 1984.

Griffiths, L. J., and C. W. Jim, "An Alternative Approach to Linearly Constrained Adaptive Beamforming," *IEEE Trans. Ants. Prop.,* **AP-30,** January 1982.

Gupta, I. J., and A. A. Ksienski, "Effect of Mutual Coupling on the Performance of Adaptive Arrays," *IEEE Trans. Ants. Prop.,* **AP-31,** 785–791, September 1983.

Hansen, R. C., "Gain Limitations of Large Antennas," *IRE Trans. Ants. Prop.,* **AP-8,** 491–495, September 1960.

Hatcher, B. R., "Granularity of Beam Positions in Digital Phased Arrays," *Proc. IEEE,* **56,** November 1968.

Johnson, H. W., and C. S. Burrus, "The Design of Optimal DFT Algorithms Using Dynamic Programming," *IEEE Trans. Acoustics, Speech, and Signal Processing,* **ASSP-31,** 378–387, April 1983.

Laxpati, S. R., "Planar Array Synthesis with Prescribed Pattern Nulls," *IEEE Trans. Ants. Prop.,* **AP-30,** 1176–1183, November 1982.

Mucci, R. A., "A Comparison of Efficient Beamforming Algorithms," *IEEE Trans. Acoustics, Speech, and Signal Processing,* **ASSP-32,** 548–558, June 1984.

Ricardi, L. J., "Adaptive Antennas," in R. C. Johnson and H. Jasik (eds.), *Antenna Engineering Handbook,* McGraw-Hill, 1984, Chap. 22.

Shelton, J. P., and K. S. Kelleher, "Multiple Beams from Linear Arrays," *IRE Trans. Ants. Prop.,* **AP-9,** 154–161, March 1961.

Sorenson, H. V., M. T. Heideman and C. S. Burrus, "On Computing the Split-Radix FFT," *IEEE Trans. Acoustics, Speech, and Signal Processing,* **ASSP-34,** 152–156, February 1986.

Steinberg, B. D., "Design Approach for a High-Resolution Microwave Imaging Radio Camera," *J. Franklin Inst.,* **296,** 415–432, December 1973.

Volakis, J. L., and J. D. Young, "Phase Linearization of a Broad-Band Antenna Response in Time Domain," *IEEE Trans. Ants. Prop.,* **AP-30,** 309–313, March 1982.

Vu, T. B., "Null Steering by Controlling Current Amplitudes Only," *Ant. Prop. Soc. Int. Symp. Proc.,* **2,** 811–814, 1984.

Waldron, T. P., S. K. Chin and R. J. Naster, "Distributed Beamsteering Control of Phased Array Radars," *Microwave J.,* **29,** 133–146, September 1986.

Weber, M. E., and R. Heisler, "A Frequency-Domain Beamforming Algorithm for Wideband Coherent Signal Processing," *J. Acoustic Society of America,* **76,** October 1984.

Wheeler, H. A., "The Grating-Lobe Series for the Impedance Variation in a Planar Phased-Array Antenna," *IEEE Trans. Ants. Prop.,* **AP-14,** 707–714, November 1966.

习题

16.2.1* **两根 $\lambda/2$ 单元的边射阵。**设自由空间中两根边对边的 $\lambda/2$ 单元组成边射阵，其效率为 100%，增益按相对于单根 $\lambda/2$ 单元定义。(a) 计算间距为 $d=0\sim2\lambda$ 范围内的增益值并绘图；(b) 求达到最大增益的间距；(c) 计算并绘制当 $d=\lambda/2$ 时的辐射场波瓣图，同时按给定的相对刻度绘出 $\lambda/2$ 参考天线的波瓣图。

16.3.1 **两根 $\lambda/2$ 单元的端射阵。**设自由空间中两根边对边的 $\lambda/2$ 铅垂单元以其等幅反相的电流组成端射阵，试求当间距为(a) $\lambda/2$，(b) $\lambda/4$ 时在水平面上什么方向的增益为 1。

16.3.2* **两单元阵的阻抗和增益。**设两根中心馈电的 $\lambda/2$ 细天线被反相激励，按间距 0.2λ 平行布置。假设电流为正弦律分布，计算：(a) 两天线之间的互阻抗；(b) 在自由空间中该阵列相对于单独一根天线的增益。

16.4.1 **两根同相 $\lambda/2$ 天线的最大增益。**设两根边对边的 $\lambda/2$ 天线同相馈电，求产生最大增益的间距，并求该最大增益的 dBi 值。参见例 16.4.1。

16.4.2 **两单元的铅垂极化阵**。设自由空间中两根边对边的 λ/2 铅垂单元相距 λ/4,两单元按(a) 同相馈电,(b) 反相馈电,试计算并绘制其远场的场强与相位的波瓣图。对于同相情况,按图 16.2(a)所示的铅垂面 yz 面和水平面 xy 面绘制波瓣图;对于反相情况,按图 16.2(a)所示的铅垂面 xz 面和水平面 xy 面绘制波瓣图。

16.4.3 **不等电流的两单元阵**。设两根边对边的 λ/2 铅垂单元相距为 d,相对电流 $I_2 = aI_1/\delta$。(a) 以一个输入相同功率($0 \leqslant a \leqslant 1$)的铅垂单元为参考,推导在平行于单元和垂直于单元之平面内的增益表达式,并验证它们当 $a=1$ 时简化成式(16.4.15)和式(16.4.13);(b) 对于 $d=\lambda/4$, $a=1/2$ 和 $\delta=120°$ 的情况,绘制这两个平面内的场波瓣图,同时按给定的相对刻度绘出参考天线的波瓣图。

16.5.1 **W8JK 阵**。设 W8JK 阵由自由空间中两根反相的水平 λ/2 单元相距 λ/8 组成。假设损耗电阻为 1 Ω,计算其铅垂面和水平面的场波瓣图,并给出相同输入功率下 λ/2 参考天线的相对波瓣图。

16.6.1* **道尔夫–切比雪夫阵的阻抗**。设 6 根边对边的 λ/2 单元相距 λ/2 组成同相边射阵,电流按副瓣场强为主瓣之 1/5 的道尔夫–切比雪夫分布。(a) 计算每个单元中心馈端上的激励点阻抗;(b) 为该阵列设计馈线系统。

16.6.2 **三角形阵**。三个等幅的各向同性点源布置在一个等边三角形的角点上,如图 P16.6.2 所示。若各源都同相,试确定并绘制其远场波瓣图。

16.6.3 **方形阵**。四个等幅的各向同性点源布置在一个正方形的角点上,如图 P16.6.3 所示。若各源的相位由图中的箭头表示,试确定并绘制其远场波瓣图。

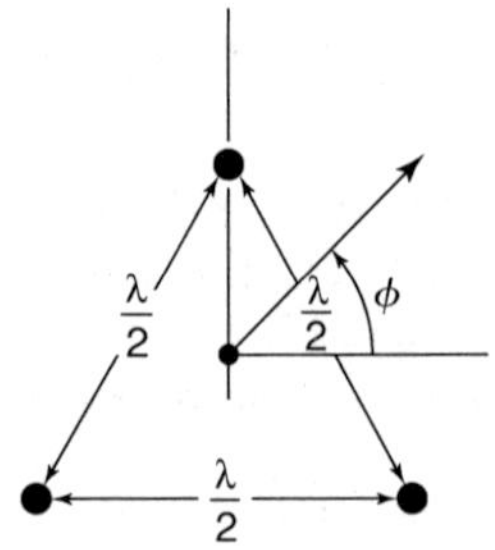

图 P16.6.2 三角形阵

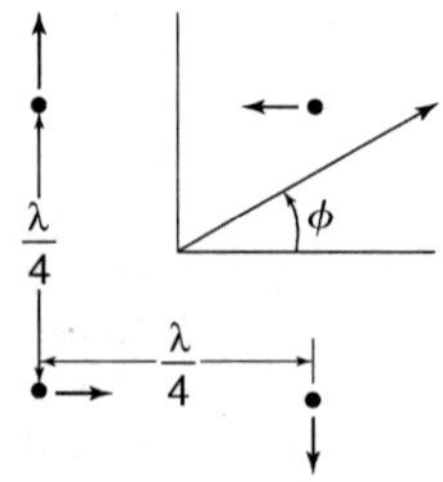

图 P16.6.3 方形阵

16.6.4* **七根短偶极子**。4 dB 角。设 7 根间距为 0.35λ 的短偶极子组成边射(同相)直线阵,求场强最大方向到 4 dB 方向的角度(至最近的 0.1°)。

16.6.5 **方形阵**。四根相同的短偶极子(垂直于纸面)布置在长为 λ/2 的正方形角点上,上左和下右偶极子同相,且与另两根反相。若右向(x 向)对应了 $\phi=0°$,求纸平面内场波瓣图中所有最大和最小方向的ϕ 角。

16.6.6 **三根 λ/2 偶极子的共线阵**。设三根同相的 λ/2 细偶极子天线组成间距为 λ/2 的共线阵列,各偶极子上的电流为正弦分布,中央偶极子的电流幅度两倍于两端的偶极子(二项式阵)。(a) 计算并绘制远场波瓣图;(b) 求半功率波束宽度 HPBW;(c) 与三个相距 λ/2 的各向同性点源之二项式阵的 HPBW 进行比较。

16.6.7* **16 个点源的边射阵**。设由 16 个同相的各向同性点源间隔 λ/2 组成均匀直线阵,试严格计算:(a) 半功率波束宽度;(b) 第一旁瓣电平;(c) 波束立体角;(d) 波束效率;(e) 定向性;(f) 有效口径。

16.6.8 **笔状波束波瓣图**。某圆对称笔状波束(仅为 θ 的函数)说明其波束立体角 Ω_M:(a) 高斯波瓣图为 $1.13\theta_{HP}^2$;(b) $(\sin x)/x$ 波瓣图为 $0.998\theta_{HP}^2$;(c) 贝塞尔波瓣图为 $1.008\theta_{HP}^2$,其中 θ_{HP}^2 是半功率波束宽度。再说明方口径$(\sin u)/u$ 波瓣图的 Ω_M 为 $1.036\theta_{HP}\phi_{HP}$,其中 $u=x=y$。注意,高斯波瓣图的 $\theta_{HP}^2=0.88\,\Omega_A$,故 $\Omega_M=\Omega_A$。

16.7.1 **16 元阵和 W8JK 阵的增益公式**。确认式(16.6.6)和式(16.7.11)。

16.7.2 **地面上的 λ/2 层叠单元和 W8JK 阵**。(a) 推导式(16.7.12);(b) 对地面上架高为 h 的由两根水平 λ/2 单元按 λ/2 层叠的同相阵,在 $h=0\sim1.5\lambda$ 的范围内,计算并绘出其沿仰角 $\alpha=10°$方向,相对于自由空间中 λ/2 天线在相同输入功率下的场强增益曲线。(c) 对地面上架高为 h 的两单元水平 W8JK 天线进行同样的计算和绘图,以进行比较。注意,图 16.32 给出的曲线是沿 $\alpha=20°$方向的。

16.8.1 **两塔广播阵**。设有相距 λ/4 的两座 λ/4 铅垂塔组成的广播天线阵,在塔的底部串馈等幅而正交相位的电流。假设塔身无限细而损耗电阻为零,且地面属理想导体。在 1 kW 输入功率下计算并绘制距离 1.6 km，仰角 α 分别为 0°，20°，40°，60°，80°时之场强（mV/m）均方根值的方位面波瓣图。

16.8.2　**两塔广播阵**。设有两塔广播阵满足习题 5.4.2 的要求，塔高 $\lambda/4$，从底部串馈。假设塔身无限细而损耗电阻为零，且地面属理想导体。计算并绘制通过该阵列轴线之铅垂面内的相对场强波瓣图。

16.8.3　**三塔广播阵**。设有三塔广播阵满足习题 5.4.3 的要求，塔高 $3\lambda/8$，从底部串馈。假设塔身无限细而损耗电阻为零，且地面属理想导体。计算并绘制通过该阵列轴线之铅垂面内的相对场强波瓣图。

16.8.4　**$\alpha = 30°$ 为零点的广播阵**。设由两座相距 $3\lambda/8$ 而高 $\lambda/4$ 的铅垂塔组成广播天线阵列，假设塔身无限细而损耗电阻为零，且地面属理想导体，两塔的底馈电流相等。(a) 设计两塔的馈电相位和轴线取向，使其在水平面内辐射场强的最大方向沿正北，而沿仰角 $\alpha = 30°$ 和方位角（从正北逆时针转）$\phi = 135°$ 方向为零，以减少经电离层弹跳所致的干扰。(b) 计算并绘制取仰角 $\alpha = 0°$ 和 $\alpha = 30°$ 情况的方位面场强波瓣图和通过 $\phi = 135°$ 方向的铅垂面波瓣图。建议按如下步骤进行：从式（16.8.4）求出零点方向的 ϕ'；将式（16.4.13）中的 ϕ 换成 ϕ' 后再由波瓣图阵因子为零求得 δ 值；任意角 (ϕ, α) 的相对场强得自式（16.4.14），其中第一项波瓣图因子的 $\sin\theta = \cos\phi' = \cos\alpha\cos\phi$，第二项因子的 $\theta = 90° - \alpha$。

16.8.5　**西向所有 α 都为零的广播阵**。设由两座高 $\lambda/4$ 的底馈铅垂塔组成广播天线阵列，假设塔身无限细而损耗电阻为零，且地面属理想导体，两塔的底馈电流相等。(a) 设计两塔的间距、馈电相位和轴线取向，使得在水平面内辐射场强的最大方向沿正北，而沿正西方位的所有仰角方向都为零。(b) 计算并绘制取仰角 $\alpha = 0°$，$\alpha = 30°$ 和 $\alpha = 60°$ 情况的方位面相对场强波瓣图。

16.8.6*　**四塔广播阵**。设四座铅垂塔沿东西向直线排列成间距为 d，等幅而递进相位 δ 的广播阵。求能使最大场沿 $\phi = 45°$（东北）方向，而零点沿 $\phi = 90°$（正北）方向的：(a) d 和 (b) δ。还会有其他零点和最大点，但这些最大点的场值都不会超过沿 $\phi = 45°$ 的场（间距 d 必须小于 $\lambda/2$）。

16.10.1　**8 个点源的扫描阵**。设有间距为 $\lambda/2$ 的等幅边射的 8 源直线阵，求能使波束从边射扫描 (a) 5°，(b) 10°，(c) 15°所需的相位递进值；(d) 求同相馈电时的第一零点波束宽度 BWFN？

16.10.2　**24 根偶极子的扫描阵**。设相距为 $\lambda/2$ 的 24 根 $\lambda/2$ 偶极子组成共线的直线阵，各偶极子按等幅而任意递进相位差 δ 馈电。求主瓣最大点沿下列方向所需的 δ 值：(a) 垂直于阵的轴线（边射条件）；(b) 自边射起 25°；(c) 自边射起 50°；(d) 自边射起 75°；(e) 绘出这四种情况下的极坐标场波瓣图；(f) 讨论借改变馈线长度来改变 δ 值，或保持阵列的物理结构而改变频率，以实现这种扫描阵的可行性。它们的实际限制是什么？

16.16.1*　**端接负载的 V 形行波天线**。设有终端接负载的 V 形天线长 5λ，而夹角为 45°。(a) 计算并绘制其远场波瓣图；(b) 其半功率波束宽度 HPBW 是多少？

16.16.2*　**最大 E 型菱形天线**。为仰角 $\alpha = 17.5°$ 设计一副最大 E 型菱形天线。

16.16.3　**瞄准型菱形天线**。为仰角 $\alpha = 17.5°$ 设计一副瞄准型菱形天线。

16.16.4*　**折中型菱形天线**。为仰角 $\alpha = 17.5°$ 设计一副架高 $\lambda/2$ 的折中型菱形天线。

16.16.5　**折中型菱形天线**。为仰角 $\alpha = 17.5°$ 设计一副腿长 3λ 的折中型菱形天线。

16.16.6*　**折中型菱形天线**。为仰角 $\alpha = 17.5°$ 设计一副架高 $\lambda/2$ 而腿长 3λ 的折中型菱形天线。

16.16.7　**菱形天线波瓣图**。为习题 16.16.2 至习题 16.16.6 的菱形天线分别计算其主铅垂面的相对波瓣图。将这些波瓣图的最大值指向调整成一致后，比较它们的主瓣。

16.16.8　**菱形天线公式**。为理想导电地面上方的水平菱形天线推导相对场强的表达式（16.16.1）。

16.16.9　**瞄准型菱形天线公式**。为瞄准型设计的菱形天线证明式（16.16.3）、式（16.16.8）和式（16.16.9）。

注意：习题中涉及的计算机程序，见附录 C。

第17章　透镜天线

本章包含下列主题：

- 介质透镜天线
- 费马原理
- 人造介质透镜天线
- *E*-面金属板透镜天线
- 透镜天线的容差
- *H*-面金属板透镜天线
- 反射镜-透镜天线
- 介质杆天线
- 多螺旋透镜天线
- 龙伯透镜天线
- 爱因斯坦重力透镜

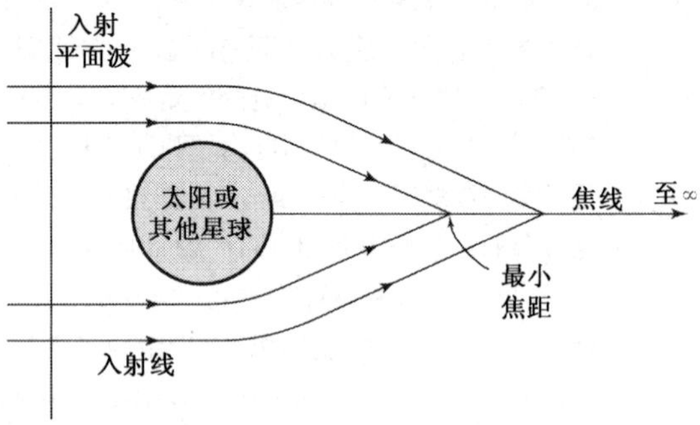

17.1　引言

透镜天线可分成截然不同的两种型式：(1) 延迟透镜——透镜媒质使射径的电长度增大；(2) 加速透镜——透镜媒质使射径的电长度减小。在延迟型透镜中，波被媒质材料减速，电介质透镜和 *H*-面金属板透镜属于延迟型透镜；*E*-面金属板透镜则属于加速型透镜。图17.1比较了介质透镜和 *E*-面金属板透镜的功能。

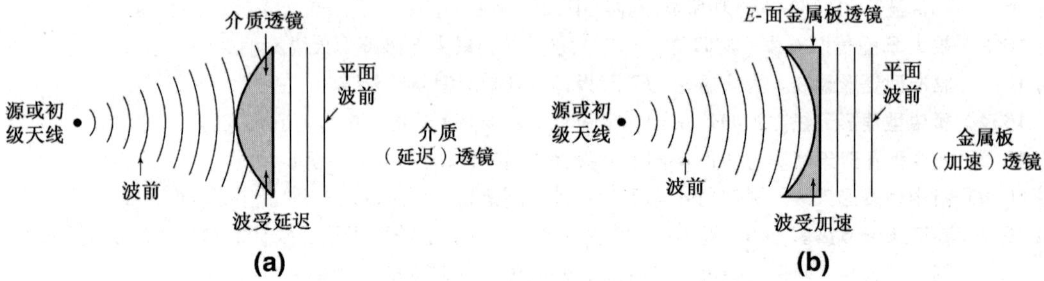

图17.1　介质（延迟）透镜与 *E*-面金属板（加速）透镜功能的比较

电介质透镜又可分成两类：

1. 由非金属介质，如透明合成树脂或聚苯乙烯材料等构造的透镜；
2. 由金属或人造介质构造的透镜。

这将在随后的17.2节和17.3节中考虑。17.4节和17.5节将讨论 *E*-面金属板透镜及其容差，而17.6节讨论 *H*-面金属板透镜，17.7节则介绍一种反射器透镜。

所有延迟型的透镜天线都可被认为是端射式天线,而介质杆和单绕轴向模螺旋天线是它的未成熟雏形(见图 17.2)。同样地,多单元八木-宇田天线的引向结构也是一种透镜的雏形。17.8 节讨论介质杆天线以及已在第 8 章中讨论过的单绕轴向模螺旋天线和八木-宇田天线。17.9 节中描述多螺旋的透镜,本章的最后一节(17.10 节)讨论两种特殊型式的球对称透镜,即龙伯透镜和爱因斯坦透镜,后者利用巨大质量作为聚焦器件。

在毫米波段,低损耗的介质透镜天线在重量和性能方面足以与反射镜天线相竞争(Goldsmith-1, 2, 3)。

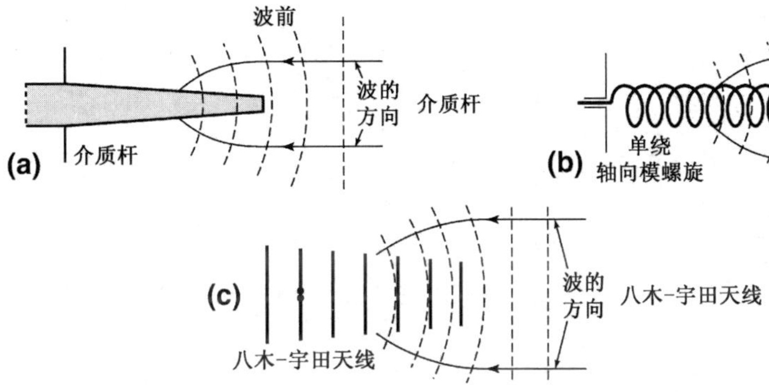

图 17.2　三种透镜天线的雏形

17.2　非金属介质透镜天线,费马原理(射径等同性)

这种天线类似于光学透镜(Risser-1),可借助几何光学的射线分析原理进行设计。作为例子,试设计图 17.1(a)所示的平-凸透镜的形状,将发自各向同性点源或初级天线的球面波前变换成平面波前①。透镜的形状要使得平表面上的场处处同相,也就是从源点至该平面上各点的所有射径都有相等的电长度。**这是射径的电(或光)长度等同性原理**(费马原理)。因此,图 17.3 中射径 OPP' 的电长度应等于射径 $OQQ'Q''$ 的电长度,或简单地表示为 OP 必须等于 OQ'。令 $OQ=L$ 而 $OP=R$,设透镜周围的媒质是空气或真空,则有

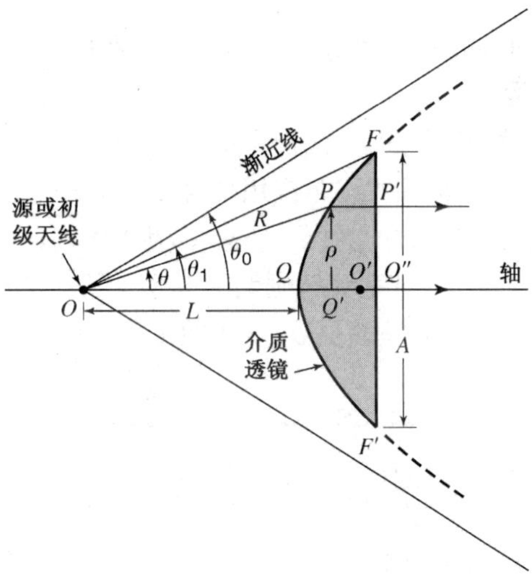

图 17.3　介质透镜中的射径长度

$$\frac{R}{\lambda_0}=\frac{L}{\lambda_0}+\frac{R\cos\theta-L}{\lambda_d}\qquad(1)$$

其中:λ_0——自由空间(空气或真空)中的波长

λ_d——透镜中的波长

将式(1)乘以 λ_0,并记折射率 $n=\lambda_0/\lambda_d$,有

① 波前被定义为一个表面,其上所有点的场具有相同的相位,即相前。

$$R = L + n(R\cos\theta - L) \tag{2}$$

一般地,

$$n = \frac{\lambda_0}{\lambda_d} = \frac{f\lambda_0}{f\lambda_d} = \frac{v_0}{v_d} = \frac{\sqrt{\mu\varepsilon}}{\sqrt{\mu_0\varepsilon_0}} \tag{3}$$

其中,f——频率,Hz

v_0——自由空间中的速度,m s^{-1}

v_d——介质中的速度,m s^{-1}

μ——介质材料的磁导率,H m^{-1}

ε——介质材料的介电常数,F m^{-1}

μ_0——自由空间的磁导率 $\mu_0 = 4\pi\times10^{-7}$,H m^{-1}

ε_0——自由空间的介电常数 $\varepsilon_0 = 8.85\times10^{-12}$,F m^{-1}

且有

$$\mu = \mu_0\mu_r \tag{4}$$

和

$$\varepsilon = \varepsilon_0\varepsilon_r \tag{5}$$

其中,$\mu_r = \frac{\mu}{\mu_0}$,$\mu_r$ 即介质材料的相对磁导率

$\varepsilon_r = \frac{\varepsilon}{\varepsilon_0}$,$\varepsilon_r$ 即介质材料的相对介电常数

由式(3)可得

$$n = \sqrt{\mu_r\varepsilon_r} \tag{6}$$

对于非磁性材料,μ_r 非常接近1,故有

$$n = \sqrt{\varepsilon_r}$$

介质物体的折射率总是大于 1 的。按定义,真空的 $\varepsilon_r = 1$。处在大气压力下的空气,其 $\varepsilon_r = 1.0006$,但在大多数应用场合取 $\varepsilon_r = 1$ 仍足够准确。表 17.1 中按 ε_r 由小到大列出了若干透镜材料的相对介电常数、折射率和功率因数。虽然材料的介电常数随频率而变化(例如水的 ε_r 对射频是 81,对光频则约为 1.8),但表载的数据对于波长短至 1 cm 的射频仍是合适的。功率因数也是频率的函数,表中数据仅说明其在射频段的数量级。

表 17.1　材料的介电常数和功率因数

材料	相对介电常数 ε_r	折射率 n	功率因数[§]
石蜡	2.1	1.4	0.0003
聚乙烯	2.2	1.5	0.0003
透明合成树脂或树脂玻璃(甲基丙酸烯树脂)	2.6	1.6	0.01
聚苯乙烯	2.5	1.6	0.0004
无色(含铅)玻璃	7	2.5	0.004
苯乙烯玻璃(塑料)(TiO_2 或钛酸酯填料)	4–16[†]	2–4	0.003
金红石 (TiO_2)	85–170[‡]	9–13	0.0006

† 取决于成分

‡ 取决于晶体轴相对于场极化的指向

§ 等于传导电流与总电流之夹角的余弦

回到式(2),写出 R 的显式:

$$R = \frac{(n-1)L}{n\cos\theta - 1} \tag{7}$$

此式给出了透镜应有的形状,属于双曲线方程。如图 17.3 所示,距离 L 是透镜的焦距①。该双曲线的渐近线相对于轴成 θ_0 角,它可在式(7)中令 $R=\infty$ 而得到,

$$\theta_0 = \arccos\frac{1}{n} \tag{8}$$

点 O 应是双曲线的焦点之一,另一个焦点则在 O' 处。对位于焦点的点源,三维透镜的表面是由双曲线绕轴旋转所得的双曲球面。对用垂直于纸面(见图 17.3)的同相线源作为初级天线的柱形透镜,其表面是由双曲线平行于线源移动所形成的双曲柱面。

尽管在导出透镜的表面方程式(7)时未曾用到斯涅尔折射定律②,但透镜边界上的场仍将满足这些定律。

从透镜右侧发出的平面波产生最大辐射沿轴向的次级波瓣图,其图形同时作为口径 A 以及照射型式的函数。而口径-波瓣图的关系已由此前章节论述。

对于用各向同性点源作为初级天线且给定焦距 L 的情况,即使忽略了透镜表面的反射效应和透镜材料的损耗,透镜边缘($\theta=\theta_1$)的场强总是小于中心($\theta=0$)的场强。球形透镜口径面上的场强,可借计算透过口径上环形区内每单位面积的功率来确定,它是环之半径 ρ 的函数(Risser-1)。如图 17.4 所示,通过半径为 ρ 而宽度为 $d\rho$ 的环区之总功率为

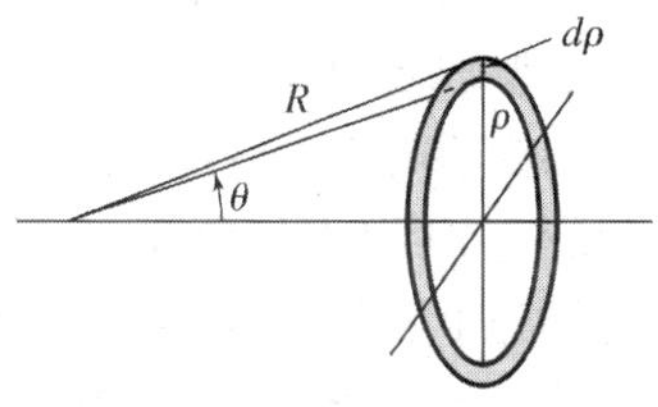

图 17.4　环形区

$$P = 2\pi\rho\, d\rho\, S_\rho \tag{9}$$

其中,S_ρ 为在半径 ρ 处的功率密度或坡印廷矢量(单位面积的功率)。

该功率必须等于各向同性源在立体角 $2\pi\sin\theta\, d\theta$ 内辐射的功率,即

$$P = 2\pi\sin\theta\, d\theta\, U \tag{10}$$

其中,U 为各向同性源的辐射强度(单位立体角的功率)。

由式(9)和式(10)的相等可得

$$\rho\, d\rho\, S_\rho = \sin\theta\, d\theta\, U \tag{11}$$

或

$$\frac{S_\rho}{U} = \frac{\sin\theta}{\rho(d\rho/d\theta)} \tag{12}$$

然而,$\rho = R\sin\theta$,并将式(7)的 R 代入,得

$$S_\rho = \frac{(n\cos\theta - 1)^3}{(n-1)^2(n-\cos\theta)L^2}U \tag{13}$$

由式(13),可给出沿 θ 角的功率密度 S_θ 与沿轴($\theta=0$)的功率密度 S_0 之比

① 透镜的 F 数是指焦距 L 与透镜的口径尺寸 A 之比,即 $F=L/A$。

② 折射率的斯涅尔定律是:(1) 入射线、折射线和表面的法线位于同一平面内(称为"入射面");(2) 任何两种媒质的界面上,入射角的正弦与折射角的正弦之比总等于常数。如果入射波的媒质是空气,该常数就是折射线所在媒质的折射率,即 $\sin\alpha/\sin\beta=n$。这里 α 是空气中的入射线与界面法线之间的夹角;β 是透镜介质中的折射线与界面法线之间的夹角。

$$\frac{S_\theta}{S_0} = \frac{(n\cos\theta - 1)^3}{(n-1)^2(n-\cos\theta)} \tag{14}$$

在口径平面内,场强之比等于式(14)的平方根,即①

$$\frac{E_\theta}{E_0} = \sqrt{\frac{S_\theta}{S_0}} = \frac{1}{n-1}\sqrt{\frac{(n\cos\theta - 1)^3}{n-\cos\theta}} \tag{15a}$$

此比值 E_θ/E_0 是在半径 ρ 处按 $\rho = R\sin\theta$ 计算的相对场强。例如,当 $n = 1.5$ 时,

$$\frac{E_\theta}{E_0} = 0.7 \quad 当\ \theta = 20^\circ$$

和

$$\frac{E_\theta}{E_0} = 0.14 \quad 当\ \theta = 40^\circ$$

因此,为了得到近似均匀的口径照射,透镜的边缘角 θ_1 应小于 20°;否则,初级天线应有倒转型的波瓣图,即沿轴向($\theta = 0$)的强度小于偏轴方向。

用锥削的口径照射代替均匀照射可望抑制副瓣,所以上例中取 $\theta_1 = 40°$,使透镜边缘的场为中心值的 0.14。这种锥削照射方法的缺点是透镜的体积庞大,如图 17.5(a)所示。另一种安排如图 17.5(b)所示,是在较小的透镜边缘角 θ_1 内由大焦距(相对于口径而言)的定向初级天线形成锥削照射。这种情况下的透镜体积并不庞大,但焦距较长($F = L/A$,F 数较大)。

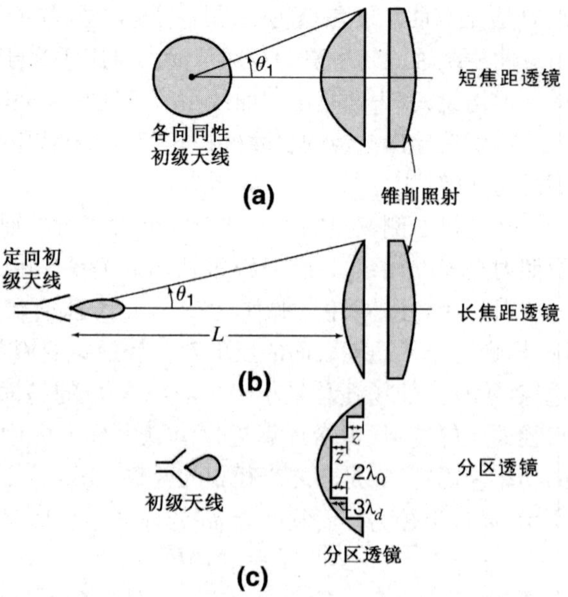

图 17.5 (a) 短焦距透镜;(b) 长焦距透镜;(c) 分区透镜

为了结构紧凑和减轻重量,将图 17.5(a)透镜的短焦距与图 17.5(b)透镜的轻重量相结合,演绎出图 17.5(c)的短焦距分区透镜,其重量因按区割除介质而减轻。分区的几何关系应基本上不影响透镜在设计频率上的性能。然而,不分区的透镜对频率不敏感,分区后却带来对频率敏感的缺点。分区台阶的厚度 z 应使其在介质中的电长度比空气中的电长度长出波长的整数(通常是 1)倍。在 1λ 差异时,

$$\frac{z}{\lambda_d} - \frac{z}{\lambda_0} = 1 \tag{16}$$

或

$$z = \frac{\lambda_0}{n-1} \tag{17}$$

对于折射率 $n = 1.5$ 的介质,有

$$z = 2\lambda_0$$

---

① 式(15a)是针对球面透镜的,并忽略了在透镜中的衰减。对于柱面透镜,其场强比为

$$\frac{E_\theta}{E_0} = \frac{n\cos\theta - 1}{\sqrt{(n-1)(n-\cos\theta)}} \tag{15b}$$

其中,E_θ/E_0 是在偏轴距离 $y = R\sin\theta$ 处的相对场强。

即每个台阶的厚度为自由空间波长的 2 倍。又因为 $n=\lambda_0/\lambda_d$，有

$$z=3\lambda_d$$

因此，在这种介质材料的分区透镜中，台阶 z 的电长度为介质中的 3λ，为空气中的 2λ，如图 17.5(c)所示。

在透镜天线中的初级天线并不会像对称抛物面反射镜天线(主焦馈源)那样干扰(见第 10 章)离开口径的平面波。然而，从透镜表面反射的能量足以引起初级天线对其馈线或波导的失配。图 17.6(a)所示的透镜，从凸表面上的反射除了近轴射线外并不返回源点；然而从透镜平表面向内反射的波又被重聚焦于初级天线，引起了扰乱。此时由正投射所致反射波的反射系数为

$$\rho=\frac{Z_0-Z}{Z_0+Z} \tag{18}$$

其中，Z_0——自由空间的本征阻抗($Z_0=\sqrt{\mu_0/\varepsilon_0}$)

Z——介质透镜材料的本征阻抗($Z=\sqrt{\mu/\varepsilon}$)

于是，

$$\rho=\frac{(Z_0/Z)-1}{(Z_0/Z)+1}=\frac{n-1}{n+1} \tag{19}$$

其中，n 为介质透镜材料的折射率。

当 $n=1.5$ 时，$\rho=0.2$；当 $n=4$ 时，$\rho=0.6$。因而，小反射就要求低折射率。此外，还存在使反射最小化的其他措施，例如，在透镜平表面上附有折射率为$\sqrt{n}$的 λ/4 平板(其中 n 是透镜的折射率)①；或将透镜如图 17.6(b)所示稍加倾斜，使反射波重聚焦于初级天线的一侧，甚至仍能保持沿轴向的天线波束。

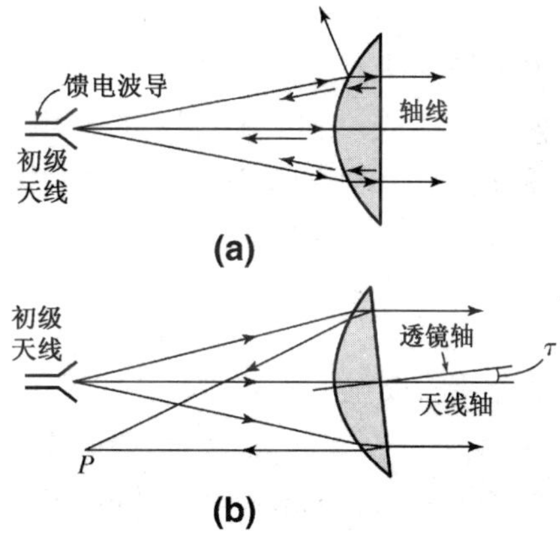

图 17.6 (a) 进入初级天线的反射波；(b) 重聚焦于初级天线的一侧

17.3 人造介质透镜天线

Kock(1)曾阐明，人造的或金属的介质能被用来代替常规透镜的非金属介质，以减少重量。常规介质是由微观尺寸的分子颗粒组成的，然而人造介质却由微观尺寸的离散金属颗粒组成。研究发现，最大金属颗粒沿电场方向的尺寸应小于 λ/4，以避免谐振效应，颗粒的间距应小于 λ，以避免绕射效应。

人造介质的颗粒可以采用金属的球、盘、条带或杆。例如图 17.7 所示用金属球构造的平-凸透镜，金属球被布置成三维的阵列或格点结构，以大得多的尺寸模仿常规介质材料的晶格结构。来自源或初级天线的无线电波在金属球上感应出振荡的电流，模拟了在常规介质中振荡的分子偶极子。

人造介质透镜可以按常规介质透镜相同的原理设计(见 17.2 节)。为此，需要知道人造介质的有效折射率。这既可以通过对片状材料经实验测得，也可以采用下列分析方法近似算

① 通常，两种媒质之间的 λ/4 匹配平板的折射率应等于两者折射率之几何平均值。它的等价表示是：平板材料的本征阻抗 Z_p 应取成两种媒质的本征阻抗 Z_1 和 Z_2 之几何平均值，即 $Z_p=\sqrt{Z_1Z_2}$。

出。通常,金属盘或条带因重量较轻而优先于金属球,金属条带可以在垂直于电场的方向上呈连续结构(见图 17.8)。然而球更便于分析,现就针对球的情况说明其分析方法。

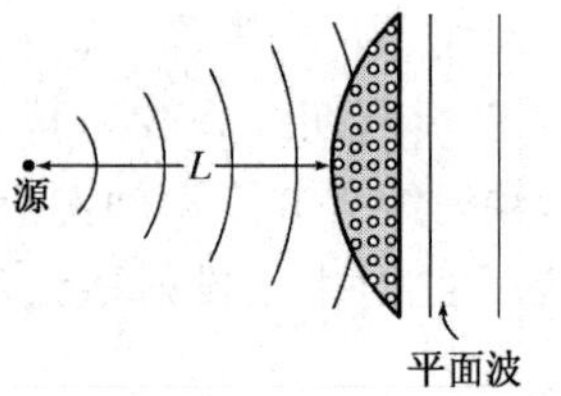

图 17.7 金属球构成的人造介质透镜

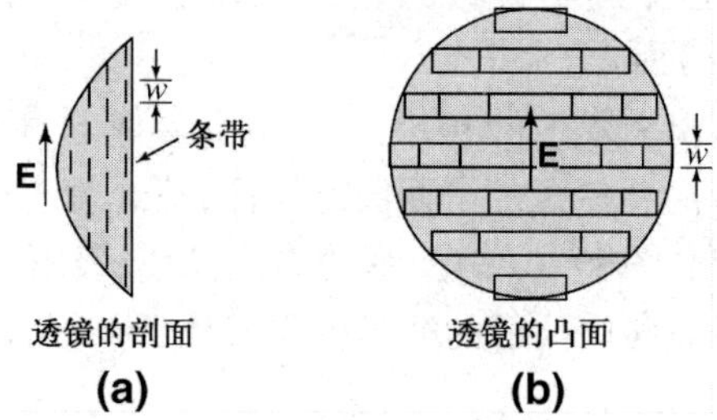

图 17.8 宽度为 w 的扁平金属条带构成的人造介质透镜

将一个未带电荷的导体球放入电场 **E** 中,图 17.9(a)指出了场在球面上感应的正、负电荷。该电荷的远距效应可以表示成一对相距为 l 的点电荷 $+q$ 和 $-q$,如图 17.9(b)所示,构成偶极矩为 ql 的电偶极子。在远区 $r \gg l$ 由该偶极子产生的电位是

$$V = \frac{ql\cos\theta}{4\pi\varepsilon_0 r^2} \tag{1}$$

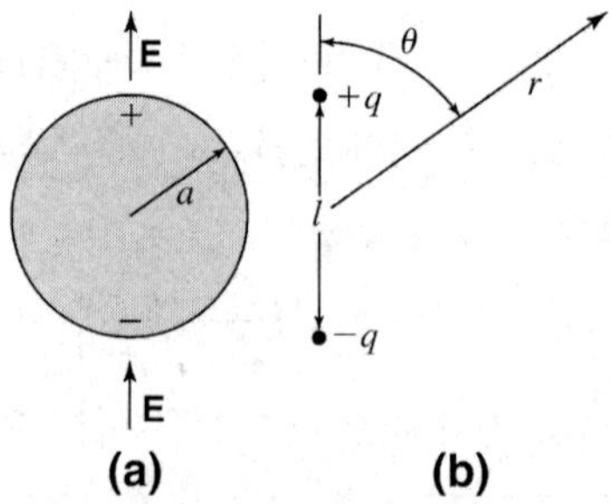

图 17.9 带电荷导体球与等效偶极子

人造介质的极化矢量 **P** 为

$$\mathbf{P} = Nq\mathbf{l} \tag{2}$$

其中,N——每立方米中金属球的个数

$\mathbf{l}$——连接电荷 $\pm q$ 的长度为 l 的矢量

电位移 **D** 与电场强度 **E** 和极化 **P** 的关系为

$$\mathbf{D} = \varepsilon\mathbf{E} = \varepsilon_0\mathbf{E} + \mathbf{P} \tag{3}$$

其中,ε_0 为自由空间的介电常数。

于是,人造介质材料的有效介电常数 ε 为

$$\varepsilon = \varepsilon_0 + \frac{\mathbf{P}}{\mathbf{E}} = \varepsilon_0 + N\frac{q\mathbf{l}}{\mathbf{E}} \tag{4}$$

因此,若知道单位体积中球的个数以及一个球在外施单位电场下的偶极矩,就能确定该人造介质的有效介电常数。以下试求外施单位电场下的偶极矩。

根据 $\mathbf{E} = -\nabla V$,在均匀场中的位函数

$$V = -\int_0^r E\cos\theta\,dr = -Er\cos\theta \tag{5}$$

其中,θ 是半径矢量与场矢量之间的夹角,如图 17.9(b)所示。球外的电位应加上偶极子产生的电位,即式(5)和式(1)之和,得

$$V_0 = -Er\cos\theta + \frac{ql\cos\theta}{4\pi\varepsilon_0 r^2} \tag{6}$$

在球面(半径为 a)上,式(6)变成①

① 金属球表面上的正、负电荷相等,故电位取为零。

$$0 = -Ea\cos\theta + \frac{ql\cos\theta}{4\pi\varepsilon_0 a^2}$$

由此解得 ql/E 为

$$\frac{ql}{E} = 4\pi\varepsilon_0 a^3 \tag{7}$$

将此外施单位电场的偶极矩代入式(4),得

$$\varepsilon = \varepsilon_0 + 4\pi\varepsilon_0 Na^3$$

或

$$\varepsilon_r = 1 + 4\pi Na^3 \tag{8}$$

其中,ε_r 为人造介质的有效相对介电常数。

如果人造介质的有效相对磁导率为 1,则折射率就可得自式(8)的平方根。然而,由于高频场在良导体中只透入很小的深度,使无线电波的磁场力线在球的周围发生畸变,由此得出导体球人造介质的有效相对磁导率为

$$\mu_r = 1 - 2\pi Na^3 \tag{9}$$

而导体球人造介质的有效折射率为

$$n = \sqrt{\varepsilon_r \mu_r} = \sqrt{(1 + 4\pi Na^3)(1 - 2\pi Na^3)} \tag{10}$$

据此式所得的折射率小于按式(8)开平方所得的值,它取决于金属球的半径 a(m)和单位体积(m^3)中球的个数 N。金属盘或条带的人造介质之相对磁导率都更接近 1,可以按$\sqrt{\varepsilon_r}$计算其折射率。表 17.2(Kock-1)列出了导体球、盘和条带构造的人造介质之 ε_r,μ_r和 n 理论值。按照 Kock 表中的值,只有 $\varepsilon_r \leqslant 1.5$ 才是可实现的,而且只对较大的 ε_r 表现出近似;对于 $\varepsilon_r >$ 1.5 的情况,由于 N 过大,使间距过密而颗粒互相交割,这种效应在公式中并未计及。

表 17.2　人造介质材料†

颗粒型式	相对介电常数 ε_r	相对磁导率 μ_r	折射率 n
球型	$1 + 4\pi Na^3$	$1 - 2\pi Na^3$	$\sqrt{(1+4\pi Na^3)(1-2\pi Na^3)}$
盘型	$1 + 5.33Na^3$	~1	$\sqrt{1+5.33Na^3}$
条带型	$1 + 7.85N'w^2$	~1	$\sqrt{1+7.85N'w^2}$

† N——每立方米中球或盘的个数

a——球或盘的半径,m

N'——透镜剖面每平方米中条带的个数,如图 17.8(a)所示

w——条带的宽度,m,如图 17.8 所示

17.4　E-面金属板透镜天线

波在常规或人造介质透镜中都受到延迟作用,与之相反,波在 E-面金属板透镜中却受到加速作用(Kock-2)。这种透镜中的金属板都平行于 E-平面(即电场平面)。如图 17.10 所示,在两片平行伸展的导体板之间沿 x 方向传播 TE_{10}波($\mathbf{E}$ 如图所示),Chu (1)指出其速度为

$$v = \frac{v_0}{\sqrt{1 - (\lambda_0/2b)^2}} \tag{1}$$

其中,v_0——自由空间中的波速

λ_0——自由空间中的波长

b——导体板的间隙

平行导体板作为波导,其传输条件是 $b \geqslant \lambda_0/2$。间隙 $b=\lambda_0/2$ 是临界值,较小的 b 值对波呈现不透明而不能传输①。对于固定的波长,波速作为板间隙之函数的变化示于图 17.11,它总是大于自由空间中的光速 v_0;当 b 趋近 $0.5\lambda_0$ 时趋于无穷大,当 b 趋于无穷大时趋近 v_0。

由间隙为 b 的大量平行导体板所构成的媒质,其等效折射率为

$$n=\frac{v_0}{v}=\sqrt{1-\left(\frac{\lambda_0}{2b}\right)^2} \tag{2}$$

它总是小于 1,如图 17.11 所示。

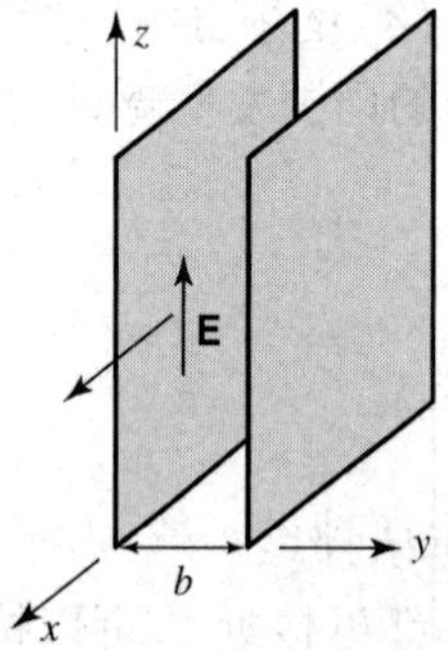

图 17.10 E-面金属板透镜中平行导体板之间的波

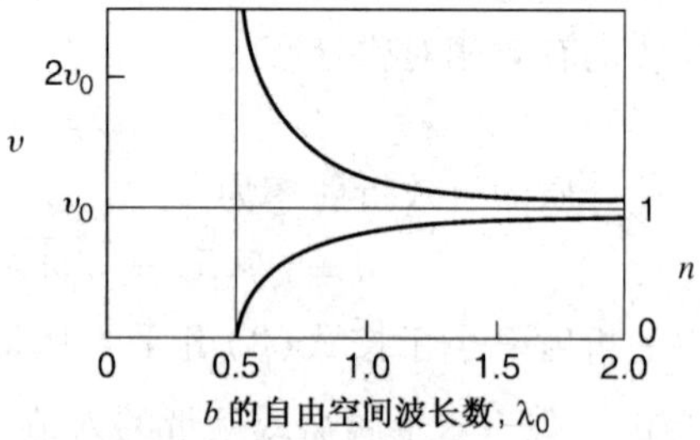

图 17.11 平行板间的波速 v 和等效折射率n作为板的间隙b之函数

平行板之间波的加速效应已被用于金属板透镜,借以聚焦无线电波(Kock-2)。举例来说,与图 17.1(a)或图 17.3 中的平-凸型介质透镜等效的是图 17.12 中的平-凹型金属板透镜。金属板从整片平板上切割成形,其沿波传输方向的厚度 t(凹入的深度)变化可将源所发出的球面波变换成透镜平表面一侧的平面波,而电场始终平行于金属板。

图 17.12 中包含透镜轴的金属板另示于图 17.13,板的形状仍根据射径电长度的等同性原理(费马原理)确定。在图 17.13 中,OPP' 与 OQQ' 的电长度必须相等,即

$$\frac{L}{\lambda_0}=\frac{R}{\lambda_0}+\frac{L-R\cos\theta}{\lambda_g} \tag{3}$$

其中,λ_0——自由空间中的波长

λ_g——透镜中的波长

从而

$$R=\frac{(1-n)L}{1-n\cos\theta} \tag{4}$$

此关系与式(17.2.7)等同。然而,为了保持分子和分母都是正数(现在是 $n<1$ 的情况),将式(17.2.7)的分子和分母同乘以 -1。又由于 $n<1$,式(4)属于椭圆方程。图 17.12 中透镜的三维凹表面是由式(4)所给的中心板轮廓绕轴旋转生成的。如果初级天线是图 17.13 中垂直于纸面的线源,则所有的金属板都相同,排列成椭圆柱面。

① 对于典型的间隙 $b \approx 3\lambda/4$,垂直入射波的传输系数接近于 1。

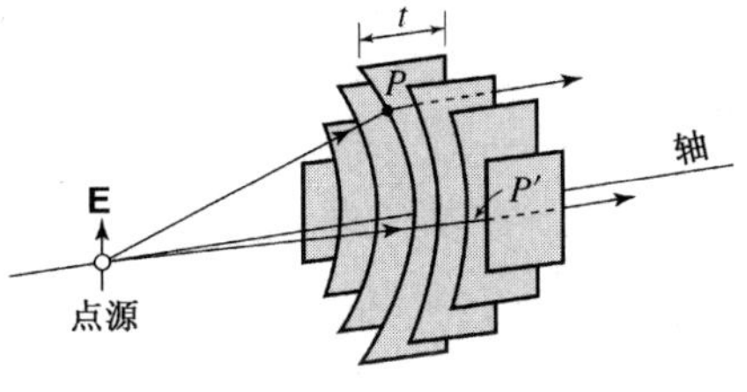

图 17.12　E-面金属板透镜

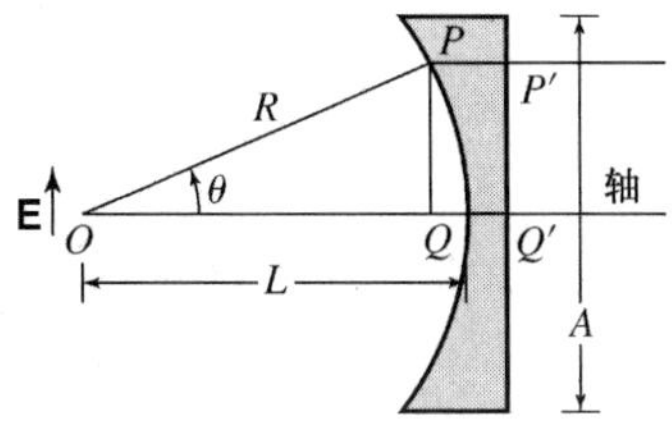

图 17.13　E-面金属板透镜的几何关系

图 17.12 中波在 P 点进入透镜时应满足斯涅尔定律。然而对于在 P' 点进入的情况却无此必要，因为金属板限制了波只能沿间隙传输。因此，E-面金属板透镜可以仅靠这种约束型的折射来构造，图 17.14 给出两种型式的剖面，都采用了垂直于纸面的线源，电场 **E** 与之平行；垂直于线源的所有剖面都与图示的相同。图 17.14(a) 中，板的间隙均匀，但厚度 t 因板而异；图 17.14(b) 中，板的厚度 t 相同，但板的间隙变化。

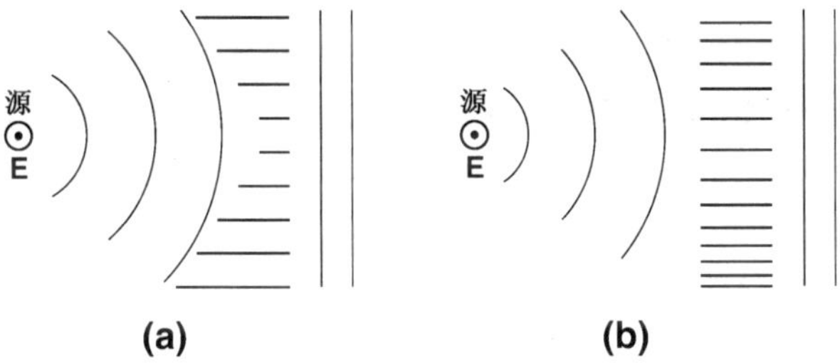

图 17.14　约束型 E-面金属板透镜的剖面

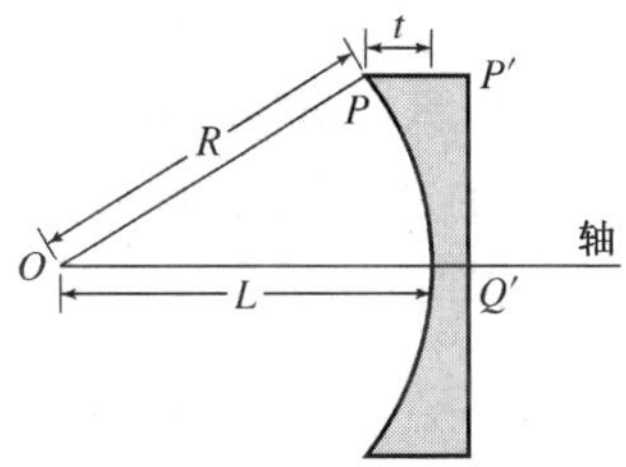

图 17.15　频带考虑的几何关系

与介质型透镜相比，E-面金属板透镜的缺点是具有频率敏感性，其频带相对较窄。为了确定其工作频带，考虑图 17.15 所示的几何关系 (Risser-1)。在设计频率 f 上，式 (3) 可以改写成

$$\frac{L}{\lambda_0} = \frac{R}{\lambda_0} + \frac{t}{\lambda_g} \tag{5}$$

进而

$$L = R + nt \tag{6}$$

其中，n 为设计频率 f 上的折射率。在某个其他频率 f' 上，

$$L + \delta = R + n't \tag{7}$$

其中，δ——射径 OQ' 和 OPP' 的电长度之差值

n'——在频率 f' 上的折射率

将式 (6) 代入式 (7)，写成

$$\delta = \Delta n\, t \tag{8}$$

其中，$\Delta n = n' - n$。

当波长的差值 $\Delta\lambda_0$ 较小时，近似有

$$\Delta n = \frac{\partial n}{\partial \lambda_0}\Delta\lambda_0 \tag{9}$$

将式 (2) 代入式 (9)，经求导后再代入式 (8)，得出

$$\delta = \frac{n^2 - 1}{n}\frac{\Delta\lambda_0}{\lambda_0}t \tag{10}$$

或

$$\left|\frac{\Delta\lambda_0}{\lambda_0}\right| = \frac{n\delta}{(1-n^2)t} \tag{11}$$

总的频带宽度 B 是式(11)的两倍,故

$$B = \frac{2n\delta}{(1-n^2)t} = \frac{2n}{1-n^2}\frac{\delta_\lambda}{t_\lambda} \tag{12}$$

其中,δ_λ——射径差最大容差的自由空间波长数

t_λ——透镜边缘处透镜板厚度的自由空间波长数

若随意取 $\delta = \lambda/4$,则

$$B = \frac{50n}{(1-n^2)t_\lambda} \quad (\%) \tag{13}$$

当 $n = 0.5$ 而 $t = 6\lambda$ 时,频带宽度为

$$B = 5.5\% \tag{14}$$

于是,该天线的可用频带只有其设计频率的 5.5%[①]。虽然介质透镜的分区会导致频率敏感性,但 E-面金属板透镜的分区反倒有减弱其频率敏感性的效果。因而,分区对于 E-面金属板透镜是值得的,既能节省重量又能展宽频带。

分区 E-面金属板透镜的频带宽度可以近似地写成

$$B = \frac{50n}{1+Kn} \quad (\%) \tag{14}$$

其中,n 表示在设计频率上的折射率,K 表示分区个数,透镜轴穿过的计为第一区。

相比于上述 $n = 0.5$, $t = 6\lambda_0$ 而 $B = 5.5\%$ 的未分区透镜,一架 $n = 0.5$ 而 $K = 3$(由于 $n = 0.5$ 时,$K \sim t_\lambda/2$)的分区透镜具有 10% 的频带,几乎是未分区透镜的频带之加倍。

大型透镜天线的口径效率可望达到 0.6,故其定向性与相同口径尺寸的最佳喇叭天线大致相等(见第 9 章)。

如图 17.16(a)所示,每个分区台阶的厚度 z 得自下式:

$$\frac{z}{\lambda_0} - \frac{z}{\lambda_g} = 1$$

或

$$z = \frac{\lambda_0}{1-n} \tag{15}$$

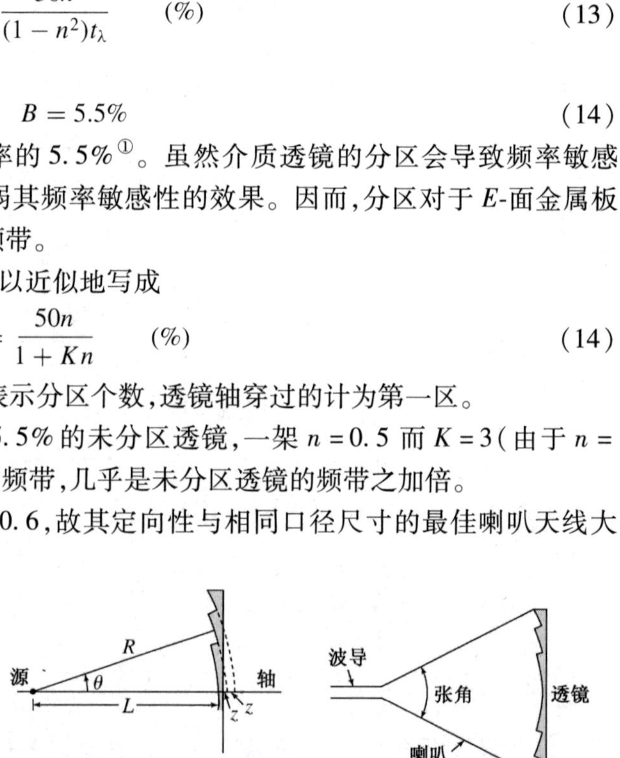

图 17.16 (a) 分区透镜板;(b) 带透镜的喇叭

分区透镜的轮廓方程与未分区透镜的式(4)是类同的,只需将后式中的 L 换成 L_k 即可,其中

---

① $\frac{2\Delta\lambda}{\lambda} = \frac{\lambda_2 - \lambda_1}{\lambda} = \frac{(1/f_2)-(1/f_1)}{(1/f)} = \frac{f(f_1-f_2)}{f_1 f_2} \approx \frac{f_1-f_2}{f} = \frac{2\Delta f}{f}$(当 $\Delta f \ll f$)

其中,λ——设计波长

f——设计频率

λ_1——波段的短限

λ_2——波段的长限

f_1——频段的高限

f_2——频段的低限

$$L_k = L + \frac{(K-1)\lambda_0}{1-n} = L + (K-1)z \tag{16}$$

对于(轴所穿过的)第 1 区,$L_k = L$;对于第 2 区,$L_k = L + z$;对于第 3 区,$L_k = L + 2z$;依次类推。

在图 17.16(b)中采用金属围壁作为屏蔽,防止透镜朝向源一侧的杂散辐射。这就形成了一架附带透镜的宽张角电磁喇叭。不带透镜的最佳喇叭在相同口径时要长得多(张角较小)。透镜允许以短得多的结构对应相同尺寸的口径,或许这正是透镜或透镜-喇叭组合相对于简单喇叭天线的主要优点。

17.5　透镜天线的容差

在介质透镜中,对理想轮廓的厚度偏差或折射率的变化都会引起射径长度的差异(Risser-1)。若分配给任何一种原因所致差异的允许均方根值为 $\lambda_0/32$ rms,则有厚度容差为

$$\frac{\Delta t}{\lambda_d} - \frac{\Delta t}{\lambda_0} = \frac{1}{32}$$

即

$$\Delta t = \frac{\lambda_0}{32(n-1)} = \frac{0.03\lambda_0}{n-1} \tag{1}$$

当 $n = 1.5$ 时,

$$\Delta t = 0.06\lambda_0$$

另有折射率的容差为

$$\Delta n\, t = \frac{\lambda_0}{32}$$

即

$$\Delta n = \frac{0.03}{t_\lambda} \tag{2}$$

其中,t_λ 为透镜厚度的自由空间波长数。

用 n 去除式(2),得百分数容差

$$\frac{\Delta n}{n} = \frac{3}{n t_\lambda} \quad (\%) \tag{3}$$

当 $n = 1.5$ 而 $t = 4\lambda_0$ 时,$\Delta n/n = 0.5\%$。

在 ***E*-面金属板透镜中**,射径长度同时受透镜的厚度和板的间隙之影响。各分配 $\lambda_0/32$ 的均方根误差,则有厚度容差为

$$\Delta t = \frac{\lambda_0}{32(1-n)} = \frac{0.03\lambda_0}{1-n} \tag{4}$$

板的间隙容差为

$$\frac{\Delta b}{b} = \frac{3n}{(1-n^2)t_\lambda} \quad (\%) \tag{5}$$

将这些容差与**抛物面反射镜**对表面轮廓的要求进行比较是很有意义的。反射镜表面在顶点处的法向(即轴向)位移 Δx 会导致 $2\Delta x$ 的射径变化,为了与透镜天线的 Δt 或 Δn 达到相同的效果,Δx 只能取为透镜情况的 1/2。

对于大反射镜而短波长的情况,要求严格限制反射面的翘曲或扭曲容差;与之相比,透镜

的厚度容差仅只涉及厚度尺寸而已,并不意味透镜的轮廓也需要维持这样的准确性。透镜可以允许相对较大的翘曲或扭曲变形,这成了一项重要的优点。更进一步,透镜的轴可以相对于通过初级天线和透镜中心的轴倾斜可观的角度 τ,如图 17.6(b)所示,而不致发生严重影响①。

表 17.3 归纳了上述各项容差。表中也列出了分区透镜的容差,它们也按未分区透镜的容差推导,但对于介质透镜取厚度为 $\lambda_0/(n-1)$,对于金属板透镜取厚度为 $\lambda_0/(1-n)$。表中所有的容差都假设:各种透镜偏差为 $\lambda_0/32$ rms,而反射镜偏差为 $\lambda_0/64$ rms;每种情况下的增益损失因子 $k_g=0.16$ dB 都由式(19.2.3)算出;提供的相关距离大于 λ,且满足式(19.2.3)的条件。对于随机偏差(如折射率与厚度)的组合,净的有效偏差得自各偏差之平方和。

表 17.3 透镜和反射镜天线的容差

天线的型式	容差的类型	容差的数量(rms)
抛物面反射镜	表面轮廓	$0.016\lambda_0$
介质透镜†(未分区)	厚度	$\dfrac{0.03\lambda_0}{n-1}$
	折射率	$\dfrac{3}{nt_\lambda}\%$
介质透镜†(分区)	厚度	3%
	折射率	$\dfrac{3(n-1)}{n}\%$
E-面金属板透镜‡(未分区)	厚度	$\dfrac{0.03\lambda_0}{1-n}$
	板的间隙	$\dfrac{3n}{(1-n^2)t_\lambda}\%$
E-面金属板透镜‡(分区)	厚度	3%
	板的间隙	$\dfrac{3n}{1+n}\%$

n 为折射率
t 为透镜厚度
t_λ 为透镜厚度的自由空间波长数
† $n>1$
‡ $n<1$

17.6 *H*-面金属板透镜天线

当波射入如图 17.17(a)所示平行于 H-面(垂直于 E-面)的层叠金属板时,其速度所受的影响甚微;但波的射径被限制在板的间隙之中,并如图 17.17(b)所示随着平行板变形,或如图 17.17(c)所示倾斜而增长。采用倾斜板法的结构,因其金属板平行于磁场,称为 H-面金属板透镜,由于其中心射径的增量为$(S-T)$,也起到结构减薄的效果。这种约束型透镜也根据射径电长度的等同性条件进行设计(Kock-3),参照图 17.17(b),可写出

$$R=L+\frac{R\cos\theta-L}{\cos\xi} \tag{1}$$

或

① 据 Friis(1) & Lewis 发表的 E-面金属板透镜天线的辐射场波瓣图,当倾角大到 30°时只出现很小的差异。

$$R = \frac{(n-1)L}{n\cos\theta - 1} \tag{2}$$

其中,$n = 1/\cos\xi$,n 为倾斜板透镜媒质的有效折射率。

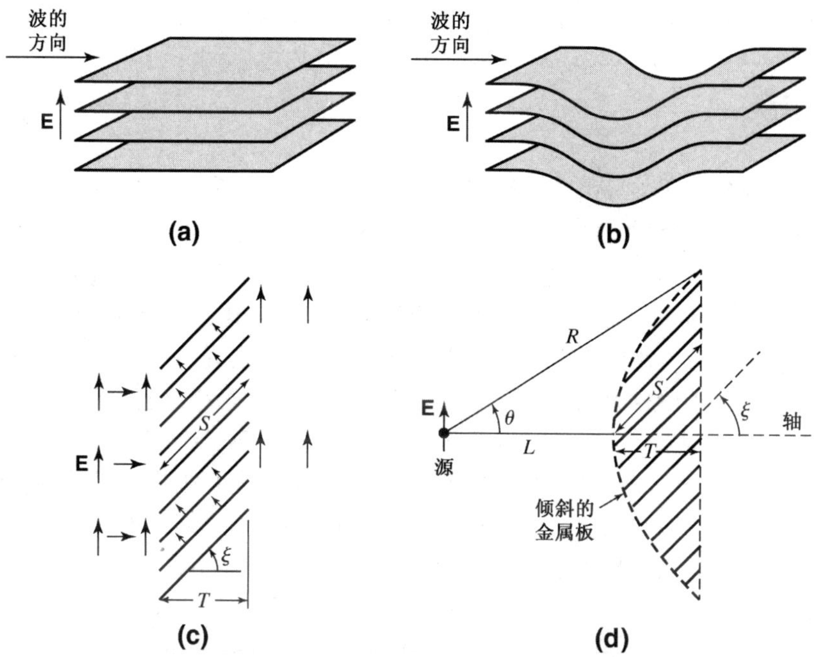

图 17.17　(a) 层叠式 H-面金属平板;(b) 加长射径的层叠式 H-面金属板;(c)倾斜的 H-面金属板;(d)采用倾斜板的 H-面金属板透镜

这种结构的折射率总大于 1,式(2)与介质透镜的式(17.2.7)完全相同。该折射率只取决于板的倾斜角 ξ,而不像 E-面金属板透镜那样是频率的函数。最临界的结构尺寸是在透镜内的射径 S,它受 T 或 ξ 的改变的影响。假设射径电长度的最大允许偏差为 $\delta = \lambda_0/8$,则可给出 S 的容差为

$$\Delta S = \pm 0.06\lambda_0 \tag{3}$$

H-面金属板透镜的缺点是它的结构型式造成 E-面内不对称的口径照射。

17.7　反射器–透镜天线

图 17.18 给出了一种介质透镜和平板反射器组合的天线(Kraus-1)。来波的射线两次经过透镜后被聚向焦点 F,对于薄透镜可近似地给出距离 R 的公式为

$$R = \frac{(n-1)2L}{(2n-1)\cos\theta - 1} \tag{1}$$

其中,n 为透镜的折射率,L 为焦距(单位与 R 相同)。

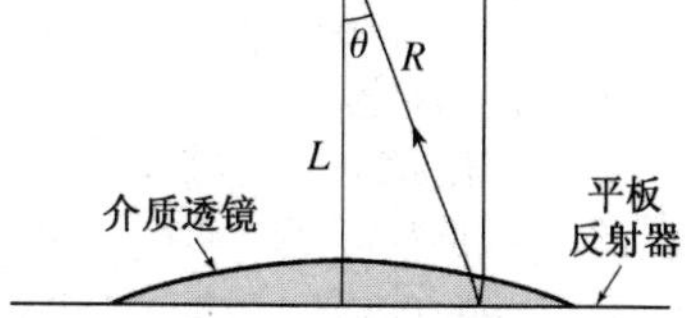

图 17.18　由平–凸介质透镜放在平板反射屏上构成的反射器–透镜天线

反射器–透镜只有如图 17.1(a)或图 17.3 所示的简单介质透镜的约一半厚度和一半重量,可用来代替抛

物面反射镜。一项有趣的特殊应用是将一盛有导电液体的池用做图 17.18 所示长焦距反射器-透镜的平表面,借助馈源的水平位移所形成的斜视波束观测天顶附近的区域。要感谢重力自动维持着反射面的平整性,只有透镜的厚度属于临界尺寸,而且透镜并不需要与平表面接触。可设想将它应用于低成本的子午仪毫米波射电天文望远镜。

17.8 介质杆[①]

介质杆或介质线能用来导引电磁波(Hondros-1; Schelkunoff-1;Whitmer-1)。但是,其导引作用是不完善的,因为有可观的功率逸出杆壁而被辐射。这种辐射的倾向对于介质杆天线反倒成了优点。介质杆天线之所以用 polyrod antenna 一词,是出于通常用 polystyrene(聚苯乙烯)材料制作的缘故(Mueller(1) & Tyrrell)。图 17.19(a)绘出一支 6λ 长介质杆天线的剖面,介质杆经过一短节圆波导由同轴传输线馈电[②]。这种介质杆表现为端射式天线(Wilkes-1)。

波在介质杆中传播的相速以及在介质杆外与杆内的导波功率之比,都是杆径的波长数和杆材的介电常数[③]之函数(Mueller(1) & Tyrrell)。对于直径 $D < \lambda/4$ 的聚苯乙烯杆,只有很少的导波效应和很小部分的能量被限制在杆内;杆内的相速也接近在其周围媒质(自由空间)中的值。然而,当直径达波长量级时,大部分功率被约束在杆内;且杆内的相速与无界聚苯乙烯媒质中的值近乎相同。为了提高定向性,应取均匀介质杆(长 $L_\lambda > 2$ 而 $2 < \varepsilon_r < 5$)的直径之自由空间波长数 D_λ 为

$$D_\lambda \approx \frac{3}{\varepsilon_r^{3/2}\sqrt{1+2L_\lambda}} + 0.2 \tag{1}$$

实际使用的聚苯乙烯杆的直径在[④]0.5λ ~ 0.3λ 范围内;杆径可以是均匀的,也可以如图 17.19(a)所示锥削以减小副瓣。图中的杆径是先均匀后锥削的,由粗端的 0.5λ 渐变成远端的 0.3λ。Mueller(1) & Tyrrell 给出了这种介质杆的辐射场波瓣图,示于图 17.19(b),增益约16 dBi。

按一级近似,沿长度均匀激励的介质杆天线,计算其辐射波瓣图时可假设成各向同性点源连续阵,具有每波长 $360° \times (1 + 1/2L_\lambda)$ 相移的等幅分布,其中 L_λ 是天线总长度的自由空间波长数[⑤]。该相对场强的波瓣图作为始于轴的角 θ 之函数可写成

$$E(\theta) = \frac{\sin(\psi'/2)}{\psi'/2} \tag{2}$$

---

① 第二次世界大战期间,贝尔电话实验室的 George E. Mueller 和 W. A. Tyrrell 开发了介质杆用于 20 cm 波长舰载雷达的 16 杆阵列天线。战后,Mueller 博士加入了美国俄亥俄州立大学的电气工程系,后来又加入美国国家航空航天局(NASA),领导将美国宇航员送上月球的阿波罗计划。2001 年,他成为位于美国华盛顿州柯克兰的 Kisler 航天有限公司的执行总裁。

② 端射介质杆天线可以看成透镜天线的一种退化形式或雏形,其有效的透镜剖面达波长量级。参见 Gilbert Wilkes(1)。

③ 聚苯乙烯的相对介电常数 $\varepsilon_r = 2.5$,见表 17.1。

④ 在圆波导中传输最低(TE_{11})模,其直径 D 应至少为 $0.58\lambda/\sqrt{\varepsilon_r}$,式中 λ 是自由空间的波长,$\varepsilon_r$ 是波导内的相对介电常数。因此从图 17.19(a)所示的圆波导馈电的聚苯乙烯($\varepsilon_r = 2.5$)杆的直径至少要为 0.37λ,以允许波在金属管内传输。

⑤ 这是增强定向性端射阵的 Hansen & Woodyard 条件。

其中，$\Psi' = 2\pi L_\lambda \cos\theta - 2\pi L_\lambda\left(1+\frac{1}{2L_\lambda}\right) = 2\pi\left[L_\lambda(\cos\theta-1)-\frac{1}{2}\right]$。

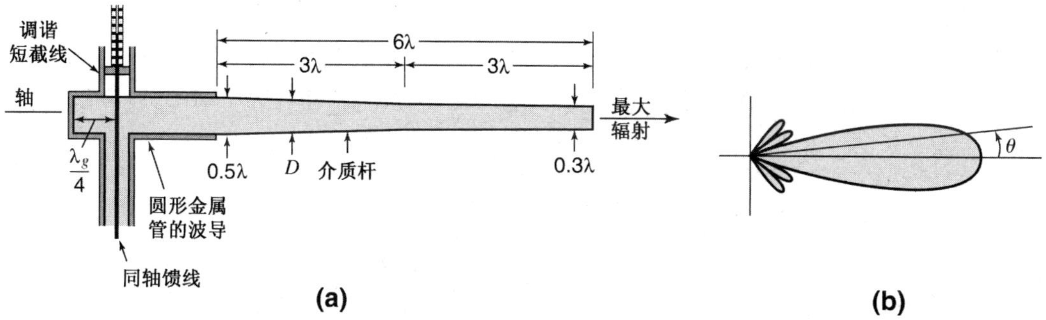

图 17.19　(a) 长度为 6λ 的聚苯乙烯柱形天线之剖面；(b) 辐射波瓣图，参见 Mueller(1) & Tyrrell

应用谢昆诺夫等效源原理，只要已知介质杆表面的场就能计算辐射场(Schelkunoff-2)。按此原理，杆表面的场被置换成等效电流片和虚拟磁流片，然后根据这些流源计算辐射场。曾经按假定的场分布实施过近似计算(Watson-1)。

Mueller(1) & Tyrrell 近似地给出了介质杆天线的定向性 D 为

$$D \approx 8L_\lambda \tag{3}$$

并且，半功率波束宽度为

$$\text{HPBW} \approx \frac{60^\circ}{\sqrt{L_\lambda}} \tag{4}$$

其中，L_λ 为杆长度的自由空间波长数。

介质杆天线也可以采用方形或矩形的横截面。另一种可能性则是采用内部填充空气的圆形或方形横截面介质管，这种介质管的合适直径为 1λ 量级(Kiely-1)。

人类眼睛的视网膜杆和视网膜锥与介质杆天线相似，但其前/后比为 1，而直径为 1λ ~ 2λ；介质杆天线(见图 17.19)则有高前/后比和 λ/2 以下的直径。视网膜具有多于 1 亿个“介质杆”。令天线工程师好奇的是，所有馈电系统和连接器(神经轴突和树突)都在“介质杆”的前方。但这完全是对的，因为其“布线”是透明的。详情可参阅 Kraus(1) & Fleisch。

17.9　多螺旋透镜

如前所述，轴向模的单绕螺旋天线是透镜天线的雏形，如图 17.2(b)所示。多种式样的寄生轴向模单绕螺旋可以像图 17.20 那样布置成一种相位受控透镜，相反旋向的螺旋背对背地安装在以焦点为中心的球壳上。位于球壳外侧的螺旋接收来波，传递给球壳内侧的螺旋，再发射到焦点。该透镜借旋转各对螺旋以补偿相对于参考(中心)对的射径长度差来实现聚焦，一对角度转过 θ 的螺旋造成 2θ 的相移。每个螺旋的圈数 n 为

$$n = \frac{4\pi A_p}{12 S_\lambda \lambda^2 N} \tag{1}$$

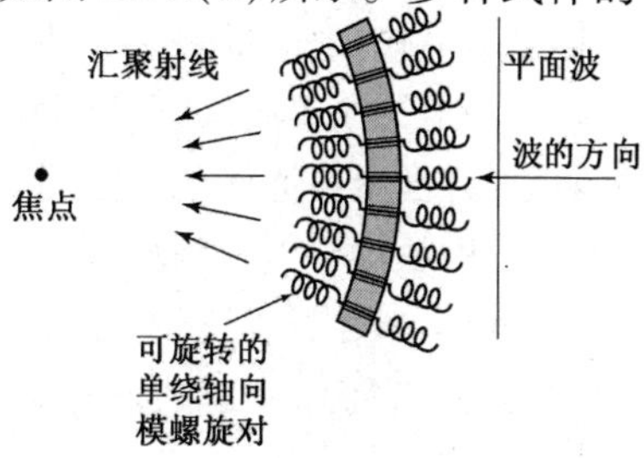

图 17.20　借螺旋对的旋转实现聚焦的多螺旋透镜

其中，A_p——透镜的面积

S_λ——螺旋的圈距

N——螺旋对的个数

为了避免出现栅瓣，螺旋对的间距应该小于 λ。当然，螺旋与其连接同轴线之间应该匹配。一架由 1213 对螺旋构成的多螺旋透镜，其直径为 1.3 m，工作在 8.15 GHz(λ = 3.7 cm)。当运行于该波长的情况下，直径达 35λ，产生 2°的半功率波束宽度。

17.10　龙伯透镜和爱因斯坦透镜

图 17.21 所示的龙伯透镜（Luneburg-1）是一种球对称的介质延迟透镜，其折射率随半径而改变的函数为

$$n = \sqrt{2 - \left(\frac{r}{R}\right)^2} \tag{1}$$

其中，r 为发自球心的径向距离，R 为球的半径。

在 $r = R$ 处 $n = 1$，而在球心($r = 0$)处 $n = \sqrt{2}$(其最大值)。该透镜具有将入射平面波汇聚至球面对径位置焦点处的特性，如图 17.21 中的波 2 所示。同样地，来自其他方向的波也将汇聚到各自的球面对径位置(如图 17.21 中的波 1 和波 3 所示)的焦点处。因此，借助龙伯透镜可以同时接收来自许多方向的信号，只要球表面能够容纳所有馈电喇叭或其他接收器件。要操纵单个波束的指向，只需将接收机(或发射机)在不同的馈电喇叭之间切换，或采用单个可移动的馈电喇叭。至于可变折射率的结构实现，可利用人造介质材料(见 17.3 节)，或不同折射率介质的同心球壳。

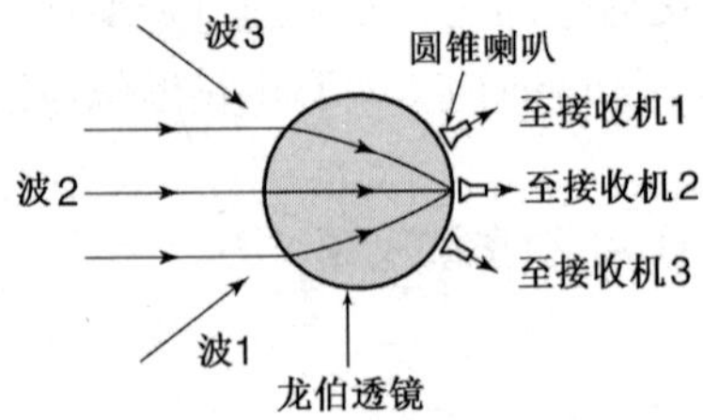

图 17.21　入射到龙伯透镜一侧的平面波聚焦在对径点处

若割取龙伯透镜的一半，并将其平表面放置在反射板上构成龙伯反射器-透镜天线，则沿入射角 θ_i 的来波被汇聚到半球表面上对应于反射角 $\theta_r = \theta_i$ 的焦点处。

完整的龙伯球形透镜提供了同时沿极坐标 θ 和 ϕ 的波束可操纵性。如果只要沿一种坐标(ϕ)操纵波束，应采用通过球心的一个剖面；但由于沿 θ 方向的渐晕现象，沿两个坐标的波束不再相同。Kelleher 对于龙伯透镜及其渐晕现象做过很好的评论(Kelleher-1)。

阿尔贝特·爱因斯坦在 1936 年的《科学》杂志上发表的扎记首次分析了星球(例如太阳)的重力场之透镜作用(Einstein-1)，虽然这种思想早已有之。实际上任何庞大的质量，如太阳、木星、地球、中子星或黑洞，都会如此。入射电磁波经过星球附近时会发生偏折，其偏角正比于该星球的质量，且汇聚在远侧的焦点处，如图 17.22 的爱因斯坦重力透镜所示。它并没有单一的焦点，而是一根从最小焦距延伸到无穷远的焦线。这种透镜的增益正比于星球的质量，反比于波长。当λ = 1 mm时，太阳透镜从原理上能给出多于 80 dB 的增益。若有位于焦线上的航天飞机载有80 dB增益的天线，则总的系统增益为 160 dB，等效为 1 亿个 80 dB 增益的天线单元所组成的阵列。

在太阳透镜的情况下，最小焦距约为至冥王星距离的 24 倍。人们在能利用太阳作为重力透镜之前还必须等待，直到有可能发送一架特别装备的航天飞机送达如此远的距离。

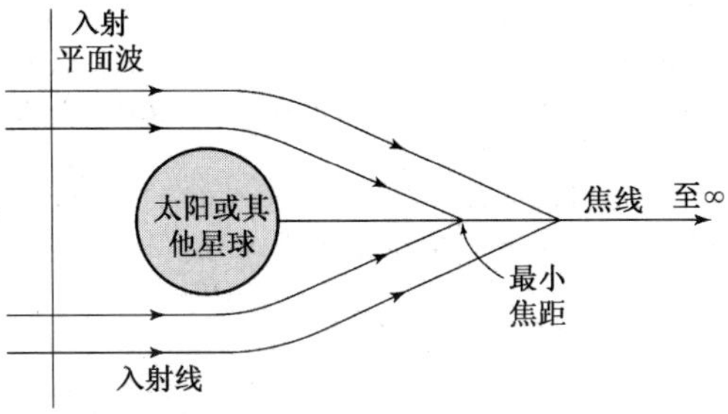

图 17.22　爱因斯坦重力透镜。平面波入射于庞大质量(如太阳)时被汇聚到沿着从最小焦距延伸至无穷远的焦线上,增益可能被增大

关于爱因斯坦重力透镜的详情及其实例,在 Von R. Eshleman 所做推广处理(Eshleman-1)的基础上,已收载于 Radio Astronomy(《射电天文学》)一书中(Kraus-3)。

参考文献

Chu, L. J. (1), and W. L. Barrow, "Electromagnetic Waves in Hollow Metal Tubes of Rectangular Cross Section," *Proc. IRE,* **26,** 1520–1555, December 1938.

Einstein, A., "Lens-like Action of a Star by the Deviation of Light in the Gravitational Field," *Science,* **84,** 506, 1936.

Eshleman, V. R. (1), "Gravitational Lens of the Sun: Its Potential for Observations and Communications over Interstellar Distances," *Science,* **205,** 1133, 1979.

Friis, H. T. (1), and W. D. Lewis, "Radar Antennas," *Bell System Tech. J.,* **26,** 270, April 1947.

Goldsmith, P. F. (1), and E. L. Moore, "Gaussian Optics Lens Antennas (GOLAs)," *Microwave J.,* **26,** 153–156, July 1984.

Goldsmith, P. F. (2), "Quasioptical Techniques at Millimeter and Submillimeter Wavelengths," in K. Button (ed.), *Infrared and Millimeter Waves,* vol. 6, Academic Press, 1982, pp. 277–343.

Goldsmith, P. F. (3), and G. J. Gill, "Dielectric Wedge Conical Scanned Gaussian Optics Lens Antenna," *Microwave J.,* **29,** 207–212, September 1986.

Hondros, D. (1), and P. Debye, "Elektromagnetische Wellen an dielektrischen Drahten," *Ann. Physik,* **32,** 465–476, 1910.

Kelleher, K. S. (1), "Electromechanical Scanning Antennas," in R. C. Johnson (ed.), *Antenna Engineering Handbook,* 3d ed., McGraw-Hill, New York, 1993, Chap. 18.

Kiely, D. G. (1), *Dielectric Aerials,* Methuen, 1953.

Kock, W. E. (1), "Metallic Delay Lens," *Bell System Tech. J.,* **27,** 58–82, January 1948.

Kock, W. E. (2), "Metal Lens Antennas," *Proc. IRE,* **34,** 828–836, November 1946.

Kock, W. E. (3), "Path Length Microwave Lenses," *Proc. IRE,* **37,** 852–855; August 1949.

Kraus, J. D. (1), "Some Unique Reflector Antennas," *IEEE Ant. Prop. Soc. Newsletter,* **24,** 10, April 1982.

Kraus, J. D. (2), and D. A. Fleisch, *Electromagnetics,* 5th ed., McGraw-Hill, New York, 1999, pp. 503–506.

Kraus, J. D. (3), *Radio Astronomy,* 2d ed., Cygnus-Quasar, 1986.

Luneburg, R. K. (1), *Mathematical Theory of Optics,* Brown University Press, 1944. (Luneburg has sometimes been misspelled as Luneberg).

Maccone, Claudio (1), *The Sun as a Gravitational Lens: Proposed Space Missions,* IPI Press, 1999.

Mueller, G. E. (1), and W. A. Tyrrell, "Polyrod Antennas," *Bell System Tech. J.,* **26,** 837–851, October 1947.

Nakatami, D. T. (1), and T. S. Ajioka, "Lens Designs Using Rotatable Phasing Elements," *IEEE APS Int. Symp. Dig.,* 357–360, June 1977.

Risser, J. R. (1), in S. Silver (ed.), *Microwave Antenna Theory and Design,* McGraw-Hill, New York, 1949, Chap. 11.

Schelkunoff, S. A. (1), *Electromagnetic Waves,* Van Nostrand, New York, 1943, pp. 425–428.

Schelkunoff, S. A. (2), "Equivalence Theorems in Electromagnetics," *Bell System Tech. J.,* **15,** 92–112, 1936.

Watson, R. B. (1), and C. W. Horton, "The Radiation Patterns of Dielectric Rods—Experiment and Theory," *J. Appl. Phys,* **19,** 661–670, July 1948.

Whitmer, R. M. (1), "Fields in Non-metallic Guides," *Proc. IRE,* **36,** 1105–1109, September 1948.

Wilkes, Gilbert (1), "Wavelength Lens," *Proc. IRE,* **36,** 206–212, February 1948.

习题

17.2.1 **介质透镜。**(a) 试用石蜡为 5 GHz 频率设计一架直径为 10λ,F 数为 1 的平-凸介质透镜,并绘出该透镜的剖面。(b) 为了产生均匀的口径分布,要求怎样的初级天线波瓣图?

17.2.2 **柱形透镜。**试证明式(17.2.15b)。

17.3.1 **人造介质。**试分别用铜球、铜盘和铜条带作为素材,设计在 3 GHz 时具有相对介电常数 1.4 的人造介质。

17.4.1* **未分区的金属板透镜。**试为 3 GHz 频率设计一架口径为 10λ 见方的未分区平-凹型 E-面金属板透镜,其线源的长度为 10λ,距离透镜 20λ($F=2$),要求其有效折射率达到 0.6。

(a) 金属板的间隙应是多少?(b) 绘出透镜的形状,并标注尺寸;(c) 若射径差的最大容差为 λ/4,求该透镜的频带宽度?

17.9.1 **螺旋透镜。**确认式(17.9.1)。

注意:习题中涉及的计算机程序,见附录 C。

第 18 章　频率选择表面和周期结构

Ben A, Munk[①]

本章包含下列主题：

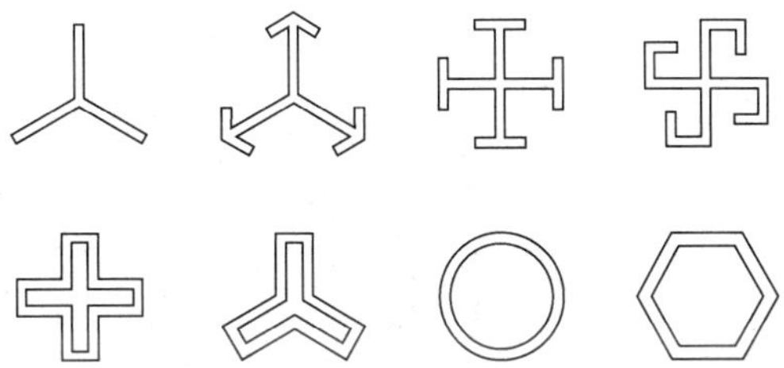

- 频率选择表面的定义
- 基本的偶极子或缝隙频率选择表面
- 介质片频率选择表面与天线罩
- 开缝的金属天线罩
- 混合天线罩
- 理想的隐形天线罩
- 简单周期性导线表面的传输和反射特性
- 互补表面与巴比涅原理
- 斜入射角
- 单元的型式
- 控制入射角和极化的频带宽度
- 其他应用：分频表面和回折线极化器

18.1　引言：频率选择表面的定义

频率选择表面(FSS)是一种反射和/或传输特性表现为频率之不同函数的表面。它的两类基本型式是导线阵列与缝隙阵列，如图 18.1 所示。FSS 总是附着于介质片上，而理想导电的平片则是非频率选择的。

图 18.1 中的表面只对 E 的线极化具有频率选择性。要实现全极化的频率选择特性，可采用交叉偶极子或交叉缝隙的阵列，不过只对正入射角才是有效的。关于阵列单元的一般性讨论参见 18.9 节。

频率选择表面在当代技术中有着很多重要的应用。其中最有效的是用来制作天线罩，借以改进性能或设计出特色。

天线罩基本上可以只当成一种置于天线前方的保护盖，因此应该同时具有强劲的机械性能和对于天线工作频率的电磁波透明性。详尽的天线罩经典理论另见(Tice-1)，在本章中只限于非常简单的天线罩型式，它们作为 FSS 和分层电介质材料的奇特结合，通常称为“混合天线罩”。

① 本章作者，美国俄亥俄州立大学电科学实验室教授。

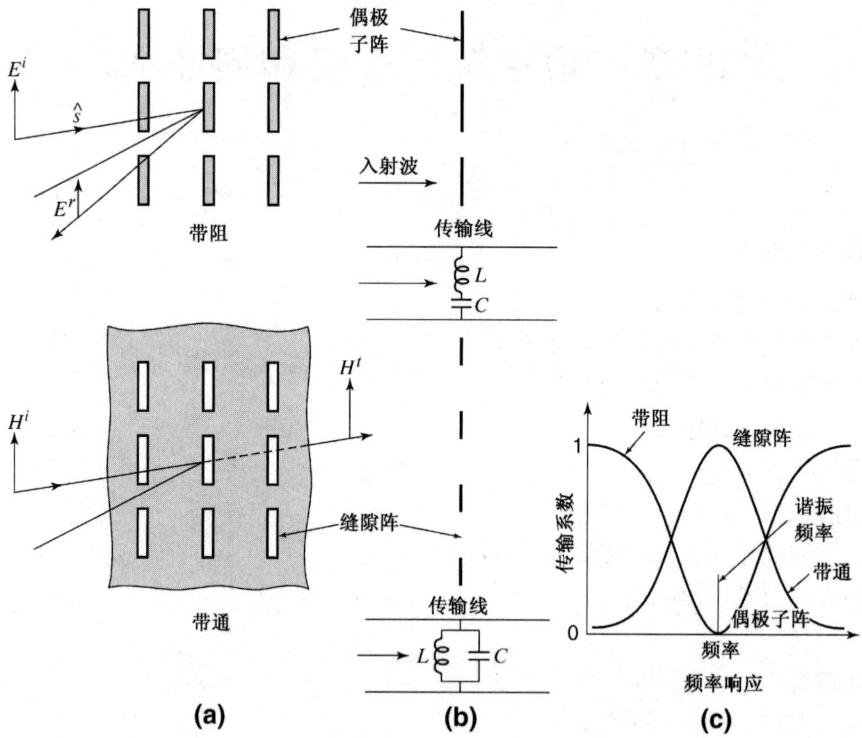

图 18.1　基本的频率选择表面。(a) 透视图;(b) 用等效传输线表示的侧视图;(c) 两种情况下的传输系数。上部的偶极子阵用做带阻滤波器,下部在理想导电片上的互补缝隙阵用做带通滤波器。注意,偶极子的E是铅垂的,而缝隙的E是水平的,或H是铅垂的

18.1a　基本的偶极子或缝隙频率选择表面

如图 18.1(a)所示的谐振偶极子的阵列作为**带阻滤波器**,不能通行等于偶极子谐振频率的波,但可以通行高于和低于谐振频率的波。与之互补的缝隙阵列作为**带通滤波器**,可通行等于缝隙谐振频率的波,但拒绝较高和较低频率的波。

偶极子等效成传输线上并接一个串联调谐支路,如图 18.1(b)所示,而缝隙等效为传输线上并接一个并联调谐回路。在每种情况下,电感器与电容器分别谐振在"阻"或"通"的频率上。注意,该等效电路通常会随着入射角和入射波的极化而变化。

18.2　半波长厚的介质天线罩

最简易的天线罩往往是十分原始的,用简单的介质材料甚至木夹板制作而成。理想的天线罩应该设计成能传输所有入射能量而没有反射,最简便的方法是利用其电厚度恰等于介质中半波长的介质板,使从其正面和背面的反射相互抵消(两者幅度相等而相位相反)。经 $\lambda_\varepsilon/2$ 距离的反射相位相同,这里 λ_ε 是指介质中的波长。

然而,天线罩要适应不同入射角和不同极化的事实带来了复杂性。厚度为 d 的层状介质

板所具有的电厚度等于 $\beta_\varepsilon d\cos\eta_\varepsilon$，其中 $\beta_\varepsilon=2\pi/\lambda_\varepsilon$ 是介质板中的传播常数，而 η_ε 是在介质板中的传播方向相对于法向的角度（见图 18.2 中部）。

当入射角 η 增大时，η_ε 随之增大，而 $\cos\eta_\varepsilon$ 将减小。一般来说，非频率选择表面的分层媒质对于较高的频率总能观察到全通传输或谐振的趋势，当第 n 层的 β_n 很大时会致使 $\beta_n d\cos\eta_n$ 近乎正入射。

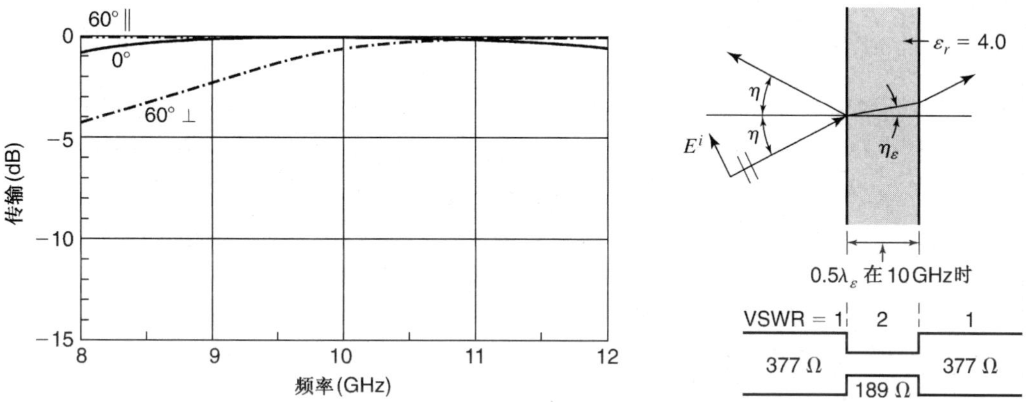

图 18.2　简单介质板 $\varepsilon_r=4$（$\lambda_\varepsilon/2$ 天线罩）的典型传输频率响应曲线。注意，底部的等效电路仅适合正入射角情况

一组不同入射角和极化的典型传输曲线示于图 18.2 的上部，这里取介质厚度 $d\sim0.75$ cm 和介电常数 $\varepsilon_r=4.0$。由图可见，正入射情况下在 10 GHz 附近呈完全传输。此外还可以清楚地看出，增大入射角将使谐振频率如所预期地高移。只是在入射 E-场平行于入射面时难以察觉，其理由很简单，在这种情况下所观察到的是从直流到太赫频率都存在的全折射布鲁斯脱（Brewster）角，而抹去了任何谐振。

更为特殊的是观察到：在入射 E-场与入射面相垂直时谐振曲线趋窄，而相平行时趋宽。这是由于等效传输线中特性阻抗的改变，后文再进一步讨论。

18.3　开缝的金属天线罩

首次提议用金属制作天线罩时看似荒谬。但如果在导电表面上周期性地布置小的缝隙单元，却能在一个频率点呈完全透明。这种缝隙的可能形状将在 18.9 节中讨论。这里仅限于说明图 18.3 底部所示的三腿形加载单元。注意，当入射 E-场垂直于入射面时，频带宽度随入射角的增大而变窄，与图 18.2 所示纯介质的情况相仿。然而，两者之间值得重视的差别表现在介质罩的谐振频率随斜入射角而上移，介质-金属夹心式罩（见图 18.3）则下移。这给予有创见的设计者强烈的暗示：将介质与金属表面相结合，能够设计出具有更稳定谐振频率的天线罩，即下一节中将要讨论的“混合周期性表面”。

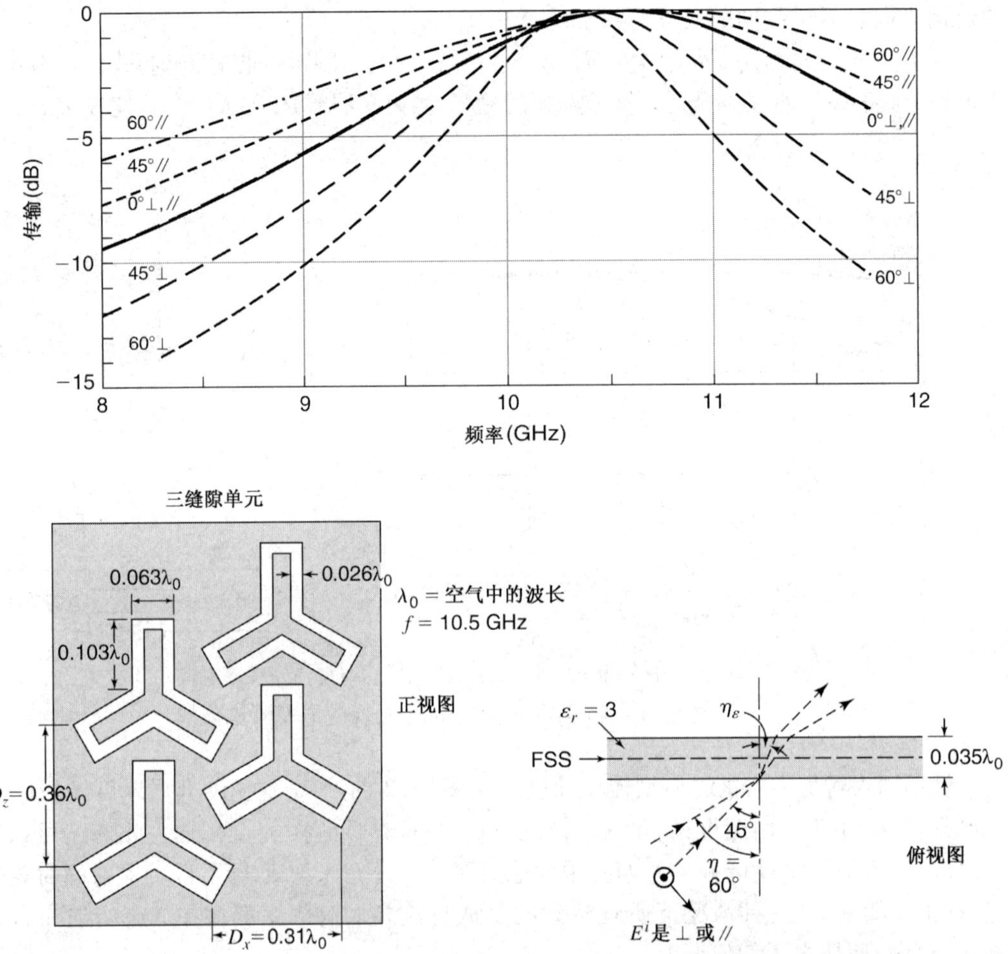

图 18.3　夹在介质片中的加载三缝隙单元 FSS 在不同入射角下的传输频响曲线。频率为10.5GHz时，单元的周长为空气中的 ~0.81λ，或介质中的 ~1.4λ，取平均周长1.1λ，沿缝隙单元中心线的平均周长为 ~1.0λ

18.4　简单的混合天线罩

最简单的混合天线罩形式是图 18.3 中之开缝表面与图 18.2 中之介质板两者的结合。由 PMM 程序得出的典型传输曲线示于图 18.4。可见其谐振频率如所期望地对入射角的改变保持良好的稳定，这是由于金属和介质的表面使谐振频率随入射角呈相反的变化。然而，其频带宽度仍有引人注目的改变。这种性质对于仅需穿透窄频带能量的天线罩无关紧要，但对于下一节所讨论的情况会显得很重要！

还要注意开缝表面的谐振频率应非常接近半波长厚度介质板的谐振频率，否则将会发生传输损失。这一特点给实际设计稍添困难。

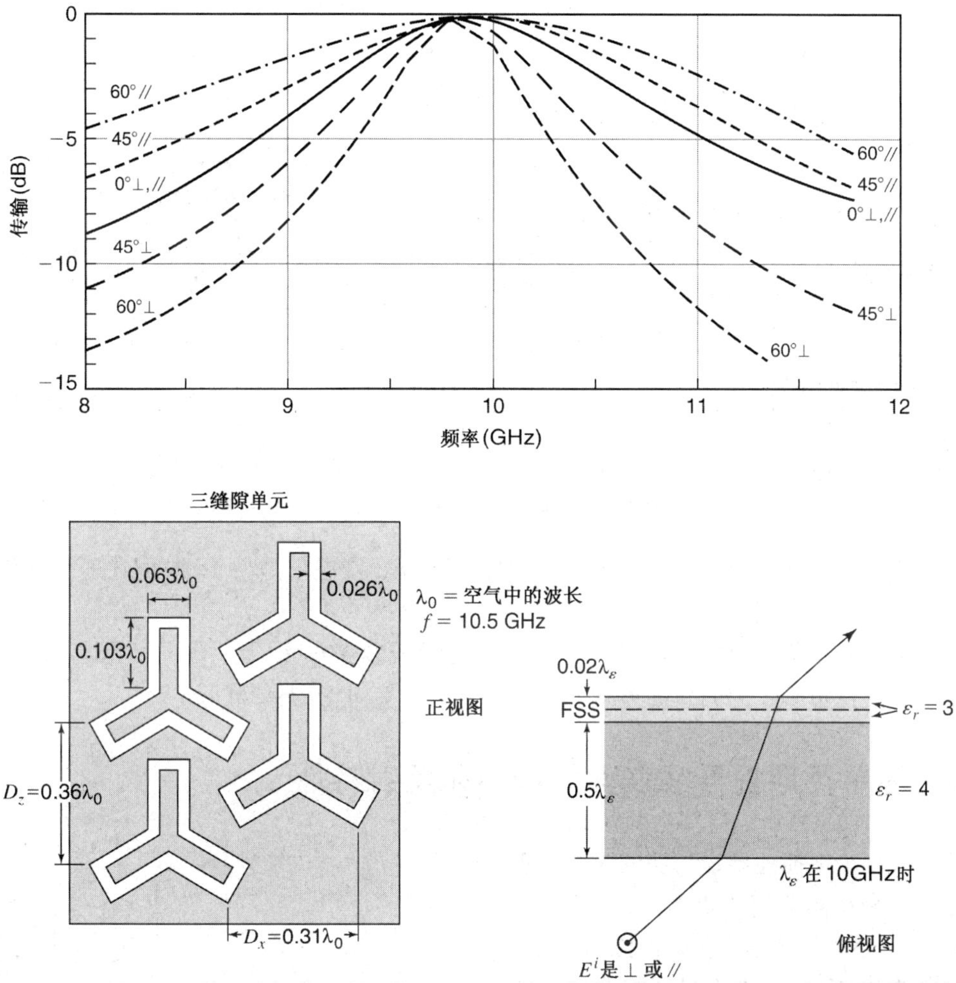

图 18.4　由 $\lambda_\varepsilon/2$ 介质板(见图 18.2)与开缝 FSS(见图 18.3)组成混合天线罩的典型传输频率响应曲线

18.5　理想的隐形天线罩

“隐形”天线罩的目标是能“看”到而又不“被看”到。众所周知,天线的雷达截面(RCS)是很重要的,例如平面阵列的 RCS 高达相当于总口径(正入射而无栅瓣的阵)的平板面积。可是,它不会更高,只会因阵列的恰当设计而明显降低。事实上,借助对阵元的良好匹配和不产生栅瓣的设计,原理上可以使 RCS 趋于零。遗憾的是,良好的匹配只能维持在有限频带上,天线在阵列匹配的频率范围以外仍处于暴露状态,其 RCS 会增大,直至上述的等效平板面积。如欲减小任何天线在工作频率范围以外的 RCS,可在天线的前方放置一个具有带通特性的天线罩,如图 18.5 左图所示。这里的概念很简单,即天线罩在确定的频率范围内是透明的,使该天线得以自由地发射和接收,见图 18.5 右图典型的传输曲线,在此频率范围内天线罩并不影响天线的 RCS,只有很低的后向散射波;但在天线罩呈现不透明的频率范围内,入射波总是被强烈地反射到双站方向。如果天线罩的形状合适,例如图 18.5 顶部所示,只有很少的能量朝后向反射,即获得低 RCS 值。

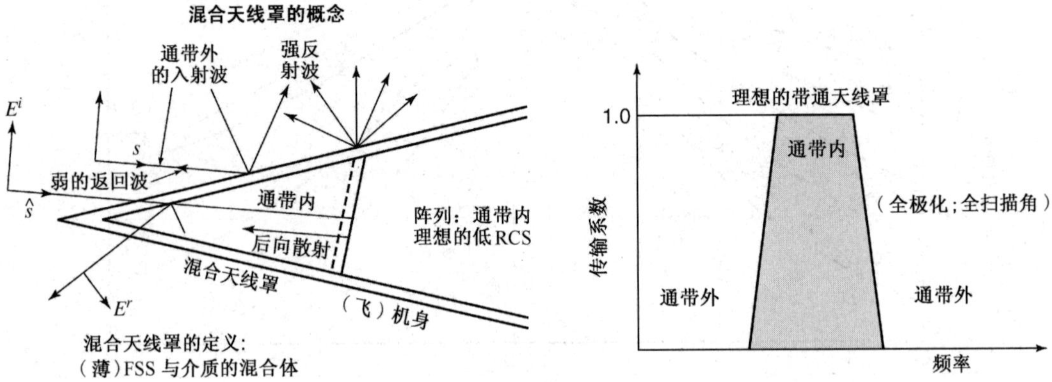

图 18.5 混合天线罩的应用(左图)。具有理想的带通特性(右图),以减小天线在通带外的RCS,但在通带内并未见减小

天线罩的理想带通曲线应该如图 18.5 的右图那样,在通带内持平顶,而在通带外沿快速滚落的裙边进入不透明范围。

这在概念上类似简单的经典网络问题,但实际情况复杂得多,要对任何极化的波在很大的入射角范围内保持其带通曲线的形状。这将是下一节要讨论的复杂问题。

18.6 简单周期性导线表面的传输和反射特性

本节将讨论周期性导线表面的基本物理性质,给出图 18.6 的最简单 FSS,即由简单直导线单元排列成的矩形阵列。值得强调的是,这种 FSS 很少被应用,首先它只能控制单一的线极化波。当它采用交叉单元实施补救时,这种表面又显出很多不希望有的特点,例如第二谐振接近主谐振,使谐振频率随入射角的稳定性变差。要调研更适用的单元型式(见 18.9 节)。更深入的讨论以及计算得出的真实谐振曲线,可参阅 Munk(1)。

记单元的长度为 $2l$,阵元间距为 D_x 和 D_z,如图 18.6 所示。当这样的周期性表面暴露于场矢量 E^i 的入射平面波时,沿镜面方向将有反射波 E^r,还有穿过表面向前的传输波 E^t。

定义镜面反射系数为

$$^{E}\Gamma = \frac{E^r}{E^i} \tag{1}$$

以及,类似的前向传输系数为

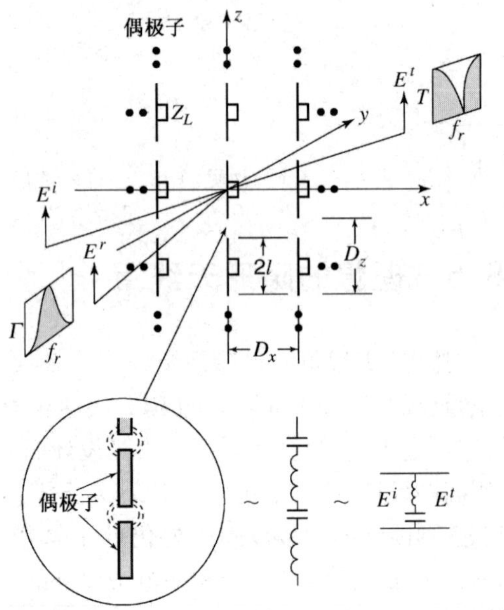

图 18.6 阻抗 Z_L 加载导电体(偶极子)的周期结构受入射平面波E^i的激励,部分被反射到镜面方向(E^r),部分仍向前传输(E^t)(记s_x和s_z分别为沿x轴和z轴的方向余弦)

$$^{E}T = \frac{E^t}{E^i} \tag{2}$$

当频率变化时,发现反射系数与传输系数将随之改变,如图 18.6 中的插图所示。

简单的物理解释如下:阵元的间隙形成串联电容,而阵元自身的条带状表现为串联电感(见图 18.6 的下图),这就自然地组成了在等效传输线上并接 LC 串联支路的等效电路。在谐振频率 f_r 上,电场反射系数 $^{E}\Gamma = -1$,而传输系数 $^{E}T = 0$,该周期结构起着接地平面的作用。在其他频率上,该周期结构呈部分透明。于是,这种可用做简单滤波器的表面结构就称为"频率选择表面"(Frequency-Selective Surface,FSS)。后文还会讨论到,将两层或多层表面借助适当的介质板相级联,可以获得高性能的滤波器。

图 18.7 进一步给出了无穷大理想导电接地平面上缝隙的无限阵列。类似地,我们将它暴露于入射平面波中,但现在要求入射场矢量 H^i 平行于单元。

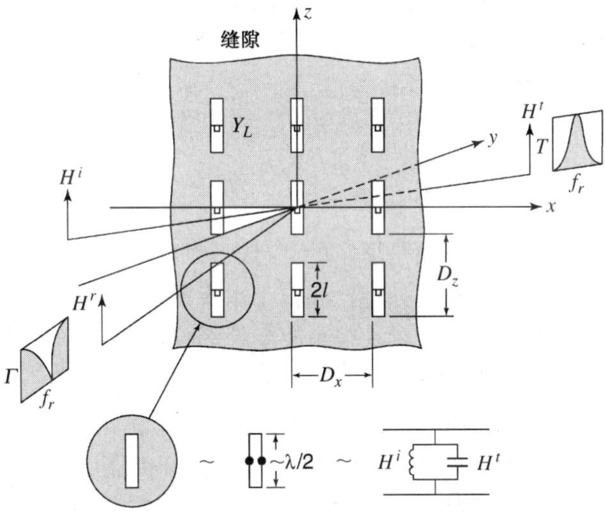

图 18.7　导纳 Y_L 加载"缝隙"的周期结构受入射平面波 H^i 的激励,部分被反射到镜面方向(H^r),部分仍向前传输(H^t)

仍仿照前文的式(1)和式(2)定义反射系数和传输系数,但是将场量 **E** 都改成场量 **H**。这种记法便于利用两类情况之间的对称性。

图 18.6 中的导电条带可以认为是中心短路的偶极子,类似于图 18.7 中的缝隙。这两种结构都可以改换成中心电抗加载。稍后将会看到,加载扮演着缩小单元物理尺寸的重要角色,这是生产高质量 FSS 所绝对必需的。例如,对偶极子串接一电感器可使谐振频率 f_r 变低。

图 18.7 中缝隙表面的谐振类似于图 18.6 中的对偶结构,但是在同样的谐振频率上完全透明取代了完全反射。为了进行物理解释,将缝隙的边缘考虑成图 18.7 底部所示的两段并联的长 ~λ/4 的双导线传输线。由于它们的末端短路而使缝隙中心处的阻抗呈无穷大,于是允许入射场完全通过。典型开缝表面的等效电路示于图 18.7 的下图,由传输线上并接 LC 并联回路所组成。谐振时入射波将无衰减地通过表面,使反射波为零,见图 18.7 中的插图。注意,该等效电路仅适用于无栅瓣的情况,且随着入射角与极化的改变而不同。

18.7 互补表面与巴比涅原理

如果把图 18.6 的偶极子阵合在图 18.7 的缝隙阵上面,恰构成一个完整的无穷大理想导电表面,由此称这两者在结构上互补。其一之反射和传输系数分别等于其另一之传输和反射系数,如图 18.1 所示(别忘了将入射场矢量 E^i 和 H^i 按图旋转)。

这是光学领域众所周知的巴比涅原理应用于天线的又一简单例子,该原理的适用范围为:

1. 表面必须为理想导电,并且“无限薄”。实际上厚度小于 ~1/1000λ 可达合理的准确性。
2. 加敷一薄层介质(小于 ~0.05λ)会使谐振频率降低,对于偶极子型或缝隙型的降低程度近乎相同。较厚的介质板对两种型式的影响却十分不同。
3. 两层或多层表面级联的结果,对于偶极子型或缝隙型两种情况,它们的传输或反射曲线存在根本性的差异。

18.8 斜入射角

在上一节的讨论中曾假定入射角是恒定的,应该仔细检查入射周期结构之角度和极化的变化。关于这一主题的完整而严格的处理已超出了本章的范围,读者可参阅 Munk (1), Vardaxoglou(1)和 Wu(1)。在此仅简单介绍入射角改变的影响:

1. 谐振频率发生变化,通常是降低。
2. 频带宽度发生变化。

第一个问题即谐振频率的变化,通常能够借助保持阵元间距 D_x 和 D_z 很小(小于 ~0.4λ)而达到最小化,这就要求容纳在周期范围中的阵元也很小。第二个问题则较难掌控,可指出的是(Munk-2),任何周期表面的频带宽度本质上可由图 18.6 右下图之等效传输线特性阻抗的变化来说明(参照图 18.3 右下图):该阻抗当 **E** 垂直于入射平面时应除以 $\cos\eta$(η 为入射角);当 **E** 平行于入射平面时应乘以 $\cos\eta$。按初等网络理论便可轻易得知:当 **E** 垂直于入射平面时可展宽谐振曲线,而当 **E** 平行于入射平面时则效果相反。

相应地,我们发现在图 18.7 的缝隙情况下,等效传输线的本征导纳当 **H** 垂直或平行于入射平面时应分别除以或乘以 $\cos\eta$。类似于上述的偶极子情况,当 **H** 垂直于入射平面时可展宽谐振曲线,而当 **H** 平行于入射平面时则效果相反。

注意比较偶极子与缝隙,它们与入射角的关系、前者的 **E** 场和后者的 **H** 场,以及前者的阻抗和后者的导纳,是何等相似。对于开缝表面的情况,图 18.3 和图 18.4 列出了若干谐振曲线的计算实例,注意当 **H** 垂直于(或 **E** 平行于)入射平面时,谐振曲线随入射角增大而展宽。

18.9 单元的形状及其演化

初涉 FSS 单元五花八门的形状,让人如坠云雾,最好还是从图 18.8(a)所示的直偶极子单元开始。当偶极子长 ~$\lambda_g/2$ 时将会谐振,并有效地散射,但问题是:由于单元的间距必须大于

$\lambda_\varepsilon/2$,通常使谐振随着入射角有相当大的改变。简单的补救办法是减短单元而又维持谐振,为此将它们在中部回折成小电感“加载”,如图 18.8(b)所示。或者,用双导线传输线取代该电感,如图 18.8(c)所示,最后做成双重极化式的四腿形加载单元,如图 18.8(d)所示。有趣的是从直偶极子单元出发竟最终演化成可当成环形的单元。其谐振条件可简单地归纳为周长总是等于 λ_ε,而单元变得愈加紧凑了。这种单元用在矩形阵中很自然,但在三角形阵中应改用三腿形加载单元,如图 18.8(e)所示。若将三腿形加载单元的边撕拉成两半,则变成六边环形,如图 18.8(f)所示,或进一步演化为圆形环,如图 18.8(g)所示。所有这些单元都在平均周长为 ~λ_ε 时谐振,它们的区别在于由图 18.9 说明的频带宽度。由三腿形加载单元扩展为六边环形单元,可见其频带宽度扩大 ~2.5倍(实际上六边环形阵频带的展宽是由于单元间距的减小)。

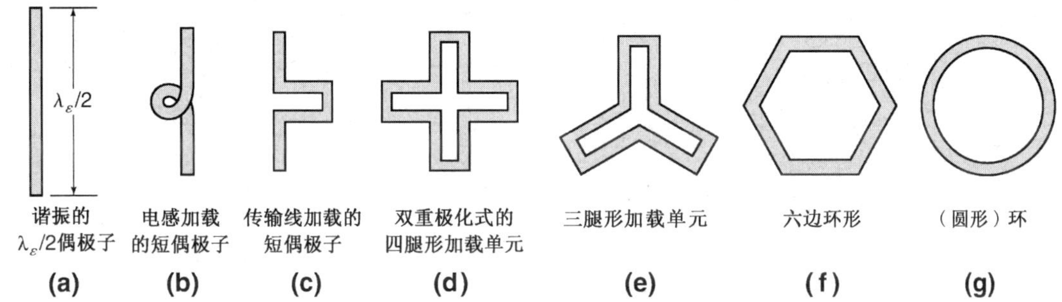

图 18.8　环单元起源于简单 $\lambda_\varepsilon/2$ 直偶极子的演化,被缩短并电感性加载。环单元是制造高质量的斜入射FSS的首选型式。所有环单元都在平均周长为 ~λ_ε时谐振

另一类单元呈发自中心点的“辐射”状。然而应提醒读者,别以为交叉的 $\lambda/2$ 偶极子(未予图示)是合理的。首先,如前所述,$\lambda/2$ 偶极子本身并不属于好的单元,而且当两个 $\lambda/2$ 偶极子交叉接触时犯了很糟糕的错误。对于既不是正入射也不是垂直于入射面极化的斜入射,而是平行于入射面极化的斜入射情况,可以观察到两个(而并非一个)彼此接近的谐振。事实上在这两个谐振点之间存在一个零点,该零点易于发生在和垂直极化谐振相同的频率上。因此,具有交叉单元的 FSS 很复杂,通常不予推荐。更深入的讨论见 Pelton(1) & Munk。

若采用图 18.10(a)所示无载三极子单元取代加载型,可以避免二次谐振的问题,即两个谐振频率退化成一个。另一种结构是在三极子末端附加电容,成为图 18.10(b)所示的锚形单元。类似地,对无载四极子单元附加末端电容,则得到图 18.10(c)所示的耶路撒冷十字形单元。这些末端电容的效应是将单元的最低谐振频率移动到第二谐振之下。最后又演化成图 18.10(d)所示的方蜷线形单元,具有几乎与图 18.8(f)所示的六边环形单元相仿的很宽频带。图 18.10 中的各种单元被统称为“中心连接”或“*N*-极子”单元,其特征是单元的所有臂都在中心点相连接,这意味着不仅能激励偶模,在图 18.11 所示的斜入射时也能激励奇模。奇模的特点是能谐振在两倍于偶模(或基模)的频率上。图 18.11 上面一行示例了一种无载三腿形单元,同时有垂直和平行于入射面的极化波沿 45°角入射,其基模谐振于 ~10 GHz,而奇模(对于平行极化)谐振于 ~17 GHz。进一步据周期性表面的理论,在频响曲线的两个相邻谐振峰之间总存在一个零点,通常称其为模式互作用零点,它只存在于周期性结构无耗且没有栅瓣的情况下。在上述示例中,零点出现于 ~15 GHz。所有中心连接的单元都至少有一个**模式互作用零点**。

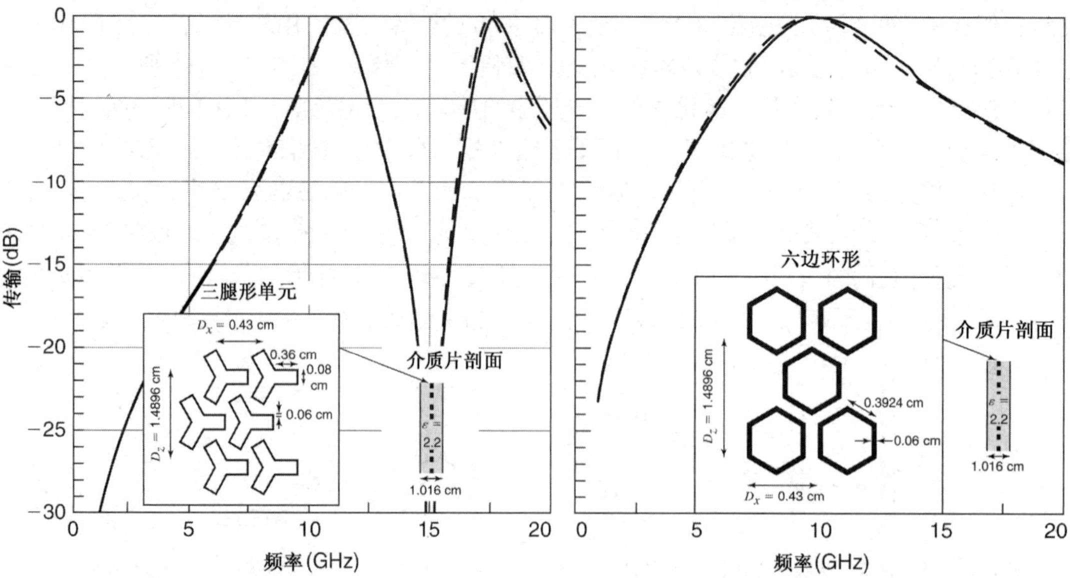

图 18.9 三腿形加载单元(左)扩展成六边环形单元(右)使频带有很大程度的增宽。注意,两种阵列具有相同的单元间距和单元周长(~ λ_ε)

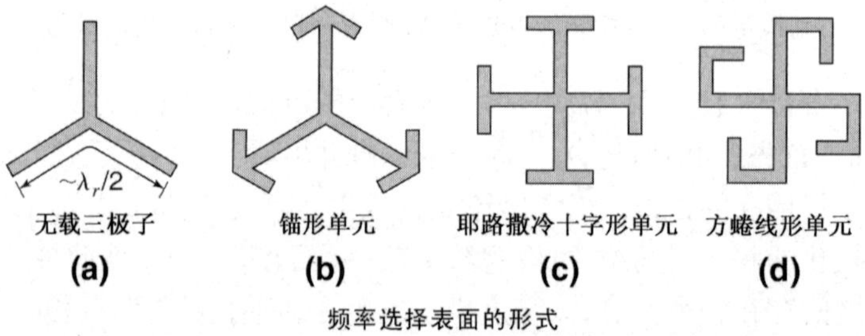

图 18.10 "中心连接"或"N-极子"单元。都具有如图 18.11 所示三腿形加载单元的"二次"谐振

另一方面,环形单元的主谐振发生在单元周长约等于所处介质中的一个波长时。对应有较小的尺度,典型值约 $\lambda_\varepsilon/3$ ~ $\lambda_\varepsilon/4$ 跨度,明显小于中心连接单元的端到端 $\lambda_\varepsilon/2$ 测度。要使周期性结构具有对入射角和极化稳定的性能,单元的间距以小为宜,通常情况下环形单元显然应优先于中心连接单元考虑。

图 18.12 中的左边 3 个单元被称为"实心"或"板式"单元。由于它们的结构简单,曾是第一批被研究的单元,见(Kieburtz-1; Lee-1; Chen-1)。然而,它们并非很有效的谐振器,而且在谐振时往往附带有栅瓣。换言之,它们不能与看似相像的对偶单元(见图 18.8)相提并论,对于精密工作的场合,一般不予推荐。

最后,图 18.12 中的右边 3 个为特殊用途的组合单元。左侧是像耶路撒冷十字形那样附有末端电容的四腿形加载单元;中间和右侧则表示板式单元与任何环形单元的组合,它们的优点是可用电铸法制造。

在 Munk(3)中对图 18.8 和图 18.12 所示的大多数单元型式有详细说明。

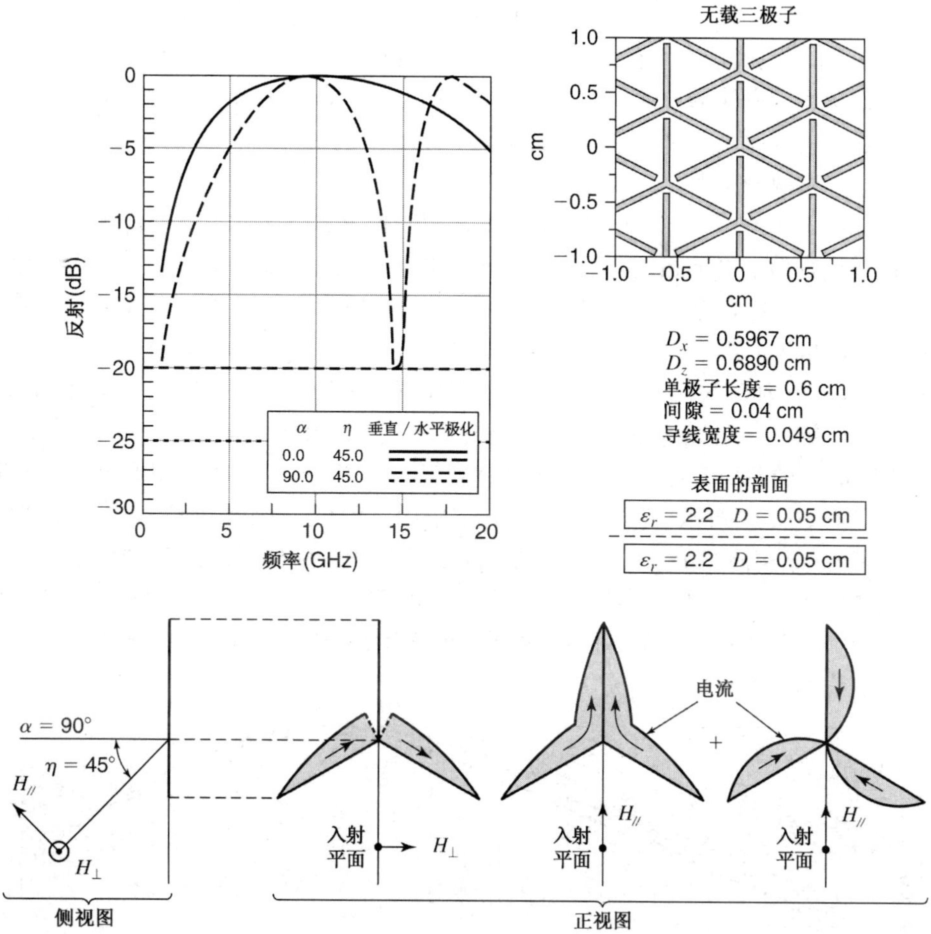

图 18.11　无载三极子 FSS 的典型反射曲线。注意，由于图底部最右侧所示的奇模激励，其平行极化的奇模谐振于 ~ 17 GHz；模式互作用零点发生在 ~ 15 GHz

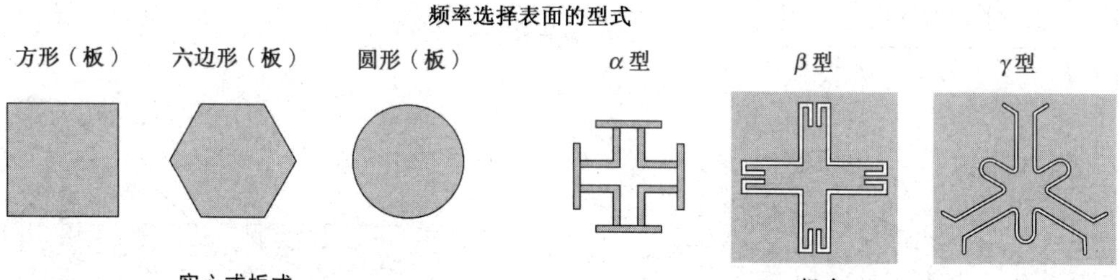

图 18.12　左边 3 个："实心"或"板式"单元；右边 3 个：许多"组合"单元中的 3 种

18.10　控制入射角和极化的频带宽度

基于早先的讨论，典型 FSS 的频带宽度将依赖于极化而按 ~ $\cos\eta$ 增大或减小。由于大多数 FSS 暴露于任意极化的入射波环境中，其频带宽度的变动可能高达 ~ $\cos^2\eta$ 或在 60°入射角

时达 ~4∶1。虽然靠选择单元能使这种变动有些许减缓,但这些研究基本上是学术性的而无实际价值。事实上,可以确信并不存在能为变化的入射角与极化提供常数频带宽度的“超级单元”,除非考虑采用非平面的单元(English-1; Andre-1; Kent-1; Ng-1; Schum an-1; Lin-1)。

对该问题的更实际的简单解决办法是采用置于合适的层状介质材料中的单层或多层FSS,下文将会提供两种实例。

首先,图 18.13 中的上图,给出了与图 18.3 相同但夹在层状介质板($\varepsilon_r > 1.3$)中的 FSS(见下图)的传输曲线。介质板比附着于的薄基片的 FSS 厚,稍多于 $\lambda_\varepsilon/4$。该厚板的用途是造成随入射角更稳定的频带宽度,而薄基片(常被称为“介质内衣”)实质上是提供像介质加载一样的机械保护(Munk-1,4)。

注意,当入射角为 60°时,图 18.3 中 FSS 的频带宽度随极化的变化达 ~4∶1,而在图 18.13 中则减小到 ~1.4∶1。该谐振频带随入射角变化则具有更大的稳定性。

虽然图 18.13 的单层 FSS 表面设计已能满足某些应用,但往往还希望产生一种平顶的传输曲线(见图 18.5)。这可以如图 18.14 那样采用两层或多层表面的级联来实现,图中给出的是两层相同表面(结构同图 18.3)被夹在三片介质板之间级联(见插图)后的传输曲线。该介质板的作用是引人注目的:频带宽度随极化的变化从无介质板情况的 ~4∶1 减小到 ~1.2∶1。Munk(4)所提供的有关分析指出:两外侧介质板的作用是维持稳定的频带,而中间介质板的作用是使传输曲线的顶部平坦。

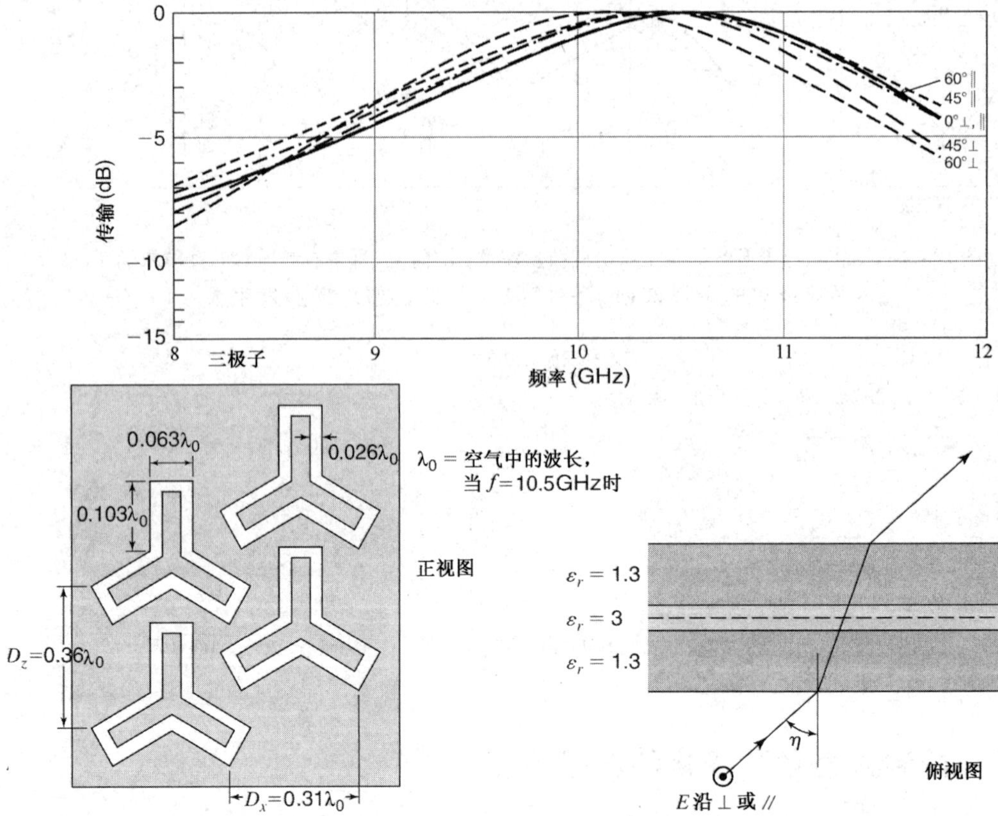

图 18.13 对图 18.3 所示的 FSS 的两侧附加适当厚度和介电常数的介质板构成混合型天线罩,具有对入射角和极化相当稳定的频带宽度

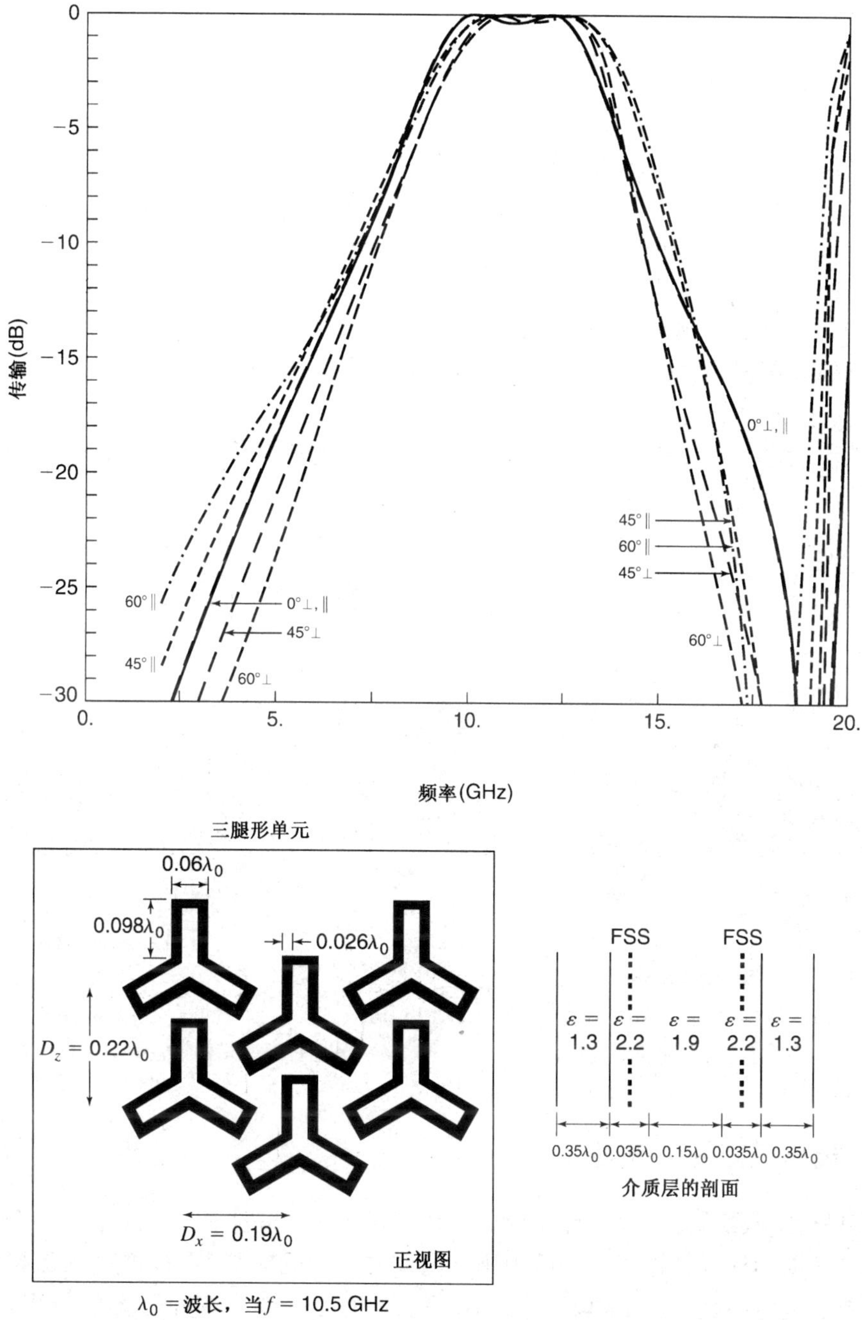

图 18.14　双层表面混合型天线罩的典型传输曲线，频带宽度几乎不随入射角和极化而变化。注意其平顶与图18.13中情况的对比

18.11　其他应用

迄今为止的讨论都针对着一种应用，即混合型天线罩。然而，周期性表面还有许多别的用

途,这里将简单介绍几种。

18.11a 分频表面

分频是指分离两个载有不同频率信号的波,典型的分频表面对一个频率透明,而对另一个频率不透明。图 18.15 说明了它的普通应用,图中卡塞格伦天线系统的副反射镜被设计成对频率 f_1 透明而对 f_2 反射。将两个频率(或频段)的馈源按图 18.15 所示布置,便能使卡塞格伦天线在很宽的频率范围内工作。

在图 18.16 中,用分频表面制造了完整的主反射镜,置于一架工作于 X 频段的阵列前方,另配有自己的 Q 频段馈源喇叭。主镜对 X 频段呈透明,而对 Q 频段呈不透明。这是一种非常紧凑的设计,例如可用于潜艇的潜望镜系统。

还应该注意置于阵列前方的极化器,它可以将阵列的线极化波变换成圆极化波。有关回折线极化器的讨论见 18.11c 节。

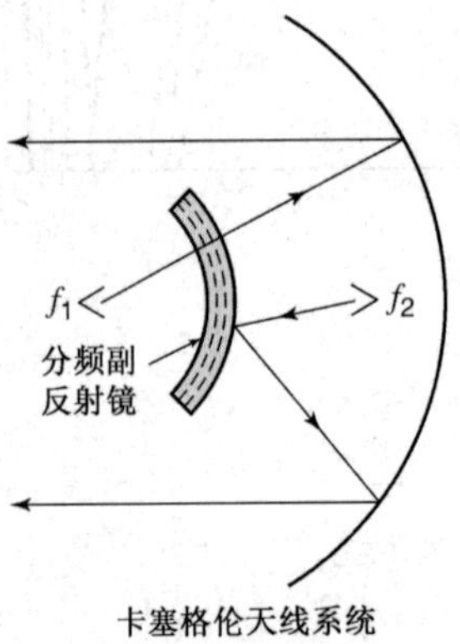

图 18.15 周期性结构用做卡塞格伦天线系统的副反射镜

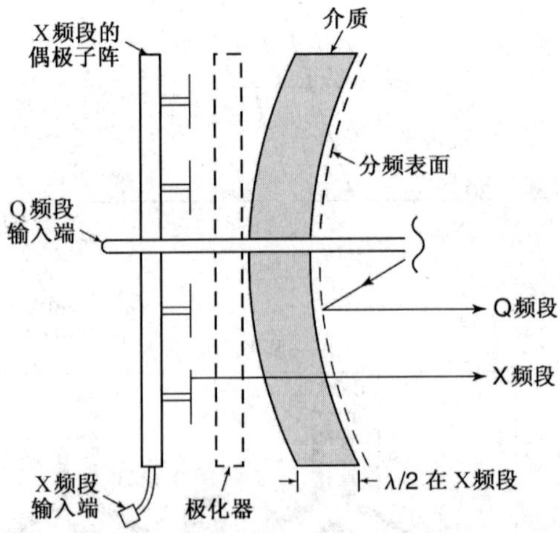

图 18.16 一架 X 频段的阵列(左)看穿一极化器,而一架分频主镜反射 Q 频段

18.11b 电路模拟的吸波器

用电阻材料制成单元的周期性结构可应用于吸波器,如图 18.17 所示。一个交叉十字形有耗单元的周期性阵列被置于一接地平面的前方。如同对图 18.6的解释,该单元的等效电路是电容和电感串联再串上电阻,示于图 18.17 的右上图。在左下图的史密斯图中,吸波器前方的导纳③应得自接地平面的导纳 Y_g①和周期性表面 Y_a②的并联。用更多的电阻性表面级联所构成的吸波器可在 10:1 的频带覆盖下达到 25 dB 的衰减。详细的讨论参见 Munk(5)。

18.11c 回折线极化器

一般来说,极化器是将线极化波变换成圆极化波的器件,反之亦然。一种回折线极化器示于图 18.18 的上图,它由铅垂的回折线组成,入射平面波的电场矢量 E^i 沿 45°方向倾斜。

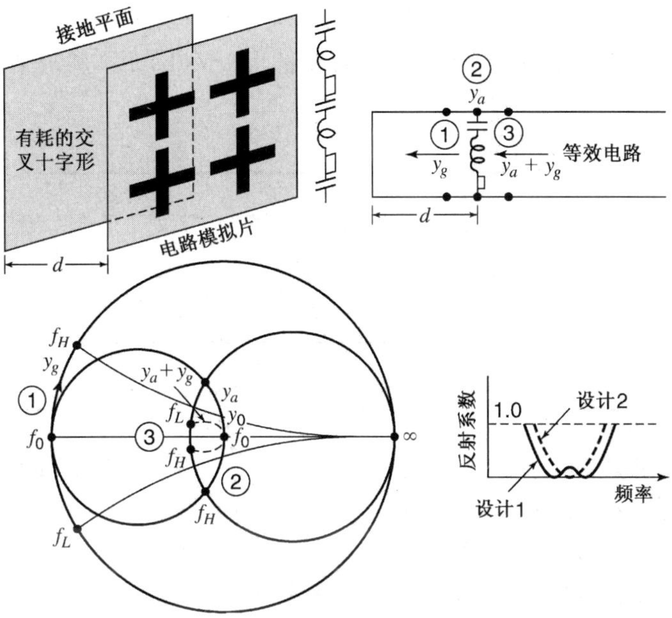

图 18.17　利用高损耗材料的周期性结构制成电路模拟吸波器。其频带/厚度比大多数其他吸波器宽。两种设计下的反射系数示于图底部右侧

这种极化器的工作原理很容易理解。将线极化的入射场 E^i 分解成铅垂分量 E^v 和水平分量 E^h。在平面波的等效传输线中，回折线对前者呈分路电感，对后者呈分路电容的作用，两者的等效电路示于图 18.18 的左下图。据基础网络理论可知：传输场的铅垂分量在相位上超前而水平分量则滞后，如果两个分量之间幅度相同而相位净差 90°，其合成的传输场为圆极化。

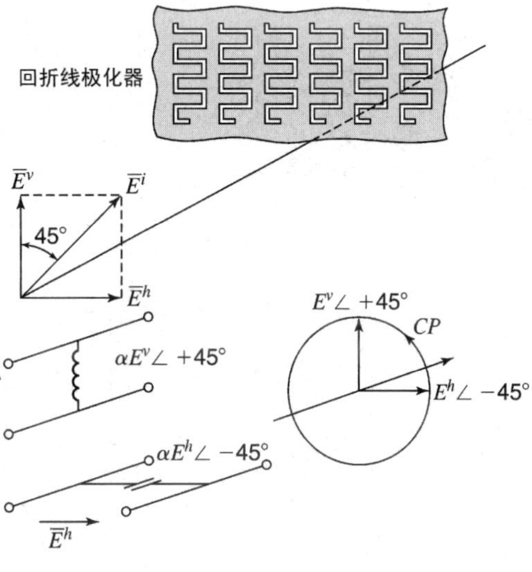

图 18.18　回折线结构对铅垂极化的作用像分路电感，对水平极化的作用像分路电容。传输两种极化分量时有 90°的相位净差，可使沿 45°方向倾斜的入射波变换成圆极化波

有趣的是，两个分量通过单片回折线时分别符合超前或滞后 45°相位的需求，但总是使反射系数的值等于传输系数（即有一半的入射波功率被反射）。

这可以采用两片或多（N）片回折线的前后级联来克服，此时要求每片的相位超前和滞后只为 45°之 1/2 或更少（$1/N$）。于是，每片的反射系数较小，而且各片的反射还能很大程度地抵消。通过这种方法已设计出频带宽度超过倍频程的极化器，参见 Marino（1）。

例 18.11.1　夹心式 FSS 的比较

比较含三缝隙、对偶的三腿形或六边环形等单元介质夹心式结构的 −3 dB 频带宽度。

解：比较图 18.19 所示的：（a）三缝隙单元；（b）三腿形单元；（c）六边环形单元。其中，

(a)和(b)中的曲线包括沿0°~60°角入射的平行(//)和垂直(⊥)极化波的传输系数。(c)中仅限于正入射(0°)的两种极化的数据。注意(b)中三腿形单元具有平顶形的宽频带特性。

它们的 −3 dB 频带宽度如下:

	频带范围	频率覆盖
三缝隙	8.5 ~ 11.5	1.35
三腿形	9 ~ 14	1.55
六边环形	7 ~ 14	2.00

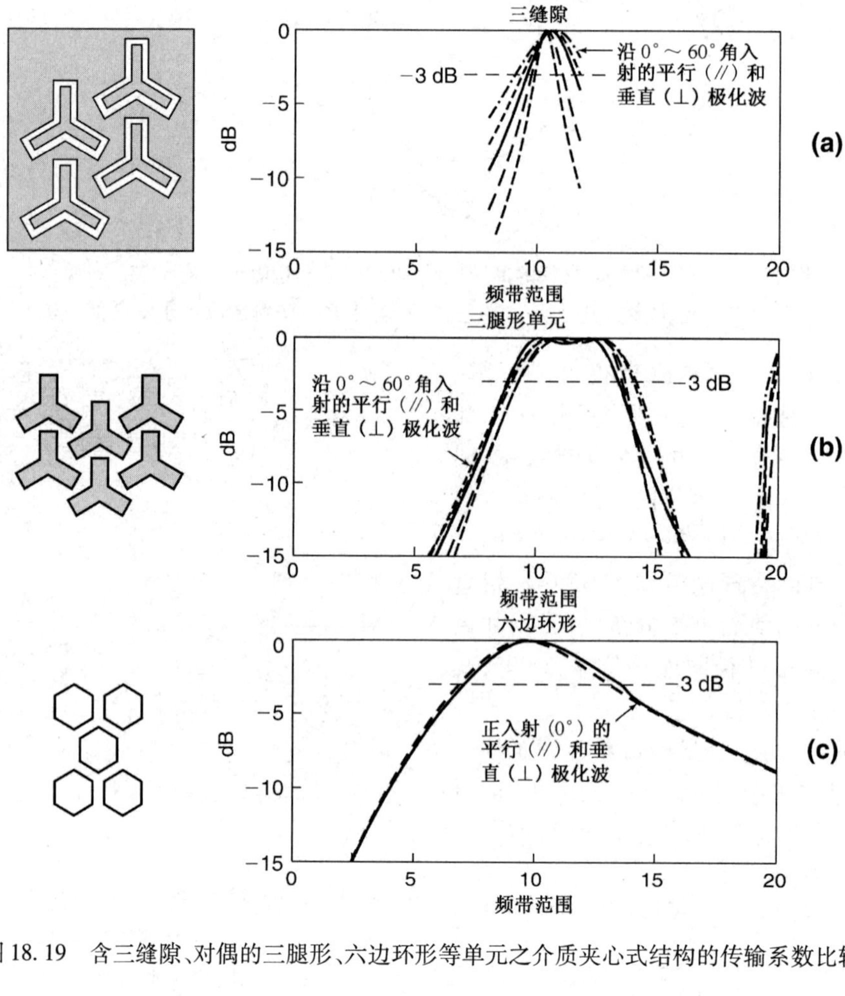

图 18.19 含三缝隙、对偶的三腿形、六边环形等单元之介质夹心式结构的传输系数比较

参考文献

Andre, R. (1), *An Analysis Method for Doubly Periodic Nonplanar Antenna Arrays,* M.Sc. thesis, The Ohio State University, Dept. of Electrical Engineering, Columbus, Ohio, 1985.

Chen, C.-C. (1), "Transmission of Microwave through Perforated Flat Plates of Finite Thickness," *IEEE Trans. Microwave Theory and Techniques,* **MITT-21,** no. 1, January 1973.

English, E. K. (1), *Electromagnetic Scattering from Infinite Periodic Arrays of Arbitrarily Oriented Dipole Elements Embedded in a General Stratified Medium,* Ph.D. dissertation, The Ohio State University, Dept. of Electrical Engineering, Columbus, Ohio, 1973.

Kent, B. M. (1), *Impedance Properties of an Infinite Array of Non-Planar Rectangular Loop Antennas Embedded in a General Stratified Medium,* Ph.D. dissertation, The Ohio State University, Dept. of Electrical Engineering, Columbus, Ohio, 1984.

Kieburtz, R. B. (1), and A. Ishimaru, "Scattering by a Periodically Apertured Conducting Screen," *IRE Trans. Ants. Prop.,* **AP-9,** no. 6, pp. 506–514, November 1961.

Kyriazidou, C. A., R. E. Diaz and N. G. Alexópoulos, "Novel Material with Narrow-Band Transparency Window in the Bulk," *IEEE Trans. Ants, Prop.,* **48,** January 2000, pp. 107–116.

Lee, S. W. (1), "Scattering by Dielectric-Loaded Screen," *IEEE Trans. Ants. Prop.,* **AP-19,** no. 5, pp. 656–665, September 1971.

Lin, S. J. (1), *On the Scan Impedance of an Array of V-Dipoles and the Effect of the Feedlines,* Ph.D. dissertation, The Ohio State University, Dept. of Electrical Engineering, Columbus, Ohio, 1985.

Marino, R. A. (1), "Accurate and Efficient Modeling of Meander-line Polarizers," *Microwave Journal,* November 1998.

Munk, B. A. (1), *Frequency Selective Surfaces, Theory and Design,* Wiley, New York, 2000, Chaps. 2 and 7.

Munk, B. A. (2), FSSTD, pp. 109–112.

Munk, B. A. (3), FSSTD, pp. 26–63.

Munk, B. A. (4), FSSTD, pp. 227–278.

Munk, B. A. (5), FSSTD, pp. 391–394.

Ng, K. T. (1), *Admittance Properties of a Slot Array with Parasitic Wire Arrays in a Stratified Medium,* Ph.D. dissertation, The Ohio State University, Dept. of Electrical Engineering, Columbus, Ohio, 1985.

Pelton, E. L. (1), and B. A. Munk, "Scattering from Arrays of Crossed Dipoles," *IEEE Trans. Ants. Prop.,* **AP-27,** pp. 323–330, May 1979.

Schuman, H. K. (1), D. R. Pflug, L. D. Thompson, "Infinite Planar Array of Arbitrarily Bent Thin Wire Radiators," *IEEE Trans. Ants. Prop.,* **AP-32,** no. 4, pp. 364–477, April 1984.

Tice, T. E. (1), editor-in-chief, *Techniques for Airborne Radome Design,* vols. 1 and 11, McGraw-Hill Technical Writing Services, TR AFAL-TR-66-391, 1966.

Vardaxoglou, J. C. (1), *Frequency Selective Surfaces,* Research Studies Press, Ltd., 1997.

Wu, T. K. (1), *Frequency Selective Surface and Grid Array,* Wiley, New York, 1995.

习题

18.9.1　**无载三极子。** 为工作在 $f=15$ GHz 的无载三缝隙单元确定其腿的近似长度：(a) 无介质基片的情况；(b) 有厚 0.50 mm 的介质基片 $\varepsilon_r=2.2$ 分置于 FSS 两侧（利用 ε_r 和 ε_0 的算术平均 $\varepsilon_{\mathrm{eff}}$）的情况；(c) 确定沿 xy 平面内任何角入射都不产生栅瓣的最大间距 D_x。

18.9.2　**四腿形加载单元。** 为工作在 $f=15$ GHz 的四腿形加载单元确定其近似尺寸：(a) 无介质基片的情况；(b) 有厚 0.50 mm 的介质基片 $\varepsilon_r=2.2$ 置于 FSS 单侧（估计 $\varepsilon_{\mathrm{eff}}$）的情况；(c) 使相邻单元分离 1 mm（矩形栅格），确定沿任意角入射会出现栅瓣的最低频率。

注意：习题中涉及的计算机程序，见附录 C。

第 19 章　实用大型口径天线的设计考虑

本章包含下列主题：

- 口径分布与口径效率
- 表面不规则性和增益损失
- 卡塞格伦馈电；偏馈
- 低旁瓣的考虑

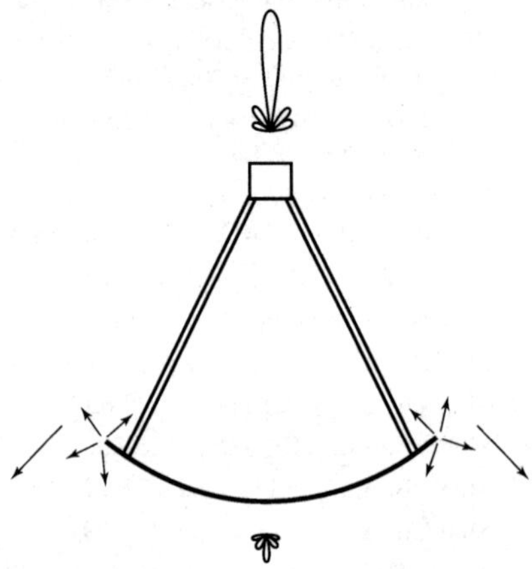

19.1　口径分布与口径效率①

作为口径分布与效率的引言，先简单地回顾以前章节中讨论过的若干基本概念，然后发展成一系列有用的天线设计准则。

设功率密度为 S(W m^{-2})的平面波如图 19.1 所示入射到天线，再由天线传递给接收机的功率 P 为

$$P = SA_e \tag{1}$$

其中，A_e 表示天线的有效口径

或

$$A_e = \frac{P}{S} \tag{2}$$

这里假设了天线与来自全极化点源的波相匹配。

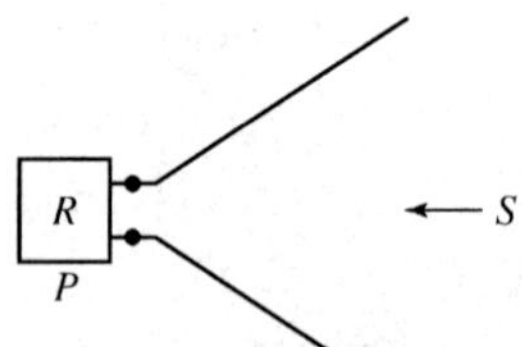

图 19.1　通量密度 S 的波射入天线后向接收机 R 传递功率 P

如果欧姆损耗不容忽略，并仍设定上式的关系，则可区别出真实的有效口径（计入欧姆损耗的影响）和完全按波瓣图得出的有效口径（忽略损耗）。对此，可写出

$$A_e = k_o A_{ep} \tag{3}$$

其中，A_e——真实的有效口径，m^2

k_o——欧姆损耗因子（$0 \leqslant k_o \leqslant 1$），无量纲

A_{ep}——完全由波瓣图确定的有效口径，m^2

天线的定向性可利用这些符号表示为

$$D = \frac{4\pi}{\Omega_A} = \frac{4\pi}{\lambda^2} A_{ep} \tag{4}$$

由此

$$A_{ep}\Omega_A = \lambda^2 \tag{5}$$

而

① 19.1 节至 19.3 节都引自 J. D. Kraus, *Radio Astronomy*, 2nd ed., Cygnus-Quasar, 1986。

$$A_e\Omega_A = k_o\lambda^2 \tag{6}$$

其中，Ω_A——天线的波束立体角，sr

λ——波长，m

定义口径效率为有效口径与物理口径之比，即

$$\varepsilon_{\mathrm{ap}} = \frac{A_e}{A_p} \tag{7}$$

于是，口径效率与波束效率之比为

$$\frac{\varepsilon_{\mathrm{ap}}}{\varepsilon_M} = \frac{A_e\Omega_A}{A_p\Omega_M} = \frac{k_o\lambda^2}{A_p\Omega_M} \tag{8}$$

其中，ε_M——波束效率（$\varepsilon_M=\Omega_M/\Omega_A$），无量纲

Ω_M——主波束范围，sr

Ω_A——总波束范围，sr

虽然对某些口径来说，物理口径 A_p 的意义可能是不唯一的，但往往不难在远大于波长的口径上定义 A_p 的值。

天线的定向性只取决于其辐射波瓣图，故有定向性公式

$$D = \frac{4\pi}{\lambda^2}A_{ep} \tag{9}$$

而增益为

$$G = Dk_o = k_o\frac{4\pi}{\lambda^2}A_{ep} \tag{10}$$

最大定向性 D_m 应该被定义为天线在均匀口径场分布（尺寸远大于波长 λ）时，即按物理口径所能达到的定向性，因此有

$$D_m = \frac{4\pi}{\lambda^2}A_p \tag{11}$$

在设计天线时，还有一种期望达到的设计定向性 D_d，其值总是小于 D_m。为了减小旁瓣，常采用某种锥削的口径分布，因此有

$$D_d = \frac{4\pi}{\lambda^2}A_pk_u = D_mk_u \tag{12}$$

其中，D_d 表示设计定向性。因子 k_u 称为利用因子，是所选择的设计定向性与均匀口径分布的最大定向性之比值，即

$$k_u = \frac{D_d}{D_m} \qquad 0 \leqslant k_u \leqslant 1 \tag{13}$$

在设计、建造了天线并测量其性能之后，会发现其真实的定向性 D 只会小于而不会超过设计定向性 D_d，可表示成

$$D = D_dk_a = D_mk_uk_a \tag{14}$$

其中，k_α 是衡量达到目标之程度的达标因子，因此

$$k_a = \frac{D}{D_d} \qquad 0 \leqslant k_a \leqslant 1\ (\text{通常}) \tag{15}$$

于是，天线的增益可写成

$$G = D_mk_ok_uk_a = \frac{4\pi}{\lambda^2}A_pk_ok_uk_a = \frac{4\pi}{\lambda^2}A_p\varepsilon_{\mathrm{ap}} \tag{16}$$

其中,A_p——物理口径,m

k_o——欧姆-损耗因子,无量纲

k_u——利用因子,无量纲

k_a——达标因子,无量纲

ε_{ap}——口径效率,无量纲

还可以写成

$$A_{ep} = k_u k_e A_p \tag{17}$$

$$A_e = k_o k_u k_a A_p \tag{18}$$

$$\varepsilon_{ap} = \frac{A_e}{A_p} = k_o k_u k_a \tag{19}$$

其中,A_{ep}——有效口径(完全由波瓣图确定)

A_e——真实的有效口径

天线定向性的基本定义是:定向性等于天线辐射强度的最大值与平均值之比(发射状态)。根据互易性,定向性也适用于接收状态,因此有

$$D = \frac{U_m}{U_{av}} \tag{20}$$

其中,U_m——最大辐射强度,W sr^{-1}

U_{av}——平均辐射强度,W sr^{-1}

该平均值可表示为辐射强度函数 $U(\theta,\phi)$ 在 4π 立体角上的积分值除以 4π,即

$$D = \frac{U_m}{\frac{1}{4\pi}\iint\limits_{4\pi} U(\theta,\phi)\,d\Omega} = \frac{4\pi U_m}{P} \tag{21}$$

其中,P 是总的辐射功率。式(21)指出的有效功率(天线为各向同性时获得最大辐射强度 U_m 所需的功率)是

$$DP = 4\pi U_m \tag{22}$$

现考察两种条件下的口径,条件 1 假设口径场均匀分布,具有定向性 D_m 和功率 P';条件 2 属真实口径场分布,具有定向性 D 和功率 P。若两者的有效功率相等,即

$$DP = D_m P' \tag{23}$$

或

$$D = D_m \frac{P'}{P} = \frac{4\pi}{\lambda^2} A_p \frac{\frac{E_{av}E_{av}^*}{Z} A_p}{\iint\limits_{A_p} \frac{E(x,y)E^*(x,y)}{Z}\,dx\,dy} \tag{24}$$

其中,表面积分只取与天线口径相合的部分,天线口径以外的都取零,还假设所有的辐射功率流都穿过口径;式中的 Z 是媒质的本征阻抗(Ω 每平方),E_{av} 是口径上的平均场强,即

$$E_{av} = \frac{1}{A_p}\iint\limits_{A_p} E(x,y)\,dx\,dy \tag{25}$$

其中,$E(x,y)$ 是口径上任意点 (x,y) 处的电场。重组式(24),写出真实的定向性

$$D=\frac{4\pi}{\lambda^2}A_p\frac{1}{\dfrac{1}{A_p}\iint\limits_{A_p}\left[\dfrac{E(x,y)}{E_{av}}\right]\left[\dfrac{E(x,y)}{E_{av}}\right]^*dx\,dy}\tag{26}$$

此关系式早先由 Ronald N. Bracewell(1)导出,后在 Bracewell 的详细讨论中引入利用因子,据此可写出设计定向性

$$D_d=\frac{4\pi}{\lambda^2}A_p\frac{1}{\dfrac{1}{A_p}\iint\limits_{A_p}\left[\dfrac{E'(x,y)}{E'_{av}}\right]\left[\dfrac{E'(x,y)}{E'_{av}}\right]^*dx\,dy}\tag{27}$$

式中带撇号的是指设计场强值,按照式(12)可认定上式右侧的分式就是利用因子 k_u。用该因子乘以和除以式(26),得出

$$D=\frac{4\pi}{\lambda^2}A_p\frac{1}{\dfrac{1}{A_p}\iint\limits_{A_p}\left[\dfrac{E'(x,y)}{E'_{av}}\right]\left[\dfrac{E'(x,y)}{E'_{av}}\right]^*dx\,dy}\times\frac{\dfrac{1}{A_p}\iint\limits_{A_p}\left[\dfrac{E'(x,y)}{E'_{av}}\right]\left[\dfrac{E'(x,y)}{E'_{av}}\right]^*dx\,dy}{\dfrac{1}{A_p}\iint\limits_{A_p}\left[\dfrac{E(x,y)}{E_{av}}\right]\left[\dfrac{E(x,y)}{E_{av}}\right]^*dx\,dy}\tag{28}$$

由式(14),还有

$$D=D_mk_uk_a\tag{29}$$

式(28)中的最后一个因子就是 Bracewell 所定义的达标因子。Bracewell 进一步又设

$$E(x,y)=E_{av}+\delta E_{av}\tag{30}$$

或

$$\frac{E(x,y)}{E_{av}}=1+\delta\tag{31}$$

式中的 δ 是场相对于平均值的复偏差(因子)。于是,式(28)中最后因子的分母成了

$$\frac{1}{A_p}\iint\limits_{A_p}(1+\delta)(1+\delta)^*\,dx\,dy\tag{32}$$

由于在口径上 δ 或 δ^* 的平均值为零,式(32)被简化为

$$1+\frac{1}{A_p}\iint\limits_{A_p}\delta\delta^*\,dx\,dy=1+\operatorname{var}\delta\tag{33}$$

其中,$\operatorname{var}\delta$ 用来表示整个口径上 δ 之偏差或 $\delta\delta^*$ ($=|\delta|^2$)之平均值。从而,式(28)可以更简洁地将定向性写成

$$D=\frac{4\pi}{\lambda^2}A_p\frac{1}{1+\operatorname{var}\delta'}\frac{1+\operatorname{var}\delta'}{1+\operatorname{var}\delta}\tag{34}$$

其中,δ' 表示设计值,δ 表示真实值。

还可以改写利用因子

$$k_u=\frac{1}{1+\operatorname{var}\delta'}\tag{35}$$

和达标因子

$$k_a = \frac{1 + \operatorname{var}\delta'}{1 + \operatorname{var}\delta} \tag{36}$$

现在转而讨论波束效率 ε_M，它等于主波束立体角 Ω_M 与总波束立体角 Ω_A 之比，即

$$\varepsilon_M = \frac{\Omega_M}{\Omega_A} = \frac{\iint\limits_{主瓣} P(\theta,\phi)\,d\Omega}{\iint\limits_{4\pi} P(\theta,\phi)\,d\Omega} \qquad 0 \leqslant \varepsilon_M \leqslant 1 \tag{37}$$

其中，$P(\theta,\phi)$ 为天线的功率波瓣图，$P(\theta,\phi) = EE^* = |E|^2$。

接下来讨论口径场分布对波束效率和口径效率的影响。先处理最简单的一维分布情况，即矩形口径($L_\lambda \times L'_\lambda$)上的场沿 y 方向(口径 L'_λ)为均匀分布，而沿 x 方向(口径 L_λ)呈图 19.2 所示形状的分布，

$$E(x) = K_1 + K_2\left[1 - \left(\frac{2x}{L_\lambda}\right)^2\right]^n \tag{38}$$

其中，$E(x)$——场分布

K_1——常数(见图 19.2)

K_2——常数(见图 19.2)

L_λ——口径宽度($L_\lambda = L/\lambda$)，单位 λ

n——整数($n = 1,2,3,\cdots$)

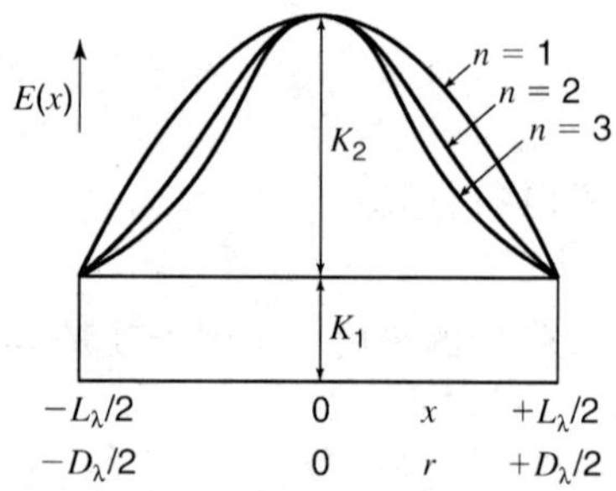

图 19.2 各种形状的口径分布

若 $K_2 = 0$，则为均匀分布；若 $K_1 = 0$，则当 $n = 1$ 时为抛物线形分布，当 n 较大时场分布向边缘更急剧地锥削，如图 19.2 所示。对于 $n = 1$ 的一维口径，Nash 曾计算过波束效率和口径效率作为比值 $K_1/(K_1 + K_2)$ 的函数(Nash-1)，其结果绘于图 19.3。$K_1 = 0$ 的分布在边缘处锥削到零(最大锥削)；随着图 19.3 中横坐标值[比值 $K_1/(K_1 + K_2)$]的增大，锥削渐缓，直至横坐标为 1(即 $K_2 = 0$)时成为无锥削的均匀分布①。图 19.3 中的曲线指出：分布的加剧锥削会提高波束效率，然而会降低口径效率。最大口径效率发生于均匀口径分布，但最大波束效率发生于高度锥削的口径分布。大多数场合采用的是介于图 19.3 所示的两种极端情况之间，即 $K_1/(K_1 + K_2)$ 为 1 或 0 之间的值，以期达到较高波束效率与较高口径效率的折中。

对于二维口径分布，即沿 x 和 y 方向有着相同类型分布的矩形口径($L_\lambda \times L'_\lambda$)，Nash 也曾计算过波束效率和口径效率作为锥度的函数 Nash(1)。假设按式(38)取 $n = 1$ 的场分布(K_2 部分属抛物线形分布)，此时

$$E(x,y) = \left\{K_1 + K_2\left[1 - \left(\frac{2x}{L_\lambda}\right)^2\right]\right\}\left\{K_1 + K_2\left[1 - \left(\frac{2y}{L'_\lambda}\right)^2\right]\right\} \tag{39}$$

① 阶跃函数或台基 K_1 是一种理想化的而非物理上可实现的分布，真实场分布应是渐趋截断的。Rhodes 指出，垂直于平面结构边缘的电场分量必须按该场点至边缘距离的一次幂趋于零，而平行于边缘的分量必须按二次幂趋于零。参阅 D. R. Rhodes(1)。

Nash 所指出的口径随机相位误差对口径效率(实线)和波束效率(虚线)的影响的数据示于图 19.4(a),各有一族四条曲线,分别对应均方根偏差为 0λ,0.04λ,0.06λ 和 0.08λ 的随机位移(或误差)。这些曲线都是按式(39)的光滑分布所计算的结果再乘以 Ruze(1)的增益-退化(或增益-损失)因子

$$k_g = e^{-(2\pi\delta/\lambda)^2} \tag{40}$$

式中的 δ 是在口径平面上波前相位误差的均方根值。这里还假定偏差的相关区间大于波长。图 19.4(a)指出,口径分布的锥度对效率(波束的和口径的)的控制作用随着相位误差的增加而趋弱,效率本身也因相位误差而降低。这种误差造成在旁瓣角域内的漫散辐射,因此相位误差是对天线效率的主要限制。

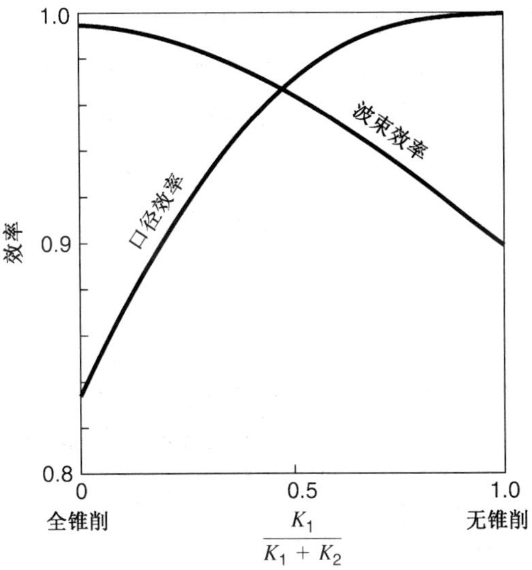

图 19.3　一维口径的波束效率和口径效率作为锥度的函数。无锥削时口径效率最大,全锥削时波束效率最大。假设属于 K_2 的抛物线形分布(见图19.2中的 $n=1$)(Nash-1)

Ruze 的增益-损失公式(40)专门针对其偏差按高斯律随机分布之抛物面,其相位误差则为均匀分布,误差基本恒定的区域大于波长,而且这种非相关区域的个数很多。

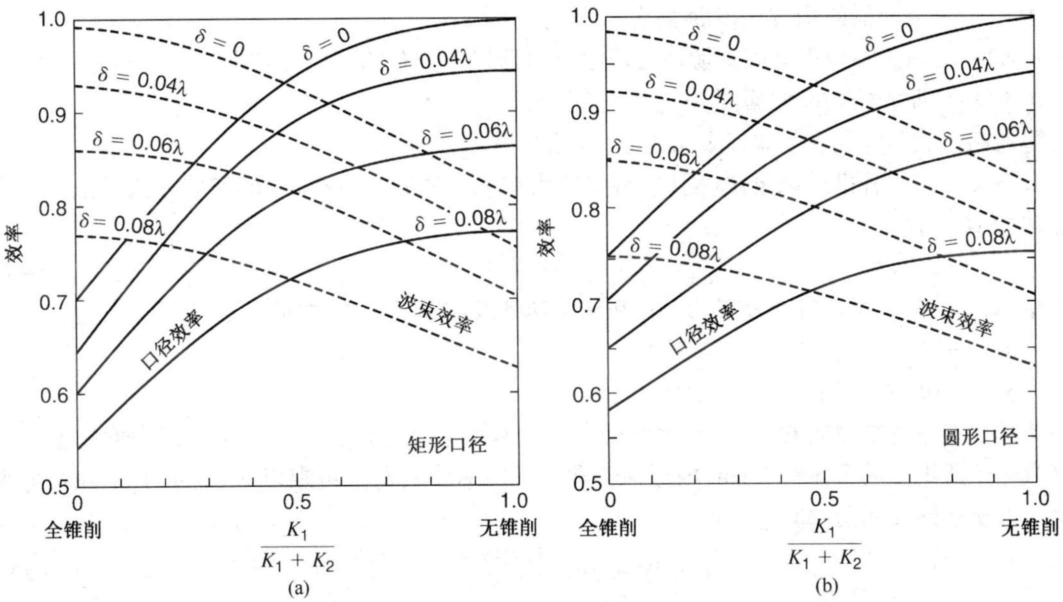

图 19.4　矩形口径(a)和圆形口径(b)的口径效率(实线)和波束效率(虚线)作为锥度与相位误差之函数。假设属于 K_2 的抛物线形分布(见图19.2中的 $n=1$)(Nash-1)

Nash 还研究了直径为 D_λ 的具有式(38)所给分布的圆形口径,式中的 x 由 r 取代,L_λ 由 D_λ 取代,其结果示于图 19.4(b)。两族曲线分别表示波束效率和口径效率,每族四条曲线对应四种随机相位误差的条件,它们都假定了 $n=1$(K_2 部分属抛物线形分布)。图 19.4(b)(圆

形口径)的曲线看起来与图 19.4(a)中矩形口径的曲线非常相似。对于表面均方根偏差为 δ' 的反射器天线,应该注意式(40)中的波前相位误差要近似加倍,即 $\delta = 2\delta'$。

反射器天线要考虑的另一个问题是其初级天线即馈源对反射器的照射效率,可定义成馈源效率 ε_f,即

$$\varepsilon_f = \frac{\iint_{\Omega_R} P_f(\theta, \phi)\, d\Omega}{\iint_{4\pi} P_f(\theta, \phi)\, d\Omega} \tag{41}$$

其中,$P_f(\theta,\phi)$——馈源的功率波瓣图

Ω_R——从馈源点看向反射器所张的立体角

如果馈源天线波瓣图的第一零点恰对应反射器的边缘,则式(41)所给出的馈源效率与馈源的波束效率相一致①。

在反射器天线的一般情况下,可将系统的波束效率表示成

$$\varepsilon_M = \mathrm{e}^{-(4\pi\delta'/\lambda)^2} \frac{\iint_{\text{主瓣}} P(\theta, \phi)\, d\Omega}{\iint_{4\pi} P(\theta, \phi)\, d\Omega} \frac{\iint_{\Omega_R} P_f(\theta, \phi)\, d\Omega}{\iint_{4\pi} P_f(\theta, \phi)\, d\Omega} \tag{42}$$

其中,δ'——反射器的均方根表面误差

$P(\theta,\phi)$——由无相位误差的馈源所形成之反射器口径分布的功率波瓣图

$P_f(\theta,\phi)$——馈源的功率波瓣图

这里忽略了表面泄漏。如果需要考虑,则要增添另一个因子。

下文介绍一种借助某天体(射电)源确定大型天线之波束效率 ε_M 的实验方法。记主波束立体角 Ω_M 为

$$\Omega_M = k_p \theta_{\mathrm{HP}}\, \phi_{\mathrm{HP}},\ \mathrm{sr} \tag{43}$$

其中,k_p——介于均匀口径分布的 1.0 和高斯功率波瓣图的 1.13 之间的因子

θ_{HP}——θ 平面内的半功率波束宽度

ϕ_{HP}——ϕ 平面内的半功率波束宽度

该半功率波束宽度由实验测出,k_p 值则得自对波瓣图形状的估算。半功率波束宽度的赤经角度数等于所观测的天体在 1 min 内漂移轮廓的半功率波束宽度再乘以 cos δ/4,其中 δ 是被观测点源所在的赤纬角,即

$$\mathrm{HPBW(deg)} = \frac{\mathrm{HPBW(min)}\cos\delta}{4} \tag{44}$$

据式(6),总的波束立体角 Ω_A 为

$$\Omega_A = \frac{k_0 \lambda^2}{A_e} \tag{45}$$

式中的有效口径 A_e 取决于观测某已知通量密度的天体源(见 24.5b 节的射电源列表),即

① 实际上通常使馈源对反射器边缘的照射锥削至 -10 dB。

$$A_e = \frac{2kT_A}{S} \tag{46}$$

综合上列各式,得出波束效率为

$$\varepsilon_M = \frac{\Omega_M}{\Omega_A} = \frac{k_p \theta_{\text{HP}} \phi_{\text{HP}} 2kT_A}{k_o \lambda^2 S} \tag{47}$$

其中,k——玻尔兹曼常数($k = 1.38 \times 10^{-23}$ J K^{-1})

T_A——由射电源所致的天线温度(校正电缆损耗的测量值),K

S——射电源的通量密度,W m^{-2} Hz^{-1}

λ——波长,m

k_o——天线的欧姆 - 损耗因子,无量纲

k_p,θ_{HP}和 ϕ_{HP}同式(43)。

借观测某已知通量密度的天体源,据式(46)求出 A_e,即可确定大型天线之口径效率 ε_{ap}如下式:

$$\varepsilon_{\text{ap}} = \frac{A_e}{A_p} \tag{48}$$

其中,A_p 表示物理口径。

然而,天线工程师所感兴趣的往往是将 ε_{ap}如式(19)那样裂解成若干因子,以尽可能全面地计及所有使效率降低的原因。为此,由天线结构及其电导率的知识可以确定其欧姆-损耗因子 k_a;由天线的设计考虑计算其利用因子 k_u;当准确地已知口径上的真实场时,可按式(28)的关系算出达标因子 k_a。然而,罕见对这些因子的测量(见图 24.15 所示的全息测量)。另一种做法是将达标因子分离成更多的分因子,包括(抛物面)反射镜天线的随机表面误差、馈源效率、口径遮挡、馈源垂直于轴的偏移(斜视和慧差)、馈源平行于轴的位移(散焦)等。假设这些分因子的每一项都能独立地计算或估计。

于是,口径效率 ε_{ap}就可以表示成

$$\begin{aligned} \varepsilon_{\text{ap}} &= \frac{A_e}{A_p} = k_o k_u k_a = k_o k_u k_1 k_2 \cdots k_N \\ &= k_o k_u \prod_{n=1}^{N} k_n \end{aligned} \tag{49}$$

其中,k_o——欧姆-损耗因子

k_u——利用因子(根据设计)

k_a——达标因子

k_1——反射镜表面随机误差(增益损失)因子($k_1 = e^{-(4\pi\delta'/\lambda)^2} = \cdots = k_g$)

k_2——馈源效率因子($k_2 = \varepsilon_f$)

k_3——口径遮挡因子

k_4——斜视因子

k_5——像散因子

k_6——表面泄漏因子

等等。尽管按式(49)计算的与按式(48)测量的 ε_{ap} 之间能紧密相符并不一定意味着设计者已经正确地计及了所有的因子(可能其中有些估计得过分,其他一些又估计不足),只能对理解所包含的因子提供某种程度的信心;然而倘若这两种方法的结果明显不符,设计者就能得知分析在某一或若干方面的不正确或不完全。Nash 在分析直径为 110 m 的射电望远镜(大耳)的性能时曾经用过这种比较法(Nrsh-2)。Bracewell(1)则讨论了大型天线的容差。

对于无耗口径上的同相场,给自式(26)的口径效率为

$$\varepsilon_{ap} = \frac{E_{av}^2}{(E^2)_{av}} \tag{50}$$

其中,E——口径上任意点处场的幅值

E_{av}——在口径上的平均值($E_{av} = E$)

$(E^2)_{av}$——在口径上的平均值[$(E^2)_{av} = E^2$]

例 19.1.1

某 50λ 直径的圆形口径具有 $(1-r^2)^n$ 形式的口径分布,这里无论 n 取什么值,总是 $r=0$ 在中心,而 $r=1$ 在边缘,试求其口径效率和波束效率 $\varepsilon_M = \Omega_M/\Omega_A$,并图示其结果。

解:

该口径效率可得自式(50)。该波束效率则得自将波瓣图在整个 4π 上数值积分的 Ω_A 以及在主瓣内数值积分的 Ω_M。其结果按旁瓣电平为横坐标示于图 19.5,同时也给出了不同 n 的口径分布形状。对于 $n=2$ 的分布,口径效率约为 56%,而第一旁瓣为 −31 dB。

对于大型(>>λ)的连续口径,可得如下结论:

1. 均匀幅度分布产生最大的定向性(试图用非均匀的边缘增强型分布达到超增益是不实际的)。
2. 从中心的最大幅度向边缘锥削的分布可减小旁瓣电平,但使(主瓣)波束宽度变大,且定向性降低。
3. 倒锥削(压低中心处幅度)的分布可得较小的(主瓣)波束宽度,但旁瓣电平变大,且定向性降低(中心处幅度被压低可能是由于主焦式馈源对口径中心的遮挡)。
4. 最大口径效率得自均匀口径分布,而最大波束效率得自高锥削度的分布。

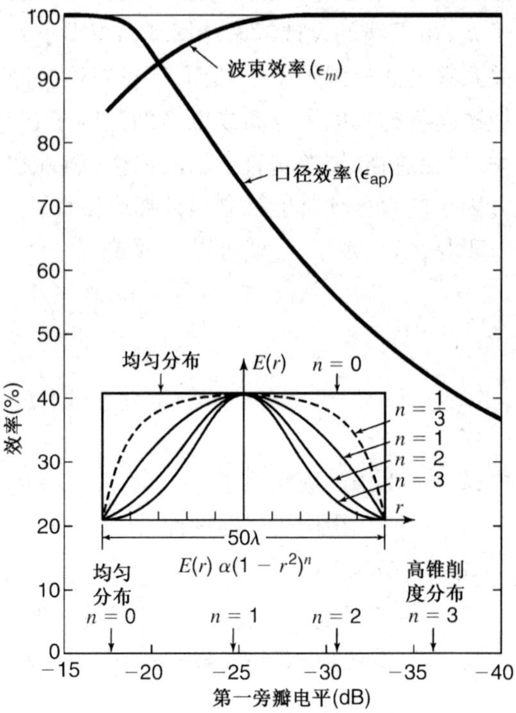

图 19.5 各种口径分布和旁瓣电平应用实例所对应的口径效率与波束效率(假设均匀相位,否则还会降低口径效率而增宽旁瓣)

5. 口径的相位误差是对天线效率的主要限制。
6. 增益依赖于口径尺寸(的波长数)和相位误差,在某频率(或波长)时达到峰值,频率再升高增益反而会降低(见图 19.9)。

19.2　表面不规则性和增益损失

参阅图 19.6,考虑反射表面不规则性的理想情况,与理想表面之上、下偏差为 $\pm\delta'$ [Christiansen(1) & Hogbom]。平面波从该不规则表面的反射将会比从均匀表面超前或滞后

$$2\pi\frac{\delta'}{\lambda}\times 2=2\pi\frac{\delta}{\lambda}\qquad \text{(rad)}\tag{1}$$

其中,δ'——表面偏差(表面误差)

δ——往返两次的表面偏差($\delta=2\delta'$)

参照图 19.7 的图解,合成场为

$$E=E_0\cos\Delta\phi\tag{2}$$

其中 $\Delta\phi$ 表示相位误差。$\Delta\phi=4\pi(\delta'/\lambda)$ rad $=720°(\delta'/\lambda)=360°(\delta/\lambda)$。

设这些不规则性的间隔(相关距离 D_c)至少要大于波长,且正负个数相当,则(归一化的)表面增益-损失因子 k_g(无量纲),为

$$k_g=\left(\frac{E_0\cos\Delta\phi}{E_0}\right)^2=\cos^2\Delta\phi=\cos^2\left(720°\frac{\delta'}{\lambda}\right)\tag{3}$$

该增益-损失因子按式(3)随均方根表面偏差之波长数而变化的函数曲线示于图 19.8,同时还绘出了按 Ruze 关系式(19.1.40)($=\exp[-(4\pi\delta'/\lambda)^2]$)计算的增益-损失因子曲线,都假定了至少一个波长的相关距离。

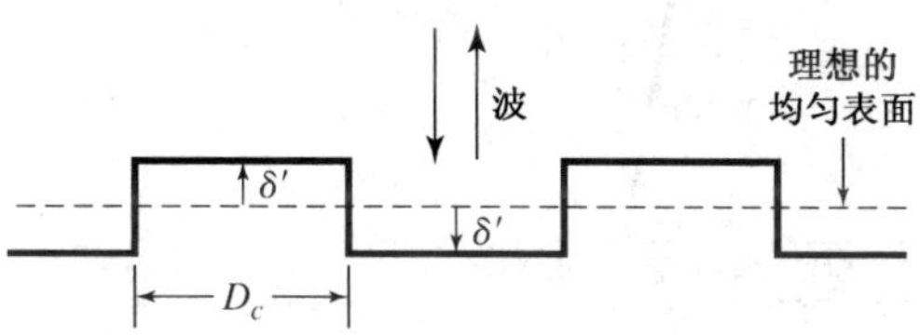

图 19.6　确定表面不规则性效应的几何关系

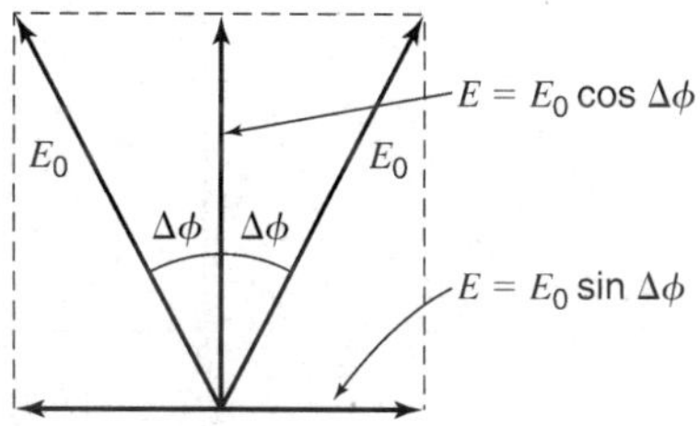

图 19.7　由表面不规则性引起的相位变化

例 19.2.1

某表面具有 $\delta'=\lambda/20$ 的均方根表面偏差,求增益的缩减量。

解:

由式(3),

$$\Delta\phi=4\pi\frac{\delta'}{\lambda}\text{ (rad)}=720°\frac{\delta'}{\lambda}=720°\frac{1}{20}=36°\tag{4}$$

以及

$$k_g=\cos^2 36°=0.65\tag{5}$$

即增益有 1.8 dB 的缩减量(见图 19.8)。

设某圆形口径的直径为 D,有 50% 的口径效率($A_e = \frac{1}{2}A_p$),即

$$A_e = \frac{1}{2}\pi\left(\frac{D}{2}\right)^2$$

引用表面不规则性的增益-损失因子式(3),得

$$G = k_g \frac{4\pi}{\lambda^2}\frac{\pi}{2}\left(\frac{D}{2}\right)^2 = k_g \frac{\pi^2}{2}\left(\frac{D}{\lambda}\right)^2 = \cos^2\left(720^\circ \frac{\delta'}{\lambda}\right)\frac{\pi^2}{2}\left(\frac{D}{\lambda}\right)^2 \tag{6}$$

其中,δ'为均方根表面偏差。

对各种表面偏差 δ'值,当圆碟的直径 D 分别为 4 m,20 m 和 100 m 时,按式(6)计算的增益值绘于图 19.9;为进行比较,这里列出了三种射电望远镜圆碟的实测增益(虚线)。它们的等效均方根表面偏差可由图 19.8 推断出:昂萨拉和野边山的反射镜约 150 μm,波恩的反射镜约 500 μm。

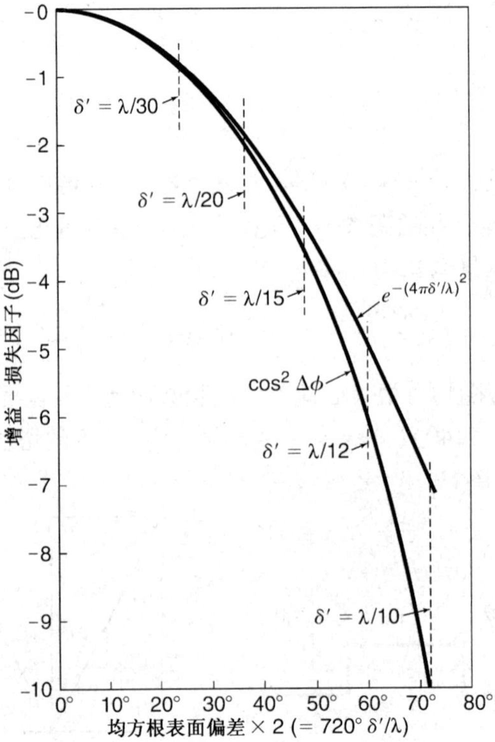

图 19.8 反射镜天线的增益-损失因子作为两倍均方根表面偏差(表示成反射波相位的度数)的函数。下曲线按式(3),上曲线按式(19.1.40)计算,垂直的虚线表示对应于均方根表面偏差相位差的分数波长值(假设条件同正文)

参照图 19.7,给出了正交的场分量

$$E_q = E_0 \sin \Delta\phi \tag{7}$$

虽然可假设正、负不规则性的总和为零,但沿某些方向上它们会同相叠加,形成相对于主瓣的副瓣电平,即

$$\left(\frac{E_{\text{minor}}}{E_{\text{major}}}\right)^2 = \left(\frac{NE_0 \sin \Delta\phi}{NE_0 \cos \Delta\phi}\right)^2 = \tan^2 \Delta\phi \tag{8}$$

其中,N 为不规则性的个数。

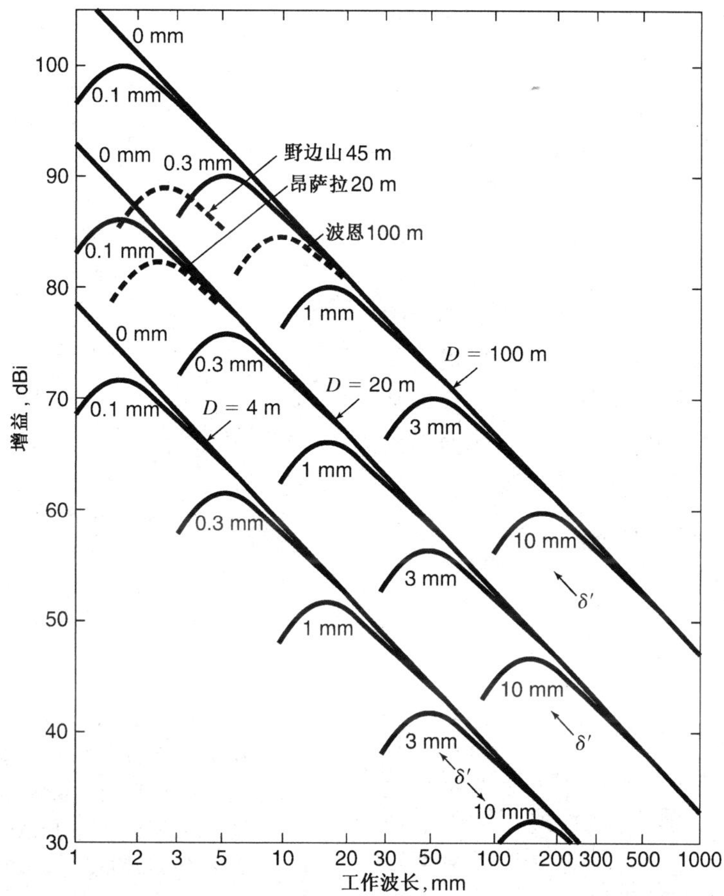

图 19.9 增益的峰值及其随波长减小而产生的回落。曲线表示直径 D 分别为 4 m，20 m 和 100 m 的圆口径天线在不同均方根表面偏差（δ'）情况下的增益作为工作波长之函数的曲线，在其他 D 和 δ' 值时可以插值。虚线表示昂萨拉、野边山、波恩大型天线的曲线（假设条件同正文）

式(8)给出了由这些不规则性所引起副瓣的最大电平。另一方面，考虑到正交场分量的随机相加，其合成副瓣应是 $\sqrt{N}E_0\sin\Delta\phi$，而相对于主瓣的功率电平为

$$\left(\frac{E_{\text{minor}}}{E_{\text{major}}}\right)^2=\left(\frac{\sqrt{N}E_0\sin\Delta\phi}{NE_0\cos\Delta\phi}\right)^2=\frac{1}{N}\tan^2\Delta\phi \tag{9}$$

例 19.2.2

设均方根相位误差为 36°，而不规则性个数 N 为 100，求最大的和随机的旁瓣电平。

解：

由式(8)，得

$$\text{最大旁瓣电平}=\tan^2 36°=0.527$$

或比主瓣低 2.8 dB。又由式(9)，得

$$\text{旁瓣电平(随机情况)}=\frac{1}{N}\tan^2 360°=\frac{0.527}{100}=0.005\,27$$

或比主瓣低 22.8 dB。

虽然增益-损失因子式(3)并非不规则性个数 N 的函数,随机情况的旁瓣电平式(9)却依赖于 N(随 N 的增加而减小)。小尺度且相关距离小于波长的不规则性所产生的场,在远离反射表面处被平滑合成而消除。据此,这种小尺度的不规则性不像上述那样影响增益或旁瓣电平。

对具有完善表面的天线,其主瓣和邻近的旁瓣在原理上取决于口径分布及锥度;沿那些达到90°左右的大角度,其副瓣受馈源支撑结构的散射影响;后向辐射则是反射镜的照射溢出和边缘绕射的函数。圆形反射镜的后瓣主要发生在(离主向180°的)轴向,因为所有的绕射波都同相叠加(见图19.10)。为了减小反射镜的绕射,应该制成卷边结构,其曲率半径至少要有最长工作波长的 $\lambda/4$(Burnside-1)。

当用于地面站的大型波束可控抛物面反射镜处于斜置姿态时,受重力尤其是金属背架的负荷会发生变形,所以对给定的波长有最大直径的限制。然而,这种限制能借助协调设计来突破,为此需将抛物面的重力变形预置入热变形的设计(Von Hoerner-1)。

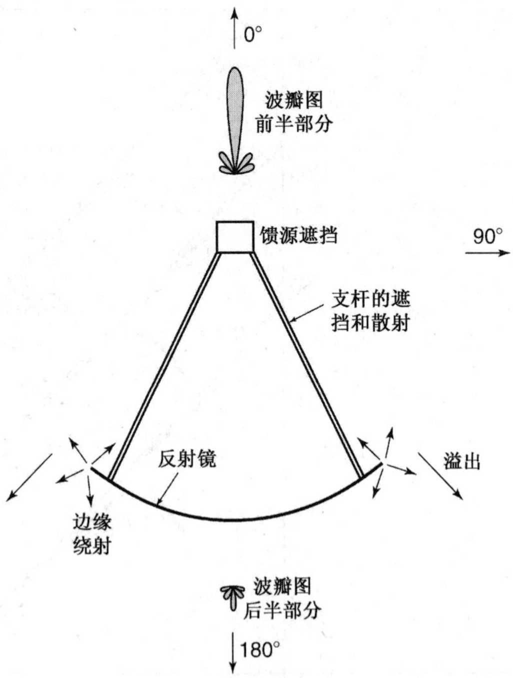

图 19.10 带馈源(或副反射镜)的典型抛物面反射镜。波瓣图前半部分(主瓣和旁瓣)取决于口径分布、镜面不规则性和馈源及支杆的散射;后半部分(轴向后瓣及其邻近的瓣)取决于围绕着反射镜边缘的溢出和绕射

19.3 抛物面反射镜的偏轴工作

当抛物面反射镜的馈源从焦点沿横向位移时,波束朝相反于馈源位移的方向偏轴斜射。这种斜射伴随着增益-损失,波束变宽,并出现慧差旁瓣,其性能蜕化的总量是焦径比 F/D 和馈源位移量之函数,示于图9.11(Baker-1)。

对于 $F/D=1.0$ 的较长焦距情况,馈源位移使斜射10倍HPBW(半功率波束宽度)所致的增益-损失为0.3 dB;对于 $F/D=0.25$ 的短焦距情况,同样的馈源位移使增益-损失达到10 dB。因此,长焦距的抛物面对馈源的位移有大得多的容差。

Baker(2)对具有 $F/D=1.2$ 的直径为530λ 的抛物面的5种斜射角情况所计算的波瓣图示于图19.12,均匀口径分布时作为0°斜射角的对称第一旁瓣为 -17.6 dB;随着斜射角的增大,增益降低,波束宽度增大,波瓣图变得不对称,而第一旁瓣(慧差旁瓣)升高;斜射角增至4°时增益跌落到1 dB,HPBW从8′增宽到8.5′(角分),慧差旁瓣只有 -10.5 dB(从0°斜射角情况升高了7.1 dB)。但在实际设计中,仍频繁采用配置在主焦点附近的多个馈源以形成多波束(或用一个移动馈源实现跟踪),而无法顾及其性能的某些退化。关于偏轴工作的更详细讨论可参考 Baker(1),Lo(1),Rudge(1) & Withers,Rusch(1) & Ludwig,Sandler(1)和 von Gniss(1) & Ries。

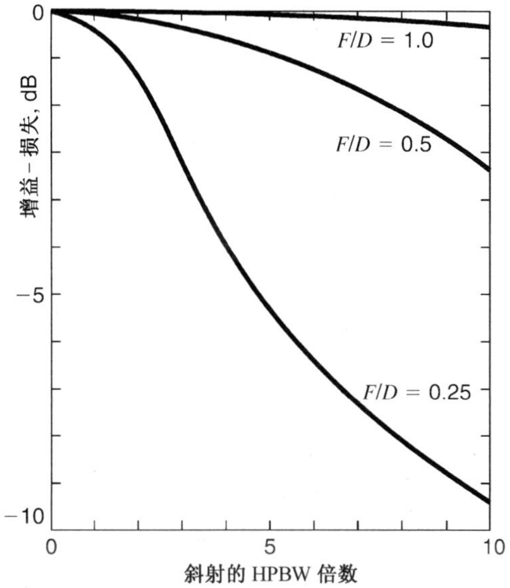

图 19.11　任意尺寸抛物面天线的增益-损失作为斜射角(HPBW 倍数)之函数的普适斜射图。给出3种F/D比值,其他F/D值可进行内插(Baker-1)

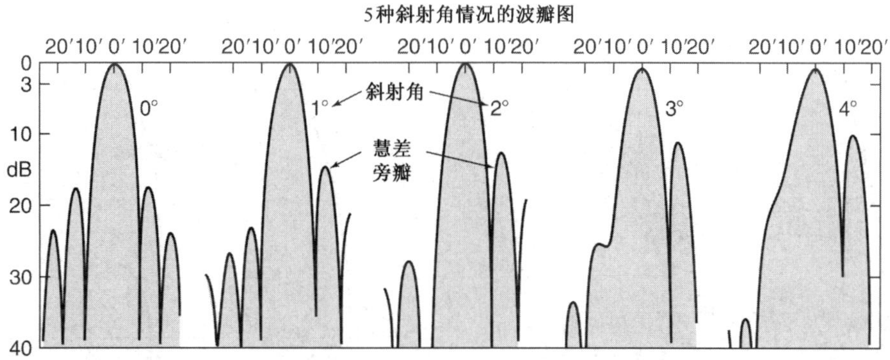

图 19.12　某直径为 530λ,$F/D=1.2$ 的抛物面在 5 种斜射角情况下的计算波瓣图。斜射角为 4°时增益-损失为1 dB,HPBW从8′增宽到8.5′(角分),慧差旁瓣升高了7.1 dB(Baker-2)

19.4　卡塞格伦馈电、赋形反射镜、球面反射镜和偏馈

副反射镜为反射式射电望远镜提供了设计的灵活性。三百多年前法国的 N. Cassegrain(卡塞格伦)提出的经典配置是围绕主抛物面反射镜的焦点安放一个双曲面形状的副反射镜,如图 19.13 所示,使所有发自真实焦点 F 的射线经(双曲面)副镜反射后形成球面波前(半径为 CF' 的圆),如同直接发自抛物面焦点 F'的各向同性辐射。或按射程等长度的费马原理写出

$$C'A' + FA' = CA + FA \tag{1}$$

注意到 $CA = CF' - AF'$和 $FA - AF' = 2OA$,可得

$$FA' - A'F' = 2OA = BA \tag{2}$$

这正说明标准形式的双曲线几何关系

$$\frac{x^2}{a^2} - \frac{y^2}{f^2 - a^2} = 1 \tag{3}$$

其中,$a = OA = OB$,$f = OF' = OF$,x 和 y 如图 19.13 所示。或写成

$$y^2 = \left(\frac{x^2}{a^2} - 1\right)(f^2 - a^2) \tag{4}$$

在该双曲面上按射向抛物面主反射镜边缘的反射点 P 截取双曲面副反射镜。该副镜朝向发自真实焦点 F 处馈源的辐射张角 θ,而主镜却朝向发自视在焦点 F' 处的抛物面张角 θ'。因此,馈电喇叭的波束张角被扩大了 θ'/θ 倍而充满抛物面的口径。

采用卡塞格伦设计的优点是结构紧凑,馈源和放大器贴近抛物面的顶点。通过对副反射镜赋形(修改双曲线)来校正馈源的初级波瓣图,使得在抛物面口径上产生更均匀的场分布①,从而实现较高的口径效率。

如图 19.14 所示,镜面在 AA' 段被变形,以增强或限制射线束 BB' 的扩展,从而减少或增大波束内每立体弧度的瓦特,以及最后在抛物面口径平面上每平方米的瓦特。这种赋形技术可以遍及整个副反射镜,往往还可以对副镜和抛物面主镜一齐赋形。作为更均匀口径分布的结果,可达到较高的口径效率,但第一旁瓣较高,为斜射波束而偏置馈源会使增益更快地跌落。

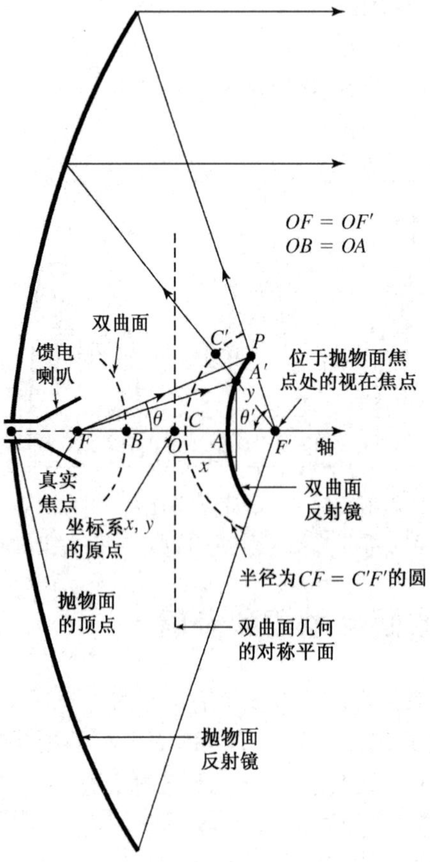

图 19.13 卡塞格伦反射镜的几何关系

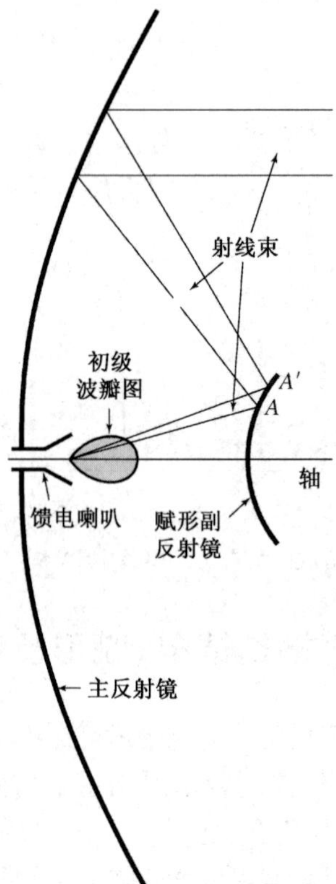

图 19.14 赋形反射镜的几何关系

① 如果不用卡塞格伦的双曲凸面(见图 19.13)中途阻断,而是允许射线穿过抛物面的焦点,使其在焦点后方(即图中的右方)某椭圆凹面上反射。这种型式的副反射镜由英格兰的 James Gregory 发明于约 1660 年,后来就以 Gregorian(格雷戈里)命名。

对卡塞格伦配置的约束在于：副镜既应该远小于主镜以使其遮挡最小化，又必须远大于波长，以适合射线光学的分析。Love(1)给出过关于卡塞格伦反射镜的详细讨论。

图 19.15 中的抛物线被表示成

$$y^2 = 4fx \tag{5}$$

其中 f 为焦距，$f = VF$。

将此抛物线与半径 $R = VC$ 的圆弧线进行比较，可见在

$$R = 2f \tag{6}$$

条件下，对于小的 x 值，圆弧线很接近于抛物线，两者之差异在角度 θ 或口径之半径

$$r = R\sin\theta \tag{7}$$

处不超过 ΔR。如果 $\Delta R \ll \lambda$（或特定为 $< \lambda/16$），则从位于 F 的点源在 θ'（角范围内由抛物线反射的场与由圆弧线反射的场之间相位差在 45°（$= 2 \times 360°/16$）以内。

以图 19.15 作为球面和回旋抛物面反射镜的剖面，用置于焦点 F 处的馈源照射角域为 θ' 的球面镜，将在直径为 $2r$ 的口径上产生相位偏差小于 45°的平面波，且该偏差量只发生在口径的边缘。

显然，利用一架位置固定而张有 2π sr 立体角的球面反射镜，借助一具合适的馈源沿着半径为 $R/2$ 的球面移动，如图 19.16 所示，可使波束在该立体角域的几乎所有方向进行扫描。

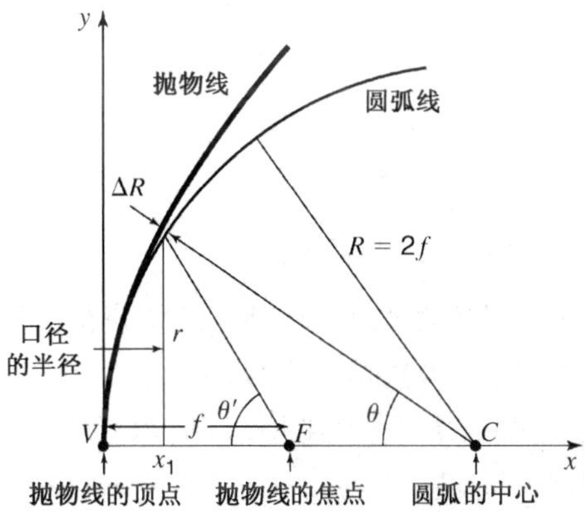

图 19.15　圆弧线与抛物线的比较，圆弧半径等于两倍的抛物线焦距

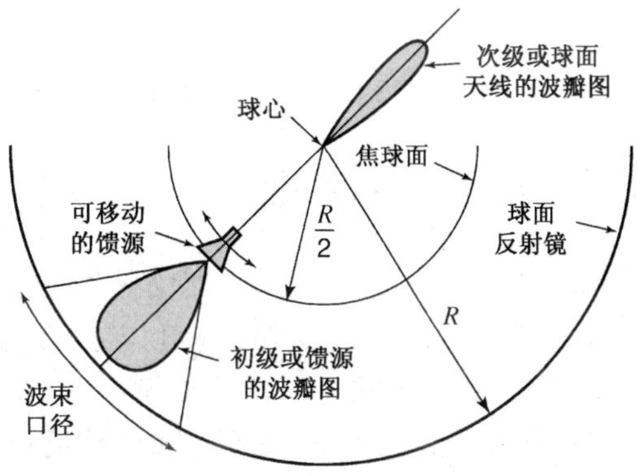

图 19.16　配有可移动馈源的 2π sr 立体角固定球面反射镜可实现接近 2π sr 的波束扫描

虽然该球面反射镜属于不需移动的固定装置，但只能利用其总口径（πR^2）的一部分①。若增大初级馈源的波束张角 θ'，则波束口径边缘处的相位差会变坏，这种球面像差的效应可借适当校正馈源分布而得以减轻。Ashmead & Pippard 为球面像差较小的情况考虑了所需的校正（Ashmead-1）。Spencer, Sletten & Walsh（Spencer-1）和 Love(1)记述了相位校正的线源。Schell 曾给出大型球面反射镜的绕射理论，而 Rumsey 讨论了校正球面像差的方法（Schell-1；Rumsey-1）。读者可以参阅第 20 章对阿利西波球面反射镜之精细馈源系统的讨论。

利用图 10.22(c)所示的偏馈布置，可避免由于馈源遮挡及散射所引起的口径损失和副瓣。虽然偏馈的不对称使得用做地面站天线时整体机械的可操纵性更显笨拙，但应用在空间的无重力条件下并不成为问题。无论如何，具有直立弯曲反射镜和斜置平板反射镜的（Kraus

① 然而，利用多个馈源能够同时产生多个波束。

型)射电望远镜,可使其口径遮挡等于或接近零(见第 20 章及图 20.6)。第 20 章中还记述了一架整体可操纵的偏馈抛物面反射镜天线(见图 20.4)。

一种极端的例子是图 19.17 所示的喇叭-反射镜,其中来自馈点的能量在喇叭内被导行到反射镜。这种设计的著名实例被 Penzias & Wilson 用于发现 3 K 的宇宙背景辐射(见 12.1 节)。由于不存在口径遮挡以及喇叭结构的屏蔽作用,保证了它的旁瓣和后瓣非常低,使地面对天线温度的贡献足允忽略(小于常规 300 K 地面温度之 1% 的 3/100)。

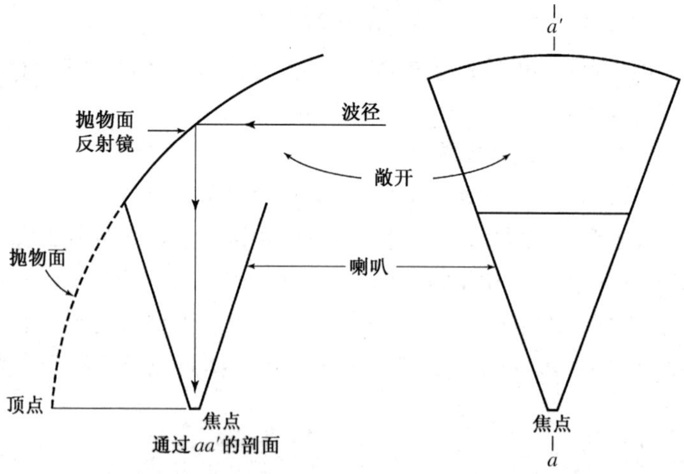

图 19.17 糖铲形低旁瓣喇叭-反射镜天线的剖面和正视图

19.5 低旁瓣的考虑

如图 19.10 所示,大型抛物面反射镜前方(0° ~90°)的旁瓣取决于:(1) 口径分布;(2) 碟形镜面的不规则性;(3) 馈源结构和支撑杆的散射或绕射;(4) 碟形边缘的绕射。偏馈或喇叭-反射镜天线没有第 3 项。后方(90° ~180°)的旁瓣取决于:(1) 溢出;(2) 碟形边缘的绕射。Schrank 提供了对低旁瓣反射镜天线的透彻归纳(Schrank-1)。

各向同性源的定向性为 $D=1$(0 dBi),故各向同性电平与相对功率电平(沿所有方向都一致)是相同的。随着 D 的提高,主瓣升到各向同性电平之上而正比于 D。在图 19.18 所示的假想(而典型)的波瓣图中,定向性 $D=22.5$ dBi(为无损失增益),最高的旁瓣比主瓣的最大值低 17 dB,或比各向同性电平高 5.5 dB(即 5.5 dBi)。通常旁瓣电平总是相对主瓣而言,但有时也以各向同性电平来表示。

如图 15.2 所列,三角形或余弦形锥削口径分布的口径边缘场降为零值,只会造成前向旁瓣,原理上应该没有后向旁瓣。进而,余弦平方或高斯分布没有旁瓣,但半功率波束宽度很宽。

如果碟形镜面的不规则性存在一个波长以上的周期性间隔,就可能导致被称为栅瓣[①]的旁瓣。在碟形锐缘上发生的绕射对前、后方的旁瓣都有贡献。将边缘做成图 19.19 所示的锯齿状,且齿的尺度达波长数量级以上,可使绕射线的相位随机化,从而减弱旁瓣。这种直边-对角线的锯齿效应也可用在方形碟面或接地平面的边缘。此外,如图 19.20 所示,在对角线平面内的旁瓣往往要比直边平面内的低。

① 典型的栅瓣出现于阵列单元间距为 λ 以上的场合(见 15.6 节)。

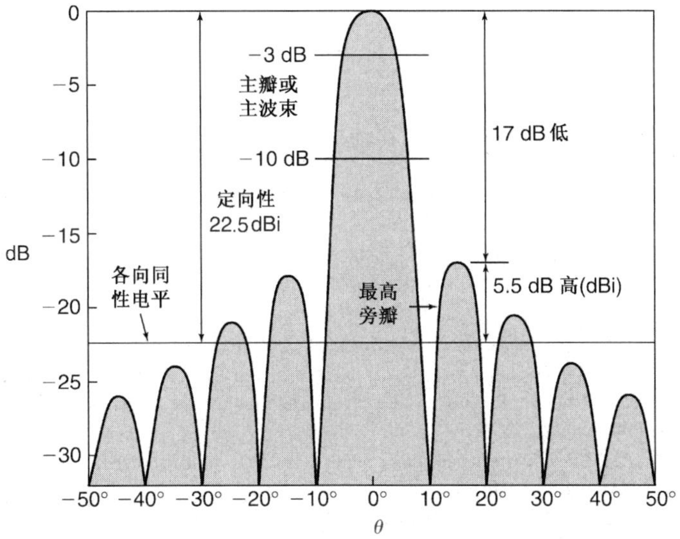

图 19.18　相对于各向同性电平的主瓣和旁瓣

边缘绕射可借助附带或不带吸波材料的卷边来减弱，如图 10.6 所示。采用尺寸过量的抛物碟面以减小边缘照射也可用于减弱边缘绕射，但问题是处于照射下的边缘和抛物面之外的区域(及其不规则性)对绕射场仍有贡献。然而，如果碟外区域是从抛物面轮廓起弯曲而融入卷边的，则绕射效应会显著减弱(见 24.4d 节)(Burnside-1)。

虽然喇叭-反射镜天线(见图 19.17)具有非常低的宽角域旁瓣，但往往在 $\theta=90°$ 方向出现一个讨厌的旁瓣。Thomas 曾采用锯齿边缘(眼罩)使之减小(Thomas-1)。

另一种旁瓣和后瓣的抑制技术包括图 19.21 中在碟缘上加接吸波圆柱罩筒，其外表面可以是金属或介质。Dybdal(1) & King 发现当罩筒的长度两倍于碟面的直径时，虽然沿轴的后瓣($\theta=180°$)电平仅为 −50 dB，其远旁瓣可降至 −60 ~ −75 dB。

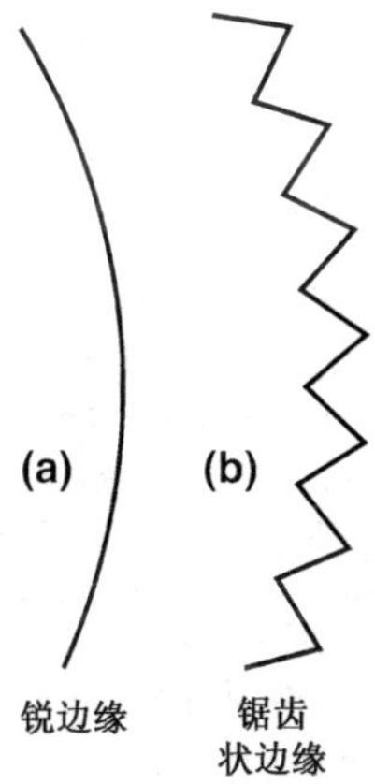

图 19.19　(a) 锐边缘；(b) 齿锯状边缘，用于减弱旁瓣电平

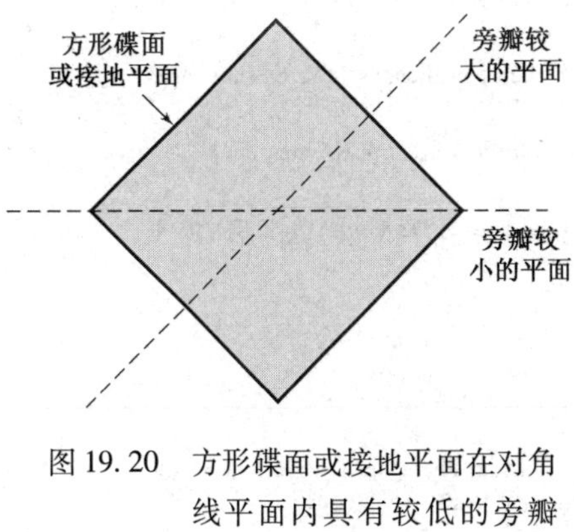

图 19.20　方形碟面或接地平面在对角线平面内具有较低的旁瓣

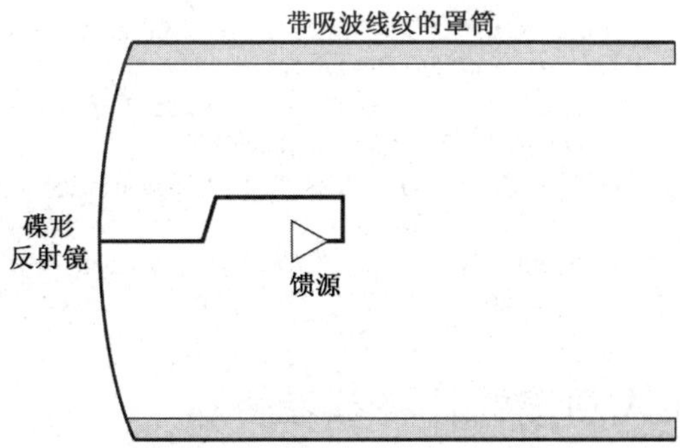

图 19.21　反射镜天线加接吸波圆柱罩筒，以减弱远旁瓣

参考文献

Ashmead, J. (1), and A. B. Pippard, "The Use of Spherical Reflectors as Microwave Scanning Aerials," *JIEE,* **93,** 627–632, 1946.

Baker, D. E. (1), "The Focal Regions of Paraboloidal Reflectors of Arbitrary F/D Ratio," Ph.D. thesis, Ohio State University, 1974.

Baker, D. E. (2), personal communication, 1977.

Bracewell, R. N. (1), "Tolerance Theory of Large Antennas," *IRE Trans. Ants. Prop.,* **AP-9,** 49–58, January 1961.

Burnside, W. D. (1), M. C. Gilreath, B. M. Kent and G. C. Clerici, "Curved Edge Modification of Compact Range Reflector," *IEEE Trans. Ants. Prop.,* **AP-35,** 176–182, February 1987.

Christiansen, W. N. (1), and J. A. Hogbom, *Radiotelescopes,* Cambridge University Press, 1985 (gives an excellent, lucid discussion of the effect of surface irregularities on gain which served as an inspiration in preparing parts of this section).

Dybdal, R. B. (1), and H. E. King, "Performance of Reflector Antennas with Absorber-Lined Tunnels," *IEEE Symp. Ants. Prop.,* Seattle, June 1979.

Lo, Y. T. (1), "On the Beam Deviation Factor of a Paraboloidal Reflector," *IRE Trans. Ants. Prop.,* **AP-8,** 347, May 1960.

Love, A. W. (1), "Spherical Reflecting Antennas with Corrected Line Sources," *IRE Trans. Ants. Prop.,* **AP-10,** 529–537, September 1962.

Nash, R. T. (1), "Beam Efficiency Limitations of Large Antennas," *IEEE Trans. Ants. Prop.,* **AP-12,** 918–923, December 1964.

Nash, R. T. (2), "A Multi-reflector Meridian Transit Radio Telescope Antenna for the Observation of Waves of Extra-terrestrial Origin," Ph.D. thesis, Ohio State University, 1961.

Rhodes, D. R. (1), "On a New Condition for Physical Realizability of Planar Antennas," *IEEE Trans. Ants. Prop.,* **AP-19,** 162–166, March 1971.

Rudge, A. W. (1), and M. J. Withers, "New Technique for Beam Steering with Fixed Parabolic Reflectors," *Proc. IEE,* **118,** 857, July 1971.

Rumsey, V. H. (1), "On the Design and Performance of Feeds for Correcting Spherical Aberration," *IEEE Trans. Ants. Prop.,* **AP-18,** 343–351, May 1970.

Rusch, W. V. T. (1), and A. C. Ludwig, "Determination of the Maximum Scan-Gain Contours of a Beam-Scanning Paraboloid and Their Relation to the Petzval Surface," *IEEE Trans. Ants. Prop.,* **AP-21,** 141, March 1973.

Ruze, J. (1), "Physical Limitations of Antennas," *MIT Res. Lab. Electron. Tech. Rept.,* 248, 1952.

Sandler, S. S. (1), "Paraboloidal Reflector Patterns for Off-Axis Feed," *IRE Trans. Ants. Prop.,* **AP-8,** 368, July 1960.

Schell, A. C. (1), "The Diffraction Theory of Large Aperture Spherical Reflector Antennas," *IEEE Trans. Ants. Prop.,* **AP-11,** 428–432, July 1963.

Schrank, H. E. (1), "Low Sidelobe Reflector Antennas," *IEEE Ant. Prop. Soc. Newsletter,* **27,** 5–16, April 1985.

Spencer, R. C. (1), C. J. Sletten and J. E. Walsh, "Correction of Spherical Aberration by a Phased Line Source," *Proc. Natl. Elect. Conf.,* **5,** 320, 1949.

Thomas, D. T. (1), "Design of Multiple-Edge Blinders for Large Horn Reflector Antennas," *IEEE Trans. Ants. Prop.,* **AP-21,** 153–158, March 1973.

von Gniss, H. (1), and G. Ries, "Feld Bild um den Brennpunkt von Parabolreflektoren mit Kleinen F/D Verhaltnis," *Archiv der Elek. Ubertrag.,* **23,** 481, October 1969.

Von Hoerner, S. (1), "The Design and Improvement of Tiltable Radio Telescopes," *Vistas in Astron.,* **20,** pt. 4, 411–444, 1977.

深入阅读的补充参考资料

Bach, H., and H-H. Viskum, "The SNFGTD (Spherical Near-Field Geometrical Theory of Diffraction) Method and Its Accuracy," *IEEE Trans. Ants. Prop.,* **AP-35,** 169–175, February 1987.

Bennet, J. C., A. P. Anderson, P. A. McInnes and A. J. T. Whitaker, "Microwave Holographic Metrology of Large Reflector Antennas," *IEEE Trans. Ants. Prop.*, **AP-24,** 295–303, 1976.

Burnside, W. D., M. C. Gilreath and B. M. Kent, "Rolled Edge Modification of Compact Range Reflector," *AMTA Symp.*, San Diego, 1984.

Chu, T-S., and R. H. Turrin, "Depolarization Properties of Offset Reflector Antennas," *IEEE Trans. Ants. Prop.*, **AP-21,** 339–345, May 1973.

Chu, T-S., "An Imaging Beam Waveguide Feed," *IEEE Trans. Ants. Prop.*, **AP-31,** 614–619, July 1983.

Chuang, C. W., and W. D. Burnside, "A Diffraction Coefficient for a Cylindrically Truncated Planar Surface (Rolled Edge Effect)," *IEEE Trans. Ants. Prop.*, **AP-28,** 177–182, March 1980.

Crawford, A. B., D. C. Hogg and L. E. Hunt, "A Horn-Reflector Antenna for Space Communication," *BSTJ*, **40,** 1045–1116, July 1961.

Cross, D. C., D. D. Howard and J. W. Titus, "Mirror-Antenna Radar Concept," *Microwave J.*, **29,** 323–335, May 1986.

Dragone, C., "Offset Multireflector Antennas with Perfect Pattern Symmetry and Polarization Discrimination," *BSTJ*, **57,** 2663–2684, September 1978.

Ehrenspeck, H. W., "The Short Backfire Antenna," *Proc. IEEE*, **53,** 1138–1140, August 1965.

Godwin, M. P., A. J. T. Whitaker and A. P. Anderson, "Microwave Diagnostics of the Chilbolton 25 m Antenna Using the OTS Satellite," *Proc. Inst. Elec. Eng. Int. Conf.*, York, England, pp. 232–236, 1981.

James, G. L., *Geometrical Theory of Diffraction for Electromagnetic Waves*, Peregrinus, 1980.

Kaplan, P. D., "Predicting Antenna Sidelobe Performance (Sidelobe Pop-Up Probability)," *Microwave J.*, **29,** 201–206, September 1986.

Keller, J. B., "Geometrical Theory of Diffraction," *J. Opt. Soc. Am.*, **52,** 116–130, February 1962.

Kieburtz, R. B., and A. Ishimaru, "Scattering by a Periodically Apertured Conducting Screen," *IRE Trans. Ants. Prop.*, **AP-9,** 506–514, November 1961.

Kieburtz, R. B., and A. Ishimaru, "Aperture Fields of an Array of Rectangular Apertures," *IRE Trans. Ants. Prop.*, **AP-10,** 663–671, November 1962.

Koffman, I., "Feed Polarization for Parallel Currents in Reflectors Generated by Conic Sections," *IEEE Trans. Ants. Prop.*, **AP-14,** 37–40, January 1966.

Kouyoumjian, R. G., and P. H. Pathak, "A Uniform Geometrical Theory of Diffraction for an Edge in a Perfectly Conducting Surface," *Proc. IEEE*, **62,** 1448–1461, November 1974.

Lamb, J. W., "Analysis of a Cassegrain Antenna Having a Gaussian Illumination Pattern," Helsinki Univ. Tech. Rept. S147, 1983.

Ludwig. A. C., "Low Sidelobe Aperture Distribution for Blocked and Unblocked Circular Apertures," *IEEE Trans. Ants. Prop.*, **30,** 933–946, September 1982.

Mayer, C. E., J. H. Davis, W. L. Peters and W. J. Vogel, "A Holographic Surface Measurement of the Texas 4.9-meter Antenna at 86 GHz," *IEEE Trans. Instrum. Meas.*, **IM-32,** 102–109, 1983.

Nash, R. T., "Stepped Amplitude Distributions," *IEEE Trans. Ants. Prop.*, **AP-12,** July 1964.

Ott, R. H., and J. H. Richmond, "A Linear Equation Solution for Scattering by a Periodic Plane Array of Thin Conducting Plates," ElectroSci. Lab. Rept. 1774-9, 1965.

Ott, R. H., R. G. Kouyoumjian and L. Peters, Jr., "The Scattering by a Two-Dimensional Periodic Narrow Array of Plates," *Radio Sci.*, November 1967.

Peters, L., Jr., and C. E. Ryan, Jr., "Empirical Formulas for E-Plane Creeping Waves on General Smooth Conducting Bodies," *IEEE Trans. Ants. Prop*, **AP-18,** 432–434, May 1970.

Rahmat-Samii, Y., "Surface Diagnosis of Large Reflector Antennas Using Microwave Holographic Metrology—An Iterative Approach," *Radio Sci.* **13,** 1205–1217, September–October 1984.

Rahmat-Samii, Y., "Microwave Holography of Large Reflector Antennas: Simulation Algorithms," *IEEE Trans. Ants. Prop.*, **AP-33,** 1194–1203, November 1985.

Ratnasiri, P. A. J., R. G. Kouyoumjian and P. H. Pathak, "The Wide Angle Side Lobes of Reflector Antennas," OSU Elect. Sci. Lab. Rept. 5635-4, 1970.

Rudge, A. W., and N. A. Adatia, "Offset-Parabolic-Antennas: A Review," *Proc. IEEE*, **66,** 1592–1618, December 1978.

Rudge, A. W., and M. J. Withers, "Design of Flared-Horn Primary Feeds for Parabolic Reflector Antennas," *Proc. IEE*, **117,** 1741–1747, September 1970.

Rudge, A. W., and M. J. Withers, "New Technique for Beam Steering with Fixed Parabolic Reflectors," *Proc. IEE,* **118,** 857–863, July 1971.

Rusch, W. V. T ., Y. Rahmat-Samii and R. A. Shore, "The Equivalent Paraboloid of an Optimized Off-Set Cassegrain Antenna," *Dig. IEEE Int. Symp. Ants. Prop.,* 1986.

Scott, P. F., and M. Ryle, "A Rapid Method for Measuring the Figure of a Radio Telescope Reflector," *Royal Ast. Soc. Mon. Notices,* **178,** 539–545, 1977.

Shore, R. A., "A Simple Derivation of the Basic Design Equation for Offset Dual Reflector Antennas with Rotational Symmetry and Zero Cross Polarization," *IEEE Trans. Ants. Prop.,* **AP-33,** 114–116, January 1985.

Sletten, C. J., W. Payne and W. Shillue, "Offset Dual Reflector Antennas for Very Low Sidelobes," *Microwave J.,* **29,** 221–240, May 1986.

Tanaka, H., and M. Mizuasawa, "Elimination of Cross-Polarization in Offset Dual Reflector Antennas," *Elec. Commun. (Japan),* **58-B,** 71–78, 1975.

Twersky, V., "Multiple Scattering of Waves and Optical Phenomena," *J. Opt. Soc. Am.,* **52,** 145–171, 1962.

习题

19.1.1 **柱形抛物面反射镜。**某柱形抛物面反射镜具有每边长 16λ 的方形口径,按均匀照射和场强余弦分布(口径的中心最大而边缘为零)两种情况,试分别计算辐射波瓣图,并在同一幅图中绘出二者的归一化曲线。

19.1.2 **抛物面反射镜的口径分布。**设抛物面反射镜由各向同性点源照射,记 ρ 为从抛物面轴线至口径上场点的半径。(1) 证明口径场的变化正比于 $1/[1+(\rho/2L)^2]$,并证明此关系式等效为 $(1+\cos\theta)/2$;(2) 若抛物面伸展到焦平面,馈源在朝向抛物面的半球域内各向同性,试计算其口径效率。

19.1.3* **具有部分锥削分布矩形口径的效率。**某天线具有矩形口径 x_1y_1,沿 y 方向为均匀场分布,沿 x 方向为余弦场分布(边缘为零,中心最大)。设 $x_1=20\lambda$ 和 $y_1=10\lambda$,试计算该天线的口径效率和定向性。

19.1.4* **具有完全锥削分布矩形口径的效率。**重复习题 19.1.3,改为沿 x 和沿 y 方向是相同的余弦分布口径场。

19.1.5 **具有相位起伏分布口径的效率。**某方形单定向口径(x_1y_1)每边长 10λ,设计成电场分布沿 x 方向均匀,沿 y 方向为三角形分布(边缘为零,中心最大),口径上的设计相位恒定。然而,实际口径分布沿 x 方向有 ±30°的正弦相位偏差。试计算其:(a) 设计的定向性;(b) 利用因子;(c) 真实定向性;(d) 达标因子;(e) 有效口径;(f) 口径效率。

19.1.6* **单边余弦锥削的矩形口径。**某矩形口径 x_1y_1 的天线沿 y 方向为均匀场分布,沿 x 方向为余弦场分布(边缘为零,中心最大)。若 $x_1=16\lambda$ 而 $y_1=8\lambda$,试计算其:(a) 口径效率;(b) 定向性。

19.1.7 **双边余弦锥削的矩形口径。**重复习题 19.1.6,改为沿 x 和沿 y 方向是相同的余弦分布口径场。

19.1.8* **余弦平方锥削的 20λ 线源。**某连续的同相线源长 20λ,具有余弦平方的场分布。(a) 计算并绘制其远场波瓣图;(b) 其半功率波束宽度是多少?

注意:习题中涉及的计算机程序,见附录 C。

第 20 章　大型或独特的天线实例

本章包含下列主题：

- 波恩
- 阿利西波
- 贝尔实验室
- 野边山
- 俄亥俄
- 高尔基
- 五大学
- 纳西
- 拉坦-600
- 帕克斯
- 曼彻斯特
- 甚大口径阵
- 诺恩
- 绿滩

波恩(Bonn,德)　有一个抛物面反射镜天线,竖立于德国波恩附近的埃菲尔山谷中,高约40层大楼,重3200 t,直径为100 m,用于射电天文学和空间研究。碟形天线能每分钟上仰20°,在圆形轨道上旋转方位40°。工作波长可短至1 cm。既可用主焦点式,也可用卡塞格伦式馈电。增益对波长的曲线见图19.9。

阿利西波(Arecibo,波多黎各)　由美国设在波多黎各的国立天文学与电离层观测中心所建造的固定式直径为305 m的球面反射镜,其俯仰剖面示于图20.1。馈源结构由三座塔用缆绳吊装,借移动馈源来控制波束,以观测天顶至20°角的范围。在偏离天顶时只利用了部分反射镜,会导致口径效率的降低(国立天文学与电离层观测中心所建的阿利西波观测台,根据与国家科学基金会的合作协议,由康奈尔大学运作)。

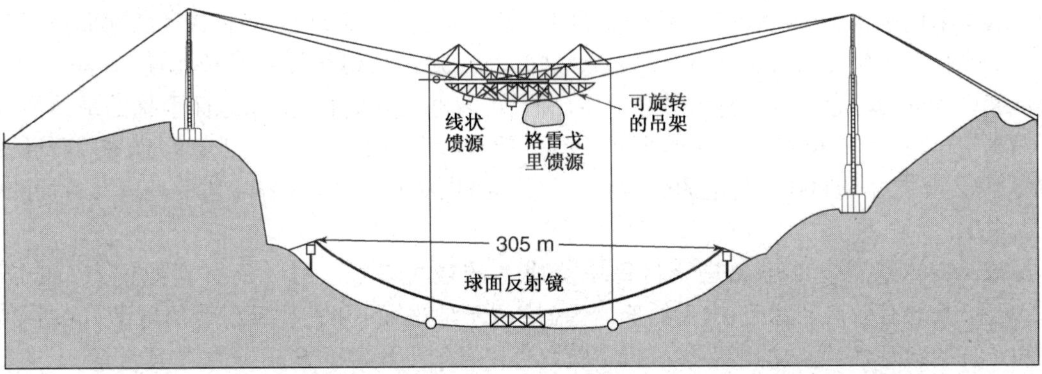

图20.1　固定式直径为305 m的球面反射镜之俯仰剖面图,位于波多黎各的山谷中

该天线原是为电离层研究而设计的,但也适合用于射电天文观测。其用于较长波长的开缝波导馈源现已补充了用于较短波长的格雷戈里馈源。该格雷戈里系统的二级和三级反射镜置于一座圆顶内。使用430 MHz线状馈源时,朝天顶位置的口径效率约50%。线状馈源和格雷戈里馈源都能在天顶方向的20°角范围内摆动,使波束在水平面以上围绕天顶6%的空域中扫描,但口径效率会因此而降低。

对于 1.5 GHz 的频率,在天顶位置时有效口径为 28 000 m^2,而口径效率为 39%;在偏离天顶 20°角位置时口径效率降为 31%。反射镜经改良升级后,期望能扩展到 8 GHz,且在天顶位置能有 20% 的口径效率。其实,在很多位置状态下只利用了部分碟面,若按此较小的物理口径计算,则有较高的 50% ~70% 的口径效率,而不是 20% ~40%(Davis-1)。

贝尔电话实验室(Bell Telephone Laboratories,美) 贝尔电话实验室建造的抛物面反射镜带有偏置馈源,直径为 7 m。该天线位于新泽西州克劳福特山岗,具有100 μm的均方根表面精度,工作波长可短至 3 mm(100 GHz)而有 59% 的口径效率,77 dBi 的增益和 2′(角分)的半功率波束宽度(Chu-1)。在 1 cm 波长(30 GHz)时的口径效率为 69%,而增益为 66.5 dBi。凭借其 -15 dB 的馈源照射锥度和没有口径遮挡,在 30 GHz 和馈源偏轴 1°的情况下的旁瓣电平优于 -40 dB,且交叉极化非常低(在主波束宽度内优于 -40 dB)。这些低电平的实现,靠的是准光馈线系统和混合模的皱纹喇叭馈源(见图 9.35)。关键的结构部分有绝热裹敷,借以降低热效应。

虽然在 4 GHz 时(指向天顶位置的)大气层对噪声温度的贡献只有 2.3 K,但在 100 GHz 时干燥大气层的贡献却达到 100 K。对此 100 GHz 时的系统温度,照射溢出(12 K)和聚脂薄膜波导窗的损失(1 K)变得并不重要了(Chu-2)。

在射电天文观测中,接收机的噪声反射回主焦点式或卡塞格伦式馈源,可能会产生伪谱线。在克劳福特山岗的天线所采用的偏置馈源避免了这种效应。

野边山(Nobeyama,日) 世界上最大的毫米波碟形天线位于日本本州中部八岳山脉的高原上。其全表面的等效均方根偏差为 200 μm,而指向精度为 2″(角秒)(Akabane-1)。在 2 ~3 mm 波长上的最大增益几乎达到 90 dBi,如图 19.9 的增益曲线所示。在碟形结构上覆盖有隔热面板及其内部的空气循环,使热效应最小化。该碟面的 600 片刚性面板具有 60 μm 的均方根精度。

俄亥俄(Ohio,美) 固定竖立的弯曲反射镜以及可倾斜的平板反射镜,被戏称为俄亥俄州立大学射电天文台的"大耳"。该竖立的弯曲反射镜是 110 ×21 m^2 矩形口径的球面镜,而可倾斜的平板反射镜之尺寸是 104 ×31 m^2。这两面反射镜由铝质接地平板相连(Kraus-1,6)。其低架设计的特色是:大的口径/单位成本比值、可忽略口径遮挡、减弱地面干扰的敏感性、便于馈源定位、长焦距和扩展跟踪的可能性等。望远镜已被用于"俄亥俄天空调查"项目,用 1415 MHz 频率对 20 000 个射电源分类和绘制天空图,发现了众多包括宇宙深处未知目标的特殊射电源。

该天线的基本设计思想是获得每单位成本的最大口径。另外还有其他优点,如小于 0.5% ~1% 的有效口径遮挡;由于低架馈源(恰位于地平面)和大型反射镜的屏蔽,减弱了对地面干扰的敏感性;宽敞的地下接收机实验室直接置于主焦点下方,不必顾虑其重量。

容许平板反射镜在 -36°和 +64°(100°范围)之间倾斜,可以覆盖当地可观测天空的 90%。移动馈源车可实现 15°的波束方位控制(或对所观测的源沿赤经跟踪 1 h 以上)。如图 20.2(a)所示,该望远镜的焦距非常长,沿方位(赤经)有 $F/D = 1.17$,沿俯仰(赤纬)有 $F/D = 6.0$,因而有可能在焦区内有效地配置许多同时运行的馈源系统。

值得注意的是,由于长焦距系统中曲面反射镜既可以用抛物面又可以用球面来描述,除了在最边缘处相差若干毫米,两者几乎等同。该天线的工作频率低及 20 MHz(15 m 波长)而高达 3 GHz(10 cm)。入射波经平板反射镜的偏转射向抛物面,再汇聚到接近平板反射镜的地平面高度的焦点。平板反射镜偏转 50°,便可以使天线波束有 100°的俯仰(或倾斜)范围。

"大耳"的另一项重要应用是世界上最大的紧缩天线测量场地设施,示于图 20.2(b)。

1998 年,一场高尔夫球的赛事使"大耳"遭受毁坏。

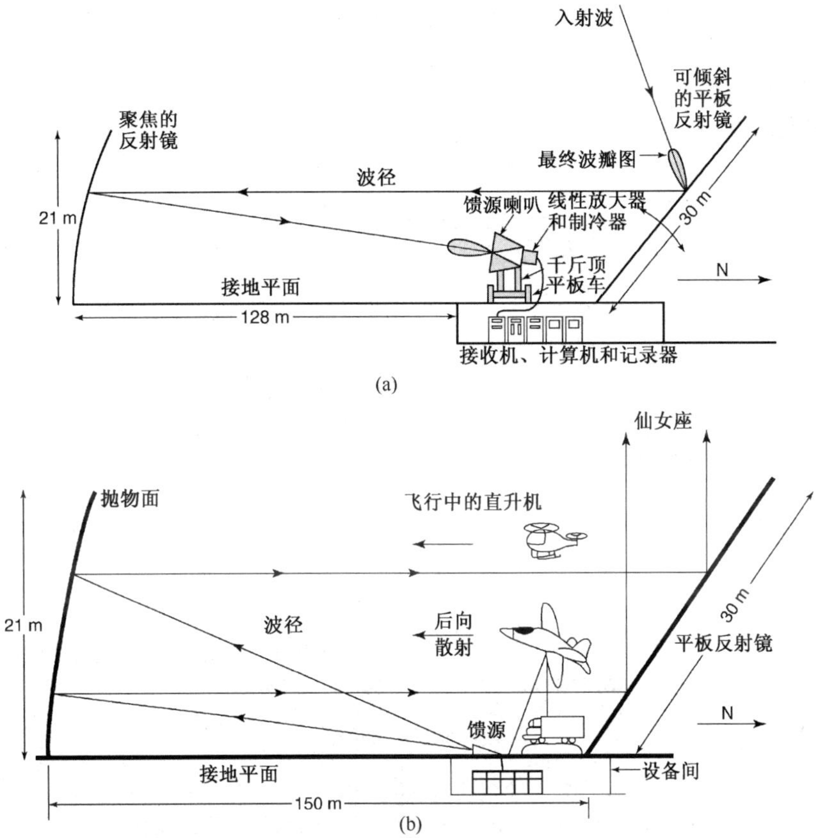

图 20.2　(a)"大耳"射电望远镜的俯仰剖面;(b)俄亥俄州立大学的"大耳"射电望远镜用做大目标散射测量的紧缩的天线测量场地设施,能容纳真实的全尺寸车辆、飞机和在飞的直升机。平板反射镜将波向净空偏转,以取代在标准紧缩的天线测量场地设施中使用的吸波材料

高尔基(Gorki,俄)　Albert Kislyakov 在苏联的高尔基城附近也构造了一座竖立抛物面和可倾斜平板反射镜的天线,工作于毫米波长。虽然其基本原理与"大耳"类似,但 Kislyakov 借助将平板反射镜直立而添加了自校准的独特功能(Kislyakov-1),此时将馈源横向偏轴(并发射),该辐射经多次反射抵达轴线另一侧的焦点而被接收,如图 20.3 所示。借左右、上下移动接收喇叭,能在任意高信噪比 S/N 下测量天线的远场波瓣图。

在平板直立的同样布置下,还能调节反射镜的镶板,使增益最大化。例如,将镶板 1,2,3,5,6 和 7 盖上吸波材料,仅使镶板 4,4′,8 和 8′工作;以 4 和 4′作为参照,调节 8 和 8′使信号即增益最大;依次类推,逐对调节镶板,使增益逐次提高。

五大学(Five college Observatory,美)　五大学射电天文台的 14 m 抛物面反射镜天线,是采用 Buckminster Fuller 三角形镶片的大地测量罩包裹毫米波天线的实例,镜面的正视和背视图。该反射镜由 72 片抛物面扇形面板拼合组成,均方根表面精度为 65 μm,或波长 1.3 mm 的 λ/20。采用了全息技术进行精确装配,在比天线主波束宽度大得多的角域内测量某 38 GHz

卫星信标信号的幅度和相位,经二维傅里叶变换①,得出口径场分布的幅度和相位。结果指出,天线取45°仰姿时面板位置误差的均方根残量为90 μm。在38 GHz(λ=7.9 mm)时的增益-损失因子,根据式(19.2.3)为

$$k_g = \cos^2\left(720°\frac{0.09\,\text{mm}}{7.9\,\text{mm}}\right) = 0.98$$

即该表面误差只造成0.09 dB的损失。在230 GHz(λ=1.3 mm)时损失较大,且天线罩纤维的不规则透镜效应逐渐变得明显。

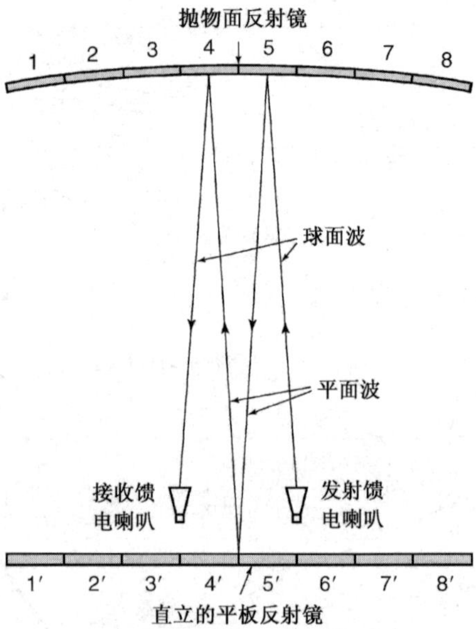

图20.3 竖立抛物面和可倾斜平板反射镜组成的25 m毫米波天线的布局,位于苏联的高尔基城。Albert Kislyakov应用于1 mm波长,将平板转成直立进行自校准

纳西(Nancay,法) 有一座双反射镜天线在法国纳西,由前总统查理·戴高乐题词,建成于1965年。其基本原理与俄亥俄望远镜相同,但是未铺建接地平面。其尺寸四倍于俄亥俄望远镜,具有200×40 m^2 的可倾斜平板反射镜和300×35 m^2 的竖立曲面反射镜。其可移动的馈源系统能对射电源跟踪2 h以上。它在2000年得以改良升级后,可工作于较短的波长。

拉坦-600(RATAN-600,俄) 俄罗斯塞林楚克斯卡亚附近有一个射电望远镜,兼有可倾斜的曲面反射镜和平板反射镜。其曲面反射镜呈直径为600 m的环圈,由895片可移动的铝质面板围成。馈源系统置于圆心附近。既能像俄亥俄和纳西望远镜那样按平板反射镜-球面反射镜组合工作;也能工作于其他模式,使曲面反射镜的面板直接将入射波聚向焦点。尽管RATAN-600的口径并未充分利用,但它是所有射电望远镜中最长的连续口径。

帕克斯(Parkes,澳) 澳大利亚新南威尔士州帕克斯有按地平式装置的直径为64 m的整体可操纵碟形天线。已被用于调查南方的天空以及其他射电天文观测。

① 在J. D. Kraus, *Radio Astronomy*, 2nd ed., Cygnus-Quasar, 1986的22节中,P. F. Goldsmith & N. R. Erickson给出了该过程的完整叙述。关于全息技术的补充知识,可见Bennet et al., Godwin, Whitaker & Anderson, Mayer et al., Rahmat-Samii等,以及第19章末列出的参考文献。

曼彻斯特(Manchester,英)　按地平式装置的直径为 76 m 的抛物面反射镜天线曾是世界上第一座大型全面可操纵的天线,可以在圆形轨道上进行方位旋转。它建成于 1957 年,后来以曼彻斯特大学乔德雷尔滩射电天文台的 Bernard Lovell 爵士命名,称为“洛弗尔射电望远镜”。2000 年时,英国政府基础设施联合基金会提供了 200 万英镑的扩建费,使之升级到能观测较短波长的水平。

甚大口径阵(VLA,美)　由 27 座直径为 25 m 的可操纵反射镜天线组成的甚大口径阵列,位于美国新墨西哥州圣·奥古斯丁平原上,由国立射电天文台用于口径合成,以绘制射电天空图。该阵列的反射镜天线单元布置在可沿 Y 形铁轨移动的站点上,Y 形的每臂长为 21 km。

诺恩(Nauen,德)　这是由两个阵列组成的天线系统,其一工作于 $\lambda = 50$ m,另一工作于 $\lambda = 25$ m,阵列附带着由外突桁架支撑的反射屏。每个阵列各有 16 根 $\lambda/2$ 偶极子。该天线系统能旋转到任何罗盘方向。

绿滩(Green Bank,美)　John Findlay 为美国国立射电天文台设计而建于西弗吉尼亚州绿滩的 91 m 直径的子午仪式射电望远镜,多年来因扫描起仰时的摇晃曾几经应力失常,终于在 1998 年 11 月 15 日倒塌。西弗吉尼亚州的参议员 Robert C. Byrd 和 Jay Rockefeller 立即获得一笔 0.75 亿美元的国会拨款,用于在绿滩重建替代的望远镜,以期作为西弗吉尼亚州高技术的象征。国家科学基金会表示反对,希望重建于温暖、干燥的美国西南部。

替代的望远镜将是 110×100 m² 整体可操纵的碟形天线(见图 20.4),以 40 层楼的高度竖立于绿滩附近的西弗吉尼亚山谷中。这架 Robert C. Byrd 望远镜是最为诡异、复杂和昂贵的

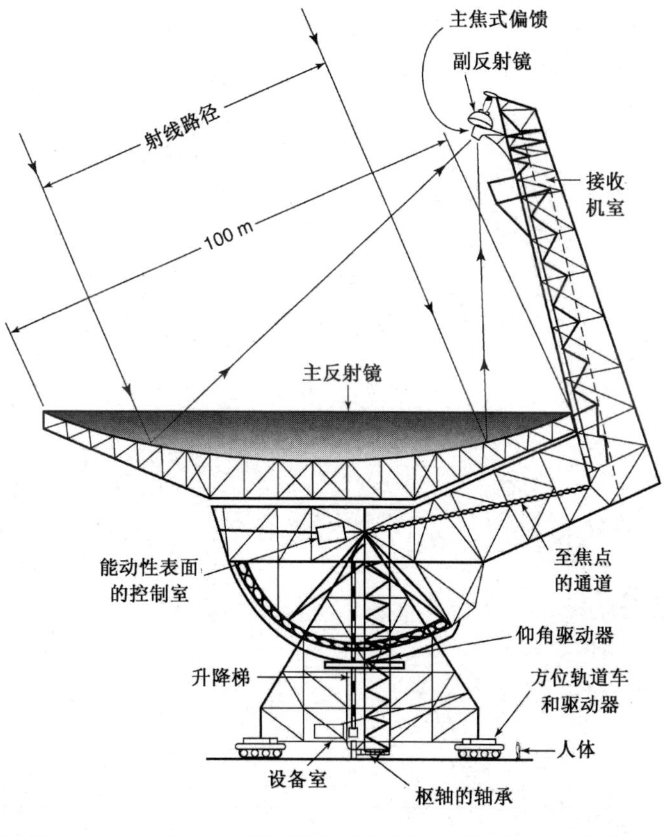

图 20.4　Robert C. Byrd 绿滩望远镜的剖面。注意在右下角的人形

天线。即使按2000年的建造成本也会超过1亿美元(与阿利西波的成本并驾齐驱)。其地平装置提供5°仰角以上全天空的观测,偏馈提供无遮挡的口径。镜面的2004片面板可借助激光计量进行续调节,达到25 μm的位置精度。2000年对该望远镜的改造仍在进行中,其频率覆盖计划从100 MHz直至100 GHz(3 m至3 mm)。

参考文献

Akabane, K. (1), M. Morimoto, N. Kaifu and M. Ishigro, "The Nobeyama Radio Observatory," *Sky and Tel.*, 495, December 1983.

Chu, T-S. (1), R. W. Wilson, R. W. England, D. A. Gray and W. E. Legg, "The Crawford Hill 7-m Millimeter Wave Antenna," *BSTJ*, **57,** 1257–1288, May-June 1978.

Chu, T-S. (2), personal communication, 1985.

Davis, M. (1), personal communication, Sept. 11, 2000.

Kislyakov, A. G. (1), "Radioastronomical Investigations at Millimetric and Submillimetric Wavelengths," *UFN*, **101,** 607, 1970.

Kraus, J. D. (1), "The Ohio State Radio Telescope," *Sky and Tel.*, **12,** 157–159, April 1953.

Kraus, J. D. (2), "Radio Telescopes," *Sci. Am.*, **192,** 33–43, March 1955.

Kraus, J. D. (3), "Radio Telescopes of Large Aperture," *Proc. IRE*, **46,** 92–97, January 1958.

Kraus, J. D. (4), R. T. Nash and H. C. Ko, "Some Characteristics of the OSU 360-ft Radio Telescope," *IRE Trans. Ants. Prop.*, **AP-9,** 4–8, January 1961.

Kraus, J. D. (5), "The Large Radio Telescope of the Ohio State University," *Sky and Tel.*, **26,** 12–16, July 1963.

Kraus, J. D. (6), *Big Ear II*, Cygnus-Quasar, 1995.

第 21 章　特殊用途的天线

本章包含下列主题：

- 电小天线
- 小型遗传算法天线
- 物理上的小天线
- 天线架设和非理想地面的影响
- 带接地面的天线
- 套筒天线
- 旋转场天线
- 超旋转场天线
- 其他全向天线
- 圆极化天线
- 高增益全向天线
- 埋地天线
- 表面波和漏波天线
- 卫星通信用天线的设计
- 用做接收和用做发射的考虑
- 频带的考虑
- 建筑上可接受的天线
- 仪表着陆系统用天线
- 糖铲形天线和 3 K 宇宙背景的故事
- 近地轨道卫星线路用天线
- 检测小行星的天线
- 泄漏传输线用做天线
- 艺术性天线
- 蜂窝电话用天线
- 探地雷达用天线，脉冲的频带宽度
- 植入式天线
- 数字式应用的特宽频带天线
- 等离子子态天线

21.1　引言

前面各章涵盖了天线技术之主流的许多基本天线类型的性质，本章则讨论更专门的面向应用的天线，包括电小天线（有时在物理上很大）、物理上的小天线（有时属于电大天线）、天线的架设、典型地面的影响、馈电和匹配装置、专门用于从车载到卫星通信的天线等。

21.2　电小天线

天线的辐射效率得自

$$\mathrm{RE} = \frac{R_r}{R_r + R_L} \qquad \text{（无量纲）} \tag{1}$$

其中,R_r——辐射电阻,Ω

R_L——损耗电阻,Ω

据式(6.3.15),短偶极子的辐射电阻为

$$R_r = 200 l_\lambda^2 \qquad (\Omega) \tag{2}$$

其中 l_λ 代表偶极子长度的波长数,无量纲。

若 $l_\lambda = 0.1$,则 $R_r = 2\ \Omega$;若 $l_\lambda = 0.01$,则 $R_r = 0.02\ \Omega$。显然,如此低的辐射电阻值,只要稍有损耗电阻,就会导致很低的辐射效率。

例 21.2.1

如图 21.1(a)所示,某 100 kHz 的发射机对 150 m 高的铅垂接地单极子天线馈电。设损耗电阻为 2 Ω,求该天线的:(a) 有效高度;(b) 辐射电阻;(c) 辐射效率。

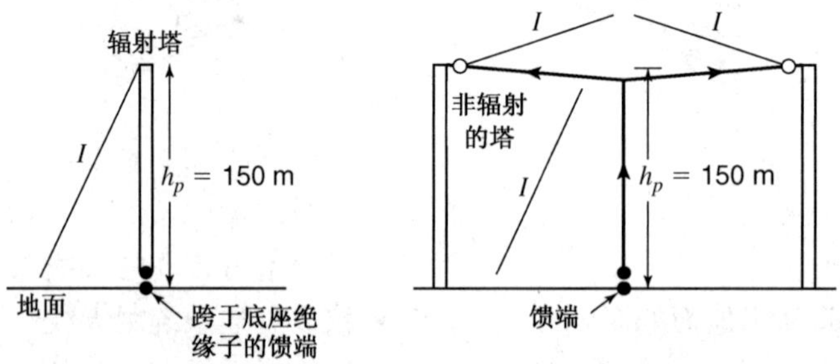

(a) 工作于λ_0=3000 m的150 m铁塔天线

(b) 两座非辐射的塔支撑着铅垂天线的平顶,以增加其有效高度

图 21.1 电小天线

解:

(a) 在 100 kHz($\lambda = 3000$ m)时,天线的(物理)高度为 $h_p = 0.05\lambda$($=150/3000$),载有三角形电流分布(从顶端的零点线性地增加到底座处的最大值 I_0)。由式(2.10.3)可得有效高度 $h_e = h_p/2 = 0.025\lambda$。

(b) 对于铅垂接地的短单极子天线,已给出其辐射电阻为

$$R_r = 400\left(\frac{h_p}{\lambda}\right)^2 = 1600\left(\frac{h_e}{\lambda}\right)^2 \qquad (\Omega) \tag{3}$$ ①

其中,h_p——物理高度,m

h_e——有效高度,m

对于 150 m 的铅垂辐射器物理高度,得出

$R_r = 400 \times 0.05^2 = 1\ \Omega$

(c) 根据式(1)的辐射效率公式,可得

$$\mathrm{RE} = \frac{R_r}{R_r + R_L} = \frac{1}{2+1} = 0.33 \text{ 或 } 33\%$$

要提高辐射效率,就要增加辐射电阻 R_r 和/或减小损耗电阻 R_L。损耗电阻包含接地系

① 假设在式(2)和式(3)中的平均天线电流是馈端电流之一半。

统、天线绝缘子、调谐线圈、导体(包括铁塔自身)以及电晕的损耗。另一方面,将小天线的物理高度加倍可得 4 倍的辐射电阻,从而提高辐射效率。然而,塔的高度加倍会使成本增加 8 倍(造价近似与高度的三次方成正比)。另一种措施是用两座 150 m 高的塔支撑带有平顶的铅垂导线,如图 21.1(b)所示,可使铅垂导线上的电流分布更均匀($I_{av} > I_0/2$),从而使有效高度更接近物理高度。这样虽不能使 R_r 扩大 4 倍,但可乘以小于 4 的因子。平顶两臂的电流对称地同相而反向,且相距的波长数很小,对辐射场的影响不大。什么样的决策因子(如果有)能提高辐射效率而又顾及对成本的考虑呢?按 Harold Wheeler 的建议,用电小天线的**辐射功率因子** PF 来表示其品质因数:

$$\mathrm{PF} = \frac{\text{辐射功率}}{\text{无功功率}} = \frac{R_r}{X} << 1 \tag{4}$$

其中,R_r——辐射电阻

X——电抗

这不同于 $1/Q$,因为

$$Q = \frac{\text{单位时间的储能}}{\text{单位时间的耗能}} = \frac{X}{R_r + R_L} = \frac{\text{中心频率}}{\text{频带宽度}} \tag{5}$$

因此,无论增大 R_r 还是 R_L,都会降低 Q 值和展宽频带;但只有增大 R_r 才能提高 Wheeler 的辐射功率因子(Wheeler-1,2;Hansen-1)。

Harold Wheeler 将电小天线定义成半径为 r 的球,所占的体积小于半径为 $\lambda/2\pi$($=0.16\lambda$)的弧度球。显然,该定义说明在弧度球内主要是储能,而在球外主要是辐射能。Wheeler 进一步指出电小天线的辐射功率因子等于天线与弧度球的体积之比,即

$$\mathrm{PF} = \frac{\text{天线体积}}{\text{弧度球体积}} = \frac{\frac{4}{3}\pi r^3}{\frac{4}{3}\pi(\lambda/2\pi)^3} = \left(\frac{2\pi r}{\lambda}\right)^3 \tag{6}$$

其中,r——天线体积(球)的半径,m

λ——波长,m

按式(6),电小天线的 PF 或品质因数随其尺度的三次方变化。如果式(5)中的 $R_L=0$,则比较式(5)和式(4),有 $1/Q=\mathrm{PF}$,即

$$Q = \frac{1}{(2\pi r_\lambda)^3} \tag{7}$$

其中 r_λ 代表天线半径的波长数。因此,无耗的电小天线($2\pi r_\lambda << 1$)固有其高 Q 值和窄频带性。式(5)正说明了损耗能降低 Q 值而展宽频带。

为了降低波在盐水中传播的衰减,宜采用甚低频(10 ~ 50 kHz)对浸于海水中的潜艇通信。有一种频率为 10 kHz($\lambda = 30$ km)的铅垂单极子发射天线,附有几平方公里面积的平顶,被列为世界上最大(物理)尺寸的天线①,但它仍属于电小天线($h_e < 0.01\lambda$)的范畴(见习题 21.12.1)。

21.2a　短桩形天线、小型遗传算法天线和小型串联调谐环天线

图 21.1.1(a)所示短桩形天线的高度 $h=\lambda/20$,据式(21.2.3)有辐射电阻

$$R_r = 400(h/\lambda)^2 = 400(1/20)^2 = 1\ \Omega$$

① 该天线位于中国西南地区。——译者注

如果高度减半成 λ/40,而电流 I 以均匀分布代替图 21.1.1(a)所示的锥削分布,则据式(21.2.3)仍有

$$R_r = 1600(h/\lambda)^2 = 1600(1/40)^2 = 1\ \Omega$$

图 21.1.1(b)所示为高度 $h = \lambda/25$ 而分 10 段用遗传算法设计的谐振天线,其辐射电阻$R_r = 1.4\ \Omega$(Altshuler-1)。

图 21.1.1(c)所示为高度 $h = \lambda/25$ 的呈串联调谐 LC 电路形式的谐振小环天线,是对图 21.1.1(b)之分 10 段天线的模仿(Walter-1)。根据式(7.6.10a),可得出该环的辐射电阻为

$$R_r = 31\ 200(nA/\lambda^2)^2 = 31\ 200(2\pi\lambda^2/50^2\lambda^2) = 0.2\ \Omega$$

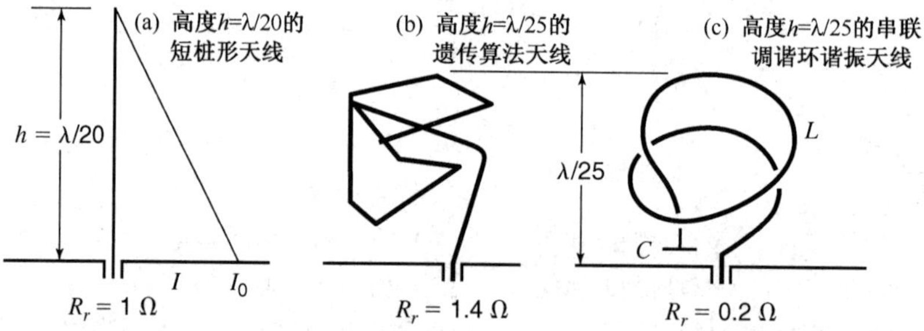

图 21.1.1 短桩形天线、小型遗传算法天线和小型串联调谐环天线

21.3 物理上的小天线

Heinrich Hertz 和其他无线电先驱者所用的是米波和分米波,而 Guglielmo Marconi 等用千米波长给出了远程通信的示范,随即将人们的兴趣从短的波长移向了长的波长。然而,经历了一段岁月之后又发生了趋势逆转,无线电技术活跃于向毫米和亚毫米的波长伸展。采用短波长的实惠之一是其频谱空间,可容纳更多的宽频带视频和高数据率信道。

这些短波长的天线包括了印刷的贴片天线和有源集成(装入放大器和检波器的)天线,后者的有源器件可以补偿用于毫米波时较大的传输线损耗。

图 21.2 所示的指数律 V 形结构很适合印刷电路的制造工艺,对电路板导体的一侧表面蚀刻出指数律的 V 形凹口,并耦合到电路板另一侧表面上的 50 Ω 微带线。可以达到 5:1 的频带宽度,但只有较低的增益(Prasad-1)。倘若将许多这样的凹口辐射器叠置,可以组成高定向性的相控阵(Armitage-1)。

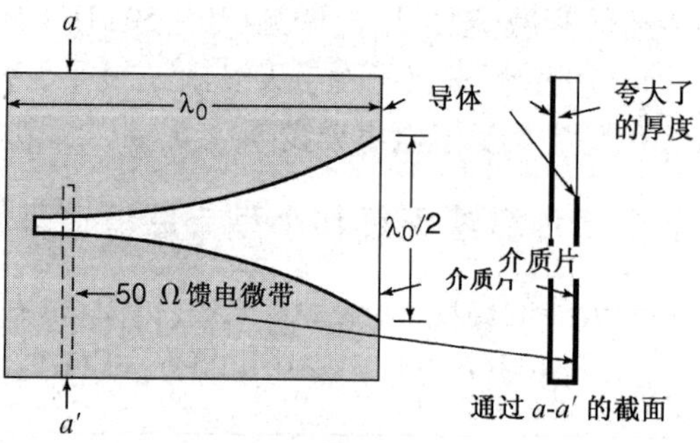

图21.2 具有 50 Ω 微带线馈电的指数律凹口天线

可见光的波长(从蓝到红)从 400 nm 伸展到 700 nm。红外线的波长从 700 nm 伸展进入微米的范围与无线电波相接,这种微米的波长被随意地称为红外线或无线电波。借助印刷电路工艺,已能制造微米和纳米尺度的结构(Robinson-1),也可能构造较短波长的天线(见第 22 章关于太赫频率天线的讨论)。

21.4　天线架设和典型(非理想)地面的影响

在 16.7 节和 16.8 节中,按假设的理想导电($\sigma=\infty$)地面计算了水平天线和铅垂天线在铅垂面内的波瓣图。现在考虑更一般的非理想导电平坦地面的情况。先考虑图 21.3 所示的**水平极化**天线,由水平偶极子产生的电场垂直(⊥)于入射面,即纸面。设地面是非磁性的($\mu=\mu_0$),则可以给出其反射系数($\rho_\perp$)为

$$\rho_\perp=\frac{\sin\alpha-\sqrt{\varepsilon_r-\cos^2\alpha}}{\sin\alpha+\sqrt{\varepsilon_r-\cos^2\alpha}}\tag{1}$$

其中,ε_r——地面的相对介电常数,$\varepsilon_r=\varepsilon/\varepsilon_0$

ε——地面的介电常数

ε_0——空气(或真空)的介电常数

α——仰角(90°减去从天顶量到入射线的角度)

若 $\varepsilon_r>>1$,则式(1)简化成

$$\rho_\perp=\frac{\sin\alpha-n}{\sin\alpha+n}\tag{2}$$

其中,$n=\sqrt{\varepsilon_r}$,为折射指数。

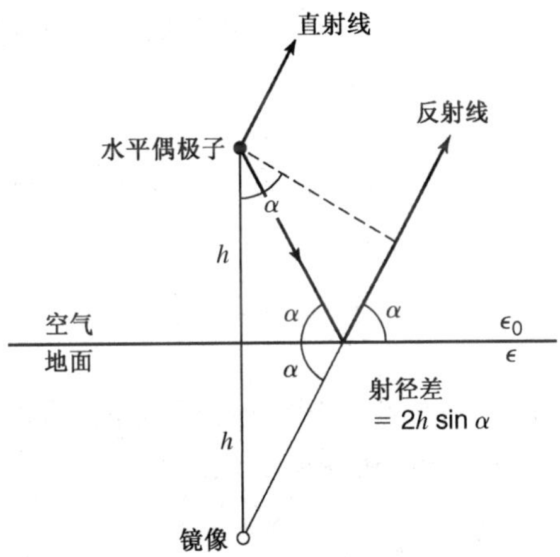

图 21.3　水平偶极子在平坦地面上架高 h 的几何关系

发自偶极子的直射线和经地面的反射线在远距离处合成的相对电场(见图 21.3)为

$$E_\perp=1+p_\perp\underline{/2\beta h\sin\alpha}\tag{3}$$

其中,β——$2\pi/\lambda$

h——水平偶极子离地面的架高

α——仰角

$\rho_\perp$——反射系数

$2\beta h\sin\alpha$——直射线和反射线的射径长度差,rad

取介质材料的复数形式

$$\varepsilon_r=\varepsilon_r'-j\varepsilon_r''=\varepsilon_r'-j\frac{\sigma}{\omega\varepsilon_0}\tag{4}$$

根据式(2),如果地面属于:(i) 理想导体($\sigma=\infty$)或(ii)大相对介电常数($\varepsilon_r'>>1$)的无耗介质($\sigma=0$),都有相同的反射系数

$$\rho_\perp=-1\tag{5}$$

和相同的天线波瓣图。

再考虑图 21.4 所示的**铅垂极化**天线,由铅垂偶极子产生的电场平行(∥)于入射面,即纸面。设地面是非磁性的($\mu=\mu_0$),则可以给出其反射系数($\rho_\parallel$)如下,参见 Kraus(1) & Fleisch,

$$\rho_{\parallel}=\frac{\varepsilon_r\sin\alpha-\sqrt{\varepsilon_r-\cos^2\alpha}}{\varepsilon_r\sin\alpha+\sqrt{\varepsilon_r-\cos^2\alpha}} \quad (6)$$

若 $\varepsilon_r \gg 1$,则式(6)简化成

$$\rho_{\parallel}=\frac{n\sin\alpha-1}{n\sin\alpha+1} \quad (7)$$

其中 $n=\sqrt{\varepsilon_r}$,为折射指数。

像水平偶极子天线一样,发自偶极子的直射线和经地面的反射线在远距离处合成的相对电场(见图 21.4)为

$$E_{\parallel}=\cos\alpha[1+p_{\parallel}\underline{/2\beta h\sin\alpha}] \quad (8)$$

其中, β——$2\pi/\lambda$

h——铅垂短偶极子的中心离地面的架高

α——仰角

$\rho_{\parallel}$——反射系数

$2\beta h\sin\alpha$——直射线和反射线的射径长度差,rad

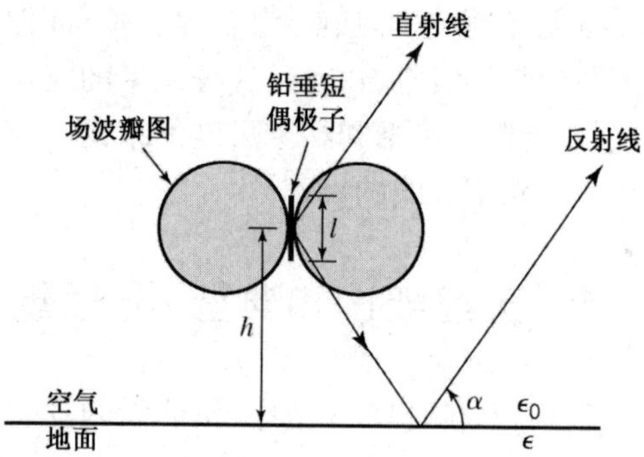

图 21.4 离平坦地面架高 h 的铅垂短偶极子

根据式(7),如果地面属于:(i)理想导体($\sigma=\infty$)或(ii)大相对介电常数($\varepsilon'_r \gg 1$)的无耗介质($\sigma=0$),都有相同的反射系数

$$\rho_{\parallel}=+1 \quad (9)$$

除了 $\sin\alpha$ 值很小的近地掠射方向,两者有相似的天线波瓣图。

为了用图解说明上述关系的重要性,例示如下几种重要情况。①

例 21.4.1

设有水平 $\lambda/2$ 偶极子离平坦地面架高 $\lambda/2$,地面属美国中西部典型的肥沃粘土($\varepsilon'_r=16$ 而 $\sigma=10^{-2}\Omega\,\mathrm{m}^{-1}$)。对于频率(a)1 MHz 和(b)100 MHz,计算并绘制沿偶极子边射方向的铅垂面电场波瓣图。

解:

根据式(4)可算出相对介电常数的损耗项,在 1 MHz 频率时等于

$$\varepsilon''_r=\frac{\sigma}{\omega\varepsilon_0}=\frac{10^{-2}}{2\pi\times10^6\times8.85\times10^{-12}}=180$$

比介质项 $\varepsilon'_r=16$ 大得多;在 100 MHz 频率时,$\varepsilon''_r=1.8$,则比 $\varepsilon'_r=16$ 小得多。

(a) 1 MHz 情况:在式(2)中代入 $\varepsilon_r=16-j180$,使 $\rho_{\perp}$ 成为仰角 α 的函数;再和 $h=\lambda/2$ 一起代入式(3),得出电场作为 α 之函数的波瓣图,用实线绘于图 21.5 中。在 1 MHz 时损耗项 ε''_r 足够大,以至于其波瓣图与理想导电地面的情况基本相同。

(b) 100 MHz 情况:在式(2)中代入 $\varepsilon_r=16-j1.8$,使 $\rho_{\perp}$ 成为仰角 α 的函数;再和 $h=\lambda/2$ 一起代入式(3),得出的波瓣图用虚线绘于图 21.5 中。

比较这两种情况,可注意到 1 MHz 的波瓣图具有沿铅垂($\alpha=90°$)方向的零点,而它在 100 MHz的图中已被填没;另外,较低频率时的增益较高(沿 $\alpha=30°$方向高出 1 dB)。

① 关于地面土质和水质的常数表,参见附录 A 的 A.6 节。

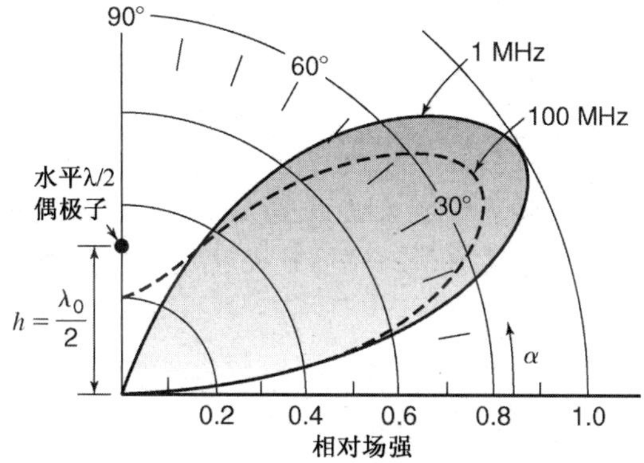

图 21.5　得自例 21.4.1 的铅垂面波瓣图。水平 λ/2 偶极子离平坦地面架高 λ/2；地壳的$\varepsilon'_r=16$而$\sigma=10^{-2}\ \Omega m^{-1}$；实线1 MHz，虚线100 MHz。理想导电地面($\sigma=\infty$)时所有频率都同实线；波瓣图的左侧($90°<\alpha<180°$)镜像对称

例 21.4.2

设有铅垂短偶极子($l\leqslant\lambda/10$)[$E(\theta)=\cos\ \alpha$]离平坦地面架高 λ/2，地面参数同例 21.4.1。对于频率(a)1 MHz 和(b)100 MHz，计算并绘制沿偶极子边射方向的铅垂面电场波瓣图。

解：

(a) 1 MHz 情况：在式(7)中代入$\varepsilon_r=16-j180$，使$\rho_{\parallel}$成为仰角 α 的函数；再和$h=\lambda/2$一起代入式(8)，得出的电场波瓣图用虚线绘于图 21.6 中。

(b) 100 MHz 情况：在式(7)中代入$\varepsilon_r=16-j1.8$，使$\rho_{\parallel}$成为仰角 α 的函数；再和$h=\lambda/2$一起代入式(8)，得出的波瓣图用点线绘于图 21.6 中。实线波瓣图则是理想导电($\sigma=\infty$)地面的情况(所有频率都相同)。

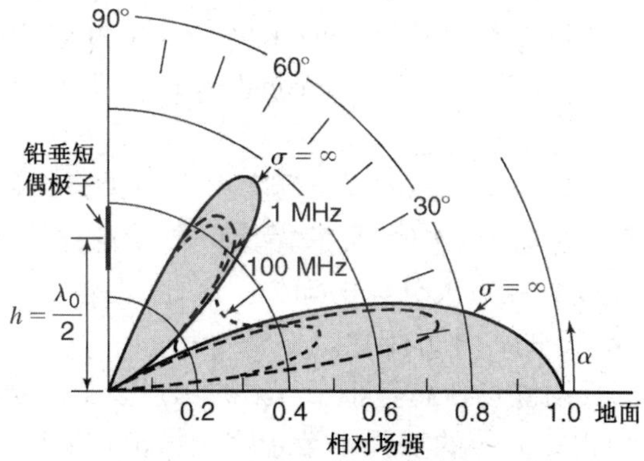

图 21.6　得自例 21.4.2 的铅垂面波瓣图。铅垂短偶极子离平坦地面架高 λ/2；地壳的$\varepsilon'_r=16$，而$\sigma=10^{-2}\ \Omega\ m^{-1}$；虚线是1 MHz的波瓣图，点线是100 MHz的波瓣图。理想导电地面($\sigma=\infty$)情况的所有频率都同实线；波瓣图的左侧($90°<\alpha<180°$)镜像对称

例 21.4.3

将例 21.4.2 中架高的铅垂短偶极子改成接地的铅垂单极子($h=0$)，重复上例的计算。

解：

由于$h=0$，式(8)简化成

$$E = \cos\alpha(1 + \rho_{\parallel}) \tag{10}$$

再引入式(7),有

$$E = \cos\alpha \frac{2n\sin\alpha}{n\sin\alpha + 1} \tag{11}$$

按两种频率对式(11)进行计算的结果绘成图 21.7。1 MHz 的波瓣图用虚线,100 MHz 的波瓣图用点线,实线则是理想导电($\sigma = \infty$)地面情况的波瓣图。

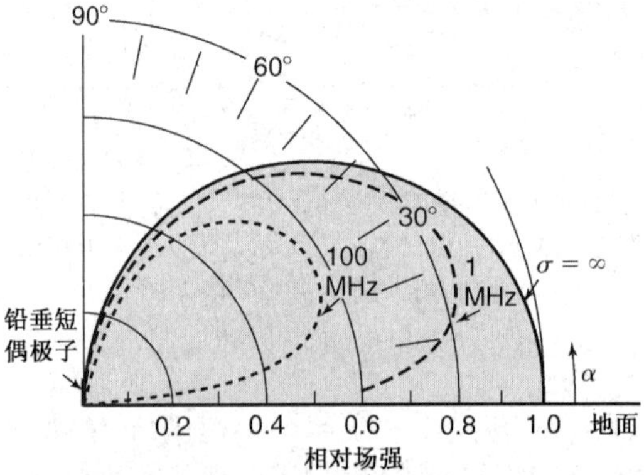

图 21.7 得自例 21.4.3 的铅垂面波瓣图。铅垂短偶极子直接置于平坦地面上,地壳的 $\varepsilon'_r = 16$,而$\sigma = 10^{-2}\ \Omega\ \mathrm{m}^{-1}$;虚线是1 MHz的波瓣图,点线是100 MHz的波瓣图。理想导电地 面($\sigma = \infty$)情况的所有频率都同实线;波瓣图的左侧($90° < \alpha < 180°$)镜像对称

在 100 MHz 频率($\varepsilon''_r = 1.8$)时,沿地面($\alpha = 0°$)的辐射为零,而最大场强几乎比理想导电($\sigma = \infty$)地面情况的场强低5 dB。在 1 MHz 频率($\varepsilon''_r = 180$)时,最大场强比理想导电地面情况的场强低约 2 dB。对于高电导率的地面,其波瓣图趋近 $\sigma = \infty$ 时的曲线。

上述例子中的近似解都得自 $\varepsilon_r >> 1$ 的假设。关于更严格并且必然也更复杂的解,其研究始于 1909 年 Arnold Sommerfeld 之经典解(Sommerfeld-1)。不过,上述例子已显示出典型地面相比于理想导电地面情况的若干主要改变(Terman-1;King-1,2;Lindell-1)。现归纳这些主要差异如下。

对于理想导电地面,反射线与入射线的场强幅度相等(见图 21.4)。这意味着两者沿某些方向会同相叠加,场强加倍(功率乘以 4 倍)而获得 6 dB 的得益;但沿另一些方向会反相抵消,合成场强为零(零功率),而受到无穷大分贝的损失。因此,理想导电地面的引入使原自由空间的场有改变 +6 dB ~ $-\infty$ dB 的各种可能性。

对于非理想导电地面,反射线场强总是小于入射线场强。于是,沿同相叠加方向场强的最大得益小于 6 dB,而沿反相相减方向的场强不至于完全抵消(成零),除非在很低频率上(见图 21.5 ~ 图 21.7)。注意,图 21.5 和图 21.6 显示了得益减小和零点填充;图 21.6 和图 21.7 则表明铅垂天线沿掠地($\alpha = 0°$)方向的场强骤然减小。

比较图 21.5 和图 21.6 还会发现,在理想导电地面的情况下,水平极化偶极子波瓣图沿仰角 30°为最大,而 0°为零方向;但铅垂极化偶极子波瓣图沿仰角 30°为零,而 0°为最大方向。如果在离理想导电地面架高 $\lambda/2$ 处同时采用铅垂和水平极化的短偶极子,并按 George Brown 发射圆极化波的旋转场方式互相连接,就能构成在仰角 0° ~ 30°范围内接收恒定信号(没有最大,也没有零点)的圆极化天线,但比单独铅垂或水平极化的短偶极子低 6 dB。

在上述讨论中都假定直射线与反射线平行(距离很远)。然而,若接收点较近以至于两条射线互不平行,则线极化的接收信号会成为架高的函数,在最大值与零值之间多次起伏。通常要避免线极化波的零点,既可以升高,也可以降低接收天线的架高(见习题 21.10.1 的图和解)。

发生另一种架设效应的例子是,离地面架高不到 λ/2 的八木-宇田阵,因过于接近地面而使单元失谐且增益降低。

21.5　带接地面的天线

图 21.8 列出了几种型式带接地面的天线。图 21.8(a)的型式是铅垂 λ/4 短桩带有直径约 λ/2 的圆片接地面。该天线采用同轴传输线馈电,内导体接 λ/4 短桩,而外导体端接于接地面。图 21.8(b)的接地面被改成裙形或圆锥形。图 21.8(c)进一步用半径 λ/4 的圆盘代替 λ/4 短桩,成为 Kandoian 盘锥天线(Kandoian-1,2),标出了对应中心频率的尺寸。图 21.8(d)用四根径向导体代替实体的接地面。作为改进,图 21.8(e)又在天线的馈端并联一段 λ/4 的短路同轴线①,它不仅展宽了阻抗频带,而且使短桩形天线处于直流的地电位,可在发生雷电冲击波时保护传输线。

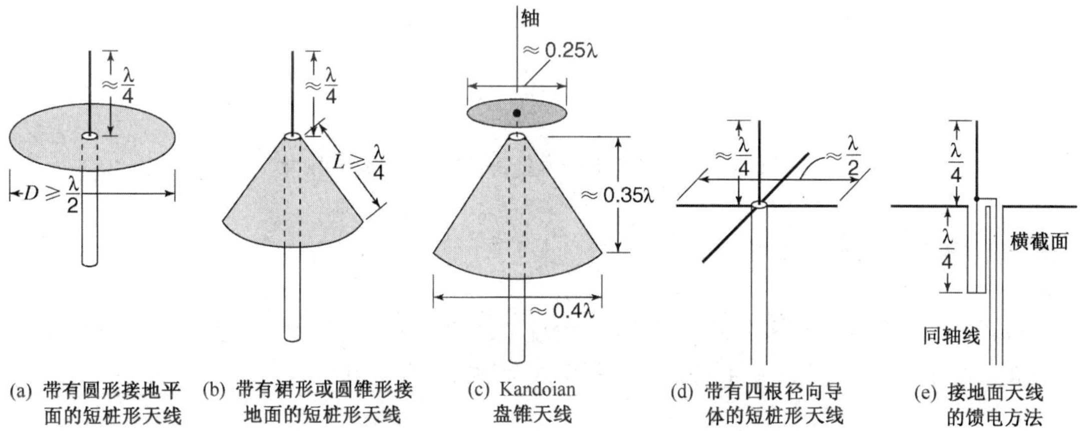

图 21.8　各种带接地面的天线

就实体接地面的天线而言,应该注意铅垂面的辐射波瓣图,在有限接地面和在无限接地面上 λ/4 短桩的波瓣图是稍有差别的,其解释见图 21.9。实线是对无限伸展接地面情况的计算波瓣图;虚线是直径达几个波长的接地面情况的结果;点线是仅 1λ 尺度接地面情况的结果。有限的实体接地面天线之最大辐射一般都不沿地面,而是上抬 α 角。要使最大辐射方向在水平面内,可将接地面改成图 21.8(b)和图 21.8(c)那样。Kandoian 盘锥天线的最大辐射

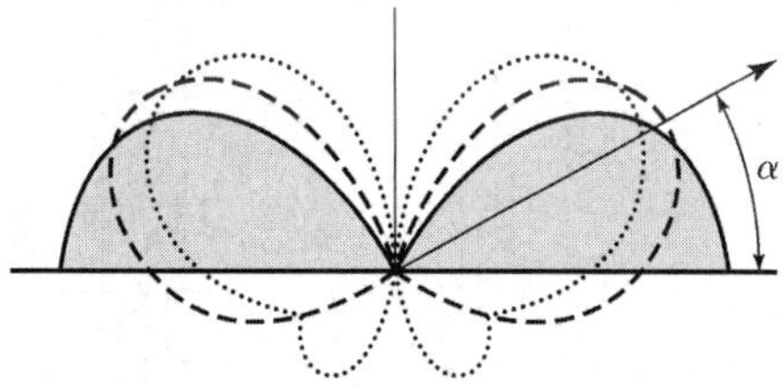

图 21.9　接地面上 λ/4 短桩形天线的铅垂面波瓣图。实线:无限大接地面;虚线:直径为几个波长的有限接地面;点线:直径1λ的有限接地面

① 图 21.8(d)和图 21.8(e)所示的天线之径向导体接地面,由 George H. Brown 和 Jess Epstein & Robert Lewis 发明于 1938 年。

在相当可观的频带内几乎总是沿水平(垂直于轴)的。

在短桩形天线的顶部加载,按图 21.10 所示逐步改进其结构。图 21.10(d)的天线由圆盘以及介于它和接地面之间的环形缝隙组成,接地面被压陷到盘的下方,形成一个浅腔(Pistolkors-1;Rhodes-1)。图 21.10(d)所示天线的辐射波瓣图与图 21.10(a)所示原始的铅垂短桩形天线之波瓣图很相似。

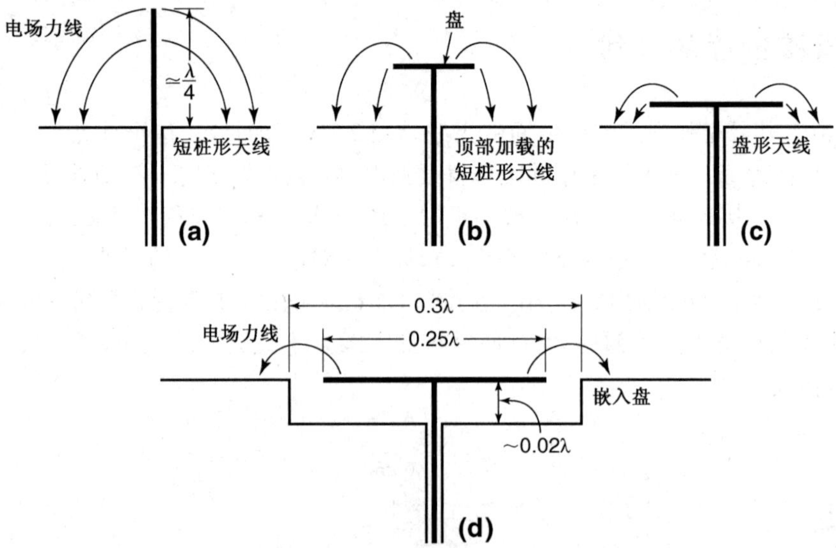

图 21.10 从 λ/4 短桩形天线到嵌入盘形天线的演化

21.6 套筒天线

对图 21.8(b)的接地面再进一步改形,就成了图 21.11(a)所示的铅垂 λ/2 套筒天线,其接地面已退化为套筒,即长 λ/4 的圆柱。其最大辐射方向垂直于天线的轴线。

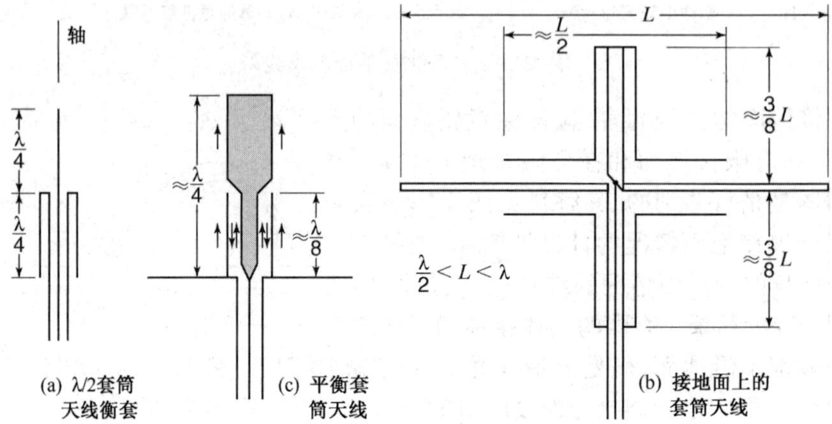

图 21.11 套筒天线

另一个品种的套筒天线示于图 21.11(b)(Block-1),它与带接地面的短桩形天线相似,但馈端移到了短桩的中心附近,使短桩的下半段装入圆柱形套筒。改变该 λ/8 段的特性阻抗,能适度控制在接地面处对同轴线呈现的阻抗。

与图 21.11(b)的套筒短桩形(单极子)相对应的是图 21.11(c)所示的平衡套筒偶极子天线,它采用了附有平衡-非平衡转换器(即巴仑)的同轴线馈电。这种天线可工作在 2:1 的频率范围,其长度 L 在此频域内相当于 $\lambda/2 \sim 1\lambda$。

21.7　旋转场天线

考虑两个如图 21.12(a)般交叉布置的无限短偶极子,它们的电流等幅而相位正交,将在 θ 平面内产生圆形波瓣图,因为电场作为 θ 和时间 t 的函数

$$E = \sin\theta\cos\omega t + \cos\theta\sin\omega t \tag{1}$$

可以简化成

$$E = \sin(\theta + \omega t) \tag{2}$$

在每个周期内,沿任何 θ 方向的 E 总会在某瞬间达到其最大幅度 1。其均方根场波瓣图是图 21.12(b) 所示的圆;任何瞬刻的波瓣图则呈与单个无限短偶极子相同的 8 字形,作为时间的函数每个周期旋转一整圈。图 21.12(b)所示为 $\omega t = 135°$时的瞬态波瓣图,它按顺时针旋转。场的相位作为 θ 之函数,应得自 $\theta + \omega t =$ 常数,若该常数为零,则

$$\omega t = -\theta \tag{3}$$

如果在某给定瞬刻沿 $\theta = 0°$的场最大,则按式(3),经 1/8 周期后的最大辐射沿 $\theta = -45°$方向。

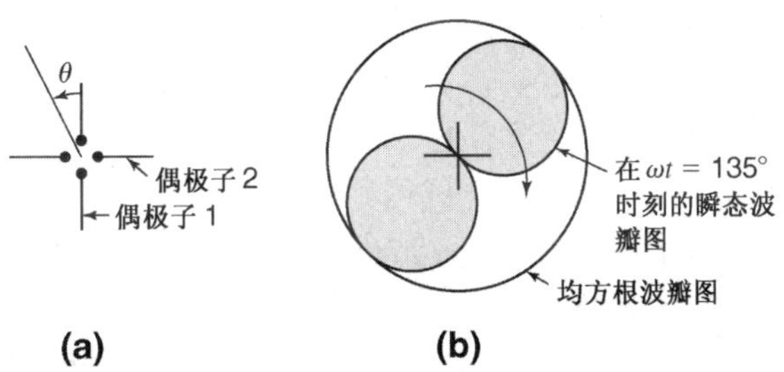

图 21.12　由短(无限短)偶极子构成的George Brown旋转场

以上讨论只关心交叉偶极子所在之 θ 平面内的场。沿垂直于两交叉偶极子之轴线方向的场具有恒定的大小,可写成

$$|E| = \sqrt{\cos^2\omega t + \sin^2\omega t} = 1 \tag{4}$$

因此,该轴向场是圆极化的;在图 21.12 所示的情况下,轴向场按顺时针旋转。

将无限短偶极子换成实际的 $\lambda/2$ 偶极子天线,就成为 George Brown 旋转场天线(Brown-1),仍具有近似相同的波瓣图特性。由于 $\lambda/2$ 偶极子单元的波瓣图稍窄于无限短偶极子的,由 $\lambda/2$ 单元形成的 θ 平面旋转场波瓣图不太圆,其相对波瓣图示于图 21.13(a),对圆形的偏差约 ±5%,相对场强作为 θ 和 t 之函数可表示成

$$E = \frac{\cos(90°\cos\theta)}{\sin\theta}\cos\omega t + \frac{\cos(90°\sin\theta)}{\cos\theta}\sin\omega t \tag{5}$$

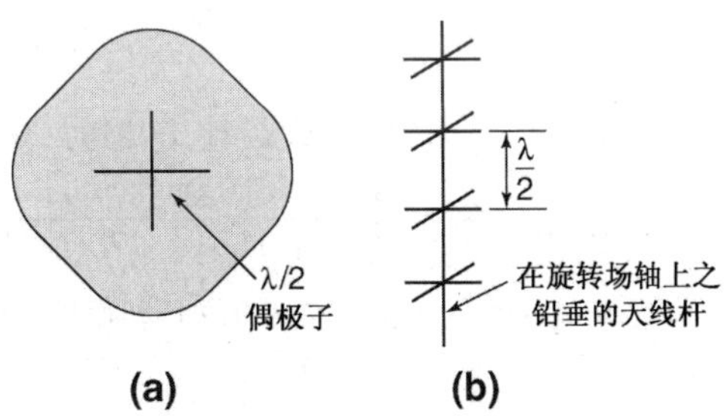

图 21.13　由 λ/2 偶极子构成的 George Brown 旋转场

虽然 $\lambda/2$ 单元的 θ 平面波瓣图不同于无限短偶极子的波瓣图,但只要电流等幅而相位正交,就能为 $\lambda/2$ 单元提供沿轴向的圆极化辐射。

旋转场天线可以方便地安装在铅垂的天线杆上,杆与旋转场的轴线一致。为了提高铅垂面的定向性,可以将若干个旋转场单元按 $\lambda/2$ 的间隔层叠,如图 21.13(b)所示。图 21.13(b)中的布置称为"四盘"旋转场,每两盘辐射的场强近似等于单根 $\lambda/2$ 偶极子在相同输入功率下的最大场强。

为了使交叉 $\lambda/2$ 偶极子的电流相位正交,各偶极子必须连接到不等长度的非谐振线上。例如,设单层旋转场天线中每根偶极子的馈端阻抗是$(70+j0)\ \Omega$,可用 70 Ω 的双芯同轴线连接,借助其中一对线长于另一对线所提供的 90°相位差,使两偶极子的驱动电流等幅而相位正交。在两对 70 Ω 线的交接点 P 处再用 35 Ω 线连接到发射机,整个传输线系统是匹配的。

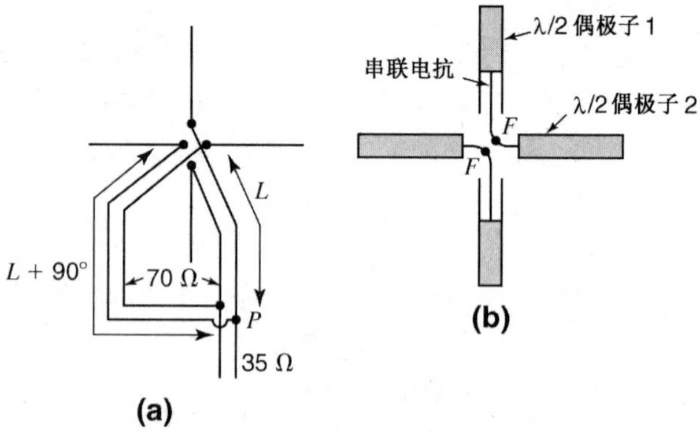

图 21.14 旋转场天线的馈电布置

另一种获得正交电流相位的方法是使偶极子之一引入串联电抗(Brown-2 & Epstein)。例如,若图 21.14(b)中偶极子的长度和直径造成其馈端阻抗为$(70-j70)\ \Omega$,然后在偶极子 1 的两臂各串联 $+j70\ \Omega$ 的电抗(感性),使其馈端阻抗变成$(70+j70)\ \Omega$,再将这两根偶极子并联,则它们的电流分别为

$$I_1=\frac{V}{70+j70}$$

$$I_2=\frac{V}{70-j70} \tag{6}$$

其中,V——外施的电动势

I_1——偶极子 1 的馈端电流

I_2——偶极子 2 的馈端电流

于是,有

$$I_1=\frac{V}{99}\underline{/-45^\circ}$$

$$I_2=\frac{V}{99}\underline{/+45^\circ} \tag{7}$$

可见,I_1 和 I_2 的大小相等,而 I_2 比 I_1 超前 90°。它们的阻抗并联的结果是

$$Z=\frac{1}{Y}=\frac{1}{[1/(70+j70)]+[1/(70-j70)]}=70+j0 \quad (\Omega) \tag{8}$$

因此,将 70 Ω(双芯同轴)线连结到馈端 FF 上,可达到良好的匹配。

21.8 超旋转场天线

为了在可观的频段上获得非常低的电压驻波比(VSWR),Masters 曾将上述的旋转场天线进行改造,用平片或其等效结构取代简单的偶极子而成为 Masters 超旋转场天线(Masters-1)。

在图 21.15(a)中的每个"偶极子"被等效成约 0.7λ×0.5λ 的开缝导体片，馈端位于 *FF*。就像柱面缝隙天线一样，该缝的谐振长度大于 λ/2（约 0.7λ）。该偶极子安装在图 21.15(b)所示的天线杆上，为减小风阻而用导体栅代替实体的导体片。图中标注了对应于中心工作频率的尺寸。这种设计可在 30% 的频段上达到 1.1 以下的 VSWR 值，便于用做频率低达 50 MHz 的杆载式电视发射天线。

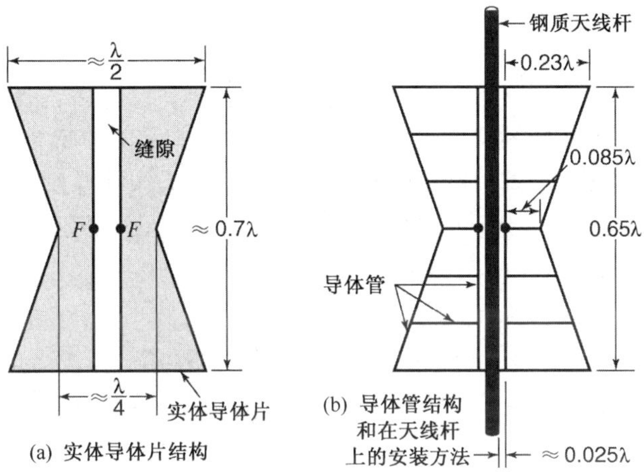

图 21.15　Masters 超旋转场的单个偶极子单元

不同于简单旋转场天线，超旋转场天线沿轴（天线杆）向的辐射很少，且仅需一盘的辐射场强就近似等于单根 λ/2 偶极子在相同输入功率下的最大场强。为了减小铅垂面内的波束宽度，可以用多盘超旋转场天线按中心距 1λ 层叠组阵。Sato（佐藤源贞）等讨论了这种天线的阻抗匹配（Sato-1）。

21.9　其他全向天线

开缝圆柱和旋转场天线在水平面内的辐射波瓣图接近圆形，有时被归为全向天线的类型。必须明白该"全向"仅指水平面内而言。

正如第 7 章所指出的，直径小于 0.58λ 的载有均匀电流的圆环，其波瓣图属于饼圈形的，沿环所在平面内的方向辐射最大，而沿轴向为辐射零点，波瓣图的铅垂剖面示于图 21.16(a)。

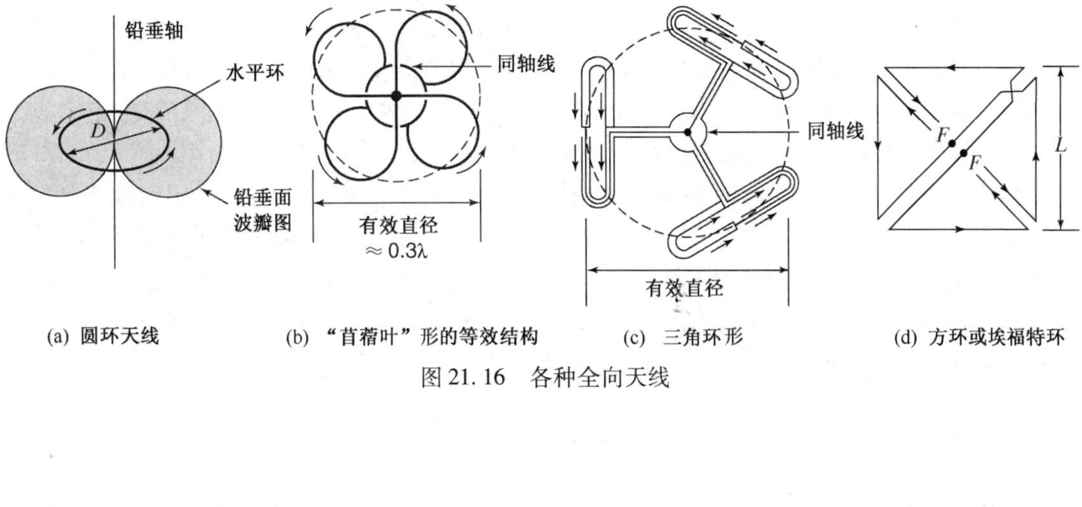

图 21.16　各种全向天线

图 21.16(b)揭示了模仿均匀电流环的一种方法,由 4 个较小的环并接于同轴线上,这种天线称为"苜蓿叶"天线(Smith-1)。图 21.16(c)所示的另一种方法将 3 个折合偶极子并接于同轴线(Kandoian-3)。第三种方法利用图 21.16(d)(Alford-1)所示的方环,馈端在 FF,边长 L 为 $\lambda/4$ 量级。单个(盘)此类型式的等效环产生的场强近似等于单根 $\lambda/2$ 偶极子在相同输入功率下的最大场强。要提高铅垂面内的定向性,也可以将若干个环层叠而组成多盘阵列。

21.10 圆极化天线

圆极化辐射可由各种式样的天线产生。图 21.17(a)所示的单绕轴向模螺旋天线是产生圆极化的简单而有效的天线型式。圆极化还可以像旋转场天线那样由一对载有等幅而相位正交的电流的交叉 $\lambda/2$ 偶极子产生于其轴向,如图 21.17(b)所示,若沿轴的一个方向辐射右旋圆极化,则沿其相反方向辐射左旋圆极化。

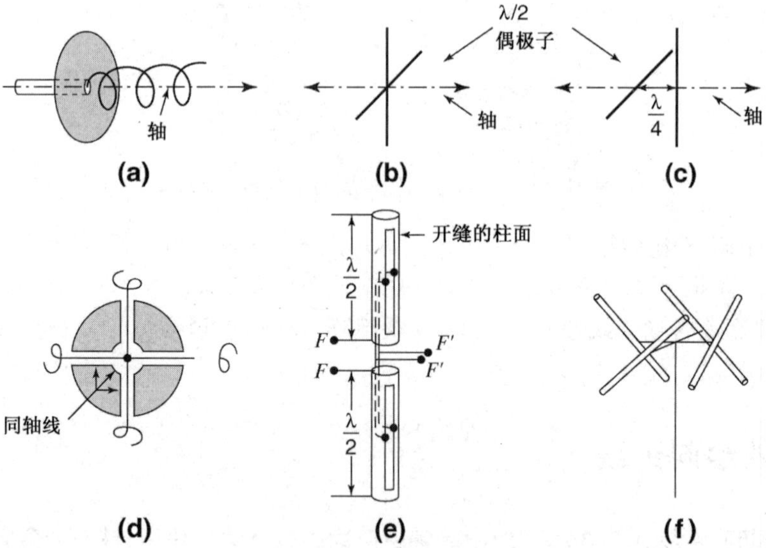

图 21.17 圆极化的天线型式

第三种圆极化天线由两根同相的交叉偶极子在空间上相隔 $\lambda/4$ 所组成如图 21.17(c)所示,这种布局沿轴的两个相反方向辐射同旋向的圆极化。

这三种之任一都能用来作为照射抛物面反射镜的初级(馈源)天线,或在圆波导中用来产生圆极化 TE_{11} 模的波,再经波导张开成圆锥喇叭而产生圆极化的波束。

另一种从大焦径比之抛物面反射镜获得圆极化波束的技术是,借助与反射镜相距 $\lambda/8$ 而与馈源照射之线极化呈 45°取向的平行金属栅或导线栅。

能产生圆极化辐射全向波瓣图的三种结构分别示于图 21.17(d),图 21.17(e)和图 21.17(f)。在图 21.17(d)中,4 支相同的轴向模短螺旋绕着具有铅垂轴的金属柱布置,并用位于柱中心的同轴线同相馈电(Kraus-1)。在图 21.17(e)所示的系统中,由 FF 端馈电的铅垂 $\lambda/2$ 柱体得到铅垂极化的全向波瓣图,而由 $F'F'$ 端馈电的缝隙得到水平极化的全向波瓣图,调节这两组端口的功率和相位,使该铅垂极化与水平极化之场强等幅而相位正交,即可产生圆极化的全向波瓣图(Smath-1)。在图 21.17(f)中,4 根同相的 λ/2 偶极子围绕直径约 λ/3 的虚拟圆周对水平面倾斜(Brown-2)。

一般来说,任何线极化波都能借助波极化器变换成椭圆极化或圆极化波,反之亦然(Braun-1)。例如,图 21.18 中沿 $-z$ 轴行进之线极化波的极化面与 $+x$ 轴呈 45°角,投射到由大量深度为 L 之介质片与甚小于波长之空气间隙所组成的栅状结构。

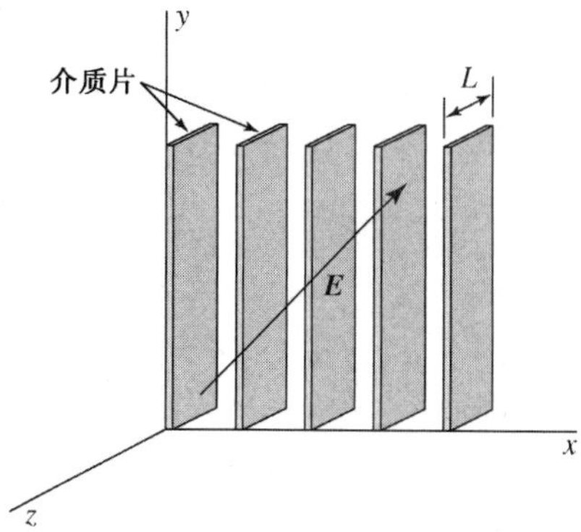

图 21.18　波极化器

将入射电场 **E** 分解成平行于 x 轴的 E_x 和平行于 y 轴的 E_y 两个分量,即 $\mathbf{E}=\hat{x}E_x+\hat{y}E_y$,其中 E_x 分量几乎不受介质片的影响,而 E_y 分量的相位将被滞后(相速变慢)。若介质片的深度 L 恰使 E_y 在时间相位上比 E_x 滞后 90°,又有 $|E_x|=|E_y|$,则出现在介质片后侧的波将是圆极化的。在 $-z$ 轴上某点观察来波时,其 **E** 矢量按顺时针旋转。

若介质片的深度加倍成 $2L$,则由于 E_x 与 E_y 反相,使出现在介质片后侧的波又是线极化的,但其 **E** 与 $+x$ 轴呈 −45°角。再将介质片的深度增加成 $3L$,出现在其后侧的波是逆时针旋转的圆极化。最后,当介质片的深度增加成 $4L$ 时,出现在其后侧的波回到 +45°倾角的线极化。

此例中介质栅的作用类似于单轴晶体(如方解石或金红石)中的原子平面对光传播的作用,即平行于光轴的线极化光波之传播速度不同于垂直于光轴的线极化光波之传播速度。

21.11　高增益全向天线

高增益(高定向性)和全向性对天线来说是矛盾的要求。天线的定向性被定义成

$$D=\frac{4\pi}{\Omega_A} \tag{1}$$

其中 Ω_A 代表天线的波束范围。

假想的各向同性点源之波束范围 $\Omega_A=4\pi$,它完全是全向性的,由式(1)知其定向性 $D=1$ 为最低可能的定向性。要求定向性(或无损耗辐射器的增益)远大于 1,则其波束范围必小于 4π,那么该天线就不再是全向的。因此,对于某单个天线,高定向与全向(4π sr)波瓣图是矛盾的,两者在理论上和实践中都是不可能兼有的。然而,在大型相控阵的数字信号处理范畴内,这种联合在理论上是有可能的,即同时给出任意多数目的高定向性波束,但由于存在固有损耗而不一定是高增益的。

21.12　埋地天线

式(21.4.1)中的反射系数 $\rho_{\perp}$ 的公式假定了波从疏媒质(空气)投射到相对介电常数为 ε_r 的地壳(即地面)的情况。若波是从较密的媒质投射到空气,则公式应改成

$$\rho_\perp = \frac{\sin\alpha - \sqrt{(1/\varepsilon_r) - \cos^2\alpha}}{\sin\alpha + \sqrt{(1/\varepsilon_r) - \cos^2\alpha}} \tag{1}$$

其中 ε_r 代表较密媒质的相对介电常数。

若 $1/\varepsilon_r \leqslant \cos^2\alpha$,则 $\rho_\perp$ 是复数而 $|\rho_\perp| = 1$,此时入射波全部反射回更密的媒质①。当式(1)中的根式为零时,$\rho_\perp = 1\ \underline{/0°}$,据此定义临界角(见图 21.19):

$$\alpha_c = \arccos\sqrt{\frac{1}{\varepsilon_r}} \tag{2}$$

对于一切小于 α_c 的入射角,$|\rho_\perp| = 1$,发自较密媒质的波都被分界面反射回原媒质;因为凡是 $\alpha < \alpha_c$ 的电场,在疏媒质中从界面起呈现指数律衰减(凋落波)且沿界面无损耗地传播(表面波)(Kraus(1) & Fleisch;King-3;Delogne-1)。

例 21.12.1

某 60 MHz($\lambda_0 = 5$ m)发射机馈电的单绕轴向模螺旋天线被置于淡水($\mu_r = 1, \varepsilon'_r = 80, \sigma = 1.33 \times 10^{-2}\ \Omega^{-1}\text{m}^{-1}$)表面下 20 m 深处,螺旋天线的轴是铅垂的(见图 21.19)。

求:

(a) 给定发射机功率,为使水面上方沿仰角 10°的信号最大化,螺旋天线应有多少圈?

(b) 推导表面上方辐射的相对功率密度作为仰角之函数。

(c) 若发射机功率为 100 W,计算该埋地天线在仰角 10°,距离 1 km 处产生的信号电平。设接收所用的是带反射器单元的 George Brown 旋转场天线。

解:

(a) 淡水相对介电常数的损耗项在 60 MHz 时为

$$\varepsilon''_r = \frac{\sigma}{\varepsilon_0\omega} = \frac{1.33\times10^{-2}}{8.85\times10^{-12}\times2\pi\times60\times10^6} = 4 \tag{3}$$

故复相对介电常数为

$$\varepsilon_r = \varepsilon'_r - j\varepsilon''_r = 80 - j4 \tag{4}$$

鉴于此淡水的 $\varepsilon'_r >> \varepsilon''_r$,可以忽略 ε''_r,于是从式(2)得出临界角

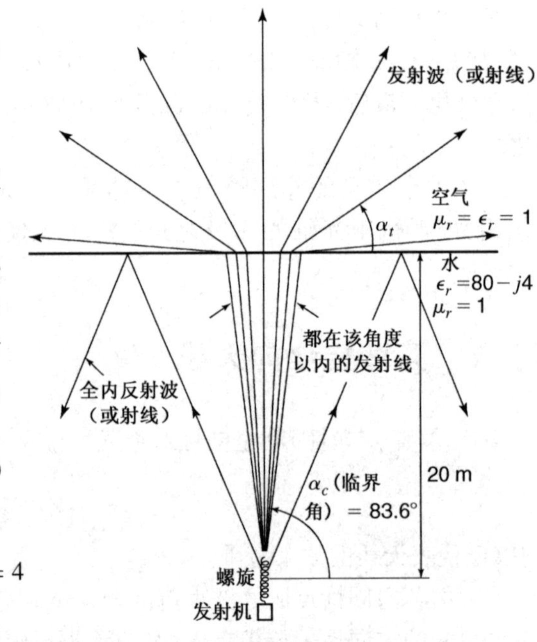

图 21.19 发自埋地天线的射线簇。凡 $\alpha < 83.6°$ 的都属全内反射,凡 $\alpha = (83.6° \sim 90°)$ 的都穿出表面发射进入上部空气,并扩散于几乎180°的范围

$$\alpha_c = \arccos\sqrt{\frac{1}{80}} = 83.58° \tag{5}$$

因此,凡从螺旋发出的仰角小于 83.58°的射线都反射回水下,只有仰角大于 83.58°

① 这既是对垂直极化又是对平行极化的情况。

的射线才能进入空气(见图 21.19),表现成射线穿出以天顶($\alpha=90°$)为中心而宽 12.84°[=2(90° −83.58°)]的洞口。

据斯涅尔定律,可近似地有

$$\cos\alpha_t \approx \sqrt{\varepsilon_r'}\cos\alpha = 8.94\cos\alpha \tag{6}$$

其中 α_t 为水面上方发射线的仰角。

对于 $\alpha_t=10°$,从式(6)得出的 $\alpha=83.68°$恰在临界角之上 0.1°(=83.68° −83.58°)。对于圈数 $n>3$,而节距升角 $12°<\alpha<14°$和 $0.8<C_\lambda<1.15$ 的单绕轴向模螺旋天线,从式(8.3.4)和式(8.3.7)可得其中频带宽度和定向性分别为

$$\text{HPBW} \approx \frac{52°}{C_\lambda\sqrt{nS_\lambda}} \tag{7}$$

$$D \approx 12C_\lambda^2 nS_\lambda \tag{8}$$

取 $C_\lambda=1$,$\alpha=12.5°$和 $n=12$,算出 HPBW =32.0°和 $D=31.7$①。偏轴的半功率角为 HPBW/2 =16.0°。与 $\alpha_t=10°$的射束偏角 6.32°(=90° −83.68°)相比,可见 12 圈螺旋的波束已足够宽到能使沿临界角的信号电平仅比最大值(沿轴)跌落约 0.3 dB。若螺旋的长度加倍($n=24$),则据式(8)可知其定向性提高约 3 dB,但波束变窄(乘以 $1/\sqrt{2}$),使沿临界角的信号电平再跌落约 0.5 dB。虽然 n 的加倍致使表面上方沿仰角 $\alpha_t=10°$方向的辐射电平净增,然而较窄的波束要求螺旋轴的安装精度在铅垂的 1°以内,所以 20 圈螺旋是一种较合理的折中。

(b) 反射回水中之射线的相对功率密度 S_r 给自

$$S_r = \frac{(E_\perp|\rho_\perp|)^2 + (E_\parallel|\rho_\parallel|)^2}{E_\perp^2 + E_\parallel^2} \tag{9}$$

其中,$E_\perp$——垂直于入射平面的电场

$E_\parallel$——平行于入射平面的电场

$\rho_\perp$——垂直分量的反射系数,也就是将式(21.4.1)中的 ε_r 取倒数

$\rho_\parallel$——水平分量的反射系数,也就是将式(21.4.6)中的 ε_r 取倒数

假设从螺旋通过临界角洞口发出圆极化($E_\perp=E_\parallel$),则式(9)可简化成

$$S_r = \tfrac{1}{2}(|\rho_\perp|^2 + |\rho_\parallel|^2) \tag{10}$$

穿出表面发射的相对功率密度 S_t 与上述的 S_r 之间的关系为

$$S_t = 1 - S_r \tag{11}$$

按 $\varepsilon_r=80$ 计算式(10)和式(11)之作为仰角 α_T 的函数,绘出图 21.20(a)的曲线和图 21.20(b)的波瓣图,两图所给出的辐射功率都是相对于沿天顶方向($\alpha_t=90°$)而言的。

(c) 注意螺旋的尺度应缩小成在空气中时尺度的 $1/\sqrt{\varepsilon_r}=0.11$ 倍或 11%,因此埋地螺旋的直径 $D=\lambda_0(\sqrt{\varepsilon_r}\pi)=5\text{ m}/(\sqrt{80}\pi)=0.178\text{ m}$。

① 注意避免混淆此螺旋之节距升角和式(6)中的仰角 α。

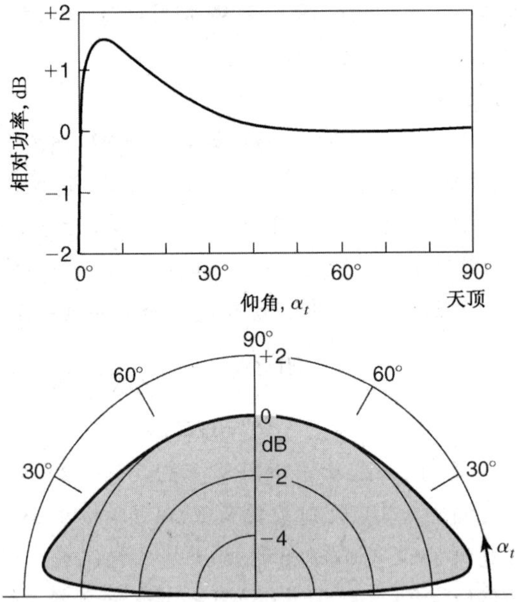

图 21.20 (a) 从埋地发射机发射到湖面上方沿仰角方向与沿天顶(90°)方向的功率密度之比;(b)在湖面上方的极坐标辐射波瓣图

根据介电常数的损耗项 $\varepsilon''_r=4$ 且 $\varepsilon''_r \ll \varepsilon'_r$,可得出淡水的衰减常数为①

$$\alpha = \frac{\pi}{\lambda_0}\frac{\varepsilon''_r}{\sqrt{\varepsilon'_r}} = \frac{\pi}{5}\frac{4}{\sqrt{80}} = 0.281\ \mathrm{Np\ m^{-1}}$$

而水中射径 d 经历的衰减为

$$\text{衰减(水)} = 20\log e^{-\alpha d} = 20\log e^{-0.281\alpha 20} = -49\ \mathrm{dB}$$

对于仰角 α(水)=83.68°,由式(11)得出在界面上的损失为 10log0.51 = −3 dB。

20 圈螺旋的定向性为

$$D \approx 12C_\lambda^2 nS_\lambda = 12\times 20\times 0.22 = 52.8$$

有效口径为

$$A_e = \frac{D\lambda_0^2}{4\pi} = \frac{52.8\times 5^2}{4\pi} = 105\ \mathrm{m^2}$$

带反射器单元的 George Brown 旋转场天线(见 21.7 节)具有定向性 D≈3 以及 $\lambda_0=5$ m 时的有效口径 6 m^2。取发射机到接收机相距 1 km,据弗里斯传输公式有未计入水的衰减和界面损失的接收功率为

$$P_r = \frac{P_t A_{et} A_{er}}{r^2\lambda_0^2} = \frac{100\times 105\times 3}{1000^2\times 5^2} = 1.25\ \mathrm{mW}$$

再计入水的衰减和界面损失,总共达 52 dB(=49+3),则实际净接收功率为

$$P_r = 1.25\times 10^{-3}/\mathrm{antilog}\ 5.2 \approx 8\times 10^{-9}\ \mathrm{W} = 8\ \mathrm{nW}$$

在 100 Ω 的传输线上即略小于 1 mV。

① 注意不要混淆这里的"衰减常数"α(为传播常数 γ 的实部)和前面用过的"螺旋节距角"α 或"仰角"α。遗憾的是英文和希腊文的字母还不够用。

图 21.20(a)和图 21.20(b)都指出在贴近界面处($\alpha_t=0$)的发射能量-辐射场强趋于零。但另外还有在界面上伴随全内反射波行进的无功波,它不携带能量(**E** 和 **H** 在时间-相位上正交),其场强随离界面的高度而指数律衰减(简单地说,与界面下反射波的场在界面处匹配),称为"凋落"场。由于穿出界面的平行场和垂直场分量的传输系数不同,接收到的未必是圆极化($AR\neq1$)波。然而,接收天线仍应该用和发射天线相同旋向的圆极化天线,在解题过程中已隐含了这一假设。

在本例中还假设水面是光滑的。若在有风条件下水面并不光滑,则需要进行不同的处理,且接收信号将发生起伏(噪声)。

电磁波从水到空气的传输问题可以比拟为穿出地球的电离层到外太空的传输。此时,波从较低速媒质向较高速媒质的传播因折射而使射线弯曲,并在仰角足够小时终成全内反射(见习题 12.3.9 和习题 12.3.10)。

但这两者仍存在若干基本区别,电离层是非匀质且各向异性的(属磁化的等离子态)媒质,波的极化会因法拉第旋转而发生改变。正是这种效应促使圆极化天线成为主角。

应注意无线电波与光波情况的差异,水对无线电波的 $\varepsilon_r\approx80$,而对光波的 $\varepsilon_r\approx1.75$,因此光波的临界角 $\alpha_c=41°$远小于无线电波的 84°。

21.13　表面波和漏波天线

前述章节中讨论过的行波天线包括单绕轴向模螺旋、长导线和介质杆等。表面波和漏波天线也属于行波天线类,但适合嵌入或低轮廓安装于高速飞机的外壳。其典型的性能是频带较窄(10%)而中等增益(~15 dBi)。

设沿空气与理想导体之间的平面边界上有铅垂极化的 TEM 平面波向右行进,如图 21.21(a)所示。根据电场切向分量在理想导体表面上为零的边界条件,平行于边界行进的 TEM 波的电场必须严格垂直于该表面,即在图 21.21(a)中是铅垂的。但是,如果导体的电导率 σ 不是无穷大,边界上就会像铅垂分量 E_y 那样存在切向分量 E_x,使总场矢量出现前倾,如图 21.21(b)所示。

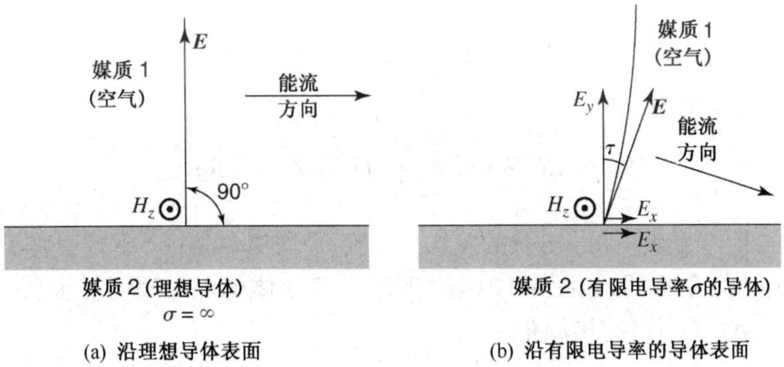

(a) 沿理想导体表面　　(b) 沿有限电导率的导体表面

图 21.21　向右行进的铅垂极化波

坡印廷矢量的时间平均值说明通过单位面积之功率流的方向和大小

$$S_{av}=\frac{1}{2}\mathrm{Re}\,\mathbf{E}\times\mathbf{H}^*\qquad(\mathrm{W\,m^{-2}})\tag{1}$$

在导电表面,进入导体($-y$ 方向)的平均功率流为

$$S_y = -\frac{1}{2}\,\mathrm{Re}\,E_x H_z^* \tag{2}$$

此功率在导体内耗散成热能,其 E_x, H_z(或 H_z^*)和 S_y 的空间关系示于图 21.22(a)。由于

$$\frac{E_x}{H_z} = Z_c \tag{3}$$

其中 Z_c 为导体的本征阻抗。

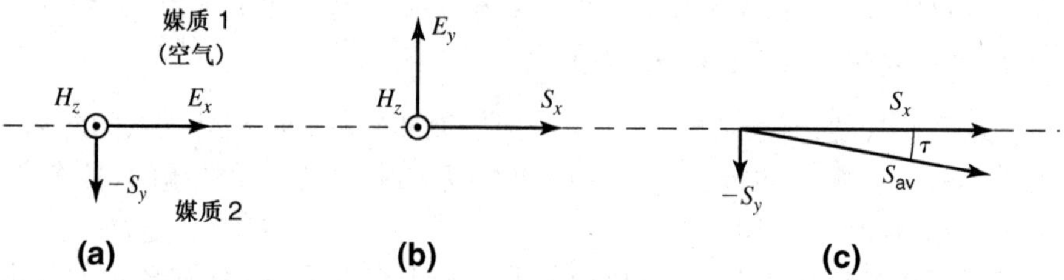

图 21.22　沿导电媒质表面行进之铅垂极化波的场强和坡印廷矢量

于是,进入导体的功率流式(2)可改写成

$$S_y = -\frac{1}{2}H_z H_z^*\,\mathrm{Re}\,Z_c = -\frac{1}{2}H_{z0}^2\,\mathrm{Re}\,Z_c \tag{4}$$

其中,H_z——$H_{z0}\mathrm{e}^{-j\xi-\gamma x}$

H_z^*——$H_{z0}\mathrm{e}^{j\xi+\gamma x}$,为 H_z 的复共轭值

ξ——H_z 相对于 E_x 的相位滞后

γ——传播常数,$\gamma=\alpha+j\beta$

另一方面,平行于表面(x 方向)的功率流为

$$S_x = \frac{1}{2}\,\mathrm{Re}\,E_y H_z^* \qquad (\mathrm{W\ m^{-2}}) \tag{5}$$

其 E_y, H_z 和 S_x 的空间关系示于图 21.22(b)。由于

$$\frac{E_y}{H_z} = Z_d \tag{6}$$

其中 Z_d 是导体上方之媒质(空气)的本征阻抗,于是沿导体(x 方向)行波的功率流式(5)可改写成

$$S_x = \frac{1}{2}H_{z0}^2\,\mathrm{Re}\,Z_d \qquad (\mathrm{W\ m^{-2}}) \tag{7}$$

而总的平均坡印廷矢量为

$$S_{\mathrm{av}} = \hat{x}S_x + \hat{y}S_y = \frac{H_{z0}^2}{2}(\hat{x}\,\mathrm{Re}\,Z_d - \hat{y}\,\mathrm{Re}\,Z_c) \tag{8}$$

图 21.22(c)指出了 S_{av} 及其 x 和 y 分量的关系。显然,平均功率流并不平行于表面而有前倾角 τ,这与电场矢量的前倾角相同,如图 21.21(b)所示。若导体的电导率无穷大($\sigma=\infty$),则前倾角为零($\tau=0$)。由式(8)可写出倾角

$$\tau = \arctan\frac{\mathrm{Re}\,Z_c}{\mathrm{Re}\,Z_d} \tag{9}$$

例 21.13.1

设有 3 GHz 的铅垂极化波在空气中沿铜质平板行进,求其前倾角 τ。

解：

查得铜在 3 GHz 时的 $\mathrm{Re}Z_c = 14.4\ \mathrm{m\Omega}$，而空气的本征阻抗是与频率无关的实数（为 377 Ω）。据式(9)可得

$$\tau = \arctan\frac{14.4\times10^{-3}}{377} = 0.0022° \tag{10}$$

虽然 τ 非常小，但不是零，说明有一些功率流进入了铜板。但若 σ 较小或导体被介质代替，则 τ 可能会为几度。在贝弗瑞行波天线（见 16.16c 节）的情况下，该水平场分量 E_x 平行于天线导线，恰为接收天线提供了感应电动势。

例 21.13.2

设有 3 GHz 的铅垂极化波在空气中沿光滑的淡水湖面行进，求其前倾角 τ。

解：

淡水在 3 GHz 时的传导电流相比于位移电流可允许忽略（$\varepsilon''_r \ll \varepsilon'_r$），当成介质 $\varepsilon_r \approx \varepsilon'_r = 80$，于是据式(9)可得

$$\tau = \arctan\frac{1}{\sqrt{80}} = 6.4° \tag{11}$$

以上计算的是前倾角 τ 的平均值。一般来说，其瞬时方向会随时间而变化。沿铜板行波的场分量 E_y 和 E_x 之间有 45°相位差，所以总场 $\mathbf{E}$ 在某瞬刻沿 x 方向，而在 1/8 周期后沿 y 方向。对于例 21.13.1 中的 3 GHz 波，其 E_y 和 E_x 随时间的变化示于图 21.23(a)，而总场 $\mathbf{E}$ 的矢端轨迹描出图 21.23(b)所示的正交场椭圆，矢端位置是时间（ωt）的函数。该椭圆是不成比例的，其 E_x 值被夸大了 5000 倍。瞬刻坡印廷矢量的变化示于图 21.24（纵坐标值被夸大了 5000 倍），注意该坡印廷矢量的矢端在每个时间周期内绕椭圆两圈。

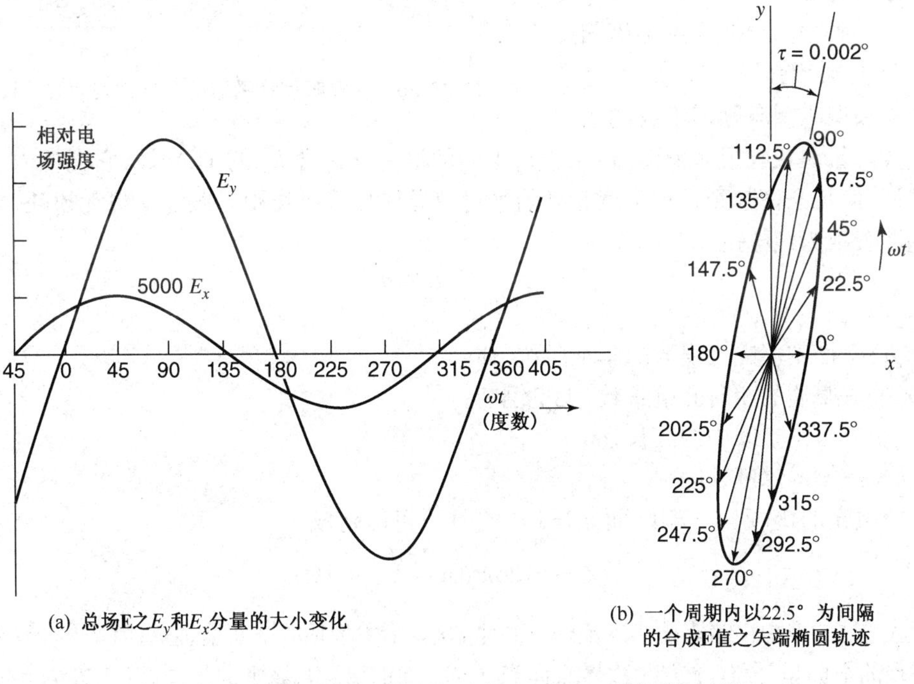

(a) 总场E之E_y和E_x分量的大小变化

(b) 一个周期内以22.5°为间隔的合成E值之矢端椭圆轨迹

图 21.23　沿铜板表面向右行进的 3 GHz TEM 平面波场强

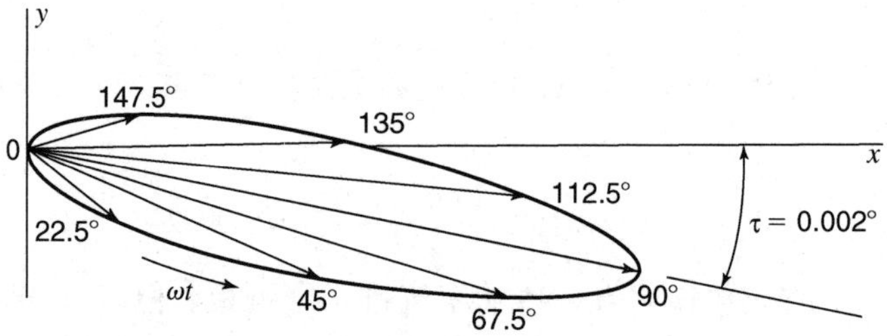

图 21.24 沿铜板表面向右行进的 3 GHz TEM 波之坡印廷矢量以 22.5°为间隔的矢端轨迹。矢端在每个时间周期内绕椭圆两圈。纵坐标值被夸大了5000倍

与具有复本征阻抗的铜不同,淡水在 3 GHz 时(如例 21.13.2 所示)具有实的本征阻抗,其 E_y 和 E_x 之间基本上同相,使正交场椭圆退化成前倾 6.4°的直线。

上述例子中坡印廷矢量 S 的前倾或下倾使波的能量拥向表面,形成边界波或表面波,其相速 v 小于光速 c 而属于慢波($v<c$)。采用高度达几个波长的激励器,如图 21.25 和图 21.26 中所用的喇叭,便能激起这种沿表面的波。

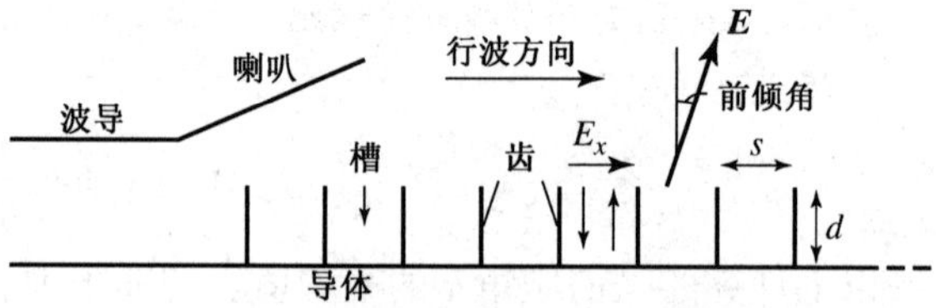

图 21.25 带喇叭型激励器的齿槽式表面波天线

1899 年,Arnold Sommerfeld 说明单根有限电导率的圆导线能够导引电磁波(Sommerfeld-1)。Jonathan Zenneck 指出沿地壳表面行进的波同理也受地面的导引(Zenneck-1)。

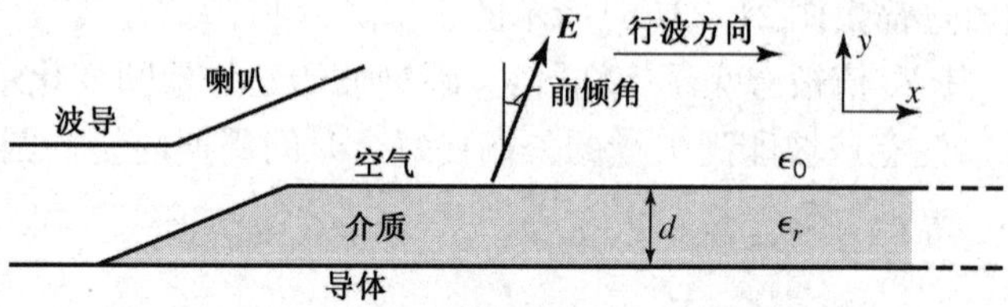

图 21.26 带喇叭型激励器的介质板表面波天线

导电平表面的导波作用可借附加金属齿槽来增强,图 21.25 就是这种结构和喇叭型激励器组成的表面波天线。每波长有很多齿槽($s<\lambda/5$),齿间的槽能支持含 E_x 的 TEM 波,它在槽内上下行进形成驻波,使每条槽起到一对深度为 d 的平行双导体短截线作用。假设材料无损耗,则槽对所进入的波表现为纯电抗

$$Z = jZ_d \tan \frac{2\pi\sqrt{\varepsilon_r}d}{\lambda_0} \qquad (\Omega) \tag{12}$$

其中,Z_d——槽中填充之媒质的本征阻抗,Ω

ε_r——媒质的相对介电常数,无量纲

λ_0——自由空间中的波长,m

d——槽的深度,m

对于空气填充的槽($Z_d \doteq 377\ \Omega$ 而 $\varepsilon_r=1$),式(12)可简化成

$$Z \approx j120\pi \tan \frac{2\pi d}{\lambda_0} \qquad (\Omega) \tag{13}$$

这些槽从过往的波中存储能量。当 $d<\lambda_0/4$ 时,$z=\infty$ 沿着齿顶的平面呈感抗,当 $d=\lambda_0/4$ 时,$z=\infty$,沿着齿顶的平面呈开路(下方无边界),而当 $d=\lambda_0/2$ 时,$z=0$,该平面呈短路(下方为导体片)。

导电平表面的导波作用还可借附加介质板或敷层来增强,图 21.26 则是这种结构和喇叭

型激励器组成的另一种表面波天线，其电场为铅垂极化而稍向介质表面前倾。对于有足够厚度 d 的介质板，场沿垂直于表面的 y 方向按 $e^{-\alpha y}$ 律衰减，这里

$$\alpha = \frac{2\pi}{\lambda_0}\sqrt{\varepsilon_r - 1} \qquad (\mathrm{Np\ m^{-1}}) \tag{14}$$

对于 $\varepsilon_r = 2$，其衰减超过 50 dB λ^{-1}。可见场被局限在表面邻近。

图 21.25 和图 21.26 的齿槽式和介质板表面波天线具有若干 λ 的长度和 1λ 以上的宽度（进入纸面），产生端射波束，具有正比于其长度和宽度的增益。这里假设导电表面（接地平面）伸展至齿槽或介质板末端以远，否则波束方向会偏离端射（仰起）。为了优化波瓣图，槽深或板厚可以在两端取锥削状。

虽然表面波天线可以有许多形式，但总能典型地描述为：是在导波表面上方携有能流之束缚波的行波天线，波速 $v < c$（慢波），**E** 应该垂直于表面而稍有前倾。

漏波天线也属于行波类，但其辐射能量来自持有大多数能流在内之导波结构的连续或周期性泄漏。典型（但非必需）的是携带快波（$v > c$）的结构。金属空管波导移去其一壁就是实例，能量将沿该波导连续地泄漏。

这种型式的泄漏波导天线示于图 21.27。由于波导中的相速 v 快于光速 c，该辐射所形成的波束沿某斜角 ϕ 的方向，即

$$\phi = \arccos\frac{c}{v} \tag{15}$$

当 $v = 1.5c$ 时，$\phi = 48°$。由于波导中的 v 是频率的函数，故波束角 ϕ 可借改变频率而扫描。

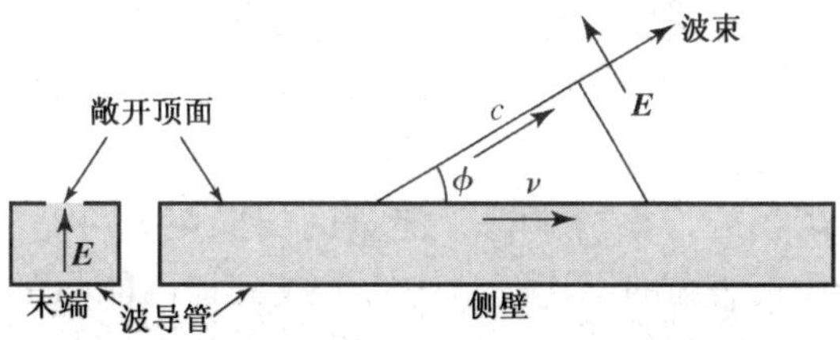

图 21.27　敞开顶面的波导天线具有连续的能量泄漏

漏波天线还可以沿波导管壁有规则地割缝或钻孔而构成，如图 21.28 所示（参见图 9.5 的开缝波导）。可借缝或孔的尺寸来控制泄漏，当其周长约 1λ 时泄漏很强，但随着周长的减小而急速减弱。据式（8.14.8）可写出这种周期性结构辐射的波束角 φ 为

$$\phi = \arccos\left[\frac{\lambda_0}{\lambda_g} + \frac{m}{s/\lambda_0}\right] \tag{16}$$

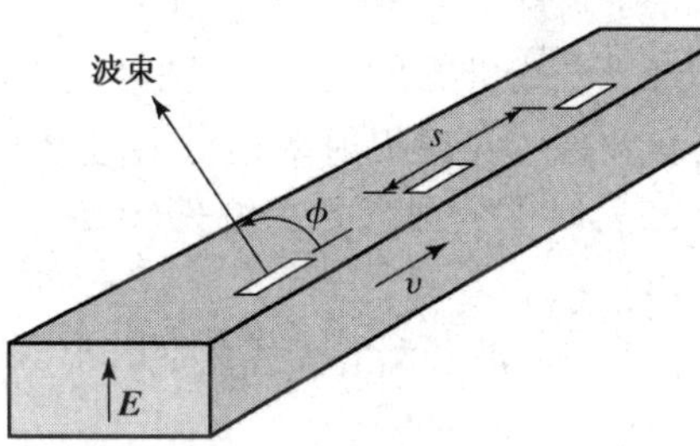

图 21.28　开缝波导天线具有周期性（离散）区间的泄漏

其中，s——孔或缝的间距，m

λ_0——自由空间中的波长，m

λ_g——波导内的波长，m

m——模式序号，0，$\pm\frac{1}{2}$，±1，…

例 21.13.3

对于 $\lambda_g = 1.5\lambda_0$，$s = \lambda_0$ 和 $m = -1$ 的情况，求波束角 ϕ。

解：

据式（16），有

$$\phi = \arccos\left[\frac{1}{1.5} - \frac{1}{1}\right] = 109.5° \qquad (在背射方面)$$

如果缝的间距以 $s = \lambda/2$ 取代 1λ,并按同相要求将缝交替布置在管壁中心线的两侧,这就是式(16)中 $m = -\frac{1}{2}$的情况。波束角 ϕ 可以随频率变化而扫描。虽然这里所讨论的是漏波天线,但图 21. 28 的天线也可以简单地看成波导缝隙阵。

现转而考虑厚度为 d 的介质板波导,用足够小的 α 角(临界角以下)注入电磁波,使之在介质板内符合全内反射的条件,按多次反射的方式传播。这种状况类似于 21. 12 节中埋地天线的发射,所不同的是这里的密媒质同时有上边界和下边界,且厚度仅 $1\lambda_0$ 量级。虽然能量在板内传输,在板的上、下仍存在随与介质板的距离按指数率衰减的凋落场。

尽管可以设想以低于临界角注入介质板的任何波都能传播,但由于多次反射的干涉效应,只有正好按临界角(本征值)注入的波才得以传播(Kraus(1) & Fleisch; Marcuse-1)。图 21. 29 是介质板波导的端视图,其中电场平行于(与入射面相垂直的)波导表面。按 21. 12 节的注释,这是传播进入纸面的 $E_\perp$ 场。在介质板上、下的凋落场恰与板内不携带能量的场匹配。可是,介质板表面的不连续结构会造成其板内能量的泄漏和辐射。于是,表面不连续的介质板正好可以用来构成漏波天线。

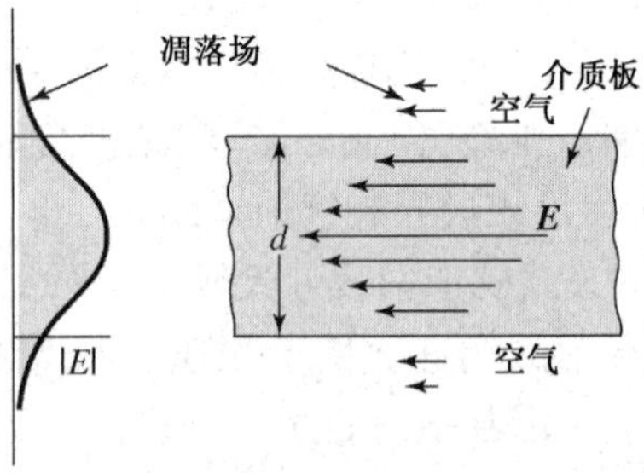

图 21. 29 介质板波导的端视图。波传播进入纸面,电场**E**平行于介质板的表面。箭头和左图曲线表示**E**的大小沿板厚度的变化,板外的凋落场不发射能量

介质圆柱也能像介质板那样用来作为波导。对于光或准光的波长,该圆柱的直径在物理上纤细如丝。这种波导即光纤,由玻璃的芯线和外裹或涂敷折射率稍低的玻璃以及不透明的护套构成。典型的细如发丝的芯线直径为 25 μm,在光或红外线波长(0. 5 ~ 1 μm)能载送 1000 个双向语音通信的信道,而衰减低至 1 dB km^{-1}。

有关表面波和漏波天线的文献很广泛,Zucker(1)和 Oliner(1)给出过摘要介绍。

21. 14 设计卫星通信天线的考虑①

1945 年,英国皇家空军的一位雷达指挥官 Arthur C. Clarke(现在是 Arthur 爵士)在 Wireless World(无线电世界)刊物上发表文章,提议利用人造卫星,实际上是对地静止轨道卫星,来解决全世界的通信问题(Clarke-1)。这一看似遥远的想法在 12 年后被Sputnik付诸实施,仅用了 6 年时间,第一颗对地静止轨道卫星Syncom 2终于在 1963 年成功地进入了轨道,使Clarke的提议变成了现实。如今已有近千颗卫星运行于对地静止的轨道,即Clarke-轨道上,且频频增多。这些卫星像粘贴于地球一样随之移动,从地球望去,每一颗都像赤道上空的固定点。众多卫星则在赤道上空 36 000 km 高度形成环状,使地球加入了其他有环行星,如土星、

① 读者可以回顾 12. 3 节关于信噪比的阐述。

天王星的队列，不同之处是地球的环属于人造而非天然。Arthur Clarke已经看到古代关于天体控制人们命运的迷信终成真实，只不过这些天体是人们自己放置的。

在Clarke-轨道卫星上所携带的发射（转发）天线像是被置于 36 000 km 的无形高塔之上。为此，地球站的碟形天线朝上指向天空，消除了地面反射的干涉现象，虽然地面仍会通过旁瓣和后瓣影响天线的噪声温度。

卫星在 Clarke-轨道上的间距与卫星天线和地球站天线的设计都是密切相关的。于此，减小波束宽度和降低旁瓣电平能使卫星的间距缩小，从而在轨道上容纳更多的卫星。

全轨道的利用问题不仅包含卫星的放置和间距，还有可利用的频谱。如果相邻的卫星工作在不同频段，就可以放置得近于按波束宽度所允许的间距。然而，轨道空间和频谱空间都是有限的资源，应该进行优化分配，以满足对卫星通信的巨大的国际需求。准入 Clarke-轨道的最大化问题正由世界无线电行政会议（WARC）的卫星轨道利用（ORB-1）分组会研究和规划，其首次与二次分组会曾相继于 1985 年与 1988 年举行。

为北美服务的卫星复用在相同频率时利用了交替线极化技术，允许较其他情况更密的卫星间距。例如，某卫星的偶数信道用平行于轨道的极化，而奇数信道用垂直于轨道的极化；其两侧相邻的卫星则取反序的极化（奇数信道用平行于轨道的极化，而偶数信道用垂直于轨道的极化）。为世界其他部分服务的有些卫星，为了相同目的而利用相反旋向的圆极化技术。因此，地球站天线对于相反极化态的响应程度是需要考虑的因素（Weiss-1）。

地球站天线的增益和波瓣图特性必须能在噪声与干扰源（来自相邻卫星）的环境下提供满意的 S/N 比。卫星转发器的功率、天线增益和波瓣图也是起作用的因素。在 Clarke-轨道的 36 000 km 高度上，间距相差 1°的卫星在物理上分离 630 km。尽管每颗卫星总会对轨道位置有小于 60 km（0. 1°）的漂移，但它们还不至于在密于 1°的间距下存在碰撞的危险①。

现用例子来解释天线设计中的若干方面。

例 21. 14. 1　地球站–卫星的线路

已知某 4 GHz（C 频段）地球站采用抛物面碟形天线，其系统温度为 100 K，频带宽度为 30 MHz。卫星的转发功率为 5 W，其抛物面碟的直径为 2 m，相邻卫星之间距为 2°。为了达到 S/N 比为 20 dB，试确定地球站天线的直径。

解：

根据弗里斯传输公式和奈奎斯特的噪声功率方程，从式（12. 3. 3）给出在各向同性天线和发射机功率为 1 W 情况下的 S/N（实为 C/N，即载噪）比为

$$\frac{S}{N}=\frac{\lambda^2}{16\pi^2 r^2 k T_{\mathrm{sys}} B} \tag{1}$$

其中，λ——波长

r——下传距离，36 000 km

k——玻尔兹曼常数，$k = 1.38\times10^{-23}\,\mathrm{J\,K^{-1}}$

T_{sys}——系统温度，K

① 卫星天线在晃动、颠簸和偏航方面的指向准确性通常也在 0. 1°的量级或以下。晃动、颠簸和偏航在卫星天线的设计中是首先要关注的，但在地球站天线设计中的重要性只居第二位。Astra 卫星的指标为：晃动 0，06°，颠簸 0. 07°，偏航 0. 22°以及位置保持 ±0. 05°。

B——频带宽度,Hz

将这些值代入式(1),可得对于1 W各向同性源的下传SNR为

$$\frac{S}{N} = -61.8 \text{ dB} \tag{2}$$

设直径 D = 2 m的卫星天线之口径效率为50%,该天线的增益 G_s 应该为

$$G_s = \frac{4\pi A_e}{\lambda^2} = 35.5 \text{ dB} \tag{3}$$

其中

$$A_e = \frac{1}{2}\pi\left(\frac{D^2}{4}\right) = 1.6 \text{ m}^2$$
$$\lambda = 0.075 \text{ m}$$

转发器功率5 W给予附加的7 dB(= 10log5)增益。对地球站天线所要求的增益 G_E 必须满足系统S/N比≥20 dB,即

$$G_E = 20 + 61.8 - 35.5 - 7 = 39.3 \text{ dB} \tag{4}$$

于是,要求地球站的有效口径

$$A_e = \frac{G_E\lambda^2}{4\pi} = 3.8 \text{ m}^2 \tag{5}$$

在口径效率为50%的假定下,要求物理口径 A_P 加倍,即7.6 m²,或要求地球站天线的直径为

$$D_E = 2\sqrt{\frac{A_p}{\pi}} = 3.1 \text{ m} \tag{6}$$

此直径满足了S/N比的要求。另外还要确定它是否满足对卫星有2°间距的要求,这样就需要知道碟形口径上的照射锥削,但这里并未给出。然而,假定的50%口径效率已经隐含了锥削的程度。为此,可以估算波束宽度如下:

$$\text{HPBW} \approx \frac{65°}{D_\lambda} = \frac{65°}{3.1 \text{ m}/0.075 \text{ m}} = 1.6° \tag{7}$$

和

$$\text{BWFN} \approx \frac{145°}{D_\lambda} = 3.5° \tag{8}$$

于是,第一零点或最小点位于卫星两侧约1.75°,即比相邻卫星的2°间距少0.25°,如图21.30所示。

锥削圆口径的第一旁瓣电平应该至少±20 dB;又由于相邻卫星离第一零点或最小点更近于离第一旁瓣最大点,相邻卫星应该处于至少±25 dB的电平,以使总的噪声电平约为±18 dB。虽则尚不够满意,再利用相邻卫星间的相反极化态,应能使干扰信号减小到可接受的电平,使地球站对交叉极化的响应很小。

卫星位置保持的准确性和地球站天线的指向误差也是要考虑的因素。由于它们的变化独立性具有随机效应,必须借助统计方法进行计算,最终给出总的S/N比之上下限。

假设某地球站天线的指误差为±0.1°,要求同样的卫星位置保持容差,意味着卫星的位置在第一零点附近可有±0.2°的最大变化范围,已标注在图21.30上。注意,该范围之一个极端是卫星几乎就在零点,另一个极端只比第一旁瓣最大点约低4 dB。Jansky(1) & Jeruchim 对此因素以及其他因素进行过讨论。

以上讨论中虽然做了大量的假设,但借助例释,终于阐明了确定地球站天线之恰当尺寸以及波瓣图特性的许多重要因素,如图 21.30 所示。

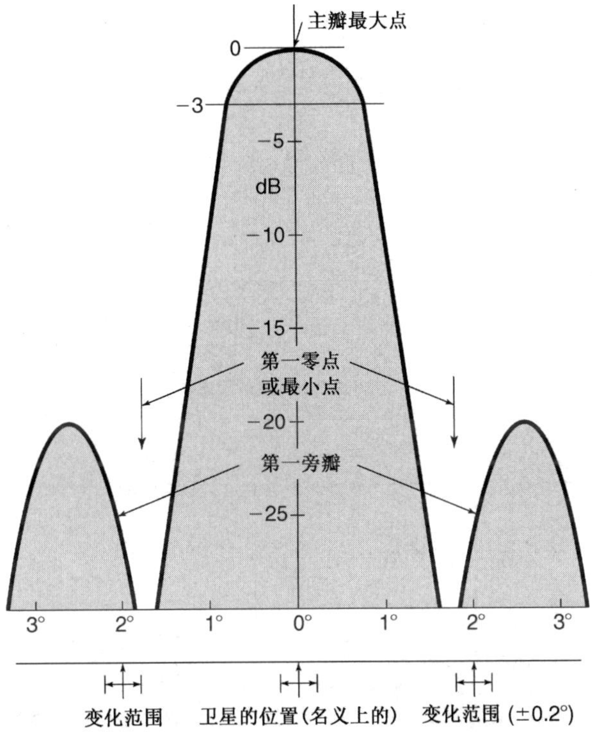

图 21.30　C 频段地球站碟形天线的波瓣图(作为例子)。针对 Clarke-轨道上间距为 2°的卫星位置

21.15　用做接收和用做发射的考虑

21.15a　接收状态

设接收天线从来波中收集功率 P_A,如图 21.31(a)所示。假定在天线与传输线之间以及传输线与负载之间都理想地匹配,即 $Z_{line}=R_A$ 和 $R_R=R_A$,如等效电路图 21.31(b)所示,则递送给接收机(即负载)的功率为

$$P_{rec}=[R_R/(R_A+R_R)]P_A \qquad (W) \tag{1}$$

其中,R_R——接收机的电阻,Ω

R_A——天线的辐射电阻,Ω

在理想匹配的情况下,$R_R=R_A$,故有

$$P_{rec}=[R_R/(R_R+R_R)]P_A=0.5P_A \qquad (W) \tag{2}$$

即接收机得到天线所收集功率之半,而另一半再被辐射出去。

这正是**最大功率转移**的条件。更一般地,该条件要求复共轭匹配,即

$$R_A+jX_A=R_{line}-jX_{line} \tag{3}$$

其中,X_A——天线的电抗,Ω

X_{line}——传输线的电抗,Ω

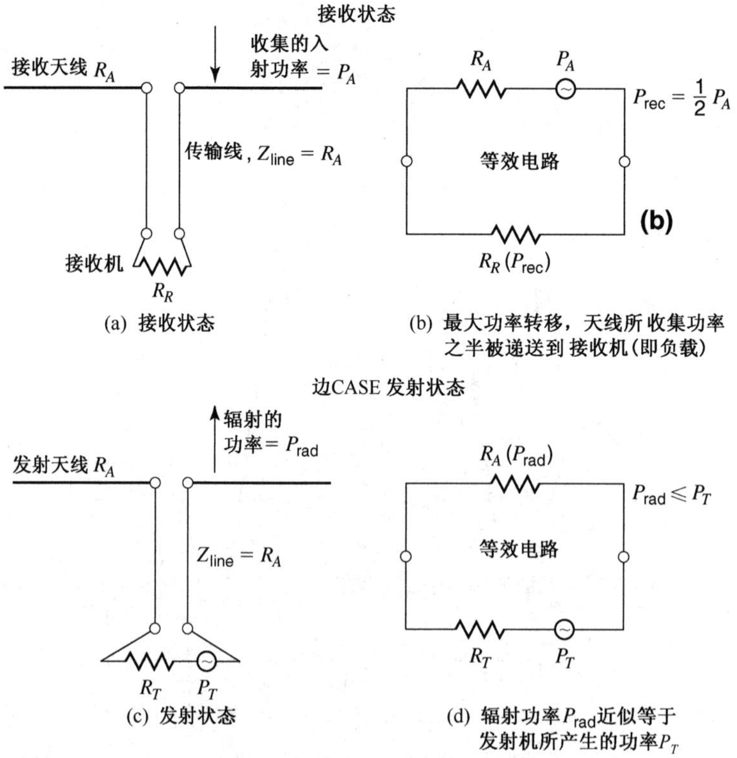

图 21.31 接收状态与发射状态

21.15b 发射状态

设产生功率为 P_T 的发射机具有内阻 R_T,示于图 21.31(c)和图 21.31(d)。假定传输线无损耗,则所辐射的功率 P_{rad} 为

$$P_{\text{rad}} = [R_A/(R_A + R_T)]P_T \qquad (\text{W}) \tag{4}$$

若 $R_A = 100\ \Omega$ 而 $R_T = 5\ \Omega$,则

$$P_{\text{rad}} = [100/(100+5)]P_T = 0.95P_T \qquad (\text{W}) \tag{5}$$

因此,接收天线以最大功率转移的 50% 效率为最佳,而对发射天线至关重要的是最大辐射效率能否接近 100%。这就要求在发射状态下更精细地匹配传输线与天线,这不仅是为了实现最大效率,还为了免除由于长传输线上的反射所致电视图像的重影。

根据互易原理,天线的场波瓣图在接收或发射状态下是相同的。但并不总能认为:适合用于发射的天线也适合用于接收。发射状态的主要目的是在某个或某些接收点获得尽可能最大的场强,追求高效率和高增益。另一方面,接收状态的基本要求通常是大的信噪比,其追求效率和增益只是着眼于改进信噪比。为此,接收天线追求低旁瓣更胜于高增益,或要求对干扰信号所在方向指零的自适应天线;然而,与此相反,如果接收机中的电路噪声成了主要限制因素,则天线的高增益和高效率就会比提高信噪比更重要。

测向天线是利用天线的方向性来确定无线电波的到达方向。如果信噪比较高,可利用场波瓣图的零点寻找到达方向;但若信噪比较低,则主瓣的最大点可为到达方向提供比零点更满意的指示(Alford-1)。

21.16　频带的考虑

天线的可用频带一般同时取决于其波瓣图和阻抗特性①。细偶极子天线的频带通常由阻抗变化来确定,因为其波瓣图的变化较平缓②。可是,很粗的圆柱或锥角可观的双锥天线能在足够宽的频段上有满意的阻抗特性,其波瓣图的变化却限制了频带之一端甚至两端。诸如喇叭天线、金属板透镜天线、分区透镜等的可用频带也取决于它们的波瓣图。

如果天线可接受的波瓣图频带宽于阻抗频带,可按传输线上的电压驻波比 VSWR 恰超出某可接受值的极限频率 F_1 和 F_2 来随意标称该天线的频带宽度。什么是可接受的变化则取决于应用场合,有些场合下 VSWR 必须接近于 1,而其他场合有时允许高达 10∶1 或更高。频带宽度可以用 F_2-F_1 对 F_0(中心或设计频率)的比值或其百分数(%)来标称,如

$$\frac{F_2-F_1}{F_0}\times 100$$

另一种定义是简单的比值 F_2/F_1(或 $F_2/F_1:1$),称频率覆盖,这里的 $F_2>F_1$。

由阻抗决定的频带宽度(较窄时)还可采用 F_0 时 Q 值的倒数来标称,其中

$$Q=2\pi\,\frac{\text{天线储存的总能量}}{\text{每周期消耗或辐射的能量}}$$

21.17　建筑上可接受的天线

许多市政当局禁止在屋顶上和在庭院内架设天线,然而却允许设置气象风标、烟囱和旗杆。为此,需要让天线看上去不像是天线。

21.17a　气象风标天线

利用气象风标作为天线的有图 21.32 所示的两种方法。图 21.32(a)中将安装塑料风标的杆子用做铅垂的 λ/4 短桩形天线,4 根 λ/4 的径向杆当做接地平面,产生铅垂极化的全向性波瓣图;图 21.32(b)中的径向杆用做两根水平的 λ/2 偶极子,按正交(90°)相位馈电,产生旋转场天线(见 21.7 节)的水平极化全向性波瓣图。

同轴线在 A 点处的阻抗为 35 Ω,经 50 Ω 的 λ/4 段变换到 B 点的 70 Ω。这就是兼有气象风标功能的铅垂或水平极化天线。

---

① 波瓣图应理解为包括了极化特性。

② 长度为 λ/2 的偶极子有 78°的半功率波束宽度,若频率降低,使该偶极子长度的波长数逐渐减至无穷小,则其波束宽度仅从 78°增至 90°;但若频率加倍使偶极子成为 1λ,则其波束宽度却会从 78°减至 47°。

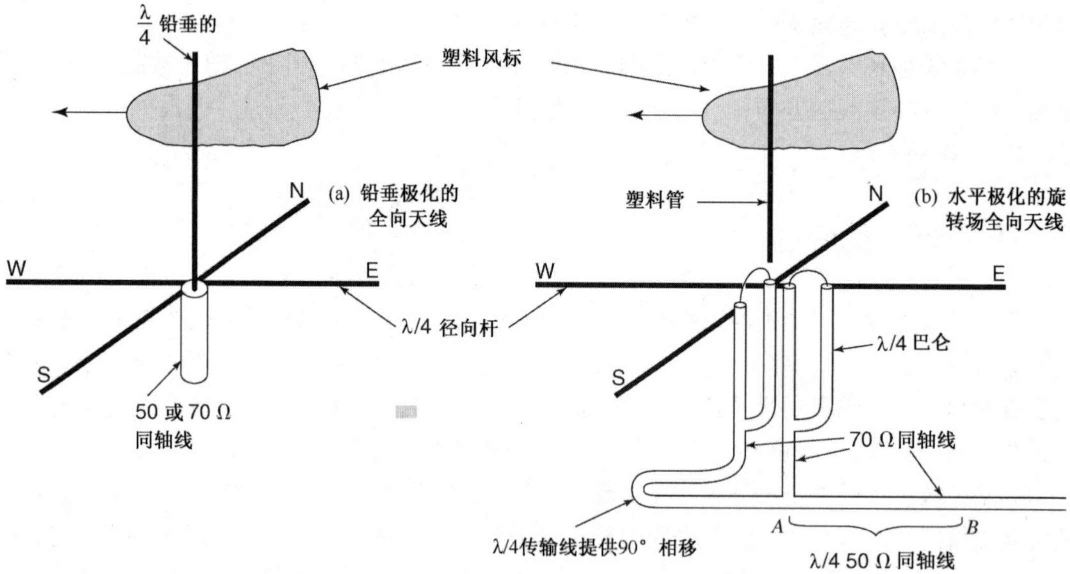

图 21.32 气象风标天线

21.17b 旗杆天线

图 21.33 给出了利用旗杆作为天线的两种方法。图 21.33(a)是并馈的 λ/4 接地金属杆(T-形匹配天线的一半);图 21.33(b)是外套塑料(PVC)管的铅垂 λ/4 导体直接由同轴电缆馈电。因此,10 m 高的旗杆能用做 40 m 波段的铅垂极化全向天线。塑料管也适用于容纳其他铅垂极化的杆载式天线;如果管径足够大,还能容纳水平极化的开缝圆柱天线。

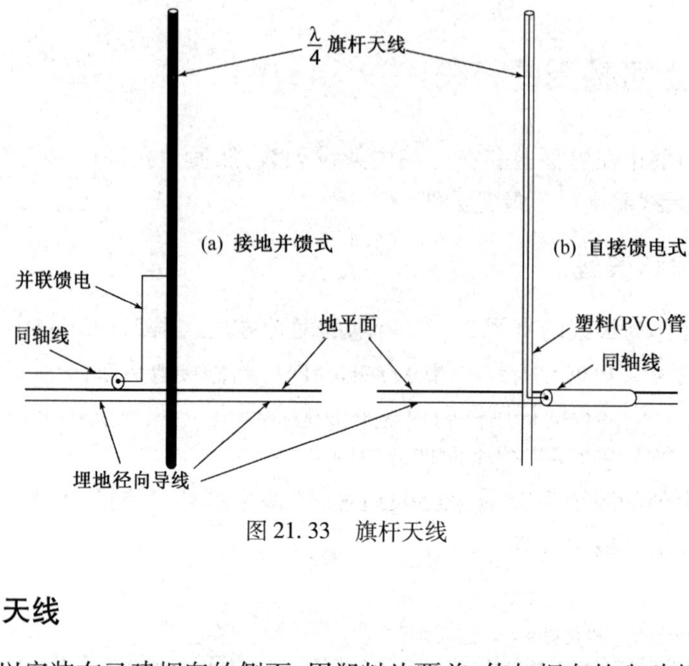

图 21.33 旗杆天线

21.17c 烟囱天线

贴片天线可以安装在已建烟囱的侧面,用塑料片覆盖,使与烟囱的砌砖相配合。还可以在屋顶上用烟囱状的全塑料筒容纳各种天线。

上述图释的例子仅属“建筑上可接受天线”之众多可能性中的几种。

21.18　用于仪表着陆系统(ILS)的天线[①]

如图 21.34 所示,典型的仪表着陆系统有三个组成部分:(1) 为了对准跑道的方位,即水平导引;(2) 为了对准 3°铅垂升角的铅垂导引;(3) 为了指示将进入跑道的距离标记[②]。

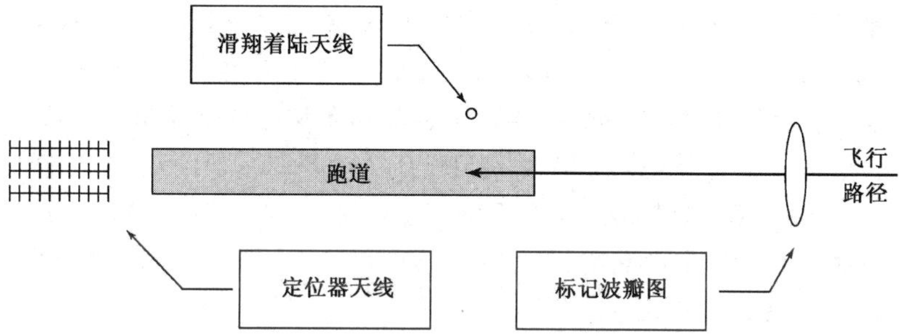

图 21.34　仪表着陆系统的天线配置:方位即定位器天线在跑道的远端,铅垂导引即滑翔着陆天线在跑道旁边,距离标记沿引进路径

(1) 方位导引(又称定位器)由跑道远端贴近地面的 6 架水平极化之共线夹角反射器天线提供,系统工作在 110 MHz。对所有 6 架夹角反射器都同相馈电产生最大点对准跑道的鼻尖形波束;对左半 3 架和右半 3 架反相馈电产生零点对准跑道的分裂波束。一个双边带调制信号为鼻尖形波束提供载频和边带,而为分裂波束之两个瓣各提供调制信号反相的一个边带。驾驶座舱中的铅垂指针移向左表示必须向左飞,移向右表示必须向右飞。如图 21.35 所示。

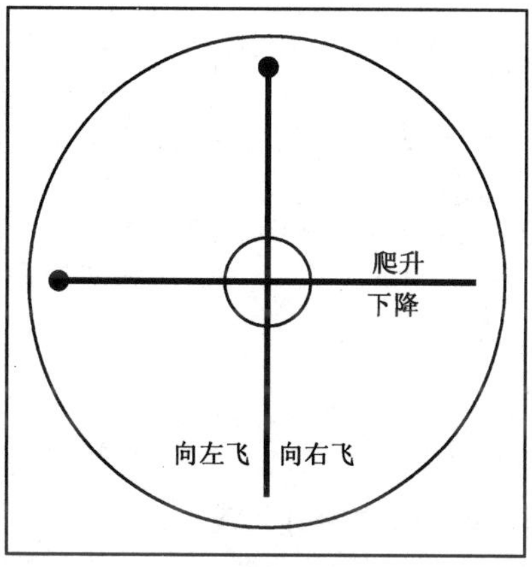

图 21.35　仪表着陆系统的驾驶座舱显示器:指针所示为飞机恰对准跑道在滑翔着陆;当指针偏离此正常位置时应“追随指针”向左右上下飞。较新的系统用计算机图像代替指针

(2) 铅垂导引是为了滑翔着陆,用两架夹角反射器天线在跑道旁的 10 m 塔上以层叠式安装,系统工作在 330 MHz。通常,上层天线及其镜像产生零点对准引进角的分裂波瓣;下层天线及其镜像产生对准引进角的鼻尖形波瓣。一个双边带调制信号为鼻尖形波瓣提供载频和边带,而为分裂波束之两个瓣各提供调制信号反相的一个边带。驾驶座舱中的水平指针移向上表示必须爬升,移向下表示必须下降。如图 21.35 所示。

---

① 本节得到美国俄亥俄大学航空工程中心 Richard McFarland 教授以及俄亥俄州立大学电科学实验室 Eric Walton 博士的协助。

② 由美国交通部联邦航空管理局维护 ILS 的设施。

在该区域内要像禁区一样保护产生反射的地面,不允许有车辆和障碍物。厚的积雪会提升地面的有效高度,从而使滑翔角提高到不希望的值。

(3) 距离,即相距跑道有多远,在相距跑道的各种距离上提供 75 MHz 的标记信号。当飞机经过一个标记波束时,在驾驶座舱内同时由视、听指示器按编码指示出距离。

例 21.18.1 方位即定位器天线

试设计天线系统,使其满足本节段落(1)中的方位导引要求。

解:

由 3 列水平极化的常规端射阵提供所需的波束,每个阵列具有 12 根 $\lambda/2$ 偶极子,如图 21.36(a)所示。这些阵列位于图 21.34 所示跑道之远端。正规的地面使沿低仰角能有足够的信号。为了要零对准跑道,阵列 1 和阵列 3 携边带信号而反相馈电;阵列 2 则为所携载波信号提供鼻尖形波束。阵列 1 和阵列 3 的间距 $d = 1.5\lambda$,其两侧的第一最大点位于角度 $\alpha = \arcsin(0.5\lambda/1.5\lambda) = 19.5°$的方向(见图 21.36 的插图)。该两源波瓣图乘以 $\lambda/4$ 间距的 12 点源常规端射阵波瓣图,再乘以 $\lambda/2$ 偶极子的波瓣图,结果就得出图 21.36(b)中的虚线波瓣图。

实际的定位器要更精细,但用这种简单轮廓已能阐明其基本原理。

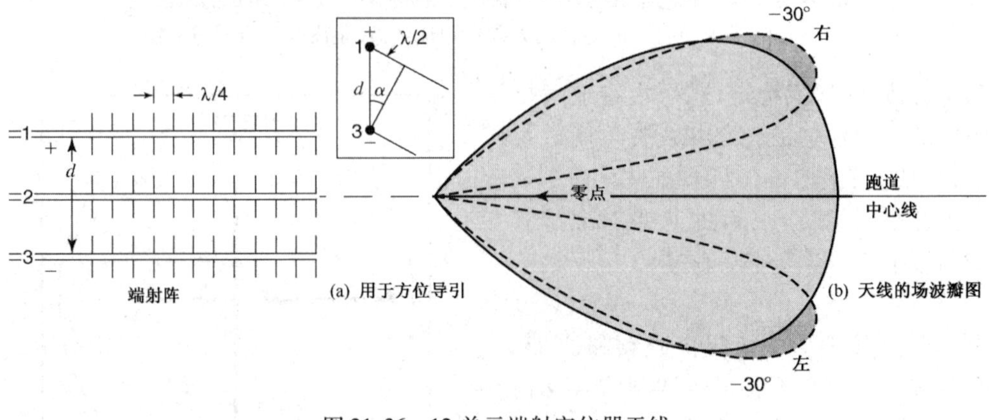

图 21.36 12 单元端射定位器天线

例 21.18.2 铅垂导引天线

试设计天线系统,使其满足本节段落(2)中对 3°仰角滑翔着陆的铅垂导引要求。

解:

利用地面弹跳或镜像系统,将带水平偶极子的夹角反射器装置于理想导电地面上方架高为 h 处,如图 21.37 所示,其发自偶极子的直射波和发自地面下深度为 h 处的镜像波合成的结果是,当波程差 $d = 0.5\lambda, 1.5\lambda, \cdots$ 时,沿角度 α 方向的场增强至最

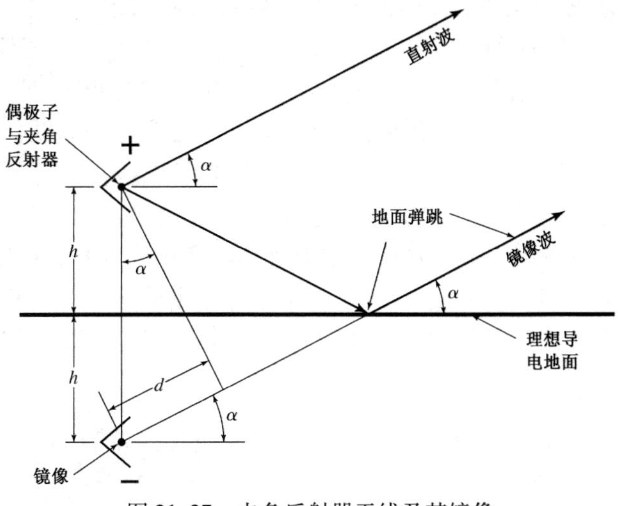

图 21.37 夹角反射器天线及其镜像

大；而当 $d=1\lambda, 2\lambda, \cdots$ 时，沿角度 α 方向的场为零。

为此，要使该分叉波瓣在 $\alpha=3°$ 方向成为零点，有

$$\sin\alpha = \frac{d}{2h}$$

或

$$h(\text{null}) = \frac{d}{2\sin\alpha} = \frac{\lambda}{2\sin 3°} = 9.6\lambda$$

要使 $\alpha=3°$ 方向沿鼻尖形波束，有

$$h(\max) = \frac{0.5\lambda}{2\sin\alpha} = \frac{0.5\lambda}{2\sin 3°} = 4.8\lambda$$

于是，一副夹角反射器架在高 9.6λ 处，而另一副架于半高(4.8λ)处，就能满足要求(见图 21.38)。为了约束方位面的波束，在夹角反射器中惯用 3 根共线偶极子作为受激单元。

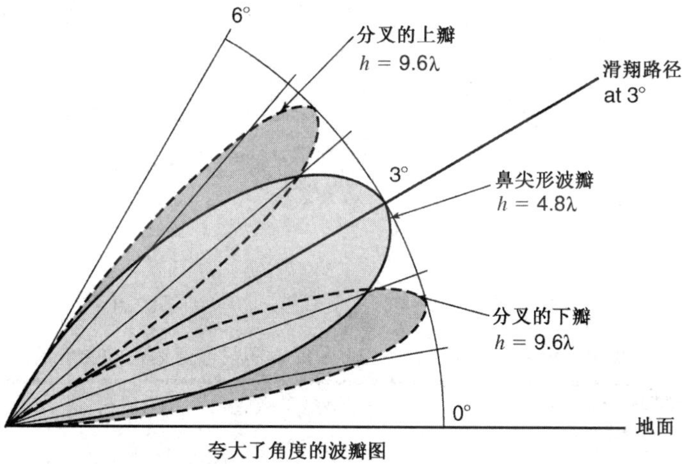

图 21.38　用于 3°仰角滑翔路径的夹角反射器天线之分叉波瓣和鼻尖形波束(角度已被夸大表示)

例 21.18.3　距离标记天线

试设计天线系统，使其满足本节段落(3)中的距离标记要求。

解：

两副同相的 4 单元八木-宇田天线，如图 21.39(a)那样相对于引进路径分别从铅垂向左、右倾斜 45°，产生图 21.39(b)所示的波瓣图。

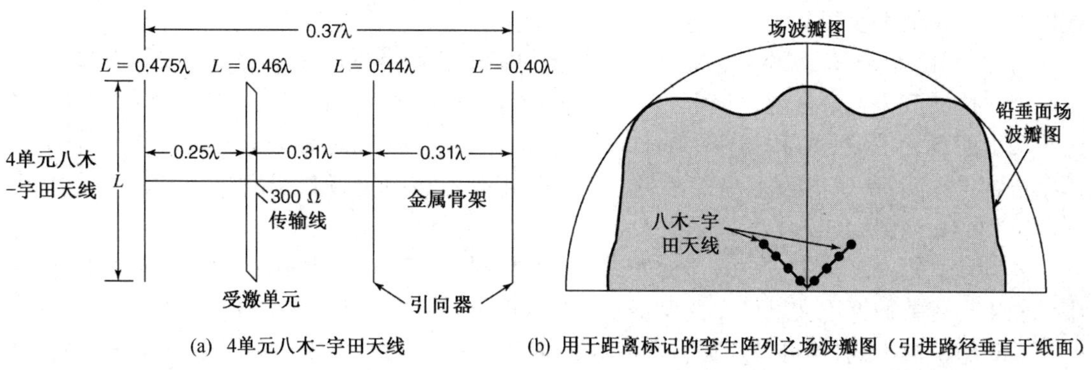

(a) 4单元八木-宇田天线　(b) 用于距离标记的孪生阵列之场波瓣图（引进路径垂直于纸面）

图 21.39　八木-宇田天线及其波瓣图

21.19 糖铲形天线和3K宇宙背景的故事

波长 $\lambda=1$ m 的天空温度约 25 K,但 $\lambda=10$ cm 的天顶方向只有几个 K(见图 21.41)。在 1965 年以前,普遍设想厘米波长沿天顶方向的天空温度应接近绝对零度(0 K)。

贝尔电话实验室需要更准确的数据,借以确定通过对地静止轨道(GSO)卫星之洲际无线电线路的信噪比(SNR)。为此,实验室的Arno Penzias & Robert Wilson于 1965 年装配了一台高架、方位面放置的巨大的糖铲形喇叭-反射镜天线。将该天线的噪声温度 T_A 与一具在 $\lambda=74$ mm经精密校准的冷负载 T_L(见图 21.40)进行比对。当在两者之间切换的差值为零时,意味着天空温度与负载温度相等,即 $T_A=T_L$。Penzias & Wilson在全无射电源的天顶附近区域所测出的值是 6.7 K。

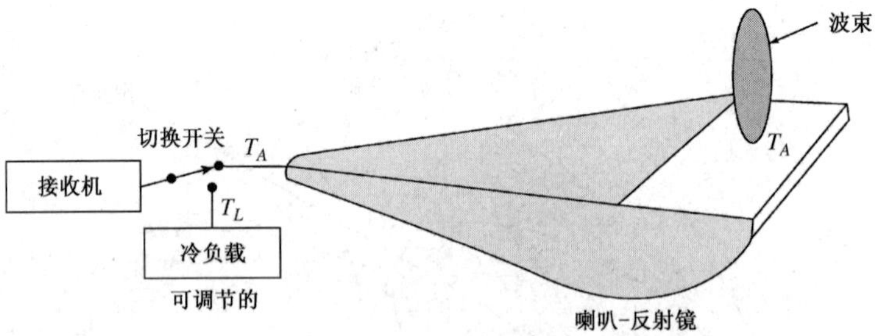

图 21.40 糖铲形天线和冷负载借助切换差零的测量

表 21.1 Penzias & Wilson 在 4.08 GHz 对喇叭-反射镜射电望远镜的温度预算(见附录 E)

从天顶测量到的温度		6.7 ± 0.8 K
按下列计算出的温度:		
大气吸收	2.3 ± 0.3	
欧姆损耗	0.8 ± 0.4	
由后瓣取自地面	<0.1	
总的计算值	3.2 ± 0.5	3.2 ± 0.5
残余(未被计算的)温度		3.5 ± 1.0 K

这里有 2.3 K 可以归因于地球大气层的辐射,有 0.9 K 可以归因于天线的损耗或杂乱摄取,如表 21.1 的温度预算所示。剩下未被计算的 3.5 K,虽然不大,但不是预期的绝对零值。曾经怀疑在喇叭中有鸟的滴入物,或由于连接不良的缘故,但在对喇叭清理并用导电带包裹连接件之后结果仍无改变。

对此,无论 Penzias & Wilson 将"糖铲"转向显然属于净空的哪个部分,总是维持 3 K 的残余温度。这被认为是来自创立宇宙的"大爆炸"之宇宙火球的背景辐射,它为一切扫描天空的天线灵敏度设置了极限。1978 年,Penzias & Wilson 因这一发现而共享了诺贝尔奖。后来,借助宇宙背景探测者(COBE)卫星的测量,于 1983 年确定该宇宙背景温度为 2.726 +0.010 K。详见图 21.42 和例 21.19.1。

微波背景辐射来自宇宙中最遥远处,甚至比类星体还远,它提供了最长的追溯时间——数十亿光年。有关的评论文章可阅读 Wilson(1),Wilkinson(1) & Peebles 和 Kraus(2)。

关于糖铲形天线,还可以参考引自贝尔实验室 D. C. Hogg 的 Hogg-喇叭(Crawford-1)。将该喇叭铅垂竖立即可得到的水平波束,已广泛用于电话和数据通信线路的微波塔。

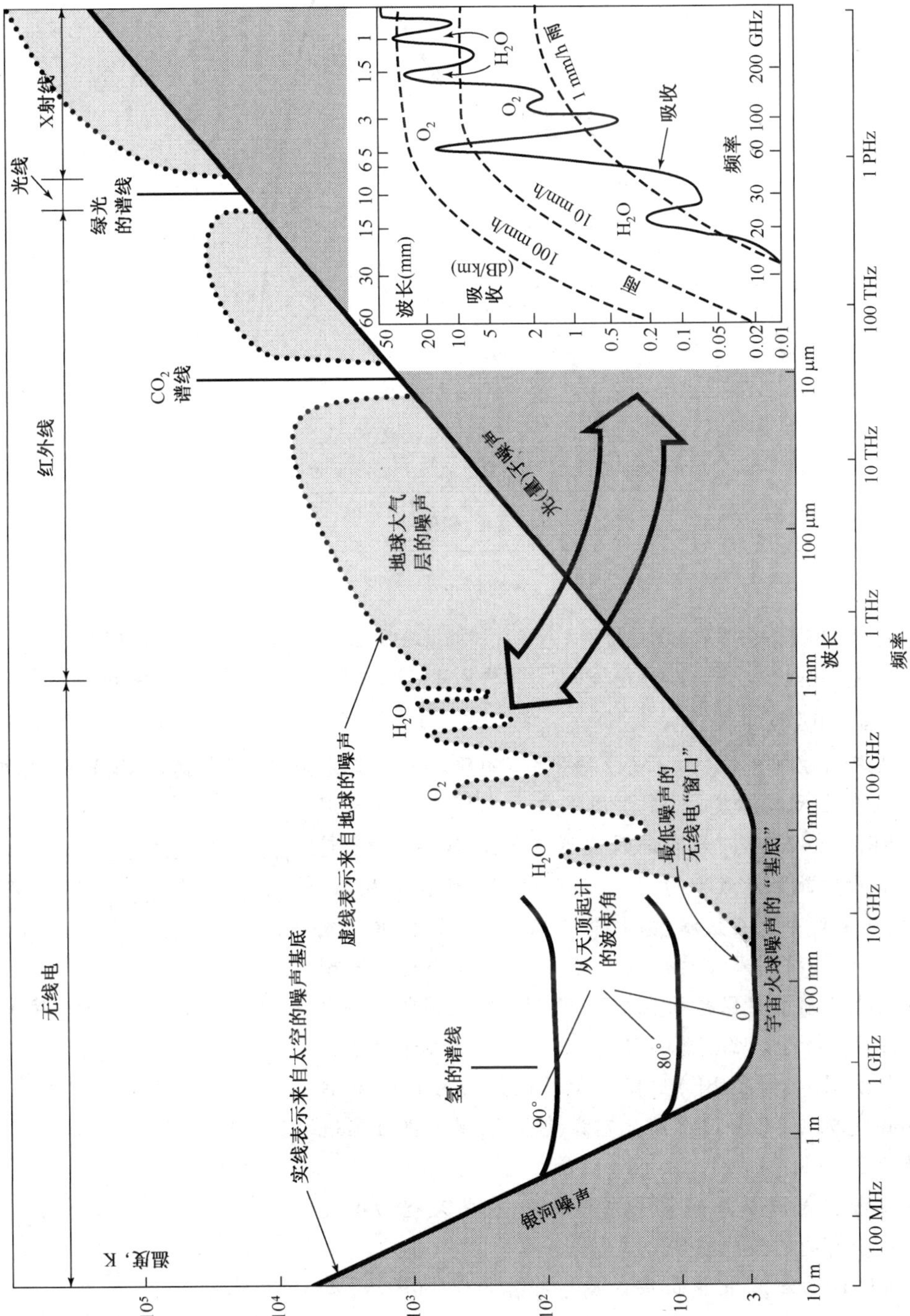

图21.41　从无线电到X射线的天空噪声温度。插图表示由大气层和雨所致的衰减

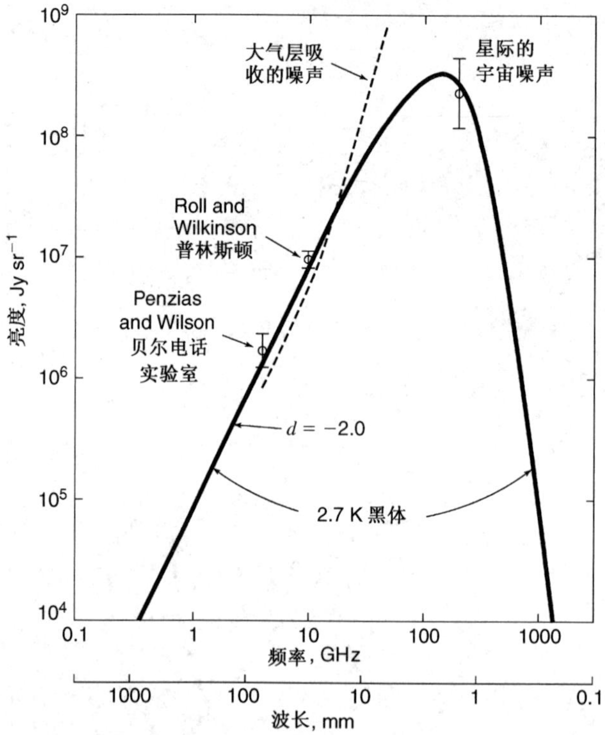

图 21.42　微波天空背景的测量与 2.7 K 的黑体波谱进行比对。宇宙背景探测者(COBE)的测量(1983)确定该温度为2.726 + 0.010 K。引自 Wilkinson(1) & Peebles和Weiss-1

例 21.19.1　喇叭吸波器

如果用具有空间阻抗(为 377 Ω 每平方)的理想吸波器完全覆盖住喇叭天线的前方,它将理想地产生天线温度,就等于用温度计测得的吸波器温度(见图 21.42.1)。如果该吸波器对外完全屏蔽(只对喇叭敞开),而且是致冷的,就能为射电望远镜提供校准。因此,如果致冷至液氦温度,就能给出 4.1 K 的校准。或者,如果能够控制吸波器的温度,使它置于或移离射电望远镜的喇叭前方时保持响应相同,则射电望远镜所观测之目标温度就等于该吸波器的温度。这种归零的测量法已被宇宙背景探测者(COBE)卫星用于复核最初由 Penzias & Wilson 发现的 4 GHz 之 3 K 天空背景温度,现已更准确地赋值为 2.73 K。

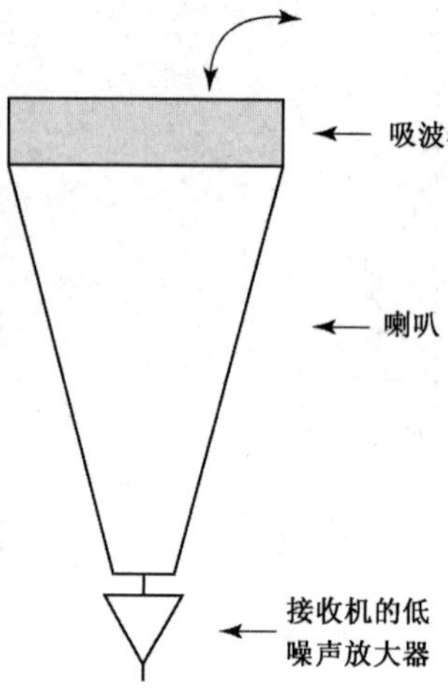

图 21.42.1

该温度相信是源自原始大爆炸的残迹,也是天空扫描天线之最小可能的天线温度。

若用 4 GHz 的窄波束看向基本属于净空的天顶区域,有 4.37 K 的天线温度,其中该有多少归因于旁瓣或天线损耗呢?

解:

4.73 − 2.73 = 2℃

21.20　用于近地轨道(LEO)卫星线路的天线①

基台的天线塔对都市和郊外区域的渗透现已提供了许多令人满意的服务。然而,在安提斯山谷中的勘探者,或在撒哈拉沙漠中的骆驼客,通常处在蜂窝塔的区域之外。要为他们以及事实上为地球上任何地点的任何人服务,计划中还需要更多的轨道卫星(Miller-1),如图 21.43 所示。

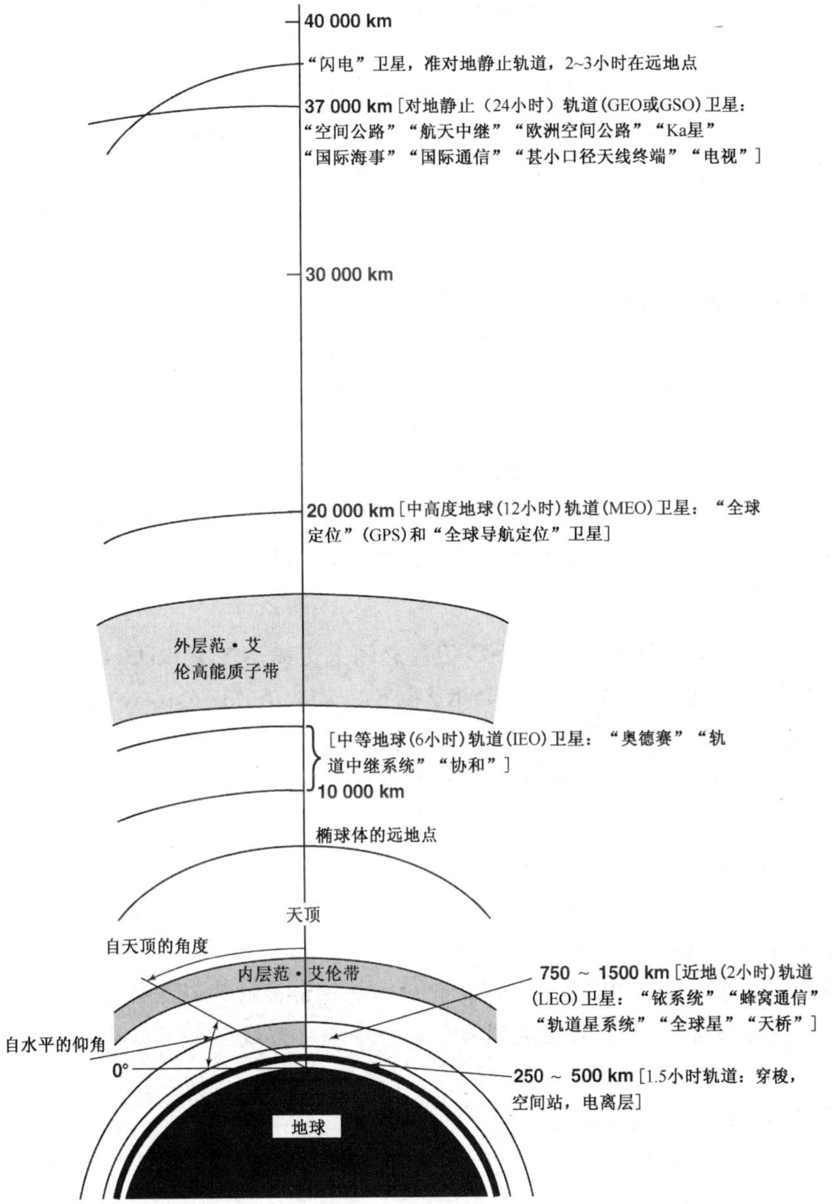

图 21.43　地球上空的电子(电离层内)、质子(范·艾伦带内)和卫星(自 LEO 至 GEO),注意,珠穆朗玛峰的高度在此图中尚小得无从察觉

① 感谢F-D Engineering的Fred J. Dietrich对本节的协助。

摩托罗拉花费了十亿美元计的成本,在 780 km 的近地轨道(LEO)上布置了具有 66 颗卫星的铱(Iridium)系统(1.65 GHz),这些卫星被定位在 6 条极点交叉的轨道上,每条轨道有 11 颗卫星(Schuss-1)。

全球星(Globalstar)系统(1.6 GHz 和 2.5 GHz)在 1414 km 的近地轨道上放置了 48 颗卫星(Dietrich-1)。

蜂窝通信(Teledesic)系统(19 GHz 上传,29 GHz 下传)计划用 1400 km 或稍低轨道上的 288 颗卫星提供高速数据线路。该系统与以电话服务为主要任务的其他系统是不同的(Wertz-1)。

鉴于近地轨道的离地高度,卫星信号来自高仰角的天空,不同于蜂窝塔信号之来自接近水平的低仰角。相比之下,蜂窝塔信号可在树冠之下透入门户,通常优于来自 LEO 卫星的信号。进一步说,蜂窝塔和蜂窝电话机轻便而且不贵,LEO 卫星的投放和维护很费钱;LEO 卫星到达用户的距离百倍于蜂窝通信,这就附加了 40 dB 的信号损失;所用的 19 GHz 和 29 GHz(Ka 频段)还会经受雨的衰减。这些因素及其潜在市场的有限,对 LEO 系统形成了挑战。然而,LEO 系统并未面临对本身发展持反对态度的理由。

Fred J. Dietrich曾评论如下:"卫星天线多样化的增益、波束宽度和覆盖性能取决于它的应用(Dietrich-2)。较高的增益总是意味着:发射时较高的有效辐射功率(ERP)和接收时较高的信噪比;但较高的增益又包含较小的覆盖面积,有待权衡折中。"他进一步又说:"现代通信几乎都是数字式的,计算射频电路性能的方法已有了改变。例如,借助前向纠错以及解调的方法,能在较低信噪比时实现比以往更好质量的通信,降低了对功率和天线增益的要求。"关于所用天线和所含折中的细节,不宜在此赘述。这里只讨论几种天线与系统组合的情况,介绍对其功率要求的计算。

例 21.20.1　手持机与 780 km 高度 LEO 卫星之间上传和下传 1.65 GHz 信号的功率

已知:卫星接收机具有温度 $T_R = 45$ K,采用增益为 6 dBi 的右旋圆极化天线,对应于 9.6 kHz信道的频带宽度。假设:采用语音通信,要求在偏离天顶 10°方向的 SNR = 10 dB。求选用下列手持机天线品种时所需的上传或下传功率:

(a) 铅垂 λ/2 天线——上传功率

(b) 铅垂 λ/2 天线——下传功率

(c) 水平 λ/2 天线——上传功率

(d) 水平 λ/2 天线——下传功率

(e) 指向天顶增益为 3 dBi 之右旋圆极化的四绕螺旋天线——上传功率

(f) 指向天顶增益为 3 dBi 之右旋圆极化的四绕螺旋天线——下传功率

解:

根据弗里斯公式

$$\frac{P_r}{P_t} = \frac{A_{er}A_{et}}{r^2\lambda^2} = \frac{D_r D_t \lambda^2}{(4\pi)^2 r^2}$$

由于

$$\frac{S}{N} = \frac{P_r}{N}$$

可得出欲求的功率为

$$P_t = \left(\frac{S}{N}\right)\frac{N}{D_r D_t}\left(\frac{4\pi r}{\lambda}\right)^2$$

习惯用分贝数表示，即

$$P_{t\,\mathrm{dB}} = SNR_{\mathrm{dB}} - D_{r\,\mathrm{dB}} - D_{t\,\mathrm{dB}} + N_{\mathrm{dB}} - L_{d\,\mathrm{dB}}$$

其中，空间损失因子显示出波的能量在传播中的扩散，即

$$L_d = \left(\frac{\lambda}{4\pi r}\right)^2 = \left(\frac{3\times 10^8/1.65\times 10^9}{4\pi \times 7.8\times 10^5}\right)^2 = 3.44\times 10^{-16} = -155\ \mathrm{dB}$$

(a) 铅垂 λ/2 天线——上传功率

卫星天线绝大多数指向地球，其天线温度应取 300 K，故卫星的系统温度为

$$T_{\mathrm{sys}} = T_A + T_R = 300 + 45 = 345\ \mathrm{K}$$

于是噪声温度为

$$N = kT_{\mathrm{sys}}B = 1.4\times 10^{-23}\times 345\times 9.6\times 10^3 = 4.64\times 10^{-17} = -163\ \mathrm{dB}$$

由式(6.4.4)可写出偶极子的波瓣图为

$$E(\text{铅垂}\lambda/2\text{偶极子}) = \cos\left(\frac{\pi\cos\theta}{2}\right)\Big/\sin\theta$$

其中 θ 为天顶角(见图 21.43，并示意于下图)。

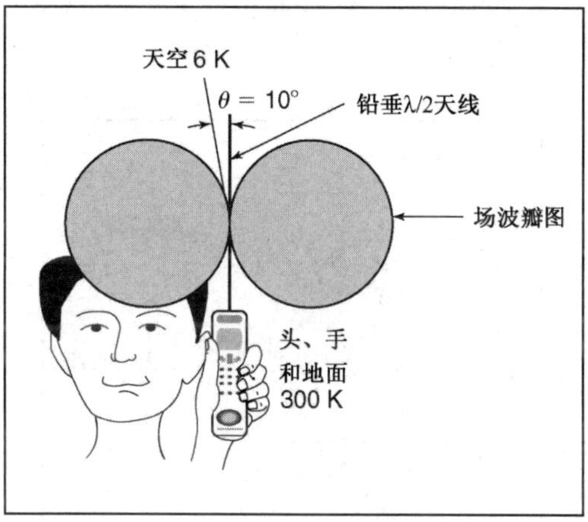

因此，对于 $\theta = 10°$，有 $E = 0.137$，即 -17.2 dB。另外，因为接收用线极化偶极子而卫星发射用圆极化，两者之间的耦合将损失 -3 dB，所以当指定 SNR = 10 dB 时，得出所需要的上传功率为

$$P_t = \underset{\text{SNR}}{10}\ \underset{\text{偶极子增益}}{-(+2.15}\ \underset{\text{波瓣图因子}}{-17.2}\ \underset{\text{圆/线极化损失}}{-3)}\ \underset{\text{卫星天线}}{-(+6)}\ \underset{\text{噪声}}{+(-163)}\ \underset{\text{传播损失}}{-(-155)} = 14.05\ \mathrm{dB}$$

即 25.4 W。

(b) 铅垂 λ/2 天线——下传功率

铅垂 λ/2 偶极子天线的波束范围约有一半指向天空，而另一半对着头、手和地面(300 K)，见示意图。于是，天线温度和系统温度分别为

$$T_A = \frac{1}{\Omega_A}\left(\frac{1}{2}\Omega_A 6 + \frac{1}{2}\Omega_A 300\right)\text{K} = 156\ \text{K}$$

$$T_{\text{sys}} = T_A + T_R = 156 + 75 = 231\ \text{K}$$

而噪声功率

$$N = 1.4 \times 10^{-23} \times 231 \times 9.6 \times 10^3 = 3.10 \times 10^{-17} = -165\ \text{dB}$$

故欲达到 SNR = 10 dB 所需的下传功率为

$$P_t = \underset{\text{SNR}}{10}\ \underset{\text{偶极子增益}}{-(+2.15}\ \underset{\text{波瓣图因子}}{-17.2}\ \underset{\text{圆/线极化损失}}{-3)}\ \underset{\text{卫星天线}}{-(+6)}\ \underset{\text{噪声}}{+(-165)}\ \underset{\text{传播损失}}{-(-155)} = 12.05\ \text{dB}$$

即 16.0 W。

(c) 水平 λ/2 天线——上传功率

若将问题(a)中的 λ/2 偶极子改成水平放置,则按 $\theta = 80°$ 的最差情况由式(6.4.4)得出 $E = 0.978$ 即 -0.2 dB。当指定 SNR = 10 dB 时,得到所需的功率为

$$P_t = \underset{\text{SNR}}{10}\ \underset{\text{偶极子增益}}{-(+2.15}\ \underset{\text{波瓣图因子}}{-0.2}\ \underset{\text{圆/线极化损失}}{-3)}\ \underset{\text{卫星天线}}{-(+6)}\ \underset{\text{噪声}}{+(-163)}\ \underset{\text{传播损失}}{-(-155)} = -2.95\ \text{dB}$$

即 507 mW。

(d) 水平 λ/2 天线——下传功率

对问题(b)中的计算改用水平偶极子的波瓣图因子,即得指定 SNR = 10 dB 时所需的功率为

$$P_t = \underset{\text{SNR}}{10}\ \underset{\text{偶极子增益}}{-(+2.15}\ \underset{\text{波瓣图因子}}{-0.2}\ \underset{\text{圆/线极化损失}}{-3)}\ \underset{\text{卫星天线}}{-(+6)}\ \underset{\text{噪声}}{+(-165)}\ \underset{\text{传播损失}}{-(-155)} = -4.95\ \text{dB}$$

即 320 mW。

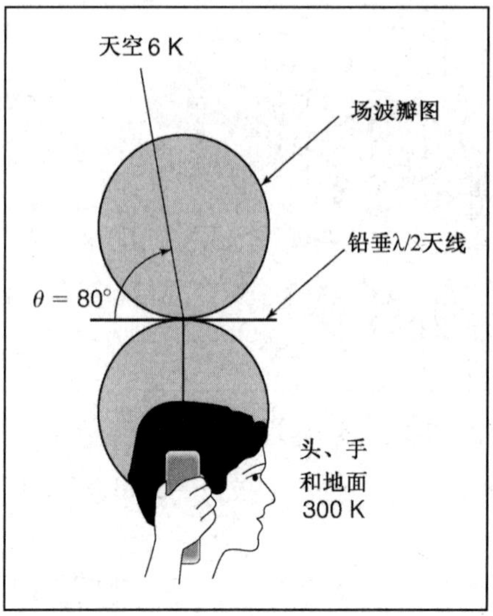

(e) RCP 的四绕螺旋天线——上传功率

仍按问题(a)的分析,在问题(c)的计算式中改用四绕螺旋天线的增益(见示意图),并由于螺旋属右旋圆极化而不存在极化损失项,故指定 SNR = 10 dB 时所需的功率为

$$P_t = \underset{\text{SNR}}{10} \underset{\text{偶极子增益}}{-(+3} \underset{\text{波瓣图因子}}{-0.2)} \underset{\text{卫星天线}}{-(+6)} \underset{\text{噪声}}{+(-163)} \underset{\text{传播损失}}{-(-155)} = -6.80\text{ dB}$$

即 209 mW。

(f) RCP 的四绕螺旋天线——下传功率

手持机螺旋天线对着 6 K 天空的波束范围约有 85%，见示意图；剩下的 15% 对着头、手和地面(300 K)。于是天线温度

$$T_A = \frac{1}{\Omega_A}(0.85\Omega_A 6 + 0.15\Omega_A 300)\text{K} = 50\text{ K}$$

设手持接收机温度为 75 K，故手持机的系统温度

$$T_{\text{sys}} = T_A + T_R = 50 + 75 = 125\text{ K}$$

则噪声功率为

$$N = 1.4 \times 10^{-23} \times 125 \times 9.6 \times 10^3 = 1.68 \times 10^{-17} = -168\text{ dB}$$

所以，指定 SNR = 10 dB 时所需的功率为

$$P_t = \underset{\text{SNR}}{10} \underset{\text{偶极子增益}}{-(+3} \underset{\text{波瓣图因子}}{-0.2)} \underset{\text{卫星天线}}{-(+6)} \underset{\text{噪声}}{+(-168)} \underset{\text{传播损失}}{-(-155)} = -11.80\text{ dB}$$

即 66 mW。

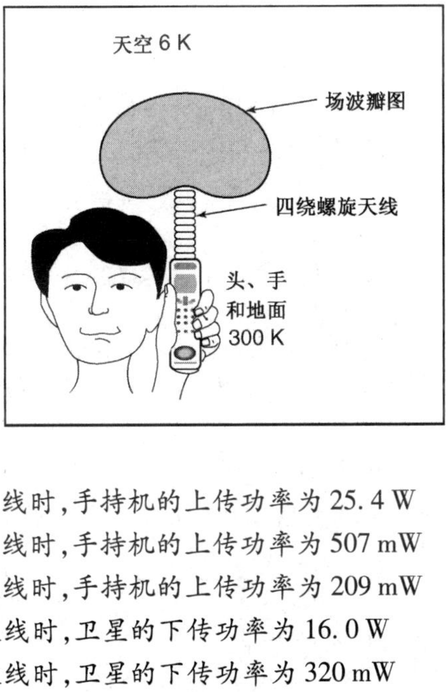

结果汇总：

(a) 铅垂 λ/2 偶极子天线时，手持机的上传功率为 25.4 W

(c) 水平 λ/2 偶极子天线时，手持机的上传功率为 507 mW

(e) RCP 的四绕螺旋天线时，手持机的上传功率为 209 mW

(b) 铅垂 λ/2 偶极子天线时，卫星的下传功率为 16.0 W

(d) 水平 λ/2 偶极子天线时，卫星的下传功率为 320 mW

(f) RCP 的四绕螺旋天线时，卫星的下传功率为 66 mW

在通信系统的功率预算中，天线的型式和取向扮演着重要的角色，它们必须作为工程师权衡斟酌的因素。

例 21.20.2　手持机与 1400 km 高度 LEO 卫星之间上传和下传 1.6 GHz 信号的功率

设除了频率 f = 1.6 GHz，高度 = 1400 km，以及卫星天线换成 25° × 25° 的右旋圆极化(RCP)点波束之外，都与例 21.20.1 的条件相同。现代数字通信技术采用数字式编码的码分多址(CDMA)体制。信号的质量不再用 SNR，而改用比特能量信噪比 E_b/N_o 来说明，

其中 E_b 为能量/比特,N_o 为噪声功率/赫兹。6 dB 的 E_b/N_o 比可提供满意的质量。两种比值都是无量纲的。各种通信信道的频带宽度都与音频信道相同,即 9.6 kHz。若卫星越过用户头顶,其手持机用 RCP 的四绕螺旋天线,其波瓣图的最大方向指向卫星点波束的半功率电平处。求:(a) 上传所需的功率;(b) 下传所需的功率;(c) 卫星移至水平面上仰角为 10°而相距 3500 km 时所需的上传功率。

解:

由例 21.20.1 得到卫星越过头顶时的传播损失因子为

$$L_d=\left(\frac{\lambda}{4\pi r}\right)^2=\left(\frac{3\times10^8/1.6\times10^9}{4\pi\times1.4\times10^6}\right)^2=1.136\times10^{-16}=-159\text{ dB}$$

$$\text{卫星增益}=\frac{40\ 000}{25^\circ\times25^\circ}=64$$

即 18.1 dB。

(a) 上传功率

卫星天线温度仍是 300 K,而卫星系统温度为

$$T_{\text{sys}}=T_A+T_R=300+45=345\text{ K}$$

则噪声功率

$$N=1.4\times10^{-23}\times345\times9.6\times10^3=4.64\times10^{-17}=-163\text{ dB}$$

所以,指定 SNR = 6 dB 时所需的功率为

$$P_t=\underset{\text{SNR}}{6}\quad\underset{\text{螺旋增益}}{-(+3)}\quad\underset{\text{卫星天线}}{-(+18.1)}\quad\underset{\text{噪声}}{+(-163)}\quad\underset{\text{传播损失}}{-(-159)}=-19.1\text{ dB}$$

即 12 mW。

(b) 下传功率

由例 21.20.1 的(f),螺旋天线的手持系统之 $T_{\text{sys}}=125\text{ K}$,故 $N=-168\text{ dB}$。因此,指定 SNR = 6 dB 时所需的功率为

$$P_t=\underset{\text{SNR}}{6}\quad\underset{\text{螺旋增益}}{-(+3)}\quad\underset{\text{卫星天线}}{-(+18.1)}\quad\underset{\text{噪声}}{+(-168)}\quad\underset{\text{传播损失}}{-(-159)}=-24.1\text{ dB}$$

即 3.9 mW。

(c) 卫星位于水平面上仰角为 10°时的上传功率

假设螺旋波瓣图在水平面以上的增益近乎相同,只是卫星距离有变化,则传播损失因子为

$$L_d=\left(\frac{\lambda}{4\pi r}\right)^2=\left(\frac{3\times10^8/1.6\times10^9}{4\pi\times3.5\times10^6}\right)^2=1.817\times10^{-17}=-167\text{ dB}$$

所以,指定 SNR = 6 dB 时所需的功率为

$$P_t=\underset{\text{SNR}}{6}\quad\underset{\text{螺旋增益}}{-(+3)}\quad\underset{\text{卫星天线}}{-(+18.1)}\quad\underset{\text{噪声}}{+(-163)}\quad\underset{\text{传播损失}}{-(-167)}=-11.1\text{ dB}$$

即 78 mW。

例 21.20.3 LEO 卫星上传和下传 30 GHz 信号

设:卫星接收机在 30 GHz 具有较高的噪声温度 $T_R=300\text{ K}$;卫星天线的 $T_A=275\text{ K}$,RCP 增益为 10 dBi;频率 $f=30\text{ GHz}$,每个信道的频带宽度为 9.6 kHz;卫星高度为 1400 km,传播途中有 10 dB 的雨致衰减。为了信号上传并达到 SNR = 10 dB,试求:(a) 地球站天线应有的增益;(b) 跟踪卫星之抛物面碟形天线(口径效率 70%)应有的尺寸;(c) 该碟形天线波

束的 HPBW;(d) 地球站的发射功率;(e) 基于已确定的天线参量,求下传信号时卫星应有的功率。

解:

由例 21.20.1 的公式,可算出传播损失因子为

$$L_d=\left(\frac{\lambda}{4\pi r}\right)^2=\left(\frac{3\times10^8/3.0\times10^{10}}{4\pi\times1.4\times10^6}\right)^2=3.231\times10^{-19}=-185\text{ dB}$$

(a) 上传的天线增益

如同例 21.20.1 以弗里斯传输公式为起点,稍经改写即可计算碟形天线的增益

$$D_r=\frac{1}{D_t}\left(\frac{P_r}{P_t}\right)\left(\frac{4\pi r}{\lambda}\right)^2=\frac{1}{D_t}\left(\frac{P_r}{N}\right)\left(\frac{N}{P_t}\right)\left(\frac{4\pi r}{\lambda}\right)^2$$

其中,噪声已被直接因式化。若设发射功率为 1 W,注意,SNR = P_r/N,而系统温度

$$T_{\text{sys}}=T_A+T_R=275+300=575\text{ K}$$

故有

$$N/(1\text{ W})=1.4\times10^{-23}\times575\times9.6\times10^3=7.7\times10^{-17}\qquad\text{即}\quad-161\text{ dB}$$

改写成惯用的分贝数,并附加传播的雨致衰减项,则有

$$D_{r\,\text{dB}}=-D_{t\,\text{dB}}+SNR_{\text{dB}}+N_{\text{db}}-L_{d\,\text{dB}}-L_{\text{rain dB}}$$

因此,

$$D_r=\underset{\text{卫星增益}}{-(+10)}\ \underset{\text{SNR}}{+(+10)}\ \underset{\text{噪声}}{-(-185)}\ \underset{\text{传播损失}}{+(161)}\ \underset{\text{雨致衰减}}{-(-10)}=34\text{ dB}\qquad\text{即}\quad 2512$$

但由于抛物面碟只有 70% 的口径效率,其增益必须提高 1/0.7 倍,结论是:为了达到所要求的 SNR = 10 dB,地球站天线的增益应有 3588,即 35.5 dB。

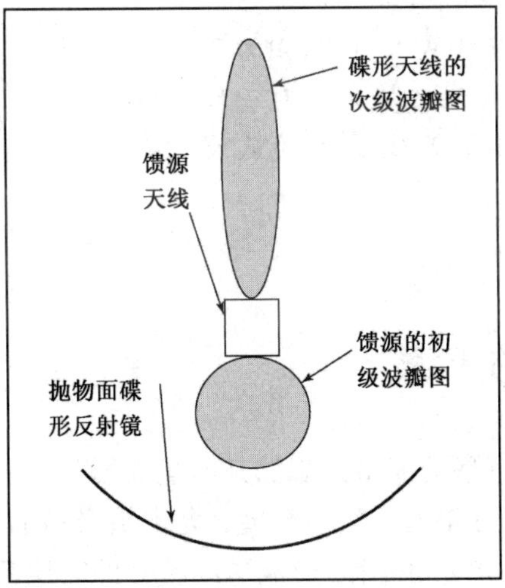

(b) 上传的天线碟面尺寸

根据例 3.7.1 的碟面增益公式 $G=28\left(\frac{R}{\lambda}\right)^2$,其中 R 是碟面的半径,可有

$$碟面直径 = 2\lambda\sqrt{\frac{G}{28}} = 2\times 0.01\sqrt{\frac{3588}{28}} = 226\ \text{mm}$$

这种用途的现成商品碟面的直径约 450 mm,超出计算直径 226 mm 可提供良好的安全系数。

(c) 碟面的半功率波束宽度

根据式(2.7.9)

$$\text{HPBW} = \sqrt{\frac{40000}{G}} = \sqrt{\frac{4\times 10^4}{3588}} = \mathbf{3.3}°$$

(d) 地球终端的功率

按以上(a)~(c)所附的条件,地球终端上传 1 W 功率,就能达到 SNR = 10 dB。

(e) 卫星下传的功率

借助以上所确定的天线参量,以及碟形天线 $T_A = 10$ K 和地球终端接收机 $T_R = 300$ K 并利用

$$T_{\text{sys}} = 10 + 300 = 310\ \text{K}$$

得

$$N = 1.4\times 10^{-23}\times 310\times 9.6\times 10^3 = 4.2\times 10^{-17} \quad 即\ -164\ \text{dB}$$

再引用例 21.20.1 中发射功率的公式,并附加雨致衰减项,即可得出为了达到 SNR = 10 dB 应该有的下传功率

$$P_{t\,\text{dB}} = SNR_{\text{dB}} - D_{r\,\text{dB}} - D_{t\,\text{dB}} + N_{\text{dB}} - L_{d\,\text{dB}} - L_{\text{rain}\,\text{dB}}$$

或

$$P_t = \underset{\text{SNR}}{+(+10)}\ \underset{碟面增益}{-(+35.5)}\ \underset{卫星增益}{-(+10)}\ \underset{噪声}{+(-164)}\ \underset{传播损失}{-(-185)}\ \underset{雨致衰减}{-(-10)} = -4.5\ \text{dB}$$

即 355 mW。

注意,此卫星下传的功率 355 mW 约等于地球终端上传的功率 1 W 之 1/3,因为下传线路的地球接收天线之波束要对着比上传线路的卫星接收天线更大的天空范围。

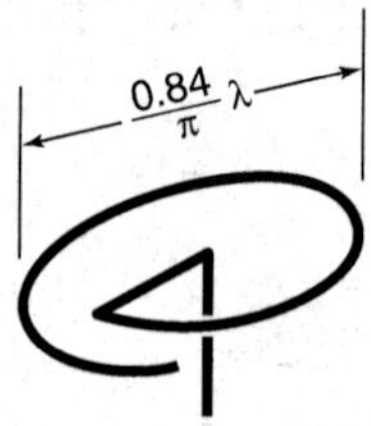

图 21.43.1 用做地球终端手持机天线之另一种卷曲天线的方案(Nakano-1)

另一种天线的选择示于图 21.43.1。

21.21 检测小行星的天线

地球在亿万年间因受小行星的撞击并添加其质量而增长。随着时间的推移,碰撞率已趋降低,但碰撞仍在继续。数百万年前一颗小行星对尤卡坦半岛的撞击被认为导致了恐龙的绝迹。那次碰撞激起足够多的尘埃和碎片,形成连续蔽日的云层覆盖,导致全球性的黑暗和严冬,以及对动、植物生命的灾难性效应。

不到 100 年前,1908 年 6 月 30 日,在毫无预兆的情况下,“通古斯火球”猛冲入地球,其威力相当于几千颗广岛原子弹,足以摧毁一座大城市。幸亏它击中的是杳无人烟的西伯利亚森林,其残骸分布的面积相当于大洛杉矶区域(Mallove-1)。

1994 年 7 月，彗星“鞋匠-利维-9”撞上木星，提供了一件彗星或小行星尺度的物体撞击行星的戏剧性实例。没过几年，一颗接近地球的小行星令人宽慰地呼啸而过。

例 21.21.1　检测小行星的天线

假设某直径 1 km 的小行星所具有的功率反射系数与地球类似，是理想导体球之 RCS 的 0.4 倍；采用频率为 4 GHz，峰值功率为 1 GW 的雷达，口径效率 $\varepsilon_{ap}=75\%$ 的碟形天线；该小行星的典型速度是 20 km/s；小行星的典型轨道是 1.9 ± 1 AU（天文单位），火星轨道是 1.5 AU，它们当地球与火星处于最靠近时是似是而非的，最需要的是在离地球仅 0.4 AU 的距离上找出此飘游不定的小行星。

(a) 设系统温度 T_{sys} 是 10 K，频带宽度为 1 MHz，要求为回波信号提供 10 dB 的 SNR，碟形天线的直径该为多大？

(b) 回波信号的多普勒频移有多少？

(c) 在接收的和发射的脉冲之间有多少时延？

(d) 在可能的碰撞之前有多长时间？

(e) 假如出现小行星将撞击地球的情况，你建议采取何种步骤？

解：

理想导体球的雷达截面 RCS 是 $\sigma_{PEC}=\pi a^2$，这里的 a 是球的半径。既然该小行星的功率反射系数是半径 500 m 之导体球 RCS 的 0.4 倍，先算出雷达截面

$$\sigma = 0.4\times\pi(2\times10^4\ \mathrm{m})^2 = 1.6\pi\times10^8\ \mathrm{m}^2$$

鉴于 1 AU = 1.5 × 10^8 km，故小行星距离地球为 6 × 10^{10} m，又波长 $\lambda = 300\ \mathrm{Mm\ s^{-1}}/4\ \mathrm{GHz} = 0.075\ \mathrm{m}$。

(a) 根据雷达方程式(12.5.3)和式(2.9.6)，可写出

$$P_r = \frac{G^2\lambda^2\sigma P_t}{(4\pi)^3 r^4}$$

对于圆口径天线，增益，即这里的定向性（因假定了无损耗天线）可得自式(10.8.9)。系统的噪声功率给自式(12.1.3)，代入式(10.8.9)后解出碟面的直径 d，有

$$d^4 = \frac{64\lambda^2 r^4 k T_{\mathrm{sys}} B SNR}{\varepsilon_{\mathrm{ap}}\pi\sigma P_t}$$

即

$$d^4 = \frac{64(0.75)^2(6\times10^{10})^4(1.38\times10^{-23})(10)(1\times10^6)(10)}{(0.75)^2(1.6\pi^2\times10^8)(1\times10^9)}\mathrm{m}^4$$

$$= 7.24\times10^9\ \mathrm{m}^4$$

因此，$d = 292$ m。

(b) 多普勒频移可从下式得出：

$$v = \frac{c\Delta f}{2f} = \tfrac{1}{2}\lambda\Delta f$$

即

$$\Delta f = \frac{2v}{\lambda} = \frac{2(2\times10^4)}{0.075}\ \mathrm{s}^{-1} = 533\ \mathrm{kHz}$$

(c) 雷达信号的时延,要记住必须计入行进至和返回自目标的双程,写成

$$\Delta t = \frac{2r}{c} = \frac{2(0.4 \times 1.5 \times 10^{11})}{3 \times 10^{8}}\ \text{s} = 400\ \text{s} = 6.67\ \text{min}$$

(d) 碰撞前的时间为

$$t = \frac{r}{v} = \frac{0.4 \times 1.5 \times 10^{11}}{2 \times 10^{4}}\ \text{s} = 3 \times 10^{6}\ \text{s} = 34.7\ \text{days}$$

(e) 即使为了给出如此短的响应时间,也需要有非常大的碟面尺寸。阿利西波望远镜有 305 m 的直径,因此为了这 35 天的超前时间,有必要利用世界上最大的碟面来搜索轨道平面。

21.22 泄漏传输线用做天线

为了在建筑物内用蜂窝电话或其他无线器材进行通信的需要,有两种简单方法可供使用:(1) 在建筑物内房间的人造天花板上方安装泄漏同轴传输线;(2) 利用古鲍传输线,即“G 线”(Goubau-1)。

在正规的柔性同轴电缆中,外导体由分股导线紧密编织而成,以防止泄漏。若采用较少股线编织出有较多空隙的同轴线,将会沿其长度泄漏辐射,为无线器材提供所需的链接。

一种涂敷介质的单导线波导示于图 21.44,波在激发器与集波器之间导行。该系统的开放性允许有辐射存在,借此可用蜂窝电话和其他无线器材进行通信。例如,在大型展厅两端之间的地板上方布线,就能在整个大厅中进行无线通信。

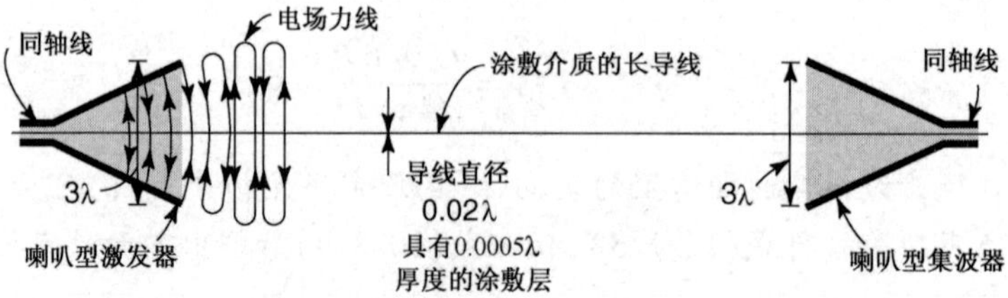

图 21.44 涂敷介质的单导线敞开波导或“G 线”(Goubau-1)

21.23 艺术性天线(分形)

图 21.45 展示了三种艺术性天线。塞平斯基(Sierpinsky)三角领结形天线和班斯莱-弗恩(Barnsley-Fern)偶极子天线是一大类分形天线的实例。分形是一种在不同尺度上保持其形状的结构。有许多品种的外形显得很怪异,但它们对天线和阵列的设计提供了新的视角(Barnsley-1;Prusinkiewicz-1;Mandelbrot-1;Kim-1和Werner-1)。

图 21.45 中的普罗大蚕蛾(promethea moth)之触角是众多昆虫触角①中酷似无线电天线之

① 注意:对昆虫用(拉丁式)复数 antennae,对无线电则用 antennas。

一例。历史又绕了回来，如今谓之无线电天线(radio antenna)者，最初用词为(wireless aerial)；马可尼和早期的其他先驱者开始称它们为天线(antennas)，就是因为它们类似昆虫的触角(antennae)。

该大蚕蛾的触角像是一对孪生的对数周期偶极子阵，其阵元又像折合偶极子。有趣的是，对数周期天线所固有的自-复制不同尺寸的结构也符合分形的方式。

图 21.46 给出了两种闵可夫斯基(Minkowski fractal)天线的阻抗变化，一种是实体板状的，另一种是方环形的。

21.24　蜂窝-塔树

在都市地区，蜂窝塔上的天线可被隐蔽在建筑物的檐口下、教堂的尖塔或钟楼内。在郊外地区，则普遍伪装成人造“树”。钢质或铝质的塔连同天线被装入一棵长有塑料分支的塑料树干中。当天气较冷时将“树”做成像松树或云杉树的样子，当天气较暖时则做成像棕榈树的样子。

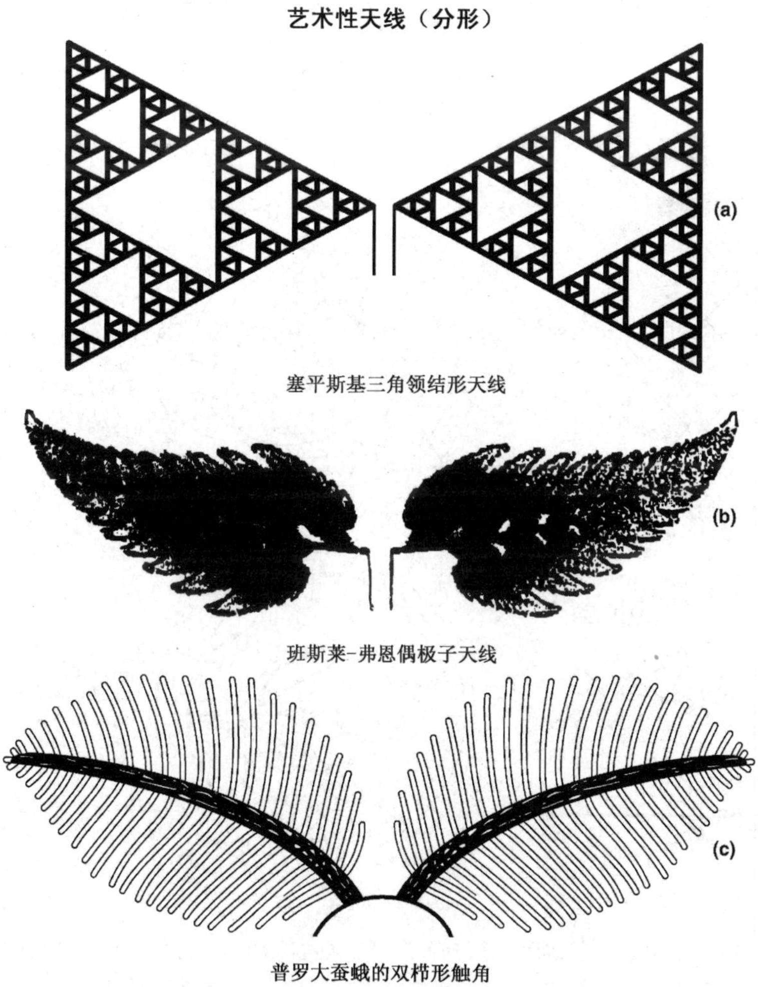

图 21.45　艺术性分形天线的三种实例型式。最下面的是大蚕蛾的触角

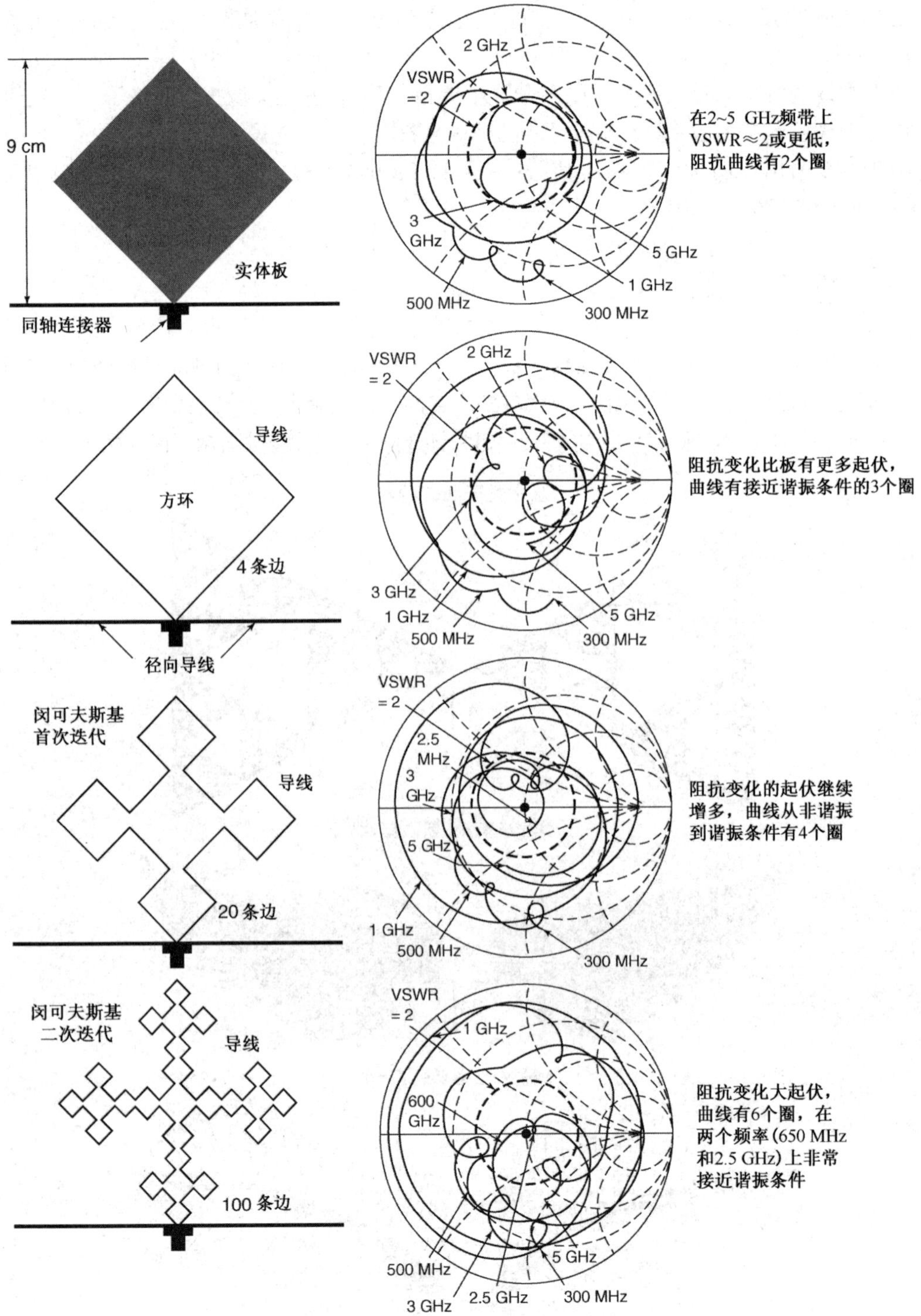

图 21.46 实体板、方环、闵可夫斯基首次和二次迭代的阻抗相对于 50 Ω 的变化。注意比较实体和方环分形天线之阻抗的极度起伏。所有径向线的长度都为 17 cm(蒙 Aeroflex-Lintek 公司的 Daniel Fleisch 博士提供阻抗测量数据)

21.25　用于陆上移动通信系统的天线

Pertti Vainikainen①

移动通信系统的迅速发展引领了新型基台(BS)天线、车载和手持式移动台(MS)天线的应用(Fujimoto(1) & James;Siwiak-1)。陆上移动无线电系统的频率范围从 200 MHz 以下直到 60 GHz以上。其中最重要的是模拟式和数字式蜂窝无线电系统,主要频率范围围绕着 800 ~ 1000 MHz 和 1700 ~ 2200 MHz,以及围绕 2.4 ~ 2.5 GHz,5.1 ~ 5.8 GHz 和 17 GHz 的无线局域网(WLAN)系统。蜂窝系统的频带宽度在 8% ~ 17% 之间变动,典型的系统使用频域双工(FDD)而具有两个不同的频段。WLAN 系统的频带宽度不及 5%,因为其中心频率较高,而且采用打包式数据传输。

21.25a　基台天线

基台(BS)天线应该尽可能有效地将信号直射到所需的覆盖区域。在蜂窝系统的情况下,准确地限制功率分布还有益于在系统内频率复用距离的最小化。

非自适应基台天线　基台天线指向覆盖区域的增益应该尽可能高;另一方面该覆盖区域必须很大,这又使水平面内的定向性增加无几。这就是传统非自适应天线的状况。于是,只能借助减小铅垂面波束宽度来提高增益,其典型结果为 5 ~ 17 dB 的增益。水平面波束宽度的典型值介于 50° ~ 360°之间。可以将定向天线用于扇区化的基台站点,通常划成 2 ~ 3 片扇区。典型的 3 扇区配置中,通常单副天线的波束宽度用 ~ 65°取代显而易见的 120°,借以优化网络的覆盖与干扰,如图 21.47(a)所示。

铅垂面波束宽度的典型值介于 10° ~ 70°之间。可以使基台天线的波束下倾(典型值不超过 15°),以减少对邻近蜂窝的干扰电平,如图 21.47(b)所示。有时还可以对波束赋形,使铅垂面主波束上方的旁瓣最小化,如图 21.47(b)所示。

在辐射特性和频带宽度之外,基台天线的重要方面还有重量、风荷、尺寸和外观。常用的型式有偶极子、夹角反射器、贴片阵(Zürcher-1)和喇叭。夹角反射器的夹角在 60° ~ 270°之间调节,可得到从 60°变化到 180°的水平面半功率波束宽度。室内环境下可将泄漏传输线用于基台,即外导体有泄漏的同轴电缆(见 21.22 节),其辐射特性由耦合因子来表示:行进于电缆中的功率与用半波偶极子在设定距离处接收到的功率之比。规范距离 3 m 处耦合因子的典型值为 70 ~ 80 dB。较强的 50 dB 耦合因子会增加电缆的传输衰减。在 900 MHz 时对于外导体直径为 20 mm 的电缆,其规范的衰减系数约 5 dB/100 m。电缆终端可接匹配负载或天线。

基台的功率电平为户外 300 W 以上,室内 30 W 以上。

基台的天线分集　基台接收机可采用分集技术,以减弱多径衰落效应。天线分集需用若干个接收天线对来波场的信号独立取样,这些信号不会全都同时经历很深的衰落。相比于单个天线接收之分集增益,具有统计学的特征,取决于衰落的概率分布、所选取的概率水平、分集的分支数、不同分支信号之间的相关性、相对的信号电平以及所采用的分集组合技术等

① 本节作者,芬兰赫尔辛基理工大学无线电实验室教授。

(Jakes-1;Vaughan(2) & Andersen)。在移动系统中,最普通的是2个分支的分集,其组合的复杂性最低而又有相当高的系统增益,对于瑞利衰落信道的选择性组合,可在99%积累概率水平下达到10 dB。如果分支之间的包络相关性低于0.7,而且平均信号电平的差异低于5 dB,则分集增益的缩减量是相当小的。

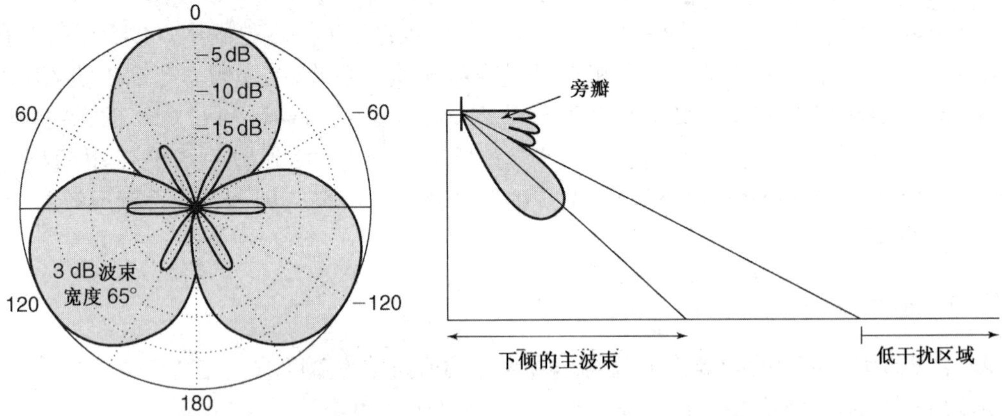

(a) 3扇区基台站点的水平面波瓣图

(b) 铅垂面波瓣图

图21.47 基台天线的典型波瓣图

分集接收技术的领域,包括了从简单地选取最强信号的“选择性组合”,到信号按其信噪比加权进行最佳同相组合的“最大比组合”。在具有坚实的信号处理能力的数字通信系统中,采用最大比组合的基台可提供最高的分集增益。

对于蜂窝基台,最普及的天线分集技术是空间和极化分集。在空间分集时,信号间的低相关性依靠分集天线彼此远离来实现,所要求的合格距离取决于来波场的空间相关性质,该相关性质又依赖于多径信号的角分布,较广角的分布(较大的角扩散)将导致较短的相关距离。传统的高架基台,要求天线间隔的典型值为20λ~40λ,这种情况下就像散射体都集中于手持机附近。但在都市地区,往往利用小蜂窝(“微”或“微微”蜂窝)以实现更大的容量,其基台通常都低于屋顶或置于屋内。对于这样的基台,多径信号的角分布很宽,间隔一个波长或更近的分集天线就足以确保其分支信号间的低相关性。

极化分集的可行性是基于铅垂与水平极化场分量之间的低相关性,在都市环境中尤其如此(Vaughan-1)。极化分集对手持机天线很有用,因为手持话机的倾斜会同时产生铅垂和水平分量。基台的极化分集则采用±45°斜置的线极化天线,使两个分支获得相等的信号电平(Lindmark-1;Ojanpera-1)。

自适应基台天线 陆上移动通信的用户分布和各用户的传播信道都在不断变化。自适应基台天线的基本任务是改善单独连接时的信号对干扰与噪声之比(SINR),使基台与所希望的用户之间的耦合最大化,而与其他用户的耦合最小化(Bach-1)。这对于上传(从移动台至基台)和下传的双向能同样好地实现。这种要求创立了一项显然是最优化的问题,仅在基台站点就能充分地检测复杂的多径传播信道,因而自适应所要求的信息只对上传有用。对于下传的所有信息,只能靠估计或运用反馈控制。进行估计是比较困难的,尤其对FDD系统,其双工频率的间隔往往大于传播信道的相关性频带宽度。反馈控制则能增大所需的通信容量。所以，下传方向要通过采用自适应基台天线来获得系统增益并不可靠。

现将利用自适应基台天线所获的得益分列如下：

- 由于 SINR 的提高而提高了信息容量；
- 由于基台天线的增益明显较高而增大了服务覆盖或范围；
- 缩减了尤其是移动台的输出功率，这对电池寿命至关重要。

三类自适应基台天线的选择

(1) **波束切换天线**　按直观意义来适应变化中的移动台分布，采用具有若干可选接波束的基台天线，它们各自覆盖蜂窝区域的某个确定部分，如图 21.48(a) 所示。波束切换天线的典型实施方案是基于一组巴特勒矩阵的，它对每个天线单元提供一个正交波束。波束切换天线的实惠是只要求相当简单的射频信号处理，可应用现有的系统和技术。缺点是其自适应性受到限制。

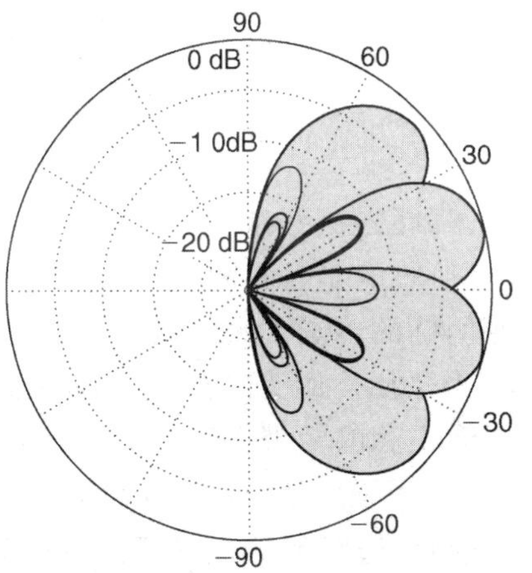

(a) 由巴特勒矩阵和背衬反射器之偶极子的四元直线阵所实现之波束切换天线的波瓣图

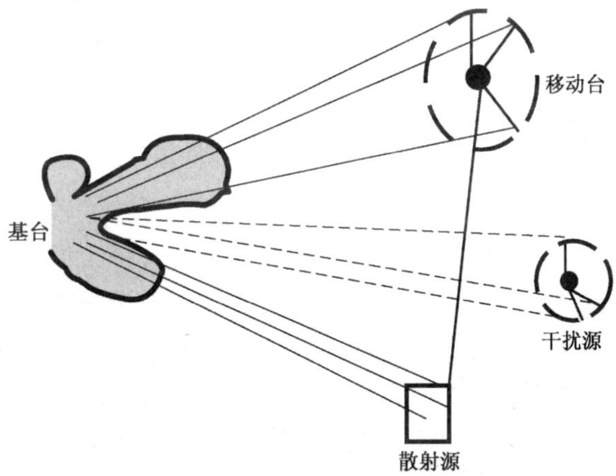

(b) 波束形成使沿所需信号方向最大而对干扰有宽域的最小辐射

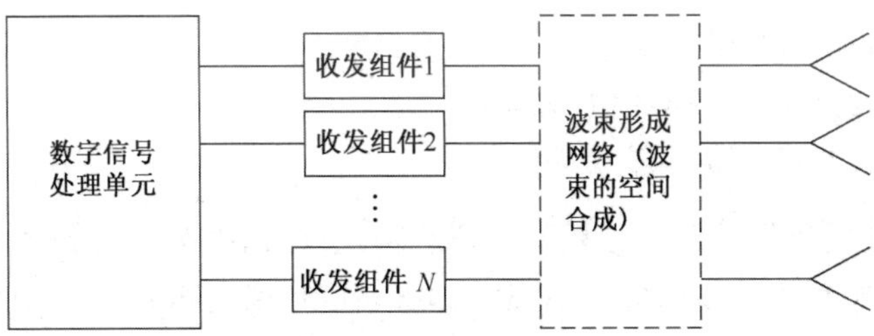

(c) 自适应阵中的射频波束形成网络（例如巴特勒矩阵）用于波束的空间合成

图 21.48　自适应天线的原理

(2) **波束形成**　在射频或基带上实施的自适应波束形成用于产生沿所需方向为最大，而沿不希望方向为零点的波瓣图，如图 21.48(b) 所示。但实际的自适应基台天线中只含有限个单元,也就只能同时实现几个最大点和零点。进一步,由于基台和移动台之间的路径因移动台周围的局部散射而角域扩散,要求形成含多零点之宽域最小辐射的波瓣图,如图 21.48(b)所示。

(3) **自适应阵** 最易于理解而构造复杂的自适应基台天线是完全自适应的阵列,各天线单元分别连接独立的收发组件,并用数字信号处理单元控制信号的加权,如图 21.48(c)所示。借助射频波束形成网络(例如巴特勒矩阵)的波束空间合成改善接收机自适应性中的信噪比。采用接收(上传方向)到达角的测向和优化算法,为各移动用户的多径传播分别选择复数加权。在时域双工(TDD)系统中,该权值可直接复用于发射状态。在频域双工(FDD)系统中的发射加权,则基于对到达角信息的估计。

在无线电线路两端同时使用自适应阵将增大线路的容量。另一种称为多输入-多输出(MIMO)的系统,其功效是基于在多散射源环境中存在若干平行的独立信道(Foschini-1)。

21.25b 移动台天线

用于移动电话的天线,应该无论其所在位置和取向,都能连接到基台。对于小蜂窝系统的手持机,因为来波场由若干个多径信号组成,天线所接收的是各具随机到达方向与极化的若干信号(见 24.6c 节),因此难以对天线设定任何明确的要求。大多数情况下,对铅垂极化波优先采用铅垂极化的全向天线,如铅垂偶极子,但是用户的头部会遮挡某些信号。移动台天线,尤其对于小型便携式话机,最关键的性能是有足够的频带宽度(见 21.25a 节)和高效率,对于小型天线这很难同时实现(Hansen-1)。蜂窝系统所用的小型天线通常都是自谐振式的,可借助无载品质因数评价其性能,由此可按频带边缘所确定的匹配判据计算该频带宽度:

$$BW = \frac{S-1}{Q_u\sqrt{S}} \tag{1}$$

其中,BW——阻抗的相对频带宽度,无量纲

S——在频段边缘的 VSWR 值,无量纲

Q_u——天线的无载品质因数,无量纲

式(1)成立的前提条件是在中心频率上理想匹配,即谐振天线与馈线电路处于临界耦合状态。典型的匹配判据是回波损失为 10 dB,即 $S=1.9$,得出 $BW=2/(3Q_u)$;或回波损失为 6 dB,即 $S=3.0$,得出 $BW=1.16/Q_u$。稍过耦合可以获得更宽出约 10% 的频带宽度(Hirasawa-1;Wheeler-2)。

蜂窝手持机天线 典型的手持机体积小于 100 cm^3,而天线的体积不超过约 5 cm^3。在 800 ~ 900 MHz 频段,如果没有整个手持机座上的感应电流,难以实现 10% 的系统频带宽度,该电流使天线单元的作用与辐射单元相比更像是耦合结构(Fujimoto-1;Vainikainen-1)。另一种兼顾有效体积小和频带宽度大的方案是采用可伸缩的鞭状天线。

偶极子和单极子天线　可伸缩的鞭状天线是典型的手持机天线。它可以等效成以机座为接地“平面”的单极子，或以机座为另一半的非对称偶极子。鞭长可取 $\lambda/4$ 或 $3\lambda/8$。采用 $3\lambda/8$ 鞭的理由是将电流最大点移远用户，并减小机座上的电流，此时天线在高于谐振频率的状态下工作，在其匹配电路的设计中应予考虑。已知 $\lambda/4$ 单极子或 $\lambda/2$ 偶极子的无载品质因数在 5 左右（见第 6 章），说明它们很容易获得所要求的阻抗频带宽度。通常，鞭状天线是可伸缩的，一支法向模螺旋天线恰能接替缩回的鞭状天线，如图 21.49(a) 和图 21.49(b) 所示。

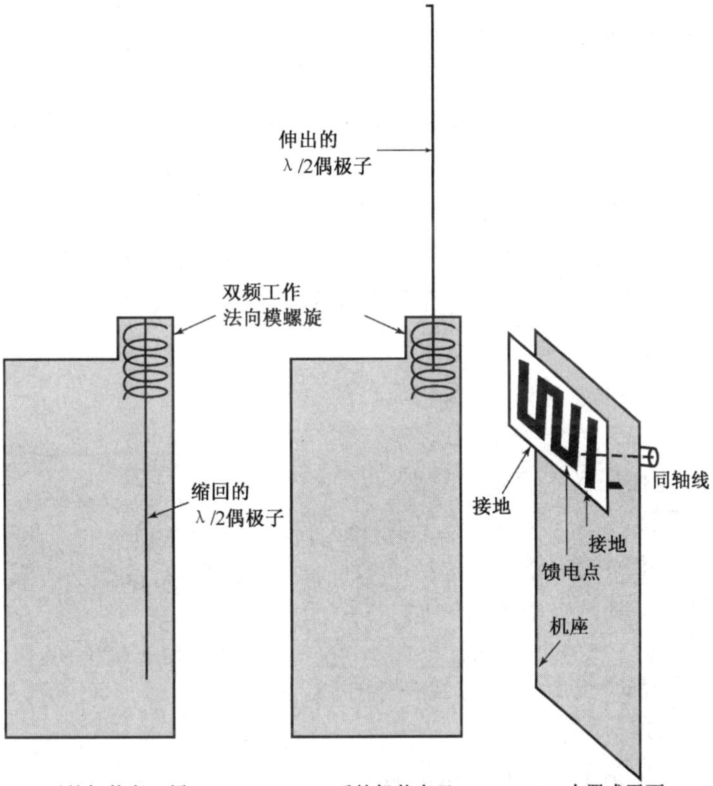

图 21.49　可伸缩的鞭状天线

法向模螺旋天线　法向模螺旋天线也可以用做圆极化辐射（见 8.22 节）。采用两种不同升角的螺旋能够工作在双频段。

内置式天线　天线也可以装置在手持机壳内，主要有两类：平面天线和芯片天线。平面天线通常是装在导电机座上的 $\lambda/4$ 微带天线，如图 21.49(c) 所示，或平面倒 F 型天线（PIFA）（Ollikainen-1）。芯片天线的尺寸极小，必须按确定的方式安装在话机的电路板上（Nagumo-1）。内置式天线往往利用曲折结构或高介电常数的小型化原理。内置式天线会导致性能上的牺牲，当手握在天线上方或话机靠近头部时尤为严重。

移动台的天线分集　手持机的有限空间难以实施天线分集，只可能采用简单的分集组合技术，如选择性组合。移动台的来波场是典型的全向角分布，相关距离为半波长量级。已知蜂窝手持机之两天线在间距小于0.2λ时,两输出端之间还能实现低相关性,其去相关效果部分归因于天线功率波瓣图和极化性质的变异(Braun-1,Ko-1)。

21.26 探地雷达(GPR)的天线:脉冲的频带宽度

雷达技术可用于检测地下的天然或人造异物,包括所有种类的埋地金属和非金属目标、高速公路下的空洞以及地球的非匀质性。像地面上的雷达一样,探地雷达(GPR)接收并显示已发射之短射频脉冲的射频回波,但也存在若干重要的差异(Peters-1;Montaya-1)。

1. 通常,距离之短使目标位于GPR天线的近场区,使在远场条件假设下的雷达方程不能不加修改地应用。
2. 地下属于有损耗的媒质,对波的衰减程度从3~300 MHz范围的10 dB/m至GHz范围的10^2 dB/m量级。
3. 在GPR天线下方的空气-地壳交界处存在很大的失配。
4. 脉冲长度必须短至ns级,按50 Hz~1 MHz的重复率可获得$0.3/\sqrt{\varepsilon_r}$~$3/\sqrt{\varepsilon_r}$ m的空间分辨率,其中ε_r表示地壳的相对介电常数。短脉冲产生宽频谱信号,1 ns脉冲的频谱宽度达到GHz量级。

天线是GPR系统中非常关键的部件,典型的天线利用的是贴近地面一发一收的一对平行偶极子。为了减小脉冲在偶极子末端的反射,以避免"脉冲颤动"和"振铃"效应,该偶极子单元可做成图21.50所建议的电阻条带状。其宽角段具有低电阻率,而窄角段具有高电阻率(单位长度的电阻),形成电阻加载的领结形天线。重要的是传输线在所有转接处都是良好匹配的,在下述例子中将图解说明其原理。

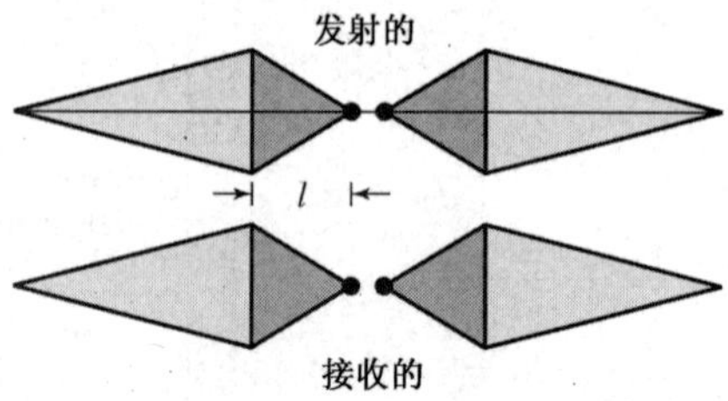

图21.50 用于GPR的电阻加载领结形天线

例21.26.1 探地雷达用于高速公路的检测

高速公路下的腐蚀和沉陷会导致路面的崩塌。要在崩塌前检测出这种隐患,可利用带有一对领结形天线(见图21.50)的GPR,沿着高速公路用手推车拖行(在图21.51中是向右的)。

问题:

为了检测这种积水的空洞,用足够低的载频发射高斯短脉冲,低得能穿透有损耗的路面层,短到足以从路面层顶面的强回波中分辨出底面的弱回波(见图21.51)。

记从路面层顶面的回波时间为t_1,从路面层底面的回波时间为t_2,从水层底面的回波时间为t_3。若检测结果是$t_1=0.3$ ns,$t_2=2.4$ ns,$t_3=14.4$ ns,求路面层的厚度d_1和水层的厚度d_2。

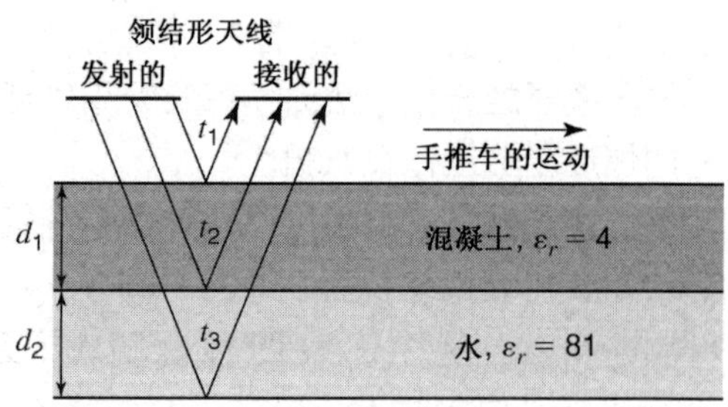

图21.51 领结形天线相对于路面的布置。天线垂直于纸面,向右拖行

解：

$$d_1=(t_2-t_1)c/2\sqrt{\varepsilon_r}=2.1\times10^{-9}\times3\times10^8/2\sqrt{4}=0.16\ \text{m}=16\ \text{cm}$$
$$d_2=(t_3-t_2)c/2\sqrt{\varepsilon_r}=12\times10^{-9}\times3\times10^8/2\sqrt{81}=0.20\ \text{mm}=20\ \text{cm}$$

例 21.26.2　为例 21.26.1 设计领结形天线

Jonathan D. Young[①]

某具有 kHz 级重复率的高斯脉冲雷达，经过了对频带受限之“脉冲响应”回波的数字化，要求天线具有宽频带。假设该雷达所用的高斯型基带脉冲之 3 dB 持续时间等于按例 21.26.1 中计算得出之微分时延 $t_{\text{diff}}=2$ ns 的一半，即 1 ns。借助傅里叶变换，天线为此短脉冲而要求的频带为

$$f_b=2/t_{\text{diff}}$$

问题：

(a) 计算对该天线要求的频带宽度。

(b) 用 60°的领结形天线能否适应 1 ns 脉冲的频带宽度？

解：

(a) $t_{\text{diff}}=2.3-0.3=2$ ns，故 $f_b=2/2$ ns $=1$ GHz。

(b) 使领结形天线的长度对频率 1 GHz($\lambda=0.3$ m)发生二次谐振($X=0$)。假设脉冲发生器在 1 GHz 与 180 Ω 的天线电阻相匹配，如图 11.8.1(a)所示。

在此“中心频率”f_c 的功率转移为 $P_c=V^2/4R_c$；其他频率的功率转移则为

$$P_f=V^2P(f)/[R_c+R(f)+jX(f)]$$

两者相除，可有 $P_f/P_c=4R_cR_f/[R_c+R(f)+jX(f)]$。利用图 11.8.1 的数据，该 60°领结形天线的阻抗频带可借寻找极限频率进行估计，有

$$|P_{f1,2}/P_c|=1/2$$

由于中心频率是 1 GHz，而领结长度 $l/\lambda=0.33$，故领结半长度 $l=10$ cm（见图 21.50）。从图 11.8.1(a) 和图 11.8.1(b) 可得出功率转移对频率的关系，表示于图 21.52。

低频限是 400 MHz，高频限是 1.4 GHz，因此 60°领结形天线将为 1 ns 脉冲提供充分的频带宽度。

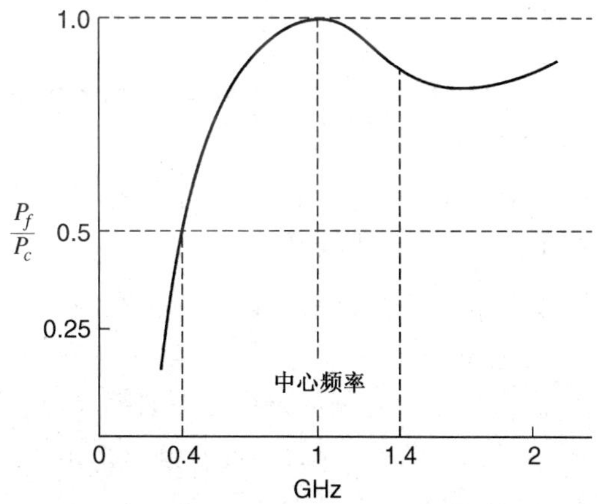

图 21.52　半长度 $l=10$ cm 之 60°领结形天线的相对功率转移。利用了图11.8.1(a)和图11.8.1(b)

附加于领结的锥削电阻段（见图 21.50）主要是减小较低频率的反射，使天线易与发生器匹配。在混凝

① 本例作者，美国俄亥俄州立大学电科学实验室教授。

土路面层中的钢筋增强结构会使问题变得复杂,然而通常钢筋的间距足以形成"敞开式"的网孔结构,可允许微波穿透。

在大多数天线应用中,主要关注的是波瓣图,但在探地雷达的应用中频带宽度则成为更关键的因素。

21.27 植入式天线

植入介质材料的半波偶极子将谐振于其物理长度 $0.5\lambda/\sqrt{\varepsilon_r}$,其中 ε_r 表示介质的相对介电常数。假设介质是无限伸展的,因此若 $\varepsilon_r=4$,则半波偶极子仅有其在自由空间中尺寸的一半。在有限尺寸的介质内,偶极子的缩短率稍逊,但这可能是一项优点。

图 9.23.1 是植入介质的四贴片圆极化阵,它们位于介质基片上,而又被介质的薄片或天线罩所覆盖,于是贴片导体成了介质–导体–介质三明治结构的一部分。第 18 章的频率选择表面的导体单元也是植入介质的实例。

在蓝牙[①]技术中,射频网络的短程(50 m 以内)互连采用无线接入代替同轴电缆(Perez-1),此时因受空间限制而利用植入式天线。例如,频率为 2.6 GHz 的 λ/2 偶极子在空气中长 5.8 cm,在 $\varepsilon_r=3.0$ 的介质模块中可缩短成 3.5 cm,如图 21.53 所示。

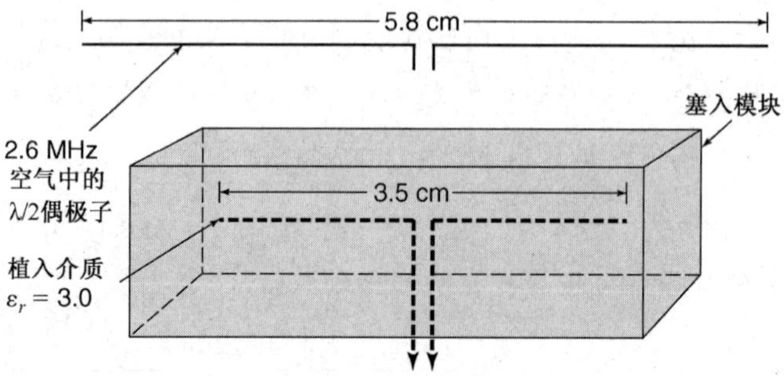

图 21.53 用于蓝牙的植入介质之半波偶极子

21.28 数字式应用的特宽频带天线[②]

在模拟系统向数字系统的转制中,会发现许多工作在模拟信号下很满意的天线在数字信号下的工作变差了。其原因有:

1. 数字信号采用的短脉冲要求很宽的频带,所以分配给数字电视的频带宽度要两倍于模拟电视。
2. 脉冲在不同时刻从天线的不同部位辐射所造成的相位色散会导致信号的失真。

例如,图 21.54(a)所示由两片菱形板组成的 V 形天线,从板的馈端和折角处辐射。具有不同时延的脉冲同时作为频率和角度的函数,因此问题很复杂。下述分析所涉及的见解有助于改进天线,使之在发射脉冲时没有显著的失真或相位色散。

① 引用了公元 10 世纪的丹麦国王 Harald 二世的名字 Blatand(英文为 Bluetooth,中译习称"蓝牙")。

② 感谢美国俄亥俄州立大学电科学实验室的 Jonathon D. Young 教授协助撰写本节。

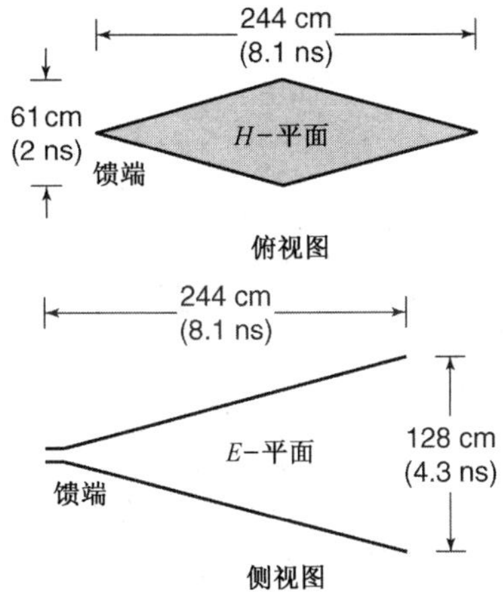

(a) 天线的俯视图和侧视图

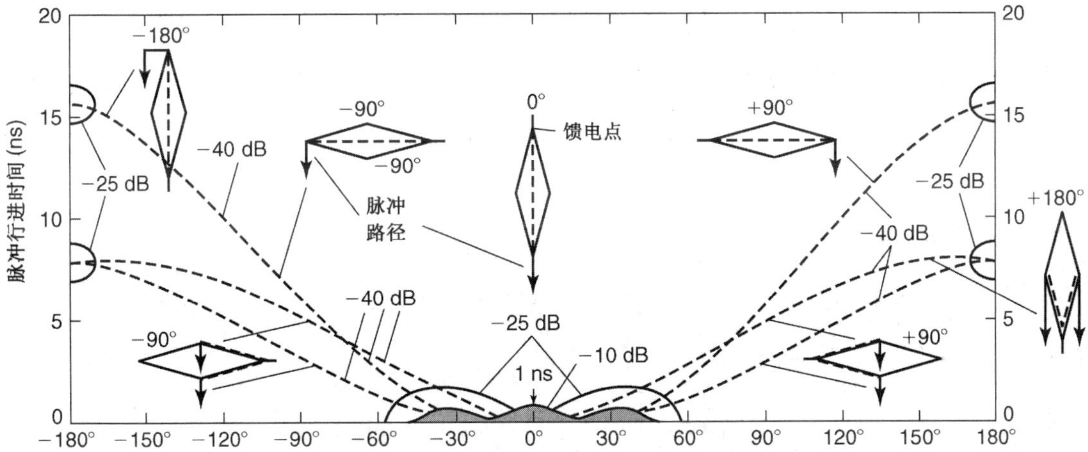

(b) 天线对脉冲的时间色散（即归一化瞬态波瓣图函数）
随角度的变化（频率0.3~2 GHz或波长100~15 cm）

图 21.54　菱形导体板的 V 形天线

增益和波束宽度的标准定义以单频率为基础，对于特宽频带（UWB）的应用不再合适。为此，Gwynne 和 Young（Gwynne-1；Young-1）提出了能简洁地体现 UWB 天线之价值的修正定义，采用归一化谱域波瓣图和瞬态函数代替原来的增益和波束宽度的参量。

由于天线在如此宽频带上的匹配总是有变化的，在定义时必须对此加以考虑。现从功率在天线与发射机或接收机之间转移所定义的传递函数出发进行讨论。

在发射状态下，记功率 $T_b(f,\theta,\phi)$ 从具有内阻抗 Z_T 之电压源 V_T 到具有输入阻抗 Z_A 之天线的转移关系为

$$\frac{V_T^2}{Z_T+Z_A}T_b^2(f,\theta,\phi)=\frac{E^2(f,\theta,\phi)}{Z_o}\qquad (\mathrm{W\,m^{-2}}) \tag{1}$$

其中，$E(f,\theta,\phi)$ 代表辐射电场（$\mathrm{V\,m^{-1}}$），Z_o 代表自由空间的本征阻抗（Ω），$T_b(f,\theta,\phi)$ 代表发射传递函数（$\mathrm{m^{-1}}$），表示从消耗在系统中的总功率到总的辐射功率是频率（f）和角度（θ,ϕ）的函数。总的辐射功率 P_{rad}，如 2.7 节所述，与天线的增益 G 有关，即

$$\frac{V_T^2}{Z_T+Z_A}T_b^2=\frac{G(f,\theta,\phi)}{4\pi r^2}P_{\mathrm{rad}}=\frac{G}{4\pi r^2}\frac{V_T^2 Z_A}{(Z_T+Z_A)^2} \tag{2}$$

其中,r——远场的距离,m

于是,得出发射传递函数,为

$$T_b(f,\theta,\phi)=\sqrt{\frac{Z_A}{Z_T+Z_A}}\frac{\sqrt{G}}{2r\sqrt{\pi}}\mathrm{e}^{-j\beta r}\qquad(\mathrm{m}^{-1}) \tag{3}$$

式中已恢复了相位因子。利用2.10节的公式,还可以改用天线的有效高度 h 来表示

$$T_b(f,\theta,\phi)=j\beta h\sqrt{\frac{Z_o}{Z_T+Z_A}}\frac{\mathrm{e}^{-j\beta r}}{4\pi r}\qquad(\mathrm{m}^{-1}) \tag{4}$$

这里的有效高度 $h=E/V_{oc}$,单位为m,是表示入射场与开路电压之比的参量。

在接收状态下,记功率 $R_b(f,\theta,\phi)$ 从天线到具有阻抗 Z_R 之终端负载的转移关系为

$$\frac{E^2}{Z_o}R_b^2(f,\theta,\phi)=\frac{V_R^2}{Z_R}\qquad(\mathrm{W}) \tag{5}$$

其中 $R_b(f,\theta,\varphi)$ 代表接收传递函数(m^{-1}),表示从天线所接收的功率到交付给负载的功率。由2.9节可知,接收功率为

$$P=\frac{V_R^2}{Z_R}=\frac{E^2}{Z_o}A_e\qquad(\mathrm{W}) \tag{6}$$

其中 A_e 代表有效口径(m^2),因此

$$R_b(f,\theta,\phi)=\sqrt{A_e}\qquad(\mathrm{m}) \tag{7}$$

再利用有效高度的定义,可得出接收传递函数为

$$R_b(f,\theta,\phi)=\frac{\sqrt{Z_R Z_o}}{(Z_R+Z_A)}h\qquad(\mathrm{m}) \tag{8}$$

现在可以定义归一化谱域波瓣图函数,作为单频率归一化天线波瓣图的UWB广义化。将传递函数对其沿轴(或当轴向为零值时沿最大辐射方向)的响应进行归一化,使之与波瓣图数据解除卷积,去掉对阻抗匹配的依赖性。于是,归一化谱域波瓣图函数为

$$P(f,\theta,\phi)=\frac{T_b(f,\theta,\phi)}{T_b(f,\theta_A,\phi_A)}=\frac{R_b(f,\theta,\phi)}{R_b(f,\theta_A,\phi_A)}\qquad(\text{无量纲}) \tag{9}$$

其中带下标的(θ_A,ϕ_A)表示沿轴的角度。

下一步要定义归一化瞬态函数,它有助于通过能量在合成图中的时延来识别并可视化宽频段天线的辐射中心。这要借助对归一化谱域波瓣图的各谱量经傅里叶变换到时域来实现,即有

$$P(t,\theta,\phi)=\mathcal{I}\{W(f)P(f,\theta,\phi)\}\qquad(\text{无量纲}) \tag{10}$$

其中 $W(f)$ 为无量纲的窗函数(即减弱吉布斯现象的汉明窗)。

现借助图解来说明,图21.55(a)所示菱形导体板的V形天线具有图21.55(b)所示的脉冲时间色散随角度变化的脉冲响应函数。作为沿轴取归一化的推论,沿轴时间响应是在有限频段内测量理想脉冲所得的“最好近似”。在此情况下,1 ns的脉冲反映出在0.3 ~ 2.0 GHz(或100 ~ 15 cm波长)范围内以0.1 GHz为步长的测量数据。脉冲随行进时间的痕迹被描绘成冲激能量的突发随角度的变化,可以诊断成能量来自辐射中心,如菱形的折角和尖端处。这

也就引起脉冲的偏轴失真。如果该天线被用于 UWB 合成孔径雷达的成像,单个偏轴(雷达)小目标的回波将会造成一串脉冲,似乎出现了若干个目标。作为数字通信的天线,偏轴相干信号引起的失真足以造成误码。然而,如果天线采用如图 21.55 所示逐渐锥削的光滑化(无折角点)设计,则能同时显著减小沿轴和偏轴的失真。

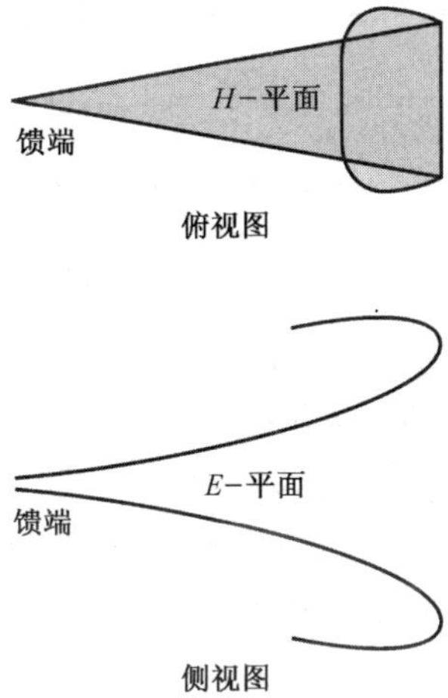

图 21.55 光滑锥削的 V 形天线,俯视和侧视图

21.29 等离子态天线

将足够大的射频功率耦合到玻璃管中的低压气体(如氩气)柱(见图 21.56),会激发起沿着该气体柱的等离子态表面波。受激表面波柱的长度是外施功率的函数,其辐射效率在 25% ~ 50% 的范围内(Borg-1)。

等离子态天线可用做低 RCS 天线。在未施加功率时其 RCS 远小于金属天线,不发射时仅有薄壁玻璃管的 RCS 值。若改用激光束在空气中产生的等离子态柱取代玻璃管,则在激光关闭时的 RCS 变成零(Anderson(1) & Aiksnoras)。

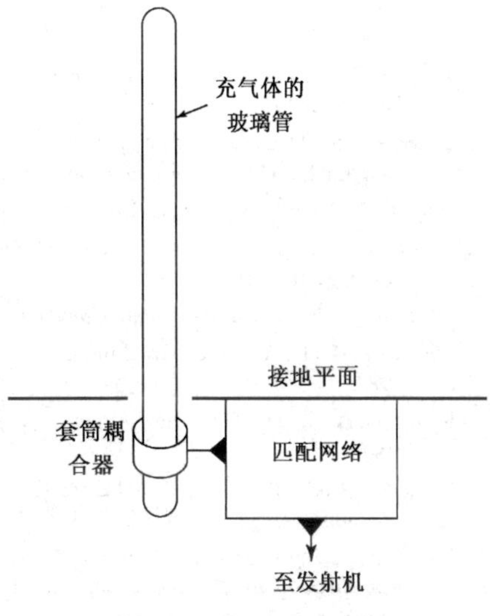

图 21.56 等离子态的管状天线

参考文献

Alford, A. (1), and A. G. Kandoian, "Ultra-high Frequency Loop Antennas," *Trans. AIEE,* **59,** 843–848, 1940.

Alford, A. (2), J. D. Kraus and E. C. Barkofsky, in *Very High Frequency Techniques,* Radio Research Laboratory Staff, McGraw-Hill, New York, 1947, Chap. 9.

Altshuler, E. E. (1), "Very Small Genetic Antennas," *IEEE Trans. Ants. Prop.,* 2001.

Andersen, J. Bach (1), "Antenna Arrays in Mobile Communications: Gain Diversity and Channel Capacity," *IEEE Ants. Prop. Magazine,* **42,** 12–16, April 2000.

Anderson, T. R. (1) and R. J. Aiksnoras, "Plasma Antennas with Electro-optical Modulation," U.S. Patent 6,087,993, July 11, 2000.

Armitage, J. L. (1), "Electronic Warfare Solid-State Phased Arrays," *Microwave J.*, **29,** 109–122, February 1986.

Barnsley, Michael (1), "Fractals Everywhere," 2d ed., Morgan Kaufman, 1993.

Block, E. L. (1), J. A. Nelson and A. Dorne, in *Very High Frequency Techniques,* Radio Research Laboratory Staff, McGraw-Hill, New York, 1947, Chap. 5.

Borg, G. G. (1), J. H. Harris, D. J. Miljak and N. M. Martin, "Application of Plasma Columns to Radio-frequency Antennas," *Applied Phys. Letters,* Vol. 14, no. 22, 31, May 1999.

Braun, C. (1), G. Engblom and C. Beckman, "Antenna Diversity for Mobile Telephones," *Proc. IEEE AP-S 1998,* 2220–2223, 1998.

Braun, F. (1), "Elektrische Schwingungen und drahtlose Telegraphic," *Jahrbuch der drahtlosen Telegraphie und Telephonie,* **4,** no. 1, 17, 1910.

Brown, G. H. (1), "The Turnstile Antenna," *Electronics,* **9,** 15, April 1936.

Brown, G. H. (2), and J. Epstein, "A Pretuned Turnstile Antenna," *Electronics,* **18,** 102–107, June 1945.

Brown, G. H. (3), and O. M. Woodward, Jr., "Circularly-Polarized OmniDirectional Antenna," *RCA Rev.,* **8,** 259–269, June 1947.

Clarke, A. C. (1), "Extra-terrestrial Relays," *Wireless World,* **51,** 305–308, October 1945.

Crawford, A. B. (1), D. C. Hogg and L. E. Hunt, "A Horn Reflector Antenna for Space Communication," BSTJ, **40,** 1045–1116, July 1961.

Delogne, P. (1), *Leaky Feeders and Subsurface Radio Communication,* IEE, London, 1982.

Dietrich, F. J. (1), P. Metzen, P. Monte, "The Globalstar Cellular Satellite System," *IEEE Trans. Ants. Prop.,* **40,** no. 6, June 1998, pp. 935–942.

Dietrich, F. J. (2), personal communication, 2000.

Foschini, G. J. (1), "Layered Space-Time Architecture for Wireless Communication in a Fading Environment When Using Multi-element Antennas," *Bell Labs. Tech. Journal,* **1,** 41–59, Autumn 1996.

Fujimoto, K. (1), and J. R James, *Mobile Antenna Systems Handbook,* Artech House, Boston, 1994.

Fujimoto, K. (2), A. Henderson, K. Hirasawa and J. R. James, *Small Antennas,* New York, Research Studies Press, 1987.

Goubau, G. (1), "Surface Waves and Their Application to Transmission Lines," *J. Appl. Phys.,* **21,** 1119–1128, November 1950.

Gwynne, J. S. (1), and J. D. Young, "Normalized Transient Pattern Functions of Ultra-Wideband Antennas," submitted to *IEEE Transactions on Antennas and Propagation,* 1999.

Hansen, R. C. (1), "Fundamental Limitations of Antennas," *Proc. IEEE,* **69,** 170–182, February 1981.

Hirasawa, K. (1), and M. Haneishi, *Analysis, Design and Measurement of Small and Low Profile Antennas,* Boston, Artech House, 1992.

Jakes, W. C. (1), *Microwave Mobile Communications,* Wiley, New York, 1974.

Jansky, D. M. (1), and M. C. Jeruchim, *Communication Satellites in the Geostationary Orbit,* Artech House, 1983.

Kandoian, A. G. (1), "Three New Antenna Types and Their Applications," *Proc. IRE,* **34,** 70W–75W, February 1946.

Kandoian, A. G. (2), W. Sichak and G. A. Felsenheld, "High Gain with Discone Antennas," *Proc. Natl. Electronics Conf.,* **3,** 318–328, 1947.

Kandoian, A. G. (3), and R. A. Felsenheld, "Triangular High-Band TV Loop Antenna System," *Communications,* **29,** 16–18, August 1949.

Kim, Y. (1), and D. L. Jaggard, "The Fractal Random Array," *Proc. IEEE,* **74,** 1986, pp. 1278–1280.

King, R. W. P. (1), *Theory of Linear Antennas,* Harvard, 1956, Chap. 7, 75 refs.

King, R. W. P. (2), "Electromagnetic Surface Waves; New Formulas and Applications," *IEEE Trans. Ants. Prop.,* **AP-33,** 1204–1212, November 1985.

King, R. W. P. (3), and G. S. Smith (with M. Owens and T. T. Wu), *Antennas in Matter,* MIT Press, 1980.

Ko, S. (1), and R. Murch, "A Planar Diversity Antenna for Wireless Handsets," *Proc. IEEE AP-S 2000,* 968–971, 2000.

Kraus, J. D. (1), and D. A. Fleisch, *Electromagnetics,* 5th ed., McGraw-Hill, 1999, p. 221.

Kraus, J. D. (2), "Helical Beam Antenna for Wide-Band Applications," *Proc. IRE,* **36,** 1236–1242, October 1948.

Kraus, J. D. (3), and D. A. Fleisch, *Electromagnetics,* 5th ed., McGraw-Hill, 1999, p. 224.

Kraus, J. D. (4), and D. A. Fleisch, *Electromagnetics,* 5th ed., McGraw-Hill, 1999, pp. 483–488.

Kraus, J. D. (5), *Radio Astronomy,* 2d ed., Cygnus-Quasar Books, 1986, pp. 8-9–8-12.

Lindell, I. V. L. (1), E. Alanen and K. Mannersalo, "Exact Image Method for Impedance Computation of Antennas above the Ground," Helsinki University Radio Lab. Rept. S 161, 1984, 23 refs.

Lindmark, B. (1), S. Lundgren, J. Sanford and C. Beckman, "Dual Polarized Array for Signal-Processing Applications in Wireless Communications," *IEEE Trans. Ants. Prop.,* **46,** 758–763, June 1998.

Maltove, E. R. (1), "The Bombarded Earth," *Tech. Rev.,* July 1985.

Mandelbrot, B. B. (1), *The Fractal Geometry of Nature,* W. H. Freeman, 1983.

Marcuse, D. (1), *Theory of Dielectric Optical Waveguides,* Academic Press, 1974.

Masters, R. W. (1), "The Super-turnstile Antenna," *Broadcast News,* **42,** January 1946.

Miller, B. (1), "Satellites Free the Mobile Phone," *IEEE SPECTRUM,* March 1998, pp. 25–26.

Montaya, T. P. (1), and G. S. Smith, "Land-mine Detection Using a Ground-Penetrating Radar Based on Resistively-Loaded Vee Dipoles," *IEEE Trans. Ants. Prop.,* **47,** December 1999, pp. 1795–1806.

Munk, B. (1), *Finite Periodic Structures, FSS,* Chap. 2, Wiley 2002.

Nagumo, S. (1), K. Kawahata, Y. Saitoh, M. Ida and Y. Ishikawa, "Dual Resonance Chip Dielectric Antenna with a Slant Gap for Hand Held Wireless Communication Tools," *Proc. Millennium Conf. Ants. Prop. (AP 2000),* Session 3A9, paper no. 0591, 2000.

Nakano, H. (1), S. Okuzawa, K. Ohishi, H. Mimaki and J. Yamauchi, "A Curl Antenna," *IEEE Ants. Prop.* pp. 1570–1575, November 1993.

Ojanpera, T. (1), and R. Prasad, *Wideband CDMA for Third Generation Mobile Communications,* Artech House, Boston, 1998.

Oliner, A. (1), in *Antenna Engineering Handbook,* R. C. Johnson, (ed.), McGraw-Hill, 1993, Chap. 10.

Ollikainen, J. (1), O. Kivekäs, A Toropainen and P. Vainikainen, "Internal Dual-Band Patch Antenna for Mobile Phones," *Proc. Millennium Conf. Ants. Prop. (AP 2000),* Session 3A9, paper no. 1111, 2000.

Perez, R. (1), "Designing Embedded Antennas for Bluetooth Protocol," *ACES Jour,* **1,** November 2000, pp. 152–158.

Peters, L., Jr. (1), J. J. Daniels and J. D. Young, "Ground Penetrating Radar as a Subsurface Environmental Sensing Tool," *Proc. IEEE,* **82,** December 1994, pp. 1802–1822.

Pistolkors, A. A. (1), "Theory of Circular Diffraction Antenna," *Proc. IRE,* **36,** 56–60, January 1948.

Prasad, S. N. (1), and S. Mahapatra, "A New MIC Slot-Line Aerial," *IEEE Trans. Ants. Prop.,* **AP-31,** 525–527, May 1983.

Prusinkiewicz, P. (1), and A. Lindenmayer, *The Algorithmic Beauty of Plants,* Springer Verlag, 1990.

Rhodes, D. R. (1), "Flush-Mounted Antenna for Mobile Application," *Electronics,* **22,** 115–117, March 1949.

Robinson, A. L. (1), "Cornell Submicron Facility Dedicated," *Science,* **214,** 777–779, 1981.

Sato, G. (1), H. Kawakami, H. Sato and R. W. Masters, "Design Method for Fine Impedance Matching of Superturnstile Antenna and Characteristics of the Modified Batwing Antenna," *Trans. IECE (Japan),* **E65,** 271–278, May 1982.

Schuss, J. J. (1), J. Upton, B. Myers, T. Sikina, A. Rohwer, P. Mokridakas, R. Francois, L. Wardle and R. Smith, "The Iridium Main Mission Antenna Concept," *Trans. Ants. Prop.,* p. 416, March 1999.

Siwiak, K. (1), *Radiowave Propagation and Antennas for Personal Communications,* Artech House, Boston, 1998.

Smith, C. E. (1), and R. A. Fouty, "Circular Polarization in F-M Broadcasting," *Electronics,* **21,** 103–107, September 1948.

Smith, P. H. (1), "Cloverleaf Antenna for FM Broadcasting," *Proc. IRE,* **35,** 1556–1563, December 1947.

Sommerfeld, A. (1), "Über die Ausbreitung der Wellen in der drahtlosen Telegraphic," *Ann. Phys.,* **28,** 665, 1909.

Sommerfeld, A. (2), "Fortpflanzung elektrodynamischer Wellen an einern zylindrischen Leiter," *Ann. Phys. u. Chem.,* **67,** 233, December 1899.

Terman, F. E. (1), *Radio Engineering Handbook,* 1st ed., McGraw-Hill, 1943, sec. 10, 28 refs.

Vainikainen, P. (1), J. Ollikainen, O. Kivekäs and I. Kelander, "Resonator-Based Analysis of the Combination of Mobile Handset Antenna and Chassis," submitted for publication in *IEEE Trans. Ants. Prop.,* 2000.

Vaughan, R. (1), "Polarization Diversity in Mobile Communications," *IEEE Trans. Vehic. Tech.,* **39,** 177–186, August 1990.

Vaughan, R. (2), and J. Bach Andersen, "Antenna Diversity in Mobile Communications," *IEEE Trans. Vehic. Tech.,* **36,** 149–172, November 1987.

Walter, C. H. (1), B. Munk and G. A. Thiele, "Multi-tun Loop Antenna," U.S. Patent No. 3,823,403, July 9, 1974.

Weiss, H. J. (1), "Maximizing Access to the Geostationary-Satellite Orbit," *ITU J.,* **53,** 469–477, August 1986.

Werner, D. H. (1), R. L. Haupt and P. L. Werner, "Fractal Antenna Engineering: The Theory and Design of Fractal Antenna Arrays," *IEEE Ant. and Prop. Mag.*, **41,** October 1999, pp. 37–59.

Wertz, J. (1), and W. Larson, *Space Mission Analysis and Design,* Microcosm Press, 1998.

Wheeler, H. A. (1), "Fundamental Limitations of Small Antennas," *Proc. IRE,* **35,** 1479–1484, December 1947.

Wheeler, H. A. (2), "Small Antennas," *IEEE Trans. Ants. Prop.,* **AP-23,** 462–469, July 1975.

Wilkinson, D. T. (1), and P. J. Peebles, "Discovery of the 3K Radiation," in "Serendipitous Discoveries in Radio Astronomy," pp. 175–184, N.R.A.O., Green Bank, 1983.

Wilson, R. W. (1), "Discovery of Cosmic Microwave Background," in "Serendipitous Discoveries in Radio Astronomy," pp. 185–195, N.R.A.O., Green Bank, 1983.

Young, J. D. (1), and J. S. Gwynne, "Report on Antenna Transient Patterns," Technical Report 732169-3, December 1997, The Ohio State University ElectroScience Laboratory.

Zenneck, J. (1), "Über die Fortpftanzung ebener elektromagnetischer Wellen längs einer ebenen Leiterfläche und ihre Bezichung zur drahtlosen Telegraphie," *Ann. Phys.,* **23,** 846–866, 1907.

Zucker, F. J. (1), in *Antenna Engineering Handbook,* R. C. Johnson (ed.), McGraw-Hill, New York, 1993, Chap. 12.

Zürcher, J-F. (1), and F. E. Gardiol, *Broadband Patch Antennas,* Artech House, Boston, 1995.

习题

21.4.1 **地面上方的水平偶极子**。设某 $\lambda/2$ 细偶极子平行于理想导电的平坦地面，架高为 h，假设无损耗。(a) 计算并绘制该偶极子沿天顶方向相对于自由空间中 $\lambda/2$ 偶极子之增益与架高($h = 0 \sim \lambda$)的函数曲线。(b) 若损耗电阻 $R_L = 1\,\Omega$，重复上述计算和绘图。

21.4.2 **非理想地面上方的水平偶极子**。设某水平 $\lambda/2$ 偶极子天线离真实的均匀地面之架高为 $\lambda/4$，地面参数 $\varepsilon_r' = 12$ 和 $\sigma = 2 \times 10^{-3}\ \Omega^{-1}\ \mathrm{m}^{-1}$。试在(a) 100 kHz 和(b) 100 MHz 频率上计算沿偶极子边射方向的铅垂面场强波瓣图。

21.4.3 **非理想地面上方的铅垂短偶极子**。设某铅垂短偶极子($l < \lambda/10$)的中心离真实的均匀地面架高为 $\lambda/4$，地面参数与习题 21.4.2 的相同。试在(a) 1 MHz 和(b) 100 MHz 频率上计算铅垂面场强波瓣图。

21.4.4 **非理想地面上方的天线**。为习题 21.4.2 和习题 21.4.3 编写并运行列有架高、频率和地面参数 ε_r' 与 σ 菜单的计算机程序。

21.9.1 **方环**。设 4 根中心馈电、载有正弦电流分布的 $\lambda/2$ 偶极子组成边长为 $\lambda/2$ 的方环，各偶极子都等幅同相馈电。试计算并绘制环平面的远场波瓣图。

21.9.2 **三角形环**。设 3 根中心馈电、载有正弦电流分布的 $\lambda/2$ 偶极子组成边长为 $\lambda/2$ 的等边三角形环，各偶极子都等幅同相馈电。试计算并绘制环平面的远场波瓣图。

21.9.3* **测向与单脉冲**。许多测向(DF)天线是由如图 P21.9.3(a)所示 8 字形波瓣图的小环(相对于 λ 而言)所组成的。虽然其零点锐削，但该(发射信号的)方向不可靠，除非信噪(S/N)比很大。为了分辨环波瓣图对 180°的含混不清，可采用一个辅助天线与环合成心形线波瓣图，沿信号方向具有宽阔的最大值而沿相反方向是零点。

在图 P21.9.3(b)中，天线波瓣图的波束最大值具有较高的 S/N 比，但降低了波瓣图在单位角度内的变化律。然而，若采用两台接收机分别连接两个移位的波束，如图 P21.9.3(c)所示，就能使功率波瓣图在高 S/N 比的条件下具有大的变化律。用这种方式接收雷达回波可从单个信号脉冲中得出方向的信息(单脉冲雷达)。设波束 1 接收到功率 P_1，波束 2 接收到功率 P_2。若 $P_2 > P_1$，则指向偏右；若 $P_1 > P_2$，则指向偏左；若 $P_1 = P_2$，则指向恰沿轴(瞄准线)。试问：(a) 若图 P21.9.3(c)中的波瓣图正比于 $\cos^4\theta$，波束间的(斜视)角 $\alpha = 40°$，$\Delta\theta$ 分别为 5°和 10°，则比值 P_2/P_1 是多少？

(b) 改 $\alpha=50°$,重复上述计算。(c) 对于图 P21.9.3(b)中的单波束波瓣图,若 $\Delta\theta$ 分别为 5°和 10°,比值P_0/P_1是多少?(d) 将计算结果列表比较,并指出双波束比单波束有何改进?

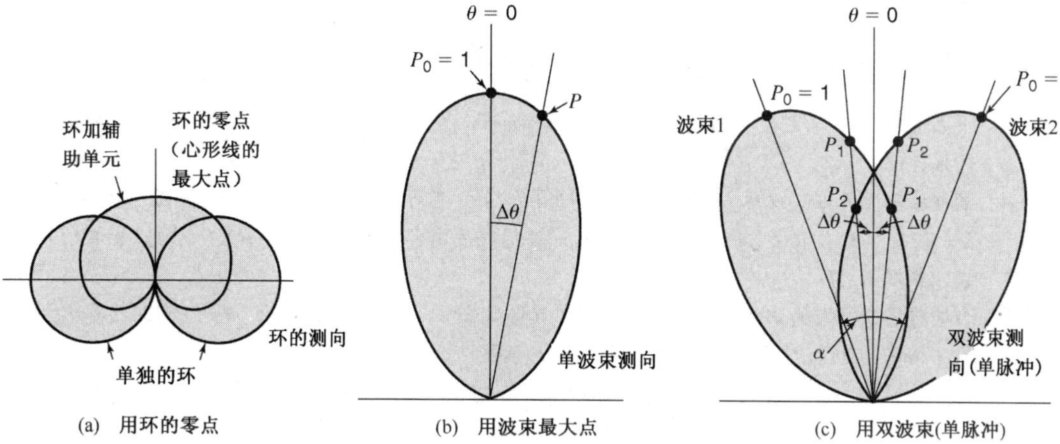

图 P21.9.3　测向

21.10.1* **陆上的用水平、铅垂和圆极化的电视**。在高层建筑物上的发射机和远距接收机之间,用于调幅、调频或电视等典型陆上微波蜂窝电话的通信电路包含两条传输路径,一条是直接路径(长度为 r_0),另一条是经地面反射的间接路径(长度为 r_1+r_2),如图 P21.10.1 所示。已知:$h_1=300\,\text{m}$,$d=5\,\text{km}$;频率为100 MHz。假设:收、发天线都是各向同性的,且具有相同的有效口径;地面平坦且理想导电。试分别对收、发天线的三种极化情况:(i) 都是铅垂极化天线;(ii) 都是水平极化天线;(iii) 都是右旋圆极化天线,(a) 计算单位面积接收功率与发射功率之比作为接收天线架高 h_2 的函数;绘制曲线,以函数值的分贝数为横坐标,以架高值(0～100 m)为纵坐标。(b) 比较这三种极化情况的结果,同时从对架高 h_2 要求的非临界性、不存在混响或重影信号的观点说明圆极化是最好的。对于水平或铅垂极化的情况,直射和地面反射波总会在某些架高处抵消,而在另一些架高处增强;在电视屏幕上两条路径的时间差会产生双重图像(直接图像与重影)。(c) 将上述比较推广为还有其他建筑物或结构的影响时产生附加传输路径的情况。

注意:直播卫星对地球的电视下传路径基本上没有上述反射及其重影现象。

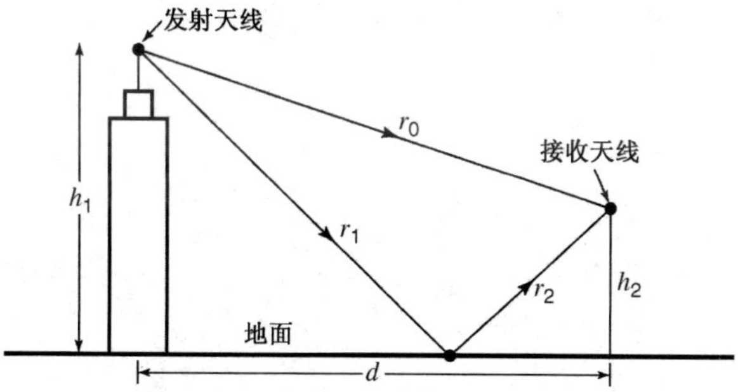

图 P21.10.1　陆上微波通信线路

21.10.2 **陆上无线电线路的路径差**。若习题 21.10.1(见图 P21.10.1)中的 $h_1=h_2$ 而$d\gg h_1$,说明直射线和反射线的路径差为 $2h_1^2/d$。

21.12.1* **对水下潜艇发信号**。若水表面的电场 **E** 在频率为 1 kHz,10 kHz,100 kHz 和 1000 kHz 时都等于 $1\ \text{V}\,\text{m}^{-1}$,分别计算它们在水下场强等于 $1\ \mu\text{V}\,\text{m}^{-1}$的深度?用怎样的频率–天线组合最合适?

21.13.1* **表面波的功率**。设铜片($|Z_c| = 3.7\times10^{-3}\ \Omega$)上有 100 MHz 的行波,其电场垂直于铜片的 $E(=100\ \mathrm{V\,m^{-1}\ rms})$。试求:(a) 与板平行的坡印廷矢量($\mathrm{W\,m^{-2}}$);(b) 进入板内的坡印廷矢量。

21.13.2 **表面波的功率**。设导体片($|Z_c| = 0.02\ \Omega$)上有 100 MHz 的行波,其电场垂直于导体片的 $E(=150\ \mathrm{V\,m^{-1}\ rms})$。试求:(a) 与板平行的坡印廷矢量($\mathrm{W\,m^{-2}}$);(b) 进入板内的坡印廷矢量。

21.13.3* **表面波的功率**。设 3 GHz 的平面波在空气中平行于某导电媒质($\sigma = 107\ \Omega^{-1}\ \mathrm{m^{-1}}$,而$\mu_r = \varepsilon_r = 1$)的平面边界行进,若其磁场 **H** 与边界平行,而电场 $E = 75\ \mathrm{mV\,m^{-1}}$(rms),求在导电媒质中每单位面积所损耗的平均功率。

21.13.4 **表面波的电流片**。设有 TEM 波在空气中平行于某导电媒质的平面边界行进,试说明若 $K = \rho_s v$ 则 $K = H$,其中 K 表示片电流密度($\mathrm{A\,m^{-1}}$),ρ_s 表示表面电荷密度($\mathrm{C\,m^{-2}}$),v 表示波速($\mathrm{m\,s^{-1}}$);而 H 表示磁场 **H** 的大小。

21.13.5 **介质敷层表面波的功率**。设敷有介质层的导体如图 21.26 所示,说明介质中传输的功率 P_d 与空气中传输的功率 P_a 之比为(记 d 为介质层的厚度)

$$\frac{P_d}{P_a} = \frac{\cos\beta d}{\sin^3\beta d}(\sin 2\beta d - 2\beta d)$$

21.13.6* **介质敷层表面波的截止**。某伸展很远的理想导电平板上敷有厚 5 mm 的介质($\varepsilon_r = 3$),求 TM_0(主)模的截止频率以及每单位距离的衰减。

21.13.7 **表面波月球通信**。讨论利用介质板的表面波模式实现围绕月球之远程(1000 km 以上)无线电通信的可能性。注意月球上没有电离层。参考 W. W. Salisbury & D. L. Fernald,"Postocculation Reception of Lunar Ship Endeavour Radio Transmission," *Nature*,**34**,95,Nov. 12,1971;和A. F. Wickersham, Jr.,"Generation, Detection and Propagation on the Earth of HF and VHF Radio Surface Waves," *Nature*,**230**,125-130,Apr. 5,1971.

21.18.1 **3°滑翔着陆天线的架高**。对于仪表着陆系统之3°铅垂角的滑翔着陆,要求两天线各架多高?

注意:习题中涉及的计算机程序,见附录 C。

第 22 章　太赫频率的天线

本章包含下列主题：

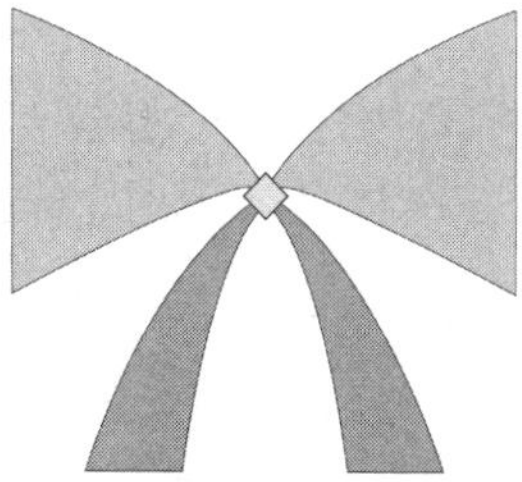

- 棱锥喇叭腔天线
- 夹角反射器阵
- 领结形偶极子
- 介质透镜
- 波导结构

从长波长到短波长

20 世纪初开创的无线电通信利用数千米的波长，那时认为 200 m 以下的波长对商业应用毫无价值而分配给了业余爱好者。但到了 1921 年初，业余爱好者证实了 200 m 以下的波长能够以非常低的功率实现环球通信。随后，商业用途的波长愈来愈短，而划分给业余用的频率区段愈来愈小。到了 1994 年，频谱区域变得如此贵重，以至美国联邦通信委员会开始以数十亿美元的标价拍卖频道。毫米波由于受大气层的吸收而使其应用范围受到限制，然而其空间应用则不然。微米波进入了红外或太赫的范围，而 600 THz 即 0.5 μm 已进入了光波范围。这一章是有关太赫即最短“无线电”波的天线。

22.1　引言

太赫频率从 1 THz（10^{12} Hz）到 1000 THz（10^{15} Hz），包容了红外和可见光谱，如表 22.1 所示。这些频率对应了 300 μm 至 300 nm 的波长，包含了 400 ~ 700 nm 的可见光谱。借助现有技术已能制造非常小的天线结构。如下一节中所述，已经做成了好几种太赫频率的天线。

表 22.1　电磁频谱的太赫（THz）范围

频率 f			波长 $\lambda=c/f$	
	10^{11} Hz	100 GHz	3 mm	
		300	1 mm	
		800	375 μm	← 带偶极子的棱锥喇叭腔体
红外	10^{12} Hz	1 THz	300 μm	
		3	100 μm	← 2.52 THz 夹角反射器阵列
	10^{13} Hz	10 THz	30 μm	
太赫		30	10 μm	← 28 THz 领结形偶极子
	10^{14} Hz	100 THz	3 μm	大气窗口
		300	1000 nm	
可见光		600	500 nm	700 nm
	10^{15} Hz	1000 THz	300 nm	400 nm

大气层对 20 GHz 频率以上的波可有高达 20 dB/km 的衰减(见图 21.42)。这种衰减为各种无线应用的电波提供了天然的护罩,使很多邻近的不同单位可以采用相同的频率而又足以防止互相干扰。

22.2a 带偶极子的棱锥喇叭腔

内置于蚀刻在硅片上之棱锥喇叭腔中的偶极子天线,如图 22.1 所示,已被用于高达 800 GHz的频率即 375 μm 的波长(Fumeaux-1)。

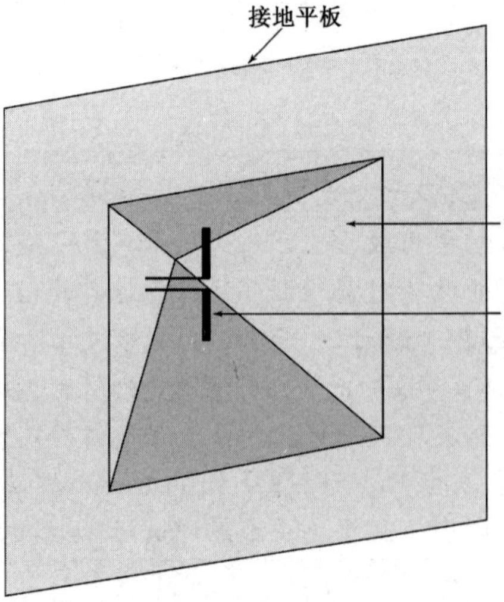

图 22.1 带偶极子的棱锥喇叭腔。工作于 0.8 THz(800 GHz)

22.2b 夹角反射器阵

这类天线广泛应用于 THz 频率。曾在 119 μm 波长(2.52 THz)上测试了作为阵元的背负 90°夹角反射器之行波天线(Gearhart-1)。该阵列及其阵元天线的波瓣图之波束角示于图 22.2,阵元天线长 4λ,支撑在离夹角顶点 1.2λ 处。

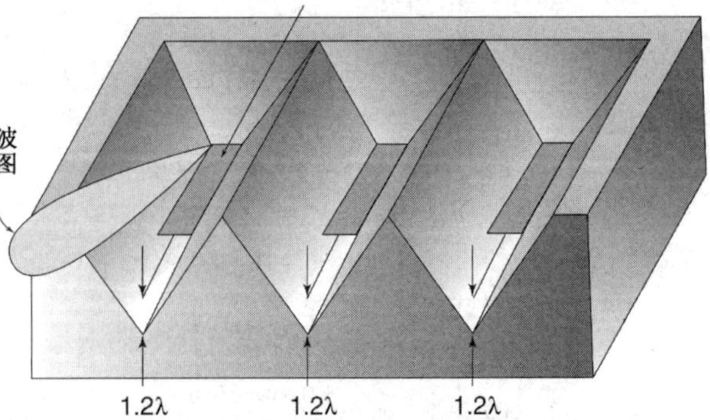

图 22.2 90°夹角反射器的三元阵。阵元是距离夹角顶点 1.2λ 的行波天线。工作于2.5 THz(自由空间λ = 119 μm)

22.2c 领结形偶极子

图 22.3 显示了一种接有 MOM(金属 - 氧化物 - 金属,镍 - 氧化镍 - 镍)二极管的 3/2 波长领结形偶极子,用于接收来自二氧化碳激光器的 28 THz(10.6 μm)功率(Rebeiz-1)。该频率处于地球大气层的红外窗口内,参见图 21.42 和表 22.1。

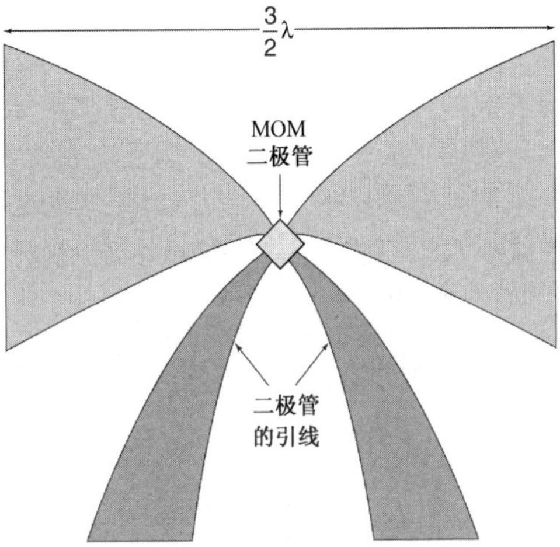

图 22.3 接有 MOM 二极管的 3/2 波长领结形偶极子接收天线。工作于28 THz(波长10.6 μm)

该领结置于多层(二氧化硅-硅-二氧化硅)基片,安装在金质的平片上。由于电介质的存在,偶极子长度为 4.6 μm。该天线具有用于天线-耦合红外检测器阵列的潜力。

22.3 一种 600 THz 的天线[①]

高于 30 THz 的下一个大气窗口在 600 THz 附近的可见光窗口,参见表 22.1 和图 21.42。

工作在此频率上,已被提交并获准专利权的天线,用于接收太阳辐射并转换成直流功率。由于太阳是非极化辐射,任何单极化的天线接入具有 100% 效率的整流器,原理上可达 50% 的转换效率;相比之下,典型的太阳能电池只有 10% ~20% 的效率。

通常垂直投射的太阳功率密度为 1 kW/m^2,因此,设想一枚可见光波长的天线与整流器最多可产生 500 W/m^2 的输出。很遗憾,这种设想是不切实际的,因为 600 THz 频率的周期只有

$$1/(6\times10^{14})\ \text{s}=0.17\times10^{-14}\ \text{s}=1.7\times10^{-15}\ \text{s}=1.7\ \text{fs(飞秒)}$$

比整流器工作所要求的电子弛豫时间还短。

图 22.3 所示的领结形 MOM 二极管工作在 28 THz,其周期为 36 fs,即等于 600 THz 的周期之 36/1.7 =21 倍。该二极管的使用限制将出现在周期介于 2 ~36 fs 之间的某频率值。

① 感谢美国俄亥俄州立大学电科学实验室的 Brian Baertlein 博士协助撰写本节。

22.4 介质透镜的平面天线结构

Christopher Walker①

频率在400 GHz以上的准光混频器已被推广应用于对混频器件的性能定标以及构造射电天文望远镜的接收机。这类混频器采用装置在一片介质透镜背面的某种型式的平面天线:对数周期、双缝、双偶极子(Goldsmith-1)等。介质透镜由石英或硅制成平-凸结构,最普通的结构是用制作在硅基片上的双缝天线黏附在硅透镜的平表面上,示例于图22.4(Bin-1)。采用平面天线的主要优点是能随着混频器件[典型的是一枚超导隧道结(SIS)或热电子辐射计]一起用光刻工艺制造。这种性质使得平面的天线-介质透镜波束发射器很好地适应实验用混频器件的大批量定标。与波导式混频器相比的缺点则是:微带调谐结构所固有的损耗偏大,高斯波束仅≥10%的效率低于皱纹或双模馈源喇叭(Goldsmith-2);所形成的波束的尺度和方向往往对平面天线在介质透镜上的位置比较敏感。

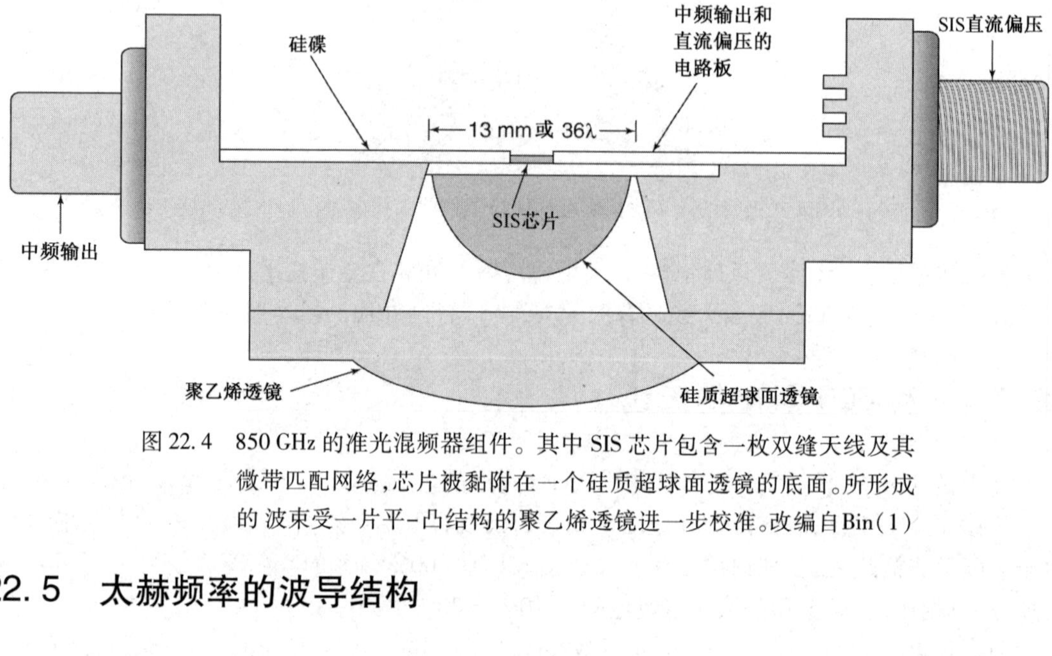

图22.4 850 GHz的准光混频器组件。其中SIS芯片包含一枚双缝天线及其微带匹配网络,芯片被黏附在一个硅质超球面透镜的底面。所形成的波束受一片平-凸结构的聚乙烯透镜进一步校准。改编自Bin(1)

22.5 太赫频率的波导结构

Christopher Walker②

附有馈源喇叭的波导式混频器是卓越的损耗相当低的波束发射器,能将所产生的高达98%的功率注入高斯波束的主模。太赫频率面临的问题是达到高度匹配容差(微米级)的要求,以及与混频器件的集成。已经开发出高质量的碾磨机(Narayanan-1)、若干蚀刻硅片的照相制版技术以及光阻材料,使波导的实用性进入了太赫范围(McGrath-1; Crowe-1)。然而,这些技术往往限于生产相对简单的结构。有一种颇具吸引力的技术是利用检流计镜面操纵激光束,将裂块的波导结构蚀刻进硅晶片(Walker-1; Bloomstein-1)。于是,晶片被涂敷金属并被装

① 本节作者,美国亚利桑那大学天文系教授。

② 本节作者,美国亚利桑那大学天文系教授。

入诸如馈源喇叭的波导器件。图 22. 5 显示了一对用该工艺制成的 2 THz 馈源喇叭。这种波导馈源喇叭的优良性能和可重复性使之成为焦平面阵列的首选方案。在此项应用中，混频器件被加工成介质薄膜(~1 μm)上的矩阵形式，然后再集成为馈源喇叭阵。一种利用波导座内载有 SIS 超导结的薄膜构造的 810 GHz 混频器已被成功地制成并测试(Kooi-1)。

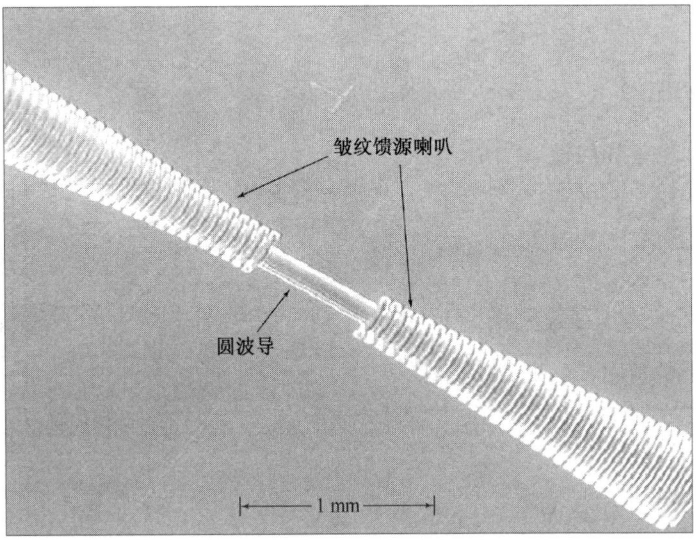

图 22. 5　激光微加工的 2 THz 皱纹馈源喇叭。图中显示了裂块结构之一半的扫描式电子显微镜图像。馈源喇叭与短段圆波导相接。在实验室测试中，一支喇叭用于对一黑体源的辐射场取样；另一支喇叭将能量再辐射到一台工作在4 K的测热辐射仪。借助喇叭口径对黑体的扫描，并记录测热辐射计所检测到的功率，即可得出该波束的波瓣图(Walker-1)

参考文献

Bin, M. (1), Ph.D. thesis, Cal. Inst. Tech., 1997.

Bloomstein, T. (1), Ph.D. thesis, Mass. Inst. Tech., 1996.

Crowe, T. (1), P. Koh, W. Bishop, C. Mann, J. Hesler, R. Weikle, P. Wood and D. Matheson, "Proceedings of the Eighth International Symposium on Space Terahertz Technology," eds. Blundell and Tong, Harvard University, p. 377, 1997.

Fumeaux, C. (1), G. D. Boreman, W. Herrmann, F. K. Neubuhi and H. Rothuizen, "Spatial Impulse Response of Lithographic Infrared Antennas," *Applied Physics,* vol. 38, pp. 37–46, January 1999.

Gearhart, S. S. (1), C. C. Ling, G. M. Rebeiz, Hermant Davee and G. Chin, "Integrated 119-μm Linear Corner-Cube Array," *IEEE Microwave and Guided Wave Letters,* vol. 1, pp. 155–157, July 1991.

Goldsmith, P. (1), in "Quaioptical Systems," pub. IEEE Press, pp. 169, 1998.

Goldsmith, P. (2), in "Quaioptical Systems," pub. IEE Press, pp. 184, 1998.

Kooi, J. (1), H. LeDuc, B. Bumble, C. Walker and T. G. Phillips, "A Low Noise 850-GHz SIS Waveguide Receiver," IEEE, MMT, **46,** 151, 1998.

McGrath, R. (1), C. Walker, M. Yap and Y. Tai, *IEEE Microwave and Guided Wave Letters,* vol. 3, p. 61, 1993.

Narayanan, G. (1), N. Erickson, and R. Grosslein, Tenth International Symposium on Space Terahertz Technology, Charlottesville, Va., eds. Crowe and Weikle, p. 519, 1999.

Rebeiz, G. M. (1), L. F. B. Katehi, W. Y. Ali-Ahmad, G. V. Eleftheriadws and C. C. Ling, "Integrated Horn Antennas for Millimeter-Wave Applications," *IEEE Ant. and Prop. Mag.,* vol. 34, pp. 7–16, February 1992.

Walker, C. (1), G. Narayanan, H. Knoepfle, J. Capara, J. Glenn, A. Hungerford, T. Bloomstein, S. Palmacci, M. Stern and J. Curtin, "Proceedings of the Eighth International Symposium on Space Terahertz Technology," eds. Blumdell and Tong, Harvard University, p. 358, 1997.

第 23 章　平衡-非平衡转换器等

Ben A. Munk①

本章包含下列主题：

- I 型,II 型,III 型和扼流式巴仑
- 频带宽度
- 套筒-偶极子天线
- II 型巴仑的变种
- 偶极子和环用的支杆式巴仑
- 印刷巴仑
- 旁路式巴仑
- 平衡变换器
- 截割式巴仑
- 天然巴仑
- 折合偶极子到 J 型匹配
- 匹配短截线
- 陷波器

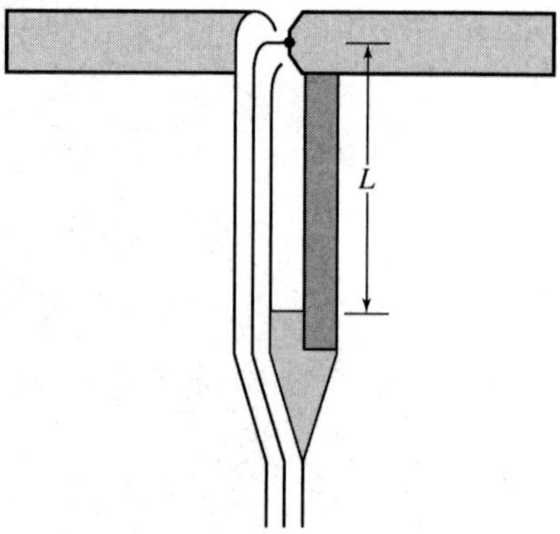

23.1　引言

术语“巴仑”(balun)是词组“平衡与非平衡”的缩写。它是一种将平衡双导线接到非平衡同轴线的器件。

由于巴仑增添了系统的复杂性和费用,有必要考虑缺少巴仑时的因果关系。例如,图 23.1(a)是一水平偶极子天线的中点直接受同轴线馈电,其内导体馈给偶极子的左半臂,而外导体馈给右半臂。然而,电流 I_3 会沿外导体的外表面分流而成为辐射系统的一部分。结果是图 23.1(b)所示的水平极化和图 23.1(c)所示的铅垂兼水平极化之合成,使波瓣图不同于通常的水平偶极子,为此就需要一只巴仑。然而,有着足够信噪比(SNR)的接收状态的天线可以不需要巴仑。

23.2　I 型,II 型,III 型和扼流式巴仑

图 23.2 给出了五种普通类型的巴仑。图 23.2(a)到图 23.2(c)的 I 型、II 型和 III 型巴仑引自 Nelson & Stavis(1)。其中,图 23.2(a)所示的 I 型具有一节在顶部(理想地)呈现无限大阻抗

① 本章作者,美国俄亥俄州立大学电科学实验室教授。

的 λ/4 套筒(底部短路)。图 23.2(b)所示的 II 型具有两节相串联的 I 型,以提供更宽的频带并使负载在所有频率上都平衡。图 23.2(c)所示的 III 型是一种更紧凑的形式,其内导体形成一对双导体的 λ/4 线,它在底部短路而在顶部呈无限大阻抗,还可以借滑动短路闩而起到频率调节的作用。参见如图 23.2(d)所示的等效电路。图 23.2(e)是连着偶极子的 I 型巴仑;图 23.2(f)则是连着偶极子而卸去屏蔽腔的 III 型巴仑。所有这些巴仑的长度都约为中心频率的 λ/4。在图 23.2(e)和图 23.2(f)中,表现为并联于偶极子的电抗 $Z = \pm jZ_0 \tan \beta L$,其中 Z_0 表示长度为 L 的巴仑线之特性阻抗。

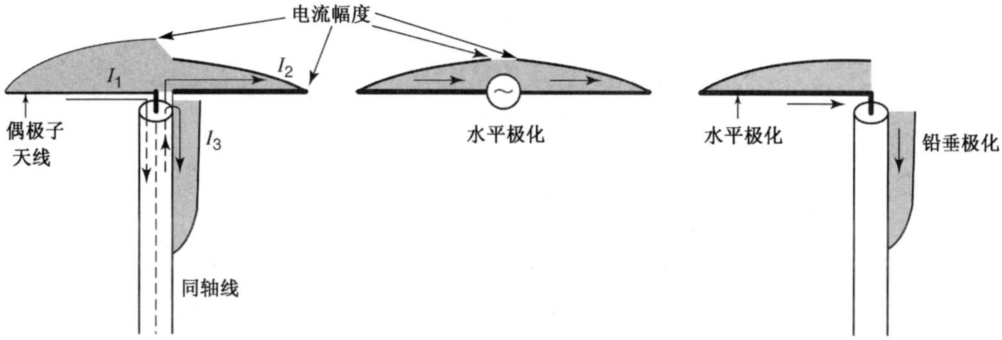

(a) 合成的电流分布　(b) 平衡的水平极化电流成分　(c) 非平衡的水平兼铅垂极化电流成分

图 23.1　同轴线直接馈电的水平偶极子

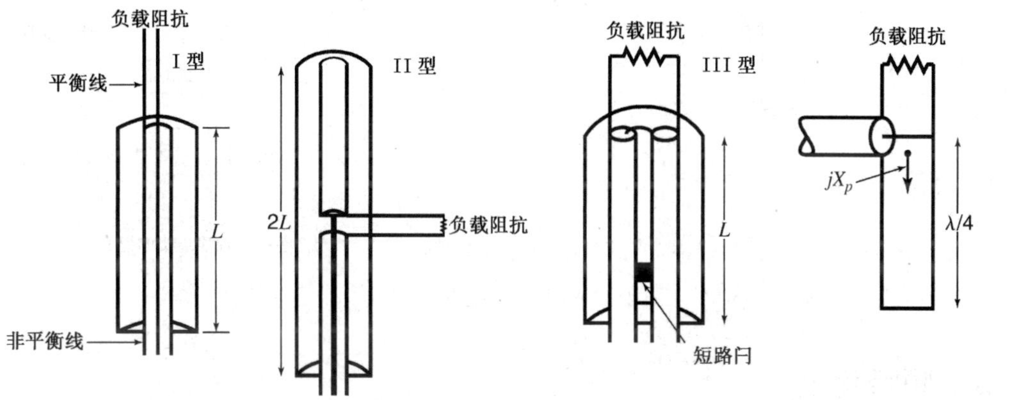

(a) I 型巴仑或“火箭筒”　(b) II 型巴仑　(c) III 型巴仑　(d) III 型巴仑的等效电路

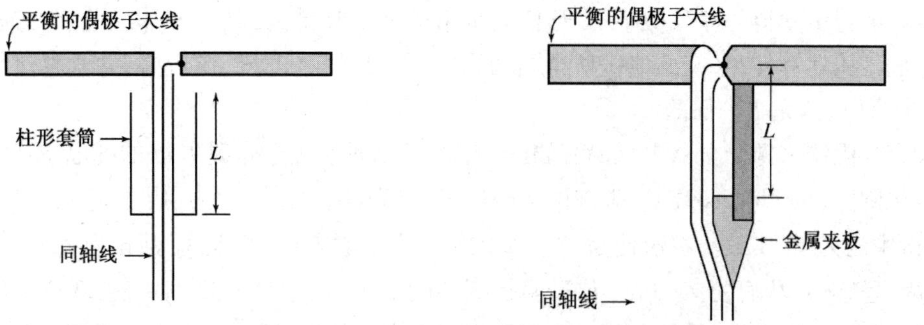

(e) 连着偶极子天线的 I 型巴仑　(f) 连着偶极子而卸去屏蔽腔的 III 型巴仑

图 23.2　五种普通类型的巴仑

另两种扼流式巴仑示于图23.3,其中图23.3(a)用同轴电缆绕成线圈状,使得在该线圈外表面呈现高阻抗,它与分布电容形成的并联 LC 电路应谐振于工作频率。一种铁氧体环的扼流圈示于图23.3(b),在同轴电缆外侧套有两段柱形铁氧体环,借助优质铁氧体环可获得很宽的频带(一个倍频程以上)。

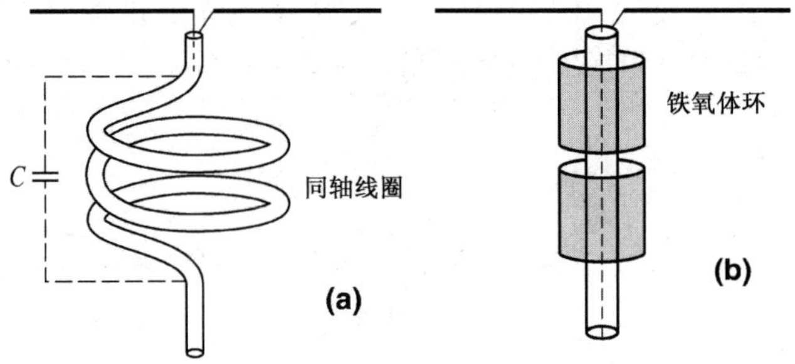

图23.3 两种扼流式巴仑

III 型巴仑的工作原理是在图23.4(a)中同轴线外侧 A 点的电压为零,使图23.4(b)中的同轴线连接保持平衡。为了使跨接偶极子的馈端处呈现无限大阻抗值,建议采用一条滑动短路闩,如图23.4(b)所示。

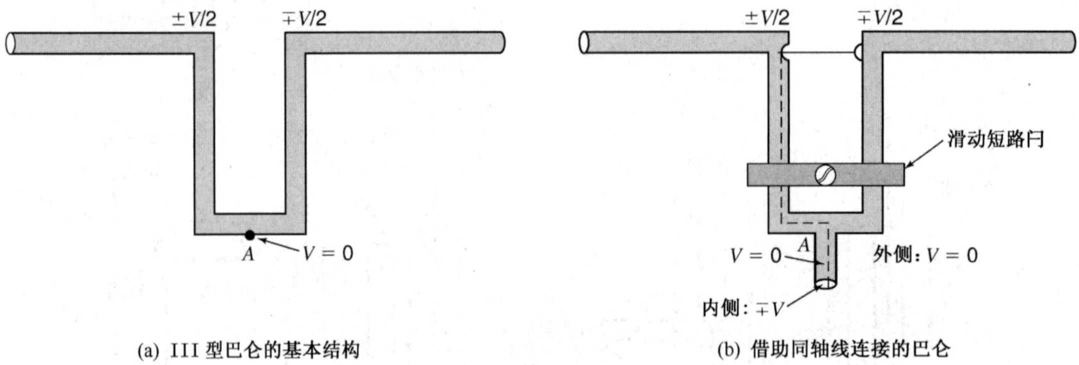

图23.4 III 型巴仑的工作原理

23.3 频带宽度

从以上讨论获得的印象似乎 III 型巴仑生来就是窄频带的,其实并非如此。首先,由于前文所述的结构对称性,平衡的电压使得同轴线外侧总是没有电流,换言之,它从直流到太赫都是(至少原理上)完全平衡的。

频带的限制来源于分路阻抗 jX_p,如图23.2(d)所示。由于这是并联的纯电抗($Z_A \parallel jX_p$),画在阻抗圆图(Smith Chart)上,应该位于经过 Z_A 点和(0, 0)的一个圆周上。如图23.5(a)所示,本例中的 Z_A 是实数。在恰使 $\beta l_p = \pi/2$ 的频率上并联谐振,$Z_A \parallel jX_p$ 简化为 Z_A;在较低的频率上,jX_p 呈感性,从而使 $Z_A \parallel jX_p$ 位于阻抗圆图的上半(电感性)部分,习题23.3.1解释了它是怎样的频率函数;进一步地,习题23.3.2解释了半波偶极子的 Z_A 在低于谐振的频率上呈容性,附加感性成分 jX_p 能使 Z_A 到巴仑的匹配有所改善。

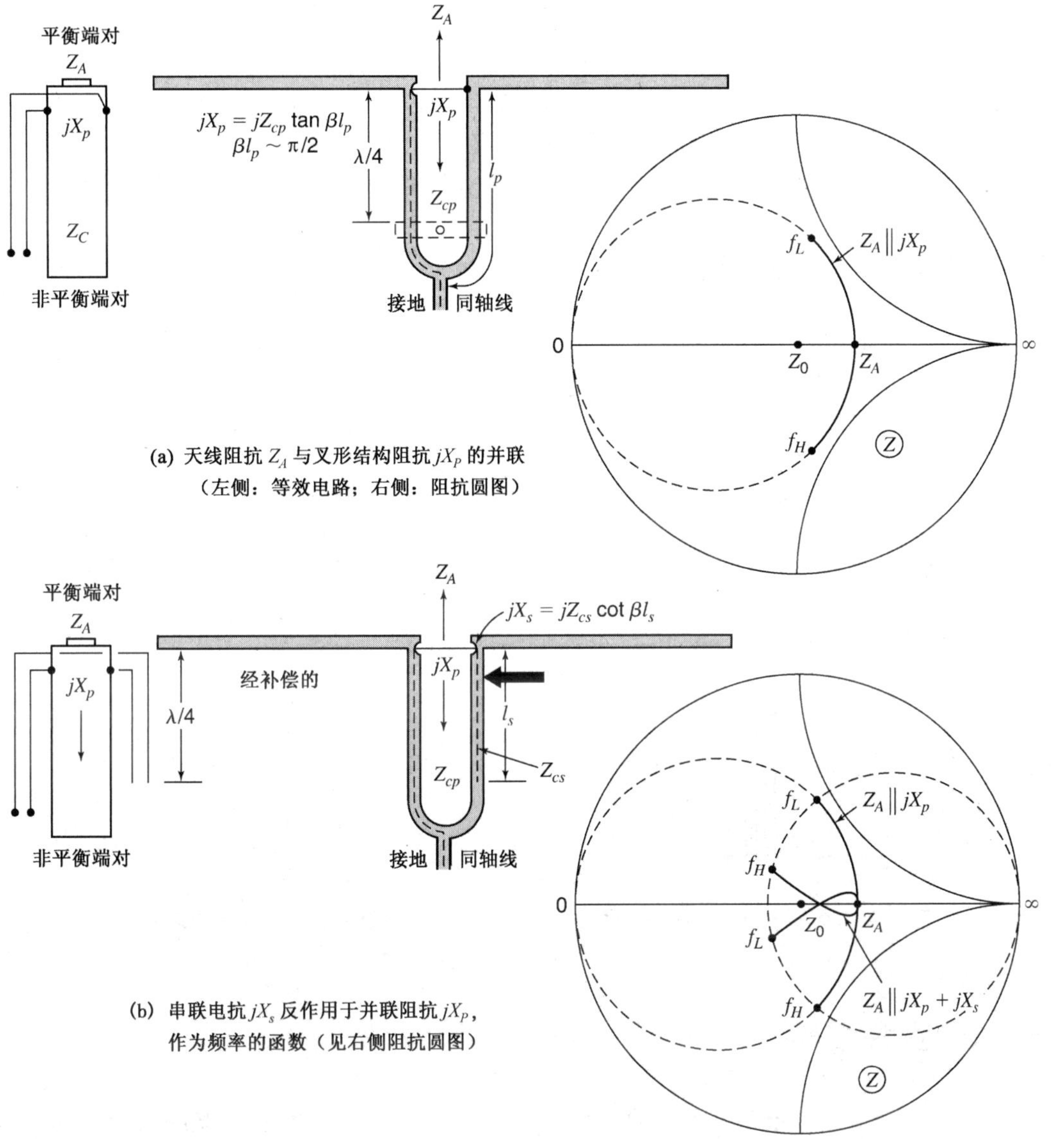

图 23.5　如何得到更宽的频带

频带宽度的最终极限发生在 $\beta l_p = \pi$ 的情况下，$jX_p = 0\ \Omega$ 而 Z_A 完全被短路了。然而，由此假设频带宽度仅限于 ~2:1 是不恰当的。典型地可有低频端的 $\beta l_p \sim \pi/4$ 和高频端的 $\beta l_p \sim 3\pi/4$，给出 3:1 或更宽的频率范围，取决于失配的容差（参见习题 23.3.1）。

若将同轴线的内导体穿出一个孔接入巴仑的右半部分内，如图 23.5(b) 所示（见粗箭头），能获得更宽的频带。图中，接入的内导体之电长度 l_s 等于中心频率的 λ/4，且末端开路。这样的变种是 1957 年由 Roberts(1) 提出的。

设右面短截线是内侧的特性阻抗为 Z_{cs} 而长度为 l_s 的开路线，其输入阻抗为

$$jX_s = jZ_{cs} \cot \beta_s l_s$$

其中，β_s 表示短截线内侧的传播常数。

考察图 23.5(b) 左侧的等效电路所对应右侧的阻抗圆图，除了上述并联阻抗 $Z_A \| jX_p$ 的

曲线,还有加上串联阻抗 jX_s 后的 $Z_A \parallel jX_p + jX_s$ 曲线。在中心频率时 $X_p = \infty$,而 $X_s = 0$,仍对应圆图上的 Z_A 点,未获改善;但合成的频带由于 jX_p 与 jX_s 总是反号(如果设计得正确)而得以展宽。在较低的频率上,jX_p 是感性的,即 $Z_A \parallel jX_p$ 位于圆图的上半部;相反地,jX_s 是容性的,即 $Z_A \parallel jX_p + jX_s$ 被推到圆图的下半部。在较高的频率上,恰有相反的结果。在巴仑顶部观察总阻抗的净效果是曲线向起始的阻抗点收缩,即获得宽频带的补偿。参见习题 23.3.3。

23.4a 套筒-偶极子式巴仑

图 23.6 绘出的两种巴仑各成为天线结构的一部分。图 23.6(a)属 III 型巴仑,图 23.6(b)属 II 型巴仑。图中所注的长度 L 约等于中心频率时的 $\lambda/4$。

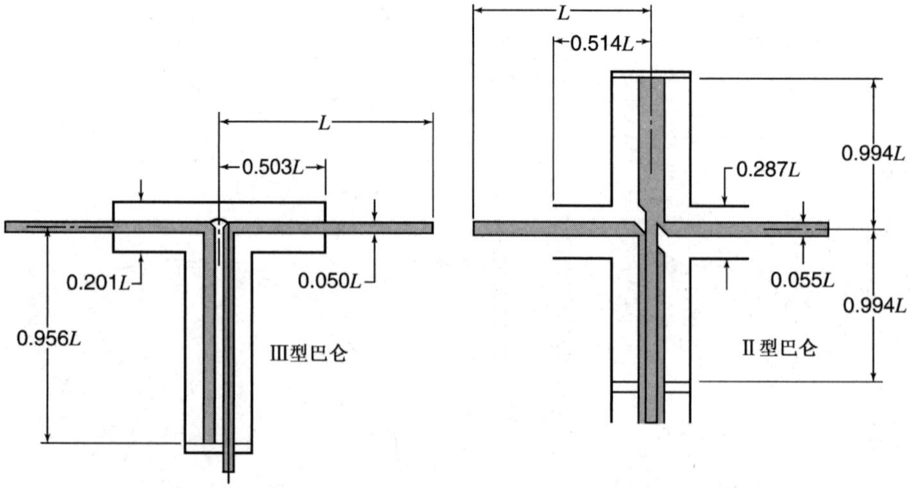

(a) 带有Ⅲ型巴仑的柱形套筒偶极子 (b) 带有Ⅱ型巴仑的柱形套筒偶极子

图 23.6 套筒-偶极子巴仑(据 Bock-1 改绘)

23.4b 变种结构

III 型巴仑具有某些很令人满意的特长,它总是提供完善的平衡和很宽的频带,还能按多种途径变种并转化成其他型式的巴仑。虽然这些都能被直观地解释,但将它们与 II 型巴仑相联系会有助于理解,往往还能促使设计者创造出新的品种。作为第一个例子,图 23.6(a)显示了单个巴仑(见图 23.3)的变种,代之以两个巴仑的串联,使在平衡端口视入的并联电抗加倍,从而增加频带宽度。

宽的频带要求套筒型式巴仑的并联电抗 jX_p 尽可能地大。图 23.7(a)和图 23.7(b)所示巴仑的频带宽度,取决于由套筒内壁和同轴馈线外导体所构成的两支同轴短截线的电抗之和。然而,同轴线的特性阻抗小于双导线传输线,要借助增大套筒直径来补救。但同轴线的特性阻抗是其内、外导体直径之比的对数函数,这将使套筒变得体积庞大。

另一种做法是在腔体中填充材料,以提高其本征阻抗,其实例示于图 23.7(c)。腔内填充 $\mu > \mu_0$ 的铁氧体。遗憾的是铁氧体的介电常数 ε 通常也大于 ε_0,这就限制了提高 μ 的效果。注意,两个腔体已被改成圆锥形,也能提高并联电抗而改善频带。另外,提高 μ 如同 ε 一样能缩小腔体的尺度。

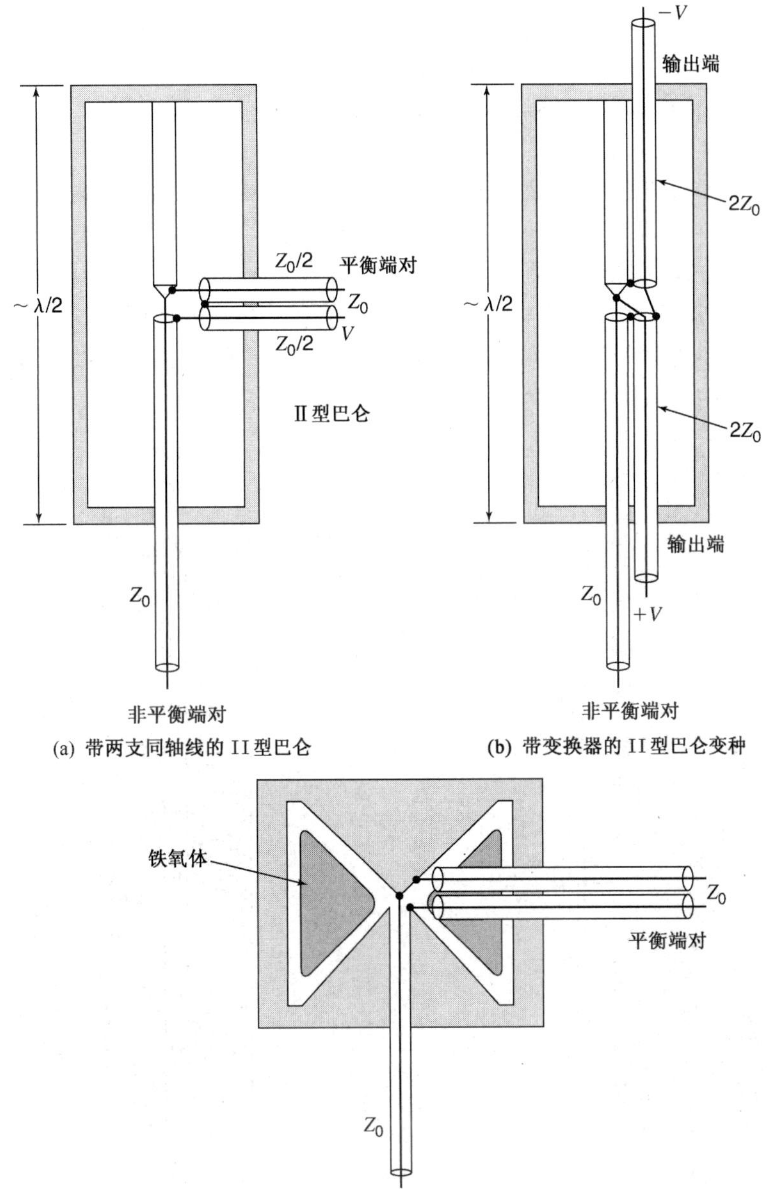

(a) 带两支同轴线的 II 型巴仑　(b) 带变换器的 II 型巴仑变种

(c) 充铁氧体腔的巴仑

图 23.7　宽频带套筒式巴仑的变种结构

23.5　支杆式巴仑

一种拆去套筒而安装在地平面上的 II 型巴仑示于图 23.8，该地平面也可以是作为天线支杆的导电大柱面，称之为“支杆式巴仑”。这里的并联阻抗 jX_p 要高于图 23.7(c)所示的同轴结构的阻抗，因而获得很宽的频带。如果再附加一节 λ/4 开路短截线形式的串联电抗，还可像图 23.5(b)所示的改良 III 型那样获得进一步的宽频带补偿。这种型式的设计能超过 4:1 的频带。还应注意巴仑的平衡输出连接着两对并联的平衡线，每对平衡线由两根特性阻抗为

Z_0 的同轴线串接而成,即总阻抗为 $2Z_0$;当左、右两对平衡线如图示那样并联连接时,则得到值为 Z_0 的总阻抗,这样就具有对所有频率的完好匹配。

注意到电压是表示平衡输出对支杆之间的,因此在下雪或结冰的情况下需要用介质盖或天线罩。

在图 23.6 到图 23.8 中,所有型式的巴仑都以具有并联电抗 jX_s,使两个分别处于顶部和底部的电抗相串联为标志。如果这两半结构的尺度略有不同,它们将谐振于稍有差异的频率,在这两个谐振频率之间的某频率上,一半结构的电抗呈感性,而另一半结构的电抗呈容性,且它们串联叠加后等于零(假设无损耗),则巴仑就不能在该频率上使用。

在图 23.5(b)的宽频带巴仑和图 23.8 的支杆式巴仑中的开路短截线长度应该根据其直径而比 $\lambda/4$ 截短约 4% ~10%,作为对开路传输线末端电容的补偿。

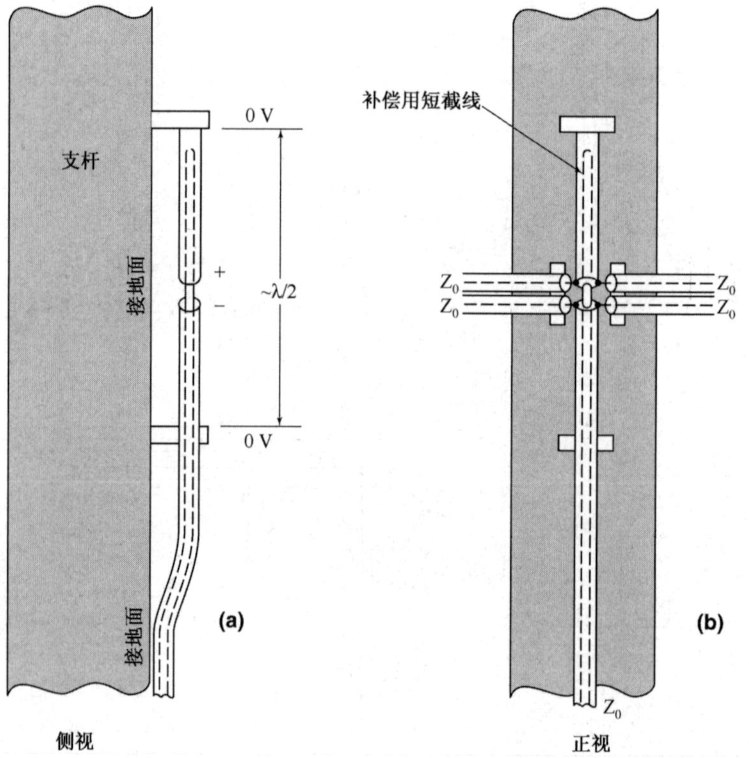

图 23.8 支杆式巴仑。用图 23.8(b)所示的支杆取代图 23.7(a)中的腔体。由两对串联连接的同轴线并联组成输出电缆,给出宽频带匹配(>4:1)所需的输入阻抗 Z_0

23.6 印刷巴仑

图 23.9 列举了几种印刷巴仑的结构。图 23.9(a)是同轴电缆馈电的巴仑与偶极子;图 23.9(b)基本上相同,但改用印刷馈线以及附加了类似图 23.5(b)的补偿用开路短截线(减短了偶极子间隙,以抑制馈线跨越时的寄生辐射);图 23.9(c)基本上是图 23.8 所示支杆式巴仑的印刷化结构。

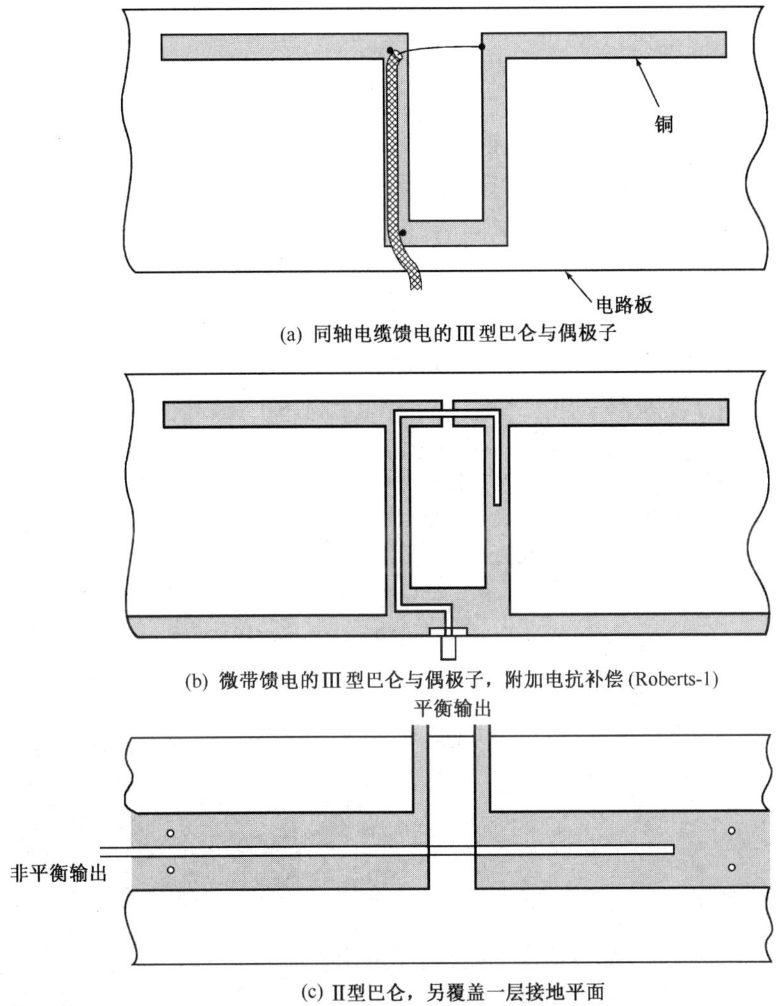

图 23.9　各种巴仑的印刷化结构

23.7　半波长旁路式巴仑[①]

迄今所述的巴仑型式，除了图 23.7(b)之外，都只提供了从平衡到非平衡端对的转换，而不具有任何阻抗变换的功能。其实，巴仑是能够提供阻抗变换的。

图 23.10 所示的实例，从特性阻抗为 Z_0 之同轴电缆的非平衡端对输入，分叉成两支特性阻抗都为 $2Z_0$ 的电缆。其中一支较另一支长 $\lambda/2$，在两输出端对上的电压有 180°的相位差，分别为 V 和 $-V$，则两内导体之间的平衡端对有电压 $2V$；而阻抗的变换比是 4∶1。因此，若平衡端对的外接负载电阻等于 $4Z_0$，两支电缆各自端接匹配的有效负载为 $2Z_0$，其输入阻抗仍保持 $2Z_0$，并联后等于 Z_0，恰实现完善的匹配。

该半波长旁路式巴仑仅当旁路电缆准确地有 $\lambda/2$ 长度差时才能完善地平衡。在较低频率

① 该巴仑型式在 1931 年被授予德国专利(Walter-1)，称为“$\lambda/2$ U 形环”。

上经旁路电缆的电压相位滞后少于 180°，在较高频率上则反之。幸而，这在某种程度上能够进行补偿(见图 23.11)。

在图 23.11(a)中，旁路电缆输出端的电压取决于该电缆特性阻抗的两种取值：$Z_c < 2Z_0$ 或 $Z_c > 2Z_0$。前一种情况是旁路电缆的输入阻抗位于复平面感性部分的 A 点，后一种情况是旁路电缆的输入阻抗位于容性半平面的 B 点。在图 23.11(b)中，对 $Z_c < 2Z_0$ 的情况附加了开路 λ/4 短截线的串联阻抗(示于阻抗圆图上)。在较低的频率上，该短截线呈容性，可将阻抗从 A 点压低到 C 点。这简单地对应了进一步的相位滞后，使得在某个较低频率上实现 180°的正确设计。类似地，在图 23.11(c)中，对 $Z_c > 2Z_0$ 的情况附加了短路 λ/4 短截线的并联阻抗。在较低的频率上，该短截线呈感性，可将阻抗从 B 点抬高到 D 点，使获得所要求的 180°总相位滞后。

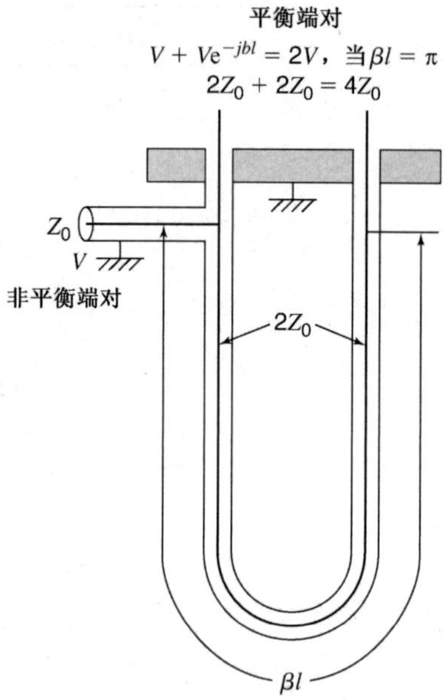

图 23.10 半波长旁路式巴仑。特性阻抗为 Z_0 的输入同轴电缆分叉成两支特性阻抗为$2Z_0$的平行电缆，一支比另一支长λ/2，以产生$2V$平衡的电压差。在平衡条件$\beta l = \pi$下阻抗成为四倍

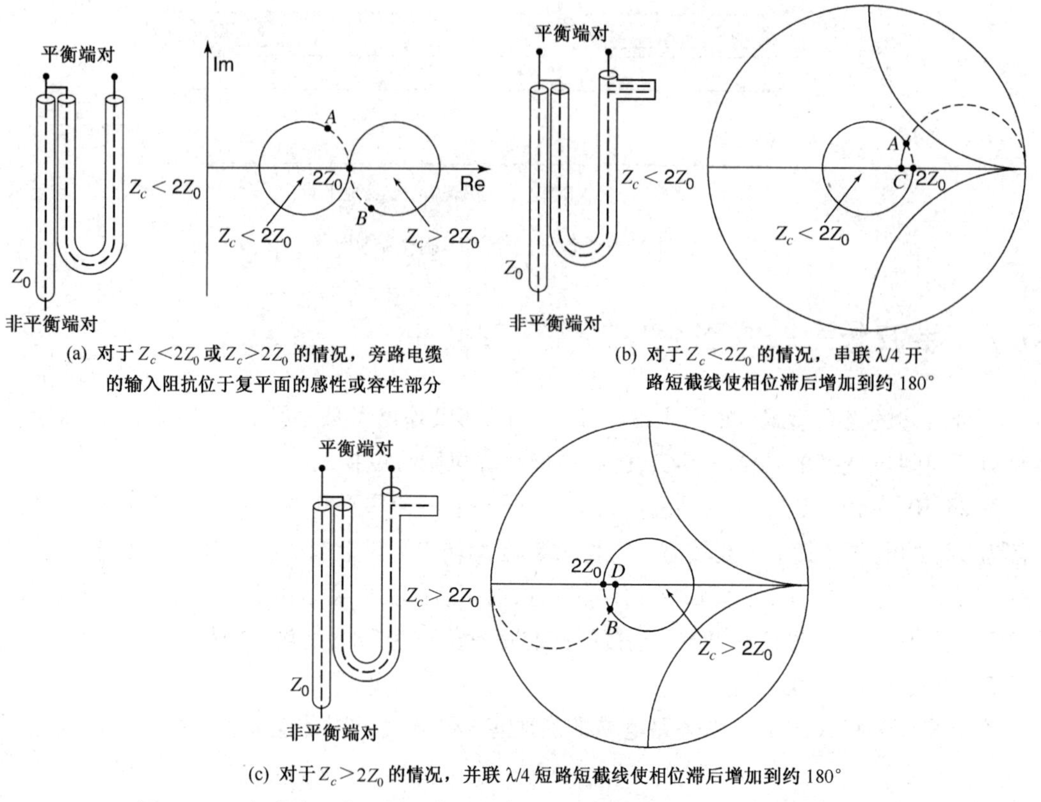

(a) 对于$Z_c<2Z_0$或$Z_c>2Z_0$的情况，旁路电缆的输入阻抗位于复平面的感性或容性部分

(b) 对于$Z_c<2Z_0$的情况，串联λ/4 开路短截线使相位滞后增加到约 180°

(c) 对于$Z_c>2Z_0$的情况，并联λ/4 短路短截线使相位滞后增加到约 180°

图 23.11 旁路式巴仑。低于中心频率工作，旁路电缆的相位滞后不到 180°

23.8　平衡变换器

有时需要在巴仑的平衡端口加接一只变换器,例如图 23.12(a)所示的器件,它由两根特性阻抗为 $2Z_0$ 的同轴线组成。在其低阻抗端两同轴线的内、外导体交叉并联,使两内导体具有相反的极性;在其高阻抗端两同轴线串联相接。由于两内导体极性相反,使总的电压差为 $2V$,即高阻抗端口阻抗提高为低阻抗端口的 4 倍。

这种变换在原理上不依赖于同轴线的长度。然而,两外导体在高阻抗端口处相连接,从低阻抗端口望去呈末端短路的短截线,并联于输入阻抗。可取同轴线长度为 λ/4,使短截线呈无限大阻抗,从而不影响平衡器的输入阻抗。

同轴线也可以用平行双线电缆替代,如图 23.12(b)所示。若将这些双线电缆都绕成线圈状,它们将对非平衡电流而不是对平衡电流表现为高电阻,因此其效果像巴仑一样,类似于图 23.2所示的设计。此外,还可以应用铁氧体芯来提高线圈的阻抗,从而展宽频带(>10:1)。这种结构对于低功率应用非常普遍而且价格低廉。

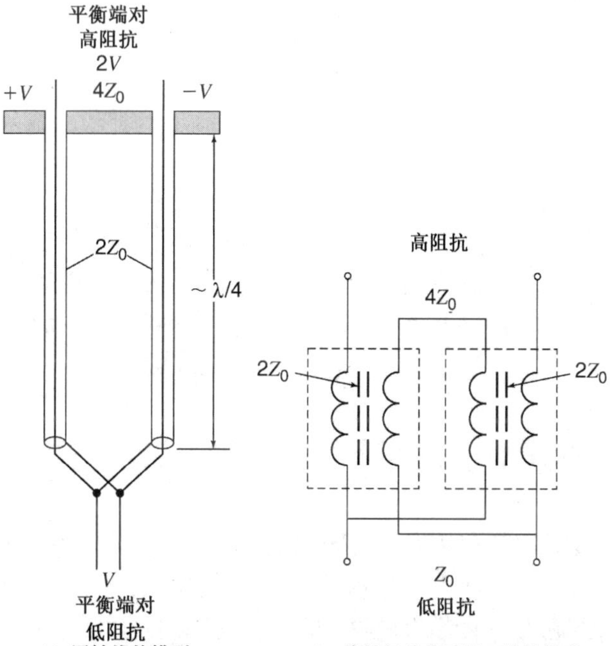

图 23.12　4:1 的平衡变换器。两根同轴线在低阻抗端并联而在高阻抗端串联,可使输入电压加倍

一种 III 型巴仑与变换器的组合示于图 23.13(a)。由于两节叉形(末端短路的平行同轴线外壳)短截线的阻抗相并联,频带宽度将有所减小(参见习题 23.3.1 到习题 23.3.3)。幸好还能借一节开路的 λ/4 短截线提供频带补偿,如图 23.5(b)所示。

一种更紧凑的结构示于图 23.13(b)。其中,变换器的同轴线被沿着巴仑的叉形结构向下折合(两者的外导体可允许随处接触)。除了结构变短,现只用一个叉形结构的阻抗取代了原来两个叉形的并联,需适当加粗同轴线以降低单叉的特性阻抗。

最后,图 23.14 展示了一种非常聪明的巴仑与内置式平衡器的组合。借助更多的叉形结构连接于单一支点,巴仑就能设计成具有 1:9 甚至 1:16 的变换比(Ruhrmann-1,-2)。

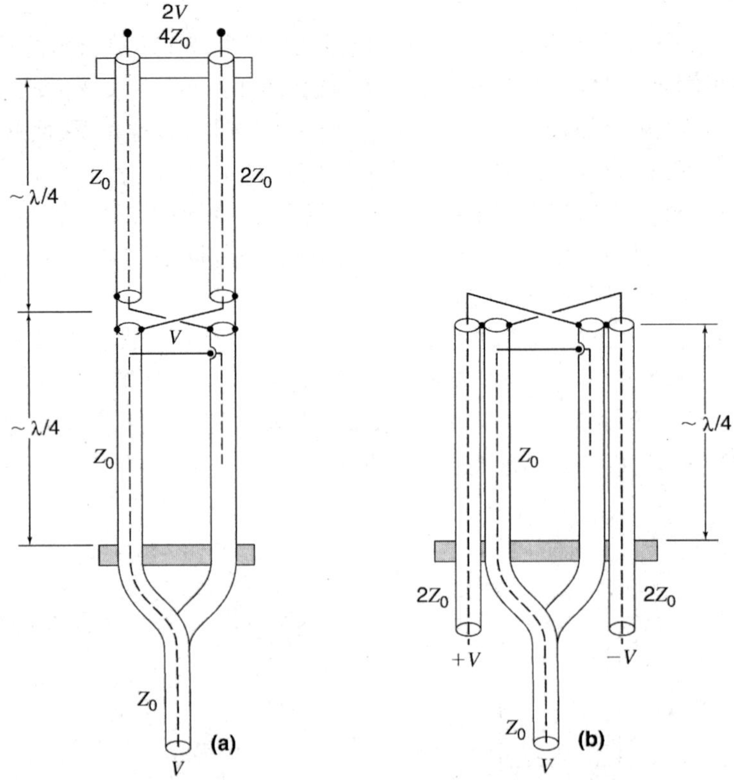

带变换器的III型巴仑,
(a) III型巴仑与平衡变换器,参见图 23.12(a)

折合结构
(b) 变换器节向下折合的结构

图 23.13 巴仑与变换器的组合

23.9 截割式巴仑

图 23.15 所示的截割式巴仑从下部的同轴线出发,其外导体被缓慢地截割成上部的双导线传输线。由于逐渐锥削而使内部反射非常小,但这种设计导致了较长的结构(近似为最低频率的半波长),并在非平衡端有较高的阻抗。事实上,该巴仑的最高频率受限于在同轴线内不出现高次模的传播(Duncan-1)。对比在图 23.10 至图 23.14 中所列的其他阻抗变换的巴仑型式,这种巴仑能被设计成变换比从 ~1.5:1 到 5:1,而频率覆盖达 100:1,但必须很长!

一种有趣的"混合物"绘于图 23.16,外导体已被割成两片,内导体则直伸到顶部与外导体的右片连接。这可以认为是上述锥削巴仑与 III 型巴仑的杂交。然而,对比一般的 III 型巴仑,它会产生阻抗变换作用,作者曾有从同轴输入到偶极子天线的典型变换比为 ~2:1 的经验。

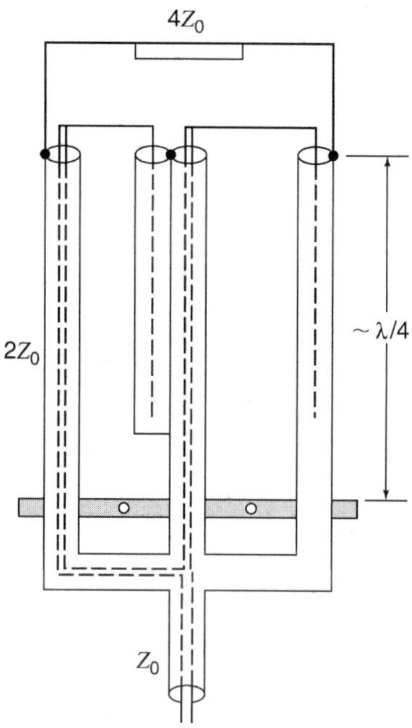

图 23.14　一种 III 型巴仑的“烛台式”结构具有 4:1 的变换比，采用末端开路的短截线进行宽频带补偿。借助更多臂可达到9:1或16:1的变换比

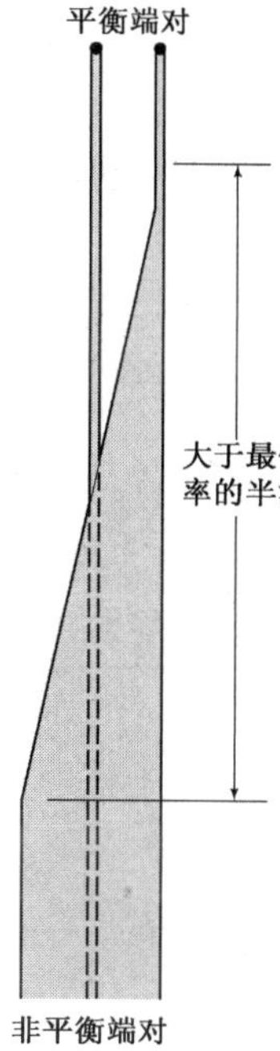

图 23.15　一根同轴线被逐渐截割成锥削形而转换为一对平行双线。能做到极宽的频带(100:1)

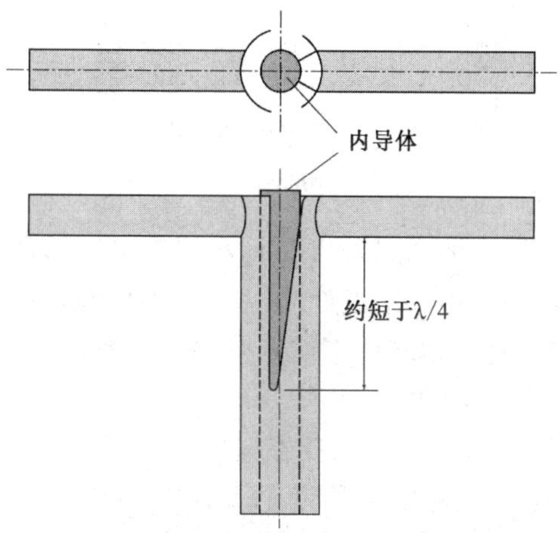

图 23.16　一种巴仑的“混合物”:同轴线外管上对径切割两锥削的裂缝(类似图 23.15 的截割式巴仑)，而内导体连接外管的一侧(类似图23.4的Ⅲ型巴仑)

23.10　天然巴仑

有些天线在某个位置恰为零电位点，正可加以利用。经典的实例是图 23.17(a)所示的折合偶极子，零点位于未断裂的下半截之中点，如同图 23.4(a)和图 23.4(b)所示 III 型巴仑的情况，适合馈电同轴线连接于此。该结构的平衡性总是完善的，而且从馈点视入的直接就是折合偶极子天线的阻抗。换言之，这不仅是天然的，还是完美的巴仑。图 23.18 所示的环形巴仑也是天然巴仑，参见图 7.8、图 7.12 和图 7.14。

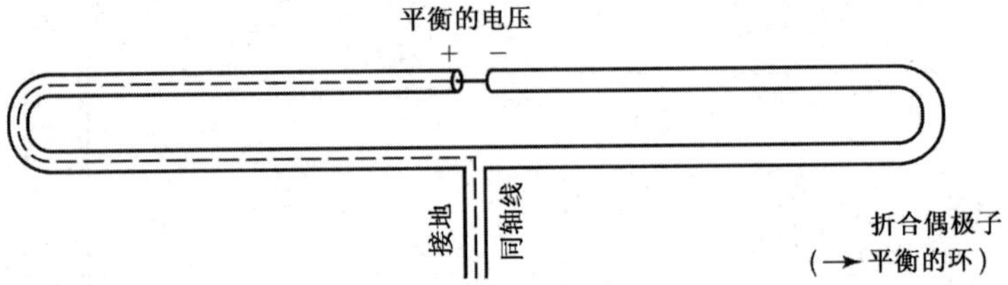

(a) 折合偶极子，其下半截的中点对于所有频率都是零电位，该点宜连接馈电同轴线

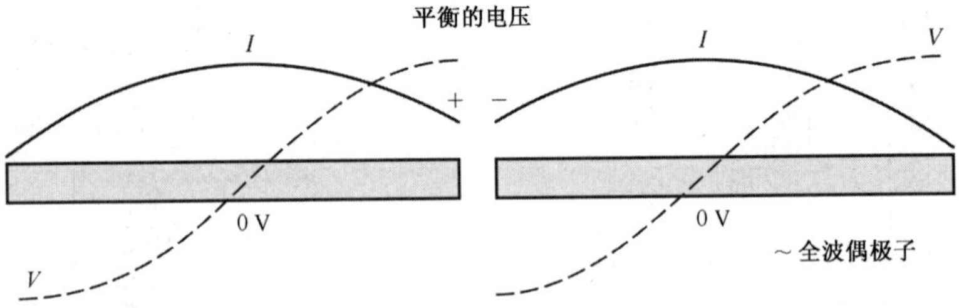

(b) 全波偶极子，其每半侧的中央邻近某点对于一定频率范围近似零电位

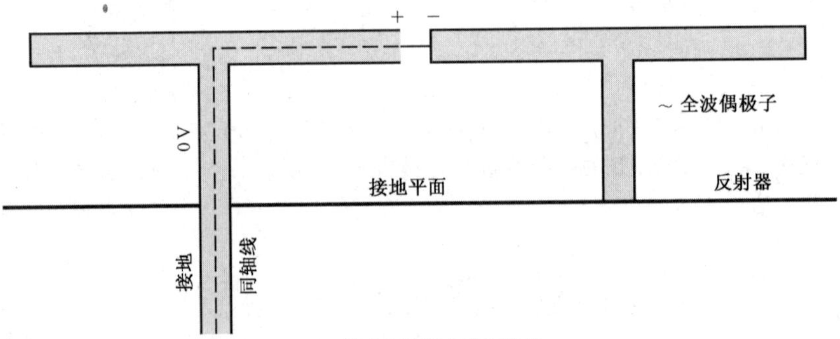

(c) 该点宜连接支撑和馈线

图 23.17　天然巴仑

另一种名为全波偶极子的实例,如图 23.17(b)和图 23.17(c)所示,并绘出了电流与电压的分布。可见,电压分布在天线两臂中央某点处为零值。因此,在这两点位置支撑天线的两臂,不会(最少地)影响其电流分布。还可以利用支撑之一(见图中的左臂)的内部穿引天线的馈线。

这种结构的频带显然不是无限宽,但仍有一个倍频程以上,足付实用。支撑所连接零电位点的最佳位置要靠实验找出:首先测量没有支撑时的天线阻抗;然后把手放到天线上,观察天线阻抗的变化;将手沿着偶极子两臂之一滑动,直到阻抗不随着变化,就指出了正确的支撑位置。练习过之后,读者就可以声称自己是"行家里手"了。

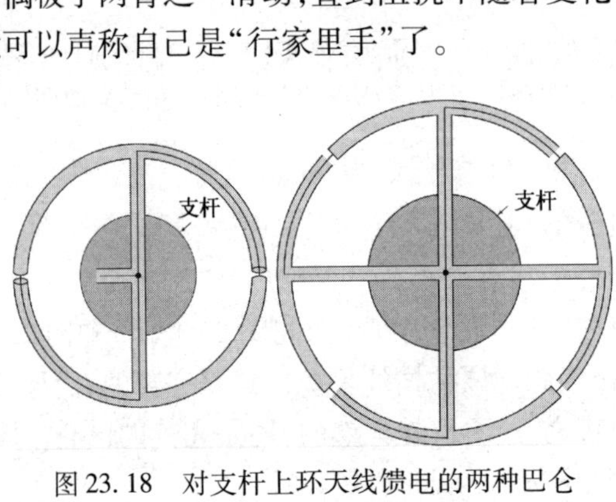

图 23.18　对支杆上环天线馈电的两种巴仑

23.11　折合偶极子到 J 形匹配天线

图 23.19 列出了 J 形匹配的同轴线馈电偶极子的进化五步曲。

23.12　匹配短截线

具有双导体传输线的偶极子阵能借助同轴线馈电，如图 23.20 所示。首先，借助从附近发射天线的激励，调节短截线上的短路使阵元上的电流最大（或谐振），这是第一步；然后接上同轴馈线，并沿短截线上下移动，使接到发射机的线上电压驻波比（VSWR）达到最小，这是第二步。

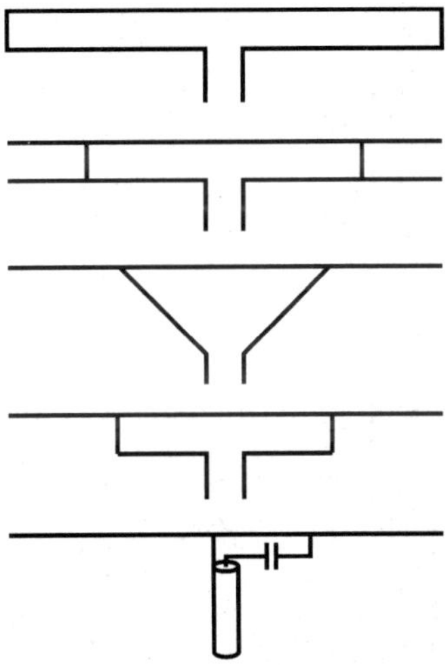

图 23.19　从折合偶极子经过变种的折合偶极子、Δ形匹配、T形匹配到J形匹配的进化五步曲（Kraus（1） & Sturgeon）

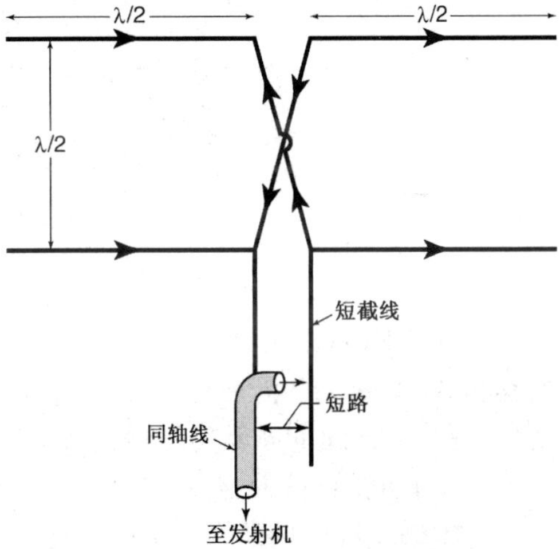

图 23.20　带有匹配短截线和 III 型巴仑同轴馈电的偶极子阵。图中短截线导体的间距是为了清楚而故意夸大的

这种借助简单两步调谐的巴仑可用于帘幕形阵（见图 23.20）、W8JK 阵、菱形或其他的阵，或任意长度的单根偶极子。在调谐该馈电系统时已计入所有支撑结构或其他邻近物体的影响。

23.13　陷波器

在许多宽频带的应用场合并不需要具有连续频谱覆盖下的非频变天线，宁可天线能工作在若干点频上。这是可行的，例如借助可调谐陷波器的中心馈电偶极子，如图 23.21（a）所示，每个陷波器由一级并联调谐的 LC 电路组成。在频率 F_1 时，偶极子长度为 $\lambda/2$，陷波器引入一定的感抗而使偶极子的谐振长度被缩短；在两倍频率 F_2（$F_2=2F_1$）时，陷波器谐振（$\omega L=1/\omega C$）而具有高阻抗，使偶极子的外段被有效地隔离，内段则成为频率 F_2 的 $\lambda/2$ 谐振偶极子。于是，在这个简单的例子中，天线能实现同时对两个相隔一个倍频程的 F_1 和 F_2 都成为匹配的 $\lambda/2$ 偶极子。借助更多的陷波器，还可以扩展工作于其他频率。虽然上例中两个频率具有谐量关系，但这并非必要条件。应注意，外侧段必须对陷波器表现为低阻抗而被隔离（即失配）。在图 23.21（a）中，外侧段长为 F_2 的 $\sim\lambda/4$，符合这项要求。

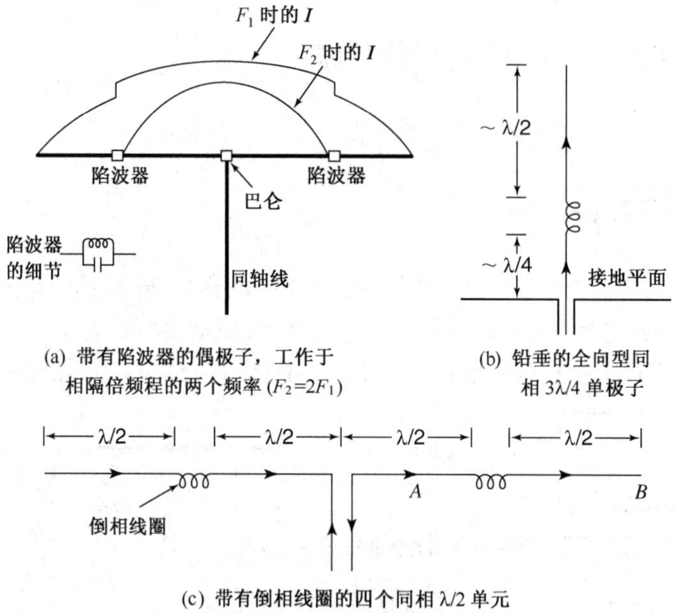

图 23.21 陷波器的原理

一枚线圈(或陷波器)在图 23.21(b)所示的四个同相 λ/2 单元的共线阵中的作用是 180°的移相器。阵元对线圈表现为高阻抗,线圈则能在不外接电容的情况下凭着自身的分布电容发生谐振。线圈还可被认为是卷拢的 λ/2 单元。该四单元阵具有 6.4 dBi 的增益,高于两个和三个 λ/2 单元共线阵的增益 3.8 dBi 和 5.3 dBi。

将图 23.21(b)的天线在 *A* 点割断后转成铅垂状态,置于接地平面上,就成了图 23.21(c)所示的全向型同相 3λ/4 单极子天线,具有 8.3 dBi 的增益。为了将其约 150 Ω 的馈端电阻匹配到 50 Ω 或 75 Ω 的同轴线,另需串接一节电容-电感网络。

23.14 结论

本章已讨论了品种广泛的巴仑和变换器,虽不能称完全,但已力求阐明巴仑的基本原理和限制。希望这些材料将会启发读者去创作独特的设计,以适应用户的特殊需要。

参考文献

Bock, E. L. (1), J. A. Nelson and A. Dorne in "Very High-Frequency Techniques," Chap. 5, McGraw-Hill, New York, 1947.

Duncan, J. W. (1), and V. P. Minerva, "100 : 1 Bandwidth Balun Transformer," *Proc. IRE,* pp. 156–164, February 1960.

Kraus, J. D. (1), and S. S. Sturgen, "The T-Matched Antenna," *QST,* pp. 24–25, September 1940.

Nelson, J. A. (1), and G. Stavis, in "Very High-Frequency Techniques," Chap. 3, McGraw-Hill, New York, 1947.

Roberts, W. K. (1), "A New Wide-Band Balun," *Proc. IRE,* pp. 1628–1631, December 1957.

Ruhrmann, A. (1), *Telefunken-Zeitung,* **24,** pp. 237–250, 1951.

Ruhrmann, A. (2), (inventor), (Telefunken), *DRP* 806 446 (1.10.1948).

Walter, L. (1), A. Gothe and H. D. Rosenstein (inventors), (Telefunken), *DRP* 568 559, (18.11.1931).

补充参考资料

Lindenblad, N. E. (1), "Antennas and Transmission Lines at the Empire State Television Station," *Communications,* Vol. 20, p. 13, May 1940.

Lindenblad, N. E. (2) (inventor), Brit. Patent 487, 708, (28.4.1936).

Meinke, H. (1), and F. W. Gundlach, "Tashenbuch der Hochfrequenztechnik," Sec. 17–24, Springer-Verlag, Berlin/Göttingen/Heidelberg, 1962.

Percival, W. S. (1), and E. C. L. White (inventors), (Electrical Musical Instrument Ltd.), Brit. Patent 438, 506, (15.11.1935).

Radio Research Laboratory (1), Harvard University, "Very High Frequency Techniques," Sec. 3–14, 3–15, 3–16, Boston Technical Publishers, 1965 (originally 1946).

习题

23.3.1 **巴仑 200 Ω，天线 70 Ω。** 设 III 型巴仑的特性阻抗 $Z_{cp}=200\,\Omega$，短路闩的短截线长度 $l_p=7.5$ cm，连接于输入阻抗 $Z^A=70\,\Omega$ 的天线。(a) 求频率 f 分别为 500 MHz，1000 MHz，1500 MHz 时该巴仑的短截线阻抗 jX_p；(b) 分别计算并联后各频率时点的阻抗 $Z_A \parallel jX_p$，并对阻抗 $Z_0=50\,\Omega$ 归一化后标注于阻抗圆图，检查所有这些阻抗是否都落在由点(0,0)与 $Z_A=70\,\Omega$ 所张直径的圆上(也可以在圆图上用图解法确定 $Z_A \parallel jX_p$)；(c) 解释若 Z_{cp} 改为 150 Ω 或 250 Ω 对频带的影响。

23.3.2 **巴仑 200 Ω，天线 80 − *j*20 Ω 等。** 采用与习题 23.3.1 相同的 III 型巴仑，天线阻抗分别改成 $Z_A=80-j20\,\Omega$，75 Ω 和 $80+j20\,\Omega$。(a) 分别计算频率 f 为 500 MHz，1000 MHz 和 1500 MHz 时的 $Z_A \parallel jX_p$，并按阻抗 $Z_0=50\,\Omega$ 归一化后标注于阻抗圆图，检查所有这些阻抗是否都落在由点(0,0)与 $Z_A=70\,\Omega$ 所张直径的圆上(纯图解法即可)；(b) 对 $Z_A=70+j20\,\Omega$，75 Ω 和 $70-j20\,\Omega$ 的天线阻抗重复(a)的问题。在上述两种情况中，哪种有获得最大频带的潜力？

23.3.3 **带短截线的巴仑。** 将习题 23.3.1 和习题 23.3.2 中的 III 型巴仑变种成图 23.5(b)所示的宽频带结构，同轴短截线的特性阻抗是 $Z_{cs}=12.5\,\Omega$，介电常数是 $\varepsilon_1=2.25\varepsilon_0$。(a) 为中心频率 $f=1000$ MHz 求出短截线的长度；(b) 分别计算频率 f 为 500 MHz，1000 MHz 和 1500 MHz 时的短截线阻抗 jX_s；(c) 分别计算频率 f 为 500 MHz，1000 MHz 和 1500 MHz 时的 $Z_A \parallel jX_p + jX_s$，并按阻抗 $Z_0=50\,\Omega$ 归一化后标注于阻抗圆图。(d) 比较此补偿性设计和习题 23.3.1 中的非补偿性设计两者的宽频带潜力。

如果短截线特性阻抗从 $Z_{cs}=12.5\,\Omega$ 改成 $Z_{cs}=50\,\Omega$，讨论其对频带的影响。

最后的变种说明了：要成功地解答一个问题，不仅要有正确的思路，还必须进行**正确的设计**。

23.3.4 **偶极子天线的 VSWR。** 设有 65 Ω 的馈线接到长/径比 $L/D=60$ 的偶极子天线，若馈端上并联了一节特性阻抗为 40 Ω 的开路线，其电长度在中心频率 F_0 时为 180°，计算该天线-馈线系统在 30% 频带上的 VSWR。

23.3.5 **短截线的阻抗。** 某短桩形天线安装在接地平面上，用 50 Ω 的空气同轴线馈电。(a) 若馈线上的 VSWR 为 2.5，并且第一个电压最小点距离终端为 0.17λ，问天线馈端的阻抗是多少？(b) 试设计一节变换器，使得实现 VSWR = 1。

第24章　天线测量

Arto Lehto & Pertti Vainikainen[①]

本章包含下列主题：

- 基本概念
- 互易性
- 近场和远场
- 坐标系
- 误差源
- 相位误差和幅度锥削
- 反射
- 测量场地
- 架高范围
- 地面反射范围
- 吸波室和吸波材料
- 紧缩的天线测量场地
- 近场场地
- 场地的测量
- 仪器设备
- 不同天线参量的测量
- 定向波瓣图
- 增益
- 相位
- 极化
- 阻抗
- 效率
- 电流分布
- 大型天线
- 电小天线
- 有效增益
- 比吸收率

24.1　引言

要确定天线的实际性能，例如增益、波瓣图、极化、频带宽度和效率等，精确的测量是必不可少的。天线在不同的应用场合各有其严格的指标要求。例如，点对点无线通信线路按照已授权的标准应满足确定的增益、旁瓣电平和交叉极化等要求。

在许多情况下，天线的性能能够非常准确地得自理论计算。但这对于复杂的天线是不可能的，要做太多的理想化和简化。通常，很难对天线的使用环境建模，诸如接近于人头部或装置于飞机上的天线。即使能算出理想天线的性能，现实世界中的天线仍需要通过测量来检验。由于加工容差和制造误差，其性能并不如所预期的那么好。只有测量结果才能为解决争议给出有价值的信息。

本章将讨论天线的实验测量方法和技术，包括基本概念、典型的测量误差源、测量场地和所需的仪器设备、不同天线参量的测量方法以及其他测量专题，如电大天线与电小天线、有效增益和比吸收率等。

---

① 本章作者，芬兰赫尔辛基理工大学无线电实验室教授。

24.2 基本概念

大多数普通天线的测量是测定其远场的辐射特性,如定向波瓣图、增益或相位波瓣图等。本节将定义这些测量的基本概念。

图 24.1 给出了测量辐射特性的典型配置。基本步骤是将一架发射的或接收的源天线放在相对于待测天线(AUT)等距离的不同位置上,借以采集大量波瓣图取样值。通常,其不同位置是借助待测天线的原地旋转来实现的。为使波瓣图能保真地取样其锐变形状,在待测天线与源天线之间应该只存在直接的传播途径,这就要求实现无反射的环境,如吸波室或自由空间(见 24.4 节)。

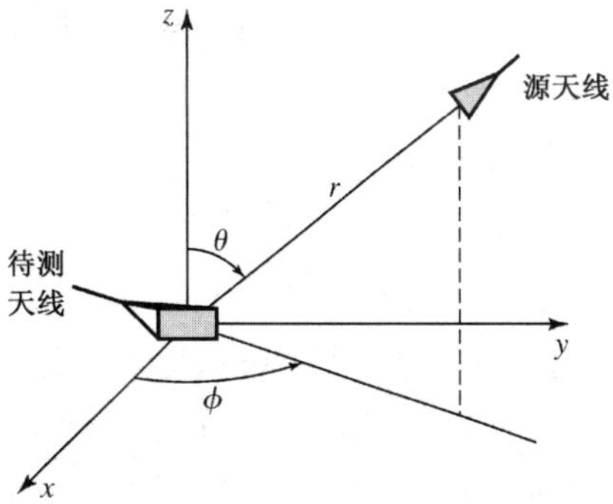

图 24.1 测量天线辐射特性的典型配置

24.2a 天线测量中的互易性

前面已指出,待测天线既可用做接收天线,也可用做发射天线,这当然是出于 13.2 节所述的互易性原理。从天线测量的观点来看,该原理可导出两条重要推理:

- 发射与接收状态的波瓣图是相同的。
- 两种传播途径的功率流是相同的。

于是很显然,待测天线的所有辐射参量既可按发射模式,也可按接收模式测量。这在待测天线按信号流向既用于接收又用于发射的大型设备的情况下尤其有用。

然而,在实际的天线测量中要谨慎地应用互易性原理。13.2 节曾列出该原理有效性的若干重要条件:

1. 调换天线时,两者的端接电动势都有相同的频率。
2. 媒质是线性的、无源的和各向同性的。
3. 对于匹配的阻抗,功率流才是相等的。

若在标准配置下进行谨慎的测量,满足条件 1 是不成问题的;当待测天线集成有任何有源或铁氧体部件时,条件 2 就未必能符合了;条件 3 或许是最难实现的,会使测量结果看似违反互易性原理。

现借助图 24.2 所示的典型配置和仪器来说明待测天线辐射特性的测量。

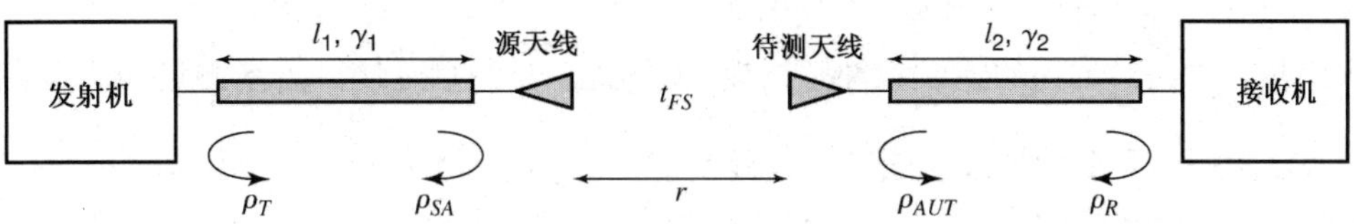

图 24.2 待测天线辐射特性测量的典型仪器

虽然待测天线与源天线之间存在多次反射,但由于自由空间传播的高衰减因子$|1/t_{FS}|$,通常并不显著。例如,采用流图技术推导图 24.2 的电压传输,可得

$$\frac{V_R}{V_T}=\frac{\mathrm{e}^{-\gamma_1 l_1}}{1-\rho_T\rho_{SA}\mathrm{e}^{-2\gamma_1 l_1}}\cdot t_{FS}\cdot(1-\rho_{AUT})\cdot\frac{\mathrm{e}^{-\gamma_2 l_2}}{1-\rho_{AUT}\rho_R\mathrm{e}^{-2\gamma_2 l_2}} \tag{1}$$

其中,V_R——接收机从传输线 2 检测的电压,V

V_T——由发射机施加于传输线 1 的电压,V

γ_1——介于发射机与源天线之间的传输线 1 的复传播因子,m^{-1}

γ_2——介于待测天线与接收机之间的传输线 2 的复传播因子,m^{-1}

l_1——传输线 1 的长度,m

l_2——传输线 2 的长度,m

ρ_T——发射机输出端的电压反射系数

ρ_{SA}——源天线的电压反射系数

ρ_{AUT}——待测天线的电压反射系数

ρ_R——接收机输入端的电压反射系数

t_{FS}——两个天线端口之间的电压传输系数

以上假设发射机输出端、源天线输入端和接收机输入端的电压传输系数已分别包括在V_T,V_R 和 t_{FS}的校准步骤中。因此只需计及待测天线的电压传输系数$(1-\rho_{AUT})$。式(1)右侧的首末两项都是包含了传输线上的多次反射的电压传输系数。按照互易性原理,如果满足上述条件,就可以调换输入和输出(V_R 和 V_T)。但是这种调换并非总是可能的,因为所调换的至少是发射机(发生器)和接收机,有时还有电缆部分。如果式(1)右侧首末两项的分子改变不多,则这种调换并不会使结果有显著改变,这意味着:

1. 反射系数 ρ_T,ρ_R 和电缆(长度和衰减)都保持相同(这种情况在实践中很少遇到);
2. 各项反射都很小,即$|\rho_T\rho_{SA}|$,$|\rho_R\rho_{AUT}|$,$|\rho_T\rho_{AUT}|$和$|\rho_R\rho_{SA}|\approx 0$。这取决于测量系统,仅当采用经校准的矢量网络分析仪时才能近似达到。

由此可见,当天线或测量器件的匹配不良时会发生问题。在这种情况下调换发生器与接收机,将会改变结果,即互易性原理不再适用。

24.2b 近场和远场

根据惠更斯原理,毫无疑问,应该在围绕待测天线的某个表面上采样,为场提供足够的信息。但在实际测量中,在很大程度上受从待测天线到该表面之距离的限制(Hansen-1)。在 2.13 节中已经定义过天线附近的几种辐射场区域:电抗性的近场区(弧度球),辐射近场或非涅耳区,以及辐射远场或夫琅和费区(见图 24.3)。

人们几乎总是对远场的辐射特性感兴趣,通常也总是测量远场。远场测量的优点在于:

- 按任何距离测量的场波瓣图都是有效的,只需要对场强按 $1/r$ 进行简单的变换。
- 若要得到功率波瓣图,只需简单地进行功率(幅度)测量。
- 测量结果对于天线相位中心的位置变化不太敏感,因而旋转待测天线并不会导致明显的测量误差。
- 待测天线和源天线之间的耦合和多次反射并不重要。

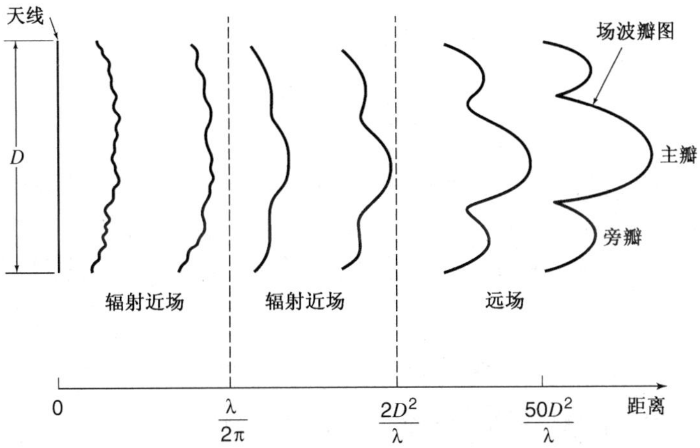

图 24.3 在近场和远场区内的辐射波瓣图

远场测量的主要缺点则是天线之间所必需的距离要求有很大的测量场地。测量距离可能大得使吸波室无法容纳,而室外测量又会受到大气层的衰减。在此情况下就需要考虑在辐射近场内的测量,简称为近场测量。至于电抗性的凋落近场区,很少用于天线测量,因为通常距离待测天线太近时(见下文),由天线之间的电抗性耦合所致的互阻抗使测量变得复杂化。围绕待测天线的分区界限由占优势场的性质来定义,优势则作为一种相对的概念使界限的距离随定义而变化,下文将说明其最通用的值。

电抗性近场区之外边界的典型定义是:界外的远场分量之幅度大于电抗性近场分量之幅度。对于小尺度的基本偶极子,该边界的距离取决于弧度球的半径,即

$$r_{rnf} = \frac{\lambda}{2\pi} \qquad (\mathrm{m}) \tag{2}$$

其中,r_{mf}——小尺度待测天线至电抗性近场外边界的距离,m

λ——波长,m

对于大尺度天线的近场测量,可按凋落近场在 3λ 距离以外不复重要来估计(Slater-1)。

远场区的内边界通常都定义成:从源天线按球面波前到达待测天线之边缘与待测天线之中心的相位差为 π/8(22.5°),相当于 λ/16 的波程差。这样就导出了众所周知的表示菲涅耳区和夫琅和费区边界的瑞利距离:

$$r_{ff} = \frac{2D^2}{\lambda} \qquad (\mathrm{m}) \tag{3}$$

其中,r_{ff}——待测天线至远场区之内边界的距离,m

λ——波长,m

D——天线物理口径的最大尺寸,m

在可允许波程差较小的某些情况下,有时采用较大的远场距离,如 $2r_{ff}$。对于小尺度天线,波程差的判据不适用于定义远场条件,甚至当 $D < \lambda/4$ 时会出现 $r_{ff} < r_{rnf}$的谬误! 于是对这种情况需要对远场测量所需距离的附加判据。有一种附加判据设近场分量的总幅度充分地低于远场分量。若近场按随机相位相加,并记由此造成的峰谷起伏为 ΔL(dB),则测试距离的附加条件为:

$$r'_{ff} = \frac{r_{rnf}}{10^{\Delta L/40} - 1} \qquad (\mathrm{m}) \tag{4}$$

其中,r'_{ff}——指定待测天线之电抗性近场电平时的测试距离,m

ΔL——由电抗性近场造成的峰谷起伏误差,dB

并设该近场分量按 $1/r^2$ 律衰减,r 是源天线至待测天线的距离。往往要求近场电平至少比远场分量低 35 dB,此时峰谷起伏 $\Delta L \approx 0.3$ dB,而 $r'_{ff} = 10\lambda$。另一种远场条件的附加判据要求,由旋转待测天线导致测试距离 r 的改变对所得测量结果的影响不大。仍限制距离的峰谷起伏为 ΔL(dB),则有条件

$$r''_{ff} = \frac{2D_m}{10^{\Delta L/10} - 1} \qquad (\mathrm{m}) \tag{5}$$

其中,r''_{ff}——具有确定旋转效应时待测天线的测试距离,m

D_m——天线的最大机械尺寸,m

ΔL——由待测天线旋转造成的距离峰谷起伏误差,dB

并设待测天线与源天线两者相位中心之距离的起伏变化为 $D_m/2$。

例 24.2.1 手持蜂窝电话之机载法向模螺旋的近场和远场距离

某法向模螺旋天线置于一个 900 MHz 手机的顶部,天线长度为 25 mm,手机底壳的长度为 110 mm。试求满足不同近场区和远场区判据的距离,设由近似效应造成测量的峰谷起伏不确定度为 0.5 dB。

解:

该天线的最大尺寸应为手机底壳与天线单元的合成长度,$D = D_m = 135$ mm。这是由于总尺寸小于半波长,而整个金属体布满了感应电流:

(a) 由式(2)给出的电抗性近场外边界的距离:

$r_{rnf} = (0.333/2\pi)$ m $= 53$ mm

(b) 由式(3)给出的夫琅和费区的起始距离:

$r_{ff} = (2 \times (0.135)^2/0.333)$ m $= 110$ mm

(c) 根据 $\Delta L = 0.5$ dB,由式(4)给出的近场效应足够小的最小距离:

$r'_{ff} = ((0.333/2\pi) \times 34.2)$ m $= 1.8$ m

(d) 由(5)给出的待测天线旋转效应足够小的最小距离:

$r''_{ff} = ((2 \times 0.135) \times 8.20)$ m $= 2.2$ m

例 24.2.2 标准增益的棱锥喇叭天线在 10 GHz 的近场和远场距离

该喇叭的长度为 350 mm,口径尺寸为 200 mm × 150 mm。作为精密的天线,要求由近似效应造成的峰谷起伏不确定度为 0.2 dB。

解:

现有 $D = 200$ mm 和 $D_m = 350$ mm,仿照例 24.2.1 的步骤,可得:

(a) $r_{rnf} = 4.8$ mm

(b) $r_{ff} = 2 \times (0.2)^2/0.03$ m $= 2.7$ m

(c) $r'_{ff} = 0.0048 \times 86.4$ m $= 0.41$ m

(d) $r''_{ff} = 2 \times 0.35 \times 21.2$ m $= 14.9$ m

注意,本例设定了较严的 ΔL 限制,如果不致力于保持相位中心的移动很小,其测量距离应由式(5)来确定。

例 24.2.3 直径 $D=0.5$ m 的反射镜天线在 300 GHz 的近场和远场距离

解:

显然可以确定 $r_{ff}=(2\times(0.5)^2/10^{-3})$ m = 500 m,而大气层的衰减在 300 GHz 时约为 10 dB/km,并且很难做到全尺寸场地的测量。在这种情况下,需要应用紧缩的天线测试场地(参见24.4d 节)。

24.2c 坐标系

IEEE 标准球坐标系示于图 24.4(IEEE-1)。待测天线置于原点,极角 θ 从 z 轴(天顶)量起①,方位角 ϕ 在 xy 面(水平面)内从 x 轴($\phi=0$)逆时针量到球半径矢量的投影。通常,坐标系按天线机械结构的取向定义,取天线的最大辐射方向为 x 轴。

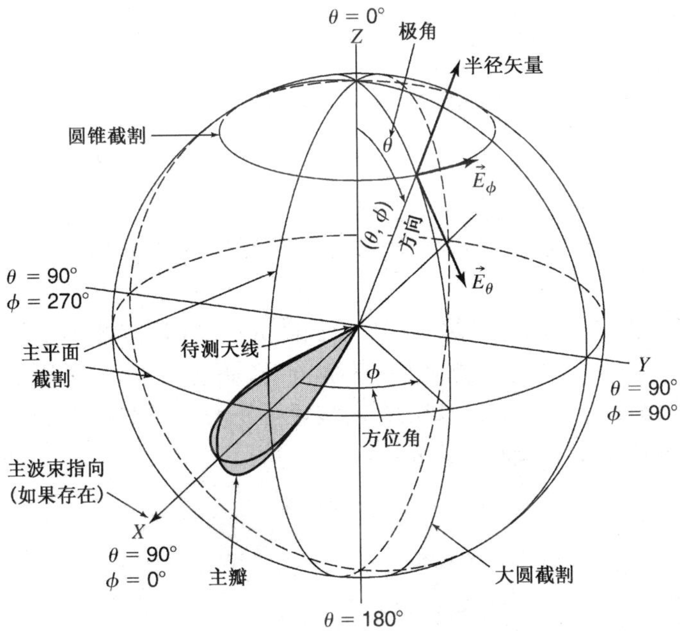

图 24.4 天线测量的标准坐标系,标出了圆锥、大圆和主平面截割

沿等 ϕ 弧线或等 θ 弧线移动源天线,当 θ 不变时导致圆锥截割或 ϕ 截割;当 ϕ 不变时导致大圆截割或 θ 截割;沿 $\theta=\pi/2$ 的截割则兼属上述两类。要说明天线的特征,通常定义两个主平面截割,它们是包含天线主瓣轴线的正交的大圆截割。具有线极化的天线,选取其截割面与主瓣 E 场和 H 场的方向一致,分别称为 E-面截割和 H-面截割。

当测量天线的极化时,需要为每个测量方向(θ,ϕ)构筑一个本地坐标系,其参考方向通常取成沿标准球坐标系的单位矢量 u_ϕ(见图 24.4)。对于 z 轴测量方向,其参考方向可以有多种

---

① 原书中称 θ 为仰角"elevation angle"欠妥!译文按立足于水平面的习惯,称 θ 为极角"polar angle"(从极轴量起),而$(\pi/2-\theta)$才是仰角(从水平面量起),二者互为余角。——译者注

定义,例如沿正 y 轴。关于极化的旋向定义,将待测天线用做发射,波的传播方向(即旋向的观察方向)背离该待测天线。

24.3 天线测量的典型误差源

任何被测的量都有其误差的极限。于是,天线增益值的完整表示可为 15 dBi ±0.5 dB,说明有半个分贝的不确定度。当测量的不确定度减少到可接受电平时,该临界的误差源也就被认可了。

测量远场波瓣图时的理想测量场应该是一种纯(均匀相位与幅度)的平面波。然而,实际的场总不可避免地偏离平面波:天线之间距离不足造成波程相位差和幅度锥削,来自周围的反射造成相位与幅度的起伏。前者会显著影响主波束,而后者会扰乱旁瓣测量的准确性。这些测试场的不完善性在视觉上难以从天线误差中辨认,务需致力于减小它们。

天线测量的其他误差源还有:与电抗性近场的耦合、对准误差、干扰信号、大气层的影响、电缆的泄漏与辐射以及仪器误差等。

24.3a 有限测试距离所致的相位误差和幅度锥削

设待测的是平面天线,接收的来波沿其主波束的轴向。若测试距离太小,由待测天线之不同部位所接收的场不能同相,因而具有平方律相位差(见图 24.5)。若待测天线恰位于源天线远场区的边界 $2D^2/\lambda$ 处,则其口径边缘与中心的场存在 22.5°的相位差。若测试距离加倍,则相位差减半。

由于不可避免地存在相位差,与接收理想平面波的情况相比,测出的增益偏小,旁瓣偏高,而且波瓣图中的零点被填充。对于测量中等旁瓣电平(低达 -30 dB)的天线,距离 $2D^2/\lambda$ 通常已足够,测出的增益约偏小 0.06 dB。测试距离缩短会使测量误差迅速增大,旁瓣会与主波束合并成肩台形,甚至融合成一体而隐匿起来。

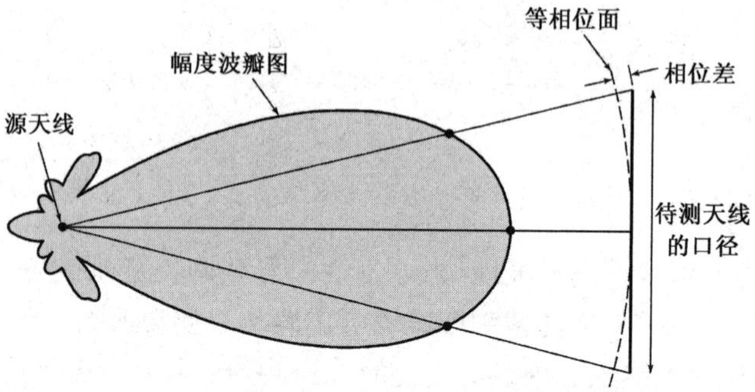

图 24.5 待测天线口径上的相位差和幅度锥削

对于低旁瓣电平(-30 dB 和更低)的天线,$2D^2/\lambda$ 的距离是不够的(Hacker(1) & Schrank)。较近的旁瓣对口径相位差特别敏感,相位差对第一旁瓣的影响比第二和第三旁瓣大得多。对于超低旁瓣的天线,可以要求 5°或更小的相位差。然而,对于远副瓣的测量可以允许较大的相位差。

有限的测试距离还会造成横向与纵向幅度的误差。在横平面内，由于源天线的波瓣图以及到达待测天线口径边缘的波程稍长（见图 24.5），使口径边缘场的幅度较小。通常，0.25 dB 的幅度锥削是可以接受的，它会使测出的增益降低约 0.1 dB，并造成近旁瓣的些许误差。从原理上讲，可借助具有较宽波束宽度的源天线获得更均匀的测试场幅度。其实这并不明智，这样就会有更多的功率被周围物体反射而使合成场的起伏大得不可接受。纵向的幅度锥削则会造成长行波天线的测量误差。

24.3b　反射

直射波受从周围物体反射波的干涉，在测试区域内形成场的变化（幅度与相位的起伏），由于该波程差异作为位置的函数而迅速变化，使起伏的长度属于波长的数量级。

由于波是按场而不是按功率相加的，甚至很小的反射波就可以引起较大的测量误差。例如，比直射波的场低 20 dB 的反射波（直射波功率的 1%）可引起 −0.92 ~ +0.83 dB（−21% ~ +19%）的功率误差，具体取决于两种波之间的差异；相位测量的误差范围为 ±5.7°。但若反射波的场比直射波低 40 dB，则测出的幅度与相位分别仅有 ±0.09 dB 与 ±0.6°的误差。

反射在低旁瓣的测量中特别有害。一项很小的反射通过主瓣耦合到待测天线，可以完全掩盖住耦合到旁瓣的直射波。如果相耦合的直射和反射波强度相等，则测出的旁瓣电平会高出 6 dB，或者在测得的波瓣图中成为零点。

在室外场地，波从地面以及邻近物体如树木和建筑物等反射。在吸波室内，反射来自墙面、地板和天花板。此外，来自天线支架结构的反射以及天线间的多次反射也可能很显著。24.4 节将阐述减少反射或其影响的不同方法；反射源的成像将在 24.4f 节中处理。

24.3c　其他误差源

相位差、幅度锥削以及由反射所致的起伏，都会使理想的测试场产生偏差。此外，普通测量场地的不完善还会形成其他可能的误差源：

- 低频时与电抗性近场的耦合可能较显著。当测试距离大于 10λ 时该耦合可允许忽略，见式（24.2.4），但在甚高频（VHF）以下这种限制对应了很大的距离。
- 天线测量属于三维矢量场的测量，因此可能存在各种对准误差。未仔细对准源天线将会增大测试区域的幅度误差，并造成不对称的照射，正确对准源天线在低交叉极化电平的测量中也很重要。在截割波瓣图时，应将待测天线正确地对准转台的轴线，即两者的坐标系应该重合。待测天线的相位中心与转轴应该重合，否则待测天线在旋转时会发生晃动。
- 当在室外测量时，人为干扰信号会耦合到灵敏的接收机。该干扰信号可以与测试频率相同，或恰是接收机具有显著响应的某些其他频率，如输入混频器的某些谐波边带频率。
- 对于很长的测试距离，需要考虑大气层的影响。折射指数的变动会导致波的闪烁和多径传播。对于毫米波与亚毫米波频率，大气层有很大的衰减，从而在测量中造成不可忽视的幅度变动。
- 不正确地使用电缆会引起误差。电缆的屏蔽不良会因泄漏而作用于天线，不平衡的传输线由于电流溢出电缆的外表面而产生辐射。

- 仪器与天线之间的阻抗失配对增益测量造成误差。
- 发射机、接收机以及转台的不完善都会引起误差。然而,在大多数测量中,这类仪器误差可允许忽略。

24.4 测量场地

人们一般都希望了解天线的远场特性,因为大多数天线都工作在远场模式。在基本的远场测试中,待测天线距离源天线至少有 $2D^2/\lambda$。小天线能在吸波室内测量,但远场测量往往需要有物理尺度很大的室外场地。在低频测试时,地面的反射不可避免,直射波与反射波之间以受控的方式干涉。紧缩场和天线的近场测试避免了大尺度场地的要求而可在室内安装。要测量大尺寸毫米波和亚毫米波天线,其远场距离达几公里之遥,紧缩场或近场测量场地是必不可少的。

对于确定的天线,其最适合的测量场地主要取决于天线的物理尺寸和频率。有时,最好的测试位置正是该天线的使用环境。对于非常大的固定天线,可用航空运载器进行测试。某些测试还利用了卫星以及天空的射电源(见 24.5b 节)。

雷达截面(RCS)的测量与天线测量非常相像:受平面波照射之目标物的行为就像一种确定的场分布或一架天线。因此,许多天线测量场地(特别是紧缩的测量场地)及其仪器可兼用于 RCS 测量。相应地,雷达技术也被应用于某些天线测量(见 24.5b 节)。

24.4a 架高场地

基本的远场测试采用如图 24.6 所示的架高场地。天线被置于高塔、建筑物或山岗上,借以减少环境的影响。在大多数场合下,待测天线工作在接收状态。如果源天线接近地面而待测天线架在塔上,则称为倾斜测量场地。

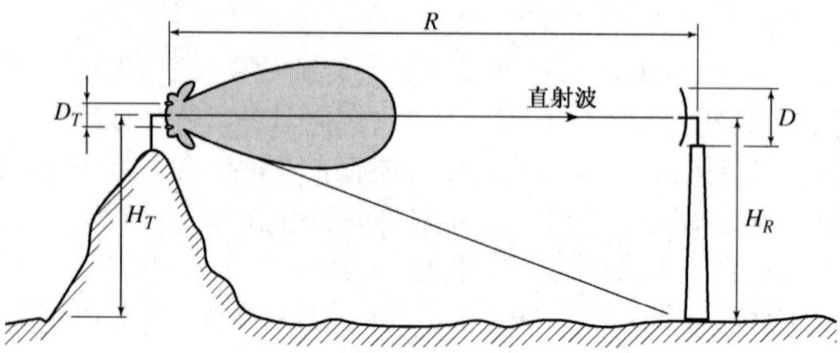

图 24.6 反射波最小化的架高场地

测量场地的长度通常取决于远场判据,测量低旁瓣天线时甚至需要比 $2D^2/\lambda$ 更长;场地的宽度应足以容纳源天线的主波束。然而,若据此长、宽要求的场地面积和费用大得不切实际时,就只能利用较短的场地。

如果由测试距离短所引起的波程差超过了容差,其测量结果可借助计算机用傅里叶变换进行部分校正:先由测出的复数(幅度与相位)波瓣图计算待测天线的口径场,然后对口径相位进行校正,再据校正后的口径场计算出校正过的远场波瓣图。在测试距离太短时获得反射镜天线远场波瓣图的另一种技术是散焦法:借助馈源沿焦轴的偏移可使测试距离从无穷远改

变为短至 $D^2/(8\lambda)$ 的有限值。用这种方法测出的主瓣很接近真实的远场波瓣图，但不能准确地测得旁瓣，而且并不适用于所有天线。

选取待测天线的架高和源天线的波瓣图，应使源天线的主波束不能照射到两天线之间的地面，且旁瓣性态使其地面反射很小。当测试距离很大时往往难以将天线架得足够高。按照源天线波瓣图第一零点恰俯视测试塔基的要求，可确定源天线直径 D_T 的下限值：

$$D_T \geqslant \frac{1.5\lambda R}{H_R} \qquad (\mathrm{m}) \tag{1}$$

其中，λ——波长，m

R——天线间的距离，m

H_R——待测天线在地面上的架高，m

采用窄波束的源天线可实现低电平的反射，其代价则是加剧待测天线照射场的幅度锥削。根据最大可接受 0. 25 dB 的锥削，得出源天线直径的上限为

$$D_T \leqslant \frac{\lambda R}{3D} \qquad (\mathrm{m}) \tag{2}$$

其中，λ——波长，m

R——天线间的距离，m

D——待测天线的直径，m

联立上述关于源天线直径的两项限制，得出待测天线的架高至少为其直径 D 的 5 倍。

要完全消除对地面的照射是不可能的。在测俯仰面截割波瓣图时会发生问题。会遇到待测天线主波束指向地面的情况。然而，有可能使待测天线在测量过程中不会指向水平面以下：在测完待测天线俯仰波瓣图的下半部分后，将它上下翻转，再测其另一半波瓣图。对于低后瓣天线的测量，置待测天线高于源天线是有利的。

采用金属屏蔽结构的绕射围栏可以减小测试区内的反射场电平，围栏可阻断指向测试区的地面反射波，并将它反射至待测天线以外的天空。还应注意避免围栏的边缘绕射进入测试区，常采用多层围栏。24. 4g 节中将讨论用时域技术来减小反射的影响。

例 24. 4. 1　测量场地上的幅度锥削

设源天线和待测天线都是直径为 1 m 的抛物面反射镜天线，相距 $2D^2/\lambda$，工作频率为 10 GHz。试估算对待测天线的照射幅度锥削。

解：

该抛物面反射器的半功率波束宽度约为 $\theta_{3\,\mathrm{dB}} = 70°\lambda/D = 2.1°$，在测试距离 $2D^2/\lambda = 66.7$ m处，所对应的横向距离有 $2.1 \times \pi \times 66.7/180$ m $= 2.44$ m。假设主波束形状（以分贝计）接近抛物形，即源天线波瓣图在待测天线边缘的电平为 $[0.5/(2.44/2)]^2 \times (-3\,\mathrm{dB}) = -0.50$ dB。

由式(2)也可以证实：按最大允许的边缘锥削 0. 25 dB，源天线的直径(1 m)太大了。

24. 4b　地面反射的场地

对于甚高频（VHF）以下的频率，源天线的尺寸限制了它的定向性，使地面的反射难以避免，只能利用存在地面反射的测量场地（见图 24. 7）。

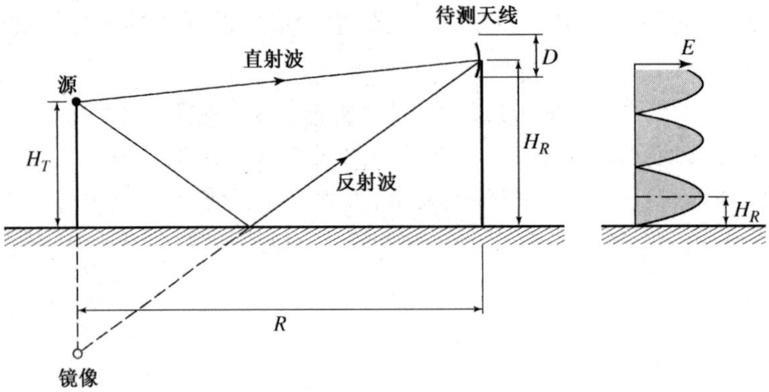

图 24.7　地面反射的场地以及直射与反射波

天线位于平整的反射表面(附设或未附设埋地屏)上方,其镜面反射表现为来自镜像源。真实源和镜像源共同形成干涉波瓣图,待测天线通常位于干涉波瓣图的具有最平坦幅度分布的第一个瓣内。设镜像是负的,即表面的反射系数为 -1,则该第一个瓣的峰值点高度为

$$H_R = \frac{\lambda R}{4H_T} \qquad \text{(m)} \tag{3}$$

其中,λ——波长,m

R——天线间的距离,m

H_T——源天线的架高,m

此式指出了这一待测天线的理想架高是波长的函数,因此源天线或待测天线的架高在每个测试频率上需加以调整。待测天线的架高应至少有 3.3D,才能保证其照射幅度的锥削小于0.25 dB。

实际上,水平极化波在小掠射角ψ(=90° - 入射角)时的反射系数约为 -1,但垂直极化波的反射系数是随掠射角快速变化的函数。这种反射系数的极化依赖性给极化测量带来了麻烦。

地面反射场地的表面应该是光滑的,要求表面的均方根高度偏差 Δh 足够小:

$$\Delta h \leqslant \frac{\lambda}{M \sin\psi} \qquad \text{(m)} \tag{4}$$

其中,λ——波长,m

M——光滑度因子(例如 16)

ψ——掠射角

24.4c　吸波室与吸波材料

吸波室的墙壁、天花和地板,整体被吸波材料(Emerson-1)所覆盖,用来模拟无反射的自由空间,允许在可控的实验室环境中进行全天候的测量。吸波室的测试空间与干扰信号的隔离远比室外场地好,还可以采用屏蔽而进一步改善。屏蔽室也适用于电磁兼容性(EMC)的测量。

吸波室可用于小天线的远场测量。往往还可以将吸波室的一端敞开,与室外测量场地连通。大天线可利用装置在吸波室内的紧缩场或近场法测量,这种吸波室不必全部内衬吸波器。

吸波材料　吸波材料(见附录 D)是天线技术整体中必需的组成部分,既用于测量场地,也用做减小旁瓣和后瓣辐射的天线部件。

理想的吸波器能为所有频率、所有入射角的来波提供阻抗匹配。借助媒质电阻率或几何形状的渐变,可以实现从自由空间到吸波器后背的锥削阻抗转换器。

用于吸波室的宽频带吸波器通常使用掺碳的聚亚胺酯泡沫,且广泛采用棱锥或楔的形状(见图 24.8)。棱锥形最适合吸收正投射的波,其长度大于波长时如同一个随机粗糙的表面(DeWitt-1)。在微波频率,吸波器的长度至少有几个波长,正投射的反射系数可做到 -50 dB 以下;在较高的频率时其反射系数较大(Lehto-1),反之,在较低的频率时则需要非常厚的吸波器。接近掠射时,棱锥形吸波器给出较大的后向散射场。另一方面,楔形对于楔所在平面内的大入射角有很好的吸波性,但不如棱锥性对于正投射波那么好。

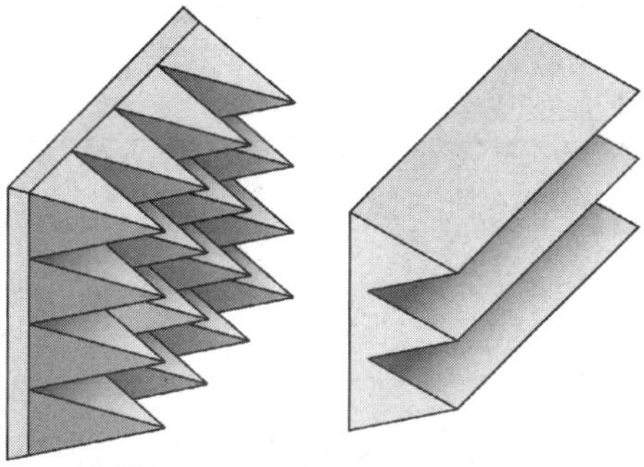

(a) 棱锥形　(b) 楔形

图 24.8　吸波器

制作吸波器的另一类方法是采用有损耗的磁性材料、索尔兹伯里屏、约曼吸波器等。如果有一种兼有电和磁损耗,且相对磁导率等于相对介电常数($\mu_r = \varepsilon_r$)的媒质,它的波阻抗恰等于自由空间的阻抗(377 Ω),则入射波就能无反射地进入该媒质。索尔兹伯里屏是在离全反射平面 λ/4 处放置一片表面阻抗为每平方 377 Ω 的电阻片,具有如图 24.9(a)所示的等效传输线模型。索尔兹伯里屏能完全吸收正投射的波,但反射系数是随频率和入射角快速变化的函数。约曼吸波器采用若干电阻片层叠的结构,各片的表面阻抗及间距随着至短路面的距离而增大,具有如图 24.9(b)所示的等效传输线模型。约曼吸波器的频带要比索尔兹伯里屏宽。

吸波室的类型　吸波室通常取矩形或锥削形。在图 24.10(a)所示的矩形室中,端墙、侧墙的中部、地板和天花板都用棱锥形吸波器覆盖,其余部分覆盖楔形吸波器。天线被放置在吸波室的中轴线上,源天线接近一堵端墙,待测天线距离另一堵端墙稍远些。反射最小的测试区域称为静区。吸波室的尺寸应使射向侧墙的入射角小于 60°,反射会随入射角而增大。因此,吸波室的典型长/宽(或高)比为 2:1。应选择合适的源天线,使其主波束不会照射到侧墙、天花与地板上。

对于 1 GHz 以下的频率,覆盖了合理尺寸吸波器的矩形吸波室仍有较高电平的反射,改用锥削形吸波室的效果较好,如图 24.10(b)所示。此时,源天线应放在接近锥削部分顶点的位置,使其镜像反射发生在较接近源天线的锥面上。于是,直射波与镜像反射波的相位差在静区中的变化很慢,形成比矩形吸波室中更好的平面波前。对于较高的频率,可将源天线从锥顶移至矩形段,当成正常的矩形吸波室使用。附录 D 的 D.1 节中有更多关于吸波材料的介绍,附有两个工作实例。

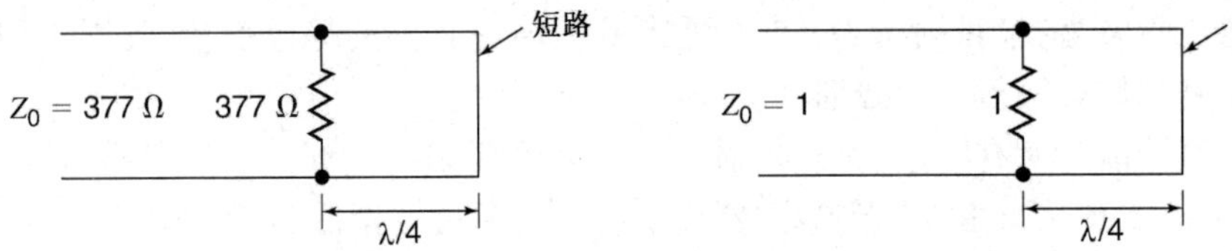

(a) 索尔兹伯里屏

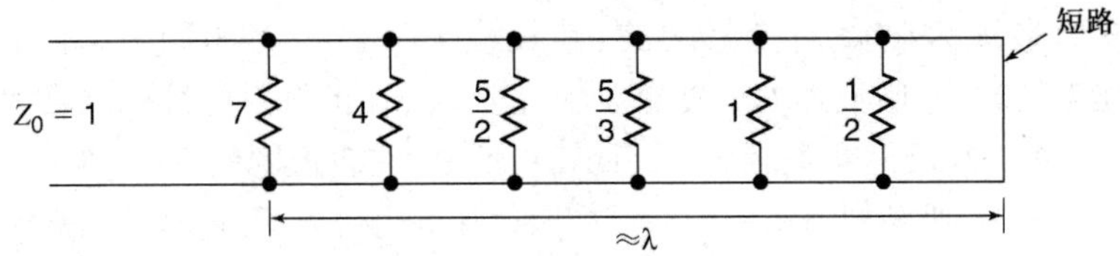

(b) 约曼吸波器

图 24.9　传输线等效模型

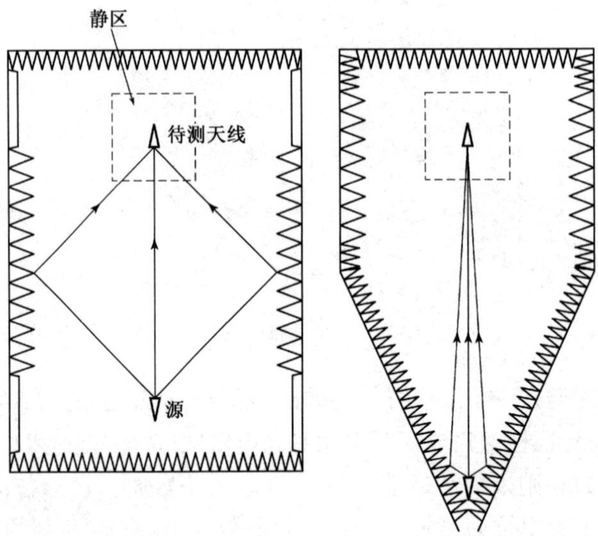

(a) 矩形室　　(b) 锥削形室

图 24.10　吸波室

24.4d　紧缩的天线测量场地

紧缩的天线测量场地(CATR)借助于反射镜、透镜、喇叭、阵列或全息术(Johnson-1)所产生的平整波前来仿真无限长度的场地。大多数紧缩场天线由一架或多架反射镜组成,测试场通常被装置在吸波室内,但特别大的紧缩场天线被置于室外,甚至某些射电望远镜也被用做紧缩场天线(见图 20.8)。

图 24.11 所示为一架偏馈的抛物面反射镜,它将馈源辐射的球面波变换成反射镜前方的平面波,其静区直径因受边缘绕射的限制而约等于 1/3 的反射镜直径。由于波束瞄准,测试所需的功率小于远场测试的要求。

房屋的反射、幅度锥削、边缘绕射、馈源溢漏以及偏馈引起的消极化等因素限制了测试场的质量。从馈源向测试区的直接辐射应借助在其间放置吸波器加以抑制。反射镜的表面精度对高频尤其重要,应该优于 λ/100。

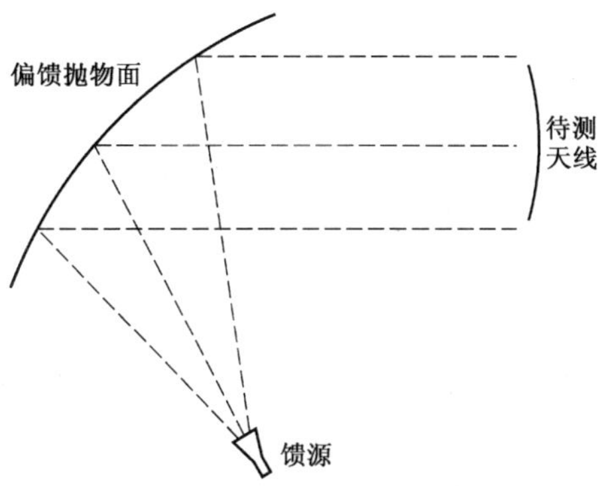

图 24.11　紧缩的天线测量场地

反射镜边缘的绕射波进入测试区会导致均匀场分布的起伏，用减低反射镜边缘照射来降低其边缘绕射又会加剧其幅度锥削，因此馈源天线应具有赋形的波瓣图。皱纹喇叭具有对称波瓣图、低旁瓣和低交叉极化电平，被广泛用做馈源。阵列馈源虽然较复杂，但能较好地控制波束形状。波束赋形还可借助带喇叭天线的副反射镜馈源系统来实现。

除了波束赋形，还可以通过对边缘的处理来减小绕射。正在使用的三种方法有图 24.12(a)所示的锯齿状边缘，图 24.12(b)所示的卷曲边缘以及渐变电阻性边缘。锯齿状边缘的设计应使边缘绕射场作用于静区之外。卷曲边缘对室内墙面的照射大于锯齿状边缘，但能形成更好的静区(Lee-1)，然而从抛物线到卷曲边缘的转换需要非常光滑。

双反射镜 CATR 与基本的单反射镜 CATR 相比具有某些优点：对于给定的反射镜尺寸可获得较大的静区；可以对消交叉极化。可能的双反射镜配置有许多种：可采用两具正交放置的柱形反射镜，其一按方位校准，另一按俯仰校准；格雷戈里型双反射镜系统的特点是被布置成两个分立而由小孔径耦合的腔室，如图 24.13 所示(Pistorius-1)，借助这种安排可使副反射镜边缘的绕射场和馈源的溢漏被隔离在静区之外。

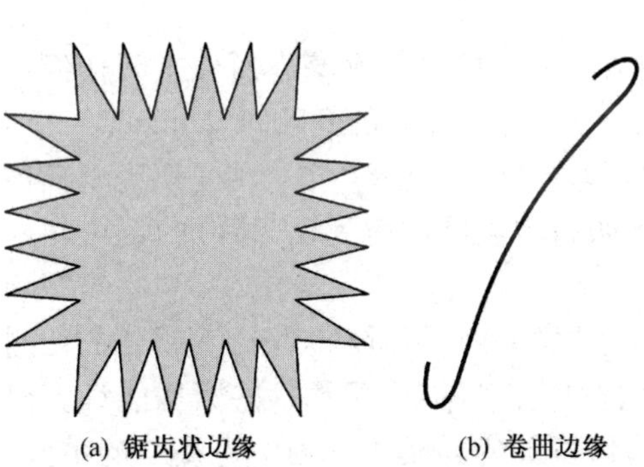

图 24.12　CATR 反射镜的边缘处理

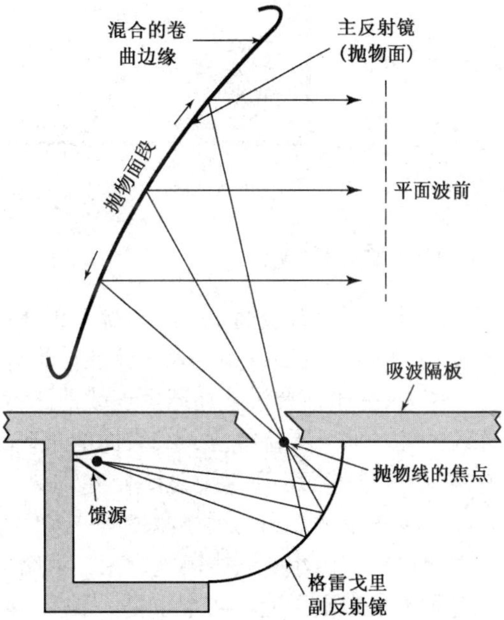

图 24.13　双室格雷戈里馈源

图 24.14 给出的 CATR 具有一具双曲面副反射镜和一具抛物面主反射镜(Steiner-1)，这种几何结构不会产生任何交叉极化。当主反射镜尺寸为 7.5 m × 6 m 而没有锯齿时，静区的直径约达 5 m。表面精度的均方根值优于 20 μm 的反射镜可用于高达 200 GHz 的测量。由于有效焦距很长，借助馈源的横向移动可以准确地扫描所辐射平面波的方向。

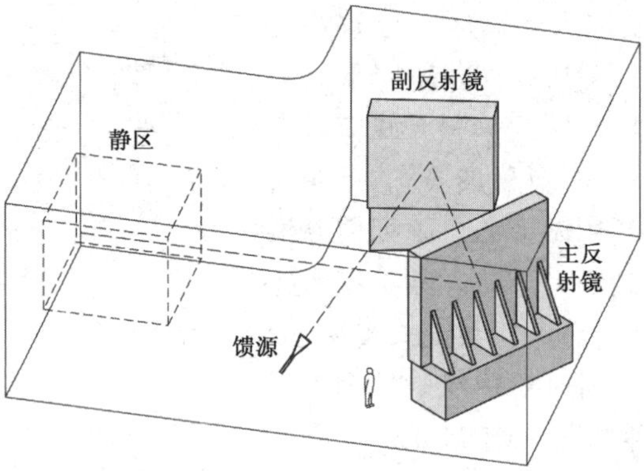

图 24.14 双反射镜 CATR(室中的锯齿与吸波器未画出)

平面波的近似还可以借助全息术产生(Hirvonen-1),图 24.15 给出了以幅度全息为基础的 CATR。全息图是对介质膜上金属薄层按赋形波瓣图蚀刻而制成的,它调制球面波的幅度,使得在膜的另一侧发出平面波。该表面精度的要求约为 λ/10,远不及反射镜那样苛刻。全息术 CATR 的缺点则是强烈依赖于频率和极化。

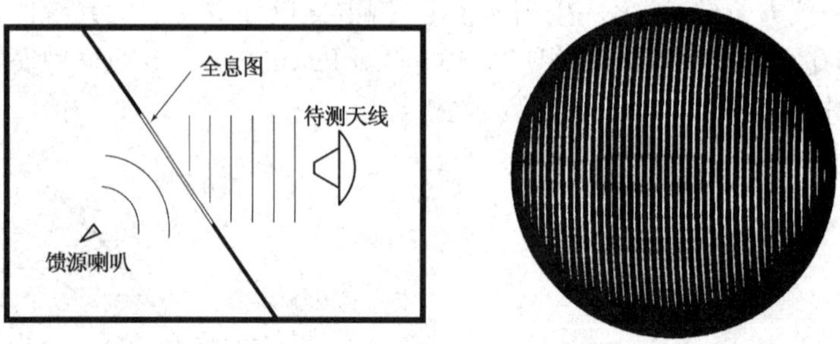

图 24.15 以全息术为基础的紧缩的天线测量场地(CATR)

24.4e 近场场地

若已知在闭合表面上由其内部某天线所产生的辐射场,就能计算在该表面外空间任何点处的场,于是从近场的测量入手就能计算远场波瓣图。这是近场测量的基础(Yaghjian-1)。

幸好,并不需要沿上述球面连续地测量场值。根据取样定理:有限个取样值足以完整描述连续的场。如果围绕待测天线表面的某确定部分(例如高增益反射镜天线背后)的场可允许忽略,则测量表面也不需要是闭合的。

近场测量比惯用的远场测量有许多优点:近场场地非常紧凑,使所需远场距离很长的待测天线得以在室内小空间中测量。由于测得的场是对辐射的完整描述,根据这些数据能计算得出多种天线参量。近场测量也是一种有用的诊断工具,例如容易找出阵列中有缺陷的单元。只要仔细地进行测量,甚至可以准确地确定超低旁瓣(-55 dB)天线的远场波瓣图(Francis-1)。无论如何,近场测量在技术上是十分需要的。借助于相位的精确测量技术,大多数近场测试场地可以用到 60 GHz 频率。

近场测量借助一枚已知的探头天线在接近待测天线的某已知表面上扫描来实施。探头天线应该很小而具有宽的波束,例如用末端开路的波导。探头置于辐射近场中至少距离待测天线几个波长。在每一取样点处测量两个正交极化的幅度与相位,根据测出的场分布数据计算远场波瓣图,犹如理论波瓣图之出于理论的场分布。

基本的测量坐标系是平面系、圆柱系和球面系(见图 24.16)。对于平面系,固定待测天线而移动探头。平面的测量法适合于高增益的天线,借助于计算机使计算变得简单而快速。对于圆柱系,旋转待测天线而沿直轨移动探头。具有偶极子型波瓣图的天线可采用该圆柱系,其计算要比平面系的情况复杂。全向性天线可用球面系测量,旋转待测天线而固定探头,其计算十分复杂。

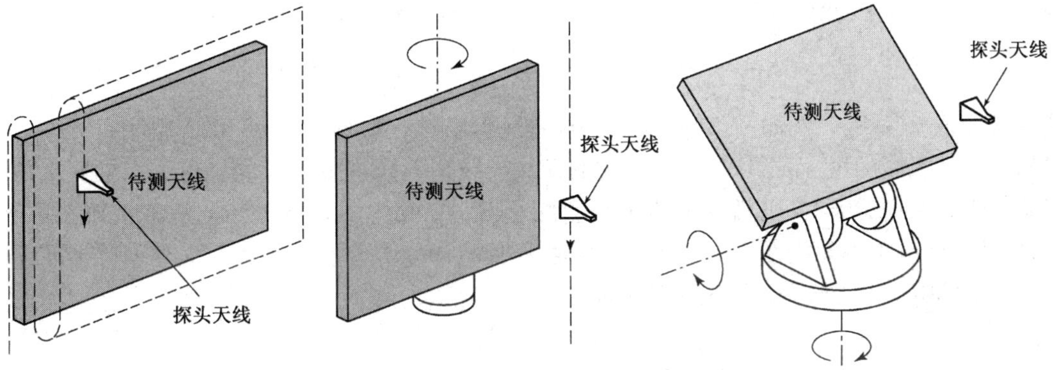

(a) 平面系　(b) 圆柱系　(c) 球面系

图 24.16　对口径天线进行近场扫描测量的几何关系

迄今最普通的是平面近场测量,设沿 xy 平面扫描,沿 x 和 y 方向等间隔地取样测量数据,扫描表面的平整度(z 方向的不准确性)应优于 $\lambda/100$,对探头在 xy 平面内的定位则并不重要。扫描的范围应大于待测天线的范围,取决于期望能有准确远场波瓣图的最大角域 θ_m。取样点的间距应稍小于 $\lambda/2$;但测量定向天线时,只求准确得到远场波瓣图的主波束,该间距可以是 λ 量级甚至更大。

从平面波谱的测量数据出发,可利用二维傅里叶变换计算平面波的角谱(对圆柱系或球面系扫描则对应柱面波或球面波的角谱)。对于矩形栅格的数据点,可采用快速傅里叶变换算法(FFT)。平面波谱由于其受探头之定向与极化特性的影响而畸变,需要进行校正,这种操作称为探头校正。经过探头校正,就可以计算待测天线的远场波瓣图、增益和极化。

近场测量技术中的误差源是多方面的:不准确的探头定位、反射、电缆移动、接收机的非线性、探头校正的不准确、受限制的扫描域等(Newell-1)。准确定位要求机械扫描器作为一座精密仪器,其由重力和温度所致的变形最小化。可利用激光来测量探头的位置,这样便能借助对测相的校正而减小由 z 向定位不准确所致的误差。在探头与待测天线之间的多次反射可借助在扫描器和支架上覆盖吸波器来减弱,而对若干个扫描平面上测得的远场值取平均则可减小反射的影响。移动电缆所致的相位误差在高频时才成为问题。由于测量可能会进行若干小时,设备的稳定性比它的使用范围更显重要。

24.4f　场地的检测

对测量场地质量的评价最好是用测试区内所测量的场的均匀性,评价的结论既可用于误差估计,又是改进场地的依据。

测量场地的品质并不能只用单个数值来描述。自由空间的电压驻波比(VSWR)法和天线波瓣图比较(APC)法是测量场地反射率的两种简单方法(Appel-Hansen-1)。然而,测出的反射率取决于诸多参量,如频率、极化、天线波瓣图、探头天线的视界角等。更精明的评价方法还能鉴别出反射的源。

在 VSWR 法中,将固定取向的探头天线在测试区内进行铅垂、水平或栅状扫描(见图 24.17),该探头具有宽波束,从很大的立体角内聚敛反射,往往采用小喇叭天线。直射波与反射波的干涉波瓣图随安装位置呈驻波图形变化。反射场 E_R(所有反射波之和)与直射波 E_D 之比称为反射率 R,可根据幅度的起伏 S(分贝数)进行计算:

$$R = 20\log\frac{E_R}{E_D} = 20\log\left(\frac{10^{S/20}-1}{10^{S/20}+1}\right) \qquad \text{(dB)} \tag{5}$$

这里假设了 $E_R < E_D$。例如,1 dB 的起伏意味着反射场比直射场低 24.8 dB。应注意测得的场是指耦合到天线的场,而不是总场。定向的探头天线则不能聚敛所有的反射。如果探头的主瓣峰值没有指向源天线,则耦合的直射场会缩小 $10^{a/20}$,其中 a 是探头指向源的波瓣图电平。于是,测出的反射率还应在按式(5)的计算值上加 a(dB)。通常测量反射率时采用标准天线即20 dB增益的喇叭,探头天线按多种取向。

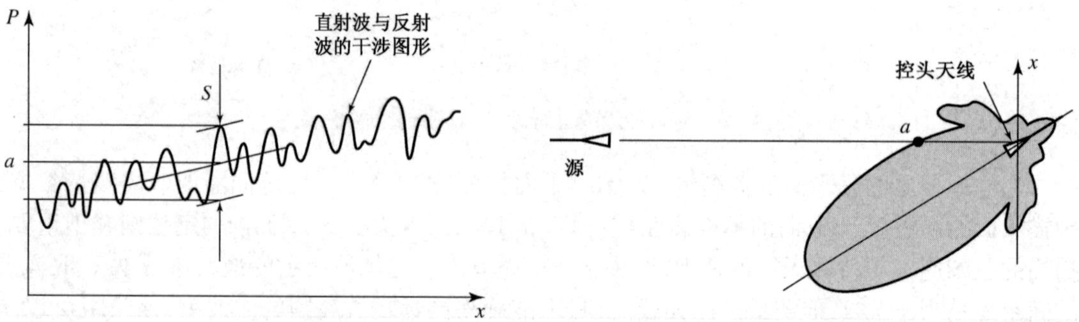

图 24.17　检测场地的自由空间电压驻波比法

例 24.4.2　用电压驻波比法检测一片场地

设探头天线指向吸波室的侧墙,波瓣图电平随探头的移动在 −22.3 dB 和 −23.7 dB 之间变化,求反射率。

解:

测量值的幅度起伏 $S = 23.7 - 22.3 = 1.4$ dB,而波瓣图因子 $a = -(22.3+23.7)/2 = -23$ dB。故反射率为

$$R = a + 20\log\left(\frac{10^{S/20}-1}{10^{S/20}+1}\right)$$

$$= -23 + 20\log\left(\frac{10^{0.07}-1}{10^{0.07}+1}\right) = -23 - 22 = -45\,\text{dB}$$

使用 VSWR 法和使用 APC 法基本相同。APC 法是在测试区内若干位置上测量波瓣图,它们彼此叠加,而主瓣的峰点重合。在给定的视界角内,场的最大变化对应了 VSWR 法中测出的起伏。这两种方法都能揭示反射的存在,但并不能鉴别反射源。

如果只有一项主要反射,则其干涉波瓣图呈周期性变化。此时,探头在两种波矢量所在平面内做横向移动,可以观察到 $\lambda/\sin\phi$ 的空间周期,其中 ϕ 是两波矢量间的夹角。通常总存在多项

反射波，原理上可借助定向天线绘制出反射源的分布图，但直射波的耦合有碍于低反射的测量。

反射还能借傅里叶分析进行分离。对平表面上测量场（幅度与相位）的傅里叶变换得到的是平面波谱，即反射大小随到达角而变化的函数。这种分析和平面近场测量密切相关。另一种途径是合成孔径成像技术（Seville-1），利用对测试场的取样形成聚焦的合成孔径阵列。这种方法可以揭示散射目标的方向和距离。单站的合成孔径雷达也可用于绘制反射源的分布图。

24.4g　仪器设备

图 24.18 给出的是俯仰测量场地的典型仪器设备框图，稍加修改即可用于地面反射的场地、吸波室、紧缩的测量场地等。调谐测量场地是综合用途的设施，应适用于很宽频率范围的测量。

鉴于互易性，信号传播的方向并不重要。待测天线可随意用做发射天线或接收天线，但用于接收状态的优点是数据处理和天线操作位于图 24.18 所示场地的同一侧。对于较短的场地，在两塔之间可用射频传输线相连。源天线在较低频率时可用对数周期天线，在较高频率时可用喇叭或反射镜天线。

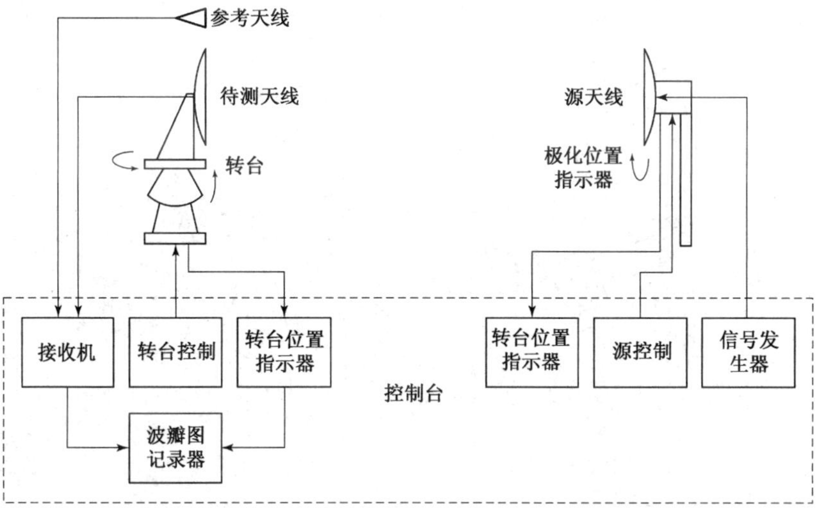

图 24.18　天线测量场地的典型仪器设备

发射机和接收机　要准确地测量波瓣图，必须有一台强有力的发射机和一台性能良好的接收机。通常将受遥控的发射机置于源天线附近，而且源天线的极化也是遥控的。发射机应有稳定的频率和很纯的频谱，稳定的信号允许采用窄频带接收，这是一台灵敏接收机的先决条件。虽然在许多测试中利用简单的信号发生器，但是最好采用扫频的频率合成器，以满足多样化的测试要求。

接收机应该灵敏，应该具有窄频带以抑制干扰信号，应该是线性的，并且应该有大的动态范围。适用的接收机有专用于天线测量的外差式接收机，或按天线测量要求改装过的矢量网络分析仪（Vector Network Analyzer，VNA）。如果外差式接收机的测量频带为 1 kHz，则其噪声电平可低于 – 120 dBm，动态范围可大于 80 dB。VNA 也可达到类似的性能。在短距离天线测量时，VNA 履行的是常规散射参量 S_{21} 的测量；在大距离的情况下，还需要在接收位置再生参考信号。若待测天线离接收机较远，可在待测天线附近采用一枚外置谐波混频器，借此免去对高频长电缆的需要。在进行简单测试时，频谱分析仪、功率计和晶体检波器都能使用，但这些接收系统所得到的只有幅度信息。用功率计和检波器只有约 40 dB 的动态范围。

如果信号频率在测试过程中产生漂移,则放在接收位置的参考天线会调谐接收机,并提供一项相位差。在测量大的信号电平变化时,接收机可能会饱和。为了预防这种情况,当测量主波束峰值时,可在接收机的输入路径中插入一枚已知的衰减器。

简单测试所需要的测量速度与时间取决于发射机调谐速度、接收机锁定时间以及测量的频带宽度。大的带宽允许高数据率,但以牺牲灵敏度为代价。灵敏度可借检波后进行平均化而得到改善,但又使测量速度受损。每个测试点所需的时间和需要的角分辨率也为旋转速度设定了限制。

转台 待测天线被放置在通常具有两个正交旋转轴的底座上,图 24.19 指出了两种基本型式:方位在俯仰之上的转台以及俯仰在方位之上的转台。前者用于测量等 ϕ 截割面和等 θ 截割面;后者所测量的截割面并非等 θ 或等 ϕ。当转台具有第二个方位轴时称为上方位 - 俯仰 - 下方位转台。简单的方位转台只有单根轴,对等 ϕ 截割面和等 θ 截割面都能测量,只要将待测天线置于方位转台上,而将源天线装在待测天线上方的半圆弧拱形架上移动。

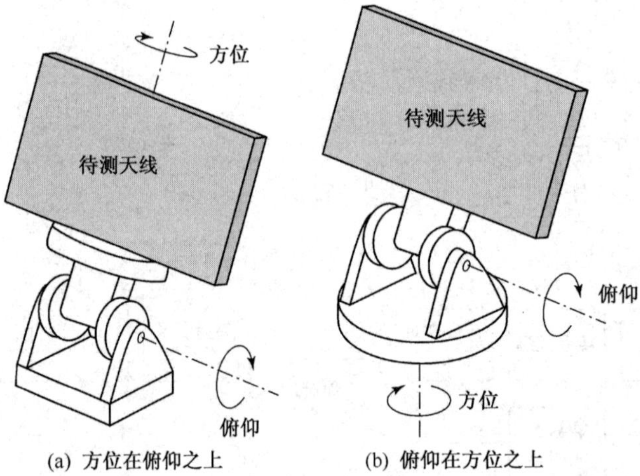

图 24.19 旋转待测天线的转台

转台系统包括直流或步进的驱动马达、为标杆测位的同步系统或数字式编码器、位置控制器和位置指示器。旋转关节可以被包含在支架内部。

轴承的载荷量、扭矩、转速都是转台的基本参量。当测量大而重的天线时,由于待测天线对支架施加很大的力和力矩,需要一座非常坚固的转台。特别要注意天线的质心不得不远离轴心的情况。还应该计及大质量天线的惯性效应。

转轴之间的不正交、标杆位置的误差、温变造成的偏差或转台所承受作用力的变化等都会导致角度误差。典型的同步角准确度为 0.03°。典型的回差为 0.1°,但可以通过保持同一转向而避免。转速应该低得足以避免所测出波瓣图的失真。

数据处理 简单的测试可通过手工操作,但包含大量数据的复杂测试总以自动化为其基本特色。用计算机来控制发射机、接收机以及转台。接收机的输出被馈送到矩形坐标或极坐标的常规波瓣图记录仪,或被转换成数字形式存入计算机的存储器。角度信息则得自同步器。

计算机对数据的处理与分析可有多种用途:绘制不同的图形,如制成三维波瓣图或等值线表示;将测量值与理论结果进行比较;对测量数据进行内插;由功率波瓣图积分得出增益等。

借助于发射短脉冲并按直射脉冲到达时间开启接收机的门限,可以减小环境反射的影响。但动态范围也会随占空因子和频谱的扩展而减小。采用时域测量则可以借助计算机仿真而又不损失动态范围。时域和频域通过傅里叶变换与逆变换相关联,因此从测出的频率响应(接收信号的幅度与相位)可以算出其冲激响应。在直射波到达之后的反射都会在时域中被滤除,再将校正过的时域响应变换回频域。现代的矢量网络分析仪包含了执行这些变换的软件。时间分辨率反比于测试的频带宽度,10 ns 的分辨率(波程差 3 m)要求有 100 MHz 的频带,因此该技术并不适用于窄频带的天线。

24.5　不同天线参量的测量

要完整地描述一种天线,必须有若干辐射的和电路的参量。本节将讨论波瓣图、增益、相位、极化、阻抗、效率以及电流分布等的测量技术。

24.5a　定向波瓣图

定向的功率或幅度波瓣图测量,通常是旋转置于转台上的待测天线而检测接收功率随角度的变化。待测天线所辐射的场可分解成两个正交的分量,总的功率也相应地分为两种波瓣图,即同极化波瓣图和交叉极化波瓣图。要注意交叉极化的定义,它并非在所有角度上都是不言而喻的(Ludwig-1)。通常,同极化波瓣图表示所希望的辐射,而交叉极化波瓣图表示"泄漏"的辐射。对线极化天线往往只测量其主平面内,即 E-面和 H-面内的波瓣图;有时则测量若干 θ 或 ϕ 截割面内的波瓣图,从而构成其三维波瓣图。利用频率合成器可允许只旋转一圈就测出若干频率点的波瓣图。

源天线的极化应该在同极化或交叉极化波瓣图测量中与相应的极化场匹配。例如,测量线极化待测天线时,两天线的极化矢量对同极化测量应该平行,而对交叉极化测量应该成 90°角。若待测天线具有低交叉极化电平,应十分仔细地调节该角度。精细的调节往往是沿同极化主瓣峰值指向,搜寻接收功率最小化的极化方向。如果该角度的调节不准确,则得到的是受了衰减的同极化波瓣图,而不是交叉极化波瓣图。

波束宽度、波瓣图形状、旁瓣电平及其方向、零辐射方向等都是易从测出的波瓣图中获得的参量。天线的定向性 D 却无法直接测量,只能由归一化的功率波瓣图 $P_n(\theta,\phi)$ 计算得出,如下所示:

$$D = \frac{4\pi}{\iint P_n(\theta,\phi)\sin\theta\, d\theta\, d\phi} \tag{1}$$

例 24.5.1　交叉极化波瓣图测量中的极化调节误差

为测量一个理想线极化天线的交叉极化电平,采用了线极化的源天线,但由于极化调节的粗心,将 88°的极化转角当成了 90°。试问测出的交叉极化电平是多少?

解:

记照射到待测天线的场 $E_n = 1$,可分解成同极化分量 $E_n \sin 88° = 0.9994$ 和交叉极化分量 $E_n \cos 88° = 0.0349$。于是,测出相对于主极化场的交叉极化电平为 $20\log 0.0349 = -29$ dB。

24.5b 增益

天线的增益有多种定义,取决于天线所包含的各种非理想状况。传统的定义假定不存在阻抗与极化的失配损失。当计入阻抗失配所致的反射损失时,用词为现实增益。有时还希望知道其局部增益,即对一种给定极化的增益。

增益测量的两种基本方法是绝对法和比较法。若在陆地上所需的远场距离太大,可以利用天体射电源。此外,雷达技术和近场测量也可用来确定天线的增益(Newell-2)。

绝对法 绝对法基于弗里斯传输公式

$$P_R = P_T G_T G_R \left(\frac{\lambda}{4\pi R}\right)^2 \qquad (\mathrm{W}) \tag{2}$$

其中,P_R——接收到的功率,W

P_T——发射天线得到的功率,W

G_T——发射天线的增益

G_R——接收天线的增益

λ——波长,m

R——两天线间隔的距离,m

这里假定了天线的极化是匹配的,主瓣峰值方向与测试线已对准,并符合远场条件。

在两天线法中,要求使用两具相同(或接近相同)的天线($G_T = G_R$)。利用弗里斯传输公式计算的天线增益取决于R,λ和测得的功率。若没有两具相同的天线,就需要三具天线。在三天线法中,经三组配对的测量得出三个联立方程,可以直接解出三个天线的未知增益值。

绝对法有许多误差源:天线之间未对准、极化失配、发射系统和接收系统的阻抗失配、测量P_R/P_T时所用功率计或校准衰减器的不确定度以及非理想的测量场地等。如果天线的长度与测试距离之比不容忽视,则间距R的不确定度也显得很重要。

阻抗失配使功率测量复杂化,发射天线所得到的功率并不能借助用功率计替换天线而准确地测得;在接收端亦同。由发生器到负载的功率转移效率为

$$\eta_{GL} = \frac{(1-|\rho_G|^2)(1-|\rho_L|^2)}{|1-\rho_G\rho_L|^2} \tag{3}$$

其中,ρ_G——发生器的复反射系数

ρ_L——负载的复反射系数

于是,要校正所测出的功率,就需要知道两天线、发射机和接收机的复反射系数。若只知道这些反射系数的幅值,则只能计算出功率测量的不确定度。

由等相位面弯曲和幅度非均匀误差所引起的增益减小可以被部分地校正:若测试距离为$2D^2/\lambda$而幅度锥削为0.25 dB,则测出的增益应加上0.15 dB。由于测量场地起伏,接收功率可能对测试地点有所敏感,采用在稍不同地点测试其接收功率后取平均的处理,可以减弱这种效应。

比较法 比较法(增益转移法)是比较用已知增益的参考天线置换待测天线前后的接收功率,如图24.20所示。该测试既可在自由空间进行,也可在有地面反射的场地进行。待测天线的增益为

$$G_{AUT} = \frac{P_{AUT}}{P_{ref}} G_{ref} \tag{4}$$

其中,P_{AUT}——用待测天线时接收到的功率,W

P_{ref}——用参考天线时接收到的功率，W

G_{ref}——参考天线的增益

G_{ref}已由其他方法确定，例如用绝对法测定或根据理论导出。半波偶极子和喇叭天线是被普遍采用的参考天线，因为它们具有可预言的增益和纯净的极化。参考天线增益的典型的校正不确定度为 ±0.25 dB。该功率比可简单地借助校准衰减器测定：调节衰减器使两种天线有相同的输出指示，而由衰减量的差异得出该功率比。

在式(4)中假定了待测天线和参考天线都与接收系统（传输线与接收机）完善地匹配，且具有相同的极化。两种天线在极化失配、阻抗失配以及传输线损失等方面的差异都会导致误差。如果待测天线和参考天线很相像，即具有相似的口径分布，则由等相位面弯曲和幅度锥削引起的误差大致相同，因而能部分抵消。如果这两具天线如图 24.20 所示那样边靠边地装置得很近，它们之间会产生我们不希望有的耦合。为了避免这种装置方式，可将两种天线背对背地置于转台上，测量时恰好交替转过 180°。

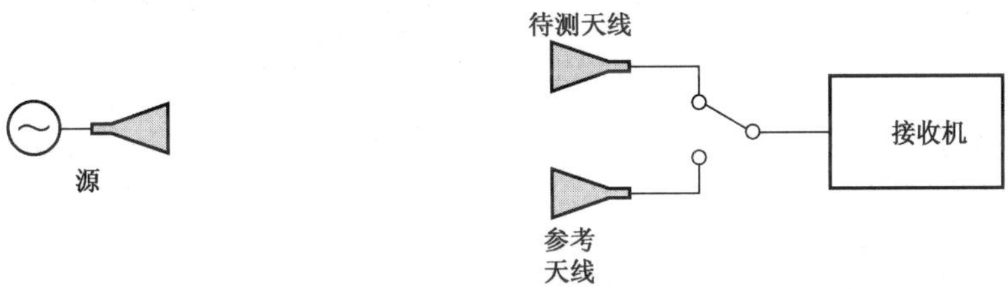

图 24.20　比较待测天线与参考天线的增益测量法

圆极化或椭圆极化天线的增益通常取决于测量两个正交线极化的局部增益。首先将线极化源和参考天线的极化水平放置，以测量局部增益 G_H，然后对铅垂极化源和参考天线重复测量局部增益 G_V。总的增益 G_{AUT}即等于两者之和：

$$总增益 = G_{AUT} = G_H + G_V \tag{5}$$

其中，G_H——待测天线的水平极化增益

G_V——待测天线的铅垂极化增益

天体射电源　对于任何其他方法都无法测量的大天线，天体射电源可用来测量波瓣图和增益。有许多射电“星”如超新星残迹或射电星系，都具有准确的已知通量密度 S（见表 24.1）。这些都是宽频带的噪声源，并且通常具有随机极化，但某些射电源则有显著的极化性质。通量密度是每赫兹频带入射到每平方米上的功率的测度，一般采用杨斯基（1 杨斯基 = 1 Jy = 10^{-26} W m^{-2}Hz^{-1}）为单位。谱指数 α 描述通量密度的频率依赖性：$S \propto f^{\alpha}$。

表 24.1　天线测量用的天体射电源①

	位置(新纪元 2000.0)								通量密度,Jy						
	赤经			偏差											
							尺寸，	隔离，	38	178	750	1.4	2.7	5	极化
源	小时	分	秒	度	弧分	弧秒	弧分	度	MHz	MHz	MHz	GHz	GHz	GHz	%
3C 20	00	43	09.21	+52	03	33.5	1	1	112	43	17	11.3	6.4	4.2	1.8
3C 196	08	13	36.09	+48	13	02.5	0.25	1	166	68	23	13.9	7.7	4.4	2.2
3C 273	12	29	06.69	+02	03	08.6	0.35	1	140	63	45	40	42	45	2

① 引自本书第二版。

续表

源	位置(新纪元 2000.0) 赤经 小时	分	秒	偏差 度	弧分	弧秒	尺寸,弧分	隔离,度	通量密度,Jy 38 MHz	178 MHz	750 MHz	1.4 GHz	2.7 GHz	5 GHz	极化 %
3C 295	14	11	20.65	+52	12	09.0	0.3	0.5	94	83.5	35	22.4	12	6.5	0.4
3C 348	16	51	08.25	+04	59	33.8	2	1	1690	351	84	44.5	22.4	11.9	1.5
3C 380	18	29	31.89	+48	44	46.7	0.25	0.5	211	59	22	14.4	10	7.5	1.2
天鹅座 A	19	59	28.45	+40	44	02.0	1.6	†	22000	8700	2980	1590	785	371	0.2
3C 123	04	37	04.36	+29	40	13.9	0.1		57	189	72	45.8	27	16	1.2
3C 286	13	31	08.36	+30	30	32.9	0.04	0.5	32	24	18	14.6	10	7.5	9
仙后座 A	23	23	24	+58	48.9		5	†	37200	11600	3880	2410	1470	910	-

† 在复杂星系的平面区域。

若射电星的张角远小于待测天线的半功率波束宽度,其接收功率为

$$P = \frac{SA_eB}{2L} = \frac{S\lambda^2 G_{AUT} B}{8\pi L} \qquad (\mathrm{W}) \tag{6}$$

其中,S——源的通量密度,$\mathrm{Wm^{-2}\,Hz^{-1}}$

A_e——天线的有效面积,$\mathrm{m^2}$

B——频带宽度,Hz

L——大气层的衰减

λ——波长,m

G_{AUT}——待测天线的增益

这里假定了源是随机极化的,因此极化效率为 1/2。接收功率可考虑成噪声功率 $k\Delta T_A B$,由此可写出天线的增益为

$$G_{AUT} = \frac{8\pi k \Delta T_A}{LS\lambda^2} \tag{7}$$

其中,k——玻尔兹曼常数($k = 1.38\times10^{-23}$ J/K)

ΔT_A——测出的由源导致的噪声温度,K

L——大气层的衰减

S——源的通量密度,$\mathrm{Wm^{-2}\,Hz^{-1}}$

λ——波长,m

如果源不能处理成点源,应确定一个校正因子。非常大的天线由于重力而经受结构上的变形,应考虑为俯仰角的函数。

要求有一台灵敏的经过校准的辐射计,用来测量天线噪声温度的少量变化,通常它被校准在两种其噪声温度准确已知的负载上,一种是室温下的吸波器,另一种是浸在液氮(77 K)或液氦(4 K)中的吸波器。这些吸波器应放置在辐射计之馈源天线的前端,使之完全覆盖住馈源波瓣图。校准的辐射计可用于多种遥感和射电天文的系统,如 3 K(更准确地说是 2.73 K)宇宙背景辐射的测量,这种辐射被认为来自原始宇宙大爆炸的残留(见 21.19 节)。

例 24.5.2 由天体射电源测量增益和口径效率

为俄亥俄州立大学 1.4 GHz 的 110 m 射电望远镜天线确定增益和口径效率。设从天鹅座

A 测得的天线温度增量为 687 K，而物理口径为 2210 m^2。假设无大气层损失（$L=1$）。

解：

由表 24.1，天鹅座 A 在 1.4 GHz 的通量密度为 1590 Jy。再由式（7）可得出增益为：

$$G=\frac{8\pi k\Delta T_A}{S\lambda^2}=\frac{8\pi\times1.38\times10^{-23}\times687}{1590\times10^{-26}\times0.214^2}=3.27\times10^5=55\,\text{dBi}$$

有效面积为

$$A_e=\frac{G\lambda^2}{4\pi}=\frac{3.27\times10^5\times0.214^2}{4\pi}=1190\,\text{m}^2$$

口径效率为

$$\varepsilon_{ap}=\frac{A_e}{A_p}=\frac{1190}{2210}=0.54\ \text{或}\ 54\%$$

雷达技术　单个天线的增益可以利用雷达技术来测量。在离待测天线足够远处放置一片充分大的平板反射镜，安排成相当于双天线的绝对法测量，即待测天线对准了它在反射镜后方的镜像。这种测量所要求的反射镜非常大。

如果待测天线照射一个其雷达截面 σ 已知的目标，则该天线的增益可以根据雷达方程由发射和接收功率解出。反射球是广泛采用的雷达校准目标，因为它有着与角度无关的已知雷达截面。理想导体反射球的 σ 在半径足够大 $a \gg \lambda$ 时就等于其物理截面 πa^2。借助于该球目标，可以从雷达方程解出天线的增益：

$$G_{AUT}=\frac{8\pi R^2}{a\lambda}\sqrt{\frac{P_R}{P_T}} \tag{8}$$

其中，R——雷达与目标的距离，m

a——目标（球）的半径，m

λ——波长，m

P_R——接收功率，W

P_T——发射功率，W

待测天线的增益还可以用一台校准雷达的照射来进行测量。当待测天线被短路时，它将再辐射其接收到的功率，对应于这种再辐射的雷达截面为

$$\sigma_r=A_eG_{AUT}=\frac{\lambda^2}{4\pi}G_{AUT}^2\qquad(\text{m}^2) \tag{9}$$

其中，A_e——待测天线的有效面积，m^2

G_{AUT}——待测天线的增益

λ——波长，m

借助于移动短路端的位置，有可能从口径和支撑结构的散射中分离出 σ_r 值。

24.5c　相位

在许多应用中，天线相位波瓣图和相位中心的知识至关重要。在大多数场合，只需要知道主平面内同极化分量的相位波瓣图 $\psi(\theta,\phi)$。若要完整地描述场分布，则需测量同极化和交叉极化分量在所有方向上的相位波瓣图。

相位波瓣图的测量等价于寻找远场的等相位面,坐标系统的中心(原点)必须按波长的分数级清楚地定义于天线结构。如果只需要找相位中心,则相对于坐标原点移动待测天线,直至在主波束范围内观测到常数相位即可。但是,许多天线并不限于求相位中心。

图 24.21 指出了测量相位波瓣图的三种安排。在图 24.21(a)所示的直接法中,直接测量发射信号的取样与接收信号之间的相位差,探头天线沿圆弧移动,或旋转待测天线而固定探头。这种方法只能用于短距离的测量。对较大距离的场合,可采用图 24.21(b)所示的参考天线法,旋转接收的待测天线而固定参考天线,测量两者接收信号之间的相位差。

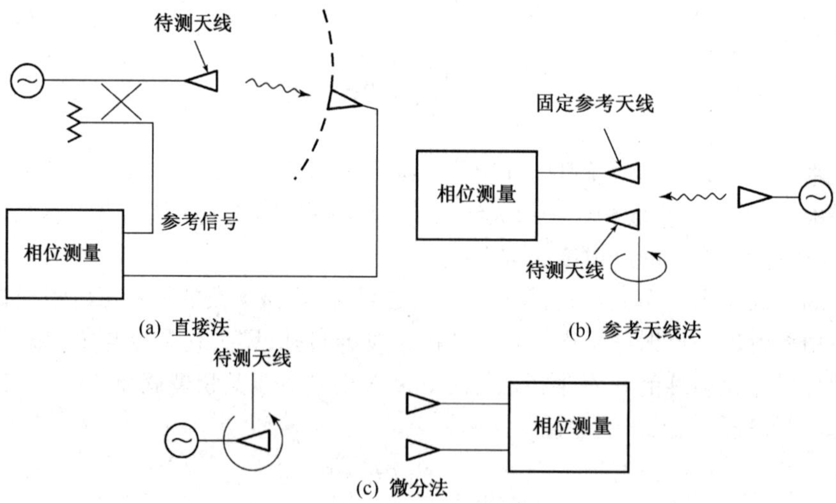

图 24.21 相位测量法

图 24.21(c)所示的微分相位法不需要相位参考,旋转发射的待测天线,借助双信道接收机测量其相位差。由测得之相位差波瓣图计算出相位波瓣图(Tuovinen-1)。此法的一个变种是利用单个功率计测量三个功率读数,再据此计算相位差(Mallat-1)。这种微分法的优点是在测量系统中不用旋转关节和柔性电缆,而这些部件在毫米波频率会带来较大的相位误差。

24.5d 极化

正如 2.15 节到 2.17 节所述,任何场量都能表示为两项正交的分量之和,合成为线、圆或椭圆极化。例如,任何椭圆极化的场 **E** 能分解成其 $\hat{x}$ 和 $\hat{y}$ 方向线极化的分量 E_x 和 E_y,如式(2.15.4)所示,即

$$\mathbf{E} = \hat{x}E_x\cos(\omega t) + \hat{y}E_y\cos(\omega t + \delta) \tag{10}$$

其中,$\hat{x}$——单位矢量

$\hat{y}$——单位矢量

ω——角频率($\omega = 2\pi f$),s^{-1}

t——时间,s

δ——x 和 y 分量之间的相位差,rad

该场也能分解成左旋和右旋的圆极化分量。

描述极化椭圆的参量有轴比 AR,倾角 τ(主轴方向)以及旋向(左或右)。对波瓣图的完整

描述要求测出极化随方向变化的函数。通常，并不需要完全的极化信息，只需要同极化和交叉极化分量的幅度。

有多种测量极化的方法。在**极化瓣图法**（见图24.22）中，将线极化源天线的极化角旋转，测得幅度随源天线转角变化的极坐标形式，即称为极化瓣图。从该图可得极化椭圆的轴比和倾角。若换接两种旋向相反的圆极化天线（如轴向模螺旋天线），比较其输出即可确定该椭圆极化的旋向（与输出较大的圆极化天线相同）。

若将线极化源天线的极化快速旋转，同时缓慢地改变待测天线的方向，则可得出如图24.23所示的波瓣图，其最大值和最小值分别对应了源天线所对准方向上待测天线之极化椭圆的长轴和短轴。于是由该波瓣图的包络可得出沿各个方向的轴比。这种技术称为**旋转源法**，适合于测试接近圆极化的天线。

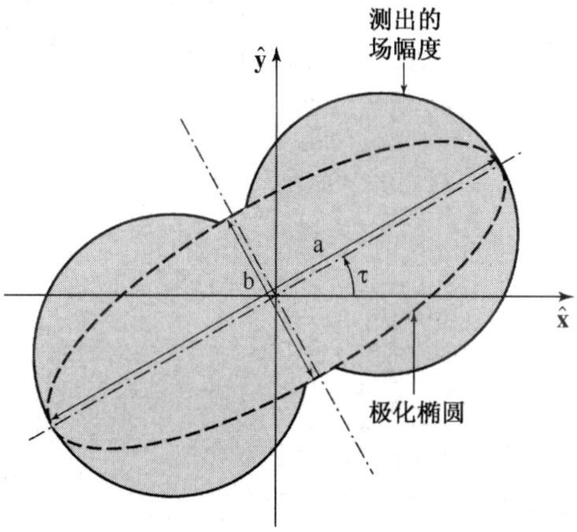

图24.22 极化瓣图法，轴比为 a/b

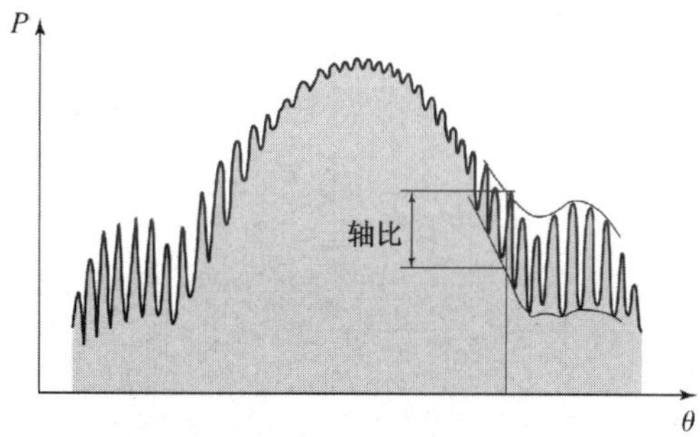

图24.23 用旋转源法测试圆极化天线

定义在极化椭圆上的参量 E_x 和 E_y 以及 δ 可借助两副固定呈直角布置的线极化天线来测量，测出其场的幅度和相位差。也可以改用两副旋向相反的圆极化天线。这种方法应将待测天线置于发射状态。

极化椭圆可通过待测天线由四种不同极化取样天线所测出的4个幅度（3组独立的幅度比）数据来确定，这些取样天线的极化和增益都应该是已知的。往往还采用六种取样天线，以给出一定的冗余量：铅垂极化、水平极化、45°和135°倾角的线极化、左旋和右旋的圆极化。

上述各种方法都假定参考天线或取样天线的极化是已知的。但是三天线的绝对法不受此限制，对三种组合的每一种都测量两次复数响应，即在第二次测量时将第二副天线旋转90°。这样就能确定所有三副天线的极化。

对极化测量的更详细的讨论可参阅本书英文版第二版的835页至839页。

24.5e 阻抗

按照电路的观点，可以将天线看成一个（单端口的）阻抗器，其阻抗值可借助计及天线馈端传输线的任何阻抗测量法进行测量。最普及的是开缝传输线测量法、借助定向耦合器的扫频测量法和网络分析仪测量法。在从事微波或毫米波工程的实验室中，通常都能找到矢量网络分析仪(VNA),显然都能用于天线阻抗的测量,甚至还能同时测量输入阻抗(S_{11})和辐射特性(S_{21})。

天线的阻抗特性在传统意义上表现为馈电网络之终端的角色,其所含的主要信息是待测天线的电压驻波比 VSWR(回波损失,反射系数的幅值)作为频率的函数。对此,上述方法之任何标量测试都是合适的。但有时需要定义在天线馈端参考面处的复数阻抗值,这通常发生在待测天线属于天线阵系统或与小型射频器件相集成的场合。

天线阻抗对测试环境的要求往往不像测试辐射特性那么严格。对于阻抗初步检测的准确性要求,通常可以在常规实验室内测量阻抗,只需要保持待测天线附近不存在强散射物体。若在待测天线辐射近场区的主要辐射方向上放置吸波器,可以显著改进测量的准确性。测试辐射特性的远场条件并不是必须满足的。对具有宽波瓣图的待测小天线,可将它置于周围保留若干波长自由空间的"吸波箱"内。对像喇叭这样的定向天线,宜使其主波束直接指向如图 24.24 所示的吸波器单元。还可以将待测天线就近移动位置,重复测出阻抗数据并取平均值。然而,最准确的阻抗测量应该在吸波室中与辐射波瓣图的测量联合进行。

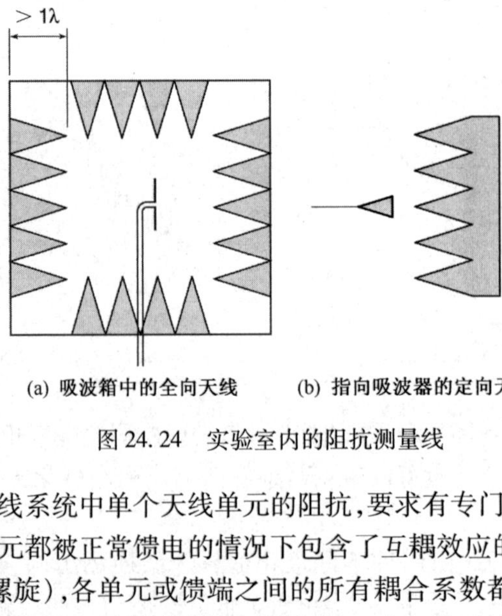

(a) 吸波箱中的全向天线　　(b) 指向吸波器的定向天线

图 24.24　实验室内的阻抗测量线

对于测量多单元天线系统中单个天线单元的阻抗,要求有专门的布局。典型的例子是,测量天线阵单元在所有单元都被正常馈电的情况下包含了互耦效应的有源阻抗。对于小阵列或多馈端天线(例如四绕螺旋),各单元或馈端之间的所有耦合系数都能测得。综合这些耦合对受激单元的反射贡献,便能得出所有馈端的有源阻抗。对 N 单元的天线系统,可得

$$\rho_{(有源)}=\frac{V_n^-}{V_n^+}$$
$$V_n^-=\sum_{m=1}^{N}S_{mn}V_m^+\qquad(\mathrm{V})\tag{11}$$

其中,$\rho_{(有源)n}$——单元 n 的复数有源反射系数,对应了归一化有源阻抗

$z_{(有源)n}=(1+\rho_{(有源)n})/(1-\rho_{(有源)n})$

V^+——向内行波的电压,V

V^-——向外行波的电压,V

S_{mn}——单元 m 和单元 n 的参考面处电压波之间的 S 参量($S_{mn}=V_m^-/V_n^+$),无量纲

图 24.25 所示的是某多单元天线阵阻抗测量的例子。对于大阵要计算所有 $N\times N$ 个 S 参量是

很烦琐的，因此通常采用具有金属侧壁盖住一部分阵面的专用仿真器，以减少阵元数，借助测试确定的馈电组合来求出各有源阻抗(Evans-1)。

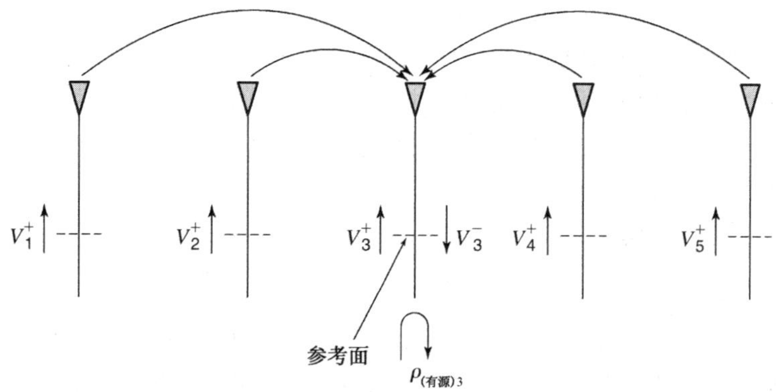

图 24.25　五元阵中第三单元有源阻抗的测量(为简洁起见，只标出了单元 3 的向外行波电压 V^-)

24.5f　效率

天线的效率被定义为从天线辐射的功率与递送入天线的功率之比值。它也可以被定义成在确定方向上功率增益与定向性之比值。按照增益的定义，则有几种不同的效率(见 24.5b 节)。这些定义各只说明一种附加于传统定义的辐射效率 η_r 之上的内部损失，如用匹配效率 η_m 说明阻抗失配的效应，用极化效率 p 说明极化失配的效应。即使对定义成天线内部的辐射效率，也不总是显而易见的，往往要计入天线附近的调配电路、天线罩、蜂窝电话手机用户的头部等所致的损失，它们总存在于天线的正常使用状态，因而被认为是天线的集成部分。

定向性/增益法　大多数测量效率的直接方法是按 2.7 节，24.5a 节和 24.5b 节所述确定定向性和增益。通常按式(1)的功率波瓣图经积分计算得出定向性，因此称为定向性的波瓣图积分法；也可以按 2.7 节的公式由波束宽度估算定向性。

定向性/增益法在原理上是普适而简单的，但难以精确实现，在三维辐射波瓣图测量时尤其如此。功率波瓣图测量的常规误差源还有吸波室中全三维测量时待测天线馈电电缆的反射，这对于低定向性天线(不存在可布置电缆的寂静方向)特别困难。考虑了所有误差源，按波瓣图积分法所得微带天线效率(百分数)的不确定度估计为 ±15% ~ ±28%，等效为增益的不确定度 ±1 ~ ±1.5 dB(Pozar-1)。该估计适合于定向性在 7.5 ~ 15 dB 范围内的天线。通常，高定向性天线要比低增益天线的估计不确定度低，因为吸波室侧壁反射的贡献变得更小。然而，对于很低定向性的小天线，反射所致的随机误差在辐射波瓣图的不同部位被部分地均匀化了，通过仔细测量可以达到低于上述估计值的不确定度。

辐射计法　一架有耗天线可采用一架具有相似定向波瓣图的无耗天线与一枚功率损失为 $L = D/G = 1/\eta_r$ 的衰减器相组合的模型。若使无耗天线指向吸波器，输出功率只需由吸波器的温度来确定。采用如同低噪声接收机的辐射计，借助测量待测天线的输出噪声功率，便能按下列公式确定天线的效率：

$$P_{n,out} = G \cdot kB\left(\frac{T_A}{L} + \frac{L-1}{L}T_{AP} + (F-1)T_0\right)\ (\mathrm{W}) \tag{12}$$

其中，$P_{n,out}$——接收机的输出噪声功率，W

G——接收机的增益，无量纲

k——波尔兹曼常数，$k = 1.38 \times 10^{-23}$ J/K

B——接收机的噪声带宽，Hz

F——接收机的噪声因子，无量纲

L——描述待测天线损耗之衰减器的功率损失，无量纲

T_A——天线噪声温度，K

T_{AP}——天线物理温度，K

$T_0 = 290$ K

现在需要 $P_{n,out}$的三次独立的测量结果来确定 L。典型地，按图 24.26 得出两项结果。

首先将天线置于吸波室或较小的带吸波器围栏中($T_A = T_{Ah} \approx 290$ K)，然后再指向净空($T_A = T_{Ac} = 10 - 50$ K)，参见第 12 章。暖目标测量可置换成在接收机输入端接上匹配负载。净空冷目标测量时由于反射镜溢出而致的地面辐射会造成显著的不确定度，如图 24.26(c)所示。第三项测量是采用无耗标准天线的另一次冷目标测量，已知标准天线的波瓣图以及由天空和地面所贡献的天线噪声温度；另一种选择是在接收机输入端接上经校准的噪声源。

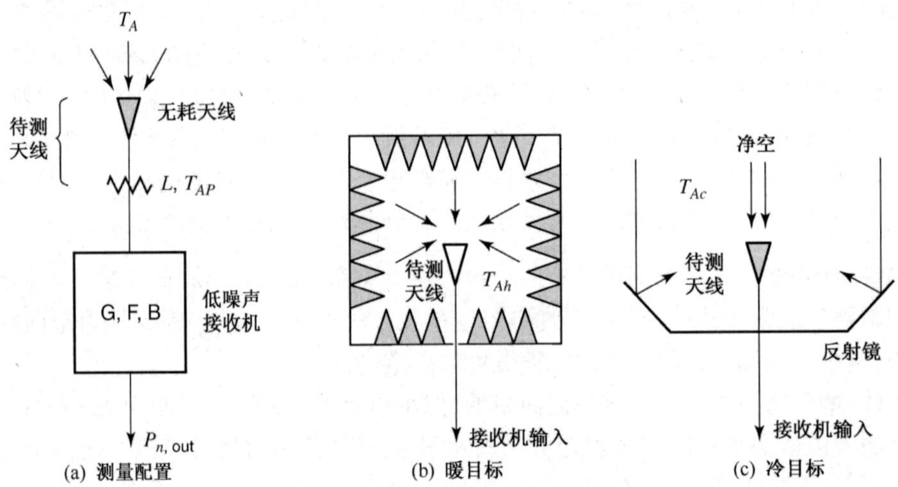

图 24.26 辐射计法测量天线效率

由式(12)可见，改变天线的物理温度 T_{AP}，也能进行独立的测量。这时待测天线置于吸波室，并放入对无线电波呈透明的聚苯乙烯泡沫塑料围栏中，再将无耗天线或噪声源用于三次测量的第一次或第二次。该方法所得功率输出的差异小于使用冷负载的测量，因而对测量系统的误差更敏感，且对于大的待测天线响应时间很长。

随机场法 辐射计法是基于将待测天线均匀暴露于分布信号源照射下的方法。在混响室中也能实现类似的效应，通常采用多模矩形谐振腔，一般配有螺旋桨形式的 1 ~3 个模式搅拌器。由于模式搅拌器的旋转，其模式场型随时间的函数而变化。有时搅拌器由待测天线或源的旋转所替代，或相辅助，这与微波炉所用的技术相仿。通过检查，该待测天线在若干搅拌周期内的平均输出功率应该相同，犹如待测天线接收的是平滑角分布的类噪声信号(Corona-1)。此时天线的输出功率就只取决于其效率，而待测天线的效率可得自与一架低耗参考天线的比较。

腔体的尺寸应在每个方向上都至少有几个波长，以保证适当的模式密度。在源和待测天线之间的直接信号应该用金属壁阻隔。

测小天线的惠勒帽法和其他方法 小天线的阻抗实部可假设由天线内部的损耗电阻 R_l 与辐射电阻 R_r 构成，于是效率为

$$\eta_r = \frac{R_r}{R_l + R_r} \tag{13}$$

其中，η_r——待测天线的辐射效率，无量纲

R_r——待测天线的辐射电阻，Ω

R_l——待测天线的损耗电阻，Ω

该内部损耗由天线的电流分布来确定。若天线被放入一个防止其辐射的金属屏蔽罩内，它小得不致发生谐振，而又足够大得不致扰乱天线的电流，则其阻抗的实部应该缩小成 R_l。这就是众所周知的惠勒帽法（Wheeler-1）。最初，惠勒推荐用一个半径为 $\lambda/2\pi$ 的球形屏蔽罩包围待测天线，后来该方法被主要用于带接地板天线的测量，采用形状与尺寸可随意选取的帽状屏蔽罩，以保证不扰乱天线电流、帽缘与接地板接触良好以及避免帽内谐振为原则。这种方法把待测天线的尺寸限制为不大于 $\lambda/4$（Newman-1）。

惠勒帽法能提供不确定度很低的结果，约为 ±2% 的效率（Pozar-1）。随之产生的问题有：（1）小尺寸的屏蔽帽会改变待测天线上的电流分布，从而改变 R_l 值；（2）损耗的机理并不一定能只用一枚电阻加以描述（兼有串联和并联的损耗机理）；（3）测量谐振式天线时，式（13）会因为失谐而无效。电流分布的改变可借待测天线等效电路中由屏蔽帽引起的电抗成分进行估计，通常仅 1% 的量级，对 R_l 的影响不大。后两个问题只发生于谐振天线，可借助谐振电路的测量技术来避免（见例 24.5.3）。待测天线被描述成端接谐振电路的有耗馈电结构。既然未规定馈线的电长度，其谐振频率就不是固定不变的。

例 24.5.3 天线效率的惠勒帽测量

设采用惠勒帽法测量某谐振式天线时，其功率反射系数的典型结果示于图 24.27。如果谐振电路所串联的馈电线路中无耗，则在远离谐振点处有着恒定的回波损失 $L_{r,far}$ = 0 dB；若 $L_{r,far}>0$，则图 24.27 中待测天线之等效电路模型含有值为 $L_s = L_{r,far}/2$（dB）的衰减器。

在谐振峰值处的回波损失 $L_{r,res}$ 来自串接于通常设为无耗的谐振电路之电阻 R_s：

$$R_s = Z_c \frac{1 \pm |\rho_{res}|}{1 \mp |\rho_{res}|} \quad (\Omega)$$
$$|\rho_{res}| = 10^{-(L_{r,res}-L_{r,far})/20} \tag{14}$$

其中，R_s——串接于谐振电路的电阻（见图 24.27），Ω

Z_c——馈线的特性阻抗，Ω

ρ_{res}——谐振电路的电压反射系数，无量纲

$L_{r,res}$——谐振频率上的回波损失，dB

$L_{r,far}$——远离谐振频率的回波损失，dB

在式（14）中，过耦合情况取下行符号，欠耦合情况取上行符号，而耦合取决于待测天线的复数反射系数谐振圆的尺寸。如果其直径乘以 $10^{L_{r,far}/20}$ 后大于 1，就是过耦合情况；如果

小于1,则为欠耦合情况。现在,利用式(13)以及不随天线顶上加帽而变化的L_s,可分别得到有或无惠勒帽状态下由电阻值R_{s1}和R_{s2}所确定的总效率:

$$\eta_r = 10^{-L_s/10}\frac{R_{s2}-R_{s1}}{R_{s2}} \tag{15}$$

其中,η_r——待测天线的辐射效率,无量纲

R_{s1}——带有惠勒帽的谐振电路之串联电阻,Ω

R_{s2}——不带惠勒帽的谐振电路之串联电阻,Ω

L_s——等效电路中串联衰减器之损耗($L_s = L_{r,far}/2$),dB

注意:由于加帽或史密斯圆图(见图24.27)上阻抗轨迹的旋转所引起谐振频率的少量改变并不影响所得的结果。

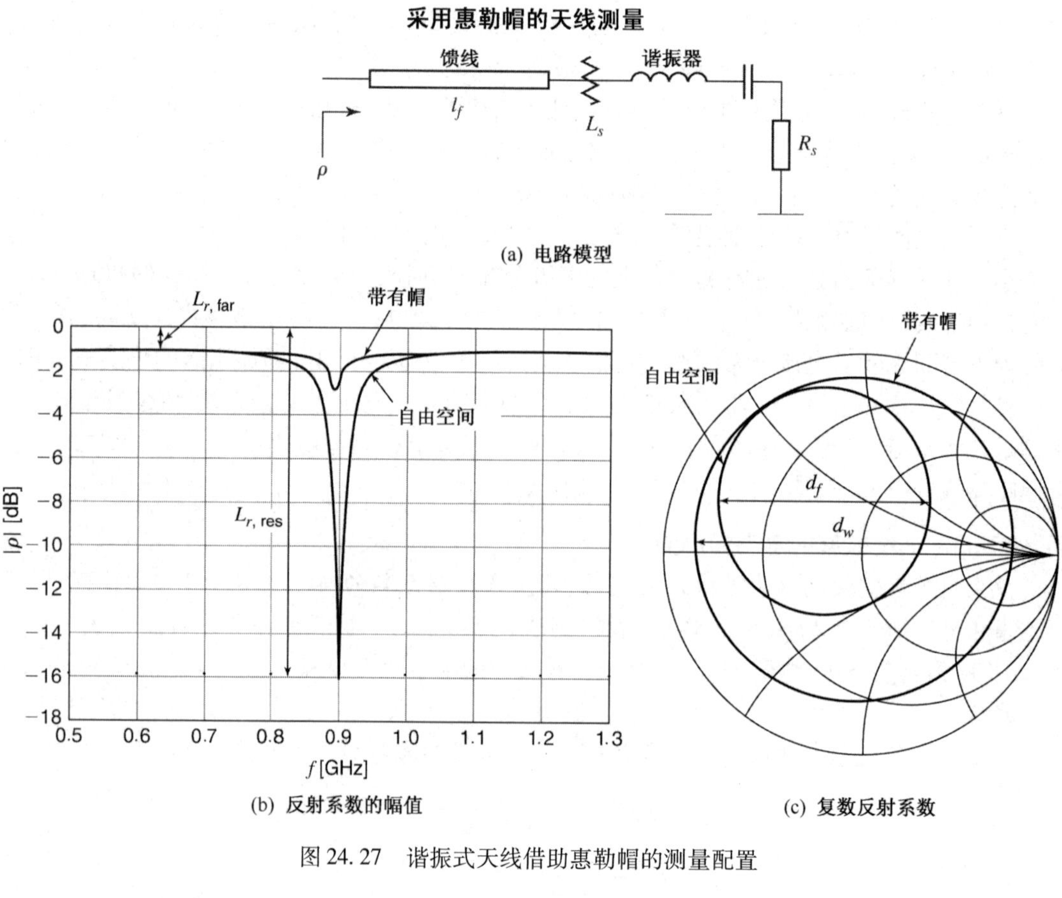

图24.27 谐振式天线借助惠勒帽的测量配置

为避免随惠勒帽法产生的问题,建议将待测天线放入大尺寸波导内收集,并测量其辐射功率(Johnston-1),其基本思路是将待测天线处理成向自由空间输出的双端口网络,借助波导测试装置的传输和反射测量确定网络的S参量。在这两项测量中都要用到接在波导终端的滑动短路器,为每项测量提供特定的反射。此法的不确定度估计为±1%,且对于天线在波导中的位置很不敏感。与惠勒帽法相比,波导法不需要关于待测天线等效电路的任何假设,因而更加普及。波导还使待测天线周围的空间比惠勒帽的大(宽3λ/4,高3λ/8),从而使待测天线的近场更少地受波导的扰动。另一方面,波导法需要稍复杂的配有高质量滑动短路器的波导测试装置。

惠勒帽法和波导法都对待测天线的尺寸有所限制。而小天线又往往需要连同其环境一起测量,如蜂窝电话机之计入其天线的总效率。这将是24.6b节讨论的主题。

24.5g　电流分布[①]

在很多场合,能知道沿天线的电流分布是十分重要的。例如,已知天线上各点的电流幅值和相位,便可以计算其远场。

电流可以用小的摄取环从接近天线导体处取样。环与指示器接成单一探头,能够检波并借助高阻抗线转换成低频信号(Schmid-1)。将射频信号既用细同轴电缆直接转换,又用光纤链路转换(Masterson-1),还能得到相位信息。这一技术与小天线和比吸收率的测量密切相关(见24.6b节和24.6d节)。然而当波长很短时,对于天线邻近的场不受扰动的要求,指示器会显得太大。可按图24.28的布置在天线的场域中移动指示器,即伸出天线导体管上纵向缝隙的摄取环。环的输出电缆则受箍于天线导体管内,通过接地的短截线引出,图24.28的布置允许同时测量幅值与相位。相位用参考电流(见图中以虚线连接部分)的比较法测量。环所摄取的信号与另一路幅度近似相等、由探针取自一匹配开缝线的信号进行混频。逐次固定天线的取样环而移动开缝线的探针,使指示最小,则两次探针位置代表的相位差就等于天线取样环信号的相位移。在匹配传输线上,相位移是距离的线性函数。以上内容假设传输线的相速等于自由空间的光速,相位移 θ 沿线每单位长度 $360°/\lambda_0$,其中 λ_0 是所用信号频率在自由空间中的波长。因此线上两点之间的相位差就等于两点的间距乘以 θ。

在关于柱形天线的第14章中,图14.14给出的长为 5λ,直径为 0.2λ 的柱形单天线极子上的电流分布就是用类似图24.28的装置测得的。

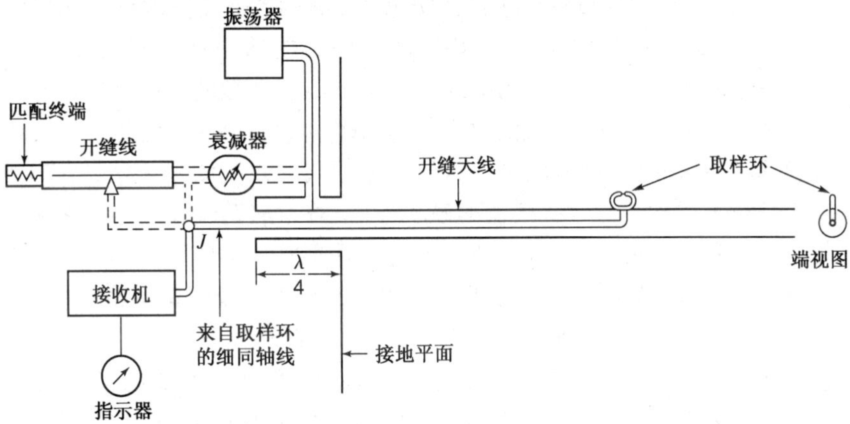

图24.28　测量电流幅度与相位的开缝天线和取样环布置

24.6　各种特殊测量

24.6a　大型毫米波和亚毫米波天线

频率高达3 THz的毫米波和亚毫米波辐射计已计划用于未来的遥感与射电天文卫星。所用

① 本节的内容大部分取自本书的第二版。

1 m(=10 000 波长,对 3 THz)量级的天线属于大型之列,对测量技术提出了挑战。随着频率的提高,天线的测量出于很多理由而愈加困难:可利用的功率减小、接收机的灵敏度变差、吸波器的反射率增加以及对尺寸准确性的要求更严格等。因此,现有测量场地的频率上限多数定在 200 GHz。

对于工作在 1 THz 的 1 m 天线,其远场距离为 7 km。而对亚毫米波近乎透明之大气层中的水汽物具有某些强谐振谱线,进行远场测量是不切实际的。于是,极其期盼能实现近场测量,测试取样将多达百万点,需要稳定而准确的设备(发射机、接收机和扫描器),并能有很高的取样速率。

看来,天线测试紧缩场是更有前途的方案,需要一架大而精确的反射镜。即使短距离的空气衰减也可能很显著,接近谐振频率时的衰减大于 10 dB/m,因此测试室应该非常干燥或充氮气。

24.6b 电小天线

作为测量的对象,用于便携式无线电器材的电小天线形成了一个特殊的群体,尤其对于其辐射特性的测量而言。阻抗参量虽然并不特殊,但对频率有很强的依赖性,就像众所周知的小天线阻抗的谐振现象,可以运用等效电路的观点(见例 24.5.3)。

电小天线的典型特征是低定向性。从测量的观点看这是有利的,不要求测量低旁瓣电平;但另一方面,低定向性意味着要测量天线的完整的或大部分三维波瓣图,因为没有明确的主瓣或主极化,这对于天线邻近(如电缆)的安装提出了特殊而难以实现的要求。另外,天线邻近的使用环境如手持电话机的使用者被当成测量装置,应该包括在辐射和阻抗测量的现实结果中,这可以采用人体的模型(见 24.6d 节)或测试人(Pedersen-1)来代替。

波瓣图达到足够分辨率所需的取样点数取决于由定向性所代表的天线尺寸。假设每 3 dB 波束宽度($\approx\lambda/D$, rad; D 是天线物理口径的最大尺度)要有两个波瓣图取样点,则取样点的总数估计达 $16\pi(D/\lambda)^2$(Evans-1)。此外,还可以借助球面波模式(Hansen-1)对天线波瓣图进行模式分析的研究。对手持蜂窝电话机连同使用者进行天线测量时,典型的取样分格为 5° ~10°。

三维辐射波瓣图可用于估计小天线的效率,后者或许是描述小天线性能的一项最重要因素。在测试中必须包括使用者效应,这就限制了其他不太复杂的效率测量方法(见 24.5f 节)的利用。包含一支手持机天线和一具人头模型的最小外形,对于惠勒帽或波导法来说已显得太大了。模式搅拌腔具有足够的尺寸,但有耗的人头模型对腔内平均场强的影响需要在与参考天线做比较时进行补偿。采用辐射计法时要仔细考虑人头模型改变阻抗匹配的效应。

如 24.2b 节所述,对于小天线来说,名义上由式(24.2.3)所示瑞利距离给定的远区界限可能很接近式(24.2.2)所示的电抗性近场范围,因而在确定小天线的测量场地时应考虑式(24.2.3)至式(24.2.5)。当 $\Delta L\leqslant 1$ dB 时,若天线尺寸 D 小于 0.3λ,则近场效应的判据按式(24.2.4)界定;若 $D>0.3\lambda$ 但仍属于小天线,则按式(24.2.5)改变测试距离。

测量小天线的另一项特殊问题是连接待测天线之电缆的影响。将电缆不经意地置于波瓣图的某些基本部位,会使辐射波瓣图或多或少地各向同性化。进一步讲,小天线被接上电缆会改变其原来的电流分布。这里列出少数几项改进小天线之电缆布置的措施:

1. 采用非电流连接到待测天线,例如光纤或高阻抗线,加上二极管检波器;
2. 借助扼流器减小在电缆外表面上的电流;
3. 将电缆放在对场影响最小的位置;
4. 采用电池供电的小型发射机直接连到待测天线。

除了第 4 种以外的其他情况下，电缆都会给待测天线的三维测量造成困难。因此，能让待测天线处于固定位置或只绕一根轴旋转的测试方法是有益的。为此，近场测量往往是很好的解决方案；也可以用远场测量配置方案。

第 1 种改进措施与采用射频电缆相比更受限制，但是因为用于移动通信系统而正在迅速发展之中。二极管检波器只提供幅度信息，且存在众所周知的有限动态范围的缺点。光波与射频信号之间的变换器提供相位信息，且具有兆赫级的频带宽度，但附配电池的体积有点嫌大。也可以改用带有光波或射频信号调制的无源方法（Masterson-1）。

第 2 种改进措施的典型结构是在电缆屏蔽壳的顶端装接铁氧体珠型的通用扼流器（Sarrio-1）。然而，这种以保持待测小天线邻近的电流分布不变为目标的结构并不是最好的办法，铁氧体扼流器是电阻性的，它以吸收电流代替了使之形成“开路”。图 24.29 中建议的结构采用巴仑型端帽接在电缆的外表面上（Icheln-1），端帽有效地防止了移动电话机底座上表面电流分布的变化，但不足的是频带限于约 20%，这意味着测量典型的双频天线时需要更换端帽。

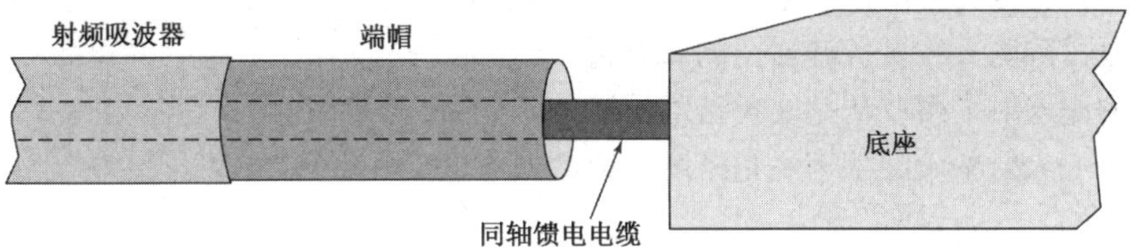

图 24.29 巴仑型端帽作为防止测试电缆外表面上电流的措施

第 3 种改进措施曾由 Saario 等研究过，并指出电缆的走向应该垂直于所研究的极化（Saario-1），但这一条件使得难以测量双极化天线的全三维辐射波瓣图。

第 4 种改进措施通常只能用于幅度测量，因而不适用于相位波瓣图或近场测量。但若采用两种源天线分别测量并进行相位比较，可以解除这种限制（Tuovinen-1）。

24.6c 有效增益

典型的情况是天线接收已知源的信号，该源对于接收天线来说总是一个点源。在射电天文学和被动遥感的辐射计测量中，源是分布型的，来自不同方向的信号是不同步的，但天线的位置是已知的。这就能很简单地从天线的功率波瓣图推导出源和接收信号之间的关系。但若天线接收来自随机方向或在变化位置处接收若干同步信号，正如移动通信所包含的多径信号，情况就变得复杂了。于是，移动终端需要对天线性能的特征化进行专门的统计研究，并采用有效增益和平均有效增益的参量。有效增益 G_{eff} 是待测天线的接收功率与参考天线（如各向同性天线或半波偶极子）在确定的信号分布下的接收功率之比，定义为（Jakes-1）：

$$G_{eff} = \frac{P_r}{P_{i,\theta} + P_{i,\phi}} \tag{1}$$

其中，G_{eff}——待测天线的有效增益

$P_{i,\theta}$——各向同性 θ 极化天线的平均接收功率，W

$P_{i,\phi}$——各向同性 ϕ 极化天线的平均接收功率，W

在式(1)分子中的当地接收功率已计入了短期衰落对天线的可能影响；但在分母的参考功率中，由于在至少几个波长的距离上求了平均，短期衰落已被抵消了，否则 G_{eff} 可能在某处变得无穷大。

正如移动通信的信号分布是连续变化的,需要研究天线在测试路径的许多位置上所接收信号的统计特性(Andersen-1)。由此可能研究 G_{eff} 的累积分布,以求得确定的可靠性程度。常用的 G_{eff} 平均值就称为平均有效增益(MEG)(Taga-1)。MEG 的概念是描述天线处于确定的使用环境(都市、郊外、乡村或室内等)中所具有的性能,定义为对某种代表性环境(例如按测试路径)中 G_{eff} 值的平均。对来波按标准步骤求得统计分布,并结合待测天线三维辐射特性的信息,可得出基于式(1)的:

$$\text{MEG} = \int_0^{2\pi}\int_0^{\pi}\left\{\frac{\text{XPR}}{1+\text{XPR}}G_\theta(\theta,\phi)P_\theta(\theta,\phi) + \frac{1}{1+\text{XPR}}G_\phi(\theta,\phi)P_\phi(\theta,\phi)\right\}\sin\theta\, d\theta\, d\phi \tag{2}$$

其中,MEG——待测天线的平均有效增益,无量纲

XPR——该环境中入射场的交叉极化比($XPR = P_{i,\theta}/P_{i,\phi}$),无量纲

$G_\theta(\theta,\phi)$——待测天线增益波瓣图的 θ 分量,无量纲

$G_\phi(\theta,\phi)$——待测天线增益波瓣图的 ϕ 分量,无量纲

$P_\theta(\theta,\phi)$——入射平面波功率之角密度函数的 θ 分量,无量纲

$P_\phi(\theta,\phi)$——入射平面波功率之角密度函数的 ϕ 分量,无量纲

这些分布函数都已被归一化如下:

$$\int_0^{2\pi}\int_0^{\pi}\{G_\theta(\theta,\phi)+G_\phi(\theta,\phi)\}\sin\theta\, d\theta\, d\phi = 4\pi\cdot\eta_{tot} \tag{3a}$$

$$\int_0^{2\pi}\int_0^{\pi}P_\theta(\theta,\phi)\sin\theta\, d\theta\, d\phi = \int_0^{2\pi}\int_0^{\pi}P_\phi(\theta,\phi)\sin\theta\, d\theta\, d\phi = 1 \tag{3b}$$

其中,η_{tot}——待测天线的总效率,无量纲

增益波瓣图的归一化包括了计及所有内部损耗和天线失配影响的总效率。正是为了 MEG 才描述小天线被装置成不可避免的严重失配状态下的总效应。在东京闹市区环境中的移动通信测量,其入射波 $P_\theta(\theta,\phi)$ 和 $P_\phi(\theta,\phi)$ 可假设成对 ϕ 是均匀分布的函数,而对 θ 是高斯分布的(Taga-1)。表 24.2 提供了所得的参数,它指出都市环境中的典型特征是:信号到达角的平均方向稍有抬起。究其原因,移动天线所接收之波属于先传播至屋顶而后下达街面的绕射波。在基台天线为铅垂极化而且信号经复杂的传播环境并未完全被消极化的情况下,表中的 XPR 值对于都市环境也是十分典型的。与都市环境相比,室内环境中作为 θ 之函数的分布较宽,而郊外与乡村环境中则较窄。

表 24.2 东京都市环境中入射波作为 θ 的函数分布所测得的参数

路径	θ_{mV}	σ_V	θ_{mH}	σ_H	XPR
人形町	71°	20°	58°	64°	5.1 dB
兜町	70°	42°	40°	90°	6.8 dB

θ_{mV}——铅垂极化入射波的高斯 θ 分布之平均值,角度

θ_{mH}——水平极化入射波的高斯 θ 分布之平均值,角度

σ_V——铅垂极化入射波的高斯 θ 分布之标准偏差,角度

σ_H——水平极化入射波的高斯 θ 分布之标准偏差,角度

XPR——$P_{i,\theta}/P_{i,\theta}$ 是该环境中入射场的交叉极化比,无量纲

Taga 还计算了不同指向及高斯场分布之半波偶极子天线的 MEG，指出一支从铅垂倾斜 55°的半波偶极子天线具有 MEG = −3 dB，且实际上与来波的 XPR 或分布（θ_{mV}，θ_{mH}，σ_V 和 σ_H）无关。因此，该天线可用来定义总入射功率 $P_{i,\theta}+P_{i,\phi}$，就等于所得平均功率乘以 2。

例 24.6.1　小天线的平均有效功率

考虑某无耗小天线具有基本电偶极子的波瓣图。为简单起见，设该偶极子铅垂放置，而来波的 θ 分布为 $\theta_{mV}=\theta_{mH}=90°$。其他参数为：

(a) 乡村型分布：$\sigma_V=5°$，$\sigma_H=20°$，XPR = 15 dB

(b) 都市型分布：$\sigma_V=30°$，$\sigma_H=50°$，XPR = 6 dB

(c) 室内型分布：$\sigma_V=60°$，$\sigma_H=90°$，XPR = 3 dB

求该天线的 MEG。

解：

已知短偶极子的归一化增益波瓣图和信号的角度分布为：

$$G_\theta(\theta,\phi)=1.5\sin^2\theta \qquad G_\phi(\theta,\phi)=0 \qquad P_\theta(\theta,\phi)=A_\theta \mathrm{e}^{-\left[\frac{(\theta-\theta_{mV})^2}{2\sigma_V^2}\right]},$$

其中，A_θ 是归一化参数。

引用式(2)，注意到铅垂偶极子只考虑 P_θ 项。对于问题(a)到问题(c)，先利用式(3)解得：

$$A_\theta=\left[2\pi\int_0^\pi \mathrm{e}^{-\left[\frac{(\theta-\theta_{mV})^2}{2\sigma_V^2}\right]}\sin(\theta)\,d\theta\right]^{-1}$$

然后得出

$$\mathrm{MEG}=\frac{\mathrm{XPR}}{1+\mathrm{XPR}}2\pi\int_0^\pi 1.5\sin^2(\theta)P_\theta(\theta,\phi)\sin(\theta)\,d\theta$$

式中分母的第一项表示平均极化失配，第二项描述天线波瓣图与功率分布之间的匹配状况。计算结果为：

(a) $A_\theta=0.730$	XPR/(1 + XPR) = −0.41 dB	MEG = 1.3 dB
(b) $A_\theta=0.139$	XPR/(1 + XPR) = −0.97 dB	MEG = 0.0 dB
(c) $A_\theta=0.0961$	XPR/(1 + XPR) = −1.8 dB	MEG = −1.4 dB

显然可见极化匹配的重要性，尤其是在都市和室内环境中。这一性质促进了极化分集或自适应性在移动通信终端中的应用。

有了陆地或卫星移动通信系统的天线在计入使用者或运载体影响后的三维波瓣图，以及对在不同环境中来波分布的测量结果，就能预估移动天线的性态，而不必对每种选型按测试路径实施乏味的测量(Pedersen-2；Kalliola-1)。另一种可能性是利用具有确定的典型特征随机场分布(如均匀方位分布)的测试环境，只给出天线在某平均环境中的性能。

24.6d　比吸收率(SAR)和暴露标准

射频辐射的量子能量非常低，以至于并不能使生物材料(如人体的组织)发生电离。因此，射频辐射的有害生物效应(按当前的科学知识)仅限于组织因吸收射频能量而导致的温升。所谓对神经系统、细胞膜或癌的发展等的非致热效应已开展了广泛的研究，但所得结果存在着争议,尚未发现对此类效应的结论性证明。鉴于随着便携式通信器材的广为应用,使一般公众被暴露于巨额增长的射频辐射,对该领域的致热效应和非致热效应的研究正在继续。在研究射频发射机及天线对健康组织的影响时,主要是确定每单位质量的组织所吸收的能量,它被定量地描述为比吸收率(SAR),如下所示(Kuster-1; USAF-1):

$$\mathrm{SAR}=\frac{dP_a}{dm}=\frac{\sigma E^2}{\rho}\qquad(\mathrm{W/kg})\tag{4}$$

其中,SAR——比吸收率,W/kg

dP_a——组织体积的吸收功率,W

dm——确定的无穷小体积的质量,kg

σ——当地组织材料的有效电导率,S/m(即 Ω^{-1}/m)

ρ——当地组织材料的密度,kg/m^3

E——检测点处的电场幅值,V/m

通常所谓的当地 SAR 是对组织的一定体积或质量取平均的,应用于局部化的暴露,如手持蜂窝电话机的情况。大多数潜在有害的射频辐射暴露通常产生于低频器械(如 13 MHz 和 27 MHz范围的工业射频加热器)之近场,或者产生于广播或雷达发射机的远场。为此,需借助测量稳定的电场或磁场以及用剂量学模型(USAF-1; Hagmann-1)研究整个或部分人体(如头部)的吸收,现已大体上实现了 SAR 的确定。由于自 20 世纪 80 年代以来便携式无线电设备的增长,对发射机附近的局部化 SAR 值的研究和制定暴露标准的兴趣骤增。SAR 值与天线设计最为密切相关,本节就集中讨论如何确定该局部化 SAR 值。

对射频辐射的暴露标准定义了限制个人 SAR 的受控(职业性暴露)和非受控(一般性公众暴露)的条件(ICNIRP-1; prENV-1;IEEE-2; ARIB-1)。按照主要的国际和美国国内标准,受控条件下整体平均 SAR 的极限值在 10 MHz ~ 6 GHz 的频率范围内是 0.4 W/kg,而非受控条件下则是它的 20%,即 0.08 W/kg。对于局部化暴露的情况,即使满足了整体 SAR 值的限制,该暴露仍可能是有害的。因此标准对局部化暴露另有规定,分离出局部的峰值 SAR。表 24.3 给出人体大多数部分的峰值 SAR 概貌以及用于其定义的参数。较高的值被用于手、腰、脚和踝等部位。当脑部暴露在局部峰值 SAR = 2 W/kg 下时估计的温升约 0.1°C(Anderson-1)。

表 24.3 局部的峰值 SAR 和各自的参数①

	美国标准	ICNIRP 标准(欧洲与日本)
峰值 SAR	1.6 W/kg	2 W/kg
平均周期	30 min	6 min
平均质量和外形	1 g/立方体	10 g/立方体*

* ICNIRP 未曾定义该体积的形状。

正如 SAR 只能定义在实验室条件下,标准的定义也限制于不同的频率范围,针对电场或磁场强度、平面波功率密度、感应或接触电流等不同的物理量。当应用于场的测试时,应保证不超过整体的 SAR 值。然而,在确定峰值 SAR 时,必须计入组织的局部性质和发射器件。后

① 因为人体的感热器在皮肤内,射频加热能不被感觉地发生在体内。因此,安全能量的原则应该防止不希望的体内加热。注意,[SAR(W/kg)]×[时间(s)]=能量/质量(J/kg)。

者既可由数值电磁仿真,也可由测量来实现。

在进行仿真计算时,人体组织可以非常详细地描述成 15 ~ 30 种组织类型,基于核磁共振成像(MRI)的信息可对头部达到 1 ~ 3 mm 的分辨率(Lazzi-1)。仿真的缺点是描述发射机与天线时存在困难,要求过细并且需要冗长的计算时间。所以,仿真只能很好地用于移动手机天线的设计。计算 SAR 的最普及方法是时域有限差分(FDTD)法(见图 24.30)。数值方法允许仿真组织的精细结构,但其绝对准确性不足以与测试相符。

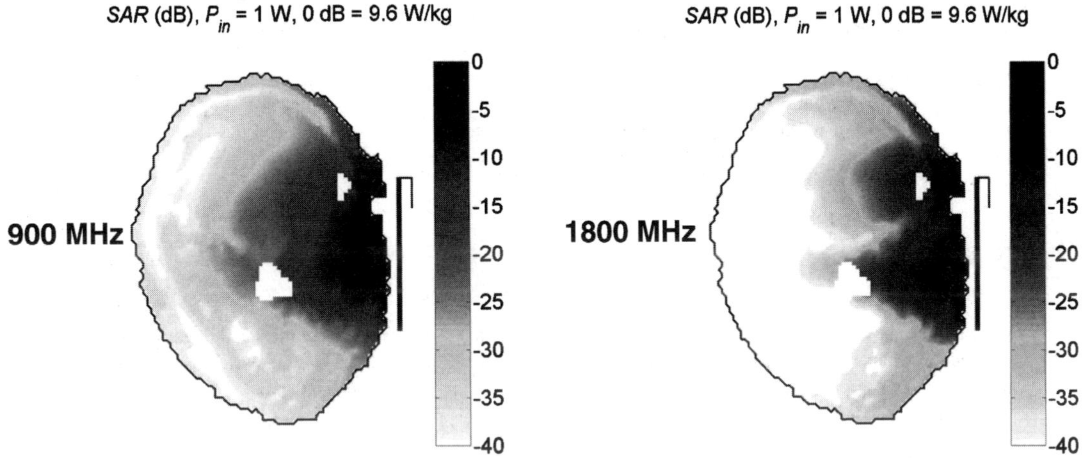

图 24.30　头部模型内 SAR 分布的计算示例

在测量时,SAR 取决于由发射机及待测天线辐射而在仿真人体之模型内部的电场,根据模型中组织的已知材料参数,按式(4)计算得出。已在使用的几类模型具有不同详简程度的外形和组织。模型可以是整个人体或只是头部或其他部位。作为标准,要求确定相当详细的 SAR 分布,对脑组织以 1 g 来等效 1 cm^3,但大多数实际做法采用了所谓的匀质模型,即在解剖学外形的表层内部充满与组织等效的液体。在此液体中借助机械的三维扫描器和一架包含三套如图 24.31 所示的短偶极子-检波器的探头(Schmid-1)。这样的实体测试以及自动化测量比数值仿真更快捷,但其缺点是限制了对组织的详细描述,并由于多种误差源使得难以达到低的不确定度。

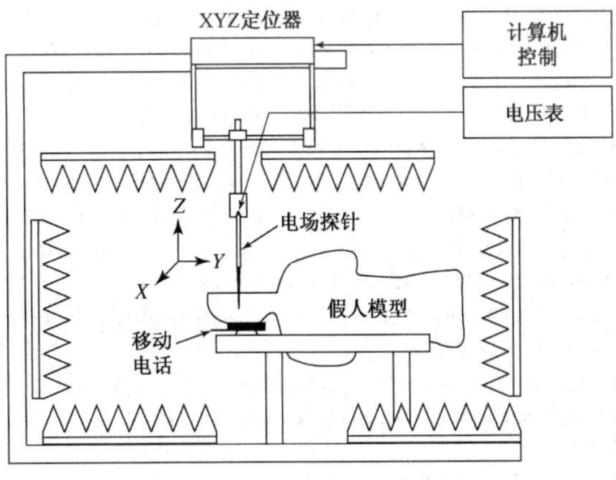

(a) 人体和头部模型内部场的测量布置

图 24.31　比吸收率(SAR)的测量

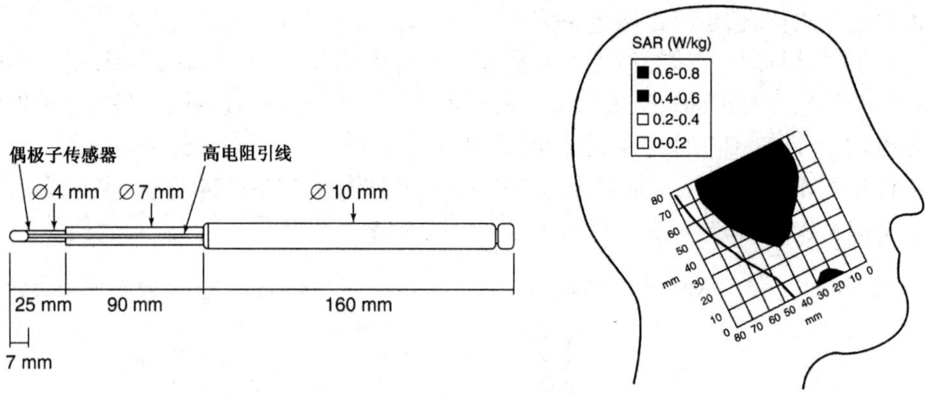

(b) 测量电场幅度用的探针　　(c) 测得 SAR 的示例

图 24.31(续)　比吸收率(SAR)的测量

参考文献

Andersen, J. Bach (1), and F. Hansen, "Antennas for VHF/UHF Personal Radio: A Theoretical and Experimental Study of Characteristics and Performance," *IEEE Trans. Vehic. Tech.*, **VT-26,** 349–357, November 1977.

Anderson, V. (1), and K. Joyner, "Specific Absorption Rate Levels Measured in a Phantom Head Exposed to Radio Frequency Transmissions from Analog Hand-Held Mobile Phones," *Bioelectromagnetics,* **16,** 60–69, 1995.

Appel-Hansen, J. (1), "Reflectivity Level of Radio Anechoic Chambers," *IEEE Trans. Ants. Prop.*, **AP-21,** 490–498, July 1973.

ARIB (1), ARIB Std-T56, *Specific Absorption Rate (SAR) Estimation for Cellular Phone,* Association for Radio Industries and Businesses (ARIB), Tokyo, Japan, 1998.

Braun, C., G. Engblom and C. Beckmann, "Evaluation of Antenna Diversity Performance for Mobile Handsets Using 3-D Measurement Data," *IEEE Trans. Ants. Prop.*, **47,** pp. 1736–1738, November 1999.

Corona, P. (1), G. Ferrara and M. Migliaccio, "Reverberating Chambers as Sources of Stochastic Electromagnetic Fields," *IEEE Trans. Electromagnetic Compatibility,* **38,** 348–356, August 1996.

DeWitt, B. T. (1), and W. D. Burnside, "Electromagnetic Scattering by Pyramidal and Wedge Absorber," *IEEE Trans. Ants. Prop.*, **36,** 971–984, July 1988.

Emerson, W. H. (1), "Electromagnetic Wave Absorbers and Aneochoic Chambers through the Years," *IEEE Trans. Ants. Prop.*, **AP-21,** 484–490, July 1973.

Evans, G. E. (1), *Antenna Measurement Techniques,* Artech House, Boston, 1990.

Francis, M. H. (1), A. C. Newell, K. R. Grimm, J. Hoffman and H. E. Schrank, "Planar Near-Field Measurements of Low-Sidelobe Antennas," *J. Res. Natl. Inst. Stand. Technol.*, **99,** 143–167, 1994.

Hacker, P. S. (1), and H. E. Schrank, "Range Distance Requirements for Measuring Low and Ultra-Low Sidelobe Antenna Patterns," *IEEE Trans. Ants. Prop.*, **AP-30,** 956–966, September 1982.

Hagmann, M. (1), O. Gandhi and C. Durney, "Numerical Calculation of Electromagnetic Energy Deposition for Realistic Model of Man," *IEEE Trans. Microwave Th. Tech.*, **27,** 804–809, September 1979.

Hansen, J. E. (ed.) (1), *Spherical Near-Field Antenna Measurements,* Peter Peregrinus Ltd., London, 1988.

Hirvonen, T. (1), J. P. S. Ala-Laurinabo, J. Tuovinen and A. V. Räisänen, "A Compact Antenna Test Range Based on a Hologram," *IEEE Trans. Ants. Prop.*, **45,** 1270–1276, August 1997.

Icheln, C. (1), J. Ollikainen and P. Vainikainen, "Reducing the Influence of Feed Cables on Small Antenna Measurements," *Electronics Letters,* **35,** 1212–1213, July 22, 1999.

ICNIRP (1), International Commission on Non-Ionizing Radiation Protection, "Guidelines for Limiting Exposure to Time-Varying Electric, Magnetic, and Electromagnetic Fields (up to 300 GHz)," *Health Physics,* **74,** 495–522, 1998.

IEEE (1), IEEE Std. 149, *Test Procedures for Antennas,* 1979.

IEEE (2), IEEE Std. 95.1-1999, *IEEE Standard for Safety Levels with Respect to Human Exposure to Radio Frequency Electromagnetic Fields, 3 kHz to 300 GHz,* IEEE, New York, 1999.

Jakes, W. C. (1), *Microwave Mobile Communications,* Wiley, New York, 1974.

Johnson, R. C. (1), H. A. Ecker and R. A. Moore, "Compact Range Techniques and Measurements," *IEEE Trans. Ants. Prop.,* **AP-17,** 568–576, September 1969.

Johnston, R. H. (1), and J. G. McRory, "An Improved Small Antenna Radiation-Efficiency Measurement Method," *IEEE Ants. Prop. Magazine,* **40,** 40–48, October 1998.

Kalliola, K. (1), H. Laitinen, L. Vaskelainen and P. Vainikainen, "Real-Time 3D Spatial-Temporal Dual-Polarized Measurement of Wideband Radio Channel at Mobile Station," *IEEE Trans. Instrum. Meas.,* **49,** April 2000.

Kuster, N. (1), "Review of Exposure Assessment for Handheld Mobile Communications Devices and Antenna Studies for Optimized Performance," Chap. 34 in W. Ross Stone (ed.), *Review of Radio Science,* Oxford University Press, New York, 1999.

Lazzrand, G. (1), and O. Gandhi, "Realistically Tilted Truncated Anatomically Based Models of the Human Head for Dosimetry of Mobile Telephones," *IEEE Trans. EMC,* **EMC-39,** 55–61, 1997.

Lee, T.-H. (1), and W. D. Burnside, "Performance Trade-off between Serrated Edge and Blended Edge Compact Range Reflectors," *IEEE Trans. Ants. Prop.,* **44,** 87–96, January 1996.

Lehto, A. (1), J. Tuovinen and A. Räisänen, "Reflectivity of Absorbers in 100–100 GHz Range," *Electronics Letters,* **27,** 1699–1700, 1991.

Ludwig, A. C. (1), "The Definition of Cross Polarization," *IEEE Trans. Ants. Prop.,* **AP-21,** 116–119, January 1973.

Mallat, J. (1), A. Lehto and J. Tuovinen, "Antenna Phase Pattern Measurements at Millimeter Wave Frequencies Using the Differential Phase Method with One Power Meter," *Int. Journal of Infrared and Millimeter Waves,* **15,** 1497–1506, September 1994.

Masterson, K. D. (1), M. Kanda and D. R. Novotny, "Broadband Electromagnetic-Field Sensors with Optoelectronic Links," Chap. 1 in W. Ross Stone (ed.), *Review of Radio Science,* Oxford University Press, New York, 1999.

Newell, A. C. (1), "Error Analysis Techniques for Planar Near-Field Measurements," *IEEE Trans. Ants. Prop.,* **36,** 754–768, June 1988.

Newell, A. C. (2), R. D. Ward and E. J. McFarlane, "Gain and Power Parameter Measurements Using Planar Near-Field Techniques," *IEEE Trans. Ants. Prop.,* **36,** 792–803, June 1988.

Newman, E. H. (1), P. Bohley and C. H. Walter, "Two Methods for the Measurement of Antenna Efficiency," *IEEE Trans. Ants. Prop.,* **AP-23,** 457–461, July 1975.

Pedersen, G. F. (1), K. Olesen and S. L. Larsen, "Bodyloss for Handheld Phones," *Proc. 1999 IEEE 49th Vehic. Tech Conf.,* Houston, 1580–1584, 1999.

Pedersen, G. Frølund (2), and J. Bach Andersen, "Handset Antennas for Mobile Communications: Integration, Diversity and Performance," Chap. 5 in W. Ross Stone (ed.), *Review of Radio Science,* Oxford University Press, New York, 1999.

Pistorius, C. W. I. (1), G. C. Clerici and W. D. Burnside, "A Dual Chamber Gregorian Subreflector System for Compact Range Applications," *IEEE Trans. Ants. Prop.,* **37,** 305–313, March 1989.

Pozar, D. M. (1), and B. Kaufman, "Comparision of Three Methods for the Measurement of Printed Antenna Efficiency," *IEEE Trans. Ants. Prop.,* **36,** 136–139, June 1988.

prENV (1), European prestandard 50166-2, *Human Exposure to Electromagnetic fields: High Frequency (10 kHz to 300 GHz),* CENELEC, Brussels, Belgium, 1995.

Saario, S. (1), D. V. Thiel, J. W. Lu and S. G. O. Keefe, "An Assessment of Cable Radiation Effects on Mobile Communications Antenna Measurements," *Dig. IEEE Int. Symp. Ants. Prop.,* Montreal, Canada, 550–553, 1997.

Schmid, T. (1), O. Egger and N. Kuster, "Automated E-Field Scanning System for Dosimetric Assessments," *IEEE Trans. Microwave Th. Tech.,* **44,** 105–113, January 1996.

Seville, A. (1), G. G. Cook, J. C. Bennett and E. H. England, "Imaging of Scatterers on Microwave Antenna Test Ranges," *IEEE Trans. Ants. Prop.,* **43,** 766–772, August 1995.

Slater, D. (1), *Near-Field Antenna Measurements,* Artech House, Boston, 1991.

Steiner, H.-J. (1), and N. Kämpfer, "A New Test Facility for EM Field Measuring of Large Antenna Systems up to 200 GHz," *Proc. 19th European Microwave Conference,* 480–485, 1989.

Taga, T. (1), "Analysis for Mean Effective Gain of Mobile Antennas in Land Mobile Radio Environments," *IEEE Trans. Microwave Th. Tech.,* **39,** 117–131, May 1990.

Tuovinen, J. (1), A. Lehto and A. Räisänen, "Phase Measurements of Millimetre Wave Antennas at 105–190 GHz with a Novel Differential Phase Method," *IEE Proc.–H,* **138,** 114–120, April 1991.

USAF (1) School of Aerospace Medicine, Aerospace Medical Division (AFSC), Brooks Air Force Base, TX 78 235-5301, *Radio Frequency Radiation Dosimetry Handbook* (4th ed.), October 1986.

Wheeler, H. A. (1), "The Radiansphere around a Small Antenna," *Proc. IRE,* **47,** 1325–1331, August 1959.

Yaghjian, A. D. (1), "An Overview of Near-Field Antenna Measurements," *IEEE Trans. Ants. Prop.,* **AP-34,** 30–45, January 1986.

习题

24.2.1 **电缆对增益测量的影响**。设待测天线的 VSWR≈2,而源天线的 VSWR≈1.2;在测量系统中,发射机的输出回波损失为 12 dB,接收机的输入回波损失为 22 dB,连接测量系统与待测天线和源天线的电缆长度分别是 15 m 和 5 m,电缆内的介电常数为 2.2,而衰减常数为 0.25 dB/m。测量的中心频率为 12 GHz,选取与源天线相同的参考天线,试概述用增益比较法得出该中心频率时的增益。分两种情况:(a) 待测天线用于发射;(b) 待测天线用于接收。

24.3.1 **由反射波引起的波瓣图测量的不确定度**。设来自地面的反射波电平比直射波电平低 45 dB,试问在下列测量中的可能误差:(a) 主瓣峰值;(b) -13 dB 旁瓣电平;(c) -35 dB 旁瓣电平?

24.3.2 **由允许的口径相位误差确定测量场地的长度**。设甚低旁瓣天线测量时允许的最大口径相位误差为 5°,天线口径宽度是 8 m,工作在 5.3 GHz。试求源与待测天线的间距?

24.4.1 **测量场地的立面设计**。为工作在 23 GHz 的直径为 1.2 m 的反射镜天线设计测量场地的立面(场地的长度、天线架高和源天线的直径)。

24.4.2 **近场扫描的时间要求**。设平面近场测量的取样速率为每秒 10 个取样点,试估计在 300 GHz 测量 2 m 天线所需的时间?

24.5.1 **实现给定动态范围的功率要求**。设待测天线在 10 GHz 的增益为 40 dBi,而源天线的增益为 20 dBi,天线间的距离为 200 m,接收机的灵敏度(测量所足够的信号电平)为 -105 dBm。试求为达到 60 dB 动态范围所需的最小发射功率?

24.5.2 **利用三副未知天线的增益测量**。设喇叭天线 A,B 和 C 在 12 GHz 配对测量,常数距离为 8 m,发射功率为 +3 dBm,接收功率分别为 -31 dBm(A 和 B),-36 dBm(A 和 C)和 -28 dBm(B 和 C)。试求这些天线的增益?

24.5.3 **利用天体射电源的增益测量**。设一架工作在 2.7 GHz 的 20 m 反射镜天线当指向天鹅座 A 时温度增加 50 K,试求该天线的增益和口径效率?

24.5.4 **实验室中的阻抗**。设在常规的实验室内于 10 GHz 频率测量一架 15 dBi 增益的喇叭天线的阻抗,主瓣指向 2 m 外垂直于天线的墙面,该墙面能覆盖待测天线的整个波束,具有 0.3 的功率反射系数。试估计由于墙面反射所致的天线反射系数测量的不确定度?

24.5.5 **测效率的辐射计法**。设用辐射计法测量天线效率,首先将待测天线指向净空,然后将具有额外噪声比 $ENR = 30$ dB 的校正噪声二极管接到接收机输入端;借助待测天线以及将噪声二极管接上($T_N = (10^{ENR/10}+1)T_o$)和断开($T_N = T_o$)所测得的输出噪声功率 $P_{n,out}$;所得功率比为:待测天线与"冷"二极管之间为 -1.3 dB,"热"二极管与"冷"二极管之间为 25 dB,估计在对空测量时计入地面贡献的天线噪声温度 $T_{Ac} = 20$ K。

(a) 试确定待测天线的效率和测试接收机的噪声系数;(b) 若 ENR 的不确定度是 ±0.2 dB,T_{Ac}的不确定度是 ±5 K,而接收机在不同测量之间的增益不确定度(增益起伏)为 ±0.1 dB,试问测量结果的不确定度是多少?

24.5.6 **测效率的惠勒帽法**。试推导公式(24.5.14)。

24.5.7 **效率与双端口模型**。设天线可被描述成输出与自由空间匹配的双端口网络,试用网络的 S 参量表示天线的效率。

24.6.1 **平均有效增益**。假设某随机传播环境,试推导公式(24.6.2)。

24.6.2 **平均有效增益的实例**。(a) 对于处在漫散(随机方向和极化)信号环境中的天线,其平均有效增益是什么?(b) 一支铅垂半波偶极子处于兜町路径(见表 24.2)的信号条件下,试定义其平均有效增益 MEG。

注意:习题中涉及的计算机程序,见附录 C。

附录A　参考表格

A.1　天线及天线系统的关系式[①]

口径效率,$\varepsilon_{ap}=\frac{A_e}{A_p}=\frac{E_{av}^2}{(E^2)_{av}}$　(无量纲)

有效口径,$A_e=\frac{\lambda^2}{\Omega_A}$　(m^2)

阵因子(n 个等幅递差相位 δ 的源组成的等距 d 直线阵),$E_n=\frac{\sin(n\psi/2)}{n\sin(\psi/2)}$　(无量纲)

　　其中$\psi=\beta d\cos\theta+\delta$　(弧度或度)

波束效率,$\varepsilon_M=\frac{\Omega_M}{\Omega_A}$　(无量纲)

波束立体角,$\Omega_A=\iint P_n(\theta,\phi)\,d\Omega$　(sr)

波束立体角(近似),$\Omega_A=\theta_{HP}\phi_{HP}(sr)=\theta_{HP}^\circ\phi_{HP}^\circ$(平方度)

电荷-电流连续性,$\dot{I}l=q\dot{v}$

圆口径(均匀分布),$HPBW=\frac{58^\circ}{D_\lambda}$　(D_λ = 直径的波长数)

圆口径(均匀分布),$BWFN=\frac{140^\circ}{D_\lambda}$

圆口径(均匀分布),定向性为$9.9D_\lambda^2$

圆口径(均匀分布),(相对于半波偶极子的) 增益$=6D_\lambda^2$

(短)偶极子的定向性,$D=1.5$　($=1.76$ dBi)

(短)偶极子的辐射电阻,$R_r=80\pi^2\left(\frac{l}{\lambda}\right)^2\left(\frac{I_{av}}{I_0}\right)$ (Ω)

($\lambda/2$)偶极子的定向性,$D=1.64$　($=2.15$ dBi)

($\lambda/2$)偶极子的自阻抗,$Z=R_r+jX=73+j42.5\ \Omega$

定向性,$D=\frac{4\pi A_e}{\lambda^2}=\frac{4\pi}{\Omega_A}=\frac{P(\theta,\phi)_{max}}{P_{av}}$(无量纲)

定向性(近似),$D\approx\frac{4\pi(sr)}{\theta_{HP}\phi_{HP}(sr)}\approx\frac{41\,000(\text{平方度})}{\theta_{HP}^\circ\phi_{HP}^\circ}$

定向性(较好的近似),$D\approx\frac{41\,000\varepsilon_M}{k_P\theta_{HP}\phi_{HP}}$

---

① 术语表中给出了更详细的说明,以及其他关系式的列表。

通量密度,$S=\frac{2kT_A}{A_e}$ (W m^{-2} Hz^{-1})

最小可检测通量密度,$\Delta S_{\min}=\frac{2k\Delta T_{\min}}{A_e}$ (W m^{-2} Hz^{-1})

弗里斯公式,$\frac{P_r}{P_t}=\frac{A_{er}A_{et}}{r^2\lambda^2}$ (无量纲)

增益,$G=kD$ (无量纲)

有效高度,$h_e=\frac{V}{E}=\frac{I_{\mathrm{av}}}{I_0}h_p=\frac{I}{I_0}\int_0^{h_p}I(z)dz=\sqrt{\frac{2R_rA_e}{Z_0}}$ (m)

单绕轴向模螺旋天线的定向性,$D=12\left(\frac{C}{\lambda}\right)^2\frac{nS}{\lambda}$

(均匀同相的长)直线阵,HPBW $=\frac{1}{L_\lambda}$(弧度)$=\frac{57.3^\circ}{L_\lambda}$

(单圈)环的辐射电阻,$R_r=197\ C_\lambda^4$ (Ω)

近场-远场界限,$R=\frac{2L^2}{\lambda}$ (m)

接收机噪声功率,$N=kT_{\mathrm{sys}}\Delta f$ (W)

奈奎斯特功率,$w=kT$ (W Hz^{-1})

雷达方程,$\frac{P_r}{P_t}=\frac{A^2\sigma}{4\pi\lambda^2r^4}$ (无量纲)

辐射功率,$P=\frac{\mu^2q^2\dot{v}^2}{6\pi Z}$ (W)

辐射电阻,$R_r=\frac{S(\theta,\phi)_{\max}r^2\Omega_A}{I^2}$ (Ω)

矩形口径(均匀分布),HPBW $=\frac{51^\circ}{L_\lambda}$

矩形口径(均匀分布),BWFN $=\frac{115^\circ}{L_\lambda}$

矩形口径(均匀分布),定向性为 $12.6L_\lambda L'_\lambda$

矩形口径(均匀分布),(相当于半波偶极子的) 增益为 $7.7L_\lambda L'_\lambda$

角分辨率 $\approx\frac{\mathrm{BWFN}}{2}$

信噪比,$S/N=\frac{P_r}{P_n}=\frac{P_tA_{et}A_{er}}{r^2\lambda^2kT_{\mathrm{sys}}\Delta f}$

信噪比(相对于 1 W 各向同性),$S/N=\frac{\lambda^2}{16\pi^2r^2kT_{\mathrm{sys}}\Delta f}$

系统温度,$T_{\mathrm{sys}}=T_A+T_{\mathrm{LP}}\left(\frac{1}{\varepsilon}-1\right)+\frac{T_R}{\varepsilon}$ (K)

天线温度(穿过发射-吸收云层),$T_A=T_c(1-\mathrm{e}^{-\tau c})+T_s\mathrm{e}^{-\tau c}$ (K)

最小可检测温度,$\Delta T_{\min}=\frac{k'T_{\mathrm{sys}}}{\sqrt{t\Delta f}}=\Delta T_{\mathrm{rms}}$ (K)

（椭圆极化）波的（平均）功率，$S_{av}=\frac{1}{2}\hat{\mathbf{z}}\frac{E_1^2+E_2^2}{Z_0}$ （W m^{-2}）

波长与频率（空气或真空中），$\lambda=\frac{c}{f}$ （m）

A.2 端接负载传输线的输入阻抗公式

在图A.1所示的特性阻抗为 Z_0 的传输线上，距离负载（即终端）阻抗 Z_L 为 x 处所呈现的输入阻抗公式，按三种负载条件分列于下表：(1)任意负载 Z_L 值；(2)短路线 $Z_L=0$；(3)开路线 $Z_L=\infty$。每种条件下，表的第二列又分两种情况：(a)线上存在衰减($\alpha\neq0$)的一般情况；(b)线上无耗或有损耗但可忽略($\alpha=0$)的情况。

负载条件	一般情况 ($\alpha\neq0$)	无耗情况 ($\alpha=0$)
任意 Z_L 值	$Z_x=Z_0\frac{Z_L+Z_0\tanh\gamma x}{Z_0+Z_L\tanh\gamma x}$	$Z_x=Z_0\frac{Z_L+jZ_0\tan\beta x}{Z_0+jZ_L\tan\beta x}$ $Z_x=Z_0^2/Z_L$†
$Z_L=0$ 短路线	$Z_x=Z_0\tanh\gamma x$ $=Z_0\frac{\tanh\alpha x+j\tan\beta x}{1+j\tanh\alpha x\tan\beta x}$ $Z_x=Z_0\coth\alpha x$*	$Z_x=jZ_0\tan\beta x$
$Z_L=\infty$ 开路线路	$Z_x=Z_0\coth\gamma x$ $=Z_0\frac{1+j\tanh\alpha x\tan\beta x}{\tanh\alpha x+j\tan\beta x}$ $Z_x=Z_0\tanh\alpha x$*	$Z_x=-jZ_0\cot\beta x$

*$\beta x=n\pi/2$，$n=1,3,5,\cdots$。表中的 $\gamma=\alpha+j\beta$，式中 $\alpha=$ 衰减常数，$\beta=2\pi/\lambda$。

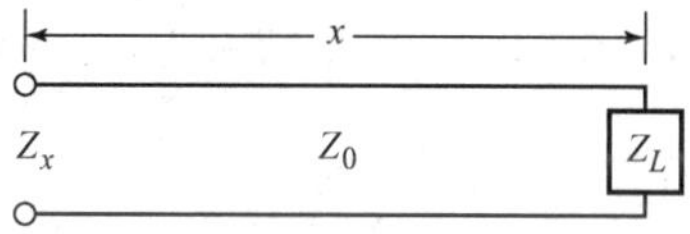

图A.1 特性阻抗为 Z_0 的传输线。长度为 x，负载阻抗为 Z_L

A.3 反射系数、传输系数与电压驻波比VSWR

对于特性阻抗为 Z_0 而终端所接负载阻抗为 Z_L 的传输线，其电压反射系数 ρ_v、电流反射系数 ρ_i，电压传输系数或施加于负载的相对电压 τ_v、电流传输系数或通过负载的相对电流 τ_i，以及电压驻波比VSWR的关系式如下：

电压反射系数 $$\rho_v=\frac{Z_L-Z_0}{Z_L+Z_0}$$

电流反射系数 $$\rho_i=\frac{Z_0-Z_L}{Z_0+Z_L}=-\rho_v$$

电压传输系数 $$\tau_v=\frac{2Z_L}{Z_0+Z_L}=1+\rho_v$$

电流传输系数 $$\tau_i=\frac{2Z_0}{Z_0+Z_L}=1+\rho_i$$

电压驻波比 VSWR $\dfrac{1+|\rho_v|}{1-|\rho_v|}=\dfrac{1+|\rho_i|}{1-|\rho_i|}$

反射系数的幅度 $|\rho_v|=|\rho_i|=\dfrac{\text{VSWR}-1}{\text{VSWR}+1}$

A. 4 同轴、双导线及微带传输线的特性阻抗

传输线类型	特性阻抗，Ω
同轴(填充相对介电常数 ε_r 的媒质)	$Z_0=\dfrac{138}{\sqrt{\varepsilon_r}}\log\dfrac{b}{a}$
同轴(填充空气)	$Z_0=138\log\dfrac{b}{a}$
双导线(相对介电常数 ε_r 的媒质)，($D>>a$)	$Z_0=\dfrac{276}{\sqrt{\varepsilon_r}}\log\dfrac{D}{a}$
双导线(填充空气)，($D>>a$)	$Z_0=276\log\dfrac{D}{a}$
微带 ($w\geqslant 2h$)	$Z_0\approx\dfrac{377}{\sqrt{\varepsilon_r}[(w/h)+2]}$

表中 b = 外导体的内半径
a = 内导体或导线的半径
D = 导线的间距
w = 导带的宽度
h = 介质基片的高度或厚度

这里假设沿线无耗(即 $R<<\omega L$ 和 $G<<\omega C$)且电流都在各半径对应的导体表面,此条件对于有很小透入深度的高频是近似的。同时,还假设线上只传输 TEM 模。

微带的关系式在比值 w/h 非常大时接近正确。当导带的宽度 w 小于 $2h$ 时,可改用接地平面上方单导线的公式,即

$$Z_0\approx 138\log\frac{D}{a}=138\log\frac{8}{w/h}\qquad(\Omega)$$

其中,D 为导线与其镜像的间距,$D=2h$,a 为等效导线半径,$a=w/4$ 。平的导带被等效成以宽度之半为直径的圆导体。

A. 5 用分布参量表示的传输线特性阻抗

下表中给出传输线特性阻抗 Z_0 的三种情况:(1)有损耗的一般情况;(2)损耗很小的特殊情况;(3)无耗情况。表中出现的符号有:

Z_0——特性阻抗,Ω

R_0——特性电阻,Ω

Z——串联阻抗,Ω m^{-1}

R——串联电阻,Ω m^{-1}

L——串联电感,H m^{-1}

Y——并联导纳,℧ m^{-1}

G——并联电导,℧ m^{-1}

C——并联电容,F m^{-1}

$Z=R+j\omega L$

$Y=G+j\omega C$

一般情况	$Z_0=\sqrt{\dfrac{Z}{Y}}=\sqrt{\dfrac{R+j\omega L}{G+j\omega C}}$
小损耗	$Z_0=\sqrt{\dfrac{L}{C}}\left[1+j\left(\dfrac{G}{2\omega C}-\dfrac{R}{2\omega L}\right)\right]$
无耗情况* $R=0, G=0$	$Z_0=\sqrt{\dfrac{L}{C}}=R_0$

*上列损耗非零的情况，都有近似条件 $\omega L>>R$ 而 $\omega C>>G$。

A.6　材料参数(介电常数、电导率和介质强度)

材料	相对介电常数 ε'_r	相对介电常数 ε''_r	电导率 σ, ℧ m^{-1}	介质强度 MV m^{-1}
空气(标准大气压)	1.0006	0	0	3
铝	1	0	3.5×10^{7}	
胶木(酚醛塑料)	5	0.05	10^{-14}	25
碳			3×10^{4}	
铜	1	0	5.8×10^{7}	
玻璃(板)	6	0.03	10^{-13}	30
石墨			10^{5}	
云母	6	0.2	10^{-15}	200
石(原)油	2.2	0.0002	10^{-14}	15
纸(浆)	3	0.1		50
石蜡	2.1	0.0004	$\sim10^{-15}$	20
树脂玻璃	3.4			
聚合泡沫	~1.05			
聚苯乙烯	2.7	0.0002	10^{-16}	20
聚氯乙烯(PVC)	2.7			
瓷	5	0.004		
PVC(膨化的)	~1.1			
石英	5	0.001	10^{-17}	35
橡胶(氯丁二烯)	5	0.02	10^{-13}	25
金红石(二氧化钛)	100	0.02		
雪(新鲜的)	1.5	0.5~0.0003		
黏土	14		5×10^{-3}	
沙土	10		2×10^{-3}	
石灰石			10^{-2}	
板岩石	7			
聚苯乙烯泡沫塑料	1.03			
城市地面	4		2×10^{-4}	
真空	1*	0	0	
凡士林	2.2	0.0003		
聚四氟乙烯	2.1	0.005	10^{-15}	60
蒸馏水	80		10^{-4}	
新鲜水	80		$10^{-2}\sim10^{-3}$	
海水	80		$4\sim5$	
杉木夹板	2	0.04		

* 按定义。

注意，通常 ε'_r 和 ε''_r 都是频率的函数，表中所给的是从 kHz 到 GHz 范围内的典型值。介电常数还是温度的函数，表中所给的(除了雪之外)都是在 25℃左右的典型值

A.7 介电常数的关系式

$$\varepsilon_r = \varepsilon_r' - j\varepsilon_r''$$

$$\varepsilon_r = \varepsilon_r' - j\frac{\sigma'}{\omega\varepsilon_0}$$

$$\varepsilon_r = \varepsilon_r' - j\left(\frac{\sigma + \omega\varepsilon''}{\omega\varepsilon_0}\right)$$

$$\varepsilon_r = \varepsilon_r' - j\left(\frac{\varepsilon''}{\varepsilon_0} + \frac{\sigma}{\omega\varepsilon_0}\right)$$

$$\varepsilon_r = \varepsilon_r' - j(\varepsilon_{rh}'' + \varepsilon_{rc}'')$$

$$\varepsilon_r \approx \varepsilon_r' - j\varepsilon_r'\mathrm{PF},\ \text{对于小的 PF}$$

$$\text{功率损耗} = \sigma E^2 + \omega\varepsilon'' E^2 \qquad (\mathrm{W\ m^{-3}})$$

其中，ε_r——相对介电常数 $=\varepsilon/\varepsilon_0$，无量纲

ε——介电常数，$\mathrm{F\ m^{-1}}$

ε_0——真空的介电常数，$\varepsilon_0 = 8.85\times10^{-12}\ \mathrm{F\ m^{-1}}$

ε'_r——有关位移电流的相对介电常数

ε''_r——有关等效传导电流的相对介电常数

σ——直流电导率，℧ $\mathrm{m^{-1}}$

$\sigma'C$——等效电导率，℧ $\mathrm{m^{-1}}$

ε''_{rh}——有关磁滞效应的相对介电常数

ε''_{rc}——有关直流电导率的相对介电常数

PF——功率因子，$\mathrm{PF} = \sigma'/\omega\varepsilon$，$\sigma' \ll \omega\varepsilon$

E——电场强度，$\mathrm{V\ m^{-1}}$

σE^2——直流电导率导致的功率损耗，$\mathrm{W\ m^{-3}}$

$\omega\varepsilon'' E^2$——磁滞效应导致的功率损耗，$\mathrm{W\ m^{-3}}$

A.8 麦克斯韦方程组

表 1 给出微分形式的麦克斯韦方程组，表 2 给出积分形式的麦克斯韦方程组。表中分别列出了一般情况、自由空间情况、时谐情况、稳态(具有传导电流的静态场)、静态(没有电流的静态场)等的方程组。在表 2 中，指出了各种方程与电位或电动势 V、磁位或磁动势 U、电流 I、电通量ψ、磁通量ψ_m 之间的等效性。

表 1 微分形式的麦克斯韦方程组

	安培定律	法拉弟定律	高斯定理	高斯定理
量纲 / 情况	电流/面积	电位/面积	电通量/体积	磁通量/体积
一般	$\nabla\times\mathbf{H}=\mathbf{J}+\frac{\partial\mathbf{D}}{\partial t}$	$\nabla\times\mathbf{E}=-\frac{\partial\mathbf{B}}{\partial t}$	$\nabla\cdot\mathbf{D}=\rho$	$\nabla\cdot\mathbf{B}=0$
自由空间	$\nabla\times\mathbf{H}=\frac{\partial\mathbf{D}}{\partial t}$	$\nabla\times\mathbf{E}=-\frac{\partial\mathbf{B}}{\partial t}$	$\nabla\cdot\mathbf{D}=0$	$\nabla\cdot\mathbf{B}=0$
时谐	$\nabla\times\mathbf{H}=(\sigma+j\omega\varepsilon)\mathbf{E}$	$\nabla\times\mathbf{E}=-j\omega\mu\mathbf{H}$	$\nabla\cdot\mathbf{D}=\rho$	$\nabla\cdot\mathbf{B}=0$
稳态	$\nabla\times\mathbf{H}=\mathbf{J}$	$\nabla\times\mathbf{E}=0$	$\nabla\cdot\mathbf{D}=\rho$	$\nabla\cdot\mathbf{B}=0$
静态	$\nabla\times\mathbf{H}=0$	$\nabla\times\mathbf{E}=0$	$\nabla\cdot\mathbf{D}=\rho$	$\nabla\cdot\mathbf{B}=0$

表 2 积分形式的麦克斯韦方程组

	安培定律	法拉弟定律	高斯定理	高斯定理
量纲(Mks制) / 情况	磁位(A, 安)	电位(V, 伏)	电通量(C, 库)	磁通量(Wb, 韦)
一般	$U=\oint\mathbf{H}\cdot d\mathbf{l}=\iint\left(\mathbf{J}+\frac{\partial\mathbf{D}}{\partial t}\right)\cdot d\mathbf{s}=I_{\text{total}}$	$V=\oint\mathbf{E}\cdot d\mathbf{l}=-\iint\frac{\partial\mathbf{B}}{\partial t}\cdot d\mathbf{s}$	$\psi=\iint\mathbf{D}\cdot d\mathbf{s}=\iiint\rho\,d\tau$	$\psi_m=\iint\mathbf{B}\cdot d\mathbf{s}=0$
自由空间	$U=\oint\mathbf{H}\cdot d\mathbf{l}=\iint\frac{\partial\mathbf{D}}{\partial t}\cdot d\mathbf{s}=I_{\text{disp}}$	$V=\oint\mathbf{E}\cdot d\mathbf{l}=-\iint\frac{\partial\mathbf{B}}{\partial t}\cdot d\mathbf{s}$	$\psi=\iint\mathbf{D}\cdot d\mathbf{s}=0$	$\psi_m=\iint\mathbf{B}\cdot d\mathbf{s}=0$
时谐	$U=\oint\mathbf{H}\cdot d\mathbf{l}=(\sigma+j\omega\varepsilon)\iint\mathrm{E}\cdot d\mathbf{s}=I_{\text{total}}$	$V=\oint\mathbf{E}\cdot d\mathbf{l}=-j\omega\mu\iint\mathbf{H}\cdot d\mathbf{s}$	$\psi=\iint\mathbf{D}\cdot d\mathbf{s}=\iiint\rho\,d\tau$	$\psi_m=\iint\mathbf{B}\cdot d\mathbf{s}=0$
稳态	$U=\oint\mathbf{H}\cdot d\mathbf{l}=\iint\mathbf{J}\cdot d\mathbf{s}=I_{\text{cond}}$	$V=\oint\mathbf{E}\cdot d\mathbf{l}=0$	$\psi=\iint\mathbf{D}\cdot d\mathbf{s}=\iiint\rho\,d\tau$	$\psi_m=\iint\mathbf{B}\cdot d\mathbf{s}=0$
静态	$U=\oint\mathbf{H}\cdot d\mathbf{l}=0$	$V=\oint\mathbf{E}\cdot d\mathbf{l}=0$	$\psi=\iint\mathbf{D}\cdot d\mathbf{s}=\iiint\rho\,d\tau$	$\psi_m=\iint\mathbf{B}\cdot d\mathbf{s}=0$

附录 B　参考书、录像带和文章

参考书

Abraham, M., and R. Becker: *Electricity and Magnetism,* Stechert, 1932.

Aharoni, J.: *Antennae,* Oxford, 1946.

American National Standard for Calibration of Antennas Used for Radiated Emission Measurements in Electromagnetic Interference (EMI) Control/Calibration of Antennas (9 kHz to 40 GHz), IEEE, 1998.

Arai, H. *Measurement of Mobile Antenna Systems*, Artech House, 2001.

ARRL Antenna Handbook, American Radio Relay League, 2000.

Bahl, I. J., and P. Bhartia: *Microstrip Antennas,* Artech House, 1980.

Balanis, C. A.: *Antenna Theory: Analysis and Design,* 2d ed., Wiley, 1997.

Biraud, F. (ed.): *Very Long Baseline Interferometry Techniques,* Cepadues, 1983.

Blake, L. V.: Antennas, Artech House, 1984.

Born, M.: *Optik,* Springer, 1933.

Bowman, J. J., T. B. A. Senior and P. L. E. Uslenghi: *Electromagnetic and Acoustic Scattering by Simple Shapes,* North Holland, Amsterdam, 1969.

Bracewell, R. N.: *The Fourier Transform and Its Applications,* McGraw-Hill, 1965.

Bracewell, R. N.: *The Hartley Transform,* Clarendon Press, Oxford, 1986.

Brillouin, L.: *Wave Propagation in Periodic Structures,* McGraw-Hill, 1946.

Brown, George H.: *And Part of Which I Was,* Angus Cupar (117 Hunt Drive, Princeton, NJ 08540).

Brückmann, H.: *Antennen, ihre Theorie und Technik,* Hirzel, 1939.

Burrows, M. L.: *ELF Communications, Antennas,* Peregrinus, 1978.

Cady, W. M., M. B. Karelitz and L. A. Turner: *Radar Scanners and Radomes,* McGraw-Hill, 1948.

Christiansen, W. N., and J. A. Hogbom: *Radio Telescopes,* Cambridge, 1969, 1985.

Clarke, J. (ed.): *Advances in Radar Techniques,* Peregrinus, 1985.

Clarricoats, P. J. B., and A. D. Olver: *Corrugated Horns for Microwave Antennas,* Peregrinus, 1984.

Collin, R. E., and F. J. Zucker (eds.): *Antenna Theory,* McGraw-Hill, 1969.

Collin, R. E.: *Antennas and Radiowave Propagation,* McGraw-Hill, 1985.

Compton, R. T., Jr.,: *Adaptive Antennas; Concepts and Performance,* Prentice-Hall, 1988.

Cornbleet, S.: *Microwave Optics: The Optics of Microwave Antenna Design,* Academic Press, 1984.

Delogne, P.: *Leaky Feeders and Subsurface Radio Communication,* IEE, London, 1982.

Drabowitch, S.: *Modern Antennas,* Ecole Superieure d'Electricite, France.

Elliott, R. S.: *Antenna Theory and Design,* Prentice-Hall, 1981.

Evans, J. V., and T. Hagfors (eds.): *Radar Astronomy,* McGraw-Hill, 1968.

Fanti, R., K. Kellermarm and G. Setti (eds.): *VLBI and Compact Radio Sources,* Reidel, 1984.

Faraday, M.: *Experimental Researches in Electricity,* Quaritch, 1839, 1855.

Fujimoto, K., and J. R. James: *Mobile Antenna Systems Handbook,* Artech House, 2000.

Galeis. J.: *Antennas in Inhomogeneous Media,* Pergamon, 1969.

Garg, R., P. Bhartia, I. Bahl and A. Ittipiboon, *Microstrip Ant. Design Handbook,* Artech House, 2001.

Halim, M. A., *Adaptive Array Measurement and Application in Communication Systems,* Artech House, 2001.

Hall, G. L. (ed.): *ARRL Antenna Book,* American Radio Relay League, 1984.

Hallén, E.: *Teoretisk Electricitetslära,* Skrivbyran Standard, 1945.

Hansen, R. C.: *Microwave Scanning Antennas,* vols. 1, 2, 3, Academic Press, 1966.

Hansen, R. C.: *Phased Array Antennas,* Wiley, 1998.

Harper, A. E.: *Rhombic Antenna Design,* Van Nostrand, 1941.

Harrington, R. F.: *Field Computation by Moment Methods,* Macmillan, 1968.

Hertz, Heinrich, R.: *Electric Waves,* Macmillan, 1893; Dover, 1962.

Hertz, Heinrich: *Memoirs, Letters, Diaries,* San Francisco Press, 1977.

Hord, R. M.: *Remote Sensing, Methods and Applications,* Wiley, 1986.

Hudson, J. E.: *Adaptive Array Principles,* Peregrinus, 1981.

Huygens, C.: *Traite de la Luminière,* Leyden, 1690.

IEEE Standard Methods for Measuring Electromagnetic Field Strength of Sinusoidal Continuous Waves, 30 Hz to 30 GHz, IEEE, 1991.

James, G. L.: *Geometrical Theory of Diffraction for Electromagnetic Waves,* Peregrinus, 1980.

James, J. R., P. S. Hall and C. Wood: *Microstrip Antenna Theory and Design,* Peregrinus, 1982.

Jansky, D. M., and M. C. Jeruchim: *Communication Satellites in the Geostationary Orbit,* Artech House, 1983.

Johnson, R. C., and H. Jasik (eds.): *Antenna Applications Reference Guide,* McGraw-Hill, 1987. (Selected chapters from *Antenna Engineering Handbook.*)

Johnson, R. C., and H. Jasik (eds.): *Antenna Engineering Handbook,* McGraw-Hill, 1984.

Jordan, E. C., and K. G. Balmain: *Electromagnetic Waves and Radiating Systems,* Prentice-Hall, 1968.

Jull, E. V.: *Antennas and Diffraction Theory,* Peregrinus, 1981.

Kiely, D. G.: *Dielectric Aerials,* Methuen, 1953.

King, R. W. P., and G. S. Smith: *Antennas in Matter,* MIT Press, 1980.

King, R. W. P., H. R. Mimno and A. H. Wing: *Transmission Lines, Antennas and Wave Guides,* McGraw-Hill, 1945.

King, R. W. P., R. B. Mack and S. S. Sandier: *Arrays of Cylindrical Dipole Antennas,* Cambridge, 1968.

King, R. W. P.: *The Theory of Linear Antennas,* Harvard, 1956.

Kraus, J. D., and D. A. Fleisch: *Electromagnetics,* 5th ed., McGraw-Hill, 1999.

Kraus, J. D.: *Big Ear II,* Cygnus-Quasar, 1995.

Kraus, J. D.: *Radio Astronomy,* Cygnus-Quasar (PO Box 85, Powell, OH 43065), 1966, 1986.

Kumar, A.: *Antenna Design with Fiber Optics,* Artech House, 1996.

Kuzmin, A. D., and A. S. Solomonovich: *Radio Astronomical Methods for the Measurement of Antenna Parameters,* Soviet Radio, 1974.

Landau, L., and E. Lifshitz: *The Classical Theory of Fields,* Addison-Wesley, 1951.

Laport, E. A.: *Radio Antenna Engineering,* McGraw-Hill, 1952.

Law, P. E., Jr.: *Shipboard Antennas,* Artech House, 1986.

Leonov, A. I., and K. I. Fomichev: *Monopulse Radar,* Artech House, 1986.

Lindell, L. V., A. H. Sihvola, S. A. Tretyakov, and A. J. Viitanen: *Electromagnetic Waves in Chiral and Bi-Isotropic Media,* Artech House, 1994.

Lo, Y. T. (ed.): *Handbook of Antenna Theory and Design,* Van Nostrand Reinhold, 1987.

Love, A. W.: *Electromagnetic Horn Antennas,* IEEE Press, 1976.

Love, A. W.: *Reflector Antennas,* IEEE Press, 1978.

Luneburg, R. K.: *Mathematical Theory of Optics,* Brown University Press, 1944.

Ma, M. T.: *Theory and Application of Antenna Arrays,* Wiley, 1974.

Mailloux, R. J. *Phased Array Antenna Handbook,* Artech House, 1994.

Mar, J.W., and H. Liebowitz (eds.): *Structures Technology for Large Radar and Radio Telescope Systems,* MIT, 1969.

Marconi, Degna: *My Father Marconi,* McGraw-Hill, 1962.

Marcuse, D.: *Theory of Dielectric Optical Waveguides,* Academic Press, 1974.

Maxwell, J. C.: *A Treatise on Electricity and Magnetism,* Oxford, 1873.

Monzingo, R. A., and T. W. Miller: *Introduction to Adaptive Arrays,* Wiley, 1980.

Mortazawi, A, T. Itoh, and James Harvey: *Active Antennas and Quasi-Optical Arrays,* IEEE, 1998.

Moullin, E. B.: *Radio Aerials,* Oxford, 1949.

Nakano, H.: *Helical and Spiral Antennas,* Research Studies Press, Wiley, 1987.

Poincaré, H.: *Theorie Mathematique de la Luminiere,* Carre, 1892.

Popovic, B. D., M. B. Dragovic and A. R. Djordjevic: *Analysis and Synthesis of Wire Antennas,* Wiley, 1982.

Pozar, D., and D. Schaubert: *Microstrip Antennas: The Analysis and Design of Microstrip Antennas and Arrays,* IEEE, 1995.

Pozar, D.: *Antenna Design Using Personal Computers,* Artech House, 1985.

Rappaport, T. S., and J. C. Liberti: *Smart Antennas for Wireless CDMA,* IEEE, 1999.

Rayleigh, Lord: *The Theory of Sound,* Macmillan, 1877,1878, 1929, 1937.

Reich, H. J. (ed.): *Very High Frequency Techniques,* McGraw-Hill, 1947.

Reintjes, J. F. (ed.): *Principles of Radar,* McGraw-Hill, 1946.

Rhodes, D. R.: *Introduction to Monopulse,* McGraw-Hill, 1959.

Rhodes, D. R.: *Synthesis of Planar Antenna Sources,* Clarendon Press, Oxford, 1974.

Rudge, A. W., K. Milne, A. D. Olver and P. Knight (eds.): *Handbook of Antenna Design,* Peregrinus, 1983.

Rumsey, V. H.: *Frequency Independent Antennas,* Academic Press, 1966.

Rusch, W. V. T., and P. D. Potter: *Analysis of Reflector Antennas,* Academic Press, 1970.

Salema, C., C. Fernandes, R. K. Jha: *Solid Dielectric Horn Antennas,* Artech House, 1998.

Schelkunoff, S. A., and H. T. Friis: *Antennas: Theory and Practice,* Wiley, 1952.

Schelkunoff, S. A.: *Advanced Antenna Theory,* Wiley, 1952.

Schelkunoff, S. A.: *Electromagnetic Waves,* Van Nostrand, 1948.

Sherman, S. M.: *Monopulse Principles and Techniques,* Artech House, 1984.

Silver, S.: *Microwave Antenna Theory and Design,* McGraw-Hill, 1949.

Siwiak, K. *Radiowave Properties and Antennas for Personal Communications,* Artech House, 1998.

Skolnik, M. I.: *Introduction to Radar Systems,* McGraw-Hill, 1980.

Slater, J. C., and N. H. Frank: *Introduction to Theoretical Physics,* McGraw-Hill, 1933.

Slater, J. C.: *Microwave Transmission,* McGraw-Hill, 1942.

Smith, C. E.: *Directional Antennas,* Cleveland Institute of Radio Electronics, 1946.

Smith, C. E.: *Theory and Design of Directional Antenna Systems,* National Association of Broadcasters, 1949.

Steinberg, B. D.: *Principles of Aperture and Array System Design,* Wiley, 1976.

Stutzman, W. L., and G. A. Thiele: *Antenna Theory and Design,* 2d ed., Wiley, 1998.

Tai, C-T: *Dyadic Green's Functions in Electromagnetic Theory,* Intext, 1971.

Terman, F. E.: *Radio Engineers' Handbook,* McGraw-Hill, 1943.

Thompson, A. R., J. M. Moran and G. W. Swenson, Jr.: *Interferometry and Synthesis in Radio Astronomy,* Wiley-Interscience, 1986.

Tseitlin, N. M.: *Practical Methods of Radioastronomical and Antenna Techniques,* Soviet Radio, 1966.

Tsoulos, G. V.: *Adaptive Antennas for Wireless Communications,* IEEE, 2001.

Uchida, H.: *Fundamentals of Coupled Lines and Multiwire Antennas,* Sasaki (Sendai), 1967.

Uda, S., and Y. Mushiake: *Yagi-Uda Antenna,* Tohoku University, 1954.

Uda, S.: *Short Wave Projector,* Tohoku University, 1974.

Uda, Shintaro: *On the Wireless Beam of Short Electric Waves.* Series of 11 articles on his wave canal (Yagi-Uda) antenna published in *J. IEE Japan,* between March 1926 and July 1929, plus earlier and later articles on meter wavelength experiments. Privately published bound volume.

Ulaby, F. T., R. K. Moore and A. K. Fung: *Microwave Remote Sensing, Active and Passive,* Addison-Wesley, 1981.

Wait, J. R.: *Antennas and Propagation,* Peregrinus, 1986.

Walter, C. H.: *Traveling Wave Antennas,* Dover, 1972.

Watson, W. H.: *The Physical Principles of Wave Guide Transmission and Antenna Systems,* Oxford, 1947.

Weeks, W. L.: *Antenna Engineering,* McGraw-Hill, 1968.

Wood, P. J.: *Reflector Antenna Analysis and Design,* Peregrinus, 1980.

Zenneck, J.: *Wireless Telegraphy,* McGraw-Hill, 1915.

录像带

Kraus, J. D.: "Antennas and Radiation," Lecture-demonstration, excellent teaching supplement, 30 min, color, VHS. Cygnus-Quasar, P.O. Box 85, Powell, OH 43065.

Landt, J. A., and E. K. Miller: "Computer Graphics of Transient Radiation and Scattering Phenomena on Antennas and Wire Structures," Fields and currents in slow motion, 20 min, color, VHS. Cygnus-Quasar, P.O. Box 85, Powell, OH 43065.

进一步选读的文章

Ali, M., M. Okoniewski, M. A. Stuchly and S. S. Stuchly, "Dual-Frequency Strip-Sleeve monopole for Laptop Computers," *IEEE Trans. Ants. Prop.,* **47,** p. 317, February 1999.

Altshuler, E. E., "Design of a Vehicular Antenna for GPS/IRIDIUM Using a Genetic Alogorithm," *IEEE Trans. Ants. Prop.,* pp. 968–972, June 2000.

Anderson, J. B., "Antenna Array in Mobile Communications: Gain, Diversity and Channel Capacity," *IEEE Ants. Prop. Mag.,* pp. 12–16, April 2000.

Auzanneau, F., and R. W. Ziolkowski, "Artificial Composite Materials Consisting of Nonlinearly Loaded Electrically Small Antennas: Operational-Amplifier-Based Circuits with Applications to Smart Skins," *IEEE Trans. Ants. Prop.,* **47,** p. 1330, August 1999.

Baliarda, C. P., J. Romeu and A. Cardama, "The Koch Monopole: A Small Fractal Antenna," *IEEE Trans. Ants. Prop.,* pp. 1773–1781, November 2000.

Barrett, T. W., "History of Ultra-Wide-Band Communication Radar," *Microwave Jour.,* pp. 22–56, January 2001, and pp. 22–52, February 2001.

Brown, A. D., J. L. Volakis, L. C. Kempel, and Y. Y. Botros, "Patch Antennas on Ferromagnetic Substrates," *IEEE Trans. Ants. Prop.,* **47,** p. 26, January 1999.

Chen, H.-M., and K.-L. Wong, "On the Circular Polarization Operation of Annular-Ring Microstrip Antennas," *IEEE Trans. Ants. Prop.,* **47,** p. 1289, August 1999.

Chen, W.-S., K.-L. Wong and C.-K. Wu, "Inset Microstripline-Fed Circularly Polarized Microstrip Antennas, *IEEE Trans. Ants. Prop.,* pp. 1253–1254, August 2000.

Chio, T.-H., and D. H. Schaubert, "Parameter Study and Design of Wide-Band Widescan Dual-Polarized Tapered Slot Antenna Arrays," *IEEE Trans. Ants. Prop.,* pp. 879–886, June 2000.

Chung, S.-J., and K. Chang, "A Retrodirective Microstrip Antenna Array," *IEEE Trans. Ants. Prop.,* pp. 1802–1808, December 1998.

DeMinco, N., "Propagation Prediction Techniques and Antenna Modeling (150 to 1705 kHz) for Intelligent Transportation Systems (ITS) Broadcast Applications," *IEEE Ant. Prop. Mag.,* pp. 9–34, August 2000.

Foltz, H. D., J. S. McLean and G. Crook, "Disk Loaded Monopoles with Parallel Strip Elements," *IEEE Trans. Ants. Prop.,* pp. 1894–1896, December 1998.

Fusco, V. F., and Q. Chen, "Direct-Signal Modulation Using a Silicon Microstrip Patch Antenna," *IEEE Trans. Ants. Prop.,* **47,** p. 1025, June 1999.

Fusco, V. F., R. Roy and S. L. Karode, "Reflector Effects on the Performance of a Retrodirective Antenna Array," *IEEE Trans. Ants. Prop.,* pp. 946–953, June 2000.

George, J., C. K. Aanandan, P. Mohanan and K. G. Noir, "Analysis of New Compact Microstrip

Antenna," *IEEE Trans. Ants. Prop.,* pp. 1712–1717, November 1998.

Geyi, W., P. Jarmuszewski and Y. Qi, "The Foster Reactance Theorem for Antennas and Radiation *Q*," *IEEE Trans. Ants. Prop.,* pp. 401–408, March 2000.

Gibson, P. J., "The Vivaldi Aerial," Proc. 9th European Microwave Conf., Brighton, U. K., pp. 101–105, September 1979.

Green, B. M., and M. A. Jensen, "Diversity Performance of Dual-Antenna Handsets Near Operator Tissue," *IEEE Trans. Ants. Prop.,* pp.1017–1024, July 2000.

Hertel, T. W., and G. S. Smith, "Pulse Radiation from an Insulated Antenna: An Analog of Cherenkov Radiation from a Moving Charged Particle," *IEEE Trans. Ants. Prop.,* pp. 165–172, February 2000.

Hertel, T. W., and G. S. Smith, "The Insulated Linear Antenna—Revisited," *IEEE Trans. Ants. Prop.,* pp. 914–920, June 2000.

Hettak, K., G. Delislel and M. Boulmalf, "A Novel Integrated Antenna for Millimeter-Wave Personal Communication Systems," *IEEE Trans. Ants. Prop.,* pp. 1757–1758, November 1998.

Holter, H., T.-H. Chio and D. H. Schaubert, "Elimination of Impedance Anomalies in Single- and Dual-Polarized Endfire Tapered Slot Phased Arrays," *IEEE Trans. Ants. Prop.,* pp. 122–125, January 2000.

Hu, C.-C., C. F. Jou and J.-J. Wu, "An Aperture-Coupled Linear Microstrip Leaky-Wave Antenna Array with Two-Dimensional Dual-Beam Scanning Capability," *IEEE Trans. Ants. Prop.,* pp. 909–913, June 2000.

Huang, C.-Y., J.-Y. Wu and K.-L. Wong, "Cross-Slot-Coupled Microstrip Antenna and Dielectric Resonator antenna for Circular Polarization," *IEEE Trans. Ants. Prop.,* **47,** p. 605, April 1999.

Junkin, G., T. Huang and J. C. Bennett, "Holographic Testing of Terahertz Antennas," *IEEE Trans. Ants. Prop.,* **48,** pp. 409–417, March 2000.

Karmakar, N. C., and M. E. Bialkowski, "Circularly Polarized Aperture-Coupled Circular Microstrip Patch Antennas for *L*-Band Applications," *IEEE Trans. Ants. Prop.,* **47,** p. 933, May 1999.

Kinsey, R. R., "An Edge-Slotted Waveguide Array with Dual-Plane Monopulse," *IEEE Trans. Ants. Prop.,* **47,** p. 474, March 1999.

Kokotoff, D. M., J. T. Aberle, and R. B. Waterhouse, "Rigorous Analysis of Probe-Fed Printed Annular Ring Antennas," *IEEE Trans. Ants. Prop.,* **47,** p. 384, February 1999.

Kyriazidou, C. A., R. E. Diaz and N. G. Alexópoulos, "Novel Material with Narrow-Band Transparency Window in the Bulk," *IEEE Trans. Ants. Prop.,* pp. 107–116, January 2000.

Lee, C. S., and V. Nalbandian, "Planar Circularly Polarized Microstrip Antenna with a Single Feed," *IEEE Trans. Ants. Prop.,* **47,** p. 1005, June 1999.

Lee, J.-I., U.-H. Cho and Y.-K. Cho, "Analysis for a Dielectrically Filled Parallel-Plate Waveguide with Finite Number of Periodic Slots in Its Upper Wall as a Leaky-Wave Antenna," *IEEE Trans. Ants. Prop.,* **47,** p. 701, April 1999.

Leeper, D. G., "Isophoric Arrays—Massively Thinned Phased Arrays with Well Controlled Sidelobes," *IEEE Trans. Ants. Prop.,* **47,** pp. 1825–1835, December 1999.

Leung, K. W., "Analysis of Aperture-Coupled Hemispherical Dielectric Resonator Antenna with a Perpendicular Feed," *IEEE Trans. Ants. Prop.,* pp. 1005–1006, June 2000.

Leung, K. W., K. K. Tse, K. M. Luk and E. K. N. Yung, "Cross-Polarization Characteristics of a Probe-Fed Hemispherical Dielectric Resonator Antenna," *IEEE Trans. Ants. Prop.,* **47,** p. 1238, July 1999.

Lindell, J. V., "The Radiation Operator," *IEEE Trans. Ants. Prop,* pp. 1701–1706, November 2000.

Liu, Z.-F., P.-S. Kooi, L.-W. Li, M.-S. Leong, and T.-S. Yeo, "A Method for Designing Broad-Band Microstrip Antennas in Multilayered Planar Structures," *IEEE Trans. Ants. Prop.,* **47,** p. 1416, September 1999.

Lu, J.-H., C.-L. Tang and K.-L. Wong, "Novel Dual-Frequency and Broad-Band Designs of Slot-Loaded Equilateral Triangular Microstrip Antennas," *IEEE Trans. Ants. Prop.,* pp. 1048–1054, July 2000.

Lu, J.-H., C.-L. Tang, and K.-L. Wong, "Single-Feed Slotted Equilateral-Triangular Microstrip Antenna for Circular Polarization," *IEEE Trans. Ants. Prop.,* **47,** p. 1174, July 1999.

Mak, C. L., K. M. Luk, K. F. Lee and Y. L. Chow, "Experimental Study of a Microstrip Patch Antenna with an *L*-Shaped Probe," *IEEE Trans. Ants. Prop.*, pp. 777–783, May 2000.

Marcano, D., and F. Durán, "Synthesis of Antenna Arrays Using Genetic Algorithms," *IEEE Ants. Prop. Mag.*, pp. 12–20, June 2000.

Mikhnev, V. A., and P. Vainikainen, "Two-Step Inverse Scattering Method for One-Dimensional Permittivity Profiles," *IEEE Trans. Ants. Prop.*, pp. 293–298, February 2000.

Miyashita, H., H. Ohmine, K. Nishizawa, S. Makino and S. Urasaki, "Electromagnetically Coupled Coaxial Dipole Array Antenna," *IEEE Trans. Ants. Prop.*, **47**, pp. 1716–1726, November 1999.

Montoya, T. P., and G. S. Smith, "Land-Mine Detector Using a Grid-Pass Radar Based on Resistively Loaded Vee Dipoles," *IEEE Trans. Ants. Prop.*, **47**, pp. 1795–1806, December 1999.

Muldavin, J. B., and G. M. Rebeiz, "Millimeter-Wave Tapered-Slot Antennas on Synthesized Low Permittivity Substrates," *IEEE Trans. Ants. Prop.*, **47**, p. 1276, August 1999.

Nakano, H., T. Unno, K. Nakayama and J. Yamauchi, "FDTD Analysis and Measurement of Aperture Antennas Based on the Triplate Transmission-Line Structure," *IEEE Trans. Ants. Prop.*, **47**, p. 986, June 1999.

Nishioka, Y., O. Maeshima, T. Uno and S. Adachi, "FDTD Analysis of Resistor-Loaded Bow-Tie Antennas Covered with Ferrite-Coated Conducting Cavity for Subsurface Radar," *IEEE Trans. Ants. Prop.*, **47**, pp. 970–977, June 1999.

Nishirnura, T., N. Ishii and K. Itoh, "Beam Scan Using the Quasi-Optical Antenna Mixer Array," *IEEE Trans. Ants. Prop.*, **47**, p. 1160, July 1999.

Ohtera, I., "Diverging/Focusing of Electromagnetic Waves by Utilizing the Curved Leakywave Structure: Application to Broad-Beam Antenna for Radiating within Specified Wide-Angle," *IEEE Trans. Ants. Prop.*, **47**, p. 1470, September 1999.

Pelosi, G., A. Cocchi and A. Monorchio, "A Hybrid FEM-Based Procedure for the Scattering from Photonic Crystals Illuminated by a Gaussian Beam," *IEEE Trans. Ants. Prop.*, pp. 973–980, June 2000.

Perez, R., "Designing Embedded Antennas for Bluetooth Protocol," *ACES Jour.*, pp. 152–158, November 2000.

Peterson, A. F., and E. O. Rausch, "Scattering Matrix Integral Equation Analysis for the Design of a Waveguide Rotman Lens," *IEEE Trans. Ants. Prop.*, **47**, p. 870, May 1999.

Porath, R., "Theory of Miniaturized Shorting-Post Microstrip Antennas," *IEEE Trans. Ants. Prop.*, pp. 41–47, January 2000.

Pozar, D. M., S. D. Targonski and R. Pokuls, "A Shaped-Beam Microstrip Patch Reflectarray," *IEEE Trans. Ants. Prop.*, **47**, p. 1167, July 1999.

Ramirez, R. R., and N. G. Alexópoulos, "Single Feed Proximity Coupled Circularly Polarized Microstrip Monofilar Archimedean Spiral Antenna Array," *IEEE Trans. Ants. Prop.*, **47**, p. 406, February 1999.

Rao, J. B. C., D. P. Patel and V. Krichevsky, "Voltage-Controlled Ferroelectric Lens Phased Arrays," *IEEE Trans. Ants. Prop.*, **47**, p. 458, March 1999.

Remote Sensing of the Environment, IEEE Proceedings, December 1994 (entire series).

Revster, D. D., and K. J. Cybert, "A High-Efficiency Broadband HF Wire-Antenna System," *IEEE Ants. Prop. Mag.*, pp. 53–61, August 2000.

Romeu, J., and Y. Rahmat-Samii, "Fractal FSS: A Novel Dual-Band Frequency Selective Surface," *IEEE Trans. Ants. Prop.*, pp. 1097–1105, July 2000.

Romley, J. T., and R. B. Waterhouse, "Performance of Shorted Patch Antennas for Mobile Communication Handsets at 1800 MHz," *IEEE Trans. Ants. Prop.*, **47**, pp. 815–822, May 1999.

Rowley, J. T., and R. B. Waterhouse, "Performance of Shorted Microstrip Patch Antennas for Mobile Communications Handsets at 1800 MHz," *IEEE Trans. Ants. Prop.*, **47**, p. 815, May 1999.

Salonen, P., M. Keskilammi and M. Kivikoski, "Single-Feed Dual-Band Planar Inverted-*F* Antenna with U-Shaped Slot," *IEEE Trans. Ants. Prop.*, pp. 1262–1263, August 2000.

Sehm, T., A. Lehto and A. V. Räisänen, "A High-Gain 58-GHz Box-Horn Array Antenna with Suppressed Grating Lobes," *IEEE Trans. Ants. Prop.,* **47,** pp. 1125–1130, July 1999.

Shafai, L. L., W. A. Chamma, M. Barakat, P. C. Strickland and G. Séguin, "Dual-Band Dual-Polarized Perforated Microstrip Antennas for SAR Applications," *IEEE Trans. Ants. Prop.,* **48,** pp. 58–66, January 2000.

Shin, J., and D. H. Schaubert, "A Parameter Study of Stipline-Fed Vivaldi Notch-Antenna Arrays," *IEEE Trans. Ants. Prop.,* **47,** p. 879, May 1999.

Sierra-Garcia, S., and J.-J. Laurin, "Study of a CPW Inductively Coupled Slot Antenna," *IEEE Trans. Ants. Prop.,* **47,** p. 58, January 1999.

Singh, D., C. Kalialakis, P. Gardner and P. S. Hall, "Small *H*-Shaped Antennas for MMIC Applications," *IEEE Trans. Ants. Prop.,* pp. 1134–1141, July 2000.

Stockbroeckx, B., and A. Vander Vorst, "Copolar and Cross-Polar Radiation of Vivaldi Antenna on Dielectric Substrate," *IEEE Trans. Ants. Prop.,* pp. 19–25, January 2000.

Stutzman, W. L., and C. G. Buxton, "Radiating Elements for Wideband Phased Arrays," *Microwave J.,* pp. 130–141, February 2000.

Sze, J.-Y., and K.-L. Wong, "Slotted Rectangular Microstrip Antenna for Bandwidth Enhancement," *IEEE Trans. Ants. Prop.,* pp. 1149–1152, August 2000.

Tai, C. T., "A New Theory of Receiving Antennas," *Radiation Lab. Tech. Rept. RL965,* University of Michigan, February 2001.

Tai, C. T., and R. E. Collin, "Radiation of a Hertzian Dipole Immersed in a Dissipative Medium," *IEEE Trans. Ants. Prop.,* pp. 1501–1506, October 2000.

Tam, M. T. K., and R. D. Murch, "Compact Circular Sector and Annular Sector Dielectric Resonator Antennas," *IEEE Trans. Ants. Prop.,* **47,** p. 837, May 1999.

Tam, M. T. K., and R. D. Murch, "Circularly Polarized Circular Sector Dielectric Resonator Antenna," *IEEE Trans. Ants. Prop.,* **48,** pp. 126–128, January 2000.

Theron, I. P., E. K. Walton, S. Gunawan and L. Cai, "Ultrawide-Band Noise Radar in the VHF-UHF Band," *IEEE Trans. Ants. Prop.,* **47,** pp. 1080–1084, June 1999.

Tseng, W.-J., S.-J. Chung and K. Chang, "A Planar Van Atta Array Reflector with Retrodirectivity in Both *E*-Plane and *H*-Plane," *IEEE Trans. Ants. Prop.,* pp. 173–175, February 2000.

Vaskelainen, L. I., "Phase Synthesis of Conformal Array Antennas," *IEEE Trans. Ants. Prop.,* pp. 987–991, June 2000.

Vaughan, R., "Switched Parasitic Elements for Antenna Diversity," *IEEE Trans. Ants. Prop.,* **47,** p. 399, February 1999.

Vendik, O. G., and Y. V. Yegorov, "The First Phased Array Antenna in Russia," *IEEE Ants. Prop. Mag.,* pp. 46–52, August 2000.

Wang, C.-J., C. F. Jou and J.-J. Wu, "A Novel Two-Beam Scanning Active Leaky-Wave Antenna," *IEEE Trans. Ants. Prop.,* **47,** p. 1314, August 1999.

Wang, H. Y., and M. J. Lancaster, "Aperture-Coupled Thin-Film Superconducting Meander Antennas," *IEEE Trans. Ants. Prop.,* **47,** p. 829, May 1999.

Wang, J. J. H., and V. K. Tripp, "Design of Multioctave Spiral-Mode Microstrip Antennas," *IEEE Trans. Ants. Prop.,* pp. 332–335, March 1991.

Weiss, S. J., and W. K. Kahn, "An Experimental Technique Used to Measure the Unloaded *Q* of Microstrip Antennas," *IEEE Trans. Ants. Prop.,* pp. 119–122, January 2000.

Werner, D. H., "Radiation and Scattering from Thin Toroidally Knotted Wires," *IEEE Trans. Ants. Prop.,* **47,** pp. 1351–1363, August 1999.

Zaïd, L., G. Kossiavas, J.-Y. Dauvignac, J. Cazajous and A. Papiernik, "Dual-Frequency and Broad-Band Antennas with Stacked Quarter Wavelength Elements," *IEEE Trans. Ants. Prop.,* **47,** p. 654, April 1999.

Zimmerman, R. K., Jr., "Traveling-Wave Analysis of a Bifilar Scanning Helical Antenna," *IEEE Trans. Ants. Prop.,* pp. 1007–1009, June 2000.

附录 C　计算机程序(代码)

C.1　引言

电流及其所致辐射场的可视化是学习天线知识过程中的一项挑战,它激发了天线专业的研究者去寻找能使其职业变得简单而又多产的途径。早期的研究者致力于发展测量技术以绘制波瓣图和阻抗图表,目前这仍最好的方法之一,因为其所得的结果来自真实的天线结构。然而,如第 24 章所述,为此必须了解并控制测量所带来的误差。此外,测量是费时而艰难的,对三维波瓣图尤其如此。

20 世纪 60 年代,计算机的普及为天线设计者提供了另一条途径:开发软件以仿真天线的性能。通常,这类技术既可以借助将问题离散化而用数值法求解麦克斯韦方程组,例如对积分方程用 14.11 节所述的矩量法(MoM,Moment Methods),或对微分方程用有限元法或时域有限差分法等;也可以借助高频渐近原理近似地求解某些天线问题,例如 10.2 节所提到的一致性几何绕射理论(UTD,Uniform Geometrical Theory of Diffraction),关于这类方法发展详情的介绍已经超出本书的范围。无论哪种方法,都有着一些对用户相当友好的计算机程序可供有志者进一步探究①。

计算机程序领域是一个飞速发展的领域,但本附录只介绍很少几种通用的天线仿真程序。为了避免过多地陈述那些很快就会被淘汰的信息,本书在配套网站上提供最即时的计算机程序、习题集以及其他材料。不同型号的计算机和操作系统都可以实时地更新所提供的软件和链接。这里无法一一列出全部软件,仅给出少量示例,读者可按需要和兴趣加以选用。

通过 www.mhhe.com/kraus 网址还可以链接到其他有用的网址。

C.2　软件建模的原理

在讨论细节之前,先花一点时间来讨论会影响所有软件建模步骤的论题。一位软件工程师应养成良好的习惯,即从用户群体的实践经验中学习,这是非常重要的。各种计算机程序或技术的细节可以互不相同,但它们所遵从的原则是不变的。首先并且首要的就是要去解决尚未由计算机得到正确答案的问题,因此对每项结果都必须仔细评估。深信本书所介绍的基础知识为读者提供了必要的鉴定工具,无论对任何测量或计算的结果来说都是如此。为此,附录 A 中提供了很多易于记忆的数据和公式。

---

① 在 14.12 节中,矩量法的作者 Edward H. Newman 写道:数值方法如矩量法(MoM)确实比解析结果更准确,因为它们只含有较少的假设。然而,某些只能得出数值形式而非函数解的数值方法(如有限差分法)的一大缺点是不能获得解的物理解释,以及关于天线的设计信息。因此,数值技术终究不能取代良好(准确而简单)的解析结果。

用户能更多地了解计算机程序背后的理论固然是好事,但典型的工程师往往没有时间去深究正在用着的、或将来会用到的所有解法。然而,借助一个好的说明文件去了解程序所包含技术的基本规定,通常总是可能的。例如,矩量法程序需要将表示局部电流幅度的导线模型离散至足够小,使之准确地再现电流分布的形状;高频渐近技术如一致性绕射理论,需要足够大的电尺寸,使之适合于推导绕射系数时采用的大距离近似。因此,即使用户并不完全理解某程序的应用为何存在着限制,但仍能够懂得其物理模型必须设置在这种界限之内,才能维持解的准确性。

通常,用户在建立或分析计算机程序中的模型时,有两种情况会引起建模的不确定性。第一种情况是与物理模型相关联的,用户应明白计算机模型与真实模型应当匹配到什么程度。要为真实天线上的每个螺丝和铆钉都严格建模往往是不可能、也不必要的。如果某物体的尺寸小于波长量级,其效应也是很小的。此外,波瓣图由电流分布的积分得到,它对电流的少量变化是相对不敏感的。然而,馈电点的电压-电流关系随几何上的小改变而发生的变化,足以改变该模型的阻抗。需要根据情况恰当地选择建模技术,或是在建模过程中确定仔细的程度。第二种情况与数学模型相关联,可被特征化为方程误差和解的误差。方程误差是由于数值结果不能严格地满足建模方程(例如,计算机有限数位的舍入误差)而造成,并随着问题的电尺寸增大的积累效应而增加。解的误差的造成原因是数值技术采用了有限个未知量(如 MoM),或采用了有限个镜像和(或)彼此相互作用的绕射线(如 UTD)。

用户保证所得结果准确而贴切的最重要途径是通过验证。验证虽然耗费时间,但却是一种极其基本的方法。验证可以采取内部和外部两种形式。内部检查由自洽性(self-consistency)测试(如 MoM 解随加密几何离散化的收敛性、功率守恒性、是否满足边界条件等)组成。此外,用户还应该了解,频带和(或)增益是否对物体尺寸的波长数敏感,波瓣图峰点和零点的个数是否与尺寸相对应,峰值与旁瓣的比值是否对频率敏感?参阅附录 A 中的数据和关系式。用户可先用尽可能简单的方法开始解题,可利用本书中的各种插图,使结果易懂并可用以比较。随后建立较复杂的问题、直至其更复杂的最终形式,每一步都按此方法检查。即使某一步的检查未获通过,该步骤仍有价值,因为它提供了发现问题出处的机会,并使用户增长了经验与洞察力。

外部检查涉及将所得结果与已知的解或解析的、实验的、或另一种数值方法的解进行比较。解析解只适用于一小类问题,其中多数可在本书中找到。另一种数值方法的解可用来验证类似的理想模型,如果数值解是理论型的,则只能证明两种结果之间的互洽(consistent with one another)而不是它们全都正确。如果作为比较的数值解属不同类型,且它们的解具有可比性,则两个解都正确的概率较大。若能对第 24 章所指出的众多潜在误差源进行仔细的处理,则用实验解作为比较将是一种非常好的检查方法。如果所得数值解与实验解相匹配,则解的准确性更加可信。

C.3 天线软件说明

如上所述,计算机程序对学生和工程师们来说是非常有用的工具。前面给出的网址所提供的计算机程序直接利用了本书所陈述的经典理论。此外,还可以利用一种基于矩量法的近代导线天线的程序,这将在 C.4 节中讨论。

下列程序是可供下载的 PC 版,其他版本则需要凭许可证获取。PC 版具有简明、自洽的说明,几何尺寸的输入采用对话框的形式。按用户的选择,辐射波瓣图的绘制可取场强、功率、分贝数的直角坐标或极坐标形式。用户不妨按书中的例子操作一遍,以检测自己使用该程序的能力。

C. 3a 计算阵列波瓣图和定向性的程序

ARRAYPATGAIN 是应用第 5 章的理论计算直线阵定向性的计算机程序。指定阵元间距,能求出均匀、二项式、道尔夫-切比雪夫以及其他幅度分布的(各向同性单元)阵因子波瓣图。在有些情况下还需指定附加的信息,例如对道尔夫-切比雪夫分布需指定旁瓣电平,而得出各单元的幅度加权值,对扫瞄波束可给出相位分布。还可得出各种取向的偶极子单元之阵列的定向性。建议用户应用 5. 10 节的知识重复图 5. 27 和图 5. 34 的结果,并结合习题 5. 8. 4 至习题 5. 9. 6进行更多的练习。网址上还提供了附加的习题。

C. 3b 计算位于平板反射器上方或夹角反射器中的天线波瓣图的程序

CORNEREFLECT 是计算位于无限大或有限大平板上方、或夹角反射器中的偶极子波瓣图的计算机程序。对于无限大反射板的情况,运用镜像理论计算合成波瓣图;对于有限大反射板的情况,运用一致性几何绕射理论 (Kouyoumjian & Pathak-1) 附加来自刃边和两平面接头处的绕射场。该程序补充了第 10 章所陈述的理论。用户可以指定偶极子至原点的距离(见图 10. 3)以及反射板间的夹角及其长度(见图 10. 9)。建议用户重复图 10. 3,图 10. 6 和图 10. 12的结果,并结合习题 10. 2. 1 至习题 10. 3. 8 的练习。网址上还提供了附加的习题。

C. 4 学生版 Expert MININEC①

本书中所介绍的以及实际中所用的许多天线都属于导线天线,且很多口径天线也可应用导线天线程序通过对偶性来建模,因此这类天线模型的计算机程序非常有用。实现导线天线分析的最常用技术是矩量法(MoM),参见 14. 11 节。在工程界广为传播的首批程序之一是适用于 PC 机的 MININEC[Julian(1) Logan & Rockway],当初是为 64 KB 存储器的 Apple 计算机用 BASIC 语言写成的,此后做了很大的改进,使之在用户友好的 Windows 环境下扩展了更多的实际应用[Rockway (1,2) & Logan]。

该软件的学生 PC 版是非常有力的数值分析工具,包含许多专业版本的有用特点,有利于更好地学习矩量法以及天线设计。C. 2 节讨论的设计原理,很多就取自 MININEC 的作者及其用户工程师们的经验。

Expert MININEC 网址提供了很多有用的例子,其输入和输出数据组可用做课堂习题。供访问的说明文件有助于用户充分地利用程序。用户界面具有方便的输入模板,可直接为 V 形偶极子(直偶极子为其特例)、环、三单元八木-宇田等天线建模。程序输出可提供导线上的电流与电荷、阻抗与导纳、辐射波瓣图(dBi 或电场、功率或定向增益)等。这些天线模型及其结果有助于第 6 章至第 8 章、第 13 章、第 14 章和第 16 章中对应内容的学习。对新用户至为重要的是检验自己使用该程序的能力,且应当核对程序的输出与文件所提供的结果。

① 本节按原著翻译,实际网站在不断更新中。——编者注

C.5 其他有用的软件

上述计算机程序和网址显然是不完全的。有很多采用不同方法设计天线的程序,有些名义上要付费,其他的则属商品软件。很难收集一份完全而又即时的程序清单。但本书网址提供了几个非常有用的链接地址,其中一例就是应用计算电磁学会(Applied Computational Electromagnetic Society)的网址,其中列出了与天线数值分析有关的程序,并链接其他地址。读者可自行搜索这些网址。

参考文献

Julian, A. J. (1), J. C. Logan and J. W. Rockway, "MININEC: A Mini-Numerical Electromagnetics Code," NOSC Technical Document 516, September 1982.

Kouyoumjian, R. G. (1), and P. H. Pathak, "A Uniform Geometrical Theory of Diffraction for an Edge in a Perfectly Conducting Surface," *Proc. IEEE,* **62,** 1448–1461, November 1974.

Rockway, J. W. (1), and J. C. Logan, *MININEC Professional for Windows,* EM Scientific, Inc., Carson City, NV, 1995.

Rockway, J. W. (2), and J. C. Logan, *Expert MININEC Series, Wire Antenna Modeling Code,* EM Scientific, Inc., Carson City, NV, 1999.

关于天线计算机仿真的深入阅读参考资料

Burnside, W. D., and R. J. Marhefka, "Antennas on Aircraft, Ships or Any Large, Complex Environment," Chap. 20 in *Antenna Handbook: Theory, Applications, and Design,* edited by Y. T. Lo and S. W. Lee, Van Nostrand Reinhold, New York, 1988.

Burnside, W. D., and R. J. Marhefka, "Antennas on Complex Platforms," *Proc. IEEE,* **80,** 204–208, January 1992.

Diaz, L., and R. Milligan, *Antenna Engineering Using Physical Optics: Practical CAD Techniques and Software,* Artech House, Massachusetts, 1996.

Harrington, R. F., *Field Computation by Moment Methods,* Krieger Publishing Co., Florida, 1982.

Jin, J., *The Finite Element Method in Electromagnetics,* Wiley, New York, 1993.

Kunz, K. S., and R. J. Luebbers, *The Finite Difference Time Domain Method for Electromagnetics,* CRC Press, Florida, 1993.

Miller E. K., L. Medgyesi-Mitschang and E. H. Newman, *Computational Electromagnetics: Frequency-Domain Method of Moments,* IEEE Press, New Jersey, 1992.

Pathak, P. H., "High-Frequency Techniques for Antenna Analysis," *Proc. IEEE,* **80,** 44–65, January 1992.

Peterson, A. F., S. L. Ray and R. Mittra, *Computational Methods for Electromagnetics,* IEEE Press, New Jersey, 1998.

Sandiku, M. N. O., *Numerical Techniques in Electromagnetics,* CRC Press, Florida, 1992.

Taflove, A., and S. C. Hagness, *Computational Electrodynamics: The Finite-Difference Time-Domain Method,* 2d ed., Artech House, Massachusetts, 2000.

Volakis, J. L., A. Chatterjee and L. C. Kempel, *Finite Element Method for Electromagnetics: Antennas, Microwave Circuits, and Scattering Applications,* IEEE Press, New Jersey, 1998.

Wang, J. J. H., *Generalized Moment Methods in Electromagnetics: Formulation and Computer Solution of Integral Equations,* Wiley, New York, 1991.

附录D　吸 波 材 料

如今吸波材料成了天线技术的一个集成部分,既用于测试现场,又用做天线部件以减少旁瓣与后瓣的辐射,见24.4c节。

第二次世界大战期间 Winfield Salisbury(1)在哈佛无线电研究实验室(Harvard Radio Research Laboratory)发明了一种方法,将一片空间织物($Z=377$ 欧每单位面积)置于一反射板前方 $\lambda_0/4$ 处,就能完全吸收其法向入射波。他所用的这种电阻性(碳浆,carbon-impregnated)织物片称为 Salisbury 片。该结构使法向入射波在1.3∶1频带上的反射至少降为 -20 dB①。

图D.1(a)给出了该结构的特性阻抗为377 Ω的等效传输线。为简便起见,将阻抗与377 Ω相除后成为归一化(无量纲)阻抗,如图D.1(b)所示。现考虑图D.1(c)的多加载结构,在约1λ的距离内并联一系列电阻,其(归一化)电阻值和间距都随着至反射板的距离而从小变到大②。如图D.2所示,归一化线导纳 Y 从反射板短路位置 $Y=\infty$ 随递增距离以及并联电导而移向 Smith 圆图的中心点(匹配点)。这种递增锥削终端与图D.1(a)和图D.1(b)所示的单电阻终端相比,具有宽频带上低反射系数的优点。图D.1(c)中的空间等效于图D.1(d),在 $1\lambda_0$ 的距离内插有多层的 Salisbury 片,它们的每平方阻抗值已标注于图中,且背衬一片反射板。这种在层间填有塑料(电介质)、呈三明治式堆叠状的结构,是由 J. Jaumann 于二战期间在德国开发的。Emerson(1)曾为吸波材料及其应用撰写过一篇历史札记。

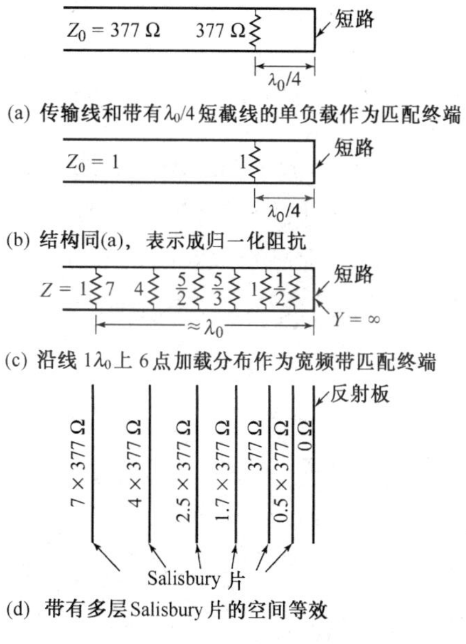

图D.1　传输线与空间传播的等效

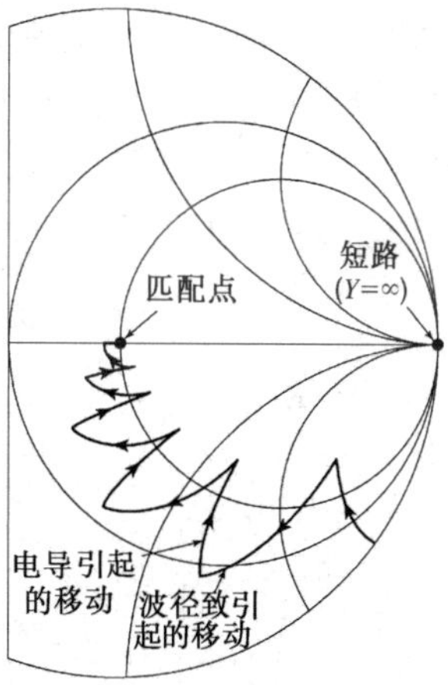

图D.2　归一化导纳 Y 在 Smith 圆图上的轨迹。从短路点经图D.1(c)的6点分布加载,逐步移动到圆图中心的匹配点(在5∶1的频带上反射波降低 -20dB)

---

① 电阻片与反射板相距为 $3\lambda/4$ 或 $5\lambda/4$ 等,也能发生波的谐振吸收,但其频带较窄。

② 电阻值和间距都近似按指数律变化。

同时增加电阻值和电阻片的数量(且减小它们的间距)至极限情况,即成为连续锥削的媒质材料。设媒质的磁导率和介电常数都含损耗项且两者各自的相对值相同,即

$$\mu_r = \mu_r' - j\mu_r'' = \varepsilon_r = \varepsilon_r' - j\varepsilon_r'' \tag{1}$$

则该有耗媒质具有与自由空间相同的实阻抗,即

$$Z = \sqrt{\frac{\mu}{\varepsilon}} = \sqrt{\frac{\mu_0}{\varepsilon_0}}\sqrt{\frac{\mu_r}{\varepsilon_r}} = 377\sqrt{\frac{\mu_r}{\varepsilon_r}} = 377\,\Omega \tag{2}$$

原理上,如果入射到一种均匀媒质的波能够无反射地进入媒质的材料内,当该媒质足够厚时波就能被完全吸收。这种均匀媒质与上述锥削媒质恰成对照。

例 D.1

设有 3 mm 厚的吸波片背衬理想导电的金属平板,材料参数为 $\mu_r = \varepsilon_r = 10 - j10$,$\sigma = 0$。求 3 GHz 频率的反射系数。

解:

传播常数

$$\gamma = \alpha + j\beta = j\frac{2\pi}{\lambda_0}(10 - j10) \tag{3}$$

而

$$\lambda_0 = \frac{c}{f} = \frac{3\times10^8}{3\times10^9} = 0.1\,\mathrm{m} \tag{4}$$

所以

$$\alpha = 2\pi \times 100 = 628 \quad \mathrm{Np\,m^{-1}}$$

则波从金属板反射后经吸波片返回的相对场强为

$$\frac{E}{E_0} = |\rho_v| = \mathrm{e}^{-2\alpha x} = \mathrm{e}^{-3.77} = 0.023$$

比入射波场强低 33 dB。

虽然参数 $\mu_r = \varepsilon_r$ 的有耗媒质从原理上说很具有吸引力,但大多数普及型吸波器所具有的典型参数为 $\mu_r = 1$ 而 $\varepsilon_r \approx 2 - j1$。普及的形状则是如图 D.3(a)和图 D.3(b)所示的棱锥形和楔形。棱锥形对于正(对着鼻尖的)入射表现为锥削转换器(如上所述)。然而,DeWitt(1) & Burnside 发现,在大入射角时波的方向对棱锥的侧面几乎是边射的,棱锥吸波器近似于具有随

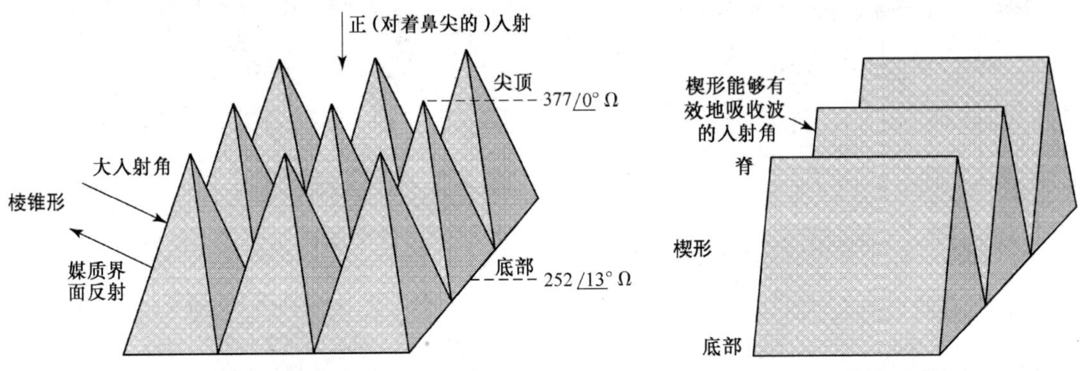

(a) 棱锥形吸波器 (b) 楔形吸波器

图 D.3 吸波器的形状

机粗糙表面的散射体，故由于媒质失配而导致较大的反射系数；然而楔形吸波器在波的方向近乎平行于楔脊时的表现要出色得多。

例 D. 2

设有高度（从尖顶至底部）为 30 cm 的棱锥阵列，材料参数为 $\mu_r=1, \varepsilon_r=2-j1, \sigma=0$。(a)求（对着鼻尖的）正入射波为 3 GHz 频率（$\lambda=100$ mm）时的反射系数。(b)求 10 GHz 频率（$\lambda=30$ mm）时的反射系数，材料参数同上。

解：

参照图 D. 3(a)，棱锥阵对正入射表现为有效阻抗从尖顶处的 377 ∠0° Ω 逐渐提高（3 GHz 时经 3λ 长度、10 GHz 时经 10λ 长度）到底部的

$$Z=\frac{377}{\sqrt{\varepsilon_r}}=\frac{377}{\sqrt{2-j1}}=252\angle 13.3^\circ\ \Omega$$

由于锥削段较长，因此足以忽略在媒质界面（空气与棱锥）处的反射。然而，若不存在锥削段，媒质失配的反射系数为

$$|\rho_v|=\left|\frac{Z_L-Z_0}{Z_L+Z_0}\right|=\left|\frac{252\angle 13^\circ-377}{252\angle 13^\circ+377}\right|=0.24 \text{ 或 } -12\,\text{dB}$$

与即将计算的正入射到棱锥的情况相比，这是非常大的反射系数，与以大入射角边射于棱锥侧面[见图 D. 3(a)]的大反射系数相当。

作为正入射反射系数的一级近似，假设棱锥体等效为其 1/3 高度的均匀实体。在实体媒质中，3 GHz 波的传播常数为

$$\gamma=j\frac{2\pi}{\lambda_0}\sqrt{\varepsilon_r'-j\varepsilon_r''}=j\frac{2\pi}{0.1}\sqrt{2-j1}=j\frac{2\pi}{0.1}(1.46-j0.35)$$

而衰减常数

$$\alpha=\frac{2\pi}{0.1}\times 0.35=22\ \text{Np}\,\text{m}^{-1}$$

于是，反射系数为

$$|\rho_v|=\mathrm{e}^{-2\alpha x}=\mathrm{e}^{-2\times 22\times 0.1}=0.0123$$

故得(a) 3 GHz 波的反射系数被降至 −38 dB。

同理有(b) 10 GHz 波的反射系数被降至 −125 dB。

实际上，10 GHz 的反射系数确实比 3 GHz 的反射系数要小的多，但并不像计算所得结果那么悬殊。某些商品吸波材料的非匀质性会增大反射系数和后向散射（DeWitt-1）。

参考文献

DeWitt, B. T. (1), and W. D. Burnside, "Electromagnetic Scattering by Pyramidal and Wedge Absorber," *IEEE Trans. Ants. Prop.*, 1988.

Emerson, W. H. (1), "Electromagnetic Wave Absorbers and Anechoic Chambers through the Years," *IEEE Trans. Ants. Prop.*, **AP-21,** 484–489, July 1973 (49 references).

Salisbury, W. W. (1), "Absorbent Body for Electromagnetic Waves," U.S. Patent 2,599,944, June 10, 1952.

附录E 测量误差

一切被测的量都含有误差。于是,一个球所测出的面积可以是 2.76 ±0.03 m^2,这表明误差或不确定性为 0.03 m^2。如果这是均方根(rms,root mean square)偏差或标准偏差,则意味着真值介于此极限值之间、即大于 2.73 而小于 2.79 m^2 的可能性约为 2:1。对于有限的 n 次读数,有

$$均方根偏差 = \sqrt{\frac{d_1^2 + d_2^2 + \cdots + d_n^2}{n-1}} \tag{1}$$

其中 $d_1, d_2, \cdots, d_n$ 是相对于一组 n 次观测之中(间)值的测量偏差。

有时给出的误差是概率误差,它是 rms 误差的 0.6745 倍。概率误差指出真值介于极限值之间的可能性恰为 1:1。

凡给出误差,通常意味着已经进行了一组重复性的测量。只进行一遍测量是不规范的,所得到的误差只不过是估计值。

凡在本书中引用的测量值,都应理解为受制于误差的。例如,某天线的增益可以表示为 36.5 dBi,但为了清楚起见,应当包括适当的误差,若误差是 ±0.5 dBi,则增益应为 36.5 ±0.5 dBi。然而,为了表述简便,通常又都省略了误差的标注,除了在 21.19 节中 Penzias & Wilson 所提出的天线温度的测量结果:

2.3 ±0.3 K　归因于大气层

0.8 ±0.4 K　归因于欧姆损耗

<0.1 K　　归因于指向地面的后瓣

3.2 ±0.5 K　总和①

他们测得的天空温度为 6.7 ±0.8 K,扣去 3.2 ±0.5 K,得出剩余量 3.5 ±1.0 K①。

Penzias & Wilson 注意到了这个"误差",并由此发现了 3 K 的天空背景,随后他们因此而荣获了诺贝尔奖。

---

① 注意,该总误差是 rss(root sum square,和方根——无关量的合成)而非 rms(均方根——单个量的误差)。所以上述分项的 0.3 和 0.4 是 rms,而总的 0.5 是 rss。

附录 F　带 * 号习题的答案(上册)

第 2 章

2.7.3　3.8,4.6,6.1。

2.7.4　(a) 2.05×10^4(43.1 dB);(b) 1.03×10^4(40.1 dB)。

2.9.3　$71.6\lambda^2$。

2.11.2　~11 kW。

2.11.5　152m^2 RCP。

2.16.4　14.9 kW。

2.17.2　(a) AR = 1.5;(b) $\tau=90°$;(c) CW。

2.17.4　(b) AR = 1.38;(c) $\tau=45°$。

2.17.6　具有 $\tau=45°$ 的直线。

2.17.7　(a) AR = −2.33(RH);(b) $\tau=-45°$;(c) RH。

2.17.9　(a) AR = −5;(b) RH;(c) 34 mW m^{-2}。

2.17.11　(a) AR = 3.0;(b) $\tau=-22.5°$;(c) CW;(d) LH。

第 3 章

3.2.1　改变(a) $L=0.5\lambda, w\to0$;(b) $Z_s=363-j211\Omega$;(c) 1.64。

3.4.2　$200d$。

3.5.1　(a) $24.7\lambda^2$;(b) 310(24.9 dBi);(c) 186(22.7 dBi)。

3.5.2　0.19 m^2。

3.5.3　175 mm。

3.6.1　θ(E 面) = 45°,θ(H 面) = 45°,对于对称的波瓣图。

第 4 章

4.3.1　(a) 1539 W m^{-2};(b) 4.29×10^{26} W;(c) 762 V m^{-1}。

4.5.2　(a) 5.1,6,7.07;(b) 见习题 2.7.3。

第 5 章

5.2.1　(c) 最大方向在 0°,180°, ±41.8°, ±138.2°
　　零点方向在 ±19.4°, ±90°, ±160.6°
　　半功率方向在 ±9.6°, ±170.4°, ±30°, ±150°, ±56.5°, ±123.5°

　(d) 最大方向在 0°, ±90°,180°
　　零点方向在 ±30°, ±150°
　　半功率方向在 ±14.5°, ±165.5°, ±48.6°, ±131.4°

(e) 最大方向在0°,180°, ±14.5°, ±165.5°, ±30°, ±150°, ±49°, ±131°, ±90°
零点方向在±7°, ±173° ±22°, ±158° ±39°, ±141°, ±61°, ±119°
半功率方向在±3.6°, ±176.5°, ±11°, ±169°, ±18.5°, ±161.5°, ±26°, ±154°, ±34.5°, ±145.5°, ±43.5°, ±136.5°, ±54.5°, ±125.5°, ±70°, ±110°

(f) 最大方向在0°,180°
半功率方向在±90°

5.2.3 (a) 2。

5.6.4 (a) 和(b) 1个主瓣和5个副瓣;
(c) 常规端射阵 $D\sim7$,增强定向性端射阵 $D\sim12$。

5.6.6 (b) 6.6;(c) 6.3。

5.8.4 (a) $E(\phi)=\dfrac{1\sin\left(\dfrac{5}{2}\pi\sin\phi\right)}{4\sin\left(\dfrac{5}{8}\pi\sin\phi\right)}\angle\dfrac{15}{8}\pi\sin\phi$

(b) $E(\phi)\cos^3\left(\dfrac{5}{8}\pi\sin\phi\right)$或$\dfrac{3}{4}\cos\left(\dfrac{5}{8}\pi\sin\phi\right)+\dfrac{1}{4}\cos\left(\dfrac{15}{8}\pi\sin\phi\right)$

5.9.2 0.61。

5.9.3 (a) 0.52,0.82,1.00,0.82,0.52
(b) 最大方向 ±39°, ±141°, ±90°
(c) 零点方向 ±30°, ±54°, ±126°, ±150°
(d) 24°

5.9.5 $R=5$:0.93,0.84,1.00,1.00,0.84,0.93
$R=7$:0.69,0.80,1.00,1.00,0.80,0.69
$R=10$:0.53,0.78,1.00,1.00,0.78,0.53,旁瓣愈低,则锥削要求愈陡。

5.9.7 (a) $E=\dfrac{\sin\dfrac{5}{2}\psi}{\sin\dfrac{1}{2}\psi}$,其中$\psi=d_r\cos\phi+\delta$

(b) $\delta=0$,(1)1,1,1,1,1,(2)1,4,6,4,1,(3)1,0,0,0,1。

5.12.1 2500。

5.17.1 (a) 44°;(b) −13.3 dB;(c) 0.17π sr;(d) 0.89;(e) 24;(f) $1.9\lambda^2$。

5.18.1 最大方向 0°,180°, ±60°, ±90°, ±120°。
最小方向 ±41.4°, ±75.5°, ±104.5°, ±138.6°。

第6章

6.2.1 (b) $E_r=\dfrac{Ql\cos\theta}{2\pi\varepsilon r^3}$,$E_\theta=\dfrac{Ql\sin\theta}{4\pi\varepsilon r^3}$,$E_\phi=0$。

6.2.2 (a) $2.86\times10^{-2}\angle-9^\circ$ V m^{-1};(b) $8.88\times10^{-2}\angle-81^\circ$ V m^{-1};(c) $2.39\times10^{-4}\angle-81^\circ$ A m^{-1}

6.2.4 (a) 一般表达式:282 mV m^{-1},准静态表达式:121 mV m^{-1}

(b) 一般表达式:242 mV m^{-1},准静态表达式:61 mV m^{-1}

(c) 一般表达式:784 μA m^{-1},准静态表达式:338 μA m^{-1}

6.3.1　3.33 Ω。

6.3.2　(a) 2.74 μW;(b) 3.0 A。

6.3.5　(a) π sr;(b) 4。

6.3.7　354 Ω。

6.3.8　(a) 21.9;(b) $1.74\lambda^2$;(c) 6.8 Ω。

6.3.9　(a) 8.16;(b) 654 Ω。

6.3.12　(a) 23.2 Ω。

6.5.1　$E = \tan\theta \sin\left(\frac{\tau}{2}\cos\theta\right)$;(b) 168 Ω;(c) 168 Ω,73 Ω,197 Ω。

6.8.1　(a) $E = \frac{\sin\theta}{1 - p\cos\theta}\left[\sin\pi\left(\frac{1}{p} - \cos\theta\right)\right]$,四瓣的波瓣图;

(b) 40 瓣的波瓣图。

第 7 章

7.6.1　1890 Ω。

7.8.2　(1) 180 Ω,1.5;(2) 1550 Ω,1.2;(3) 4100 Ω,3.6。

7.9.1　四瓣的波瓣图。

第 8 章

8.3.4　(a) 10;(b) 6 cm;(c) 1.05(95%纯右旋圆极化)。

8.5.1　(a) 28.8 cm;(b) 27.6 cm;(c) 26.4 cm,26.4 cm,25.8 cm,24.0 cm;(d) 30 cm;(e) 19.1 cm;(f) 465 ~ 535 MHz;(g) 11 dBi。

8.8.1　(1) 0.802;(2) 0.763。

8.11.1　(a) $D_\lambda = \sqrt{2H_\lambda}/\pi$;(b) $E = \sin\theta$。

第 9 章

9.5.1　474 Ω。

9.5.2　$779 - j\,67$。

9.9.1　750。

第 10 章

10.3.4　(a) 73 Ω;(b) 10 dB。

10.3.6　(a) 16 dBi;(b) 12.6°。

10.7.2　76.6 m^2。

第 11 章

11.2.2　$270 + j350$ Ω。

第 12 章

12.2.1 14.5 K。

12.2.2 25.6 K。

12.3.2 33 dB。

12.3.3 (a) 10 h;(b) 6.9×10^{-20} W;(c) 50 Hz。

12.3.4 (a) 12.2 dB;(b) 2.3 m。

12.3.5 (a) 0.08 K;(b) 0.09 K;(c) 445 K;(d) 500 mJy。

12.3.7 (a) 12.7 dB;0.5 dB;(c) ~13 min。

12.3.8 24.2 K。

12.3.9 (a) 15.6 MHz;(b) 26.1 MHz;(c) 41.0 MHz。

12.3.11 (a) 0.06 K;(b) 320 mJy。

12.3.13 1000 光年(LY)。数据率较慢,但当年首条跨大西洋电缆的数据率也并没有快多少。以此 1000 光年为参照,回过头来看:地球的周长为 1/7 光秒,地球至木星的距离为 45 光分、至冥王星的距离为 5 光时、距最近的恒星为 4 光年。1000 光年的距离等于离最近恒星的 250 倍。然而,这还仅仅是从我们的银河系到其他几十亿个银河系距离的百分之一,其中有些相距在百亿光年以上。如果地外文明(ETC)发来电讯能被解读并理解,从地球发送一份答复,则地球人要 2000 年之后才能得到回音。即使这在技术上有可能实现,人们是否有此先见之明和耐心去等待 2000 年? 迄今为止还从未发生过这种遥远距离的对话,人们正在边收听、边怀疑。

12.3.14 650 km 可视距离。

12.3.17 108.4 dB。

12.3.18 (a) 8.16×10^5 W;(b) 1.0 m;(c) Yes($G/T=7.4$ dB K^{-1});(d) 3.2 dB。

12.4.1 23.6 K。

12.4.4 65.1 kW Hz^{-1}。

12.5.3 $5.6\times10^{-28}\,\text{m}^2$。

12.5.5 560 TW 峰值功率。

12.5.7 (a) $\pi\,\text{m}^2$;(b) $40\pi\,\text{m}^2$;(c) $0.04\pi\,\text{m}^2$;(d) ~$0\,\text{m}^2$。

12.5.8 $0.8\,\text{m}^2$。

12.5.9 (a) 79.5 m s^{-1};(b) 46.7 m s^{-1}前向雷达。

12.5.12 45 m s^{-1}(=162 km h^{-1} =101 mile h^{-1})。

12.5.13 160 mW。

12.5.14 1.2 kHz。

12.5.18 66 ns。

12.5.20 (a) 3.1×10^{-15} W;(b) 9.0×10^{-17} W;(c) 信噪比 $=S/N=31$ dB,信杂比 $=S/C=16$ dB。

术 语 表

Antenna Types	天线型式
aperture	**口径**
achievement factor	达标因子
complex deviation factor	复偏差因子
aperture distribution	口径分布
Dolph-Tchebyscheff optimum distribution	道尔夫-切比雪夫最优分布
aperture efficiency	口径效率
offset illumination	偏照
Ruze factor	增益损失因子
squint angle	斜视角
surface roughness	表面粗糙度
utilization factor	利用因子
aperture antenna	**口径天线**
aperture plane	**口径平面**
architecturally acceptable antenna	**建筑上可接受的天线**
Argus antenna	**百眼巨人型天线**
array	**阵(列)**
adaptive array	自适应阵
amplitude taper array	幅度锥削(渐变)阵
BC (broadcast) array	广播阵
broadside array	边射阵
chain array	链式阵
Chireix-Mesny array	风琴衣架式阵
circular array	圆形阵
close-spaced array	密距阵
continuous array	连续阵
variable phase velocity continuous array	可变相速连续阵
curtain array	帘幕形阵
dissimilar point sources array	非相似点源的阵
Dolph-Tchebyscheff array	道尔夫-切比雪夫阵

Dipoles array	偶极子阵
end-fire array	端射阵
increased directivity end-fire array	增强定向性端射阵
ordinary end-fire array	常规端射阵
3D end-fire array	三维端射阵
frequency scanning array	频率扫瞄阵
frequency-scanning grid array	频率扫瞄栅格形阵
grid array	栅格形阵
Landstorfer array	赋形偶极子八木-宇田阵
linear array	直线阵
lobe-sweeping array	波束扫瞄阵
log-periodic dipole array	对数周期偶极子阵
low-side-lobe array	低旁瓣阵
microstrip array	微带阵
multi-aperture array	多口径阵
periodic structure modes	周期性结构模
periodic structures	周期性结构
phased array	相控阵
rotatable helix phased array	可旋转螺旋相控阵
point sources array	点源阵
isotropic point sources array	各向同性点源阵
non-isotropic point sources array	非各向同性点源阵
primary array	初级阵
random array	随机阵
retro array	返回式阵
rectangular array	矩形阵
rotating helix array	旋转螺旋阵
scanning array	扫描阵
secondary array	次级阵
Sterba curtain array	司梯巴帘幕形阵
three-dimensional array	三维阵
triangle array	三角形阵
two-dimensional array	二维阵
Van Atta array	范阿塔阵
very large aperture (VLA) array	甚大口径阵
very long baseline (VLBA) array	甚长基线阵
W8JK array	密距端射阵
with missing sources array	缺源阵
Yagi-Uda array	八木-宇田阵

YUCOLP array	八木-宇田-夹角-对数-周期阵
asteroid detection antenna	**小行星检测天线**
antenna diversity	**天线分集**
antenna under test (AUT)	**待测天线**
azimuth ILS antenna	**方位仪表着陆系统天线**
base station antenna	**基台天线**
billboard antenna	**广告牌天线**
cell phone antenna	**蜂窝电话天线**
chimney antenna	**烟囱形天线**
circularly polarized antenna	**圆极化天线**
clover-leaf antenna	**苜蓿叶形天线**
collinear antenna	**共线天线**
cone antenna	**锥形天线**
biconical antenna	双锥天线
biconical vee antenna	双锥 V 形天线
bow-tie dipole antenna	领结形偶极子天线
curved biconical vee antenna	弯曲双锥 V 形天线
conical antenna	圆锥天线
discone antenna	盘锥天线
single cone and ground plane	带接地面的单锥天线
square cone antenna	方锥天线
volcano-smoke antenna	火山口-烟嘴形天线
cylindrical antenna	**柱形天线，圆柱天线**
Deutsche Welle antenna	**"德意志之声"天线**
digital-beam-forming(DBF) antenna	**数字波束形成天线**
dipole (antenna)	**偶极子(天线)**
bow-tie dipole	领结形偶极子
center-fed dipole	中心馈电偶极子
crossed dipoles	交叉偶极子
Delta match antenna	Δ 形匹配天线
electric dipole	电偶极子
flagpole	旗杆式天线
folded dipole	折合偶极子
full-wave antenna	全波天线
Gamma match antenna	Γ 形匹配天线
half-wave antenna	半波天线
half-wave dipole	半波偶极子

Hertz's dipole	赫兹偶极子
horizontal dipole	水平偶极子
J-match antenna	J 形匹配天线
quarter-wave monopole	λ/4 单极子
short dipole	短偶极子
stub antenna	短桩形天线
T-match antenna	T 形匹配天线
tunable dipole	可调谐偶极子
vertical dipole	铅垂偶极子
whip antenna	鞭状天线
direction-finding antenna	**测向天线**
earth station antenna	**地球站天线**
echelon antennas	**梯式天线**
electrical small antenna	**电小天线**
embedded antenna	**植入式天线**
flush disk antenna	**嵌入式盘形天线**
frequency independent antenna	**非频变天线**
biconical antenna	双锥天线
fractal antenna	分形天线
artistic antenna	艺术性天线
Barnsley-Fern antenna	班斯莱-弗恩天线
Bipectinate antenna	双栉形天线
Minkowski fractal antenna	闵可夫斯基天线
Promethea moth antenna	普罗大蚕蛾天线(触角)
Sierpinsky-triangle antenna	塞平斯基-三角形天线
log-periodic antenna	对数周期天线
log-periodic dipole array	对数周期偶极子阵
log-periodic toothed antenna	对数周期齿状天线
log spiral antenna	对数周期螺蜷天线
stacked log periodic antenna	层叠式对数周期天线
self-complementary antenna	自补天线
spiral antenna	螺蜷天线
Archimedes spiral antenna	阿基米德螺蜷天线
equiangular spiral antenna	等角螺蜷天线
conical spiral antenna	圆锥螺蜷天线
planar spiral antenna	平面螺蜷天线
twin-alpine horn antenna	双阿尔卑斯喇叭天线
ultra-wide-band (UWB) antenna	特宽频带天线

Galileo antenna	**伽利略天线**
George Brown turnstile antenna	**乔治布朗绕杆式天线**
Goubau antenna	**G-线天线**
ground effect on antenna	**天线的地面效应**
ground penetrating radar (GPR) antenna	**探地雷达天线**
ground plane antenna	**带接地面的天线**
helix (antenna)	**螺旋(天线)**
axial mode helix	轴向模螺旋
back fire helix	背射螺旋
bifilar helix	双绕螺旋
four-lobed helix	四瓣螺旋
helical beam antenna	螺旋聚束天线
genetic algorithm helix	遗传算法螺旋
monofilar helix	单绕螺旋
Moon helix	登月螺旋
multifilar helix	多绕螺旋
normal mode helix	法向模螺旋
quad-helix	四(支)螺旋
quadrifilar helix	四绕螺旋
rotatable helix	可旋转螺旋
square helix	方形螺旋
tapered helix	锥削螺旋
horizontal antenna	**水平天线**
horn (antenna)	**喇叭(天线)**
Alpine horn	阿尔卑斯喇叭
aperture-matched horn	口径匹配喇叭
conical horn	圆锥喇叭
corrugated horn	皱纹喇叭
Hogg horn	糖铲形喇叭
optimum horn	最优喇叭
pyramidal horn	棱锥喇叭
rectangular horn	矩形喇叭
ridge horn	加脊喇叭
rolled-edge horn	卷边喇叭
septum horn	隔膜喇叭
sugar scoop antenna	糖铲形天线
twin-alpine horn	双阿尔卑斯喇叭
internal antenna	**内置式天线**

instrument landing system (ILS)	**仪表着陆系统**
azimuth guidance ILS antenna	方位导引天线
glide slope antenna	滑翔着陆天线
localizer ILS antenna	定位器天线
vertical guidance ILS antenna	铅垂导引天线
isotropic antenna	**各向同性天线**
lens (antenna)	**透镜(天线)**
artificial dielectric lens	人造介质透镜
of flat metal strips	金属条带的人造介质透镜
of metal spheres	金属球的人造介质透镜
of metal disk	金属盘的人造介质透镜
cylindrical lens	柱形透镜
dielectric lens	介质透镜
Einstein lens	爱因斯坦透镜
E-plane lens	*E*-面透镜
gravity lens	重力透镜
H-plane lens	*H*-面透镜
long-focus lens	长焦距透镜
Luneberg lens	龙伯透镜
metal-plate lens	金属板透镜
multiple-helix lens	多螺旋透镜
phase-controlled lens	相位受控透镜
reflector-lens	反射器-透镜
short-focus lens	短焦距透镜
tolerance on lens	透镜的容差
unzoned metal-plate lens	未分区金属板透镜
zoned lens	分区透镜
linear antenna	**直天线**
loop (antenna)	**环(天线)**
Alford loop	埃福特环天线
curl antenna	卷曲天线
ferrite-loaded loop	铁氧体加载环天线
Marconi's square conical loop	马可尼方锥环天线
quad loop	两圈环天线
small loop	小环天线
square loop	方形环天线
triangular loop	三角形环天线
1λ-circumference loop	全波环天线

low-earth orbit (LEO) antenna	近地轨道天线
microstrip antenna	微带天线
mobile communication antenna	移动通信天线
mobile station antenna	移动台天线
Nauen antenna	诺恩大型短波广播天线
notch antenna	凹口天线
omnidirectional antenna	全向天线
patch antenna	贴片天线
physically small antenna	物理小天线
plasma antenna	等离子态天线
prolate spheroidal antenna	长球形天线
range marker antenna	距离标记天线
reflector (antenna)	反射器(天线)
corner reflector	夹角反射器天线
dihedral corner reflector	两面夹角反射器
passive corner reflector	无源夹角反射器
retro-corner reflector	返回式夹角反射器
square-corner reflector	夹直角反射器
trihedral corner reflector	三面夹角反射器
corner-Yagi-Uda hybrid antenna	夹角-八木-宇田混合天线
flat sheet reflector antenna	平板反射器天线
reflector/mirror (antenna)	反射镜(天线)
Cassegrain-type reflector	卡塞格伦型反射镜
cylindrical parabolic reflector	柱形抛物面反射镜
DBS home parabolic dish antenna	直播卫星家用抛物面碟形天线
deep-space dish antenna	深空碟形天线
off-axis reflectors antenna	偏轴反射镜天线
parabolic reflector antenna	抛物面反射镜天线
paraboloid with missing sector	缺损扇片的抛物面
paraboloidal reflector	旋转抛物面反射镜
rolled edge reflector	卷边反射镜
sawtooth edge reflector	锯齿状边缘反射镜
serrated edge reflector	锯齿状边缘反射镜
shaped reflector	赋形反射镜
spherical reflector	球面反射镜
resistance loaded antenna	电阻加载天线
spheroidal antenna	类球体天线

short-wave antenna	短波天线
sleeve antenna	套筒天线
slot antenna	缝隙天线
boxed slot antenna	盒式缝隙天线
complementary antenna	互补天线
slotted cylinders	开缝柱形天线
slotted waveguide	波导缝隙天线
small antenna	小天线
smart antenna	智能天线
smooth vee antenna	光滑 V 形天线
stacked antenna	层叠式天线
submerged antenna	埋地天线
super turnstile antenna	超旋转场天线
surface wave antenna	表面波天线
surveillance antenna	监视天线
T-march antenna	T 形匹配天线
Terahertz antenna	太赫频率的天线
thin cylindrical antenna	细圆柱天线
thin linear antenna	细直天线
traveling wave antenna	行波天线
Beverage antenna	贝弗瑞行波天线
end-fire antenna	端射天线
helical antenna	螺旋天线
polyrod antenna	介质杆天线
cones of retina	视网膜锥
rods of retina	视网膜杆
leaky line antenna	泄漏传输线天线
leaky wave antenna	漏波天线
long wire antenna	长导线天线
rhombic antenna	菱形天线
surface wave antenna	表面波天线
corrugated surface wave antenna	皱纹表面波天线
Vivaldi antenna	韦尔弟天线
Yagi-Uda antenna	八木-宇田天线
turnstile antenna	绕杆式(旋转场)天线
ultra-wide-band(UWB) antenna	特宽频带天线
Vee antenna	V 形天线

vertical antenna	铅垂天线
waveguide antenna	波导天线
weather-vane antenna	气象风标天线
Yagi-Uda antenna	八木-宇田天线
Yagi-Uda modifications	变种八木-宇田天线

Antenna Fitting 天线附配件

antenna measurements	**天线测量**
absorber	吸波器(吸波体)
anechoic chambers	吸波室
horn absorber	喇叭吸波器
Jauman absorber	约曼吸波器
pyramid absorber	棱锥形吸波器
Salisbury screen	索尔兹伯里吸波片
shroud absorber	罩筒式吸波器
space cloth	空间织物
wedges absorber	楔形吸波器
alignment error	对准误差
cable effect on measurement	电缆对测量的影响
compact antenna test range(CATR)	紧缩的天线测量场地
coordinates for measurement	测量用坐标系
elevated range	仰角范围
far field measurement	远场测量
hologram measurement	全息法测量
measurement coordinates	测量坐标系
measurement distance	测量距离
cell phone measurement distance	蜂窝电话测量距离
horn measurement distance	喇叭天线测量距离
reflector measurement distance	反射镜天线测量距离
measurement error	测量误差
measurement range	测量场地
compact measurement range	紧缩的测量场地
dual reflector measurement range	双反射镜测量场地
ground-reflection measurement range	地面反射测量场地
near-field measurement range	近场测量场地
patterns measurement range	波瓣图测量场地
millimeter wave measurement	毫米波测量

near field measurement	近场测量
parameter measurement	参量测量
current distribution measurement	电流分布测量
effective gain measurement	有效增益测量
efficiency measurement	效率测量
directivity/gain method	定向性/增益法
radiometer method	辐射计法
random field method	随机场法
Wheeler cap method	惠勒帽法
gain measurement	增益测量
absolute method	绝对法
comparison method	比较法
using celestial radio source	利用天体射电源
using radar technique	利用雷达技术
using three unknown antennas	利用三个未知天线
impedance measurement	阻抗测量
phase measurement	相位测量
differential method	微分法
direct method	直接法
reference antenna method	参考天线法
polarization measurement	极化测量
rotating source method	旋转源法
pedestal	测试支架,基座
positioner	位置控制器,天线转台
range alignments	测量场地的对准
reciprocity in measurement	测量中的互易性
uncertainty of pattern measurement	波瓣图测量的不确定性
due to reflected wave	反射波引起的测量不确定性

feed of antenna 天线的馈源

Cassegrain feed	卡塞格伦馈源
Gregorian feed	格雷戈里馈源
helix feed	螺旋馈源
horn feed	喇叭馈源
offset feed	偏照馈电
wave launcher	波激励器

feeding network 馈电网络

beam forming network	波束形成网络
Butler matrix	巴特勒矩阵
conductor shape equivalence	导体形状的等效

dielectric slab waveguide	介质平板波导
helix frequency shifter	螺旋移频器
helix phase shifter	螺旋移相器
helix terminations	螺旋终端
matching stub	匹配短截线
polarizer	极化器
helix polarizer	螺旋极化器
meanderline polarizer	回折线极化器
wave polarizer	波极化器
traps	陷波器
balun	**巴仑(平衡-非平衡转换器)**
balanced transformers	平衡变换器
"bazooka" balun	火箭筒式巴仑
bypass balun	旁路式巴仑
candelabra balun	烛台式巴仑
choke balun	扼流式巴仑
cutaway balun	截割式巴仑
ferrite balun	铁氧体巴仑
mast balun	支杆式巴仑
natural balun	天然巴仑
printed balun	印刷巴仑
Roberts balun	罗伯特巴仑
sleeve-dipole balun	套筒偶极子式巴仑
two Type I's in series balun	两根 I 型串接的巴仑
type I balun	I 型巴仑
type II balun	II 型巴仑
type III balun	III 型巴仑
with stub balun	带短截线巴仑
frequency Selective surface(FSS)	**频率选择表面**
bandwidth of FSS	频率选择表面的频带宽度
band pass FSS	带通频率选择表面
band stop FSS	带阻频率选择表面
complementary surface	互补表面
dichroic surface	分频表面
oblique angle of incidence	斜入射角
periodic slot structure	周期性缝隙结构
periodic wire surface	周期性导线表面
polarization of FSS	频率选择表面的极化
sandwich FSS	夹心式频率选择表面

type elements of FSS	频率选择表面的单元型式
anchor elements	锚形单元
Jerusalem cross elements	耶路撒冷十字形单元
center connected elements	中心连接单元
circle plate elements	圆板单元
dipole elements	偶极子单元
dipole loaded elements	偶极子加载单元
hexagon elements	六边环形单元
hexagon plate elements	六边形板单元
loop elements	环形单元
square plate elements	方板单元
square spiral elements	方蜷线形单元
tripole elements	三极子单元
trislot elements	三缝隙单元
3-legged elements	三腿形单元
4-legged elements	四腿形单元
4-legged loaded elements	四腿形加载单元
N-pole elements	*N* 极子单元
α-combination elements	α 型组合单元
β-combination elements	β 型组合单元
γ-combination elements	γ 型组合单元
radome	**天线罩**
dielectric radome	介质天线罩
hybrid radome	混合型天线罩
metal radome	金属天线罩
slotted-metal radome	开缝金属天线罩
stealth radome	隐形天线罩

Antenna Theory 天线理论

Charts	**图表**
aperture-far-field relations chart	口径-远场关系图表
gain-wavelength chart for radio telescopes chart	射电望远镜的增益-波长图表
helices chart	螺旋天线图表
RCS values chart	雷达截面值图表
sky noise temperature chart	天空噪声温度图表
codes	**计算机程序**
ARRAYPATGAIN	直线阵波瓣图和定向性程序
CORNEREFLECT	夹角反射器程序

MININEC	小型数值电磁学程序
software modeling	软件建模
equations & formulae	**方程和公式**
basic radiation equation	基本辐射方程式
Brown's equation	布朗方程式
Friis transmission formula	弗里斯传输公式
Hallen's integral equation	海伦积分方程
Maxwell's equations	麦克斯韦方程组
transmission line formulas	传输线公式
history stories	**历史故事**
of antennas	天线的故事
of asteroid	小行星检测天线的故事
of auctioning channels	拍卖信道的故事
of helical beam	螺旋聚束天线的故事
of Hertz	赫兹的故事
of Illinois	伊利诺伊的故事
from long to short wavelengths	从长波到短波的故事
of Marconi	马可尼的故事
of Robert C. Byrd telescope	罗伯特·伯德射电望远镜的故事
of Sugar scoop	糖铲形天线的故事
of 3K sky background	3 K 天空背景噪声温度的故事
of W8JK	W8JK 的故事
of Yagi-Uda	八木-宇田的故事
parameters	**天线参量**
beam	波束
beam area	波束范围
beam efficiency	波束效率
main-beam efficiency	主波束效率
beam solid angle	波束立体角
beamwidth	波束宽度
first null beamwidth (FNBW)	第一零点波束宽度
half-power beamwidth (HPBW)	半功率波束宽度
stray factor	杂散因子
carrier-to-noise ratio	载波噪声比
current distribution	电流分布
directivity	定向性
EP wave power	椭圆极化波的功率
effective aperture	有效口径
effective height	有效高度

effective radiation power (ERP)	有效辐射功率
efficiency	效率
antenna efficiency	天线效率
aperture efficiency	口径效率
radiation efficiency	辐射效率
transmission efficiency	传输效率
field zones	场区
Cornu spiral	考纽蜷线
far fields zone	远场区
Fresnel zone	菲涅耳区
Fraunhofer zone	夫琅和费区
near fields zone	近场区
quasi-stationary fields zone	准静态场区
Rayleigh distance	(远/近区分界的)瑞利距离
frequency bandwidth	频带宽度
shape-bandwidth relations	形状-频带的关系
gain	增益
effective gain	有效增益
gain loss factor	增益损失因子
mean effective gain	平均有效增益
impedance	阻抗
characteristic impedance	特性阻抗
driving-point impedance	激励点阻抗
input impedance	输入阻抗
input resistance	输入电阻
intrinsic impedance	本征阻抗
load impedance	负载阻抗
mutual impedance	互阻抗
mutual resistance	互电阻
radiation impedance	辐射阻抗
radiation resistance	辐射电阻
self impedance	自阻抗
self resistance	自电阻
shape-impedance relations	形状-阻抗的关系
space impedance	空间阻抗
terminal impedance	终端阻抗
transfer impedance	转移阻抗
noise temperature	噪声温度
pattern	波瓣图

back lobe	后瓣
decibel pattern	分贝波瓣图
doughnut pattern	饼圈形波瓣图
field pattern	场(强)波瓣图
Fraunhofer pattern	夫琅和费波瓣图
Fresnel pattern	菲涅耳波瓣图
grating lobes	栅瓣
null directions	波瓣图零点方向
main lobe	主瓣
minor-lobes	副瓣
minor-lobe maxima	副瓣最大方向
pattern multiplication	波瓣图乘法
pattern smoothing	波瓣图平滑化
pattern synthesis	波瓣图综合
pencil beam pattern	笔状波束波瓣图
phase pattern	相位波瓣图
polar pattern	极坐标波瓣图
power pattern	功率波瓣图
random side lobes	随机旁瓣
side lobe	旁瓣
side lobe level (SLL)	旁瓣电平
3D pattern	三维波瓣图
phase	相位
polarization	极化
axial ratio	轴比
depolarization	消极化
circular polarization (CP)	圆极化
cross polarization (X-Polar)	交叉极化
elliptical polarization (EP)	椭圆极化
horizontal polarization (HP)	水平极化
linear polarization (LP)	线极化
parallel polarization	平行极化
polarization parameters	极化参量
perpendicular polarization	垂直极化
polarization plane	极化平面
Poincaré sphere	庞加莱球
polarization ratio	极化比
polarization state	极化态
vertical polarization (VP)	铅垂极化

radar cross section	雷达截面
radiation intensity	辐射强度
radiation power	辐射功率
radiation power factor	辐射功率因子
resolution	分辨率
signal-to-clutter ratio	信号杂波比
signal-to-noise ratio (SNR)	信号噪声比
visibility	可见度
complex visibility	复可见度
fringe visibility	条纹可见度
function	可见度函数
standing-wave ratio (SWR)	驻波比
physical quantities & units	**物理量和单位**
ampere (A)	安培
aperture distribution	口径分布
source distributions from visibility functions	由可见度函数重构的源分布
candela (cd)	坎德拉(光学单位)
charge distribution	电荷分布
conductivities	电导率
coulomb (C)	库仑
dBi	相对于各向同性的分贝
dimensions	量纲
farad (F)	法拉
flux density	通量密度
henry (H)	亨利
hertz (Hz)	赫兹
International System of Units (SI)	国际单位制
joule (J)	焦耳
kelvin (K)	开尔文
ohm (Ω)	欧姆
permeability	磁导率
permittivity	介电常数
Poynting vector	坡印廷矢量
radian (rad)	弧度
radian sphere	弧度球
steradian (sr)	立体弧度
transverse impedance	横向阻抗
volt (V)	伏特
walt (W)	瓦特

weber (Wb)	韦伯
principles & methods	**原理和方法**
Babinet's principle	巴比涅原理
Fermat's principle	费马原理
genetic algorithm	遗传算法
geometric theory of diffraction (GTD)	几何绕射理论
geometric optics (GO)	几何光学法
Huygens principle	惠更斯原理
Image theory	镜像理论
integral-equation (IE) method	积分方程法
moment method (MoM)	矩量法
pattern multiplication	波瓣图乘法
power theorem	功率定理
physical optics (PO)	物理光学法
reciprocity theorem	互易性定理
Rumsey's principle	拉姆塞原理
unified theory of diffraction (UTD)	一致性绕射理论
tables of	**列表**
absorption rates	吸收率表
antenna and array	天线和阵列表
antenna currents	天线电流分布表
antenna relations	天线的关系式表
aperture, directivity, etc.	口径分布与定向性等的表
beamwidth and side-lobe	波束宽度和旁瓣表
binomial and edge distributions	二项式与边缘分布表
celestial radio sources	天空射电源表
circular and rectangular apertures	圆形和矩形口径表
conductivities	电导率表
comer reflector bandwidths	夹角反射器的频带宽度表
comer reflector formulas	夹角反射器公式表
dielectric materials	电介质材料表
dielectric strength	介质强度表
dipole impedance and RCS	偶极子阻抗和雷达截面表
directivities and beamwidths	定向性与波束宽度表
directivities of point source	点源的定向性表
EM spectrum	电磁频谱表
end-fire arrays	端射阵表
Fourier components	傅里叶分量表
helix formulas	螺旋天线公式表
horn beamwidths	喇叭波束宽度表

important antenna relations	重要的天线关系式表
incoming wave angle	波的到达角表
lens tolerances	透镜容差表
loop formulas	环的公式表
material constants	材料参数表
Maxwell's equations	麦克斯韦方程组表
metric prefixes	公制的词头表
minor-lobe maxima	副瓣的最大方向表
mutual impedance	互阻抗表
mutual resistance	互电阻表
null directions	零辐射方向表
permittivities	介电常数表
power factor	功率因子表
rhombic antenna formulas	菱形天线公式表
source amplitudes	源的幅度表
terahertz region	太赫频率范围表

Antenna applications 天线应用

Radar 雷达

axtive ramote sensing	主动遥感
altimeter radar	测高雷达
anti-collision radar	防撞雷达
bistatic radar	双站雷达
cross section (RCS)	雷达截面(RCS)
of aircraft, mosquito, etc.	飞机、蚊子等的 RCS
of comet	慧星的 RCS
of disk, loop, sphere	盘、环、球等的 RCS
of electron	电子的 RCS
of helix	螺旋的 RCS
of space shuttle	航天飞机的 RCS
of stealth aircraft	隐形飞机的 RCS
DF and monopulse radar	测向和单脉冲雷达
Doppler radar	多普勒雷达
radar equation	雷达方程
ground penetrating radar	探地雷达
police radar	警用雷达
Thompson scatter radar	汤姆逊散射雷达
tornado radar	龙卷风雷达
weather radar	气象温度雷达

radio astronomy	**射电天文学**
interferometer	干涉仪
adding interferometer	加法干涉仪
aperture synthesis	口径合成
clean maps	干净图像
fringe amplitude	条纹幅度
fringe visibility	条纹可见度
grating lobes	栅瓣
phase closure	相位闭合
self-calibration	自校正
simple interferometer	简单干涉仪
two-element interferometer	两单元干涉仪
Max Planck Institute for Radio Astronomy	普朗克射电天文学会
passive remote sensing	被动遥感
radio telescope	射电望远镜
Arecibo telescope	阿利西波望远镜
Bell Telephone Laboratories telescope	贝尔电话实验室望远镜
“Big Ear” telescope	“大耳”望远镜
Bonn telescope	波恩望远镜
Eifel Mountain telescope	埃菲尔山望远镜
Five college Observatory telescope	五大学天文台望远镜
Gorki telescope	高尔基望远镜
Green Bank telescope	绿滩望远镜
Jodrell Bank telescope	乔德雷尔滩望远镜
Lovell telescope	洛弗尔望远镜
Manchester telescope	曼彻斯特望远镜
Nancay telescope	纳西望远镜
Nobeyama telescope	野边山望远镜
Ohio telescope	俄亥俄望远镜
Parkes telescope	帕克斯望远镜
RATAN-600 telescope	拉坦-600 望远镜
SKA array (square kilometer)	平方公里阵
VLA	甚大口径阵
Zelenchukskaya telescope	塞琳楚克斯卡娅望远镜
solar interference	太阳干扰
the outer space	太空
“Big Bang”	宇宙“大爆炸”
cold target	冷目标
coma lobe	慧差波瓣
cosmic background	宇宙背景

Cosmic Background Explorer	宇宙背景探索者卫星
cosmic fireball floor	宇宙火球噪声基底
criterion of detectability	可检测性的判据
Cygnus A radio galaxy	射电星系天鹅座 A
Mars temperature	火星温度
minimum detectable temperature	最小可检测温度
redshifts	红移
SETI institute	地外文明探索协会
Tungska fireball	通古斯火球
Van Allen belts	范·艾伦(辐射)带
3K sky background temperature	3 K 天空背景温度

Radio communication link 无线电通信线路

autocorrelation function	自相关函数
bluetooth	蓝牙
cell-tower trees	蜂窝-塔树
drahtlos	无线(德文)
Information capacity	信息容量
LEO satellite link	近地轨道卫星中继
Lunar surface wave communication	月球表面波通信
Mars and Jupiter links	地球-火星或木星的线路
Moon link	地球-月球的线路
sans fils	无线(法文)
Satellite	卫星
Astrolink satellite	航天中继卫星
Clarke-orbit satellite	克拉克(静地)轨道卫星
Concordia satellite	协和卫星
Euroskyway satellite	欧洲天空公路系统卫星
Fleetsatcom satellite	舰队通信卫星
Geostationary orbit(GSO, GEO) satellite	对地静止轨道卫星
Global-position satellite	全球定位卫星
Globalstar satellite	全球星卫星
Glonass satellite	全球导航定位系统卫星
Immarsat satellite	国际海事卫星
Intelsat satellite	国际通信卫星
Intermediate-earth orbit(IEO) satellite	中等地球轨道卫星
Iridium satellite	铱系统卫星
KaStar satellite	Ka 星系统卫星
Low-earth orbit (LEO) satellite	近地轨道卫星
Medium-earth orbit(MEO) satellite	中高度地球轨道卫星
Molnya satellite	闪电卫星

Odyssey satellite	奥德赛卫星
Orbcomm satellite	轨道星系统卫星
Orblink satellite	轨道中继系统卫星
Skybridge satellite	天桥卫星
Spaceway satellite	空间公路卫星
Teledesic satellite	蜂窝通信卫星
VSAT satellite	甚小口径天线终端的卫星
satellite communication	卫星通信
satellites diagram	卫星的图解
satellite footprint	卫星天线波束覆盖图
spacecraft link	航天器间中继
specific absorption rate（SAR）	比吸收率
body SAR distribution	人体比吸收率分布
exposure standards	暴露标准
head phantom	头部模型
head SAR distribution	头部比吸收率分布
transmission	传输
transmission coefficient	传输系数
wave propagation	波的传播
angle of incidence	入射角
atmospheric attenuation	大气层衰减
atmospheric noise	大气层噪声
bound wave	边界波
critical angle	临界角
critical frequency	临界频率
diffraction	绕射
diffraction edge	绕射边缘
diffraction by ground plane	被地面绕射
forest absorption	树林的吸收
forest temperature	树林温度
maximum usable frequency	最高可用频率
minimum usable frequency	最低可用频率
radiation	辐射
rain attenuation	雨致衰减
reflection	反射
reflection coefficient	反射系数
refraction	折射
scattering	散射
sea clutter	海杂波
slow wave	慢波

符号、词头和缩写词

A	安[培]
Å	埃 $=10^{-10}$ m
$\mathbf{A}$	矢量位，Wb m^{-1}
A, a	面积，m^2
A_c	收集口径
A_e	有效口径
A_{em}	最大有效口径
A_{er}	有效口径，接收
A_{et}	有效口径，发射
A_g	几何口径
A_p	物理口径
A_s	散射口径
AR	轴比
AU	天文单位
a	渺（阿）$=10^{-18}$（词头）
$\hat{\mathbf{a}}$	单位矢量
$\mathbf{B}, B$	磁通量密度，T = Wb m^{-2}
B	电纳，℧
B	分布电纳，℧ m^{-1}
BWFN	第一零点波束宽度
C	库[仑]
C	电容，F
C	分布电容，F m^{-1}
C, c	一种常数，c = 光速
cc	立方厘米
℃	度（摄氏）
$\mathbf{D}, D$	电通量密度，C m^{-2}
D	定向性
d	距离，m
deg	度（角）
dB	分贝 $=10\log(P_2/P_1)$
dBi	相对于各向同性的分贝
dl	长度单元（标量），m
$d\mathbf{l}$	长度单元（矢量），m
ds	面积单元（标量），m^2
$d\mathbf{s}$	面积单元（矢量），m^2
dv	体积单元（标量），m^3
$\mathbf{E}, E$	电场强度，V m^{-1}
E	穰（艾）$=10^{18}$（词头）
emf	电动势，V
e	电荷，C
F	法[拉]
$\mathbf{F}, F$	力，N
f	尘（飞）$=10^{-15}$（词头）
f	频率，Hz
G	京（吉，千兆）$=10^9$（词头）
G	电导，℧
G	分布电导，℧ m^{-1}
G	增益
g	克
H	亨[利]
$\mathbf{H}, H$	磁场强度，A m^{-1}
HPBW	半功率波束宽度
Hz	赫[兹] = 每秒 1 周
h_e	有效高度
$\mathbf{I}, I, i$	电流，A
J	焦[耳]
$\mathbf{J}, J$	电流密度，A m^{-2}
J_Y	杨斯基，10^{-26} Wm^{-2} Hz^{-1}
K	开[尔文]
$\mathbf{K}, K$	线电流密度，A m^{-1}
K, k	一种常数
k	千 $=10^3$（词头）
kg	千克
L	电感，H
L	分布电感，H m^{-1}
l	升
l, L	长度（标量），m
$\mathbf{l}$	长度（矢量），m
LCP	左旋圆极化
LEP	左旋椭圆极化
ln	自然对数（以 e 为底）
log	普通对数（以 10 为底）
M	兆 $=10^6$（词头）
$\mathbf{M}, M$	磁化强度，A m^{-1}
M	波的极化态
M_a	天线的极化态
m	米
m	毫 $=10^{-3}$（词头）
min	分
N	牛[顿]
N, n	数（整数）
Np	奈培
n	纤（纳）$=10^{-9}$（词头）
$\hat{\mathbf{n}}$	表面的单位法矢
$\mathbf{P}, P$	电介质的极化，C m^{-2}
P	秭（拍）$=10^{15}$（词头）

P	极化态 = $P(\gamma,\delta)$
P	功率,W
P_n	归一化功率波瓣图,无量纲
p	沙(皮) = 10^{-12}(词头)
Q,q	电荷,C
R	电阻,Ω
R_r	辐射电阻
RCP	右旋圆极化
REP	右旋椭圆极化
r	分辨率
r	半径,m;或坐标方向
$\hat{\mathbf{r}}$	r 方向的单位矢量
rad	弧度
rad^2	平方弧度 = 立体弧度 = sr
$\mathbf{S}, S$	坡印廷矢量,及其值,W m^{-2}
S	通量密度,W m^{-2} Hz^{-1}
S,s	距离,m;或表面面积,m^2
s	秒(时间)
sr	立体弧度 = 平方弧度 = rad^2
T	特斯拉 = Wb m^{-2}
T	垓(太) = 10^{12}(词头)
t	时间,s
U	辐射强度,W sr^{-1}
V	伏[特]
V	电压(或电动势),V
$\mathcal{V}$	电动势,V
v	速度,m s^{-1}
W	瓦[特]
Wb	韦[伯]
w	能量密度,J m^{-3}
X	电抗,Ω
X	分布电抗,Ω m^{-1}
$\hat{\mathbf{x}}$	x 方向的单位矢量
x	坐标方向
Y	导纳,℧
Y	分布导纳,℧ m^{-1}
$\hat{\mathbf{y}}$	y 方向的单位矢量
y	坐标方向
$\mathbf{Z}$	阻抗,Ω
Z	分布阻抗,Ω m^{-1}
Z_c	本征阻抗(导体),每平方的 Ω
Z_d	本征阻抗(电介质),每平方的 Ω
Z_L	负载阻抗,Ω
Z_{yz}	横向阻抗(矩形波导),Ω
$Z_{r\phi}$	横向阻抗(圆形波导),Ω
Z_0	本征阻抗(空间),每平方的 Ω
Z_0	特性阻抗(传输线),Ω
$\hat{\mathbf{z}}$	z 方向的单位矢量
z	坐标方向;或红移
α	[阿尔法] 角,deg 或 rad
α	衰减常数,nep m^{-1}
β	[倍他] 角,deg 或 rad;或相位常数 = $2\pi/\lambda$
γ	[伽玛] 角,deg 或 rad
δ	[台尔塔] 角,deg 或 rad
ε	[依泼西隆] 介电常数,F m^{-1}
ε_{ap}	口径效率
ε_M	波束效率
ε_m	杂散因子
ε_r	相对介电常数
ε_0	真空的介电常数,F m^{-1}
η	[埃塔]
θ	[西塔] 角 deg 或 rad
$\hat{\boldsymbol{\theta}}$	θ 方向的单位矢量
κ	[卡帕] 常数
λ	[拉姆达] 波长,m
λ_0	自由空间中的波长
μ	[谬] 磁导率,H m^{-1}
μ_r	相对磁导率
μ_0	真空的磁导率,H m^{-1}
ν	[纽]
ξ	[克西]
π	[派] = 3.1416
ρ	[洛] 电荷密度,C m^{-3};或质量密度,kg m^{-3}
ρ	反射系数,无量纲
ρ_s	表面电荷密度,C m^{-2}
ρ_L	线电荷密度,C m^{-1}
σ	[西格玛] 电导率,℧ m^{-1}
σ	雷达截面
τ	[涛] 倾角(极化椭圆),deg 或 rad
τ	传输系数,无量纲
ϕ	[非] 角,deg 或 rad
$\hat{\boldsymbol{\phi}}$	ϕ 方向的单位矢量
χ	[齐] 磁化率或极化率,无量纲
ψ	[泼西] 角,deg 或 rad
ψ_m	磁通量,Wb
Ω	[大写欧米咖] 欧姆
Ω	[大写欧米咖] 立体角,sr 或 deg^2
Ω_A	波束范围
Ω_M	主波束范围
Ω_m	副瓣范围
℧	[倒欧米伽] 姆欧(℧ = 1/Ω = **S**,西[门子])
ω	[欧米伽] 角频率(= $2\pi f$),rad s^{-1}

常数和换算

量	符号或缩写	标称值	更准确的值*
天文单位	AU	1.5×10^8 km	1.496×10^8
玻尔兹曼常数	k	1.38×10^{-23} JK^{-1}	1.38062×10^{-23}
地球质量		6.0×10^{24} kg	5.98×10^{24}
地球半径(均值)		6.37 Mm	
电子电荷	e	-1.60×10^{-19}C	-1.602×10^{-19}
电子静质量	m	9.11×10^{-31} kg	9.10956×10^{-31}
电子电荷-质量比	e/m	1.76×10^{21} C kg^{-1}	1.758803×10^{11}
通量密度(功率)	Jy	10^{-26} W m^{-2} Hz^{-1}	10^{-26}(按定义)
氢原子(质量)		1.673×10^{-27} kg	
氢谱线的静频率		1420.405 MHz	
光秒		300 Mm	
光速	c	300 Mm s^{-1}	299.7925
光年	LY	9.46×10^{12} km	9.4605×10^{12}
$\log x = \log_{10}x$ (普通对数)			
$\ln x = \log_e x$ (自然对数)			
对数,基	e	2.72	2.718282
基的倒数	1/e	0.368	0.36788
对数变换		$\ln x = 2.3 \log x$	$\ln x = 2.3026 \log x$
		$\log x = 0.43 \ln x$	$\log x = 0.4343 \ln x$
月球距离(均值)		380 Mm	
月球质量		6.7×10^{22} kg	
月球半径(均值)		1.738 Mm	
秒差距	pc	3.1×10^{13} km	3.0856×10^{13}
秒差距	pc	3.26 Ly	3.2615
秒差距	pc	2.06×10^5AU	2.06265
真空的磁导率*	μ_0	1260 nH m^{-1}	400π(精确值)
真空的介电常数*	ε_0	8.85 p Fm^{-1}	$8.854185 = 1/\mu_0c^2$
圆周率	π	3.14	3.1415927
普朗克常数	h	6.63×10^{-34} Js	6.62620×10^{-34}
质子静质量		1.67×10^{-27} kg	1.67261×10^{-27}
弧度	rad	57.3°	57.2958°
空间的阻抗*	Z	376.7($\approx120\pi$) Ω	$376.7304 = \mu_0 c$
球,立体角		12.6 sr	$4\pi = 12.5664$
球,立体角		41253 deg^2	41252.96
平方度	deg^2	3.05×10^{-4} sr	3.04617×10^{-4}
斯蒂芬-玻尔兹曼常数		5.67×10^{-8} $Wm^{-2}K^{-4}$	5.6692×10^{-8}
球面度(=平方弧度)	sr	3283 deg^2	$(180/\pi)^2 = 3282.806$
太阳,距离	AU	1.5×10^8 km	1.496×10^8
太阳质量	$M_\odot$	2.0×10^{30} kg	1.99×10^{30}
太阳半径(均值)	$R_\odot$	700 Mm	695.3
年(回归线的)		365.24 天 $=3.1556925\times10^7$s	

* 单位与其标称值相同。注意,介电常数 ε_0 和空间阻抗 Z 的值,取决于 μ_0 的精确(定义)值以及光速 c 的测量值

在矩形、圆柱、圆球坐标系中的梯度、散度和旋度

矩形坐标系

$$\nabla f = \hat{\boldsymbol{x}}\frac{\partial f}{\partial x} + \hat{\boldsymbol{y}}\frac{\partial f}{\partial y} + \hat{\boldsymbol{z}}\frac{\partial f}{\partial z}$$

$$\nabla \cdot \mathbf{A} = \frac{\partial A_x}{\partial x} + \frac{\partial A_y}{\partial y} + \frac{\partial A_z}{\partial z}$$

$$\nabla \times \mathbf{A} = \hat{\boldsymbol{x}}\left(\frac{\partial A_z}{\partial y} - \frac{\partial A_y}{\partial z}\right) + \hat{\boldsymbol{y}}\left(\frac{\partial A_x}{\partial z} - \frac{\partial A_z}{\partial x}\right) + \hat{\boldsymbol{z}}\left(\frac{\partial A_y}{\partial x} - \frac{\partial A_x}{\partial y}\right) = \begin{vmatrix} \hat{\boldsymbol{x}} & \hat{\boldsymbol{y}} & \hat{\boldsymbol{z}} \\ \dfrac{\partial}{\partial x} & \dfrac{\partial}{\partial y} & \dfrac{\partial}{\partial z} \\ A_x & A_y & A_z \end{vmatrix}$$

圆柱坐标系

$$\nabla f = \hat{\boldsymbol{r}}\frac{\partial f}{\partial r} + \hat{\phi}\frac{1}{r}\frac{\partial f}{\partial \phi} + \hat{\boldsymbol{z}}\frac{\partial f}{\partial z}$$

$$\nabla \cdot \mathbf{A} = \frac{1}{r}\frac{\partial}{\partial r}rA_r + \frac{1}{r}\frac{\partial A_\phi}{\partial \phi} + \frac{\partial A_z}{\partial z}$$

$$\nabla \times \mathbf{A} = \hat{\boldsymbol{r}}\left(\frac{1}{r}\frac{\partial A_z}{\partial \phi} - \frac{\partial A_\phi}{\partial z}\right) + \hat{\phi}\left(\frac{\partial A_r}{\partial z} - \frac{\partial A_z}{\partial r}\right) + \hat{\boldsymbol{z}}\frac{1}{r}\left(\frac{\partial}{\partial r}rA_\phi - \frac{\partial A_r}{\partial \phi}\right)$$

$$= \begin{vmatrix} \hat{\boldsymbol{r}}\dfrac{1}{r} & \hat{\phi} & \hat{z}\dfrac{1}{r} \\ \dfrac{\partial}{\partial r} & \dfrac{\partial}{\partial \phi} & \dfrac{\partial}{\partial z} \\ A_r & rA_\phi & A_z \end{vmatrix}$$

圆球坐标系

$$\nabla f = \hat{\boldsymbol{r}}\frac{\partial f}{\partial r} + \hat{\theta}\frac{1}{r}\frac{\partial f}{\partial \theta} + \hat{\phi}\frac{1}{r\sin\theta}\frac{\partial f}{\partial \phi}$$

$$\nabla \cdot \mathbf{A} = \frac{1}{r^2}\frac{\partial}{\partial r}r^2 A_r + \frac{1}{r\sin\theta}\frac{\partial}{\partial \theta}(A_\theta \sin\theta) + \frac{1}{r\sin\theta}\frac{\partial A_\phi}{\partial \phi}$$

$$\nabla \times \mathbf{A} = \hat{\boldsymbol{r}}\frac{1}{r\sin\theta}\left[\frac{\partial}{\partial \theta}(A_\phi \sin\theta) - \frac{\partial A_\phi}{\partial \phi}\right] + \hat{\theta}\frac{1}{r}\left(\frac{1}{\sin\theta}\frac{\partial A_r}{\partial \phi} - \frac{\partial}{\partial r}rA_\phi\right)$$

$$+ \hat{\phi}\frac{1}{r}\left(\frac{\partial}{\partial r}rA_\theta - \frac{\partial A_r}{\partial \theta}\right)$$

后　记

终于,原著近千页之译稿付梓;历时逾两载以分册面世。此书,其原理清晰辅以详细图例,素材丰富配合实用习题,很适合用做高校教材;又联系实际融入应用系统、历史轶事启迪思考创意,亦可供专业人士参考。上册先期面市以来,售罄后已再次添印;时闻各界读者催询续篇。

何以下册拖延至今,“忙”、“难”是也!“忙”哉?当今所任教职,非同昔日之单纯授课,更有带徒、科研、开发以及杂务自理等,被嬉称“五‘毒’俱全”;兼之译者频繁卷入国内外学术服务。故此,除节假日外,罕有专注译作之环境。“难”哉?该书对天线应用领域涉猎之广袤,超乎传统天线教材之范畴,查考各式辞书百科,还不时求助于跨行专家。值此,谨向甘仲民教授、杨乃恒研究员、刘麟仲研究员等曾予赐教者致谢。理工类教材,素以内容体系之条理分明、论述推理之严密完整为特征;此书又以其知识性、实用性取胜,犹如“散文”体裁,令译作时平添几分斟酌。若依译者力求言简意赅之行文风格,似嫌原著详尽有余和重复注释;然而,为便于读者自学且容独立取舍章节,则应视为优点。自译稿至编校、成书,承蒙责任编辑等协力相助、愉快合作,一并致谢。

本书上册出版后,随即转赠原作者中译本样书留念,并获 Kraus 签名回赠的“Big Ear”(*2nd Ed.*, 1995)一书。未几,噩耗传来,John Daniel Kraus 于 2004 年 6 月 28 日溘然长逝,享年 94 岁。哀伤之余,为彼之未及目睹全卷中译本而内疚;更为 2003 年夏失之交臂未能谋面而遗憾。Kraus 与先父同龄,彼学成于物理学而成就于电磁工程;先父则毕业于电讯工程而执教物理,其不同境遇遥相映照。追忆先父逝于 1989 年夏,余乃奋力著书“Engineering Electromagnetism: Functional Methods”(*Ellis Horwood*, *Chichester*, *UK*, 1991)以志悼念。而在本书译作之际,先母走完其 91 年之坎坷人生(2004 年春),悲痛之余勉力译完此书,容借此寄托哀思。

当代天线技术之发展堪称日新月异,正处于原理、功能、结构和材料等不断革新之繁荣时期。拙文《世纪之交的天线技术》(电波科学学报 15 卷 1 期 97 - 101 页,2000 年)曾被广为转摘。该文所列之发展趋势,在本书中多见反映,唯有对微带天线之篇幅甚少。幸而,近年来国外已出版多种微带天线之专著,可资选读。

在国际天线界,朱兰成、戴振铎、罗远祉、郑钧、李强、任朗、鲍家善……等第一代著名华裔学者曾做过重要贡献;第二、三代已/正步入退休之天线人士,亦不乏杰出之留美华裔专家及国内学者。拙文“Antennas development in China”(*IEEE Antennas & Propagation Magazine*, *Vol.* 38, *No.* 6, *pp.* 49-63, 1996)曾预测:国内十年浩劫所致的天线界人才断层,经学位制的哺育过渡,将会迎来新生代之繁荣时期。可喜的现实是,这种繁荣正在逐渐显现!然而,新生代之断层效应仍时有所见。在超重负担之下,尤须防止浮燥,此有赖于政策诱导;于成就尖端同时,尚待拓宽基础,盼本书能有所裨益。

译者　章文勋

2005 年 6 月 1 日